U0216827

水闸加固与生态景观设计

本书编写委员会　编著

中国水利水电出版社
www.waterpub.com.cn
·北京·

内 容 提 要

本书详细介绍了大型、中型、小型水闸加固设计标准及方法，主要包括水闸主体工程设计，电气与金属结构设计，水闸的施工组织、工程管理及节能设计，绿化与移民，湿地及水土保护与生态环境，工程概预算等方面内容，涉及众多专业，提供了便于在设计中使用的公式、计算方法、技术资料。

本书内容翔实，实用性强，并经工程实践检验，具有很高的参考价值。可供从事水利水电工程规划、设计、施工、运行、科研、教学等科技人员参考，也可作为大专院校师生的参考资料和工程案例读物。

图书在版编目（CIP）数据

水闸加固与生态景观设计 / 《水闸加固与生态景观设计》编写委员会编著. -- 北京：中国水利水电出版社，2018.12

ISBN 978-7-5170-7260-7

Ⅰ．①水… Ⅱ．①水… Ⅲ．①水闸—加固 Ⅳ．①TV698.2

中国版本图书馆CIP数据核字(2018)第298014号

书　　　名	**水闸加固与生态景观设计** SHUIZHA JIAGU YU SHENGTAI JINGGUAN SHEJI
作　　　者	本书编写委员会　编著
出 版 发 行	中国水利水电出版社 （北京市海淀区玉渊潭南路 1 号 D 座　100038） 网址：www.waterpub.com.cn E-mail：sales@waterpub.com.cn 电话：(010) 68367658（营销中心）
经　　　售	北京科水图书销售中心（零售） 电话：(010) 88383994、63202643、68545874 全国各地新华书店和相关出版物销售网点
排　　　版	中国水利水电出版社微机排版中心
印　　　刷	天津嘉恒印务有限公司
规　　　格	184mm×260mm　16 开本　28.25 印张　670 千字
版　　　次	2018 年 12 月第 1 版　2018 年 12 月第 1 次印刷
印　　　数	0001—2000 册
定　　　价	**99.00 元**

凡购买我社图书，如有缺页、倒页、脱页的，本社营销中心负责调换

版权所有·侵权必究

编 写 委 员 会

陈照方　尚　磊　任松林　蓝祖秀　何　楠

赵　楠　苏东喜　王爱国　李孟然　董晨燕

田万福　杜远征　纪冬丽　姜苏阳

前　言

　　大量病险水闸的存在，已成为防汛工作的心腹之患，只有尽快除险加固，才能保证水闸安全，保障防洪保护区人民生命财产安全，减免洪涝水害给国民经济造成的损失。这些水闸在运行几十年过程中持续受到渗流、稳定、冲刷等作用，还有可能受到超标准洪水的破坏，材料逐渐老化，水闸建筑物承受水压力、渗压力等巨大荷载的能力不断降低，需要通过计算分析评价，掌握变化规律，确定危及安全的主要问题。如果这些水闸缺陷隐患不及时进行评价并采取措施进行处理，会殃及下游，给人民生命财产造成极大的损失，甚至会影响国民经济建设乃至生态环境和社会稳定。

　　水闸除险加固主要内容包括：洪水标准复核、工程地质勘察研究、工程任务和规模确定、工程布置及主要建筑物设计、工程等别和建筑物级别、设计标准、工程选址及闸型选择、水力设计、防渗排水设计、结构设计、地基处理设计、机电及金属结构、工程管理、施工组织设计、占地处理及移民安置、水土保持设计、环境影响评价、设计概算等方面；此外，还包括水闸混凝土表面缺陷处理、闸身裂缝修复、止水加固处理、观测设施修复等内容。需要采取不同方法来进行除险加固措施的设计与处理，通过新技术在大中小型水闸除险加固中的应用，使得病险水闸加固工作进一步提高；广泛采用新技术、新方法、新材料、新工艺，力求体现先进性、科学性和经济性，力求在病险水闸治理的工程设计技术方面有所突破。通过对大中小型水闸加固，提高水闸的各种功能，使之成为防洪保障线、抢险交通线、生态景观线；借助河道堤防风景区、水域景观工程，通过对天然水景观加以设计改造，修复生态湿地，打造区域生态景观线，形成了地区性的小气候，使得当地气候温和湿润，呈现出鱼跃鸟飞、草肥水美、水碧天蓝的美景。水闸是重要的生态景观节点，是衔接周围河道堤防生态的绿地节点；设计中充分考虑了水土绿地系统的完整性，将慢行系统、景观节点设计、湿地及水土保护与生态环境相结合；科学合理的河道堤防岸线和优化的多姿多彩的水面形式，使大中小型水闸成为一道亮丽的风景线。

　　针对水闸除险加固工程的特点，本书介绍了除险加固处理措施，可为水闸除险加固改造的设计和施工提供有价值的参考，并能促进设计水平和工程质量的提高，以适应水闸除险加固改造实践的需要。

本书编写人员分工如下：

陈照方编写了 7.1.2；尚磊编写了 6.1、7.1.3 和 7.2.1～7.2.3；任松林编写了 2.1、2.2 和 5.3；何楠编写了 3.1 和 3.2；赵楠编写了 7.2.4～7.2.6；李孟然编写了 4.1～4.4 和 7.1.1；王爱国编写了 2.3 和 3.3；苏东喜编写了 3.4 和 4.5；蓝祖秀编写了 5.1.1～5.1.4；杜远征编写了第 1 章；董晨燕编写了 5.1.5 和第 8 章；田万福编写了 3.5、3.6 和 5.2；纪冬丽编写了 6.2；全书由苏东喜、田万福和姜苏阳统稿。

本书得到了多位专家的大力支持，在此表示衷心的感谢！由于本书涉及专业众多，编写时间仓促，错误和不当之处，敬请同行专家和广大读者赐教指正。

作者

2018 年 12 月

目 录

第1章 黄河上的水闸加固特色

1.1 黄河大堤上的大型水闸概况

黄河是我国第二大河，发源于青藏高原巴颜喀拉山北麓的约古宗列盆地，流经青海、四川、甘肃、宁夏、内蒙古、陕西、山西、河南、山东九省（自治区），在山东垦利县注入渤海。干流全长5464km，总落差4830m，流域面积75万km²，多年平均天然径流量约580亿m³。黄河自河源至内蒙古托克托县的河口镇为上游，河口镇至河南郑州以北的桃花峪为中游，桃花峪至入海口为下游。

黄河下游流域面积2.3万km²，仅占全流域面积的3%；河道全长878km，河道上宽下窄，比降上陡下缓，由2.65/10000到1/10000，按其特性可分为4段：①白鹤至高村河段，长299km，河宽水散，冲淤幅度大，主槽摆动频繁，为典型的游荡性河段，两岸大堤堤距一般为5～10km，最宽处达20多km，河道比降2.65/10000～1.72/10000，支流伊洛河、沁河在此河段汇入；②高村至陶城铺河段，长165km，属于游荡性向弯曲性转化的过渡性河段，通过河道整治，主流已趋于稳定，堤距1.4～8.5km，大部分在5km以上，河道平均比降1.15/10000；③陶城铺至垦利宁海河段，长322km，现状为受工程控制的弯曲性河段，堤距0.4～5km，一般为1～2km，河道平均比降1/10000左右，支流汶河在此段汇入；④宁海以下为河口段，长92km，随着黄河口的淤积、延伸、摆动，流路相应改道变迁，现行入海流路是1976年人工改道的清水沟流路，已行河31a。

目前黄河干流上已建的大型水利工程有龙羊峡、刘家峡、三门峡、小浪底水库等，其中龙羊峡水库设计总库容247亿m³，对黄河上游的洪水有较大的调节作用；小浪底水库设计总库容126.5亿m³，是黄河下游防洪工程体系的骨干工程之一。

1.1.1 韩墩引黄闸工程

韩墩引黄闸工程位于黄河下游泺口至利津水文站之间黄河北岸大堤桩号286＋925处。泺口与利津之间河道长约170km，韩墩闸下距利津水文站约25km。

韩墩引黄闸位于山东省滨州市滨城区梁才乡韩墩，该闸为两联六孔，每孔为净宽3m、净高3m的钢筋混凝土箱式涵洞；全长70m，共分7节，每节长10m，首节涵洞中墩厚1m，边墩厚0.7m，缝墩厚0.8m，高度均为8m，在14.30m高程（大沽高程，下同，该闸的大沽高程与黄海高程高差1.381m）和18.25m高程上分别设有钢筋混凝土撑梁。胸墙底高程为13.50m，顶高程18.50m，厚0.4m，闸首底板长3.65m，厚1.70m，其余洞顶、底板厚均为0.85m。其余6节中墙、缝墙均厚0.45m，边墙厚0.70m，顶、底板厚均为0.85m，顶、底板与洞墙交角都设有0.3m×0.3m的抹角。每联各节均为整体结构，两联间及节间均设有厚0.5m、宽1m的钢筋混凝土垫梁。闸门采用钢筋混凝土肋形结构的平面闸门，扇宽3.62m、高3.15m，

1

自重 17t，采用 80t 单吊点启闭机启闭。

韩墩闸设计流量 60m³/s，加大流量 100m³/s，设计引黄水位 12.86m。底板高程 10.50m，堤顶高程 22.37m，设计防洪水位 22.80m。1982 年建设，1983 年建成投入使用。灌溉面积 75 万亩，灌区主输水渠道长 29km，设计过水流量 60m³/s。近几年平均放水量为 1.5 亿 m³ 左右，主要供滨州、沾化、东营地区 15 个乡（镇）、504 个自然村的农村灌溉，以及城市生活用水和工业供水。

该闸由黄河惠民建筑安装队施工。韩墩闸建成后，一直属于滨城区河务局管理，2006 年 7 月移交滨州供水分局管理。

1.1.1.1 设计施工情况

韩墩闸工程建筑物等级按 1 级设计，该地区设计地震烈度为 7 度。

设计防洪水位（以 2011 年为准）22.80m，校核防洪水位 23.80m，闸前设计引水位 12.88m（大河相应水位 13.24m，流量 117m³/s），设计引水流量 60m³/s，闸前最大设计引水位 13.70m（大河相应水位 14.06m，流量 400m³/s），最大设计引水量 100m³/s，闸前最高运用水位 20.32m（相应于 2011 年大河 5000m³/s 的水位），闸前设计淤沙高程 20.80m，闸前校核淤沙高程 21.80m，闸底板设计高程 10.50m，堤顶设计高程 24.90m，堤顶校核高程 25.90m（本期工程填筑高程 22.30m），闸前启门运用最大淤沙高程 18.32m。

工程于 1982 年 2 月 15 日开工，至 10 月底全部竣工。该工程由惠民地区农办、惠民修防处、滨县和沾化两县等联合组成施工指挥部。惠民黄河安装队负责混凝土和钢筋混凝土工程施工，桓台县公社石工队承包石方工程，土方工程由沾化县组织民工完成。其他观测、止水安装、供电、排水等由安装队承包。

完成的工程主要有：挖基、黏土环及铺盖回填、垫梁和垫层浇注、底板浇注、闸室洞身浇注、基坑及大堤回填、闸门吊装、机架桥浇注、启闭机安装、全部砌石工程。共完成开挖土方 43803m³、回填土方 38429m³，管理台土方 8951m³、石方 2956m³，混凝土及钢筋混凝土 4647.5m³。

韩墩闸原工程特性见表 1.1-1。

表 1.1-1　　　　　　　　　韩墩闸原工程特性表

序　号	名　　称	单　位	数　　量	备　　注
1	工程级别	级	1	
2	抗震设防烈度	度	7	
3	特征水位及流量			
(1)	设计防洪水位	m	22.80	
(2)	校核防洪水位	m	23.80	
(3)	设计引水流量	m³/s	60	闸前设计引水位 12.88m
(4)	加大引水流量	m³/s	100	闸前最高运用水位 20.32m
4	水闸主要参数			
(1)	水闸型式		涵洞式	

续表

序 号	名 称	单 位	数 量	备 注
（2）	闸孔数	孔×联	3×2	
（3）	闸首底板高程	m	10.50	
（4）	洞身尺寸（宽×高）	m×m	3×3	
（5）	洞身总长	m	70	
5	金属结构			
（1）	闸门型式		直升式	
（2）	启闭机型式		移动式启闭机	
（3）	启闭机容量	kW	6 台×800kW=4800	

1.1.1.2 水闸运行情况

韩墩闸建成后，一直属于滨城区河务局管理，2006 年 7 月移交给滨州供水分局管理。

韩墩闸建成投入运用后，管理单位制定并落实了各项管理制度，严格执行《涵闸闸门及启闭机操作规程》《涵闸启闭机检修规程》《观测设备操作规程》《发电机操作规程》，严格落实了各项岗位责任制。按规定进行了工程、水文观测、日常管理、维修养护，保证了闸门启闭，运用安全。

1.1.1.3 安全鉴定结论

根据水利部颁发的《水闸安全鉴定规定》（SL 214—1998）和《水闸安全鉴定管理办法》（水建管〔2008〕214 号）及相关规范要求，有关单位完成了韩墩引黄闸的各项调查、检测和安全鉴定工作。依据水利部黄河水利委员会《关于印发山东黄河西双河等八座引黄闸安全鉴定报告书的通知》（黄建管〔2009〕13 号，2009 年 4 月）有关韩墩引黄闸的安全分析评价内容及水闸安全鉴定结论，韩墩引黄闸存在以下主要问题：

（1）闸基各沉降观测点的最终沉降值为 29.5～32.8cm，最大沉降值 32.8cm，出现在闸首段，均超过规范值。由于洞身不均匀沉降，导致洞身结构出现垂直于水流方向的 24 条裂缝，其中，23 条裂缝的最大宽度超过 0.3mm，最大裂缝宽度 1.25mm。

（2）闸基防渗长度 83.4m，根据规范计算需要防渗长度 123m，不满足要求。水平段渗透坡降最大值为 0.48，超过规范允许值，闸基渗透安全不能保证。

（3）在地震作用下，由于混凝土强度达不到现行规范的要求，排架柱与闸墩顶相接处抗剪能力不足，地震时会产生排架断裂、倒塌。

（4）洞身混凝土质量较差，保护层厚度不均匀，局部偏小，并有多处混凝土顺筋剥落及钢筋锈蚀现象。

（5）闸门滚轮支座处钢筋混凝土板的抗剪强度不够，门槽埋件锈蚀严重，滚轮因锈蚀均不能灵活转动。启闭机老化，4 号闸门无法控制启闭高度，不适应防汛快速操作的需要。

（6）电气设备和室外线路老化，存在安全隐患。

（7）12 个沉陷观测点由于堤顶硬化或压盖等原因未挖出而不能使用，6 个测压管由于堵塞无法使用。

综上所述，该闸评定为三类闸。

1.1.1.4 核查结论

2011 年 9 月水利部黄河水利委员会安全鉴定核查组对本闸安全鉴定进行了核查，核查意见认为：本工程安全鉴定程序、鉴定单位资质、安全鉴定专家组成员资格符合《水闸安全鉴定管理办法》的要求，安全鉴定书面成果基本反映了水闸存在的主要问题。

该闸闸基最大沉降量超过规范允许值；洞身结构多处出现垂直于水流方向的裂缝，闸基防渗长度及渗透坡降不满足要求；在地震作用下，排架柱与闸墩顶相接处抗剪能力不足；洞身多处出现混凝土顺筋剥落及钢筋锈蚀现象；门槽埋件锈蚀严重，滚轮锈死；电气设备线路老化；启闭机已超过规定折旧年限，观测设施部分损坏。

同意三类闸的鉴定结论。

初步设计主要对水闸除险加固工程进行了复核，确定了除险加固工程内容和各建筑物加固设计方案、闸门及启闭设备型式和接入电力系统方式等，选定了施工总布置和总进度、主要建筑物施工方法及主要施工设备等，提出了投资概算。

1.1.2 三义寨闸工程

1.1.2.1 工程区自然状况

兰考黄河大堤位于黄河下游上端，大堤于古城开封市北侧穿行而过，上端与开封县堤防相接，下端与山东东明县堤防相连。该段堤防始建于金大定六年（公元 1166 年），经历代河道的变迁、冲决堵筑不断修建而成。起止桩号分别为 126＋640 和 156＋050。

本区属暖温带、半湿润大陆性季风气候。年平均气温为 14.1℃，最冷月为 1 月，月平均气温为 −0.3℃；最热月为 7 月，月平均气温 27.0℃。年平均降水量 619.3mm，6—8 月降水量占全年降水量的 57.8%。多年平均蒸发量 1937.0mm，平均相对湿度为 68%。该区冬季寒冷干燥，春冬干旱多风沙，秋季天高气爽，夏季高温多雨。雨热同季的气候，不仅适宜小麦和水稻等农作物生长，而且对花生、西瓜等经济作物的栽培也极为有利。

兰考河段属典型的游荡型河段，河势宽、浅、散、乱、游荡多变，素有"豆腐腰"之称。大洪水时主流居中，落水时主流位置变化无常，时常造成河道工程出现重大险情。近年来黄河下游来水偏枯，泥沙集中淤积在主槽内，"槽高滩低堤根洼"的险恶局面逐年加剧，临黄大堤存在顺堤行洪威胁。

三义寨闸位于兰考县境内黄河右岸大堤上，相应大堤桩号 130＋000 处。该闸于 1958 年建成，为大型开敞式水闸，属 1 级水工建筑物。闸室为钢筋混凝土结构，安装弧形钢闸门，共分三联六孔，每 2 孔为一联，每孔净宽 12m，闸总宽 84.6m。闸底板长 21.5m，闸前防冲槽长 11m，其后设有 59.5m 长的防渗黏土铺盖；下游消力池长 16m，浆砌石海漫长 40m，干砌石海漫长 35m，防冲槽长 15m。三义寨引黄闸设计正常引水流量 520m³/s，设计效益为：灌溉豫东、鲁西南的开封、商丘、菏泽两省三市 20 个县农田 1980 万亩，放淤改造盐碱沙荒地 15.6 万亩。

1.1.2.2 水闸运行情况

由于三义寨闸在多年运用过程中，闸身强烈振动，导致闸墩、闸底板、机架桥大梁裂缝，特别是闸底板严重裂缝，遂于 1974 年和 1990 年进行了 2 次改建：第一次改建主要是改中联两孔弧形钢闸门为四孔平板钢闸门，闸门宽 4.8m、高 4.5m，两边联闸底板加高

2.5m，中联闸底板加高 2.0m，设计流量 $300m^3/s$；第二次改建主要是保留中联四孔平板钢闸门，拆除边联四孔弧形闸门，在原叠梁闸门槽处修建钢筋混凝土挡水墙。两次改建后的设计流量为 $141m^3/s$，担负着开封、商丘两市十县的农业用水任务。

三义寨闸在长期使用后出现诸多问题，如闸身强烈振动和不均匀沉陷，导致闸墩、闸底板、机架桥大梁、交通桥严重裂缝；钢闸门板锈蚀、漏水，没有导向装置和行走轮不转动等问题将会造成闸的抗洪能力降低；闸前、闸后渠道的严重淤积，导致引水效益下降；闸的运行能力、防洪能力的降低，对该闸今后的防汛也产生一定的威胁。

1.1.2.3　安全鉴定结论

依据《水闸安全鉴定规定》（SL 214—1998）以及《黄河下游水闸安全鉴定规定》（黄建管〔2002〕9 号），根据河南开封三义寨引黄闸工程现状调查分析、现状检测成果分析及复核稳定计算成果分析，认为该闸运用指标无法达到设计标准，存在严重的安全问题，不能满足正常使用要求，评定为四类闸。

三义寨引黄渠首闸位于国务院明确的黄河重点固守堤段，承担着分蓄黄河大洪水的压力，其安全运用与否，事关黄河防洪安全大局，鉴于该闸为四类闸，按照水利部《水闸安全鉴定规定》（SL 214—1998），同意报废重建。

三义寨闸两侧弯道段的堤防（三义寨闸渠堤）是右岸郑州至兰考三义寨重点确保段唯一没有进行堤防加固的堤段。堤防深入临河侧渠堤桩号为 0+000（对应黄河大堤桩号 129+300）～3+480（对应黄河大堤桩号 130+831），其中三义寨引黄闸上游侧渠堤范围为 0+000～1+475，渠堤长 1475m；下游侧渠堤范围为 1+560～3+480，渠堤长 1920m。需要根据三义寨闸改建的工程布置确定渠堤堤防加固的范围。

1.2　东平湖二级湖堤上水闸概况

东平湖滞洪区总面积 $627km^2$，以二级湖堤为界，分为新、老两个湖区，实施滞洪分级运用。设计滞洪水位 46.00m，相应库容 39.79 亿 m^3；当前运用水位 44.50m，相应库容 30.42 亿 m^3。

东平湖滞洪区位于山东省梁山、东平和汶上县境内，位于黄河由宽河道进入窄河道的转折点，是分滞黄河、汶河洪水，保证艾山以下窄河段防洪安全的重要水利工程。

东平湖地处黄河和汶河下游交汇的条形洼地上，位于大汶河下游山东省东平县境西部，北纬 $35°30'\sim36°20'$，东经 $116°00'\sim116°30'$。东平湖上承大汶河来水，南与运河相连，北由小清河与黄河沟通，为山东省第二大淡水湖，水资源丰富。

东平湖是黄河下游最大的滞洪区，主要作用是削减黄河洪峰，调蓄黄河、汶河洪水，控制黄河艾山站下泄流量不超过 $10000m^3/s$。东平湖在分滞黄河和大汶河洪水、保障黄河下游防洪安全等方面，发挥了重要的作用。

东平湖区域淡水资源主要来源有 3 个：天然降水、大汶河来水和地下水。此外，还有黄河不定期分洪产生的水量。其中，大汶河来水是东平湖主要的供水水源。

东平湖为保障黄河下游防洪安全，充分发挥蓄滞洪区的防洪功能，其蓄水兴利作用并不明显，导致当地地表水水资源利用率极低。据统计，现状条件下，东平湖区域水资源利用率只有5%左右，主要是利用地下水，地下水的开采率平均已达到72.8%，地表水资源利用率却很低，地表水资源具有较大的开发潜力。

东平湖除了拥有丰富水资源条件之外，湖内山水相依、绿树成荫，具有独特的生态景观，并拥有丰富水生物资源。东平湖古老、神秘的历史变迁积淀了丰富的文化内涵，这些都使其具有丰富的旅游资源。

由于黄河河道逐年淤积抬高，东平湖蓄洪运用后向黄河排水越来越困难。为提高东平湖北排入黄河的泄流能力，2002年汛前对出湖河道进行了开挖，使出湖河道最大泄流能力达到2350m³/s，并在入黄口处修建了庞口防倒灌闸。这些工程在近两年的防汛抗洪中发挥了显著的作用。但是，由于庞口闸泄流能力明显偏小，造成东平湖高水位持续时间长，加大了工程出险概率，庞口防倒灌围堰破除概率增大。一旦围堰破除，黄河来水需要再次围堵，不但取土困难，而且围堵时机很难把握，围堵不及时又将造成河道淤积。

东平湖老湖蓄滞洪运用后一旦向北排水入黄河受阻，在紧急情况下可以利用八里湾闸通过流长河连通司垓退水闸向南四湖紧急泄水。南排流路虽然由于八里湾泄水闸的建成有了基本的控制手段，但整个排水系统尚不完善，一旦南排，必然产生倒灌，造成两岸农田受淹。因此，目前尚不具备向南泄水的条件。

东平湖二级湖堤是决定老湖调蓄能力的关键工程，设计为4级堤防，标准偏低，难以抵御风浪的淘刷。石洼、林辛、陈山口等5座进出湖闸供变电设备、启闭设备及备用电厂机电设施已经严重老化，运行中经常出现故障，而且维修困难，难以保证分泄洪闸的正常启闭。东平湖沿湖建有多座小型排灌涵闸，但大部分涵闸建于20世纪60—70年代，目前存在设防标准不足、渗径达不到标准、基础渗水、设备老化严重、堤身断面不足、沉陷下蛰等安全问题。沿湖的卧牛堤、斑清堤、两闸隔堤、青龙堤、玉斑堤修筑时由于多种原因，造成堤身质量差，库区蓄水运用以来，高水位时全段渗水严重。石护坡年久失修，损坏严重，难以保证度汛安全。大清河险工和控导工程已多年未进行改建，坦石坡度较陡，根石台顶宽小于2m，坝顶宽度严重不足，极易出险。一旦发生险情，抢护困难，遇较大洪水时易造成垮坝事故。

东平湖滞洪区工程由围坝、二级湖堤、山口隔堤及进出湖闸等组成。二级湖堤将湖区分为新、老湖区两部分，老湖区与汶河相通。东平湖围坝从徐庄闸至武家漫全长88.30km，其中，徐庄闸—梁山国那里（0+000～10+471）为黄、湖两用堤；梁山国那里—武家漫（10+471～88+300）为滞洪区围坝，坝顶高程47.33～46.4m（黄海高程，下同），坝顶宽9～10m，坝高8～10m，临湖边坡1:3，背湖边坡1:2.5，临湖干砌石护坡顶高程约43.90m；老湖区设计分洪运用水位44.79m，新湖区设计分洪运用水位43.79m；二级湖堤从林辛闸至解河口长26.731km，堤顶高程46.79m左右，顶宽6.0m，堤高5～9m，临背边坡均为1:2.5，临老湖区面46.59m高程以下修有石护坡。

东平湖进湖闸由石洼、林辛、十里堡、徐庄和耿山口5座闸组成，原设计总分洪流量11340m³/s，由于徐庄、耿山口两闸的引水渠较长和闸前淤积等因素影响，已堵复。根据1982年实际分洪情况分析，现东平湖最大分洪能力为8500m³/s，考虑侧向分洪不利因素，按7500m³/s设计；退水闸有陈山口和清河门两座，原设计退水能力2500m³/s，由于受黄河河床逐年淤积抬高的影响，退水日趋困难。为确保水库运用安全，并考虑湖区早日恢复生产，1987 年冬开始兴建司垓退水闸，1989 年竣工，退水入南四湖，设计退水能力 1000m³/s。

东平湖滞洪区共有水闸 22 座，其中，分洪闸 6 座，其他水闸 16 座。大多数闸修建于 20 世纪 60—70 年代，大多已运行 40 多年，由于近几年东平湖运用情况发生了变化，1993 年黄委批准《东平湖扩大老湖调蓄能力工程规划报告》，老湖运用水位由 43.29m 提高到 44.79m。但这些水闸未进行改建加固，其中许多水闸防洪标准不满足要求；在近几年运用中，部分水闸出现机电设备老化、闸门漏水以及混凝土裂缝、炭化剥落、钢筋锈蚀等现象。通过初步分析，马口闸、码头泄水闸、流长河泄水闸、堂子排灌涵洞、卧牛排灌涵洞 5 座水闸需加固或改建。

1.2.1 林辛闸工程

林辛闸址位于东平县戴庙乡林辛村，桩号为临黄堤右岸 338+886～339+020。主要作用是当黄河发生大洪水时，通过石洼、林辛、十里堡等分洪闸分水入老湖，控制艾山下泄流量不超过 10000m³/s，确保下游防洪安全。

林辛闸修建于 1968 年，为桩基开敞式水闸，按 2 级建筑物设计。全闸共 15 孔，孔宽 6m，高 5.5m，中墩厚 1.0m，边墩厚 1.1m，全闸总宽 106.2m。闸底板高程 38.79m（除注明外均为黄海高程，下同），闸顶高程 49.29m，闸底板顺水流方向长 13.80m。中孔闸室底板采用分离式，由闸孔中心分缝，底板宽 7.0m，闸墩下宽 2.60m、厚 1.45m，然后逐渐减薄至 0.6m。每块底板下布置直径 0.85m 的钢筋混凝土灌注桩 18 根，其中，7 根长 14m，11 根长 12.5m。边孔为整体底板，由相邻中孔的中心分缝，底板宽 11.1m，厚 1.45m，底板下设钢筋混凝土灌注桩 31 根，其中，11 根长 14m，20 根长 12.5m。中墩底部长 12m，由高程 39.29m 开始逐渐缩窄，至 42.79m 高程处仅长 5.5m，在 46.79m 高程又开始逐渐放长至 10.4m。顶部设移动式启闭机，设公路和启闭机混合桥 1 座，闸墩顶部净宽 10m，两侧为钢筋混凝土简支公路桥板。中部设 2 根启闭机行车梁，行车梁上平铺钢筋混凝土盖板，在不启闭闸门时全桥 10m 均可通行汽车，闸门启闭时汽车由两侧分上下道行驶。胸墙采用简支式钢筋混凝土叠梁结构。闸室前黏土铺盖长 40m，上设 0.5m 厚浆砌石防冲。在消力池首端 38.79m 高程平台下设反滤排水井 1 排，以减少闸基水位渗透压力。消力池全长 27.5m，浆砌石结构，前半部有素混凝土护面，总厚 1.2m。消力池底高程 36.79m，消力坎顶高程 37.79m。下游海漫段浆砌石段长 20m，干砌石段长 15m，顶高程 37.79m，后接抛石槽。原设计水位为 45.79m，校核水位为 46.79m，分洪流量为 1500m³/s（远期 1800m³/s）。原工程特性见表 1.2-1。

表 1.2-1   林辛分洪闸原工程特性表

序 号	名 称	单 位	数 量	备 注
1	水文			
(1)	控制黄河下泄流量	m³/s	<10000（艾山站）	
(2)	施工期黄河流量	m³/s	800	
2	工程等级			
(1)	工程等别	等	Ⅱ等，大（2）型	
(2)	工程级别	级	1	

序 号	名 称	单 位	数 量	备 注
3	洪水标准			
(1)	分洪流量	m³/s	1500	加大时 1800
	相应水位			
	上游水位（设计）	m	49.79（51.00）	
	上游水位（校核）	m	50.79（52.00）	
	下游水位	m	43.76（44.97）	
(2)	设计挡水位	m	49.79（51.00）	黄海（大沽）
	相应下游水位	m	39.64（40.85）	
(3)	校核挡水位	m	50.79（52.00）	
	相应下游水位	m	39.64（40.85）	
4	其他			
(1)	地震设防烈度	度	7	
(2)	风速	m/s	19.00	

水闸建成后，根据当时的黄河防洪规划，临黄侧设计水位由 45.79m 抬高到 49.79m，校核水位由 46.79m 抬高到 50.79m。由于上游水位的抬高，闸室所受的水平推力也增大，因此便需要添加井柱桩来承受加大的水平推力。此外由于水闸上下游水头差的加大，闸室的防渗、消能及强度等方面都不能满足安全的需要，因此要求采取相应的加固和改建措施，遂于 1977—1979 年进行改建。

凡属新建部分按 1 级建筑物设计，原有部分需要加固的按 1 级建筑物加固补强。加固措施是将上游闸墩及闸底板上延 5.5m，距上游 2.65m 加一堰坎，溢流堰、闸门、胸墙及机架桥等均放在新建的底板及闸墩上。改建后的结构情况如下：全闸共 15 孔，每孔净宽6m，底板长 19.3m，除两边孔为联孔底板、宽 11.1m 外，中墩为分离式底板，底板宽7.0m，均在中孔分缝，下设灌注桩，边孔 48 根，中孔 30 根。共计 456 根，桩径 0.85m，长度 12.7～19.7m，底板高程 39.79～39.17m，门底堰顶高程 40.79m。闸室上部有公路桥、工作桥、机架桥、铁路桥及机房、桥头堡，闸室两端各有浆砌石减载孔，填土高程44.29～43.79m。

上游连接段总长 59.5～74.5m，其中，浆砌石铺盖长 34.5m，下设黏土防渗铺盖厚0.8～1.3m，干砌石铺盖长 25～40m，前设抛石槽长 5～8m。

下游连接段长 125.1m，两级消能，一级池长 48.3m，高程 36.99～38.09m，末端有尾坎，其高程 40.39m；二级消力池长 15.2m，底高程 36.79m；下游海漫长 47.8m，高程37.79m，抛石槽长 13.8m。

1.2.1.1 水闸运行情况

1. 建设情况

林辛闸修建于 1968 年，为桩基开敞式水闸。1977—1979 年进行改建，凡属新建部分按 1 级建筑物设计；原有部分能加固的按 1 级加固补强。加固措施是将上游闸墩及闸底板上延5.5m，距上游2.65m加一堰坎，溢流堰、闸门、胸墙及机架桥等均放在新建的闸室上。

1982年4月，经黄河水利委员会、山东黄河河务局联合验收鉴定，除闸墩及底板混凝土标号稍低于设计强度外，其他部位施工质量属尚好，可以交付使用。

改建施工时，闸墩、消力池护面及一部分底板混凝土浇筑工程，由于黄砂颗粒偏细及使用了矿渣水泥，以致大部分混凝土龄期（28d）强度没有达到要求，但经检验后期强度（60～90d）均已达到或超过设计标准。

2. 运行情况

该闸从初建完成至改建完成期间未正式运用，初建后于1968年底进行充水试验，除闸门漏水外，其他情况正常。

1982年分洪运用，分洪流量最大1350m³/s。

2008年3月19日观测资料显示：最大沉降量561mm，超过规范规定的最大沉降量150mm，不满足规范要求。最大沉降差为244mm，超过规范规定的最大沉降差50mm。

3. 主要存在问题

通过现场调查分析，林辛闸主要存在如下的问题。

（1）部分闸墩表面有麻面、局部混凝土脱落现象；部分胸墙混凝土表面有麻面现象，个别部位混凝土脱落。

（2）闸门为钢筋混凝土平面门，年久失修，3号、7号、10号和15号孔闸门混凝土脱落，金属构件出露、锈蚀严重；1号、6号、8号、13号、15号孔闸门顶止水裂开严重。

（3）机架桥桥面板有混凝土剥落、露筋及桥面板断裂现象；交通桥桥板跨中部位混凝土剥蚀严重，钢筋锈蚀裸露；工作桥护栏出现混凝土老化剥落、露筋及桥面板断裂现象。

（4）左岸桥头堡不均匀沉陷严重，上游南导墙、北翼墙、北减载孔墩与边墩都出现裂缝。

（5）渗压观测管4组，在南北边墩、5号和10号中墩上，原建每组有2管，设在下游铁路桥面上，改建时每组在机房内增设1管。从1982年开始，该闸A1～A4下游组泥土堵塞。

（6）电气设备多为改建时架设，部分为涵闸始建时配置，由于年久失修，部分线路已严重老化；电源开关部件为老式闸刀，开关不灵活，有黏滞现象；控制点没有切断总电源的紧急断电开关。与石洼、十里堡分洪闸共用的备用电厂，35kV变电站，进闸10kV变电设备不能正常使用。

（7）启闭机已经超过规范规定20年折旧年限，设备陈旧；启闭机制动器抱闸时出现冒烟现象，轴瓦老化；高度指示器均有不同偏差，有的失去作用；部分启闭机减速器、联轴器出现漏电现象；绝大部分启闭机未设荷载限制器。

1.2.1.2 安全鉴定结论

2009年4月26日，黄河水利委员会在泰安组织召开了山东东平湖林辛闸安全鉴定会议，形成鉴定结论如下。

（1）防洪标准能够满足要求。

（2）闸室抗滑、抗渗稳定满足规范要求，地基沉降差不满足设计要求。

（3）地震工况下，机架桥排架结构配筋不满足要求，机架桥局部出现不均匀沉降。

（4）在桩基复核计算中，原底板桩基可满足竖向承载力及水平承载力要求；新桩配筋满足要求，中联老桩配筋不满足要求。

（5）消力池长度及深度满足规范要求；海漫长度不满足规范要求。

（6）过流能力满足要求。

（7）闸墩混凝土结构冻融破坏，不满足抗冻等级要求，公路桥结构配筋不满足现行规范要求。

（8）启闭机已经超过规范规定20a折旧年限。

（9）与石洼、十里堡分洪闸共用的备用电厂，35kV变电站，进闸10kV变电设备不能正常使用。

（10）部分测压管淤堵。

综合以上情况，鉴于该闸存在机架桥排架，公路桥在设计工况下结构强度不满足要求，桩基复核老桩配筋不满足要求，地基沉降差不满足设计要求，海漫长度不满足规范要求，闸墩混凝土出现冻融损坏，启闭设备超出使用折旧年限不能保证正常运用，电气设备老化等问题，该闸评定为三类闸，需要进行除险加固。建议措施：①对闸基进行加固处理；②对机架桥、公路桥结构进行加固；③加长海漫长度；④更新启闭机设备和电气设备。

1.2.1.3　核查结论

2011年5月水利部安全鉴定核查组对本闸安全鉴定进行了核查。核查意见认为：本工程安全鉴定程序、鉴定单位资质、安全鉴定专家组成员资格符合《水闸安全鉴定管理办法》的要求，安全鉴定书面成果能够客观反映水闸存在的主要问题。核查认为三类闸的鉴定结论是准确的。

建议初步设计阶段根据下游现状地面高程进一步复核水闸过水能力，必要时提出相应处理措施。施工期进一步检查消能防冲建筑物性状，优化除险加固方案。

1.2.1.4　除险加固后工程特性表

林辛闸除险加固后，2043水平年的工程特性表见表1.2-2。

表1.2-2　　　　林辛闸除险加固后2043水平年工程特性表

序 号	名 称	单 位	数 量	备 注
1	水文			
（1）	控制黄河下泄流量	m³/s	<10000（艾山站）	
2	工程等级			
（1）	工程等别	等	Ⅱ等，大（2）型	
（2）	工程级别	级	1	
3	洪水标准			
（1）	分洪流量	m³/s	1500	加大时1800
	相应水位			

续表

序　号	名　称	单　位	数　量	备　注
	上游水位（设计）	m	49.61	黄海
	上游水位（校核）	m	50.61	
	下游水位（最高运用水位）	m	44.79	
4	其他			
（1）	地震设防烈度	度	7	
（2）	风速	m/s	19.00	

1.2.2　码头泄水闸工程
1.2.2.1　工程位置及概况

东平湖码头泄水闸位于小安山隔堤以北，围坝桩号25+281处，始建于1973年，为1级水工建筑物。设计5年一遇排涝流量为50m³/s，设计泄水水位39.50m（大沽高程，下同），设计防洪水位为44.50m，校核防洪水位为46.00m，下游水位37.50m。

码头泄水闸为两孔一联钢筋混凝土箱涵式泄水闸，闸室段底板厚1.3m，闸底板高程为36.20m（大沽高程，下同），孔口尺寸为4.5m×5.5m，中墩和边墩厚均为0.8m；洞身分为两段，进口段长20.0m，出口段长16.0m，洞身底板厚0.8m，涵洞四角均设高0.5m三角形护角，涵洞底板顶高程为36.20m，顶板高程为42.50m。水闸上游设黏土铺盖长30.0m，厚度0.9~1.4m，黏土铺盖上层设0.4m浆砌石防冲层，上、下游翼墙均采用浆砌石扭曲面挡土墙与浆砌石护坡连接。

原码头泄水闸工程特性见表1.2-3。

表1.2-3　　　　　　　　　原码头泄水闸原工程特性表

序　号	名　称	单　位	数　量	备　注
1	工程级别	级	1	
2	抗震设防烈度	度		
3	设计防洪水位	m	44.50	大沽高程
4	校核防洪水位	m	46.00	
5	下游水位	m	37.50	
6	排涝流量	m³/s	50	5年一遇
7	闸首底板高程	m	36.20	大沽高程
8	闸孔数	孔×联	2×1	箱涵型式
9	洞身尺寸（宽×高）	m×m	4.5×5.5	
10	闸涵总长	m	36	
11	闸门型式			平板门
12	启闭机型式			卷扬启闭机
13	启闭机容量	t	4×15=60	

1.2.2.2　工程现状

码头泄水闸建成于1973年，目前该闸已不能正常运行，从现场勘查及安全鉴定报告结果看，该闸主要存在以下问题：

（1）两边墩所设爬梯下部 2m 锈蚀严重。

（2）南桥头堡沉降严重，与启闭机房严重错位。

（3）右岸翼墙有 1 处竖向裂缝，海漫上块石凹陷且块石与块石结合部有砂浆脱落现象。

（4）左孔洞身第一节与闸室段相接处有一长 40cm 的顺水流向裂缝。

（5）桥头堡与启闭机房存在大量裂缝，且缝宽较大。

（6）闸门面板、主梁及门槽埋件锈蚀严重。

（7）工作便桥桥面板底部有 3 处断裂。

（8）启闭设备无供电线路，升降闸门靠手动。

（9）消力池浆砌石结构表面平整度差，所用块石形状不规则，且存在多处砌缝砂浆脱落的情况。

1.2.2.3　安全鉴定结论

根据水利部颁发的《水闸安全鉴定管理办法》（水建管〔2008〕214 号）和《水闸安全鉴定规定》（SL 214—1998）及相关规范要求，有关单位完成了码头泄水闸的各项调查、检测和安全复核工作。专家组认为对码头泄水闸各鉴定项目的分析评价比较全面且基本符合实际。经过认真讨论，形成《码头泄水闸安全鉴定报告书》，鉴定结论如下：

（1）该闸防洪标准不满足新湖防洪运用水位要求。

（2）过流能力满足设计要求。

（3）该闸消力池设计长度满足要求。

（4）该闸防渗系统已破坏，不满足防渗要求。

（5）在东平湖现设计防洪水位及校核防洪水位工况下，闸室最大基底应力、基底应力最大值和最小值之比不满足规范要求；平均基底应力和抗滑稳定系数满足规范要求。

（6）闸室段及洞身段混凝土强度，抗弯、抗剪能力及裂缝开展宽度均满足现行规范要求。

（7）闸门及其埋件损坏严重，已无法正常运行。

（8）启闭设备及电气控制系统已超过标准规定折旧年限，已无法正常运行。

（9）启闭机房及桥头堡裂缝较多，已成为危房。

综合以上情况，该闸存在严重安全隐患，评定为三类闸。建议尽快进行除险加固。

1.2.3　马口闸工程

因闸址处东平湖围坝为 1 级建筑物，根据《堤防工程设计规范》（GB 50286—2013）的规定，马口闸的建筑物级别也为 1 级建筑物。

根据国家地震局 1990 年《中国地震烈度区划图》，闸址区基本烈度为Ⅶ度，按照《水工建筑物抗震设计规范》（DL 5073）规定，采用基本烈度作为设计烈度，即设计地震烈度为 7 度。

设计引水流量为 4m³/s，设计排涝流量为 10m³/s，设计防洪水位 44.87m，设计引水位 38.79m，最高设计引水位 41.10m，排涝设计水位 41.79m，排涝最高设计水位 42.54m，排涝最低设计水位 37.44m。

马口闸纵轴线与原闸相同。涵闸及围坝相关部分拆除后，由于涵闸与排涝压力涵洞连接需要，出口竖井位置不变。涵闸分为进口段（长 24.0m）、闸室段（长 8.5m）、箱涵段（长 45.2m）、出口竖井段（长 7.0m）、出口段（长 20m），总长度 104.7m。

围坝开挖后按照原堤线高程回填，穿堤涵段原堤顶路面为沥青混凝土型式，在工程结束后应将路面恢复到原状。

1.2.4 东平湖滞洪区

1.2.4.1 工程现状

东平湖滞洪区包括围坝、二级湖堤、山口隔堤、进出湖闸等。东平湖围坝从徐庄闸至武家漫全长 88.30km，其中徐庄闸至梁山国那里（0+000～10+471）为黄河、东平湖两用堤；梁山国那里至武家漫（10+471～88+300）为滞洪区围坝。

山口隔堤分为 3 段，全长 8.542km；进湖闸由石洼、林辛、十里堡 3 座闸组成，退水闸有陈山口和清河门两座，由于受黄河河床逐年淤积抬高的影响，退水日趋困难。1987—1989 年兴建司垓退水闸，退水入南四湖。

1.2.4.2 工程存在的主要问题

东平湖滞洪区共有水闸 22 座，除分洪闸 3 座、退水闸 3 座外，还有其他引水排涝水闸 16 座。其中马口闸位于山东省东平县洲城镇，位于大清河进入东平湖（老湖）入口处，相应围坝桩号 79+300 处，该闸修建于 1966 年，是集灌溉、排涝于一体的工程，设计流量灌溉为 4m³/s，排涝为 10m³/s，1 孔钢筋混凝土箱型涵洞，闸全长为 54.2m，分为 5 段，闸室总宽 3.6m，闸底板高程为 36.79m。马口闸出口侧面接有马口排灌站。

该闸于 2004 年 8 月被黄委会基本建设工程质量检测中心评定为四类闸。其安全鉴定结果：该闸现设计防洪水位为 44.87m，比原设计防洪水位 43.29m 高出 1.58m，达不到防洪标准要求；闸室稳定存在严重问题，不满足规范要求；渗径不足，闸体洞身段沉陷缝止水均已老化损坏，容易造成渗透破坏，防渗设施不能满足抗渗稳定要求；在闸首前缘出现严重裂缝，结构配筋不能满足相应的设计规范要求；混凝土闸门及钢闸门的闸门槽锈蚀严重，启闭机老化，启闭设备满足不了闸门开启和关闭的要求；没有安装电气设施，观测设施已损坏，工作桥栏杆损毁，桥墩不均匀沉陷过大，桥板架空，启闭机房年久失修，门窗破败，屋顶漏雨，上下游挡墙开裂严重，涵洞内部沉陷缝内侧橡胶止水老化开裂，损坏严重，压板及螺栓严重锈蚀，部分螺栓已经锈断。

1.2.4.3 存在的主要问题

（1）分洪问题。分滞黄河洪水是东平湖滞洪区的首要功能，能及时分洪削峰是确保黄河下游安全的关键。目前，黄河向东平湖分洪有石洼、林辛、十里堡 3 座分洪闸，总设计分洪能力 8500m³/s。其中，石洼分洪闸向新湖区分洪，设计分洪流量 5000m³/s，始建于 1967 年，1969 年完成，1979 年完成改建；林辛、十里堡 2 座分洪闸向老湖区分洪，设计流量合计为 3500m³/s，分别始建于 1968 年和 1960 年，分别于 1980 年和 1981 年进行了改建。目前，影响分洪的主要问题是 3 座分洪闸的机电设施严重老化：①所用机电设备（主要是启闭电机）均为 20 世纪 60—70 年代生产，经过多年运用，自身老化严重，维修十分困难；②动力部分，包括变压器、动力线路、配电盘等，由于一直没有更换，早已被国家列为禁用产品，不仅运行中经常出现故障，维修困难，而且当地电力部门已多次发出整改通知，要求立即进行更新改造，否则，无法保证汛期正常供电。2004 年对石洼等 5 座进出湖闸的机电设备进行了安全鉴定，结论是：大部分机电设备严重老化，属三、四类设备，需要更换改造。在近几年每年汛前的启闭试验中，由于机电设施原因，经常出现闸门不能一次开启的情况。这种情况如果发生在实际分洪过程中，不仅会给防洪总体部署造成重大影响，而且还可能造成严重后果。

（2）排水问题。东平湖滞洪区的排水通畅与否，不仅影响湖区的运用成本，而且也直接影响滞洪区的调蓄能力。尤其是老湖，如果在蓄滞黄河或汶河洪水后能够及时退水，就可以相应增加其调蓄能力，减少新湖的运用；同时，也可以为防汛工作争取主动。否则，将导致高水位时间延长，湖区损失加大，防守任务加重。因此，排水问题对东平湖滞洪区的防汛显得尤为重要。

根据规划，东平湖滞洪区的退水出路有两个方向：①向黄河退水，俗称"北排"，是东平湖最主要的退水出路；②通过梁济运河向南四湖排水，俗称"南排"，由于南排涉及南四湖的防汛，所以只能是"相机"进行。东平湖滞洪区无论是"北排"还是"相机南排"，都存在一些问题。

1）对于"北排"，总体上仍然不畅。一是由于湖区群众在陈山口、清河门 2 座出湖闸前修建了一些生产堤，使本来宽阔的湖面变成了数百米宽的河道，缩窄了过水断面，加之隔堤、残坝和水生植物的影响，降低了两闸的过流速度。二是两出湖闸到黄河河槽有近 6km 的出湖河道，黄河水极易对其形成倒灌淤积，影响退水入黄。2002 年开挖以后，在其末端围堰上建设了设计流量为 $450m^3/s$ 的庞口防倒灌闸。由于规模小，汶河发生超过 5 年一遇洪水时，还须破除围堰泄流；而且，为避免黄河水的倒灌淤积，在排水后需要及时堵复。若遇黄河、汶河交替来水，围堰的破除、堵复也须交替进行。从运用情况看，2007 年 8 月东平湖洪水期间曾对围堰进行了破除和堵复，花费了大量的人力、物力，耗资近千万元，围堰堵复实施难度很大。三是"北排"受黄河水位的影响很大，"北排"很容易受到黄河水的顶托。

2）对于"相机南排"，主要是利用梁济运河作为排水通道，同时，梁济运河也是南水北调东线的输水路线，该段工程的前期工作已经开展。据了解，没有考虑"相机南排"的需求，一是断面过水能力与"相机南排"的规模还不相适应，二是沿河一些支流缺少防止倒漾的措施。因此，即使南四湖具备接纳洪水的条件，也很难实现洪水的"相机南排"。

（3）工程安全问题。多年来，国家及地方政府对东平湖滞洪区的建设十分重视，先后安排大量资金用于防洪工程的建设和除险加固，老湖的设计防洪水位也由以前的 44.50m 提高到 46.00m。通过多年的建设，应该说防洪工程的强度不断增强，许多问题不断得以解决。但是，由于东平湖滞洪区遗留问题太多，至今仍存在不少问题影响着工程的安全运行。如：围坝石护坡老化，坍塌破损严重；沿湖堤防上有多座 20 世纪 60—70 年代修建的排灌涵闸，存在设防标准不足、设备老化严重、结构缺陷等问题；沿湖的斑清堤、两闸隔堤、青龙堤、卧牛堤、玉斑堤等堤防存在基础及山体结合部渗水、坝身断面单薄等问题。由于这些问题的存在，运用时都会影响防洪安全。但是，相比之下，目前影响防洪安全最为突出的还是二级湖堤的抗风浪能力不足问题。

二级湖堤是决定东平湖老湖调蓄能力的关键工程，设计为 4 级堤防，设计防洪水位

46.00m。由于二级湖堤修建或加高时我国还没有颁布《堤防工程设计规范》（GB 50286—1998），有关风浪计算采用了苏联的西晓夫公式，设计风浪爬高仅 1.5m，所以设计堤顶高程为 48.00m。从近些年的运行情况看，二级湖堤防风浪能力严重不足，主要是堤顶高度不够、石护坡厚度偏小。2001 年戴村坝站流量 2610m³/s，老湖水位 44.38m，风力 6～7级，阵风 8 级，其风浪爬高接近堤顶；2003 年湖水位 43.20m，风力 6 级，阵风 11 级，风浪爬高超过 3.6m，石护坡坍塌损坏 4.53 万 m²。按照现行《堤防工程设计规范》（GB 50286—1998）复核，堤顶高度差 1m 以上。显然，当老湖水位超过了 45.00m，只要遇到较大的北风，二级湖堤很难保证安全。为此，几年来，防汛预案一直将保证水位确定为 44.50m。但问题是，虽然黄河分洪的概率较小，但老湖蓄滞汶河洪水却是经常运用。2001—2007 年，有 5 年超过了警戒水位。经计算，如果遭遇黄河水顶托，汶河 10 年一遇洪水，老湖水位就可以接近 46.00m。如果水位真的超过了 44.50m，只要在 46.00m 以下，是不敢贸然使用新湖的。

1.3 黄河上水闸工程的必要性、任务及规模

1.3.1 韩墩引黄闸

1.3.1.1 工程建设的必要性

由于韩墩引黄闸承担着 75 万亩的灌溉任务，同时还担负着滨州市区（东郊水厂）、沾化县城（思源湖水库）的城市生活用水和工业供水，工程非常重要。同时，由于水闸安全鉴定存在的主要问题，不仅影响了水闸的正常运行，而且严重威胁着黄河大堤的安全，因此对韩墩引黄闸进行除险加固是十分必要的。

1.3.1.2 工程建设任务

本次除险加固设计的工程任务是通过除险加固，恢复水闸枢纽的原标准和原功能。在批准的水闸安全鉴定报告和规划报告的基础上，通过设计复核，确定闸室、涵洞、启闭机房及上下游联接建筑物的除险加固方案，完善水闸管理设施，确保水闸的正常引水功能。

金属结构设备除险加固的内容主要包括闸门和启闭设备的更新，对旧门槽的去除和改建等。电气设备的设计内容主要为金属结构配套的供电系统等。

1.3.1.3 除险加固的主要内容

（1）闸室混凝土表面缺陷修复。对混凝土表面因冻融破坏引起的剥落、麻面等缺陷，加固措施为凿除原混凝土保护层，使用丙乳砂浆进行补强加固；处理范围为闸墩及底板流道表面。

（2）洞身裂缝修复。对混凝土表面裂缝，对宽度不超过 0.3mm 的非贯穿性裂缝进行表面封闭处理，宽度大于 0.3mm 的非贯穿性裂缝采取化学灌浆进行加固。

（3）防渗长度恢复。由于在 6 号洞室的第 5 节 5.8m 处产生 1 条渗水裂缝，分析表明，该条裂缝应为贯穿性裂缝，设计采取化学灌浆进行加固。

（4）洞身混凝土剥落部位修复。洞身混凝土剥落部位处理方法同样采用凿除原混凝土保护层，使用丙乳砂浆进行补强加固。

（5）启闭机房重建。经过方案比选，新建启闭机房采用轻钢结构房屋。

（6）启闭机排架及便桥加固。原启闭机排架不满足抗震要求和钢筋混凝土构造要求，同时启闭机房宽度也不满足启闭机设备布置和电气设备布置的要求，需对启闭机排架进行改建。

由于新建启闭机房，需要拆除临近启闭机房的一跨人行便桥，因此需要对连接启闭机房的人行便桥进行重建。

（7）观测设施修复。本次除险加固设计恢复已经失效的部分观测设施，清理堵塞的测压管和掩埋的沉陷观测点，恢复其功能。

（8）止水加固处理。依据《水闸安全鉴定报告书》（黄河水利委员会山东黄河河务局，2009 年 3 月），闸室各节之间的止水铁件严重锈蚀，部分已经蚀穿，失去功效，橡胶止水老化，为此需要修复止水设施。

（9）上下游翼墙等其他项目加固。水闸上下游翼墙存在轻微裂缝，干砌石护坡存在不同程度的塌陷；上下游河道和下游消力池淤积严重，影响水闸的引水能力。

本次除险加固采用对上下游翼墙和浆砌石护坡进行加固，方法采用水泥砂浆抹面，对上下游河道和下游消力池淤积部位进行清淤。

1.3.2　三义寨闸工程

1.3.2.1　工程建设的必要性

1. 防洪安全的要求

开封兰考段位于黄河下游上首，该河段河道宽、浅，溜势散乱，滩岸变化复杂，是典型的游荡型河道。由于近几年水量偏枯，河槽淤积严重，槽高、滩低、堤根洼的现象进一步加剧，极易造成险情。小浪底水库建成后，下游仍可能发生大洪水；下游河势变化仍然较大，中常洪水还有可能冲决和溃决大堤。该段堤防一旦决口，洪水泛滥范围及淹没影响面积均较大。三义寨闸位于兰考堤段，该堤段决溢可能影响范围 1.33 万 km^2，洪泛区边界范围为北界洗赵新河，南界东鱼河，流入南四湖。据初步估算，如果在兰考附近发生决口泛滥，直接经济损失将达到 214 亿元。除直接经济损失外，黄河洪灾还会造成十分严重的后果，铁路、公路和生产生活设施以及引黄灌排渠系都将遭受毁灭性破坏，造成群众大量伤亡，泥沙淤塞河渠，良田沙化等，对社会经济发展和环境改善将造成长期的不利影响。

2. 新三义寨引黄灌区的需求

新三义寨引黄灌区受益范围包括开封市境内的开封、兰考、杞县 3 个县，商丘市境内民权、睢县、虞城、梁园区、睢阳区等 6 个县（区），包括 87 个乡（镇）、1765 个行政村，总人口 303.81 万人，其中农业人口 265.62 万人。随着社会经济的发展，农村人口城镇化的比例将逐步提高。

新三义寨引黄灌区设计灌溉面积 344 万亩，总干渠设计引水流量 107m^3/s，按设计灌溉保证率 75%，灌区设计年引水量 9.68 亿 m^3。

灌区主要农作物有小麦、玉米、棉花、大豆、花生等，1998 年该区国民生产总值为 125.26 亿元，农业总产值为 15.13 亿元，粮食总产量 9.07 亿 kg。根据灌区农业发展规划，2015 年作物种植比例为小麦 75%、玉米 20%、棉花 22.2%、经济作物 20%，复种指数可达到 1.77。预计作物产量 2015 年将达到小麦亩产 400kg、玉米 400kg、棉花 80kg，粮食总产量达到 240 万～280 万 t。

新三义寨引黄灌区的水资源包括黄河水、地表水和地下水，其中黄河水是主要水源。根据灌区水资源供需平衡分析，灌区 2015 年引水设计灌溉保证率为 75％时，到灌区工农业及生活用水总量将达到 13.53 亿 m^3，其中，农业总用水量 10.20 亿 m^3，城镇工业及生活总用水量 1.67 亿 m^3，乡镇企业用水量 0.71 亿 m^3，农村人畜用水量 0.95 亿 m^3；地下水可开采量 5.85 亿 m^3，当地地表水可利用量 0.33 亿 m^3，需引黄河水 7.93 亿 m^3。在灌区灌溉保证率 50％时，全灌区工农业及生活用水总量将达到 11.73 亿 m^3，其中，农业总用水量 8.4 亿 m^3，城镇工业及生活总用水量 1.67 亿 m^3，乡镇企业用水量 0.71 亿 m^3，农村人畜用水量 0.95 亿 m^3；地下水可开采量 5.85 亿 m^3，当地地表水可利用量 0.47 亿 m^3，需引黄河水 6.93 亿 m^3。

三义寨闸工程建设后，将会为灌区 344 万亩的农田提供充足而优质的黄河水资源，还可以补充地下水，涵养地下水资源，使灌区水资源短缺的矛盾得到缓解，并改良土壤，使土壤水盐运动向良性循环方向发展，使土壤结构向更有利于作物生长的方向转化，提高农田抗御自然灾害的能力；通过引黄补源，可促进农业生态环境的协调发展和自然生态系统的良性循环，为发展区域内绿色农业和创建生态城市提供前提条件，有利于灌区经济社会可持续发展及和谐社会的建设。

总之，三义寨闸和两侧渠堤位置重要，为确保黄河下游防洪安全，消除堤防隐患，保证引黄工程的引水效益，重建三义寨闸和加固两侧渠堤是十分必要的。

1.3.2.2 工程建设任务

本次工程建设的主要任务是废除旧闸，在原闸址与新三义寨引黄工程之间的人民跃进渠上重建新闸，引水水流通过闸后总干渠三分枢纽工程输送至商丘、开封及兰考灌区，满足当地农田灌溉及城镇供水；加固三义寨闸两侧的渠堤，消除险点隐患，保证黄河防洪安全。

1.3.2.3 规模

1992 年 9 月河南省政府以〔1992〕29 号文下发了《河南省人民政府常务会议纪要》，批准新三义寨灌区立项改建工程。河南省计委以豫计经规〔1992〕1943 号文同意建设新三义寨引黄灌溉工程，批复总干渠设计引水流量为 107 m^3/s。

随着社会经济的不断发展，当地对黄河水的总需求正不断扩大，如遭遇特别干旱的年份和短时间加大输水要求等特殊情况，需要设计时留有余地；另外，黄河水含沙量大，引水口门容易淤堵，引水渠道容易发生淤积，这些都将可能导致无法满足设计要求。基于以上原因，在闸门设计时，需要将设计引水流量适当加大。

1995 年建成了总干渠分水枢纽（商丘干渠分水闸、兰考干渠分水闸、兰杞干渠分水闸），设计流量为 129 m^3/s，原三义寨引黄闸二次改建后的设计流量为 141 m^3/s，基本满足今后发展的需要。

按照黄工字〔1980〕第 5 号文：鉴于目前黄河下游两岸引黄闸的设计引水能力已远大于黄河枯水流量，在黄河水源未大幅度增加以前，一般不应扩大改（重）建旧的引黄涵闸的原来规模。要求扩大规模时，必须经过灌区规划的充分论证，并由地方水利部门报经上级机关批准。

综上所述，三义寨引黄闸本次改建设计引水流量仍维持 $141m^3/s$。

1.3.2.4　渠堤加固

渠堤加固范围：闸上游侧渠堤桩号 0＋000～0＋978；闸下游侧渠堤桩号 2＋045～3＋480，上下游两段总长 2.413km。

1.4　东平湖滞洪区除险加固工程建设的必要性、任务

1.4.1　工程区自然环境概况

东平湖滞洪区地处山东省梁山、东平和汶上县境内，位于黄河由宽河道进入窄河道的转折点，是分滞黄河、汶河洪水，保证艾山以下窄河段防洪安全的重要工程措施。工程区地处北温带，属温带大陆性季风气候，具有四季分明的特点。多年平均气温为 13.5℃，最高气温 41.7℃（1966 年 7 月 19 日），最低气温－17.5℃（1975 年 1 月 2 日）。多年平均降水量 605.9mm，多年平均蒸发量 2089.3mm。最大风速达 21m/s 以上，最大风速的风向多为北风或北偏东风。

1.4.2　社会经济情况

东平湖滞洪区总面积 627km²，耕地面积 3.178 万 hm²，区内村庄 312 个，人口 33.14 万人，房屋 32.5 万间，农业年产值 16.82 亿元，工业年产值 4.7 亿元，固定资产 58.98 亿元，农民人均纯收入 1600～2400 元/人。其中，东平县面积占 59%，耕地面积占 52%，村庄数占 68%，人口数占 56.8%，房屋量占 65.9%，村台占 51.6%，粮食产量占 57%；梁山县次之，汶上县最少面积占不足 1%，人口占 1.4%。

1.4.3　决溢影响分析

按照黄河下游防洪部署，东平湖分蓄黄河流量 17.5 亿 m³，考虑汶河相应时段来水 9.0 亿 m³ 和底水 4.0 亿 m³，总蓄水量达 30.5 亿 m³。围坝为 1 级建筑物，设计蓄水位 43.79m。一旦围坝发生决溢其结果如下。

（1）湖东围坝决溢，洪水将漫淹东平县的大清河以南、汶上县和济宁市共计 53 个乡（镇），受淹面积 1222km²，受淹人口 126.89 万人，淹没耕地 6.8 万 hm²，损失粮食 50.5 万 t、油料 2.28 万 t、棉花 0.97 万 t、国有固定资产 18.9 亿元，不计林、牧、副、渔业及交通设施，一次决溢经济总损失约 50 亿元。

（2）湖西围坝决溢，洪水将漫淹梁山县、郓城县的大部分，水顺京杭运河以西和洙赵新河以北入南四湖，淹及嘉祥县和巨野县的一部分，共淹 66 个乡（镇），受淹面积 3319 km²，受淹人口 205.06 万人，淹没耕地 14.6 万 hm²，损失粮食 115.7 万 t、油料 5.34 万 t、棉花 2.07 万 t、国有固定资产 1.74 亿元，不计林、牧、副、渔业及交通设施，一次决溢经济总损约 43 亿元。

（3）湖东、湖西围坝均发生决溢，洪水将淹及 7 个县（市），共计 119 个乡（镇），受淹面积 4541 km²，受淹人口 331.95 万人，淹没耕地 21.5 万 hm²，损失粮食 166.2 万 t、油料 7.63 万 t、棉花 3.04 万 t、国有固定资产 20.64 亿元，不计林、牧、副、渔业及交通设施，一次决溢经济总损失约 93 亿元。

1.4.4 除险加固工程建设的必要性

黄河下游是举世闻名的"地上悬河"。为了减少黄河洪水灾害，国家始终把保障黄河下游防洪安全作为黄河治理的首要任务，经过多年的努力，初步形成了"上拦、下排、两岸分滞"的防洪工程体系，使黄河下游防洪治理初见成效。但是，由于黄河问题的特殊性和复杂性，决定了在未来相当长的时间内，黄河仍将是一条多泥沙的河流。

小浪底水库投入防洪运用以后，可以控制整个流域面积的 92.3%，原来的"下大洪水"三门峡至小浪底之间部分也可以得到较好的控制。但小浪底至花园口区间（简称小花间）仍有 2.7 万 km² 属于无控制区。目前黄河下游的防洪标准是防御花园口洪峰流量 22000m³/s，通过东平湖蓄滞洪运用，控制艾山站下泄不超过 10000m³/s。东平湖蓄洪区是确保艾山站下泄流量不超过 10000m³/s 的重要工程，在小浪底水库运用后，东平湖分滞黄河洪水的概率约为 30 年一遇。同时，东平湖还承担着蓄滞汶河洪水的任务，因此东平湖滞洪区对山东黄河以及汶河防洪是至关重要的。根据历史洪泛情况，结合现在的地形地物变化分析推断，如果黄河在艾山站以下决口，北岸决口黄河洪泛影响范围达 10500km²，如果南岸决口，影响范围达 6700km²。影响范围内有济南、滨洲、东营，津浦铁路，胜利油田等大中城市和重要设施。

目前，黄河下游悬河形势加剧，防洪形势严峻，黄河一旦决口，势必造成巨大灾难，打乱整个国民经济的部署和发展进程。除直接经济损失外，黄河洪灾还会造成十分严重的后果，对社会经济发展和环境改善将造成长期的不利影响。因此两岸保护区对黄河下游防洪的要求越来越高，必须保证黄河下游防洪万无一失，保障国民经济的健康发展。确保黄河下游防洪安全，对建设有中国特色的社会主义事业和实现可持续发展战略，具有重要的战略意义。东平湖作为下游防洪体系的重要组成部分，对山东窄河段的防洪安全发挥着极为重要作用。

综上所述，为了充分发挥东平湖的蓄滞洪能力，保证山东黄河以及汶河的防洪安全，对滞洪区工程存在的问题及时通过工程建设措施予以消除，是非常必要的，也是十分紧迫的。

1.4.5 除险加固工程任务

以保证东平湖"分得进、守得住、排得出"为目标，以不断完善、加强东平湖的蓄滞洪体系为原则，根据近期实施的可能投资规模，按照先急后缓、确保重点防洪工程的原则安排建设项目，提高东平湖滞洪区蓄滞洪能力，保障黄河下游的防洪安全。

由于马口闸年久失修，破损严重，不能满足防洪要求，一旦失事，将给东平湖周边地区造成巨大的经济损失，并对社会稳定产生不利影响。本次工程建设对马口闸进行改建加固，消除险点隐患。

1.5 除险加固工程规模及设计依据

1.5.1 韩墩引黄闸

1.5.1.1 工程等别及建筑物级别

韩墩引黄闸的除险加固设计，工程等级仍采用安全鉴定复核的标准，主要建筑物级别为 1 级。

1.5.1.2　设计依据的规程规范及文件

主要依据的规程规范如下。

（1）《水利水电工程等级划分及洪水标准》（SL 252—2000）。

（2）《水闸设计规范》（SL 265—2001）。

（3）《水工混凝土结构设计规范》（SL 191—2008）。

（4）《混凝土结构设计规范》（GB 50010—2010）。

（5）《混凝土结构加固设计规范》（GB 50367—2006）。

（6）《水工建筑物荷载设计规范》（DL 5077—1997）。

（7）《冷弯薄壁型钢结构技术规程》（GB 50018—2002）。

（8）《轻型钢结构住宅技术规程》（JGJ 209—2010）。

（9）《堤防工程设计规范》（GB 50286—1998）。

（10）《建筑抗震设计规范》（GB 50011—2010）。

（11）其他国家现行有关法规、规程和规范。

技术要求、设计文件如下。

（1）《韩墩引黄闸安全评价总报告》（山东大学土建与水利学院测时中心等单位，2008年 12 月）。

（2）《水闸安全鉴定报告书》（黄河水利委员会山东黄河河务局，2009 年 3 月）。

（3）《韩墩引黄闸工程现状调查分析报告》（山东大学土建与水利学院测时中心，2008年 11 月）。

（4）《黄河下游引黄涵闸、虹吸工程设计标准的几项规定》（黄工字〔1980〕第 5 号文）。

（5）黄委会《关于印发山东黄河西双河等八座引黄闸安全鉴定报告书的通知》（黄建管〔2009〕13 号，2009 年 4 月）。

（6）黄委会《关于印发黄河下游病险水闸除险加固工程设计水位推算结果的通知》（黄规计〔2011〕148 号）。

1.5.1.3　设计基本资料

1. 水位及流量

（1）原设计水位及流量。韩墩引黄闸原设计水位流量关系，系利用 1977 年汛后利津站洪水水面线进行推算得到。

设计防洪水位（以 2011 年为准）22.80m，校核防洪水位 23.80m，闸前设计引水位12.88m（大河相应水位 13.24m，流量 117m³/s），设计引水流量 60m³/s，闸前最大设计引水位 13.70m（大河相应水位 14.06m，流量 400m³/s），最大设计引水量 100m³/s，闸前最高运用水位 20.32m（相应于 2011 年大河 5000m³/s 的水位），闸前设计淤沙高程20.80m，闸前校核淤沙高程 21.80m，闸底板设计高程 10.50m，堤顶设计高程 24.90m，闸前启门运用最大淤沙高程 18.32m。

（2）2043 年设计防洪水位 20.72m，校核防洪水位 21.72m。

（3）现行闸前设计引水位为 12.39m。

2. 地震烈度

根据《中国地震动参数区划图》（GB 18306—2001），闸址超越概率为 10% 的地震动峰值加速度为 0.10g，地震动反应谱特征周期值为 0.65s，对应地震基本烈度为Ⅶ度。设计地震烈度为 7 度。

1.5.2　三义寨闸

1.5.2.1　工程等别及建筑物级别

开封三义寨闸改建工程为引黄灌溉工程，根据工程建设任务，水闸设计引水流量为 141m³/s。根据《水闸设计规范》（SL 265—2001），三义寨水闸改建工程为中型Ⅲ等工程。由于本工程位于黄河下游防洪大堤上，根据相关规范及《黄河下游引黄涵闸、虹吸工程设计标准的几项规定》（黄工字〔1980〕第 5 号文），将主要建筑物级别提高到防洪大堤级别，最终确定主要建筑物级别为 1 级。

1.5.2.2　设计依据的规范及标准

（1）《水闸设计规范》（SL 265—2001）。

（2）《水利水电工程等级划分及洪水标准》（SL 252—2000）。

（3）《水工建筑物荷载设计规范》（DL 5077—1997）。

（4）《水工建筑物抗震设计规范》（SL 203—1997）。

（5）《水工混凝土结构设计规范》（SL 191—2008）。

（6）《水电水利工程设计工程量计算规定》（SL 328—2005）。

（7）《水闸工程管理设计规范》（SL 170—1996）。

（8）《灌溉与排水工程设计规范》（GB/T 50288—1999）。

（9）《公路桥梁设计通用规范》（JTG D60—2004）。

（10）《建筑地基基础设计规范》（GB 50007—2002）。

（11）《建筑地基处理技术规范》（JGJ 79—2002）。

（12）《堤防工程设计规范》（GB 50286—1998）。

（13）《堤防工程施工规范》（SL 260—1998）。

（14）《水利水电工程土工合成材料应用技术规范》（SL/T 225—1998）。

（15）《黄河下游引黄涵闸、虹吸工程设计标准的几项规定》（黄工字〔1980〕第 5 号文）。

1.5.2.3　洪水标准

根据《黄河下游引黄涵闸、虹吸工程设计标准的几项规定》（黄工字〔1980〕第 5 号文），本工程以防御花园口站 22000m³/s 的洪水为设计防洪标准。

三义寨闸位于黄河大堤右岸上段桩号 130+000 处，其设计防洪水位为 76.70m，校核防洪水位为 77.70m。

1.5.2.4　设计基本资料

1. 流量及特征水位

设计引水流量 141m³/s，设计引水水位 69.96m（大河水位，黄海高程，下同），最高运用水位 75.09m，设计防洪水位 76.70m，校核防洪水位 77.70m。

2. 水文气象

闸址区多年平均气温为 14℃，最大风速为 15m/s。

3．地震烈度

根据地质勘察报告，三义寨闸闸址区抗震设防烈度为 7 度，设计基本地震加速度值为 0.10g。

4．主要建筑物材料特性及设计参数

根据地质报告，场区地下水对混凝土结构无腐蚀性，水闸等主体混凝土材料采用普通硅酸盐水泥。闸室段混凝土强度等级 C30，上下游翼墙、边墩侧空箱挡墙、铺盖、消力池混凝土强度等级 C25，无砂混凝土排水体 C15，素混凝土垫层 C10；交通桥、工作桥、排架混凝土无抗渗要求，其余部位混凝土抗渗标号为 W6；混凝土抗冻标号均为 F100；素混凝土垫层采用 1 级配，其余部位混凝土均采用 2 级配；素混凝土重度为 24kN/m³，钢筋混凝土重度为 25kN/m³。

5．其他设计标准

闸顶交通桥汽车荷载标准：公路采用二级设计标准。

两岸连接堤防：顶宽 12m，路面结构参照国家三级公路标准设计。

土基上闸室基底应力最大值与最小值之比允许值见表 1.5－1，土基上沿闸室基底面抗滑稳定安全系数允许值见表 1.5－2。

表 1.5－1　　　　　　　土基上闸室基底应力最大值与最小值之比允许值

地 基 土 质	荷 载 组 合	
	基 本 组 合	特 殊 组 合
松　　软	1.50	2.00

表 1.5－2　　　　　　　土基上沿闸室基底面抗滑稳定安全系数允许值

荷 载 组 合		水 闸 级 别			
		1	2	3	4、5
基 本 组 合		1.35	1.30	1.25	1.20
特殊组合	I	1.20	1.15	1.10	1.05
	II	1.10	1.05	1.05	1.00

1.5.3　林辛闸

1.5.3.1　工程等别及建筑物级别

根据《水闸设计规范》（SL 265—2001）的规定，平原区水闸枢纽工程应根据最大过闸流量及其防护对象的重要性划分等别；水闸枢纽中的水工建筑物应根据其所属枢纽工程等别、作用和重要性划分级别，且位于防洪堤上的水闸，其级别不得低于防洪堤的级别。

林辛闸位于黄河大堤上，设计分洪流量 1500m³/s，最大分洪流量 1800m³/s。按照上述规定，其工程等别为 II 等，主要建筑物级别为 1 级。

1.5.3.2　设计依据的规程规范及文件

主要依据的规程规范如下。

（1）《水利水电工程等级划分及洪水标准》（SL 252—2000）。

（2）《水闸设计规范》（SL 265—2001）。

（3）《水工混凝土结构设计规范》（SL 191—2008）。

（4）《混凝土结构设计规范》（GB 50010—2002）。

（5）《混凝土结构加固设计规范》（GB 50367—2006）。

（6）《建筑地基基础设计规范》（GB 50007—2002）。

（7）《建筑桩基技术规范》（JGJ 94—2008）。

（8）《公路桥涵地基与基础设计规范》（JTJ 023—1985）。

（9）《公路钢筋混凝土及预应力混凝土桥涵设计规范》（JTG D62—2004）。

（10）《水工建筑物荷载设计规范》（DL 5077—1997）。

（11）《水工建筑物抗冰冻设计规范》（SL 211—2006）。

（12）《水利水电工程钢闸门设计规范》（SL 74—1995）。

（13）《水利水电工程启闭机设计规范》（SL 41—1993）。

（14）《水利水电工程施工组织设计规范》（SL 303—2004）。

（15）《水利水电工程初步设计报告编制规程》（DL 5021—1993）。

（16）《冷弯薄壁型钢结构技术规程》（GB 50018—2002）。

（17）《轻型钢结构住宅技术规程》（JGJ 209—2010）。

（18）《堤防工程设计规范》（GB 50286—1998）。

（19）其他国家现行有关法规、规程和规范。

技术要求、设计文件如下。

（1）《黄河下游近期防洪工程建设可行性研究报告》（简称《近期可研》，黄河勘测规划设计有限公司，2008 年 7 月）。

（2）《山东黄河东平湖林辛分洪闸安全鉴定报告》及鉴定结论。

（3）《山东黄河东平湖林辛分洪闸安全鉴定核查报告》。

（4）《黄河下游引黄涵闸、虹吸工程设计标准的几项规定》（黄工字〔1980〕第 5 号文）。

（5）《关于印发黄河下游病险水闸除险加固工程设计水位推算结果的通知》（黄规计〔2011〕148 号）。

1.5.3.3 设计基本资料

根据《黄河下游标准化堤防工程规划设计与管理标准（试行）》（黄建管〔2009〕53 号），黄河下游水闸工程（包括新建和改建）防洪标准：以防御花园口站 22000m^3/s 的洪水为设计防洪标准，设计洪水位加 1m 为校核防洪标准。东平湖林辛分洪闸位于右岸大堤桩号 338+886 处，设防流量为 13500m^3/s。林辛分洪闸计划 2013 年加固完成，设计水平年以工程完工后的第 30 年作为设计水平年，即 2043 年为设计水平年。林辛闸 2043 水平年设计防洪水位 49.61m，与原闸设计防洪水位 49.79m 基本相当。本次除险加固仍采用原设计防洪水位 49.79m，校核防洪水位采用 50.79m。考虑到 2043 水平年设计防洪水位比原闸设计防洪水位低 0.18m，在过流能力复核时，水位采用设计水平年水位。

1. 水位及流量

（1）在复核闸孔过流能力时，临黄河侧设计洪水位 49.61m，临黄河侧校核洪水位

50.61m，相应下游水位均按较高湖水位 44.79m 复核，相应流量不少于 1800m³/s。

（2）在复核消能建筑物时，上游水位 50.79m，相应下游水位按较低湖水位 41.79m 复核，相应流量 1800m³/s。

（3）验算闸室稳定及防渗设计时，上游设计挡水位 49.79m，上游校核挡水位 50.79m，相应下游水位及消力坎高均为 39.64m。

2. 淤沙高程

根据黄河下游涵闸设计经验，淤沙高程按闸前水位减 2m 计。

3. 地震烈度

根据《中国地震动参数区划图》（GB 18306—2001），闸址超越概率为 10%的地震动峰值加速度为 0.10g，地震动反应谱特征周期值为 0.40s，对应地震基本烈度为Ⅶ度，设计地震烈度取为Ⅶ度。

1.5.4　码头泄水闸

1.5.4.1　工程等别及建筑物级别

东平湖码头泄水闸的除险加固设计，工程等级采用安全鉴定复核的标准，主要建筑物级别为 1 级。

1.5.4.2　设计依据的规程规范及文件

主要依据的规程规范如下。

（1）《水闸设计规范》（SL 265—2001）。

（2）《水工混凝土结构设计规范》（SL 191—2008）。

（3）《混凝土结构加固设计规范》（GB 50367—2006）。

（4）《建筑地基基础设计规范》（GB 50007—2002）。

（5）《建筑桩基技术规范》（JGJ 94—2008）。

（6）《公路桥涵地基与基础设计规范》（JTJ 023—1985）。

（7）《公路钢筋混凝土及预应力混凝土桥涵设计规范》（JTG D62—2004）。

（8）《水工建筑物荷载设计规范》（DL 5077—1997）。

（9）《水工建筑物抗冰冻设计规范》（SL 211—2006）。

（10）《水利水电工程初步设计报告编制规程》（DL 5021—1993）。

（11）《堤防工程设计规范》（GB 50286—1998）。

（12）《水利水电工程初步设计报告编制规程》（送审稿）。

（13）其他国家现行有关法规、规程和规范。

1.5.4.3　设计基本资料

1. 水位及流量

码头泄水闸原设计排涝流量 89.0m³/s，宣泄库内底水的流量为 150.0m³/s。5 年一遇排涝流量为 50m³/s，设计防洪水位为 44.50m，校核防洪水位为 46.00m。

根据现行《水闸设计规范》（SL 265—2001）中规定：位于防洪堤上的水闸，其防洪标准不得低于防洪堤的防洪标准。根据水利部黄河水利委员会文件（黄汛〔2002〕5 号）中"关于东平湖运用指标及管理调度权限等问题的批复"的数据，可知新湖最高防洪运用水位为 45.00m。因此，本次码头泄水闸设计防洪水位取 45.00m。

2. 地震烈度

根据《中国地震动参数区划图》(GB 18306—2001) 工程区 50 年超越概率 10% 地震动峰值加速度为 0.10g，相应地震基本烈度为Ⅶ度。

1.5.4.4　码头泄水闸修复设计

1. 修复措施

根据《东平湖码头泄水闸工程安全鉴定报告》鉴定结论中指出的问题，本阶段除险加固设计采取相应的修复设计及加固措施具体如下。

(1) 对于鉴定结论中第 (1)、(5) 条。原设计防洪水位为 44.50m，根据现行《水闸设计规范》(SL 265—2001) 中规定，位于防洪堤上的水闸，其防洪标准不得低于防洪堤的防洪标准。根据水利部黄河水利委员会文件 (黄汛〔2002〕5 号) 中"关于东平湖运用指标及管理调度权限等问题的批复"的数据，可知新湖最高防洪运用水位为 45.00m，本次码头泄水闸设计防洪水位取 45.00m。

针对设计防洪水位提高 0.5m 水头，本设计对除险加固后的水闸重新进行渗流分析、稳定分析计算，分析结果为在防洪标准满足新湖防洪运用水位要求下，水闸稳定满足规范要求。

(2) 对于鉴定结论中第 (2)、(4) 条。本次除险加固工程对现码头泄水闸铺盖、闸室流道、过水涵洞、消力池、海漫进行清淤，清淤工程量 1412m³。修复闸室与上游铺盖及涵洞、涵洞与涵洞间沉降缝止水，经计算修复后的水闸防渗系统满足防渗要求。

(3) 对于鉴定结论中第 (7)、(8) 条。码头水闸闸门面板、主梁及门槽埋件锈蚀严重，局部已完全锈损；启闭设备已超过现行标准使用年限，多数部件属淘汰产品，制动轮、齿轮磨损严重；启闭机减速箱均漏油严重；钢丝绳存在锈蚀、断丝现象；无高度限制器及负荷控制器，存在安全隐患；主要电气元件为 20 世纪 70 年代产品，严重老化。

本次除险加固工程对原水闸门槽进行凿除，重新浇筑二期混凝土门槽，更换闸门、启闭机及电气设备，配备消防设施。

(4) 对于鉴定结论中第 (9) 条。由于地基的不均匀沉降，启闭机房在楼梯间开裂错位达 102.0mm，超出了规范要求，同时，启闭机下 4 根 T 形梁挠度较大，均不能满足规范要求。

本次除险加固工程对原闸启闭机房、机架桥、楼梯间进行拆除重建，对闸室边墩处的围坝进行锥探灌浆。

(5) 其他除险加固部分。

1) 拆除海漫上块石凹陷块石，对块石与块石结合部有砂浆脱落部位进行砂浆灌缝。

2) 对左孔洞身第一节与闸室段相接处有一长 40cm 的顺水流向裂缝进行凿毛补强，采用结构胶进行灌缝处理。

3) 对闸室段及泄水涵洞段混凝土碳化面采用丙乳砂浆进行修补。

4) 对码头泄水闸管理区场区内进行景观绿化。

2. 除险加固设计内容

除险加固工程维持原闸设计规模，除险加固的主要内容如下。

（1）修复补强闸墩、涵洞内壁、涵洞出口处混凝土缺陷。

（2）拆除重建机架桥、启闭机房、桥头堡、围护栏。

（3）修复闸室与上游铺盖及涵洞、涵洞与涵洞间沉降缝止水。

（4）锥探压力灌浆加固闸首、涵洞与围坝之间的接触缝面。

（5）凿除更换门槽预埋件，更换工作闸门及其固定卷扬式启闭机。

（6）扩容动力电源，更换电气设备。

（7）新设渗压观测设施。

（8）对码头泄水闸管理区进行景观绿化。

1.5.5　马口泄水闸

1.5.5.1　建筑物级别

因闸址处东平湖围坝为1级建筑物，根据《堤防工程设计规范》（GB 50286—1998）的规定，马口涵闸的建筑物级别也为1级建筑物。

1.5.5.2　设计依据的规程规范及资料

1.设计依据的规程规范

（1）《水闸设计规范》（SL 265—2001）。

（2）《堤防工程设计规范》（GB 50286—1998）。

（3）《水工混凝土结构设计规范》（SL 191—2008）。

（4）《水工建筑物荷载设计规范》（DL 5077—1997）。

（5）《水工建筑物抗震设计规范》（SL 203—1997）。

（6）《建筑地基基础设计规范》（GB 50007—2011）。

（7）《灌溉与排水工程设计规范》（GB 50288—1999）。

（8）《水利水电工程设计工程量计算规定》（SL 328—2005）。

（9）《水利水电工程钢闸门设计规范》（SL 74—1995）。

（10）《水利水电工程启闭机设计规范》（SL 41—2011）。

（11）《土石坝安全监测技术规范》（SL 551—2011）。

（12）《黄河堤防工程管理设计规定》（黄建管〔2005〕44号）。

（13）《大坝安全自动监测系统设备基本技术条件》（SL 268—2001）。

（14）《大坝安全监测自动化技术规范》（DL/T 5211—2005）。

（15）《引黄涵闸远程监控系统技术规程》（试行）（SZHH 01—2002）。

2.设计依据的资料

（1）闸址区1∶500地形图。

（2）原闸竣工图纸。

（3）地震烈度。根据国家地震局1990年《中国地震烈度区划图》，闸址区基本烈度为Ⅶ度，按照《水工建筑物抗震设计规范》（SL 203—1997）规定，采用基本烈度作为设计烈度，即设计地震烈度为7度。

（4）灌区设计引水流量。设计引水流量为$4m^3/s$，设计排涝流量为$10m^3/s$。

（5）控制水位。设计防洪水位44.87m，设计引水位38.79m，最高设计引水位41.10m，排涝设计水位41.79m，排涝最高设计水位42.54m，排涝最低设计水位37.44m。

1.5.5.3　工程总体布置

马口闸纵轴线与原闸相同，涵闸及围坝相关部分拆除后，由于涵闸与排涝压力涵洞连接需要，出口竖井位置不变。涵闸分为进口段（长 24.0m）、闸室段（长 8.5m）、箱涵段（长 45.2m）、出口竖井段（长 7.0m）、出口段（长 20m），总长度 104.7m。

围坝开挖后按照原堤线高程回填，穿堤涵段原堤顶路面为沥青混凝土型式，在工程结束后应将路面恢复到原状。

第2章　水闸的洪水标准、工程地质勘察

2.1　水文气象资料

2.1.1　韩墩引黄闸

韩墩闸距离滨州不远，工程处的气象要素可借用滨州气象站资料为代表进行统计，资料年份为 1957—1980 年，详见表 2.1-1。滨州站多年平均气温 12.4℃，极端最高气温 40.9℃，极端最低气温－22.8℃，多年平均降水量 589.7mm，多年平均蒸发量 1943mm（20cm 蒸发器），历年最大冻土层深度小于 57cm，多年最大风速 25.0m/s。

韩墩引黄闸工程改建有关的水文测站有黄河干流的三门峡（潼关），小浪底、花园口、夹河滩、高村、孙口水文测站，伊洛河的东湾（嵩县）、陆浑、龙门镇、长水（故县）、宜阳、白马寺（洛阳）、黑石关，沁河的山路平、五龙口、小董（武陟）等，以上各站均为黄河干支流的一等水文站，测验精度较高，其实测水文资料均经过黄委会有关单位的系统整编和多次复核审查。其精度可以满足黄河下游设计洪水分析计算的要求。

2.1.2　三义寨闸

工程区的气象特征选择开封气象站 1961—1990 年资料统计分析，该地区多年平均气温为 14.1℃，最高气温 42.9℃（1966 年 7 月 19 日），最低气温－16℃（1971 年 12 月 27 日）。多年平均地温 16.1℃，最高地温 69.7℃（1986 年 6 月 28 日），最低地温－20.4℃（1990 年 1 月 31 日）。多年平均降水量 619.3mm，多年平均蒸发量 1937mm，最大风速达 20m/s 以上，最大风速的风向多为北风或北偏东风。对工程最不利的风向是北风，据 1961—1990 年资料统计，北风最大风速均值为 12.6m/s。开封气象站 1961—1990 年气象资料统计见表 2.1-2。

黄河自 1919 年就开始设站观测。新中国成立前测站较少，新中国成立后，在干流各河段及较大支流上都设有水文观测站，雨量站更是遍及全流域，基本上能控制黄河各河段的水情和雨情。与黄河下游防洪工程建设有关的水文测站有黄河干流的花园口（秦厂）、小浪底、三门峡（潼关），伊洛河的东湾（嵩县）、陆浑、龙门镇、长水（故县）、宜阳、白马寺（洛阳）、黑石关，沁河的山路平、五龙口、小董（武陟），大汶河的戴村坝等，以上各站均为黄河干支流的一等水文站，测验精度较高，其实测水文资料均经过黄委会和各省有关单位系统整编和多次复核审查，其精度可以满足黄河下游及大汶河设计洪水分析计算的要求。

从历次资料复核和审查情况看，认为新中国成立前特别是抗日战争期间水文资料的观测精度较差，新中国成立后水文资料的观测精度较高。

表 2.1-1

滨州气象站气象要素统计表

项目		单位	资料年份	1	2	3	4	5	6	7	8	9	10	11	12	全年
气温	平均气温	℃	1957—1980	-3.8	-1.4	5.4	13.0	19.8	24.5	26.5	25.5	20.3	13.9	5.9	-0.9	12.4
	平均最高			2.2	4.8	12.0	19.8	26.9	31.1	31.5	30.3	26.3	20.4	12.0	4.6	18.5
	平均最低			-8.2	-6.0	0.2	6.9	13.1	18.5	22.2	21.3	15.0	8.4	1.1	-5.0	7.3
	极端最高			14.8	22.8	26.7	34.0	37.5	40.9	39.2	39.6	33.5	31.5	25.3	18.3	40.9
	极端最低			-22.8	-20.9	-13.5	-4.2	0.1	9.3	12.8	13.1	4.5	-2.3	-10.1	-18.7	-22.8
平均相对湿度		%	1957—1980	62	62	61	58	57	63	79	81	74	71	70	67	67
地温	平均地温	℃	1957—1980	-3.5	-0.6	6.8	15.1	23.6	28.6	29.4	28.4	22.5	14.7	5.7	-1.1	14.1
	平均最高			9.2	12.8	22.5	32.2	42.9	47.3	43.7	42.5	37.7	29.6	18.4	9.9	29.1
	平均最低			-10.7	-18.4	-2.1	4.6	11.1	17.0	21.5	20.7	13.4	6.1	-1.1	-6.9	5.4
	极端最高			24.5	31.0	43.5	54.9	62.1	66.0	68.4	64.0	56.1	48.0	36.9	24.3	68.4
	极端最低			-28.1	-26.1	-20.8	-7.7	-1.3	7.4	10.8	11.0	1.4	-7.5	-11.7	-23.1	-28.1
最大冻土深度		cm	1959—1980	52	56	57								10	36	57
平均降水量		mm	1957—1980	5.7	9.0	10.3	32.8	26.0	73.2	191.5	134.0	51.0	31.2	17.3	7.7	589.7
≥0.1mm降雨天数		d	1957—1980	2.5	3.0	3.7	6.3	5.1	8.8	14.8	11.0	6.9	5.1	4.2	3.3	74.7
≥5mm降雨天数		d		0.4	0.7	0.5	2.0	1.8	3.2	7.7	5.3	2.6	1.6	1.1	0.6	27.4
蒸发量		mm	1957—1980	49.3	65.4	136.1	232.6	311.9	319.4	224.5	184.8	161.7	133.2	77.7	46.8	1943
最大风速		m/s	1958—1980	17.9	16.0	18.0	25.0	24.0	20.7	19.3	13.0	12.3	16.0	16.0	16.0	25.0
最大风速的风向			1958—1980	NNW/NW	NE/NNE	NE	NE	NE	WSW	NNW	ENE	NE/NNE	WNW/NE	NE	NNW	NE
最多风向			1957—1980	C/NW	C/NE	E	ESE	SE	ESE	SE	C/SE	C/SE	C/SSE	C/WSW	C/WSW	C/SE
频率		%	1957—1980	10.9	9.8	8	8	10	11	12	15.9	17.7	14.7	13.8	12.8	10.8

注 "C"表示静风,下同。

表 2.1-2 开封气象站气象要素统计表

项目		单位	资料年份	月份												全年
				1	2	3	4	5	6	7	8	9	10	11	12	
气温	平均气温	℃	1961—1990	-0.3	1.9	7.8	14.9	20.9	25.6	27.0	26.0	20.8	15.0	7.8	1.5	14.1
	平均最高		1951—1980	4.8	7.6	13.8	21.1	27.3	32.3	32.1	30.9	26.7	21.3	13.7	6.9	19.9
	平均最低		1951—1980	-4.6	-2.5	2.4	8.9	14.5	19.7	22.9	22.0	16.1	9.7	3.0	-2.8	9.1
	极端最高		1961—1990	19.2	23.3	31.0	35.4	38.7	42.5	42.9	38.5	36.7	32.5	25.8	22.2	42.9
	极端最低		1961—1990	-15.0	-14.2	-8.5	-1.6	5.0	11.3	15.2	13.5	5.0	-1.0	-9.1	-16.0	-16.0
平均相对湿度		%	1961—1990	62	63	63	63	63	63	79	80	77	74	70	65	68
地温	平均地温	℃	1961—1990	0	2.9	9.5	17.4	24.6	29.8	30.4	29.4	23.4	16.2	8.0	1.5	16.1
	平均最高		1958—1980	11.3	16.5	25.1	33.2	43.2	29.9	45.7	45.1	38.5	30.9	20.7	12.9	31.1
	平均最低		1954—1980	-6.4	-4.0	0.5	7.2	12.9	18.4	22.4	21.5	15.3	7.9	0.6	-4.9	7.6
	极端最高		1961—1990	27.1	41.0	45.8	60.8	64.0	69.7	67.5	65.0	59.4	51.8	39.3	27.1	69.7
	极端最低		1961—1990	-20.4	-17.8	-11.9	-6.3	1.5	8.1	14.3	12.2	3.4	-4.3	-11.9	-19.7	-20.4
最大冻土深度		cm	1964—1980	26	20	11								8	23	26
平均降水量		mm	1961—1990	7.5	11.2	23.9	41.1	50.1	72.0	151.4	109.7	80.8	40.6	22.4	8.8	619.3
≥0.1mm降雨天数		d	1951—1980	2.6	4.2	5.5	7.7	6.6	7.6	12.1	9.6	9.0	7.1	4.5	2.8	79.3
≥5mm降雨天数		d	1951—1980	0.4	0.6	1.6	2.6	2.2	3.0	5.8	4.9	3.1	2.2	1.8	0.6	28.8
蒸发量		mm	1961—1990	61.4	81.2	147.1	206.9	269.2	311.3	227.7	194.4	154.4	126.6	88.0	68.3	1937
最大风速		m/s	1961—1990	18.0	20.0	16.0	17.3	14.7	18.0	15.0	18.7	15.0	20.0	16.0	17.0	20.0
最多风向			1961—1990	NNE	NNE	2G	NNE	2G	N	ESE	NW	SSW	NNE	W	2G	NNE
最多风向				NNE	NNE	NNE	NNE	SSW	S	S	NNE	NNE C	NNE C	NNE	NNE	NNE
频率		%	1961—1990	17	16	14	13	13	12	11	15	13,17	12,15	15	15	13

注 "C"表示静风，"G"表示个。

2.1.3 东平湖滞洪区林辛、码头、马口水闸

东平湖滞洪区属于暖温带大陆性半湿润季风气候，四季分明。由于受大陆性季风影响，一般冬春两季多风而少雨雪，夏秋则炎热多雨；秋冬季多偏北风，春夏季以南风为主，最大风力可达8级，形成了该区春旱夏涝的自然特点。

距东平湖滞洪区较近的气象站为梁山气象站。东平湖滞洪区的气象要素可以梁山气象站资料进行统计分析，各气象要素详见表2.1-3。

表 2.1-3　　　　　　　　梁山气象站气象要素统计表

项目		单位	月份												全年
			1	2	3	4	5	6	7	8	9	10	11	12	
气温	平均气温	℃	−1.8	0.8	7.0	14.1	20.4	25.7	26.9	25.9	20.7	14.8	7.0	0.3	13.5
	平均最高		3.9	6.8	13.5	20.8	27.0	32.1	31.6	30.6	26.3	20.9	12.7	5.7	19.3
	平均最低		−6.2	−3.8	1.7	8.3	14.0	19.5	22.8	21.9	15.8	9.7	2.4	−3.7	8.5
	极端最高		16.2	23.9	28.2	33.8	39.0	41.6	41.7	39.2	34.4	32.0	25.6	16.7	41.7
	极端最低		−17.5	−16.0	−10.9	−5.1	2.5	10.1	14.4	13.2	2.5	−2.1	−8.5	−16.8	−17.5
平均相对湿度		%	64	64	61	61	61	61	80	81	76	72	71	68	68
地温	平均地温	℃	−1.4	1.7	8.8	16.9	24.7	30.4	29.9	29.0	23.2	16.1	7.5	0.5	15.6
	平均最高		10.7	15.5	25.0	33.6	43.5	49.6	44.0	43.9	38.6	30.5	20.1	11.9	30.6
	平均最低		−7.9	−5.7	−0.5	6.3	12.2	18.1	22.2	21.3	14.6	7.7	0.3	−5.6	6.9
	极端最高		22.1	35.7	44.3	54.9	62.5	65.3	68.6	65.4	58.1	48.3	37.2	23.9	68.6
	极端最低		−20.2	−17.3	−13.8	−10.2	−1.8	7.3	11.4	12.2	1.1	−4.5	−12.4	−18.4	−20.2
最大冻土深度		cm	35	33	9	5							8	34	35
平均降水量		mm	5.0	9.3	16.7	37.5	37.0	63.9	164.5	136.8	73.8	34.5	19.0	8.0	605.9
≥0.1mm 降雨天数		d	2.0	3.0	4.0	6.3	5.2	6.6	13.0	10.0	7.3	5.3	4.5	2.9	70.0
≥5mm 降雨天数			0.1	0.5	1.3	2.1	2.1	2.6	6.5	5.0	3.2	2.0	1.4	0.4	27.3
蒸发量		mm	56.8	81.8	163.0	243.6	311.5	365.0	226.4	191.5	160.9	144.1	88.7	56.6	2090
最大风速		m/s	14.7	18.7	19.3	21.0	19.0	17.0	17.0	13.3	14.0	19.0	16.3	17.0	21.0
最大风速的风向			NNE	NNE	NNE	N	N	NNE	ENE	SW	NNE	NNE	NNE	NNE	N
最多风向			N	N	S	S	S	S	S	C,N	C,N	C,S	C,S	N	S
频率		%	15	14	16	16	17	17	16	19,12	22,12	18,14	16,14	16	14

该处多年平均气温13.5℃，极端最高气温41.7℃（1966年7月19日），极端最低气温−17.5℃（1975年1月2日），最高气温多发生在7月，最低气温多发生在1月，气温平均日较差9～13℃。结冰期50d左右，平均无霜期200d左右。多年平均地温15.6℃，最高地温68.6℃（1962年7月11日），最低地温−20.2℃（1970年1月5日）。

本地区多年平均降水量606mm。年际降水量悬殊较大，最大年降水量1394.8mm，最小年降水量261.6mm，最大与最小年降水量之比达5倍多。年内降水分布不均，降水多

31

集中在夏季，7 月、8 月降水量占全年降水量的 50％，因此，造成该地区春旱夏涝、涝后又旱、旱涝交替的气候特点。该地多年平均蒸发量 2089mm（φ20 蒸发皿观测），为年降水量的 3 倍，最大蒸发量发生在 6 月，最小蒸发量出现在 12 月。最大风速达 21m/s，最大风速的风向为北风。

2.2　洪水标准

2.2.1　韩墩引黄闸
2.2.1.1　洪水特性
黄河下游洪水主要由中游地区暴雨形成，洪水发生时间为 6—10 月。黄河中游的洪水，分别来自河龙间、龙三间和三花间这三个地区。各区洪水特性分述如下。

1. 河龙间和龙三间

河龙间属于干旱或半干旱地区，暴雨强度大（点暴雨一般可达 400～600mm/d，最大点暴雨达 1400mm/d），历时较短（一般不超过 20h，持续性降雨可达 1～2d），日暴雨 50mm 以上的笼罩面积达 20000～30000km²，最大可达 50000～60000km²。一次洪水历时，主峰过程为 1d，持续历时一般可达 3～5d，形成了峰高量小的尖瘦型洪水过程。区间发生的较大洪水，洪峰流量可达 11000～15000m³/s，实测区间最大为 18500m³/s（1967 年），日平均最大含沙量可达 800～900kg/m³。本区间是黄河粗泥沙的主要来源区。

龙三间的暴雨特性与河龙间相似，但由于受到秦岭的影响，暴雨发生的频次较多，历时较长，一般为 5～10d，秋季连阴雨的历时可达 18d 之久（1981 年 9 月）。日降雨强度为 100mm 左右，中强降雨历时约 5d，大于 50mm 雨区范围达 70000km²。本区间所发生的洪水为矮胖型，洪峰流量为 7000～10000m³/s。本区间除泾河支流马莲河外，为黄河细泥沙的主要来源区，渭河华县站的日平均最大含沙量为 400～600kg/m³。

以上两个区间洪水常常相遭遇，如 1933 年和 1843 年洪水。这类洪水主要是由西南东北向切变线带低涡天气系统产生的暴雨所形成，其特点是洪峰高、洪量大，含沙量也大，对黄河下游防洪威胁严重。下游防洪中把这类洪水简称为"上大洪水"。

2. 三花间

三花间属于湿润或半湿润地区，暴雨强度大，最大点雨量达 734.3mm/d（1982 年 7 月），一般为 400～500mm/d，日暴雨面积为 20000～30000km²。一次暴雨的历时一般为 2～3d，最长历时达 5d。本区间所发生的洪水，多为峰高量大的单峰型洪水过程，历时为 5d（1958 年洪水）；也发生过多峰型洪水过程，历时可达 10～12d（1954 年洪水）。区间洪水的洪峰流量一般为 10000m³/s 左右，实测区间最大洪峰流量为 15780m³/s，洪水期的含沙量不大，伊洛河黑石关站日平均最大含沙量为 80～90kg/m³。三花间的较大洪水，主要是由南北向切变线加上低涡或台风间接影响而产生的暴雨所形成，具有洪水涨势猛、洪峰高、洪量集中、含沙量不大、洪水预见期短等特点，对黄河下游防洪威胁最为严重。这类洪水称为"下大洪水"。

小浪底水库建成后，威胁黄河下游防洪安全的主要是小花间洪水。据实测资料统计，小花间的年最大洪峰流量从 5—10 月均有出现，而较大洪峰主要集中在 7 月、8 月。值得注意的是，小花间的大洪水，如 223 年、1761 年、1931 年、1935 年、1954 年、1958 年、1982 年等，洪峰流量均发生在 7 月上旬至 8 月中旬之间，时间更为集中。

由于小花间暴雨强度大、历时长，主要产洪地区河网密集，有利于汇流，故形成的洪水峰高量大。一次洪水历时约 5d，连续洪水历时可达 12d 之久。

2.2.1.2　洪水遭遇与组成

由于黄河流域面积大，上中下游各区的气候特性和暴雨特性各不相同，故各区所发生的洪水并不同时遭遇。从实测和调查资料统计分析，花园口站大于 8000m³/s 的洪峰流量，都是以中游地区来水为主所造成的；兰州站相应来水流量一般仅 2000～3000m³/s，组成花园口洪水的部分基流。下游为地上河，汇入水流较少。花园口站各类较大洪水的峰、量组成见表 2.2-1。

由表 2.2-1 可以看出，以三门峡以上来水为主的洪水，三门峡洪峰流量占花园口的 90% 以上，12d 洪量占花园口的 85% 以上。以三花间来水为主的洪水，三门峡洪峰流量占花园口的 20%～30%，12d 洪量占花园口的 40%～60%。

从表 2.2-1 中还可看出，以三门峡以上来水为主的"上大洪水"和以三花间来水为主的"下大洪水"一般不相遇。

表 2.2-1　　　　　　　　花园口各类较大洪水峰、量组成表

洪水组成	洪水发生年份	花园口		三门峡			三花间			三门峡占花园口的比重/%	
		洪峰流量/(m³/s)	12d洪量/亿m³	洪峰流量/(m³/s)	相应洪水流量/(m³/s)	12d洪量/亿m³	洪峰流量/(m³/s)	相应洪水流量/(m³/s)	12d洪量/亿m³	洪峰流量	12d洪量
三门峡以上来水为主，三花间为相应洪水	1843	33000	136.0	36000		119.0		2200	17.0	93.3	87.5
	1933	20400	100.5	22000		91.90		1900	8.60	90.7	91.4
三花间来水为主，三门峡以上为相应洪水	1761	32000	120.0		6000	50.0	26000		70.0	18.8	41.7
	1954	15000	76.98		4460	36.12	10540		40.86	29.73	46.92
	1958	22300	88.85		6520	50.79	15780		38.06	29.24	57.16
	1982	15000	65.25		4710	28.01	10590		37.24	30.78	37.3
三门峡与三花间同时发生洪水	1957	13000	66.3		5700	43.1	7300		23.2	43.8	65.0

注　相应洪水流量系指组成花园口洪峰流量的相应来水流量，1761 年和 1843 年洪水系调查推算值。

2.2.1.3　干流有关站及区间设计洪水

1. 设计洪水峰、量值

与黄河下游防洪工程建设设计洪水有关的干流站及区间有三门峡、花园口、三花间。以上各站及区间的设计洪水，曾进行过多次频率分析。在 1975 年，为满足黄河下

游防洪规划的需要，曾对三门峡、花园口、三花间等站及区间的洪水进行了比较全面的频率分析（采用洪水系列截至 1969 年），其中主要站及区间的成果经水电部 1976 年审查核定。

在小浪底水利枢纽初步设计和西霞院水利枢纽可行性研究中，分别于 1980 年、1985 年、1994 年三次对以上各站及区间的设计洪水进行了分析计算，设计洪水成果与 1976 年审定成果相比减小 5％～10％，根据水利部规划设计总院审查意见，仍采用 1976 年审定成果。各有关站及区间设计洪水峰、量值见表 2.2-2。

表 2.2-2　　　　花园口、三门峡、三花间天然设计洪水成果表

站名	集水面积/km²	项 目	系 列			统计参数			频率为 P 的设计值		
			N	n	a	均值	C_V	C_S/C_V	0.01%	0.1%	1.0%
三门峡	688421	洪峰流量/(m³/s)	210	47	1	8880	0.56	4	52300	40000	27500
		5d 洪量/亿 m³		54		21.6	0.50	3.5	104	81.5	59.1
		12d 洪量/亿 m³		47		43.5	0.43	3	168	136	104
		45d 洪量/亿 m³		47		126	0.35	2	360	308	251
花园口	730036	洪峰流量/(m³/s)	215	39	1	9770	0.54	4	55000	42300	29200
		5d 洪量/亿 m³		51		26.5	0.49	3.5	125	98.4	71.3
		12d 洪量/亿 m³		44		53.5	0.42	3	201	164	125
		45d 洪量/亿 m³		44		153	0.33	2	417	358	294
三花间	41615	洪峰流量/(m³/s)	215	34	1	5100	0.92	2.5	45000	34600	22700
		5d 洪量/亿 m³		34		9.80	0.90	2.5	87.0	64.7	42.8
		12d 洪量/亿 m³		34		15.03	0.84	2.5	122	91.0	61.0

已完成的《黄河下游长远防洪形势和对策研究报告》中，将三门峡、花园口站的洪水系列延长至 1997 年，对其设计洪水成果又进行了复核。复核后的三门峡、花园口两站设计洪水成果较原审定成果略有减小，但变化不大。三门峡洪峰流量减小 10％左右，时段洪量减小 5％左右；花园口各频率洪峰、洪量减少 5％以内；三花间设计洪峰流量减小 10％左右，设计洪量变化不大；小花间设计洪峰流量减小 10％左右，设计洪量减小 5％左右。洪水成果尚未审查，从安全考虑，本次仍推荐采用 1976 年审定成果。

2. 设计洪水过程线

黄河下游大堤的设防标准是以花园口断面的洪水为准，按放大典型洪水的方法计算设计洪水过程。

根据黄河下游洪水的来源及特性，以三门峡以上来水为主的"上大洪水"，选 1933 年 8 月洪水为典型。以三花间来水为主的"下大洪水"，选 1954 年 8 月、1958 年 7 月、1982 年 8 月洪水作为典型。各典型洪水地区组成情况见表 2.2-3。从表中可知，"下大洪水"的 3 个典型小陆故花间（无控制区）洪水占三花间的比例在 40％以上，12d 洪量的最大比重可达 57.0％，与无控制区占三花间的面积比（62.8％）接近，因此，3 个典型年可以代表无控制区来水为主的洪水，对黄河下游防洪是安全的。

表 2.2-3 各典型洪水花园口断面洪水地区组成表

典型洪水	项目	花园口	三门峡相应	三门峡占花园口比重/%	三花间	小陆故花间	小陆故花间占三花间比重/%
1954	洪峰流量/(m³/s)	15000	4460	29.73	10540	6760	64.1
	5d 洪量/亿 m³	38.5	14.1	36.6	24.4	11.98	49.1
	12d 洪量/亿 m³	76.98	36.12	46.92	40.86	19.93	48.8
1958	洪峰流量/(m³/s)	22300	6520	29.24	15780	8000	50.7
	5d 洪量/亿 m³	57.02	25.7	45.1	31.34	13.30	42.4
	12d 洪量/亿 m³	88.85	50.79	57.16	38.06	16.03	42.8
1982	洪峰流量/(m³/s)	15300	4710	30.78	10590	5130	48.4
	5d 洪量/亿 m³	51.24	13.6	26.6	37.64	21.9	58.2
	12d 洪量/亿 m³	75.07	28.01	37.3	47.06	27.5	58.4
1933	洪峰流量/(m³/s)	20400	19060	93.43	1340		
	5d 洪量/亿 m³	56.69	51.46	90.77	5.23		
	12d 洪量/亿 m³	100.3	91.63	91.37	8.66		

设计洪水的地区组成：对不同来源区的洪水采用不同的地区组成，对三门峡以上来水为主的"上大洪水"，地区组成为三门峡、花园口同频率，三花间相应；对三门峡至花园口区间来水为主的"下大洪水"，地区组成为三花间、花园口同频率，三门峡相应。设计洪水过程组成：按峰、量同频率控制放大。

2.2.1.4 工程运用后黄河下游的设计洪水

小浪底水库建成后，黄河下游防洪工程体系的上拦工程有三门峡、小浪底、陆浑、故县 4 座水库；下排工程为两岸大堤，设防标准为花园口 22000m³/s 流量；两岸分滞工程为东平湖滞洪区，进入黄河下游的洪水须经过防洪工程体系的联合调度。

1. 水库联合防洪运用方式

（1）小浪底水库防洪运用方式。当 5 站（龙门镇、白马寺、小浪底、五龙口、山路平）预报（预见期 8h）花园口洪水流量小于 8000m³/s，小浪底水库控制汛限水位，按入库流量泄洪；预报花园口洪水流量大于 8000m³/s，含沙量小于 50kg/m³，小花间来洪水流量小于 7000m³/s，小浪底水库控制花园口 8000m³/s。此后，小浪底水库须根据小花间洪水流量的大小和水库蓄洪量的多少来确定不同的泄洪方式。

1）小浪底水库在控制花园口 8000m³/s 运用过程中，当蓄水量达到 7.9 亿 m³ 时，反映了该次洪水为"上大洪水"且已超过了 5 年一遇标准，小浪底水库可按控制花园口 10000m³/s 泄洪。此时，如果小浪底入库流量小于控制花园口 10000m³/s 的控制流量，可按入库流量泄洪。当小浪底水库蓄洪量达 20 亿 m³，且有增大趋势，说明该次洪水已超过三门峡站百年一遇洪水，为了使小浪底水库保留足够的库容拦蓄特大洪水，需控制蓄洪水位不再升高，可相应增大泄洪流量，允许花园口洪水流量超过 10000m³/s，可由东平湖滞洪区分洪解决。此时，如果入库流量小于水库的泄洪能力，按入库流量泄洪；小浪底入库流量大于水库的泄洪能力，按敞泄滞洪运用。当预报花园口 10000m³/s 以上洪量达 20 亿 m³，说明东平湖滞洪区将可能承担黄河分洪量 17.5 亿 m³。此后，小浪底水库仍需按控制花园口 10000m³/s 泄洪，水库继续蓄水。当预报花园口洪水流量小于 10000m³/s，小浪底水库仍按控制花园口 10000m³/s 泄流，直至泄空蓄水。

2）小浪底水库按控制花园口 8000m³/s 运用的过程中，水库蓄洪量虽未达到 7.9 亿 m³，而小花间的洪水流量已达 7000m³/s，且有上涨趋势，反映了该次洪水为"下大洪水"。此时，小浪底水库按下泄发电流量 1000m³/s 控制运用；当小浪底水库蓄洪量达 7.9 亿 m³ 后，开始按控制花园口 10000m³/s 泄洪，但在控制过程中，水库下泄流量不小于发电流量 1000m³/s。

（2）三门峡水库的调洪运用方式。

1）对三门峡以上来水为主的"上大洪水"，三门峡水库按"先敞后控"方式运用，即水库先按敞泄方式运用；达本次洪水的最高蓄水位后，按入库流量泄洪；当预报花园口洪水流量小于 10000m³/s 时，水库按控制花园口 10000m³/s 退水。

2）对三花间来水为主的"下大洪水"，三门峡水库的运用方式为：①小浪底水库未达到花园口百年一遇洪水的蓄洪量 26 亿 m³ 前，三门峡水库不承担蓄洪任务，按敞泄运用；②小浪底水库蓄洪量达 26 亿 m³，且有增大趋势，三门峡水库开始投入控制运用，并按小浪底水库的泄洪流量控制泄洪，直到蓄洪量达本次洪水的最大蓄量。此后，三门峡水库控制已蓄洪量，按入库流量泄洪；直到小浪底水库按控制花园口 10000m³/s 投入泄洪运用时，三门峡水库可按小浪底水库的泄洪流量控制泄流，在小浪底水库之前退水。

（3）陆浑、故县水库调洪运用方式。当预报花园口洪水流量达到 12000m³/s 且有上涨趋势时，三门峡水库关闸停泄。当水库蓄洪水位达到蓄洪限制水位时，按入库流量泄洪。当预报花园口洪水流量小于 10000m³/s，按控制花园口 10000m³/s 泄洪。

2. 工程运用后黄河下游洪水情况及设防流量

按照以上水库联合调度运用方式，对各级各典型设计洪水进行防洪调度计算，经过河道洪水演进计算的韩墩引黄闸邻近断面的各级洪水流量见表 2.2-4。根据《黄河近期重点治理开发规划》，近期应确保防御花园口站洪峰流量 22000m³/s 堤防不决口。从表 2.2-4 中可以看出，花园口 22000m³/s 设防流量相应的重现期为近千年。

表 2.2-4　　　　　工程运用后黄河下游各级洪水流量表　　　　　单位：m³/s

断面名称	不同重现期下的洪峰流量				设防流量
	30 年	100 年	300 年	千年	
花园口	13100	15700	19600	22600	22000
夹河滩	11200	15070	18100	21000	21500
高　村	11000	14400	17550	20300	20000
苏泗庄	10700	14100	17100	19800	19400
孙　口	10000	13000	15730	18100	17500
艾　山	10000	10000	10000	10000	11000
泺　口	10000	10000	10000	10000	11000
利　津	10000	10000	10000	10000	11000

2.2.1.5　径流泥沙

韩墩引黄闸处来水来沙借用利津水文站资料进行分析。据 1952 年 7 月至 2006 年 6 月

（54 年）实测资料统计，黄河利津水文站实测多年平均水量为 312.4 亿 m³，多年平均输沙量为 7.77 亿 t，多年平均含沙量为 24.87kg/m³，其中，汛期（7—10 月）水量占全年水量的 61.6%，汛期沙量占全年沙量的 85.1%。该站最大年水量为 904.4 亿 m³（1964 年），最小年水量为 19.1 亿 m³（1997 年）；最大年输沙量为 21.09 亿 t（1958 年），最小年输沙量为 0.09 亿 t（2001 年）。

20 世纪 80 年代中后期以来，随着黄河流域工农业用水的增加、水库调节的影响以及气候因素造成的天然水量的变化，使得黄河水沙量普遍减少，并改变了水沙量在年内分配，汛期水量进一步减少。据统计，利津站 1952—1986 年实测水沙量为 411.1 亿 m³ 和 10.41 亿 t，1986—2000 年平均只有 147.6 亿 m³ 和 3.97 亿 t，水沙量较 1986 年以前减少了 64.1% 和 61.8%。2000 年以来，年平均水沙量减少更多，水量、沙量分别减少至 137.7 亿 m³ 和 1.66 亿 t，与 1986 年以前相比，分别减少了 66.5% 和 84.0%。汛期水量占全年水量的比例也由 1986 年以前的 62.1%，减少至 2000 年以来的 49.0%。利津站不同时期来水来沙情况见表 2.2-5。

表 2.2-5　　　　　　　　　利津站不同时期来水来沙情况表

时　段	径流量/亿 m³			输沙量/亿 t			含沙量/(kg/m³)		
	汛期	非汛期	全年	汛期	非汛期	全年	汛期	非汛期	全年
1952—1986 年	255.4	155.6	411.1	8.85	1.56	10.41	34.63	10.03	25.32
1986—2000 年	92.7	55.0	147.6	3.52	0.45	3.97	38.00	8.26	26.93
2000—2006 年	67.4	70.2	137.7	1.14	0.53	1.66	16.89	7.49	12.09
1952—2006 年	192.4	120.0	312.4	6.61	1.16	7.77	34.36	9.65	24.87

2.2.1.6　河道冲淤

小浪底水库运用以来，黄河下游各个河段均发生了冲刷，截至 2010 年 10 月白鹤至利津河段累计冲刷 19.40 亿 t。下游河道各河段断面法累计冲淤量见表 2.2-6。

从冲刷量的沿程分布来看，高村以上河段冲刷较多，高村以下河段冲刷相对较少。其中高村以上河段冲刷 14.02 亿 t，占冲刷总量的 72.3%；高村—艾山河段冲刷 2.66 亿 t，占下游河道冲刷总量的 13.7%；艾山—利津河段冲刷 2.72 亿 t，占冲刷总量的 14.0%。

从冲刷量的时间分布来看，冲刷主要发生在汛期。汛期下游河道共冲刷 13.28 亿 t，占年总冲刷量的 68.5%，河段呈现出全线冲刷；非汛期下游河道共冲刷 6.12 亿 t，占年总冲刷量的 31.5%，艾山以上河段呈现出冲刷，其中冲刷主要发生在花园口—高村河段，冲刷量 6.83 亿 t，冲刷向下游逐渐减弱，艾山—利津河段则淤积 0.81 亿 t。

表 2.2-6　　　　　　　小浪底水库运用以来下游河道各河段断面法累计冲淤量

时　段	河道累计冲刷量/亿 t				
	花园口以上	花园口—高村	高村—艾山	艾山—利津	利津以上
汛期	−3.54	−3.65	−2.56	−3.53	−13.28
非汛期	−2.62	−4.21	−0.10	0.81	−6.12
全年	−6.16	−7.86	−2.66	−2.72	−19.40

2.2.1.7 设计水位

1. 正常设计引水位

（1）设计引水相应大河流量。据黄工字〔1980〕第 5 号文规定，设计引水相应大河流量，应遵循上、下游统筹兼顾的原则，按表 2.2-7 采用。泺口站和利津站设计引水相应大河流量分别为 200m³/s 和 100m³/s，韩墩引黄闸取水口位于泺口水文站下游约 142.4km、利津水文站上游约 25.4km，因此，韩墩引黄闸处设计引水相应大河流量采用泺口站和利津站流量的内插值，约为 115m³/s。

表 2.2-7　　　　　　　　　　　　设计引水相应大河流量表

控制站	花园口	夹河滩	高村	孙口	艾山	泺口	利津
流量/(m³/s)	600	500	450	400	350	200	100

（2）设计引水位。设计引水相应大河流量的水位即为设计引水水位。设计引水水位采用工程除险加固时前 3 年平均值。

根据利津站实测流量成果，点绘 2009—2011 年利津站实测水位流量关系，见图 2.2-1。

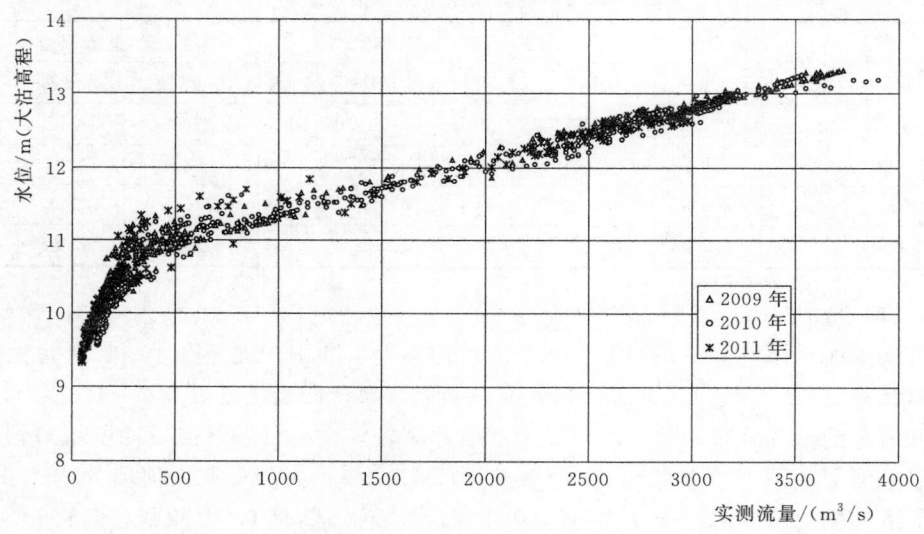

图 2.2-1　利津站水位流量关系图

设计引水位推算采用以下两种方法。

方法一：利用利津站 2009—2011 年实测水位流量关系曲线，查出大河流量 115m³/s 时，相应的水位平均值 $\overline{h}_{利津}=9.99$m，根据 2009—2011 年实测大断面测量的水边点高程求得韩墩—利津河段比降的平均值为 1.14/10000，推算至韩墩引黄闸引水口处大河的水位为 12.89m。

方法二：麻湾水位站位于韩墩引黄闸下游约 9.3km，可根据麻湾水位站 2009 年、2010 年日均水位资料和相应利津站流量推求。当利津站流量 115m³/s 时，相应的麻湾站水位为 11.32m，根据 2009—2011 年实测大断面测量的水边点高程求得韩墩—麻湾河段的比降为 1.15/10000，推算至韩墩引黄闸引水口处大河的水位为 12.39m。

综合考虑两种方法计算成果,从引水安全出发,选取韩墩引黄闸引水口处大河流量$115m^3/s$时相应水位12.39m作为韩墩引黄闸的设计引水位。

2. 设计和校核防洪水位

根据《黄河下游标准化堤防工程规划设计与管理标准(试行)》(黄建管〔2009〕53号),黄河下游水闸工程(包括新建和改建)防洪标准:以防御花园口站$22000m^3/s$的洪水为设计防洪标准,设计洪水位加1m为校核防洪标准;设计防洪水位以小浪底水库运用后,黄河下游河道淤积恢复到2000年状态的设防水位作为起算水位。工程建成后第30年作为设计水平年。

韩墩引黄闸计划2013年完成除险加固,设计水平年以工程加固完成后的第30年作为设计水平年,即2043年为设计水平年。

(1)设计防洪水位的起算水位。小浪底水库投入运用以来,水库拦沙和调水调沙运用,黄河下游河道呈现冲刷态势。根据黄委会关于印发《黄河下游病险水闸除险加固工程设计水位推算结果》的通知(黄规计〔2011〕148号),小浪底水库运用后下游河道2020年左右冲刷达到最大,2028年左右淤积恢复到2000年状态,即以2028年设防水位作为起算水位。

韩墩引黄闸位于道旭和麻湾断面之间,因此,本引黄闸的设计防洪水位的起算水位可以根据道旭、麻湾断面的水位按照距离内插求出。道旭和麻湾站断面2000年设防水位分别为20.69m、18.79m,插值计算得韩墩引黄闸处设防水位为19.76m,即2028年的设防水位。

(2)设计防洪水位。根据黄委会关于印发《黄河下游病险水闸除险加固工程设计水位推算结果》的通知(黄规计〔2011〕148号),黄河下游河道2028年左右淤积恢复到2000年状态以后,艾山—利津河段年平均淤积抬升速率为0.075m/a。2028—2043年该河段共淤积抬升1.13m,计算得韩墩引黄闸2043年防洪水位为20.89m。

另外,韩墩引黄闸距离河口较近,受河口溯源淤积和河口改道影响,因此,需分析西河口水位达到改道标准时韩墩引黄闸处设防水位。根据审查通过的《黄河河口近期治理防洪工程建设可行性研究报告》,黄河河口的改道控制条件为西河口$10000m^3/s$时对应水位12.00m,此时相应西河口和利津站设防流量水位分别为12.16m和17.90m,上延至韩墩引黄闸处为20.72m。可见,韩墩引黄闸前设防水位最高为20.72m,即设计水平年设防水位。

(3)校核防洪水位。校核防洪水位为设计防洪水位加1m,韩墩引黄闸的校核防洪水位为21.72m。

3. 最高运用水位

根据黄河下游河道河势变化分析,当河道洪水流量达$5000m^3/s$时,开闸引水可能引起河道主流变化,将大溜拉至引水口附近,造成大溜顶冲工程的危险局面,因此,在黄河流量达到$5000m^3/s$以上时,不宜开闸引水。

根据黄河防总颁布的2000年黄河下游各控制站断面水位-流量关系成果,黄河下游道旭和麻湾断面2000年$5000m^3/s$流量相应水位分别为18.51m、16.73m,插值计算得韩墩引黄闸处水位为17.64m,2028年以后河床水位的升高值可按照年平均升高0.075m计算,分析得出,设计水平年(2043年)韩墩引黄闸前$5000m^3/s$相应水位抬升至18.77m。

同样,需考虑河口改道影响。根据审查通过的《黄河河口近期治理防洪工程建设可行性研究报告》，西河口水位达到改道标准时，相应西河口和利津站 5000m³/s 流量水位分别为 11.13m 和 16.15m，上延至韩墩引黄闸处为 18.57m。可见，韩墩引黄闸前 5000m³/s 水位最高为 18.57m，即最高运用水位。

2.2.2　三义寨闸

2.2.2.1　洪水特性

黄河下游开封市河段洪水主要由中游地区暴雨形成，洪水发生时间为 6—10 月。黄河中游的洪水，分别来自河龙间、龙三间和三花间这三个地区。各区洪水特性同 2.2.1.1 节。

2.2.2.2　洪水遭遇与组成

三义寨闸所属河段洪水遭遇与组成与韩墩引黄闸相同，具体见 2.2.1.2 节。

2.2.2.3　干流有关站及区间设计洪水

1. 设计洪水峰、量值

三义寨闸所属河段与韩墩引黄闸相一致，因此，两闸所属段干流有关站设计洪水峰、量情况相同，故三义寨闸所属河段干流有关站设计洪水峰、量值情况可参考 2.2.1.3 节。

2. 设计洪水过程线

三义寨闸设计洪水过程线与韩墩引黄闸一致，具体可参考 2.2.1.3 节相应内容。

2.2.2.4　工程运用后黄河下游的设计洪水

小浪底水库建成后，黄河下游防洪工程体系的上拦工程有三门峡、小浪底、陆浑、故县四座水库；下排工程为两岸大堤，设防标准为花园口 22000m³/s 流量；两岸分滞工程为东平湖滞洪水库，进入黄河下游的洪水须经过防洪工程体系的联合调度。

1. 水库联合防洪运用方式

三义寨闸所属河段水库联合防洪运用方式与韩墩引黄闸一致，具体可参考 2.2.1.4 节相应内容。

2. 工程运用后黄河下游洪水情况及设防流量

按照以上水库联合调度运用方式，对各级各典型设计洪水进行防洪调度计算，经过河道洪水演进，黄河下游开封市附近控制断面的各级洪水流量见表 2.2-8。根据《黄河近期重点治理开发规划》近期应确保防御花园口站洪峰流量 22000m³/s 堤防不决口。从表中可以看出，花园口 22000m³/s 设防流量相应的重现期为近千年。

表 2.2-8　　　　　　　　　　工程运用后黄河下游各级洪水流量表

断面名称	不同重现期下的洪峰流量/(m³/s)				设防流量/(m³/s)
	30 年	100 年	300 年	千年	
花园口	13100	15700	19600	22600	22000
柳园口	11700	15120	18800	21900	21800
夹河滩	11200	15070	18100	21000	21500
石头庄	11100	14900	18000	20700	21200
高　村	11000	14400	17550	20300	20000

2.2.2.5 径流、泥沙

1. 黄河下游水沙特性及近期变化特点分析

小浪底水库投入运用之前，进入下游的水沙量为三门峡、黑石关和武陟（小董）三站水沙量之和；小浪底水库投入运用之后，进入下游的水沙量为小浪底、黑石关和武陟三站水沙量之和。

（1）来水来沙异源。黄河中下游干支流主要控制站的水沙特征值见表 2.2-9。1950年 7 月至 1999 年 6 月，进入黄河下游的多年平均水量、沙量分别为 407.1 亿 m^3、12.05亿 t。黄河具有水沙异源的特性。进入黄河下游的水沙主要来自 3 个区间：①河口镇以上，来水多来沙少，水流较清，河口镇多年平均水量占三黑武的 56.2%，而年沙量仅占9.8%；②河口镇—三门峡区间（简称河三区间，下同），来水少来沙多，水流含沙量高；③伊洛河和沁河，为黄河又一清水来源区，两条支流合计多年平均年水量占三黑小（三门峡、黑石关、小浪底）的 9.6% 左右，而年沙量仅占 1.9%。表明进入下游的水量大部分来自河口镇以上，沙量则主要来自河口镇以下的河三区间。

（2）水沙量年际、年内分布不均。水沙量年际间分布不均。进入下游的最大年沙量为1933 年的 37.63 亿 t，为最小年沙量 1.85 亿 t（1961 年）的 20.3 倍；最大年水量为 753.7亿 m^3（1964 年），为最小年水量 178.7 亿 m^3（1991 年）的 4.2 倍。

水沙量年内分布不均，主要集中于汛期。三黑武（三门峡、黑石关、武陟）多年平均汛期水量占全年水量的 55.9%，汛期沙量占全年沙量的 87.7%。

（3）近期水沙变化特点。20 世纪 80 年代中后期以来，进入下游的年平均水量为275.2 亿 m^3，仅占长系列来水量的 67.6%，汛期水量减少尤其突出，仅为长系列的56.6%；20 世纪 80 年代和 90 年代沙量分别为 8.0 亿 t、9.52 亿 t，也比长系列减少。水量减少主要是由于黄河处于相对枯水期，同时工农业用水也迅速增加；沙量减少主要是由于中游地区暴雨强度和频次减少，同时水土保持也起一定作用。由于龙羊峡水库调节，进入黄河下游水沙量及年内分配变化和三门峡入库水沙变化类似，汛期来水比例减少。

表 2.2-9 黄河中下游干支流主要控制站水沙特征值表

站名	时 段	水量/亿 m^3			沙量/亿 t		
		汛期	全年	汛期水量占全年比重/%	汛期	全年	汛期沙量占全年比重/%
河口镇	1950—1985 年	149.1	253.8	58.7	1.17	1.45	80.7
	1986—1999 年	67.1	165.1	40.6	0.3	0.47	63.8
	1950—1999 年	126.1	229.0	55.1	0.93	1.18	78.8
龙门	1950—1985 年	180.0	312.5	57.6	8.56	9.6	89.2
	1986—1999 年	88.4	204.9	43.1	4.18	5.07	82.4
	1950—1999 年	154.4	282.4	54.7	7.33	8.33	88.0
龙华河	1950—1985 年	243.3	415.4	58.6	13.25	14.75	89.8
	1986—1999 年	122.9	264.8	46.4	7.25	8.56	84.7
	1950—1999 年	209.6	373.2	56.2	11.57	13.02	88.9

站名	时　段	水量/亿 m³			沙量/亿 t		
		汛期	全年	汛期水量占全年比重/%	汛期	全年	汛期沙量占全年比重/%
三门峡	1950—1985 年	238.5	414.7	57.5	11.6	13.47	86.1
	1986—1999 年	118.3	255.3	46.3	7.29	7.69	94.8
	1950—1999 年	204.8	370.1	55.4	10.39	11.85	87.7
三黑武	1950—1985 年	266.1	458.4	58.0	11.83	13.73	86.2
	1986—1999 年	129.0	275.2	46.9	7.31	7.72	94.7
	1950—1999 年	227.7	407.1	55.9	10.56	12.05	87.7

1999 年 10 月小浪底水库蓄水运用以来至 2010 年 10 月，进入下游（小黑武）的年平均水沙量分别为 233.7 亿 m³ 和 0.63 亿 t，仅为长系列的 57.4% 和 5.2%；汛期来水比例进一步减少，仅为全年水量的 37.1%；沙量集中在汛期，汛期沙量占全年的 91.3%。

2. 水平年来水来沙条件分析

《黄河流域综合规划》采用基准年为 2008 年，规划近期水平年为 2020 年，规划在分析黄河水沙变化特点和未来水沙变化趋势的基础上，研究提出了 2020 年水平流域主要控制站设计水沙条件，并选取 1968—1979 年、1987—1996 年 22 年系列作为典型水沙代表系列分析预估未来下游河道冲淤演变趋势。该水沙代表系列四站（龙门、河津、华县、状头）及进入下游的水沙特征值见表 2.2 - 10。

由表可以看出，选取的水沙代表系列四站年均水量为 278.03 亿 m³，年均沙量为 10.77 亿 t，平均含沙量 38.7kg/m³。经河道及水库冲淤调整后，进入下游年平均水量为 279.33 亿 m³，年平均沙量为 6.94 亿 t。2008—2020 年，由于小浪底水库的继续拦沙，进入下游的沙量较少，为 4.63 亿 t，平均含沙量为 16.0kg/m³，2020 年后随着小浪底水库拦沙期的结束，进入下游的沙量及含沙量又有明显增加。

表 2.2 - 10　　　　　设计水沙代表系列四站及进入下游水沙特征值表

水文站	时　段	水量/亿 m³			沙量/亿 t		
		汛期	非汛期	全年	汛期	非汛期	全年
四站	2008—2020 年	146.62	143.54	290.16	10.48	1.00	11.48
	2020—2030 年	124.55	138.91	263.46	8.70	1.23	9.93
	2008—2030 年	136.59	141.44	278.03	9.67	1.10	10.77
进入下游	2008—2020 年	134.20	155.59	289.79	4.61	0.02	4.63
	2020—2030 年	123.97	142.80	266.77	9.63	0.07	9.7
	2008—2030 年	129.55	149.78	279.33	6.90	0.04	6.94

2.2.2.6　河道冲淤

1. 河道基本情况

黄河干流在孟津县白鹤镇由山区进入平原，经华北平原，于山东垦利县注入渤海，河长 881km。由于进入黄河下游水少沙多，河床不断淤积抬高，主流摆动频繁，现状下游河床普遍高出两岸地面 4～6m，部分地段达 10m 以上，并且仍在淤积抬高，成为淮河和海河流域的天然分水岭。下游河道基本情况见表 2.2-11。

从孟津县白鹤镇至河口，除南岸郑州以上的邙山和东平湖至济南为山麓外，其余全靠大堤控制洪水，按其特性可分为 4 段：①高村以上河段，长 299km，河道宽浅，水流散乱，主流摆动频繁，为游荡性河段，两岸大堤之间的距离平均为 8.4km，最宽处 20km；②高村—陶城铺河段长 165km，该河段在近 20a 间修了大量的河道整治工程，主流趋于稳定，属于由游荡型向弯曲型转变的过渡型河段，两岸堤距平均为 4.5km；③陶城铺—河口河段，现状为受到工程控制的弯曲型河段，河势比较规顺，长 322km，两岸堤距平均为 2.2km；④宁海以下的河口段两岸有胜利油田，随着黄河入海口的淤积、延伸、摆动，流路发生变迁，现状流路为 1976 年改道的清水沟流路，已行河至今，由于进行了一定的治理，河道基本稳定。

黄河下游河道在平面上上宽下窄，河道断面多为复式断面，一般有滩槽之分。主槽部分糙率小、流速大，是排洪的主要通道；主槽过流能力占全断面过流能力的百分数，夹河滩以上大于 80%，夹河滩—孙口为 60%～80%。滩地糙率大、流速低，过流能力小，但对洪水有很大的滞蓄削峰作用，陶城铺以上特别是高村以上河宽滩大，削减洪峰流量的作用十分明显，如 1958 年花园口站最大洪峰流量为 22300m³/s，孙口站的洪峰流量仅为 15900m³/s。1958 年后，群众沿滩唇修建了生产堤，影响了洪水漫滩，加速了主槽淤积，形成槽高、滩低、堤根洼的二级悬河局面。为了扭转这种情况，1974 年经国务院批准废除生产堤，但是，迟迟未能落实，到 1992 年才按国家防洪要求，破除口门长度达生产堤总长度的 50%。

表 2.2-11　　　　　　　　黄河下游河道基本情况统计表

河　段	河型	河道长度/km	宽度/km			河道面积/km²			平均比降/(1/10000)
			堤距	河槽	滩地	全河道	河槽	滩地	
白鹤镇—铁桥	游荡型	98	4.1～10.0	3.1～10.0	0.5～5.7	697.7	131.2	566.5	256
铁桥—东坝头	游荡型	131	5.5～12.7	1.5～7.2	0.3～7.1	1142.4	169.0	973.4	203
东坝头—高村	游荡型	70	5.0～20.0	2.2～6.5	0.4～8.7	673.5	83.2	590.3	172
高村—陶城铺	过渡型	165	1.4～8.5	0.7～3.7	0.5～7.5	746.4	106.6	639.8	148
陶城铺—宁海	弯曲型	322	0.4～5.0	0.3～1.5	0.4～3.7				101
宁海—西河口	弯曲型	39	1.6～5.5	0.5～0.4	0.7～3.0	979.7	222.7	757.0	101
西河口以下	弯曲型	56	6.5～15.0						119
全下游		881							

2. 河道冲淤特性

黄河下游河道的冲淤变化主要取决于来水来沙条件、河床边界条件以及河口侵蚀基准面。其中来水来沙是河道冲淤的决定因素。每遇暴雨，来自黄河中游的大量泥沙随洪水一起进入下游，使下游河道发生严重淤积，尤其是高含沙洪水，下游河道淤积更为严重，河道冲淤年际间变化较大。黄河下游河道呈现"多来、多淤、多排"和"少来、少淤（或冲

刷）、少排"的特点。利用多年观测资料分析，天然情况下，黄河下游河道多年平均淤积
3.61 亿 t，河床每年以 0.05～0.1m 的速度抬升。

1950 年以来黄河下游建立了系统的水文观测站，1960 年以来黄河下游进行了系统的
大断面统测，为分析黄河下游的冲淤特性提供了重要的科学依据。黄河下游各河段平均冲
淤量及其纵向分布统计见表 2.2-12、表 2.2-13。

表 2.2-12 黄河下游各河段年平均冲淤量及其纵向分布统计表

时 段	冲淤量/亿 t					各河段占全下游冲淤量比重/%			
	铁谢—花园口	花园口—高村	高村—艾山	艾山—利津	铁谢—利津	铁谢—花园口	花园口—高村	高村—艾山	艾山—利津
1950 年 7 月至 1960 年 6 月	0.62	1.37	1.17	0.45	3.61	17.2	38	32.4	12.5
1960 年 9 月至 1964 年 10 月	−1.9	−2.31	−1.25	−0.32	−5.78	32.9	40	21.6	5.5
1964 年 11 月至 1973 年 10 月	0.95	2.02	0.74	0.68	4.39	21.6	46	16.9	15.5
1973 年 11 月至 1980 年 10 月	−0.22	0.87	0.7	0.46	1.81	−12.2	48.1	38.7	25.4
1980 年 11 月至 1985 年 10 月	−0.36	−0.83	0.45	−0.23	−0.97	37.1	85.6	−46.4	23.7
1985 年 11 月至 1999 年 10 月	0.42	1.16	0.35	0.27	2.20	19.1	52.6	16.0	12.3
1973 年 11 月至 1999 年 10 月	0.10	0.70	0.46	0.22	1.48	6.6	47.4	30.9	15.1
1999 年 11 月至 2010 年 10 月	−0.56	−0.71	−0.24	−0.25	−1.76	31.8	40.5	13.7	14.0

（1）天然情况下河道冲淤特性。1950—1960 年为三门峡水库修建前的情况，年均水
沙量分别约 480 亿 m³ 和 18 亿 t，平均含沙量 37.5kg/m³，黄河下游河道年平均淤积量为
3.61 亿 t。随着水沙条件的变化，淤积量年际间变化大。发展趋势是淤积的，但并非是单
向的淤积，而是有冲有淤。总的来看，具有下列特性。

1）沿程分布不均，宽窄河段淤积差异大。从纵向淤积分布看，艾山以上宽河段淤积
量明显大于艾山以下窄河段。艾山以下窄河段年均淤积量为 0.45 亿 t，占全下游淤积量
3.61 亿 t 的 12.5%；艾山以上淤积量占全下游淤积量 3.61 亿 t 的 87.5%。

2）主槽淤积量小，滩地淤积量大，滩槽同步抬升。20 世纪 50 年代发生洪水次数多，
大漫滩机遇多，大漫滩洪水一般滩地淤高，主槽冲刷深；不漫滩洪水、平水和非汛期主槽
淤积。受来水来沙条件的影响，滩地年平均淤积量 2.79 亿 t，主槽淤积量 0.82 亿 t。该时
期滩地淤积量大于主槽淤积量，但由于滩地面积大，淤积厚度基本相等，滩槽同步抬高。

（2）近期河道冲淤特性。1986 年以来，由于龙羊峡水库的投入运用，进入下游的水
沙条件发生了较大变化，主要表现在汛期来水比例减少，非汛期来水比例增加，洪峰流量
减小，枯水历时增长，下游河道主要演变特性如下。

1）河道冲淤量年际间变化较大。1985 年 10 月至 1999 年 10 月下游河道总淤积量
30.10 亿 t，年均淤积量 2.15 亿 t。与天然情况和三门峡水库滞洪排沙期相比，年淤积量
相对较小，该时段淤积量较大的年份有 1988 年、1992 年、1994 年和 1996 年，年淤积量
分别为 5.01 亿 t、5.75 亿 t、3.91 亿 t 和 6.65 亿 t，4 年淤积量占时段总淤积量的
74.3%。1989 年来水 400 亿 m³，沙量仅为长系列的一半，年内河道略有冲刷，河道演变
仍遵循丰水少沙年河道冲刷或微淤、枯水多沙年则严重淤积的基本规律。

表 2.2 – 13 　　　　黄河下游各河段年平均冲淤量及其横向分布表

横断面	时段	冲淤量/亿 t					占全断面淤积量的比例/%				
		铁谢—花园口	花园口—高村	高村—艾山	艾山—利津	铁谢—利津	铁谢—花园口	花园口—高村	高村—艾山	艾山—利津	铁谢—利津
主 槽	1950 年 7 月 至 1960 年 6 月	0.32	0.30	0.19	0.01	0.82	51.6	21.9	16.2	2.2	22.7
滩 地		0.30	1.07	0.98	0.44	2.79	48.4	78.1	83.8	97.8	77.3
全断面		0.62	1.37	1.17	0.45	3.61	100	100	100	100	100
主 槽	1964 年 11 月 至 1973 年 10 月	0.47	1.25	0.58	0.64	2.94	49.5	61.9	78.4	94.1	67
滩 地		0.48	0.77	0.16	0.04	1.45	50.5	38.1	21.6	5.9	33
全断面		0.95	2.02	0.74	0.68	4.39	100	100	100	100	100
主 槽	1973 年 11 月 至 1980 年 10 月	−0.18	0.04	0.13	0.03	0.02	81.8	4.6	18.6	6.5	1.1
滩 地		−0.04	0.83	0.57	0.43	1.79	18.2	95.4	81.4	93.5	98.9
全断面		−0.22	0.87	0.70	0.46	1.81	100	100	100	100	100
主 槽	1980 年 11 月 至 1985 年 10 月	−0.30	−0.64	−0.14	−0.19	−1.27	83.3	77.1	−31.1	82.6	130.9
滩 地		−0.06	−0.19	0.59	−0.04	0.30	16.7	22.9	131.1	17.4	−30.9
全断面		−0.36	−0.83	0.45	−0.23	−0.97	100	100	100	100	100
主 槽	1985 年 11 月 至 1999 年 10 月	0.26	0.81	0.25	0.26	1.58	62.5	69.5	71.0	96.6	71.6
滩 地		0.16	0.35	0.10	0.01	0.62	37.5	30.5	29.0	3.4	28.4
全断面		0.42	1.16	0.35	0.27	2.20	100	100	100	100	100
主 槽	1973 年 11 月 至 1999 年 10 月	0.04	0.33	0.14	0.11	0.60	40.9	46.5	29.9	48.2	40.4
滩 地		0.06	0.38	0.33	0.12	0.88	59.1	53.5	70.1	51.8	59.6
全断面		0.10	0.70	0.46	0.22	1.48	100	100	100	100	100

2）横向分布不均，主槽淤积严重，河槽萎缩，行洪断面面积减少。1986 年以来，由于枯水历时较长，前期河槽较宽，主槽淤积严重；从滩槽淤积分布看，主槽年均淤积量 1.67 亿 t，占全断面淤积量的 69.9%；滩槽淤积分布与 20 世纪 50 年代相比发生了很大变化，该时期全断面年均淤积量为 20 世纪 50 年代下游年均淤积量的 65%，而主槽淤积量却是 20 世纪 50 年代年均淤积量的 2 倍。

3）漫滩洪水期间，滩槽泥沙发生交换，主槽发生冲刷，对增加河道排洪有利。近期下游低含沙量的中等洪水及大洪水出现几率的减少使黄河下游主河槽淤积加重，河道排洪能力明显降低。1996 年 8 月花园口洪峰流量 7860m³/s 的洪水过程中，下游出现了大范围的漫滩，淹没损失大，但从河道演变角度看，发生大漫滩洪水对改善下游河道河势及增加过洪能力是非常有利的。

4）高含沙量洪水机遇增多，主槽及嫩滩严重淤积，对防洪威胁较大。1986 年以来，黄河下游来沙更为集中，高含沙量洪水频繁发生。高含沙量洪水具有以下演变特性：①河道淤积严重，淤积主要集中在高村以上河段的主槽和嫩滩上；②洪水水位涨率偏高，易出现高水位；③洪水演进速度慢等特性。

（3）小浪底水库运用以来下游河道冲淤特性。小浪底水库运用以来，黄河下游各个河段均发生了冲刷，截至 2010 年 10 月利津河段以上累计冲刷 19.40 亿 t。下游河道各河段断面法冲淤量见表 2.2-14。

从冲刷量的沿程分布来看，高村以上河段冲刷较多，高村以下河段冲刷相对较少。其中高村以上河段冲刷 14.02 亿 t，占冲刷总量的 72.3%；高村—艾山河段冲刷 2.66 亿 t，占下游河道冲刷总量的 13.7%；艾山—利津河段冲刷 2.72 亿 t，占冲刷总量的 14.0%。

从冲刷量的时间分布来看，冲刷主要发生在汛期。汛期下游河道共冲刷 13.28 亿 t，占年总冲刷量的 68.5%，河段呈现出全线冲刷；非汛期下游河道共冲刷 6.12 亿 t，占年总冲刷量的 31.5%，艾山以上河段呈现出冲刷，其中冲刷主要发生在花园口—高村河段，冲刷量 6.83 亿 t，冲刷向下游逐渐减弱，艾山—利津段则淤积 0.81 亿 t。

表 2.2-14　　　　　小浪底水库运用以来下游河道各河段断面法冲淤量

时　段	不同河段河道累计冲淤量/亿 t				
	花园口以上	花园口—高村	高村—艾山	艾山—利津	利津以上
汛期	−3.54	−3.65	−2.56	−3.53	−13.28
非汛期	−2.62	−4.21	−0.10	0.81	−6.12
全年	−6.16	−7.86	−2.66	−2.72	−19.40

3. 河道冲淤变化预测

黄河下游河道的冲淤变化极其复杂，主要取决于来水来沙条件和下游河道的边界条件等因素。根据选取的设计水沙代表系列，利用水沙数学模型对 2008—2020 年下游河道冲淤变化过程进行计算预测，见表 2.2-15。

表 2.2-15　　　　下游各河段冲淤量及冲淤厚度预测成果 (2008—2020 年)

项　目		花园口以上	花园口—高村	高村—艾山	艾山—利津	利津以上
2008—2020 年冲淤量实测		−4.41	−6.18	−1.85	−2.53	−14.97
冲淤量预测/亿 t	主槽	−1.43	−1.76	−0.74	−0.57	−4.50
	滩地	0.00	0.00	0.12	0.08	0.20
	全断面	−1.43	−1.76	−0.62	−0.49	−4.30
冲淤厚度/m	主槽	−0.52	−0.41	−0.38	−0.32	
	滩地	0.00	0.00	0.05	0.02	

2008 年 7 月至 2020 年 6 月，由于小浪底水库继续发挥拦沙作用，下游河道持续冲刷，下游利津以上河道累计冲刷量为 4.30 亿 t，年均冲刷 0.36 亿 t，冲刷主要发生在高村以上河段，冲刷量占全下游的 74.2%，高村以下河段冲刷量占全下游河段的 25.8%。由于该时段处于小浪底水库的主要拦沙期，进入下游的水流含沙量较低，有利于主河槽的冲刷，平滩流量增加，高村以上河段水沙过程基本不漫滩，冲刷主要在主槽；高村以下河段，大洪水漫滩，滩地发生淤积，河槽发生冲刷，高村—艾山、艾山—利津河段滩地淤积量分别为 0.12 亿、0.08 亿 t，主槽冲刷量分别为 0.74 亿、0.57 亿 t。

1961—1964 年三门峡水库蓄水拦沙运用时期，年平均水沙量分别为 592.7 亿 m³ 和 7.79 亿 t，设计水沙量与其相比，水沙量均有所减少；1961—1964 年全下游累计冲刷

24.04亿t，冲刷主要发生在高村以上河段，占全下游冲刷量的68%，本次预测的设计成果冲刷量也主要发生在高村以上河段，与实际情况比较相符。

从纵剖面分析，花园口以上河段、花园口—高村、高村—艾山、艾山—利津河段，主槽的冲刷深度分别为0.52m、0.41m、0.38m、0.32m，主槽冲刷下切，且冲刷量有上大下小的特点。与三门峡蓄水拦沙期相比，1961年10月至1964年10月，花园口、夹河滩、高村、艾山和利津，主槽的冲刷深度分别为1.30m、1.32m、1.33m、0.75m和0m。

2.2.2.7　堤防工程设计水位

水利部审定的《黄河下游防洪工程建设"九五"可研》（简称《"九五"可研》），对2000年设计洪水位进行了预估，开封市堤段邻近控制站成果见表2.7-1。本次采用水力因子法、流量面积法、冲淤改正法及水位涨率法等方法，按冲淤变化后的2020年河道边界，计算出2020年沿程设计洪水位（表2.2-16）。通过对本次计算的2020年水平设计洪水位与《"九五"可研》2000年水平设计洪水位对比，可以看出，2020年设防水位略低于2000年水平设防水位。考虑到小浪底水库拦沙完成后，黄河下游河床还要淤积升高，为统一建设标准，本次仍然采用2000年水平设计洪水位，作为堤防工程建设的依据。

表2.2-16　　　　开封市堤段邻近控制站2000年、2020年水平设计水位成果表

站名	设防流量/(m³/s)	《"九五"可研》2000年水平设计水位/m			本次计算的2020年水平设计水位/m		
		3000m³/s相应水位	4000m³/s相应水位	设防水位	3000m³/s相应水位	4000m³/s相应水位	设防水位
花园口	22000	92.99	93.13	94.46	90.78	91.40	93.92
柳园口	21800	80.54	80.78	83.03	78.86	79.48	82.20
夹河滩	21500	76.60	76.76	78.31	74.03	74.69	77.68
石头庄	21200	68.21	68.40	70.07	66.04	66.55	68.76
高村	20000	63.04	63.28	65.12	60.68	61.48	63.97

注　1. 花园口断面水位桩号为13+000，原《黄河下游2001年至2005年防洪工程建设可研》报告中花园口断面水位桩号为9+743。

　　2. 水位数据基于黄海高程。

根据《"九五"可研》推算的2000年水平各水文站、水位站及临黄大堤10km间距对应桩号的沿程设防水位，按距离直线内插求得开封市右岸堤段每公里桩的设防水位（黄海高程），详见表2.2-17。

表2.2-17　　　　　　黄河下游开封市堤段（右岸）设计水位表

堤防桩号（右岸）	2000年水平设防水位/m（黄海高程）	堤防桩号（右岸）	2000年水平设防水位/m（黄海高程）
128+000	75.74	132+000	75.20
129+000	75.60	133+000	75.08
130+000	75.46	134+000	74.95
131+000	75.33		

2.2.2.8 三义寨闸设计水位

1. 设计水平年

根据《黄河下游标准化堤防工程规划设计与管理标准（试行）》（黄建管〔2009〕53号），黄河下游水闸工程（包括新建和改建）防洪标准：以防御花园口站 22000m³/s 的洪水为设计防洪标准，设计洪水位加 1m 为校核防洪标准。

工程建成后第 30 年作为设计水平年。三义寨引黄闸计划 2013 年建成，设计水平年以工程建成后的第 30 年作为设计水平年，即 2043 年为设计水平年。

2. 设计和校核防洪水位

（1）设计防洪水位的起算水位。小浪底水库投入运用以来，水库拦沙和调水调沙运用，黄河下游河道呈现冲刷态势。根据《黄河下游标准化堤防工程规划设计与管理标准（试行）》，设计防洪水位以小浪底水库运用后，黄河下游河道淤积恢复到 2000 年状态的设防水位作为起算水位。根据黄委会关于印发《黄河下游病险水闸除险加固工程设计水位推算结果》的通知（黄规计〔2011〕148 号），小浪底水库运用后下游河道 2020 年左右冲刷达到最大，2028 年左右淤积恢复到 2000 年状态，即以 2028 年设防水位作为起算水位。

三义寨闸位于夹河滩水文站与石头庄水位站之间，因此，三义寨闸的设计防洪水位的起算水位可以根据夹河滩、石头庄站的水位按照距离内插求出。夹河滩和石头庄断面 2000 年水平设防水位分别为 78.35m、69.41m，插值计算得三义寨闸处设防水位为 75.77m，作为起算水位。

（2）设计防洪水位。根据黄委会关于印发《黄河下游病险水闸除险加固工程设计水位推算结果》的通知（黄规计〔2011〕148 号），黄河下游河道 2028 年左右淤积恢复到 2000 年状态后，花园口—高村河段年平均淤积抬升速率为 0.062m/a。2028—2043 年该河段共淤积抬升 0.93m，计算得三义寨闸 2043 年防洪水位为 76.70m。

（3）校核防洪水位。校核防洪水位：$H_{校核} = H_{设防} + \Delta h = 76.70 + 1.00 = 77.70\text{m}$。

3. 设计引水位

（1）设计引水位相应大河流量。据黄工字〔1980〕第 5 号文规定，设计引水位相应大河流量，应遵循上、下游统筹兼顾的原则，按表 2.2-7 采用。夹河滩和高村站设计引水相应大河流量分别为 500m³/s 和 450m³/s，三义寨闸取水口位于夹河滩（二）站（迁站之前）下游仅约 4km，距高村站较远，因此，三义寨闸处设计引水相应大河流量采用夹河滩站流量，即为 500m³/s。

（2）设计引水位。据黄工字〔1980〕第 5 号文规定，设计引水相应大河流量的水位即为设计引水水位，设计引水水位采用工程修建时前 3 年平均值。

根据夹河滩、高村站实测流量成果，点绘 2009—2011 年夹河滩、高村站实测水位流量关系，见图 2.2-2、图 2.2-3。

设计引水位推算采用以下两种方法。

方法一：利用夹河滩 2009—2011 年实测水位流量关系曲线，查出大河流量 500m³/s 时，相应的水位平均值 $\bar{h}_{夹河滩} = 73.76\text{m}$（大沽高程），夹河滩—三义寨河段大河比降取 0.163‰，推算至三义寨闸引水口处大河的水位为 71.17m（大沽高程），换算为黄海高程为 69.96m。

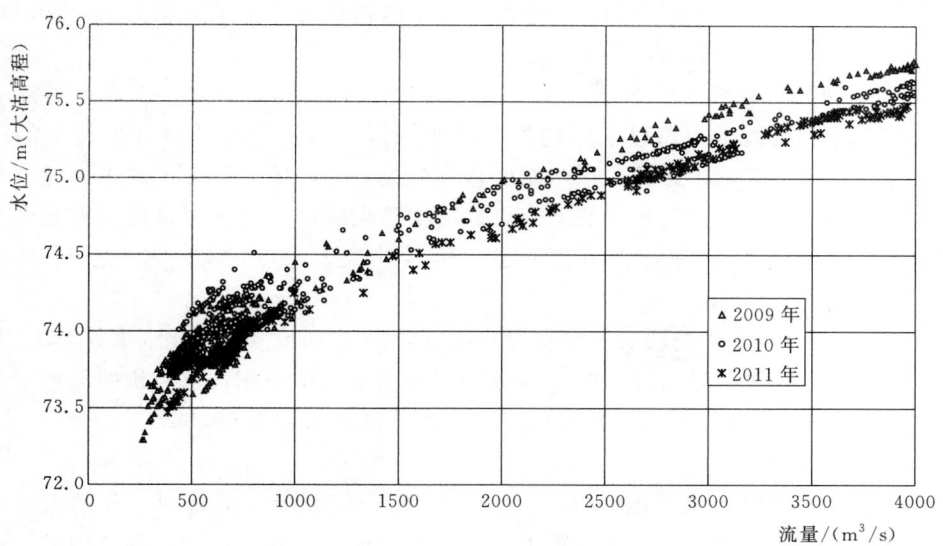

图 2.2-2 夹河滩站水位流量关系图

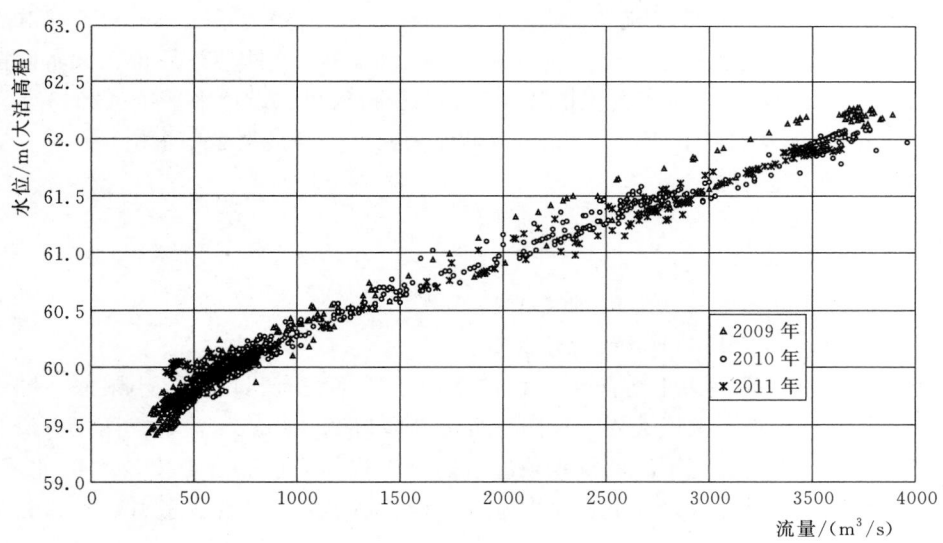

图 2.2-3 高村站水位流量关系图

方法二：由 2009—2011 年夹河滩、高村站水位流量关系曲线，分别求出当大河流量 500m³/s 相应的水位平均值 $\bar{h}_{夹河滩}$ =73.89m（大沽高程）、$\bar{h}_{高村}$ =59.72m（大沽高程），进而利用直线内插求得三义寨闸引水口处大河的设计引水位 71.19m（大沽高程），换算为黄海高程为 69.98m。

两种方法计算结果差别不大，另外，根据三义寨闸附近三义寨断面（闸上游 500m）和丁圪垱断面（闸下游 500m）2011 年 4 月 16 日实测大断面测量时的水边点高程 70.31m 和 69.61m，推算三义寨闸处水位约为 70.09m，相应夹河滩站日均流量为 640m³/s，闸前水位与以上两种方法计算差别不大。

　　综合以上分析，从引水安全出发，选取三义寨闸引水口处大河流量 500m³/s 时相应水位 69.96m，作为三义寨闸的设计引水位。

　　4. 引水能力复核水位

　　小浪底水库运用以来，通过水库拦沙和调水调沙使黄河下游主槽发生持续的冲刷下切，同流量水位明显下降，因此，引水闸底板高程设计时，还应充分考虑水库对下游河槽继续冲刷下切的影响。根据《小浪底水库拦沙后期防洪减淤运用方式研究技术报告》中推荐方案计算成果，从 2008 年起，黄河下游主槽累计最大冲刷量为 7.69 亿 t，其中花园口—高村段冲刷 3.14 亿 t。

　　考虑到 2008—2011 年花园口—高村段实际已冲刷 1.75 亿 t，因此认为在 2011 年现状基础上，花园口—高村段还可以冲刷 1.39 亿 t，根据主河槽面积，求得相应河槽平均降低约 0.4m，则相应大河 500m³/s 流量时的三义寨闸前最低水位为 69.56m。

　　5. 最高运用水位

　　根据黄河下游河道河势变化分析，当河道洪水流量达 5000m³/s 时，开闸引水可能引起河道主流变化，将大溜拉至引水口附近，造成大溜顶冲工程的危险局面，因此，在黄河流量达到 5000m³/s 以上时，不宜开闸引水。

　　黄河防总颁布的 2000 年黄河下游各控制站断面水位-流量关系成果，夹河滩和石头庄站 2000 年 5000m³/s 流量相应水位分别为 76.69m、67.94m，插值计算得三义寨闸前水位为 74.16m，2028—2043 年河床淤积抬升 0.93m，分析得出，设计水平年（2043 年）三义寨闸前 5000m³/s 时水位抬升至 75.09m，以此作为三义寨闸最高运用水位。

2.2.3　东平湖滞洪区洪水

2.2.3.1　黄河洪水

　　1. 黄河洪水特性

　　黄河洪水特性可参见 2.2.1.1 节相关内容。

　　2. 水库联合运用后黄河下游的设计洪水

　　2000 水平年下，黄河中下游防洪工程体系的上拦工程有三门峡、小浪底、陆浑、故县 4 座水库；下排工程为两岸大堤，设防标准为花园口 22000m³/s 流量；两岸分滞工程为东平湖滞洪水库，进入黄河下游的洪水须经过防洪工程体系的联合调度。2043 水平年下，上拦工程将增加河口村水库，形成黄河中游三门峡、小浪底、陆浑、故县、河口村五库联合调度的格局。

　　（1）水库及滞洪区联合防洪运用方式。

　　1）小浪底水库防洪运用方式。具体可参见 2.2.1.4 节中关于小浪底水库防洪运用方式相关内容。

　　2）三门峡水库的调洪运用方式。具体可参见 2.2.1.4 节中关于三门峡水库调洪运用方式相关内容。

　　3）陆浑、故县水库调洪运用方式。预报花园口洪峰流量小于 12000m³/s 时，当入库流量小于 1000m³/s，原则上按进出库平衡方式运用；否则，按控制下泄流量 1000m³/s 运用。当预报花园口洪水流量达到 12000m³/s，水库关闸停泄。当水库蓄洪水位达到蓄洪限制水位时，按入库流量泄洪。当预报花园口洪水流量小于 10000m³/s，按控制花园口

10000m³/s 泄洪。

4）河口村水库调洪运用方式。当预报花园口站流量小于 12000m³/s 时，若预报武陟站流量小于 4000m³/s，水库按敞泄滞洪运用；若预报武陟站流量大于 4000m³/s，控制武陟流量不超过 4000m³/s。当预报花园口流量出现 12000m³/s 且有上涨趋势，水库关闭泄流设施；当水库水位达到蓄洪限制水位时，开闸泄洪，其泄洪方式取决于入库流量的大小：若入库流量小于蓄洪限制水位相应的泄流能力，按入库流量泄洪；否则，按敞泄滞洪运用，直到水位回降至蓄洪限制水位。此后，如果预报花园口流量大于 10000m³/s，控制蓄洪限制水位，按入库流量泄洪；当预报花园口流量小于 10000m³/s，按控制花园口 10000m³/s 且沁河下游不超过 4000m³/s 泄流，直到水位回降至汛期限制水位。

5）东平湖滞洪区运用方式。东平湖滞洪区的分洪运用原则：孙口站实测洪峰流量达 10000m³/s，且有上涨趋势，首先运用老湖区；当老湖区分洪能力小于黄河要求分洪流量或洪量时，即需分洪流量大于老湖区的分洪能力 3500m³/s，或需分洪量大于老湖区的容积，新湖区投入运用。东平湖滞洪区的石洼、林辛、十里堡 3 座分洪闸的分洪能力约为 7500～8500m³/s；也就是说，孙口站洪水流量不超过 17500m³/s 的情况下，东平湖滞洪区分洪后可控制黄河流量不超过 10000m³/s。东平湖滞洪区的控制蓄洪水位为 43.29m（考虑侧向分洪不利因素，工程设计按 43.79m），库容 30.5 亿 m³，扣除汶河来水 9.0 亿 m³ 和老湖区底水量 4 亿 m³，东平湖滞洪区能承担黄河分洪的库容为 17.5 亿 m³，也就是说孙口站 10000m³/s 以上的洪量不超过 17.5 亿 m³，东平湖可控制黄河流量不超过 10000m³/s。

（2）工程运用后黄河下游洪水情况及设防流量。按照上述水库及滞洪区的防洪运用方式，对 2000 年、2043 年各级各典型洪水进行防洪调度计算，其中 2000 水平年黄河中游采用三门峡、小浪底、陆浑、故县四库联合调度，2043 水平年黄河中游采用三门峡、小浪底、陆浑、故县、河口村五库联合调度。计算的各级洪水沿程流量见表 2.2 - 22。根据《黄河近期重点治理开发规划》近期应确保防御花园口站洪峰流量 22000m³/s 堤防不决口。从表 2.2 - 18 中可以看出，花园口 22000m³/s 设防流量相应的重现期为近千年，东平湖滞洪区的分洪运用概率为 30 年一遇（对于老湖区和新湖区各自的运用概率，受汶河来水影响较大）。黄河下游各断面设防标准的流量见表 2.2 - 22。东平湖滞洪区分洪后，在其以下黄河大堤的设防流量，由黄河干流下泄流量与支流组成，干流下泄流量为 10000m³/s，支流按 1000m³/s 考虑，艾山以下大堤设防流量为 11000m³/s。

表 2.2 - 18　　　　　　　工程运用后黄河下游各断面设防标准流量表　　　　　　单位：m³/s

断面名称	重现期 水平年	30 年		100 年		千年		设防流量
		2000 年	2043 年	2000 年	2043 年	2000 年	2043 年	
花园口		13100	12000	15700	15500	22600	22600	22000
高 村		11000	10900	14400	13600	20300	20300	20000
孙 口		10000	10000	13000	12600	17500	17500	17500
艾 山		10000	9900	10000	10000	10000	10000	11000

注　千年一遇洪水孙口站流量为北金堤分洪后成果。

2.2.3.2 汶河洪水

1. 汶河洪水特性

汶河洪水皆由暴雨形成。汶河属山溪性河流，源短流急，洪水暴涨暴落，洪水历时短。一次洪水总历时一般在 5～6d。如临汶水文站 1964 年 9 月 12 日洪水，洪峰流量 6780m³/s，从 12 日 8 时起涨至 16 时出现洪峰，涨水历时仅 8h。洪峰流量年际变差大。汶河干流洪水组成：一般性洪水 60%～70% 来源于汶河北支，30%～40% 来源于汶河南支。

2. 黄河、汶河遭遇分析

由于汶河洪水通过东平湖滞洪区滞洪区再进入黄河，影响东平湖滞洪区分洪能力和工程建设的主要因素是汶河进入东平湖的洪量，故本次只分析其 12d 洪量的遭遇。

花园口至汶河入黄口距离为 320km，洪水传播时间为 3～4d，按 3d 计，戴村坝至入黄口距离 49.3km，洪水传播时间按 1d 计，即花园口洪水与戴村坝洪水相遇，洪水传播时间相差 2d。据实测资料分析，1953—1997 年洪水系列花园口年最大 12d 洪量均值为 48.2 亿 m³，遭遇汶河戴村坝 12d 洪量的均值为 1.37 亿 m³，而汶河戴村坝最大 12d 洪量均值为 4.35 亿 m³。从花园口实测大洪水来看，1958 年花园口最大 12d 洪量为 81.5 亿 m³，遭遇汶河相应洪量仅 0.94 亿 m³，该年汶河洪水较小；1982 年花园口最大 12d 洪量 71.6 亿 m³，遭遇汶河洪量 0.16 亿 m³，汶河洪水也较小。1954 年黄河与汶河洪水基本遭遇，花园口最大 12d 洪量 72.7 亿 m³，正与汶河最大洪量 7.57 亿 m³ 相遭遇，但汶河该年属中等洪水。1957 年汶河大水，与花园口年最大洪量 7.57 亿 m³ 基本遭遇，该年黄河属中等洪水。另外还有 1953 年、1955 年、1987 年、1994 年等，黄河年最大 12d 洪量与汶河基本遭遇，但黄河、汶河均为小洪水。因此，黄河大洪水与汶河大洪水不同时遭遇；黄河的大洪水可以和汶河的中等洪水相遭遇；黄河的中等洪水可以和汶河的大洪水相遭遇；黄河与汶河的小洪水遭遇机会较多。经对花园口及花园口＋戴村坝年最大 12d 洪量同步系列频率分析（洪水资料年份为 1960—1997 年，共 38 年），花园口发生不同量级洪水汶河相应来水见表 2.2-19。从该表中可知，花园口发生百年一遇洪水，汶河相应来水 6.2 亿 m³；花园口发生千年一遇洪水，汶河相应来水 9.5 亿 m³。

表 2.2-19　　　　　**花园口发生不同量级洪水汶河相应洪水洪量成果表**　　　　单位：亿 m³

洪水频率 P/%	花园口＋戴村坝	花园口	戴村坝相应
0.01	165.9	153.1	12.8
0.02	157.0	145.3	11.7
0.05	145.2	134.7	10.5
0.10	136.2	126.7	9.5
0.20	127.0	118.5	8.5
0.50	114.7	107.5	7.2
1.0	105.2	99.0	6.2
2.0	95.4	90.2	5.2
3.3	88.1	83.6	4.5
5.0	82.1	78.2	3.9

3. 汶河戴村坝站的设计洪水

（1）戴村坝站天然设计洪水峰、量值。汶河戴村坝站实测洪水资料年限较长，测验资料精度较高。因此，戴村坝洪水资料系列的可靠性、代表性较好。由于受水利工程的影响，洪水资料系列的一致性较差。除个别中型水库外，其余大中型水库都有水位观测资料，通过对大中型水库工程的还原，解决资料基础不一致的问题。

戴村坝站设计洪水的计算方法，首先计算不受大中型水库工程影响的天然设计洪水，再分析大中型水库对各级洪水的影响，计算受大中型水库工程影响后的设计洪水。天然设计洪水成果见表2.2-20。

表2.2-20　　　　　　　　汶河戴村坝站天然设计洪水成果表

单位：洪峰流量，m^3/s；洪量，亿 m^3

项　目	资　料　系　列				统　计　参　数			频率为 P 的设计值		
	资料年份	N	n	a	均值	C_V	C_S/C_V	1%	2.0%	5.0%
洪峰流量	1918、1921、1951—1997	80	47	2	1950	1.15	2.5	10900	8950	6440
5d洪量	1918、1921、1951—1997	80	47	2	2.92	0.92	2.5	13.04	10.96	8.30
12d洪量	1918、1921、1951—1997	80	47	2	4.82	0.94	2.5	21.98	18.41	13.88

（2）大中型水库工程影响后戴村坝的设计洪水。经过对大中型水库工程实际蓄洪情况统计、不同典型设计暴雨情况下水库工程蓄洪情况分析和不同时期雨洪关系分析，经计算，10～50年一遇洪水，水库工程5d蓄洪量为1亿 m^3，12d蓄洪量为1.5亿 m^3；50年一遇及其以上洪水，水库工程5d蓄洪量为1.5亿 m^3，12d蓄洪量为2.0亿 m^3。水库工程影响后戴村坝的设计洪量见表2.2-21。

表2.2-21　　　　　水库工程影响后戴村坝的设计洪量成果表　　　　　单位：亿 m^3

项　目	不同频率 P 下的设计洪量			
	0.1%	1.0%	2.0%	5.0%
5d洪量	18.38	11.54	9.46	7.30
12d洪量	31.69	19.98	16.41	12.38

2.2.3.3　黄河下游设计水位

1. 设计防洪标准及设计水平年

根据《黄河下游标准化堤防工程规划设计与管理标准（试行）》（黄建管〔2009〕53号），黄河下游水闸工程（包括新建和改建）防洪标准：以防御花园口站 22000m^3/s 的洪水为设计防洪标准，设计洪水位加1m为校核防洪标准。东平湖林辛闸位于右岸大堤桩号 338+886 处，设防流量为 13500m^3/s。

林辛闸计划2013年加固完成，设计水平年以工程完工后的第30年作为设计水平年，即2043年为设计水平年。

2. 设计和校核防洪水位

（1）设计洪水位的起算水位。小浪底水库投入运用以来，水库拦沙和调水调沙运用，黄河下游河道呈现冲刷态势。设计防洪水位以小浪底水库运用后，黄河下游河道淤积恢复到 2000 年状态的设防水位作为起算水位。根据黄委会关于印发《黄河下游病险水闸除险加固工程设计水位推算结果》的通知（黄规计〔2011〕148 号），小浪底水库运用后下游河道 2020 年左右冲刷达到最大，2028 年左右淤积恢复到 2000 年状态，即以 2028 年设防水位作为起算水位。

东平湖林辛闸位于石洼和张庄闸断面之间，分洪闸的设计洪水位的起算水位根据石洼、张庄闸的相应水位按照距离内插求出。根据黄河防总颁布的 2000 年黄河下游各控制站断面水位-流量关系成果，石洼、张庄闸断面 13500m³/s 流量相应水位分别为 48.54m、48.00m，插值计算得林辛闸处设防水位为 48.51m。

（2）设计防洪水位。根据黄委会关于印发《黄河下游病险水闸除险加固工程设计水位推算结果》的通知（黄规计〔2011〕148 号），黄河下游河道 2028 年左右淤积恢复到 2000 年状态后，高村—艾山河段年平均淤积抬升 0.073m。2028—2043 年该河段共淤积抬升 1.10m，计算得林辛闸 2043 年防洪水位为 49.61m。

（3）校核防洪水位。校核防洪水位为设计洪水位加 1m，2043 年林辛闸的校核洪水位为 50.61m。

2.2.3.4　东平湖设计水位

东平湖滞洪区是黄河下游重要的分滞洪工程，主要作用为：①分滞黄河洪水，即当黄河发生大洪水时（孙口站洪峰流量大于 10000m³/s），为了保证其下游的防洪安全，需要向东平湖分洪，以控制黄河艾山站下泄流量不超过 10000m³/s；②接纳汶河来水，即汶河流域发生降雨过程，径流通过大清河首先进入东平湖，再由东平湖进入黄河，东平湖起到蓄洪滞洪的作用。

东平湖老湖设计防洪运用水位为 44.79m，相应库容 11.94 亿 m³；汛限水位 7—9 月为 40.79m，10 月可以抬高至 41.29m；二级湖堤的警戒水位为 41.79m。东平湖新湖防洪运用水位 43.79m，相应库容 23.67 亿 m³；全湖运用水位 43.79m，相应库容 33.54 亿 m³。

统计东平湖老湖 1980—2011 年月平均水位及月平均最高水位资料，老湖汛期（6—10 月）多年平均水位为 39.90m，月平均水位的最小值为 37.53m（1993 年 6 月）；老湖汛期多年平均最高水位为 40.20m，月平均最高水位的最大值为 43.17m（2001 年 8 月）。

1. 东平湖滞洪区调蓄计算

影响东平湖滞洪区调蓄计算的主要因素有以下几个方面：①汶河来水过程；②黄河来水过程；③东平湖库容；④闸门泄流规模；⑤退水闸闸口处黄河水位流量关系；⑥东平湖起始水位。其中，东平湖水位库容曲线采用 1965 年实测成果，见表 2.2 - 22；退水闸闸口处黄河水位流量关系线采用成果见表 2.2 - 23；东平湖老湖起始水位取汛限水位 40.79m，新湖起始水位取汛限水位 37.79m。

表 2.2 - 22　　　　　　　　　　　东平湖水位库容曲线

水位/m	库　容/亿 m³		
	老　湖	新　湖	全　湖
37.79	0.1	0.83	0.93
38.79	0.98	3.37	4.35

续表

水位/m	库 容/亿 m³		
	老 湖	新 湖	全 湖
39.79	2.37	7	9.37
40.79	3.95	11.12	15.07
41.79	5.78	15.32	21.1
42.79	7.77	19.54	27.31
43.29	8.82	21.6	30.42
43.79	9.87	23.67	33.54
44.79	11.94	27.85	39.79
45.79	14.01	32	46.01
46.79	16.08	36	52.08

表 2.2－23　　　　　退水闸闸口处黄河水位流量关系线

流量/(m³/s)	2000	3000	5000	7000	8000	9000	10000	11000	12000	13500
2000 年设计水位/m	41.79	42.51	43.74	44.61	45.00	45.37	45.75	46.10	46.40	46.84
2043 年设计水位/m	41.99	42.63	43.70	44.64	45.07	45.48	45.89	46.30	46.71	47.32

（1）东平湖分洪计算。东平湖滞洪区的分洪运用原则：分滞黄河、汶河洪水时，应充分发挥老湖的调蓄能力，尽量不用新湖。当老湖库容不能满足分滞洪要求，需新老湖并用时，应先用新湖分滞黄河洪水，以减少老湖淤积。

结合黄河、汶河洪水遭遇及黄河中游水库群联合调度成果，对东平湖滞洪区 2000 年、2043 年各量级不同典型黄河、汶河来水组合进行分洪计算，成果见表 2.2－24。

表 2.2－24　　　　东平湖不同阶段、不同量级洪水分洪运用情况表（全湖运用）

阶 段	重现期/年	最大分洪流量/(m³/s)	最大分洪量/亿 m³	水位/m	蓄量/亿 m³
2000 年	30	400	0.69	39.88	9.87
	100	3100	3.95	40.77	14.93
	1000	7500	13.72	42.90	28.00
2043 年	30	368	0.22	39.79	9.40
	100	2593	2.91	40.58	13.90
	1000	7500	13.49	42.86	27.80

调洪结果表明，对于 2000 年、2043 年，当黄河发生 30 年一遇以上洪水时，均需相机使用东平湖分洪；发生 100 年一遇左右的洪水均需启用东平湖新湖；发生千年一遇洪水时东平湖老湖将达到最高运用水位 44.79m。

根据分洪计算成果，分析黄河达设防流量时东平湖老湖相应水位，结果是：对于 2000 年水平，当黄河达设防流量 13500m³/s 时，东平湖老湖相应最高湖水位为 44.79m，相应最低水位为 42.08m；对于 2043 水平年，老湖相应最高、最低湖水位则分别为 44.31m、41.87m。

（2）东平湖老湖调蓄汶河洪水分析计算。结合黄河、汶河洪水遭遇及汶河设计洪水成果，选择汶河洪水与黄河洪水严重遭遇的年份（1964 年）为典型，对东平湖老湖区 2000 年、2043 年各量级黄河、汶河来水组合进行调蓄计算，成果见表 2.2 - 25。

表 2.2 - 25　　　　　　　不同阶段东平湖老湖调蓄不同量级汶河洪水计算成果表

阶段	重现期/年	最大蓄量/亿 m³	最高湖水位/m	最大出湖流量/(m³/s)	最大出湖流量相应湖水位/m
2000 年	20	12.24	44.93	1753	44.92
	10	11.23	44.45	1335	44.40
2043 年	20	12.24	44.94	1732	44.93
	10	11.13	44.40	1304	44.39

调蓄成果表明，由于 2000 年、2043 年庞口闸口黄河水位流量关系线差别不大，两个设计阶段东平湖最高水位成果几乎相同，汶河 20 年一遇来水老湖最高水位分别为 44.93m、44.94m；汶河 10 年一遇来水老湖最高水位分别为 44.45m、44.40m。显然，2000 年、2043 年黄河河道条件下，黄河、汶河洪水严重遭遇时，东平湖老湖区满足防御汶河 10 年一遇的洪水标准；汶河 20 年一遇来水情况下，东平湖老湖区将达到最高运用水位 44.79m，需启用新湖滞蓄汶河洪水。

2. 东平湖设计水位复核成果

结合东平湖滞洪区分洪运用分析和老湖区调蓄汶河洪水分析成果：东平湖老湖最高运用水位按 44.79m 考虑，当黄河发生 30 年一遇以上"下大洪水"时，需相机使用东平湖分洪；发生 1000 年一遇洪水时东平湖老湖将达到最高运用水位 44.79m。对于 2000 年、2043 年，东平湖老湖区完全满足防御汶河 10 年一遇的洪水标准；当黄河、汶河洪水严重遭遇时，汶河 20 年一遇来水情况下，东平湖老湖区将达到最高运用水位 44.79m。

2.3　工程地质

2.3.1　韩墩引黄闸工程

2.3.1.1　区域构造与地震

该地区在区域地质构造上属济阳下第三系块断凹陷的一部分。构造部位在断陷盆地中南部。东、西半部凹陷，滨城镇凸起；北部属黏化凹陷内的流钟镇凹陷；南部在惠民凹陷内的里则镇凹陷。根据 2001 年中国地震局编制的 1：400 万《中国地震动参数区划图》（GB 18306—2001），该区的地震动峰值加速度为 0.10g（相应的地震基本烈度为Ⅶ度），地震动反应谱特征周期为 0.65s。

2.3.1.2　闸址工程地质条件

本区地层均系第四纪松散沉积物，主要由堤身土、砂壤土、壤土和粉砂组成。

原闸设计时，涵洞闸址共布置 10 个钻孔，总进尺 216m，自上游向下游依次为 1 号、2～4 号、5 号、6 号、7～9 号、10 号钻孔，平面布置示意图见图 2.3-1。

试验原状土 39 组，散状土 5 个。闸基地质自上而下主要分为人工填筑土、砂壤土、壤土、粉砂 4 个土层。

1. 闸址工程地质条件

在钻探深度范围内，场区地层主要由堤身人工填筑土（Q_4^r）、堤基第四系全新统河流冲积层（Q_4^{al}）组成，自上而下共分为 4 个主要地层。各层分别叙述如下。

第①层人工填筑土：为黄河大堤的堤身土，堤身表面为混凝土硬化路面，厚度约 20cm。土质总体上以轻粉质壤土为主，褐黄色，可塑状，层厚 1.30～7.10m，层底高程 11.20～14.80m。

第②层壤土：褐黄色～灰黄色，可塑，夹黏土薄层，该层在 1 孔尖灭，厚度分布不均，层厚 1.80～7.60m，层底高程 2.70～9.90m。

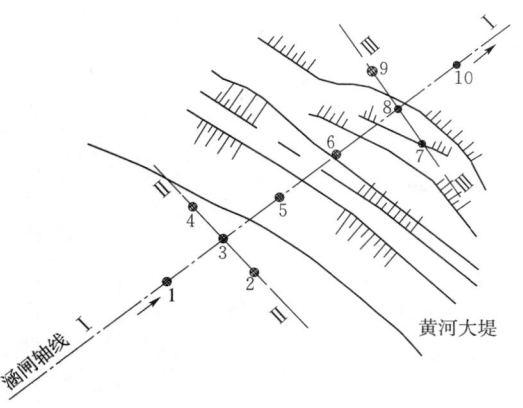

图 2.3-1 韩墩闸钻孔平面布置示意图
1～10—钻孔

第③层粉砂：褐黄色～灰黄色，饱和，松散～稍密状，分布普遍，夹可塑状黏土透镜体，层厚 9.20～20.15m，层底高程 -6.50～-5.00m。

第④层壤土：褐黄色～灰黄色，分布普遍均匀，可塑状，该层未揭穿，揭露最大厚度约 9.0m。

2. 土的物理力学性质

室内对原状土样进行了颗分、比重、密度、天然含水率、液塑限、剪切、压缩及渗透试验。根据各土层实际的岩性特征并考虑取样试验过程的影响，提出地基土承载力与物理力学指标建议值，具体见表 2.3-1、表 2.3-2。

表 2.3-1　　　　韩墩引黄闸地基土承载力特征值建议值表

层　号	第①层	第②层	第③层	第④层
岩性	r	L	Sis	L
f_{ak}/kPa	90	100	120	120

3. 水文地质条件

闸址区的地下水类型主要为松散岩类孔隙水。地下水含水层主要为砂壤土层。壤土属弱含水层，砂壤土属中等透水层。孔隙潜水补给来源主要为大气降水及黄河水补给，由于黄河为地上悬河，河水常年补给两岸地下水，地下水随着河水位升降而升降。勘察期间地下水稳定水位高程 10.00m 左右，高于闸底板高程。

2.3.1.3　主要工程地质问题

1. 渗透变形

根据《堤防工程地质勘察规程》（SL 188—2005），从闸基土的渗透变形判别与计算情况来看，闸基土的渗透变形类型为流土。经计算，流土的允许渗透坡降（因黄河下游堤防为 1 级堤防，安全系数取 2.5）一般在 0.35～0.45 之间，结合黄河下游建设经验，闸基土的允许渗透比降地质建议值为：黏土 0.40～0.45、壤土 0.35～0.40、粉砂 0.25～0.35。

表 2.3－2　韩墩引黄闸物理力学性质指标建议值表

层号	岩土名称	试验组数	颗粒百分比/% 砂粒 0.5~0.25mm	砂粒 0.25~0.075mm	粉粒 0.075~0.05mm	粉粒 0.05~0.005mm	黏粒 <0.005mm	含水量 ω/%	密度 ρ/(g/cm³)	干密度 ρ_d/(g/cm³)	比重 G_s	孔隙比 e_0	饱和度 S_r/%	液限 W_L/%	塑限 W_p/%	塑性指数 I_p/%	液性指数 I_L	压缩试验方法(天然) 压缩系数 a_{v1-2}/MPa⁻¹	压缩模量 E_s/MPa	饱和快剪 凝聚力 C/kPa	内摩擦角 φ/(°)	垂直渗透系数 K_V/(cm/s)
第①层	填土	3		18.0	34.7	34.2	13.1	15.6	1.79	1.45	2.71	0.830	52	30.3	18.7	11.6	0.48	0.28	8.92	21.0	14.2	3.30×10^{-5}
第②层	填土	6			48.1	37.4	14.5	22.5	1.95	1.68	2.72	0.768	87	31.3	17.8	13.5	0.39	0.23	7.50	20.5	13.4	1.38×10^{-5}
第③层	粉砂	6	14.1	42.3	34.4	6.1	3.1	20.3	1.96	1.69	2.70	0.681	95					0.14	12.07	0	26.0	5.24×10^{-3}
第④层	填土	8			15.6	69.7	14.7	24.0	19.8	16.5	2.72	0.712	98	33.0	19.8	14.2	0.42	0.19	8.30	20.3	16.3	3.73×10^{-5}

2. 地震液化

根据《水利水电工程地质勘察规范》（GB 50487—2008）地震液化初判和复判的原则，闸基第③层粉砂 5m 以上在烈度大于或等于Ⅶ度情况下易发生地震液化，液化等级轻微。

3. 沉降变形

拟建闸基持力层为层壤土和粉砂层，在闸址区分布不稳定，属稍不均匀地基，存在一定的不均匀沉降变形。从闸基各土层 100～200kPa 压力段压缩系数和压缩模量看，均为中等压缩性土。

4. 抗冲刷淘刷

闸基土主要为壤土、粉砂。从颗分试验成果看，闸基土抗冲刷、淘刷能力低，可能存在闸底板、边墙、岸坡等部位的冲刷、淘刷问题，应进行适当的工程处理。闸基与持力层壤土间的摩擦系数建议采用 0.35，与粉砂间的摩擦系数建议采用 0.41。

5. 环境水的腐蚀性

现场在闸前闸后取水样 2 组进行了水质分析，其主要离子含量见下表 2.3－3。

表 2.3－3　　　　　　　　　　　苏泗庄闸水质分析成果表

项　目	闸前水样离子含量			闸后水样离子含量		
	mg/L	mol/L	%	mg/L	mol/L	%
$K^+ + Na^+$	13.53	0.541	8.6	22.35	0.894	14.7
Ca^{2+}	65.51	3.269	52.0	57.24	2.856	47.1
Mg^{2+}	30.12	2.479	39.4	28.23	2.323	38.3
Cl^-	60.31	1.701	27.0	58.31	1.645	27.1
SO_4^{2-}	70.52	1.468	23.3	60.52	1.260	20.7
HCO_3^-	190.32	3.120	49.6	193.27	3.168	52.2
CO_3^{2-}	0	0	0	0	0	0
侵蚀性 CO_2	0.33			1.73		
游离 CO_2	8.64			7.48		
矿化度	335.15			323.29		
pH 值	8.25			8.28		

由表 2.3－3 知，闸址区环境水类型均为闸前水 HCO_3^- · Cl^-—Ca^{2+} · Mg^{2+} 型水。综合判定，环境水对混凝土无腐蚀性，对钢筋混凝土中的钢筋具微腐蚀性，对钢结构具弱腐蚀性。

2.3.1.4　结论与建议

(1) 闸址区地震加速度值为 0.10g，地震动反应谱特征周期 0.65s，相应的地震基本烈度Ⅶ度。

(2) 闸址区在地貌单元上属黄河冲积平原区，黄河在该区为地上悬河。

(3) 闸址区在深度内主要为第四系全新统河流相冲积层，岩性主要为砂壤土、壤土、黏土和粉砂，均为中压缩性土。

(4) 闸址区地下水主要为松散岩类孔隙水。其补给来源主要为大气降水及黄河水径流补给,由于黄河为地上悬河,河水常年补给两岸地下水,地下水随着河水位升降而升降。勘察期间地下水稳定水位约为 10.00m。

(5) 闸址区存在的主要工程地质问题有闸基土的渗透变形、地震液化、冲刷淘刷、沉降变形和环境水的腐蚀性问题。

2.3.2 三义寨闸

本次地质勘察的任务主要是查明三义寨引黄闸改建工程的工程地质、水文地质条件,并对其存在的工程地质问题进行分析评价,为工程的施工设计和建设提供所需的地质资料。

本次勘察依据的主要规程、规范如下。

(1)《中小型水利水电工程地质勘察规范》(SL 55—2005)。

(2)《堤防工程地质勘察规程》(SL 188—2005)。

(3)《水利水电工程地质勘察规范》(GB 50287—1999)。

(4)《水利水电工程地质测绘规程》(SL 299—2004)。

(5)《水利水电工程钻探规程》(SL 291—2003)。

(6)《土工试验规程》(SL 237—1999)。

本阶段地质勘察工作外业从 2007 年 9 月 1 日开始,于 2007 年 10 月 1 日结束。内业至 2007 年 10 月 8 日结束。完成的工作量见表 2.3-4。

表 2.3-4　　　　　　　　三义寨引黄闸场址工程地质勘察主要工作量表

工 作 类 别	工 作 项 目	单 位	工 作 量
地质测绘	1:10000	km²	0.5
	1:1000	km²	0.2
	1:500 实测剖面	km	0.5
	1:1000 实测剖面	km	2.2
勘探	钻孔	m/孔	190/6
	竖井	m/个	40/13
	洛阳铲	m/个	45/18
	坑槽探	m³	1100
	扰动样/不扰动样	组	42/32
原位测试	标准贯入	次	24
室内试验	颗分	组	71
	含水率	组	32
	比重	组	41
	密度	组	32
	界限含水率	组	40
	击实试验	组	9
	直剪（饱和快剪）	组	25
	三轴	组	3

工作类别	工作项目	单 位	工 作 量
室内试验	固结	组	35
	渗透	组	32
	水质简分析	组	3

2.3.2.1 工程区基本地质条件

1. 地形地貌

工程区地处黄河下游冲积扇平原区，地形平缓开阔。黄河大堤在渠首闸段内，堤顶高程 80.00～81.50m，背河滩面高程 68.80～77.20m。工程区内分布有树林、村庄、耕地。

2. 地层岩性

本次勘探钻孔揭露深度，堤身约 35m，新建闸基位置约 30m，除堤身土为人工堆积（Q_4^s）外，全部为全新统冲积层（Q_4^{al}），自堤顶而下共分为 5 大层，现分述如下。

第①层堤身土（Q_4^s）：为人工填土，以褐黄色壤土为主，较干燥，可塑，局部为黄色砂壤土。其中在钻孔 ZK02 揭露深度 8.3～11.5m 之间含大量砾石，砾径约 5～10cm，局部可达 15cm，磨圆度差，分选性差，砾石主要为灰岩。据当地了解的情况，钻孔 ZK02 处原为一码头。该层厚 2.0～8.2m，层底高程约 72.00m。

第②层壤土（Q_4^{al}）：灰褐色，稍湿，可塑，层厚 1.8～4.0m，层底高程 66.50～69.80m，该层分布较稳定，在钻孔 ZK03 未揭露。

第③层黏土（Q_4^{al}）：灰褐色，饱和，硬塑，局部有细砂、壤土透镜体夹层，层厚 0.6～3.8m，层底高程 64.00～69.00m。

第④层砂壤土（Q_4^{al}）：灰褐色，饱和，稍密，层厚 1.8～3.8m，层底高程 61.50～64.00m，该层分布稳定。

第⑤层细砂（Q_4^{al}）：以细砂、极细砂为主，褐黄色，饱和，稍密～中密，局部有黏土、壤土、砂壤土透镜体状夹层。勘探深度内未揭穿，最大揭露厚度为 18m。

3. 区域地质构造与地震

工程区位于华北断块区的华北平原断块拗陷亚区，为新华夏系第二沉降带的一部分，受新华夏的北北东向和北西向构造及纬向构造等的控制，区内无深大断裂通过，断层活动性较弱。地震分区属华北地震区的许昌—淮南地震带，地震活动具有强度较弱、频度较低的特点。根据《中国地震动参数区划图》（GB 18306—2001），工程区的地震动反应谱特征周期为 0.40s，动峰值加速度为 0.10g，地震基本烈度为Ⅶ度。

4. 水文地质条件

与工程相关的地下水主要为第四纪松散岩类孔隙水，为孔隙潜水和黏性土含水带，分布于河床、漫滩。本次勘察区地下水位 69.30～69.80m。

据现场所取的 2 组地下水样和 1 组地表水样分析结果，地下水化学类型主要为 Cl^-—HCO_3^-—Na^+ 型水，地表水化学类型主要为 Cl^-—Na^+ 型水。根据《水利水电工程地质勘察规范》（GB 50287—1999），环境水对混凝土的腐蚀性评价为工程区地表水、地下水对混凝土不存在分解类、分解结晶复合类、结晶类腐蚀。

5. 土的物理力学性质

场区地层主要由壤土、砂壤土、黏土、砂等组成。为查明各土层的物理力学性质，进行了原位测试、现场试验和室内试验，并对试验数据按岩性特征进行了分层统计。

各层土的主要物理力学性质概述如下。

第①层壤土：黏粒含量 11.0%～17.9%，平均 13.3%；干密度 1.44～1.59g/cm³，平均 1.50g/cm³；液性指数 0.30～0.75，平均 0.56，属硬塑～可塑状态；压缩系数 0.12～0.58，平均 0.30，属中等～高压缩性；孔隙率 41.17%～46.68%，平均 44.47%；渗透系数在 $6.94×10^{-6}$～$3.91×10^{-5}$ cm/s 之间，平均 $2.50×10^{-5}$ cm/s，属弱透水。

第②层壤土：本次只有 1 组样品进行了试验。黏粒含量 10.5%；干密度 1.65g/cm³；液性指数 0.53，属可塑状态；孔隙率 38.9%；渗透系数为 $2.12×10^{-5}$ cm/s（1 组）属弱透水。

第③层黏土：黏粒含量 43.2%～60.9%，平均 51.2%；干密度 1.29～1.43g/cm³，平均 1.37g/cm³；液性指数 0.19～0.48，平均 0.29，属硬塑～可塑状态；压缩系数 0.30～0.65，平均 0.53，属中等～高压缩性；孔隙率 47.98%～52.96%，平均 50.17%；渗透系数在 $6.52×10^{-7}$～$6.23×10^{-6}$ cm/s 之间，平均 $2.35×10^{-6}$ cm/s，属弱～微透水。

第④层砂壤土：黏粒含量 5.7%～9.8%，平均 8.4%；干密度 1.50～1.64g/cm³，平均 1.59g/cm³；压缩系数 0.09～0.12，平均 0.10，属低～中等压缩性；孔隙率 37.12%～44.41%，平均 41.00%；渗透系数在 $1.39×10^{-5}$～$3.68×10^{-5}$ cm/s 之间，平均 $2.36×10^{-5}$ cm/s，属弱透水。

第⑤层细砂：黏粒含量 3.0%～10.5%，平均 6.7%；干密度 1.61～1.90g/cm³，平均 1.71g/cm³；标准贯入击数 8～25，平均 17，稍密～中密状态；压缩系数 0.05～0.23，平均 0.10，属低～中等压缩性；孔隙率 29.37%～44.08%，平均 36.38%；渗透系数在 $1.04×10^{-5}$～$8.74×10^{-5}$ cm/s 之间，平均 $3.22×10^{-5}$ cm/s，属弱透水。

第⑤-L 壤土：黏粒含量 16.9%～21.0%，平均 19.4%；干密度 1.69～1.80g/cm³，平均 1.73g/cm³；液性指数 0.20～0.37，属硬塑状态；压缩系数 0.18～0.23，平均 0.20，属中等压缩性；孔隙率 33.5%～37.5%，平均 36.2%。

根据上述勘察资料，结合工程经验提出三义寨闸改建工程场区土的主要物理力学指标建议值，见表 2.3-5。

2.3.2.2　工程地质评价

1. 地震液化

工程区地震动峰值加速度为 0.10g，相应的地震基本烈度为Ⅶ度，区内广泛分布有松散饱和的壤土、砂壤土及砂层，因此饱和砂土地基的震动液化问题将成为影响工程的主要地质问题之一。

依据《水利水电工程地质勘察规范》（GB 50287—1999）对场地土进行地震液化可能性判别。判别结果见表 2.3-6。

表 2.3－5　三义寨闸改建工程场区土的主要物理力学指标建议值表

地层类别	土层名称 岩性	土层名称 层号	天然状态下的物理指标 含水量 ω/%	湿密度 ρ/(g/cm³)	干密度 ρ_d/(g/cm³)	孔隙比 e	液性指数 I_L	土粒比重 G_s	液限 W_L/%	塑限 W_p/%	塑性指数 I_p	渗透系数 K_{20}/(cm/s)	压缩系数 a_{v1-2}/MPa⁻¹	压缩模量 E_s/MPa	饱和快剪 凝聚力 C/kPa	饱和快剪 内摩擦角 φ/(°)
Q_4^s	填土	①	23.18	1.85	1.50	0.803	0.56	2.71	30.8	19.3	11.5	5.0×10^{-5}	0.30	8.2	20	18
Q_4^{al}	填土	②	23.6	2.04	1.50	0.703	0.53	2.70	28.4	18.1	10.3	2.5×10^{-5}	0.25	8.5	10	19
Q_4^{al}	黏土	③	34.1	1.84	1.37	1.0	0.42	2.74	52.1	27.1	24.9	2.0×10^{-6}	0.52	4.1	25	7
Q_4^{al}	细砂	③-Sx	17.8	2.12	1.60	0.600		2.69				4.2×10^{-3}	0.12	10.0	0	26
Q_4^{al}	填土	③-L	24.1	1.91	1.54	0.767	0.43	2.72	36.5	22.9	13.6	2.0×10^{-5}	0.23	7.5	21	18
Q_4^{al}	砂壤土	④	22.6	1.96	1.56	0.735	0.68	2.70	26.3	17.2	9.1	2.0×10^{-4}	0.24	8.0	16	22
Q_4^{al}	细砂	⑤	19.3	2.04	1.65	0.612	0.35	2.69				3.2×10^{-3}	0.14	12.0	0	28
Q_4^{al}	填土	⑤-L	22.2	2.09	1.58	0.650	0.69	2.71	33.9	21.7	12.2	3.5×10^{-5}	0.18	9.1	21	18
Q_4^{al}	砂壤土	⑤-SL	28.6	1.89	1.47	0.837	0.43	2.70	32.1	20.7	11.4	3.0×10^{-4}	0.21	8.7	17	21
Q_4^{al}	黏土	⑤-CL	25.7	1.97	1.57	0.729		2.71	33.1	20.1	13.0	6.8×10^{-6}	0.33	5.2	24	12

表 2.3 − 6　　　　　　　　　　　场区地震液化判别成果表

层号	钻孔编号	标贯点埋深/m	黏粒含量/%	岩性	标　贯　数			判定结果
					$N'_{63.5}$	$N_{63.5}$	N_{cr}	
第①层	ZK02	2.5	7.3	砂壤土	13	5.4	4.4	不液化
	ZK02	5.0	6.6	砂壤土	16	8.9	5.7	不液化
	ZK02	7.5	4.7	砂壤土	18	18	7.9	不液化
	ZK06	5.0	17.8	壤土				不液化
第②层	ZK06	10.0	12.2	壤土	13	6.4	5.7	不液化
	ZK06	12.5	11.5	壤土	14	14	6.6	不液化
第③层	ZK06	15.0	35.3	黏土				不液化
第④层	ZK02	11.5	5.4	砂壤土	15	15	9.2	不液化
第⑤层	ZK02	14.0	5.4	细砂	8	8	10.3	液化
	ZK02	16.5	4.6	细砂	11	11	3.6	不液化
	ZK02	19.0	5.1	细砂	14	14	2.3	不液化
	ZK06	17.5	6.7	细砂	15	15	2.6	不液化

从表 2.3 − 6 中可以看出，本次勘察场区有可能发生液化的土层主要有第⑤层的砂层。

依据《建筑抗震设计规范》（GB 50011—2001）对存在液化土层的地基，按式（2.3 − 1）计算每个连续标贯试验钻孔的液化指数，并综合划分地基的液化等级。

$$I_{lE} = \sum_{i=1}^{n} \left(1 - \frac{N_i}{N_{cri}}\right) d_i W_i \qquad (2.3 - 1)$$

式中：I_{lE} 为液化指数；N_i、N_{cri} 分别为 i 点标准贯入锤击数的实测值和临界值，i 的取值范围为 $1 \sim n$；n 为判别深度范围内每一个钻孔标准贯入试验点的总数；d_i 为 i 点所代表的土层厚度，m；W_i 为 i 点土层单位土层厚度的层位影响权函数值，m^{-1}。

根据液化等级的综合划分（表 2.3 − 7）可以看出，场区地基土共进行 2 个连续标贯孔，其中 ZK02 液化等级为轻微，ZK06 不存在液化土层。

表 2.3 − 7　　　　　　　　　　液 化 等 级 判 别 表

液化等级	轻　微	中　等	严　重
判别深度为 15m 的液化指数	$0 < I_{lE} \leqslant 5$	$5 < I_{lE} \leqslant 15$	$I_{lE} > 15$
判别深度为 20m 的液化指数	$0 < I_{lE} \leqslant 6$	$6 < I_{lE} \leqslant 18$	$I_{lE} > 18$

2. 渗透稳定性评价

工程区的地基涉及的土层为第①～第⑤层的壤土、黏土、砂壤土和砂，其中粉细砂层不均匀系数 C_u 为 7.8～12.5，曲率系数 C_c 为 1～3。根据《堤防工程地质勘察规程》（SL 188—2005）中"关于土的渗透变形判别（附录 D）"，判别如下。

（1）工程区地基涉及的砂壤土、壤土、黏土为细粒土，若发生渗透变形，其类型为流土型。

（2）不均匀系数 $C_u > 5$ 的粗粒土（细砂）渗透变形判别结果见表 2.3 − 8。

表 2.3 - 8 不均匀系数大于 5 的粗粒土渗透变形判别表

层号	岩性	d_{70} /mm	d_{10} /mm	d_f /mm	P_c /%	n	$\dfrac{1}{4(1-n)}\times 100$	判别结果
第⑤层	细砂	0.1716	0.0391	0.0819	29.4	0.36	39.1	管涌

（3）临界水力比降的确定。根据《堤防工程地质勘察规程》（SL 188—2005）中"关于土的渗透变形判别（附录 D）"，采用以下公式确定临界水力比降。

流土型
$$J_{cr}=(G_s-1)(1-n) \tag{2.3-2}$$

管涌型
$$J_{cr}=2.2(G_s-1)(1-n)^2\frac{d_5}{d_{20}} \tag{2.3-3}$$

根据上式计算，各土层允许水力比降值及建议值见表 2.3 - 9。根据《水利水电工程地质勘察规范》（GB 50287—1999）中的说明，流土破坏是土体整体破坏，对水工建筑物的危害较大，安全系数取 2.5；管涌比降是土粒在孔隙中开始移动并被带走时的水力比降，一般情况下土体在此水力比降下还有一定的承受水力比降的潜力，取 1.5 的安全系数。

表 2.3 - 9 各土层允许水力比降值及建议值表

层号	岩性	土粒比重 G_s	孔隙率 n/%	d_5 /mm	d_{20} /mm	破坏形式	临界比降	允许比降	建议值
第①层	壤土	2.71	44.47			流土	0.96	0.38	0.35~0.40
第②层	壤土	2.70	38.9			流土	1.04	0.42	0.35~0.40
第③层	黏土	2.74	50.17			流土	0.87	0.35	0.35~0.45
第④层	砂壤土	2.70	41.00			流土	1.00	0.45	0.30~0.35
第⑤层	细砂	2.69	36.38	0.0115	0.0654	管涌	0.28	0.19	0.15~0.25

3. 地基适宜性评价

（1）闸基承载力。地基承载力标准值采用物理力学指标法、标准贯入试验法综合确定。通过两种方法得出的承载力标准值，经综合分析类比，给出各层土的承载力标准值，具体见表 2.3 - 10。

表 2.3 - 10 闸 基 承 载 力 建 议 值

地层	岩性	物理力学指标法 f_k /kPa	标贯法 f_k /kPa	建议值 f_k /kPa
第①层	壤土	140		130
第②层	壤土	130		120
第③层	黏土	90		85
第④层	砂壤土	140		130
第⑤层	细砂	220	200	180

（2）抗滑稳定。闸基土上部分布有壤土、黏土、砂壤土，抗剪强度低。因此，闸基土存在滑动破坏的可能，设计时应进行闸基抗滑稳定计算分析，闸基土的 C、φ 建议值见表 2.3－2。

（3）沉降变形。新建闸门地基土上部主要以壤土、黏土为主，局部夹细砂透镜体。由于下伏第③层黏土厚度 0.6～3.8m，层底高程 64.00～69.00m，分布不均匀，且其干密度 1.29～1.43g/cm³，压缩系数 0.30～0.65，工程地质特性较差。综合分析，地基土存在产生不均匀沉陷的可能，进而危及闸门安全，应采取适当的工程处理措施。

（4）基础方案建议。综合以上分析，结合工程设计方案，由于下伏第③层黏土分布不均匀，且其干密度 1.29～1.43g/cm³，工程地质特性较差，闸基采用天然地基将存在抗滑稳定、不均匀沉陷等工程地质问题，建议采用复合地基，以碎石桩或混凝土搅拌桩等工程措施对地基持力层进行加固。

4. 基坑排水

由于地下水埋深较浅，一般为 3.0m 左右，地下水位以下为砂壤土、壤土、黏土、砂层，属弱～强透水层。地基开挖时，为保证基础施工安全，保持边坡稳定，可采用放坡开挖，为避免产生流砂（土）、土体坍塌，应进行基坑排水。

2.3.2.3　天然建筑材料

三义寨闸改建工程共需土料有：闸及连接大堤填筑料 9.62 万 m³，新堤填筑及其他土方填筑 22.18 万 m³。

1. 料场概况

三义寨闸改建工程土料场位于蔡楼村西北部春堤与人民跃进渠之间的耕地上，临近春堤，运距约 5.5～6.0km。料场地势较为平坦，现均为耕地。地面高程 73.10～73.70m 左右。

料场为新近黄河冲积堆积物（Q_4^{al}），料场勘探深度范围内（1.5m）的地层岩性简单，表层 0.1～0.5m 多为砂壤土，局部夹少量粉砂，其下为浅黄、浅棕红色壤土，稍湿～湿，可塑状，层厚大于 1.5m。

勘探深度内未见地下水。

2. 土料物理力学性质

根据现场勘探，该料场岩性较为简单，且分布连续、厚度变化不大。同时对该料场进行分层取样或混合取样，其中混合击实后的最优含水率 14.5%～17.2%，平均 16.0%；最大干密度 1.64～1.71g/cm³，平均 1.67g/cm³。壤土试验数据 2 组，黏粒含量 15.6%～13.0%，平均 14.3%；砂壤土和粉砂透镜体试验数据各 1 组，黏粒含量分别为 4.2%、3.2%。

3. 土料质量评价

依据《水利水电工程天然建筑材料勘察规程》（SL 251—2000）中有关筑坝土料质量要求，对 1 号土料场的混合土样质量进行综合评价，见表 2.3－11，从表中可知，该料场土料的黏粒含量（除砂壤土和粉砂外）、塑性指数可以满足规范要求。壤土的天然含水率偏大，因此在使用时要对土料进行适当的晾晒或洒水，使其含水率达到或接近最优含水率；同时对分布较大砂层透镜体应剔除。

表 2.3-11　　　　　　　三义寨闸改建工程 1 号土料场综合质量评价表

项 目	试 验 结 果			规程要求 （筑坝）	质量评价
	最大值	最小值	平均值		
黏粒含量/%	18.5	3.6	11.4	10～30	符合规程要求
塑性指数 I_p	12.7	8.4	10.3	7～17	符合规程要求
渗透系数/(cm/s)	9.16×10^{-5}	3.64×10^{-6}	2.75×10^{-5}	$< 1 \times 10^{-4}$	符合规程要求
制样含水量/%	17.2	14.5	16.0	与最优含水量接近	符合规程要求

4. 储量计算

根据黄河下游一般开采复耕方法，开采深度不易过深，该料场的表层 0.20m 作耕土，为非有用层，开采深度为 1.30m，平均有效开采厚度 1.0m，料场面积为 47.0 万 m^2。按平均厚度法进行储量计算，用平行断面法进行校核，则有效储量约为 50 万 m^3（该料场的开采范围还可以向东西两侧扩展），是设计储量的 2 倍，可以满足储量要求。

2.3.2.4　结论与建议

（1）工程区属华北平原地震区，据 1:400 万《中国地震动参数区划图》（GB 18306—2001），该区地震动峰值加速度为 0.10g，地震动反应谱特征周期为 0.40s，相应的地震基本烈度为Ⅶ度。

（2）工程区位于黄河冲积平原上，区内地表为第四纪松散堆积物所覆盖，本次勘察工作所揭露的地层主要为全新统冲积层，岩性主要为壤土、砂壤土、黏土和砂层。根据工程地质特性，将区内所揭露地层分为 5 层：由第①层壤土、第②层壤土、第③层黏土、第④层砂壤土和第⑤层砂层组成。

（3）工程区地下水类型主要为第四系松散岩类孔隙水，赋存于河滩地的壤土、砂壤土、砂层中。地下水化学类型主要为 $Cl^- —HCO_3^- —Na^+$ 型水，地表水化学类型主要为 $Cl^- —Na^+$ 型水。工程区环境水对混凝土不存在分解类、分解结晶复合类、结晶类腐蚀。

（4）闸基土地层中的第⑤层砂层存在地震液化的可能，液化等级评价为轻微液化地层。地基土存在渗透变形稳定问题，第①层壤土的允许水力比降为 0.35～0.50，第②层壤土的允许水力比降为 0.40～0.55，第③层黏土的允许水力比降为 0.40～0.55，第④层砂壤土的允许水力比降为 0.40～0.50，第⑤层砂层的允许水力比降为 0.15～0.25。

（5）闸基土上部分布有壤土、黏土、砂壤土，抗剪强度低，下伏第③层黏土分布不均匀，工程地质特性较差，闸基土存在滑动破坏的可能；同时地基存在不均匀沉陷问题，应采取适当的工程处理措施；建议采用复合地基，以碎石桩或混凝土搅拌桩等工程措施对地基持力层进行加固。

（6）由于地下水埋深较浅，一般在 3.0m 左右，地下水位以下为砂壤土、壤土、黏土、砂层，属弱～强透水层。地基开挖时，为保证基础施工安全，保持边坡稳定，可采用放坡开挖，为避免产生流砂（土）、土体坍塌，应进行基坑排水。

（7）通过对开封三义寨引黄闸改建工程土料场的勘察、评价，料场储量和质量满足规范要求。

2.3.3　东平湖滞洪区工程地质概况

2.3.3.1　区域地质构造与地震动参数

工程区在大地构造单元上属华北板块，处于冀中板块和冀鲁板块两个次级板块的交接部位。区域断裂的性质多和基底构造相一致，走向大体以 NNE、NE、NWW、NW 为主，这些断裂不仅是大地构造单元的边界，控制第四系的沉积及现代地貌的发育，而且是各级地震的控发震构造，沿断裂形成明显的地震集中带。影响场区建筑物稳定的主要地质构造是北起聊城南、经巨野县南入河南省，长 215km 的新华夏系正断层巨野断裂（走向为355°，倾向 SW），工程区在附近 100km 范围内还有聊城—兰考、鄄城、曹县、磁县—大名等断裂穿过。

场区在地震分区上属华北地震区邢台—河间地震带。华北地震区总的特征是地震活动强度大，但其频率较低，属地震活动中等的地震区。震源深度一般为 5～30km，为浅源地震。

工程区位于华北断块区南部，近场区不存在深大断裂构造。据《中国地震动参数区划图》（GB 18306—2001），该区地震动峰值加速度为 0.10g，对应的地震基本烈度为Ⅶ度，地震动反应谱特征周期为 0.40s。

2.3.3.2　闸址区工程地质条件

1. 地形地貌

闸址区地貌单元属黄河冲积平原。位于黄河右岸大堤 338＋886～339＋020 处，黄河大堤堤顶高程 48.35～49.22m，临河滩地高程 40.75～42.26m，背河滩地高程 39.53～40.90m，临背河差一般 1.2～2.7m，呈典型的"悬河"地貌。

2. 地层岩性

闸址区在 30m 勘探深度内所揭露土层上部为第四系全新统河流相冲积物（Q_4^{al}），下部为第四系上更新统河流相冲积物（Q_3^{al}）。主要土层特点分述如下。

（1）第四系全新统河流相冲积物（Q_4^{al}）。

1）第①-CL 层粉质黏土、黏土（Q_4^{al}）：浅黄、灰黄、浅灰色，软塑状，含腐烂植物根系，具灰绿及褐黄色锈斑。层厚 11.90～12.10m，平均 12.00m；层底高程 27.91～28.20m。

该层夹有壤土、砂壤土层，其中壤土①-L 层呈灰黄、浅灰色，软塑状，塑性差，含有腐殖条带，呈透镜体状分布。第①-SL 层砂壤土呈浅灰黄、灰黄色，中密状，摇震反应中等，分布不连续，呈透镜体状。

2）第②-CL 层黏土（Q_4^{al}）：灰黄、灰色，可塑状，夹粉质黏土和壤土薄层或透镜体，含螺壳及蚌壳碎片，该层下部含少量小钙质结核，结核粒径约 0.5cm。厚度 2.96～4.64m，平均 3.59m；层底高程 23.00～25.2m。

（2）第四系上更新统河流相冲积物（Q_3^{al}）。

1）第③-L 层壤土（Q_3^{al}）：灰黄、黄白色，可塑状，切面粗糙，含少量钙质结核，结核粒径 1～3mm，含量 1％～5％。该层厚度 2.18～3.85m，平均 3.24m；层底高程

21.01～21.69m。

该层夹有第③-CL粉质黏土薄层：灰黄、黄白色，可塑状；含少量钙质结核，结核粒径1～3mm，局部富集，呈薄的透镜体状分布。

2）第④-CL层黏土（Q_3^{al}）：灰黄、黄灰色，局部为棕红色，可塑状，含少钙质结核。该层未揭穿，揭露最大厚度约12m。

该层夹有第④-L壤土层：灰黄、黄灰色，可塑状，与主层黏土层呈互层状，含少量钙质结核，结核粒径1～3mm。在67-14孔底部见有第④-SL砂壤土层，呈灰黄色，湿，密实状。

3. 土的物理力学性质

本次地质勘察分别取不扰动土样和扰动土样进行了室内土工试验和渗透试验，试验成果分统计结果见表2.3-12。

根据土的室内物理力学试验统计成果，并考虑取样、试验过程的影响，参考工程类比法的经验值，提出闸基各土层物理力学指标地质建议值见表2.3-13。

4. 水文地质条件

闸址区的地下水类型主要为松散岩类孔隙水。地下水含水层主要为砂壤土层。黏土和壤土层属相对隔水层。地下水类型为孔隙潜水，其补给来源主要为黄河水及湖水补给，其次为大气降水，地下水随着河、湖水位升降而升降。勘察期间地下水水位39.15～39.37m。各土层渗透系数建议值见表2.3-14。

5. 场地土冻结深度

拟建闸址场地为季节性冻土区，根据区域气象资料，年平均地面结冰超100d，最大冻土深度不超过220mm，地面以下100mm冻结平均为55d。地基与基础设计时可不考虑地基土的冻胀影响。

6. 不良地质作用及对工程不利的埋藏物

勘察期间在场地及钻孔内未发现对工程不利的古河道、沟浜、墓穴、防空洞、孤石等的埋藏物及对工程安全有影响的诸如岩溶、滑坡、崩塌、塌陷、采空区、地面沉降、地裂等不良地质作用。

2.3.3.3 主要工程地质问题

1. 地震液化

根据《水利水电工程地质勘察规范》（GB 50487—2008）地震液化初判原则，闸基15m以上第①层、第②层以黏土、壤土为主，黏粒含量均大于16%，地震动峰值加速度0.10g时，可判为不液化土；第①层中的砂壤土根据区域地质资料，在大于或等于Ⅶ度烈度情况下易发生地震液化，液化等级轻微。

2. 渗透变形

土体在渗流作用下，当渗透比降超过土的抗渗比降时，土体的组成和结构会发生变化或破坏，即渗透变形或渗透破坏。根据《堤防工程地质勘察规程》（SL 188—2005）附录D对土的渗透变形判别可知，本次勘察闸基土均为细粒土，渗透变形类型为流土型。

根据《堤防工程地质勘察规程》（SL 188—2005）中附录D，采用式（2.3-4）确定流土临界水力比降：

表 2.3 - 12　　林幸闸基岩基土层物理力学指标统计表

层号	岩性	项目	颗粒组成/% <0.005mm	天然状态基本物理指标 含水率 ω/%	天然状态基本物理指标 湿密度 ρ/(g/cm³)	天然状态基本物理指标 干密度 ρ_d/(g/cm³)	土粒比重 G_s	液限 W_L/%	塑限 W_p/%	塑性指数 I_p	干密度 ρ_d/(g/cm³)	压缩性 各级压力下的 ε 值/(kg/cm²) 0.0	0.5	1.0	2.0	3.0	4.0	6.0
①	粉质黏土、黏土	组数	12	12	12	12	4	12	12	12	12	12	12	12	12	12	12	12
		最大值	65.0	60.0	1.99	1.54	2.74	53.0	27.0	26.0	1.50	1.360	1.277	1.208	1.098	1.026	0.983	0.935
		最小值	30.0	27.0	1.63	1.02	2.73	29.0	18.0	9.0	1.16	0.800	0.761	0.739	0.688	0.659	0.639	0.609
		平均值	49.0	37.3	1.86	1.35	2.74	40.8	23.1	17.8	1.40	0.955	0.901	0.876	0.838	0.810	0.791	0.759
①-SL	砂壤土	组数	3	3	3	3	1				3	3	3	3	3	3	3	3
		最大值	4.0	30.0	1.98	1.55	2.70				1.58	0.830	0.810	0.798	0.783	0.755	0.770	0.760
		最小值	3.0	27.0	1.95	1.51	2.70				1.48	0.710	0.698	0.694	0.688	0.685	0.681	0.674
		平均值	3.3	28.7	1.97	1.53	2.70				1.53	0.770	0.755	0.748	0.738	0.726	0.728	0.720
①-L	壤土	组数	2	2	2	2	1	1	1	1	1	1	1	1	1	1	1	1
		最大值	24.0	45.0	1.98	1.53	2.71	29.0	18.0	11.0	1.35	1.020	0.896	0.868	0.825	0.726	0.707	0.672
		最小值	11.0	29.0	1.97	1.42	2.71	29.0	18.0	11.0	1.35	1.020	0.896	0.868	0.825	0.726	0.707	0.672
		平均值	17.5	37.0	1.98	1.48	2.71	29.0	18.0	11.0	1.35	1.020	0.896	0.868	0.825	0.726	0.707	0.672
②	黏土	组数	8	8	8	8	1	7	7	7	7	7	7	7	7	7	7	7
		最大值	70.0	41.0	1.94	1.48	2.74	49.0	29.0	21.0	1.54	1.040	1.015	1.001	0.979	0.961	0.944	0.907
		最小值	52.0	31.0	1.81	1.28	2.74	40.0	23.0	17.0	1.34	0.780	0.759	0.747	0.727	0.711	0.695	0.670
		平均值	61.0	36.9	1.87	1.37	2.74	45.1	25.3	19.9	1.43	0.914	0.894	0.879	0.830	0.842	0.827	0.798
②-CL	粉质黏土		45.0	29.0	1.93	1.50		42.0	22.0	20.0	1.50	0.820	0.806	0.796	0.779	0.768	0.758	0.740
②-L	壤土		29.0	24.0	2.00	1.61		36.0	19.0	17.0	1.67	0.640	0.600	0.593	0.568	0.550	0.535	0.509

层号	岩性	项目	颗粒组成/% <0.005mm	天然状态基本物理指标 含水率 ω/%	湿密度 ρ/(g/cm³)	干密度 ρd/(g/cm³)	土粒比重 Gs	液限 WL/%	塑限 Wp/%	塑性指数 Ip	压缩性 干密度 ρd/(g/cm³)	各级压力下的e值 0.0	0.5	1.0	2.0	3.0	4.0	6.0
③	壤土	组数	2	2	2	2	1	2	2	2	2	2	2	2	2	2	2	2
		最大值	25.0	29.0	2.03	1.63	2.71	29.0	19.0	10.0	1.63	0.730	0.710	0.700	0.685	0.675	0.667	0.552
		最小值	17.0	25.0	1.96	1.52	2.71	26.0	17.0	9.0	1.57	0.680	0.629	0.609	0.581	0.563	0.551	0.528
		平均值	21.0	27.0	2.00	1.58	2.71	27.5	18.0	9.5	1.60	0.705	0.670	0.655	0.633	0.619	0.609	0.540
③-CL	粉质黏土		31.0	23.0	2.04	1.66	2.71	25.0	17.0	8.0	1.64	0.660	0.619	0.604	0.586	0.573	0.564	0.548
④	黏土	组数	6	6	6	6	1	5	5	5	4	4	4	4	4	4	4	4
		最大值	64.0	30.0	2.00	1.57	2.74	41.0	24.0	19.0	1.69	0.800	0.786	0.778	0.761	0.750	0.741	0.721
		最小值	50.0	27.0	1.95	1.50	2.72	37.0	19.0	15.0	1.52	0.650	0.641	0.635	0.624	0.616	0.608	0.592
		平均值	57.2	28.5	1.98	1.54	2.74	38.8	22.0	16.8	1.60	0.740	0.724	0.715	0.701	0.690	0.681	0.661
④-CL	粉质黏土		48.0	28.0	1.99	1.55		38.0	22.0	16.0	1.61	0.700	0.694	0.689	0.671	0.658	0.646	0.642
④-L	壤土	组数	4	4	4	4	2	4	4	4	4	4	4	4	4	4	4	4
		最大值	27.0	26.0	2.12	1.77	2.71	26.0	19.0	9.0	1.77	0.720	0.707	0.701	0.691	0.685	0.677	0.471
		最小值	16.0	20.0	2.00	1.59	2.71	21.0	12.0	7.0	1.58	0.540	0.507	0.493	0.472	0.458	0.440	0.428
		平均值	23.5	23.0	2.04	1.67	2.71	23.0	15.0	8.0	1.70	0.633	0.576	0.568	0.552	0.550	0.528	0.450

（压缩性单位：/(kg/cm²)）

续表

抗剪强度 /(kg/cm²) 各级压力下的 τ 值，压力分级为 0.5、1.0、1.5、2.0、3.0、4.0

层号	岩性	项目	渗透试验 干密度 ρ_d /(g/cm³)	渗透系数 k_{10} /(×10⁻⁵cm/s)	干密度 ρ_d /(g/cm³)	τ 0.5	τ 1.0	τ 1.5	τ 2.0	τ 3.0	τ 4.0	凝聚力 C_q /(kg/cm²)	摩擦角 φ_q /(°)
①	粉质黏土、黏土	组数	10	10	12	4	5	2	7	5	4	8	8
		最大值	1.50	154	1.54	0.47	0.53	0.18	0.80	1.04	0.97	0.46	17.7
		最小值	1.03	0.003	1.02	0.07	0.22	0.16	0.16	0.47	0.73	0.04	0.6
		平均值	1.36	17.564	1.35	0.24	0.35	0.17	0.42	0.69	0.82	0.17	6.7
①-SL	砂壤土	组数	3	3	3	1	3	1	3	1	2	3	3
		最大值	1.55	18.8	1.55	0.44	0.87	1.11	1.56	2.58	3.22	0.10	37.6
		最小值	1.50	2.7	1.51	0.44	0.73	1.11	1.49	2.58	2.80	0.00	33.8
		平均值	1.52	9.7	1.53	0.44	0.79	1.11	1.52	2.58	3.01	0.05	36.1
①-L	壤土	组数	1	1	2	2	1		2	1		2	2
		最大值	1.38	2.03	1.53	0.45	0.50		1.05	2.12		0.2	23.5
		最小值	1.38	2.03	1.42	0.07	0.50		0.16	2.12		0.0	2.9
		平均值	1.38	2.03	1.48	0.26	0.50		0.61	2.12		0.1	13.2
②	黏土	组数	7	7	8		5		5	5	5	5	5
		最大值	1.52	15.300	1.48		0.83		0.98	1.02	1.23	0.71	8.5
		最小值	1.32	0.013	1.28		0.34		0.31	0.40	0.38	0.30	0.6
		平均值	1.38	3.889	1.37		0.53		0.59	0.65	0.85	0.46	5
②-CL	粉质黏土	平均值	1.33	0.003	1.50		0.58		0.76				
②-L	壤土	平均值	1.64	1.82	1.61		0.49		0.54	0.51	0.56	0.48	0.6

续表

层号	岩性	项目	渗透试验 干密度 ρ_d /(g/cm³)	渗透系数 k_{10} /($\times10^{-5}$cm/s)	干密度 ρ_d /(g/cm³)	抗剪强度/(kg/cm²) 各级压力下的 τ值 0.5	1.0	1.5	2.0	3.0	4.0	凝聚力 C_q /(kg/cm²)	摩擦角 φ_q /(°)
③	填土	组数	2		2		1		1	1	1	1	1
③	填土	最大值	1.56	9.04	1.63		0.47		1.47	1.55	2.30	0.07	29.5
③	填土	最小值	1.51	3.62	1.52		0.47		1.47	1.55	2.30	0.07	29.5
③	填土	平均值	1.54	6.33	1.58		0.47		1.47	1.55	2.30	0.07	29.5
③-CL	粉质黏土				1.66		0.79		0.97	1.72	1.83	0.41	18.6
④	黏土	组数	4	4	6	1	5		5	5	4	5	5
④	黏土	最大值	1.58	91.5000	1.57	0.20	0.88		1.34	2.00	3.01	0.65	33.8
④	黏土	最小值	1.55	0.0019	1.50	0.20	0.68		0.73	0.32	0.85	0.04	2.9
④	黏土	平均值	1.57	22.9625	1.54	0.20	0.78		0.93	0.99	1.53	0.50	11.6
④-CL	粉质黏土		1.63	0.0007	1.55		0.38		0.73	1.03	1.12	0.33	11.9
④-L	填土	组数	4	4	2		3		3	3	3	3	3
④-L	填土	最大值	1.78	2.94	1.69		0.64		1.32	1.47	1.70	0.27	21.3
④-L	填土	最小值	1.58	0.54	1.59		0.36		0.52	0.53	1.26	0.13	6.3
④-L	填土	平均值	1.70	1.16	1.64		0.49		0.92	0.86	1.53	0.22	15.6

表 2.3 – 13 林幸进湖闸闸基土层物理力学性质指标建议值

层号及名称	数据组数	天然含水量 $w/\%$	天然重度 γ /(kN/m³)	干重度 γ_d /(kN/m³)	土粒比重 G_s	天然孔隙比 e_0	饱和度 S_r /%	孔隙率 n /%	液限 W_L /%	塑限 W_P /%	塑性指数 I_P	液性指数 I_L	压缩系数 a_{v1-2}	压缩模量 E_s	凝聚力 C/kPa	内摩擦角 φ/(°)	渗透系数 cm/s
①-CL	12	37.3	18.6	13.5	2.74	0.955	100	49	40.8	23.1	17.8	0.80	0.48	5.2	17.0	6.7	1.5×10^{-6}
①-SL	3	28.7	19.7	15.3	2.70	0.770	100	42	25.3	18.4	6.9	0.79	0.42	5.8	5.0	27.0	1.9×10^{-4}
①-L	2	37.0	19.8	14.8	2.71	0.920	100	46	29.0	18.0	11.0	0.80	0.48	5.2	17.0	11.2	2.0×10^{-5}
②-CL	8	36.9	18.7	13.7	2.74	0.914	100	49	45.1	25.3	19.9	0.70	0.49	5.1	26.0	5.0	3.8×10^{-6}
③-L	2	27.0	20.0	15.8	2.71	0.705	100	41	27.5	18.0	9.5	0.74	0.22	7.6	18.5	10.5	6.3×10^{-5}
③-CL	1	23.0	20.4	16.6	2.71	0.660	100	38	25.0	17.0	8.0	0.74	0.18	8.9	30	18.6	2.0×10^{-6}
④-CL	6	28.5	19.8	15.4	2.74	0.740	100	43	38.8	22.0	16.8	0.39	0.14	10.4	30.0	11.6	2.2×10^{-6}
④-L	4	23.0	20.4	16.7	2.71	0.633	100	38	23.0	15.0	8.0	0.40	0.18	8.9	22.0	15.6	1.1×10^{-5}
④-SL		23.0	20.0	16.5	2.70	0.720	99	39	24.6	17.8	6.8	0.46	0.16	10.1	15.0	20.0	2.0×10^{-4}

$$J_{cr} = (G_s - 1)(1 - n) \tag{2.3-4}$$

式中：J_{cr}为土的临界水力比降；G_s为土粒比重；n为土的孔隙率，%。

考虑闸基位于 1 级堤防上，安全系数取 2.5。根据土工试验结果，计算各土层临界水力坡降、允许水力坡降，并根据黄河下游工程经验，提出允许水力坡降建议值见表 2.3-14。

表 2.3-14　　　　　　　　闸基土临界水力坡降值、允许水力坡降及地质建议值表

土层名称	渗透变形类型	G_s	孔隙率 n/%	临界水力比降 J_{cr}	允许水力坡降	地质建议值
①-CL	流土	2.74	49	0.8874	0.355	0.35~0.40
①-SL	流土	2.70	42	0.9860	0.394	0.30~0.35
①-L	流土	2.71	46	0.9234	0.369	0.30~0.35
②-CL	流土	2.74	49	0.8874	0.355	0.35~0.40
③-L	流土	2.71	41	1.0089	0.404	0.35~0.40
③-CL	流土	2.71	38	1.0602	0.424	0.35~0.40
④-CL	流土	2.74	43	0.9918	0.397	0.35~0.40
④-L	流土	2.71	38	1.0602	0.424	0.35~0.40
④-SL	流土	2.70	39	1.0370	0.415	0.30~0.35

根据《堤防工程地质勘察规程》（SL 188—2005），从闸基土的渗透变形判别与计算情况来看，闸基土的渗透变形类型为流土。经计算，流土的允许渗透坡降（因黄河下游堤防为 1 级堤防，安全系数取 2.5）一般为 0.30~0.40，结合黄河下游建设经验，闸基土的允许渗透比降地质建议值为：黏土 0.40~0.45、壤土 0.35~0.40、砂壤土 0.30~0.35。

3. 岸坡抗冲刷、淘刷问题

闸基土主要为黏土、壤土、砂壤土，黏聚力小，抗冲刷、淘刷能力低，可能存在闸底板、边墙、岸坡等部位的冲刷、淘刷问题，应进行适当的工程处理。

4. 沉降变形和抗滑稳定问题

拟建闸基持力层为第①层黏土层，压缩性中等偏高，接近高压缩性，在闸址区分布不稳定，壤土、黏土、砂壤土呈互层状或透镜体状相互穿插分布，存在一定程度的不均匀沉降问题。其次地基土天然地基承载力不满足闸基荷载要求，存在地震情况下地基土震陷和沉降变形问题。

闸基持力层为第①层黏土层，该层中夹有壤土、砂壤土层，土质较软，黏聚力不高，由于不同岩性的土体强度存在差异，土体在上部荷载作用下易产生剪切破坏，沿较软弱的剪切面产生滑移破坏，从而导致建筑物失稳，本工程闸基与地基土间摩擦系数建议为 0.21，不满足校核摩擦系数 0.33~0.39 的要求，故设计时需注意抗滑稳定问题。

5. 地下水的腐蚀性

本次勘察增加了闸室地下水水质分析见表 2.3-15、表 2.3-16 和表 2.3-17。地下水对混凝土腐蚀性判别为无腐蚀，对钢筋混凝土结构中钢筋的腐蚀性判别为弱腐蚀，对钢结构的腐蚀性判别为弱腐蚀。

表 2.3-15　　　　　　　　　　　地下水对混凝土腐蚀性判别

腐蚀性类型	腐蚀性判别依据	腐蚀程度	界限指标	（地下环境水）检测指标	（地下环境水）腐蚀程度
一般酸性型	pH 值	无腐蚀	＞6.5	7.66	无腐蚀
		弱腐蚀	6.0～6.5（含）		
		中等腐蚀	5.5～6.0（含）		
		强腐蚀	≤5.5		
碳酸型	侵蚀性 CO_2 含量 /（mg/L）	无腐蚀	＜15	未检出	无腐蚀
		弱腐蚀	15（含）～30		
		中等腐蚀	30（含）～60		
		强腐蚀	≥60		
重碳酸型	HCO_3^- 含量 /（mmol/L）	无腐蚀	＞1.07	10.02	无腐蚀
		弱腐蚀	0.70～1.07（含）		
		中等腐蚀	≤0.70		
		强腐蚀			
镁离子	Mg^{2+} 含量 /（mg/L）	无腐蚀	＜1000	39.08	无腐蚀
		弱腐蚀	1000（含）～1500		
		中等腐蚀	1500（含）～2000		
		强腐蚀	≥2000		
腐蚀性类型	腐蚀性判别依据	腐蚀程度	界限指标	（地下环境水）检测指标	（地下环境水）腐蚀程度
硫酸盐型	SO_4^{2-} 含量 /（mg/L）	无腐蚀	＜250	94.50	无腐蚀
		弱腐蚀	205（含）～400		
		中等腐蚀	400（含）～500		
		强腐蚀	≥500		

表 2.3-16　　　　　　地下水对钢筋混凝土结构中钢筋的腐蚀性判别

腐蚀性判别依据	腐蚀程度	界限指标	（地下环境水）检测指标	（地下环境水）腐蚀程度
Cl^- 含量/（mg/L）	弱腐蚀	100～500	106.90	弱腐蚀
	中等腐蚀	500～5000		
	强腐蚀	＞5000		

表 2.3-17　　　　　　　　　　地下水对钢结构腐蚀性判别

腐蚀性判别依据	腐蚀程度	界　限　指　标	（地下环境水）检测指标	（地下环境水）腐蚀程度
pH 值、（Cl^- ＋SO_4^{2-}）浓度	弱腐蚀	pH 值：3～11；（Cl^- ＋SO_4^{2-}）浓度：＜500mg/L	pH＝7.66（Cl^- ＋SO_4^{2-}）浓度为 177.77mg/L	弱腐蚀
	中等腐蚀	pH 值：3～11；（Cl^- ＋SO_4^{2-}）浓度：≥500mg/L		
	强腐蚀	pH 值：＜3；（Cl^- ＋SO_4^{2-}）任意浓度		

6. 基坑开挖及降排水问题

(1)基坑开挖。依据《建筑基坑支护技术规程》(JGJ 120—1999),结合周边环境及土质条件,基坑安全等级为三级。

拟建闸基基坑开挖,根据土工试验结果、钻孔资料,结合地区经验,基坑开挖以上土的黏聚力取综合值 17kPa,内摩擦角取 6.7°。

按朗金理论公式 $h = \dfrac{2c}{\gamma} \sqrt{K_a}$,无堆载情况下,土体直立边坡高度 1.91m。

基坑开挖深度大于 1.91m 时,不能直立开挖,需进行基坑边坡支护。基坑边坡支护方案建议适度放坡并采用土钉墙加喷锚网进行支护。条件具备时可以进行放坡开挖,采用 1:1.25 进行放坡。

为保证基坑安全,基坑四周和坡面应采取防水措施,基坑施工应尽量避开雨季,基坑四周严禁超载。

(2)基坑降排水。场地地下水水位 39.15~39.37m,接近地表,闸底板开挖至 37.00m 时,需进行施工降水。降水方案建议采用轻型井点降水方案。

7. 闸基土承载力特征值

林辛闸闸基各层土的承载力特征值建议值详见表 2.3-18。

表 2.3-18　　　　　　　　　　林辛闸闸基各层土的承载力特征值建议值

层号	①-CL	①-SL	①-L	②-CL	③-L
f_{ak}/kPa	70	70	70	80	110
压缩性	中偏高	中偏高	中偏高	中偏高	中
层号	③-CL	④-CL	④-L	④-SL	
f_{ak}/kPa	110	120	120	120	
压缩性	中	中	中	中	

2.3.3.4　闸基地基基础方案建议

由于闸址地基土为轻微液化,直接持力层地基承载力不高,不满足墩台承载力要求,因此闸基不宜直接采用天然地基基础方案。建议闸基采用高压旋喷桩复合地基或桩基方案,以消除液化和提高地基承载力。各土层桩基参数建议值见表 2.3-19。

表 2.3-19　　　　　　　　　　各土层桩基参数建议值表　　　　　　　　单位:kPa

层号		①-CL	①-SL	①-L	②-CL	③-L	③-CL	④-CL	④-L	④-SL
高压旋喷桩	q_{si}	20	21	20	21	21	21	23	23	23
	q_p				80	110	110	120	120	120
钻孔灌注桩	q_{sik}	40	42	40	40	42	42	45	45	45
	q_{pk}				250	300	300	350	350	350

2.3.3.5　结论与建议

(1)闸址区地震动峰加速度值为 0.10g,地震动反应谱特征周期 0.40s。相应的地震基本烈度为Ⅶ度。

（2）闸址区在地貌单元上属黄河冲积平原区，黄河在该区为地上悬河，黄河大堤堤顶高程 48.35～49.22m，临河滩地高程 40.75～42.26m，背河滩地高程 39.53～40.90m，临背河差一般 1.2～2.7m，呈典型的"悬河"地貌。

（3）闸址区在 30m 深度内主要为第四系全新统河流相和上更新统冲积层，岩性主要为黏土、壤土、砂壤土层，第①层、第②层属中高压缩性土，其余均为中压缩性土。

（4）闸址区地下水主要为松散岩类孔隙水。其补给来源主要为黄河水、湖水补给，地下水随着河水位升降而升降，勘察时地下水位为 39.15～39.37m。

（5）闸址区存在的主要工程地质问题有闸基土的地震液化、渗透变形、冲刷淘刷、抗滑稳定、沉降变形、地下水的腐蚀性和基坑降排水问题。

（6）基坑不能进行直立开挖，具备条件时也可采用放坡开挖，必要时建议进行边坡支护，基坑边坡支护方案建议采用土钉墙加喷锚网进行支护。具体方案需由设计部门另行设计。基坑开挖需降水，建议采用轻型井点降水方案。

（7）拟建闸基地基处理方案建议采用高压旋喷桩复合地基或桩基方案，具体桩长、桩间距建议设计方根据上部具体荷载确定。

2.3.3.6　天然建筑材料

本工程施工所需天然建筑材料主要为土料和混凝土骨料（砂子、石子）及块石料。土料主要为临时道路回填所用。由于所用土方量较小，填筑质量要求较低，本工程采用之前堤防工程所用土场，土场位于大堤桩号 339+150 处，距大堤约 1km。

砂子来源为东平县老湖镇王李屯村老八砂场，可以满足工程需用，料场距林辛闸距离约 41.5km。

块石来源为东平县旧县乡张峪山银乐石料厂，岩性为石灰岩，可以满足要求，料场至林辛闸距离约 33.5km。由砂石料检测报告分析可知：干后极限抗压强度为 124MPa，因此，料场块石满足质量要求。

第3章 水闸主体工程设计

3.1 韩墩引黄闸

3.1.1 水闸渗流稳定计算复核

依据黄委会《关于印发山东黄河西双河等八座引黄闸安全鉴定报告书的通知》（黄建管〔2009〕13号，2009年4月）有关韩墩引黄闸的安全分析评价内容及水闸安全鉴定结论等，水闸的过流能力、消能防冲、地基承载力、地基应力不均匀系数、地基抗滑稳定等均满足规范要求，但防渗长度及渗透坡降不满足要求。针对除险加固后的防渗布置情况，对水闸的渗流稳定进行了计算复核。

3.1.1.1 闸基防渗排水布置分析

根据韩墩引黄闸1982年竣工资料，闸首上游黏土铺盖35m，闸首长10m，洞身60m，浆砌块石消力池长15m，故该闸原防渗总长度为120m。

闸基持力层为砂壤土，按《水闸设计规范》（SL 265—2001）中渗径系数法初估基础防渗轮廓线长度，即

$$L = C\Delta H \tag{3.1-1}$$

式中：L 为基础防渗轮廓线长度，m；ΔH 为上、下游水位差，m；C 为渗径系数。

在校核防洪水位下，其上下游水位差为 $\Delta H = 13.3$m，渗径系数 $C = 7$（壤土层），基础防渗长度应为93.1m。

原设计防渗长度大于要求的防渗长度，满足设计要求。

在6号洞室的第5节5.8m处产生1条渗水裂缝，防渗长度不满足规范要求。但修复裂缝后基础防渗长度仍为120m，满足设计要求。

3.1.1.2 闸基渗流稳定计算

计算方法采用《水闸设计规范》（SL 265—2001）中的改进阻力系数法。

（1）土基上水闸的地基有效深度计算，按下式计算。

$$\left. \begin{array}{l} T_e = 0.5L_0, \quad L_0/S_0 \geqslant 5 \\[2mm] T_e = \dfrac{5L_0}{1.6\dfrac{L_0}{S_0} + 2}, \quad L_0/S_0 < 5 \end{array} \right\} \tag{3.1-2}$$

式中：T_e 为土基上水闸的地基有效深度，m；L_0 为地下轮廓的水平投影长度，m；S_0 为地下轮廓的垂直投影长度，m。

当计算的 T_e 值大于地基实际深度时，T_e 值应按地基实际深度采用。

（2）分段阻力系数计算。分段阻力系数按下式计算。

进出口段：
$$\zeta_0 = 1.5\left(\frac{S}{T}\right)^{3/2} + 0.441$$

内部垂直段：

$$\zeta_y = \frac{2}{\pi}\mathrm{lnc} \cdot \mathrm{tg}\left[\frac{\pi}{4}\left(1-\frac{S}{T}\right)\right]$$

水平段：

$$\zeta_x = \frac{L_x - 0.7(S_1+S_2)}{T}$$

(3.1-3)

式中：ζ_0、ζ_y、ζ_x 分别为进出口段、内部垂直段、水平段的阻力系数；S 为齿墙或板桩的入土深度，m；T 为地基有效深度或实际深度，m；L_x 为水平段的长度，m；S_1、S_2 分别为进出口段齿墙或板桩的入土深度，m。

（3）各分段水头损失的计算。各分段水头损失按下式计算。

$$h_i = \frac{\zeta_i}{\sum\limits_{i=1}^{n}\zeta_i}\Delta H$$

(3.1-4)

式中：h_i 为第 i 分段水头损失值，m；ζ_i 为第 i 分段的阻力系数；n 为总分段数。

当内部水平段的底板倾斜时，其阻力系数按下式计算。

$$\zeta_s = \alpha\zeta_x$$
$$\alpha = 1.15\frac{T_1+T_2}{T_2-T_1}\lg\frac{T_2}{T_1}$$

(3.1-5)

式中：α 为修正系数；T_1、T_2 分别为小值一端和大值一端的地基深度，m。

（4）各分段水头损失值的局部修正。

a. 进出口段修正后的水头损失值按下式计算。

$$h_0' = \beta'h_0$$
$$\beta' = 1.21 - \frac{1}{\left[12\left(\frac{T'}{T}\right)^2+2\right]\left(\frac{S'}{T}+0.059\right)}$$

(3.1-6)

式中：h_0' 为进出口段修正后水头损失值，m；h_0 为进出口段水头损失值，m；β' 为阻力修正系数，当计算的 $\beta' \geqslant 1.0$ 时，采用 $\beta'=1.0$；S' 为底板埋深与板桩入土深度之和，m；T' 为板桩另一侧地基透水层深度，m。

b. 水平段及内部垂直段水头损失值的修正。

修正后水头损失的减小值 Δh 按下式计算。

$$\Delta h = (1-\beta')h_0$$

(3.1-7)

由于 h_{x1}、h_{x4} 均大于 Δh，故内部垂直段水头损失值可不加修正，水平段的水头损失值按下式修正。

$$h_x' = h_x + \Delta h$$

(3.1-8)

式中：h_x 为水平段的水头损失值，m；h_x' 为修正后的水平段水头损失值，m。

（5）闸基渗透稳定计算。水平段及出口段渗流坡降值按下式计算。

水平段：

$$J_x = \frac{h_x'}{L_x}$$

出口段：

$$J_0 = \frac{h_0'}{S'}$$

(3.1-9)

式中：J_x、J_0 分别为水平段和出口段的渗流坡降值；h'_x、h'_0 分别为水平段和出口段的水头损失值，m。

计算水位采用水闸原设计水位，经计算：$J_{x\max}=0.101$，$J_{0出}=0.351$。

本工程闸基坐落在砂壤土 I_3 层上，由《水闸设计规范》（SL 265—2001）中表 6.0.4 的水平段和出口段的允许渗流坡降值可知：$[J_x]=0.15\sim0.25$，$[J_0]=0.40\sim0.50$。

故本工程现有闸基的水平段、出口段渗流坡降值均能满足规范要求，闸基抗渗稳定满足要求。

3.1.1.3 闸基渗流稳定结论

（1）涵洞裂缝修复后基础防渗长度为 120m，满足设计要求。

（2）涵洞裂缝修复后闸基的水平段、出口段渗流坡降值均能满足规范要求，闸基抗渗稳定满足要求。

3.1.2 地基沉降分析

3.1.2.1 现状情况

韩墩引黄闸工程观测项目有沉陷观测。沉陷缝显示沉陷不均匀，部分（12/56）沉陷点由于堤顶硬化或压盖等原因未挖出而不能使用。表 3.1-1、表 3.1-2 和表 3.1-3 为韩墩引黄闸沉陷观测报表。各点的最终沉降值为 29.5～32.8cm（图 3.1-1），最大沉降值 32.8cm 出现在闸首段，超过推荐值（15cm）。整体沉陷量较大，其等级评定为 C 级。

表 3.1-1　　　　　　　　　　韩墩引黄闸沉陷观测报表（Ⅰ）

上次观测日期	1998 年 9 月 25 日		本次观测日期	2006 年 5 月 12 日	间隔时间	92 个月
测　点		上次观测高程 /m	本次观测高程 /m	间隔沉陷量 /mm	累计沉陷量 /mm	备　　注
部位	编号					
右	C 右 1	14.515	14.222	293	293	1. 本表高程为 1956 年黄海高程系高程。 2. 本次测量采用的引据点为Ⅱ滨海，位于西刘村十字路口，刘建生北屋西侧，东至刘建生北屋西北角 2.8m，东南至刘建生北屋西南角 8.5m，高程为 11.454m，黄委会测绘总队 2003 年测量成果。 3. 1998 年测量资料由滨州黄河河务局防汛办公室提供。 4. 原引据点鲁-黄Ⅱ-28 及原二等水准基点因放淤工程遗失，由于新、老引据点之间缺乏必须的校测，不能形成统一的高程控制网，计算"间隔沉陷量"时在原"累计沉陷量"上继续累计沉陷量是妥当的，因此"间隔、累计沉陷量"本次不计算。
	C 右 2	16.138	15.846	292	292	
	C 右 3	16.247	15.953	294	294	
	C 右 4	17.729	压盖未挖出			
	C 右 5	17.688	17.393	295	295	
	C 右 6	17.710	17.411	299	299	
	C 右 7	17.656	17.359	297	297	
	C 右 8	17.697	17.391	306	306	
	C 右 9	17.650	17.352	298	298	
	C 右 10	20.497	堤顶硬化未挖出			
	C 右 11	20.514				
	C 右 12	18.509	18.212	297	297	
	C 右 13	18.115	17.819	296	296	
	C 右 14	16.966	16.654	312	312	

上次观测日期		1998 年 9 月 25 日	本次观测日期		2006 年 5 月 12 日	间隔时间	92 个月
测　点		上次观测高程 /m	本次观测高程 /m	间隔沉陷量 /mm	累计沉陷量 /mm	备　注	
部位	编号						
中右	C 中右 1	14.480	14.193	287	287		
	C 中右 2	15.899	15.608	291	291		
	C 中右 3		15.618				
	C 中右 4	17.760	17.467	293	293		
	C 中右 5	17.720	压盖未挖出				
	C 中右 6	17.712	17.417	295	295		
	C 中右 7	17.716	17.407	309	309		
	C 中右 8	17.692	17.381	311	311		
	C 中右 9	17.725	17.428	297	297		
	C 中右 10	20.509	堤顶硬化未挖出				
	C 中右 11	20.521					
	C 中右 12	18.704	18.406	298	298		
	C 中右 13	18.176	17.878	298	298		
	C 中右 14	16.971	16.678	293	293		
中左	C 中左 1	14.562	14.272	290	290		
	C 中左 2	15.893	15.598	295	295		
	C 中左 3		15.428				
	C 中左 4	17.695	17.397	298	298		
	C 中左 5	17.725	17.427	298	298		
	C 中左 6	17.729	17.422	307	307		
	C 中左 7	17.678	17.371	307	307		
	C 中左 8	17.749	17.440	309	309		
	C 中左 9	17.715	17.404	311	311		
	C 中左 10	20.503	堤顶硬化未挖出				
	C 中左 11	20.551					
	C 中左 12	18.724	18.425	299	299		
	C 中左 13	18.054	17.756	298	298		
	C 中左 14	16.959	16.666	293	293		
左	C 左 1	14.502	14.210	292	292		
	C 左 2	15.905	15.611	294	294		
	C 左 3	16.077	15.782	295	295		
	C 左 4	17.676	17.376	300	300		

续表

上次观测日期	1998 年 9 月 25 日		本次观测日期	2006 年 5 月 12 日	间隔时间	92 个月
测 点		上次观测高程 /m	本次观测高程 /m	间隔沉陷量 /mm	累计沉陷量 /mm	备 注
部位	编号					
左	C 左 5	17.729	17.429	300	300	
	C 左 6		占压			
	C 左 7	17.742				
	C 左 8	17.735	17.436	299	299	
	C 左 9	17.759	17.464	295	295	
	C 左 10	20.483	堤顶硬化未挖出			
	C 左 11	20.294				
	C 左 12	18.807	18.507	300	300	
	C 左 13	18.208	17.906	302	302	
	C 左 14	17.001	16.676	325	325	

表 3.1 - 2   **韩墩引黄闸沉陷观测报表（Ⅱ）**

上次观测日期	2006 年 5 月 12 日		本次观测日期	2007 年 6 月 8 日	间隔时间	13 个月
测 点		上次观测高程 /m	本次观测高程 /m	间隔沉陷量 /mm	累计沉陷量 /mm	备 注
部位	编号					
右	C 右 1	14.222	14.220	2	295	
	C 右 2	15.846	15.842	4	296	
	C 右 3	15.953	15.950	3	297	
	C 右 4	17.729	压盖未挖出			
	C 右 5	17.393	17.390	3	298	1. 本表高程为 1956 年黄海高程系高程。
	C 右 6	17.411	17.409	2	301	2. 本次测量采用的引据点为Ⅱ滨海 4，位于西刘村十字路口，刘建生北屋西侧，东至刘建生北屋西
	C 右 7	17.359	17.356	3	300	北角 2.8m，东南至刘建生北屋西南角 8.5m，高程
	C 右 8	17.391	17.393	—2	304	为 11.454m，黄委会测绘总队 2003 年测量成果。
	C 右 9	17.352	17.349	3	301	3. 2006 年测量结果由滨州黄河河务局防汛办公室提供。
	C 右 10	20.497	堤顶硬化未挖出			4. 累计沉陷量自 2006 年 5 月起计算
	C 右 11	20.514				
	C 右 12	18.212	18.210	2	299	
	C 右 13	17.819	17.818	1	297	
	C 右 14	16.654	16.649	5	317	

上次观测日期	2006 年 5 月 12 日		本次观测日期		2007 年 6 月 8 日	间隔时间	13 个月
测 点		上次观测高程/m	本次观测高程/m	间隔沉陷量/mm	累计沉陷量/mm	备 注	
部位	编号						
中右	C 中右 1	14.193	14.187	6	293		
	C 中右 2	15.608	15.605	3	294		
	C 中右 3	15.618	15.615	3			
	C 中右 4	17.467	17.464	3	296		
	C 中右 5	17.720	压盖未挖出				
	C 中右 6	17.417	17.414	3	298		
	C 中右 7	17.407	17.403	4	313		
	C 中右 8	17.381	17.378	3	314		
	C 中右 9	17.428	17.425	3	300		
	C 中右 10	20.509	堤顶硬化未挖出				
	C 中右 11	20.521					
	C 中右 12	18.406	18.406	0	298		
	C 中右 13	17.878	17.877	1	299		
	C 中右 14	16.678	16.674	4	297		
中左	C 中左 1	14.272	14.269	3	293		
	C 中左 2	15.598	15.595	3	298		
	C 中左 3	15.428	15.425	3			
	C 中左 4	17.397	17.392	5	303		
	C 中左 5	17.427	17.424	3	301		
	C 中左 6	17.422	17.418	4	311		
	C 中左 7	17.371	17.368	3	310		
	C 中左 8	17.440	17.436	4	313		
	C 中左 9	17.404	17.401	3	314		
	C 中左 10	20.503	堤顶硬化未挖出				
	C 中左 11	20.551					
	C 中左 12	18.425	18.423	2	301		
	C 中左 13	17.756	17.754	2	300		
	C 中左 14	16.666	16.663	3	296		
左	C 左 1	14.210	14.207	3	295		
	C 左 2	15.611	15.608	3	297		
	C 左 3	15.782	15.778	4	299		
	C 左 4	17.376	17.371	5	305		

续表

上次观测日期	2006 年 5 月 12 日		本次观测日期	2007 年 6 月 8 日	间隔时间	13 个月
测 点		上次观测 高程 /m	本次观测 高程 /m	间隔 沉陷量 /mm	累计 沉陷量 /mm	备 注
部位	编号					
左	C左5	17.429	17.428	1	301	
	C左6		占压			
	C左7	17.742				
	C左8	17.436	17.432	4	303	
	C左9	17.464	17.457	7	302	
	C左10	20.483	堤顶硬化未挖出			
	C左11	20.294				
	C左12	18.507	18.504	3	303	
	C左13	17.906	17.905	1	303	
	C左14	16.676	16.673	3	328	

表 3.1-3   韩墩引黄闸沉陷观测报表 （Ⅲ）

上次观测日期	2007 年 6 月 8 日		本次观测日期	2008 年 6 月 16 日	间隔时间	12 个月
测 点		上次观测 高程 /m	本次观测 高程 /m	间隔 沉陷量 /mm	累计 沉陷量 /mm	备 注
部位	编号					
右	C右1	14.220	14.218	2	297	
	C右2	15.842	15.840	2	298	
	C右3	15.950	15.948	2	299	
	C右4	17.729	压盖未挖出			1. 本表高程为 1956 年黄海高程系高程。
	C右5	17.390	压盖未挖出			2. 本次测量采用的引据点为Ⅱ滨海 4，位于西刘村十字路口，刘建生北屋西侧，东至刘建生北屋西北角 2.8m，东南至刘建生北屋西南角 8.5m，高程为 11.454m，黄委会测绘总队 2003 年测量成果。
	C右6	17.409	17.405	4	305	
	C右7	17.356	17.352	4	304	
	C右8	17.393	17.390	3	307	
	C右9	17.349	未挖出		301	3. 2007 年测量结果由滨州黄河河务局防汛办公室提供。
	C右10	20.497	堤顶硬化未挖出			4. 累计沉陷量自 2006 年 5 月起计算
	C右11	20.514				
	C右12	18.210	18.208	2	301	
	C右13	17.818	17.815	3	300	
	C右14	16.649	16.648	1	318	

续表

上次观测日期	2007 年 6 月 8 日		本次观测日期	2008 年 6 月 16 日	间隔时间	12 个月
测 点		上次观测高程 /m	本次观测高程 /m	间隔沉陷量 /mm	累计沉陷量 /mm	备 注
部位	编号					
中右	C 中右 1	14.187	14.186	1	294	
	C 中右 2	15.605	15.603	2	296	
	C 中右 3	15.615	15.613	2		
	C 中右 4	17.464	17.461	3	299	
	C 中右 5	17.720	压盖未挖出			
	C 中右 6	17.414	17.411	3	301	
	C 中右 7	17.403	17.400	3	316	
	C 中右 8	17.378	17.374	4	318	
	C 中右 9	17.425	17.423	2	302	
	C 中右 10	20.509	堤顶硬化未挖出			
	C 中右 11	20.521				
	C 中右 12	18.406	18.404	2	300	
	C 中右 13	17.877	17.874	3	302	
	C 中右 14	16.674	16.674	0	297	
中左	C 中左 1	14.269	14.267	2	295	
	C 中左 2	15.595	15.594	1	299	
	C 中左 3	15.425	15.422	3		
	C 中左 4	17.392	17.391	1	304	
	C 中左 5	17.424	17.420	4	305	
	C 中左 6	17.418	17.418	0	311	
	C 中左 7	17.368	17.365	3	313	
	C 中左 8	17.436	17.433	3	316	
	C 中左 9	17.401	17.398	3	317	
	C 中左 10	20.503	堤顶硬化未挖出			
	C 中左 11	20.551				
	C 中左 12	18.423	18.420	3	304	
	C 中左 13	17.754	17.752	2	302	
	C 中左 14	16.663	16.663	0	296	
左	C 左 1	14.207	14.205	2	297	
	C 左 2	15.608	15.606	2	299	
	C 左 3	15.778	15.776	2	301	
	C 左 4	17.371	17.369	2	307	

续表

上次观测日期	2007 年 6 月 8 日		本次观测日期	2008 年 6 月 16 日	间隔时间	12 个月
测 点	上次观测 高程 /m	本次观测 高程 /m	间隔 沉陷量 /mm	累计 沉陷量 /mm	备 注	
部位　编号						
左　C 左 5	17.428	未挖出		301		
C 左 6		占压				
C 左 7	17.742					
C 左 8	17.432	17.430	2	305		
C 左 9	17.457	17.455	2	304		
C 左 10	20.483	堤顶硬化未挖出				
C 左 11	20.294					
C 左 12	18.504	18.502	2	305		
C 左 13	17.905	17.902	3	306		
C 左 14	16.673	16.673	0	328		

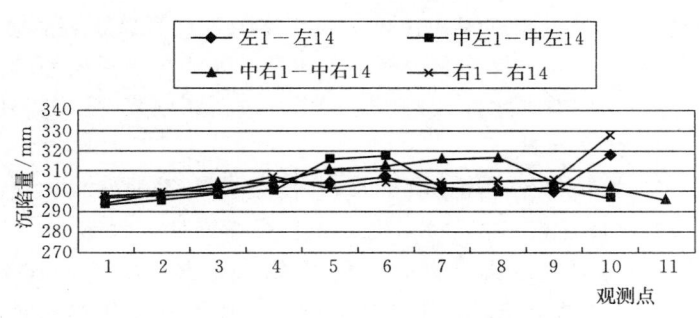

图 3.1-1　累计沉陷量图

3.1.2.2　沉降原因分析

闸基下各土层地质年代为第四系，成因为河流冲积和湖积层，为新近沉积土，沉积时间短。闸基地质自上而下主要分为粉质壤土、粉土、粉质壤土 3 个土层。

从韩墩引黄闸地质钻孔资料和土工试验报告（1981 年 12 月，山东黄河河务局设计院）分析得出，各土层的压缩系数为 0.20～0.40，属于中压缩性土，厚度达 16m 左右；地下水位较高，接近地表。引起闸基沉降的原因是压缩土层比较厚，地基下地下水位高，孔隙水压力大，当地下水位下降后，随着孔隙水压力的释放，有效应力增大。

3.1.2.3　地基沉降复核结论

根据历史沉降资料分析：韩墩引黄闸自 2007 年以后，各观测点每年的沉降量为 0～4mm，表明地基土经过近 30 年的固结沉降，已趋于稳定。

从以上分析表明，目前地基沉降已稳定，在不增加基底应力的前提下，地基是安全的，不需要采取加固措施。

3.1.3　水闸加固工程

3.1.3.1　闸室混凝土表面缺陷修复

混凝土耐久性分析：闸室墩墙及底板混凝土标号 150 号，相当于 C14，低于现行规范中设计使用年限 50 年水工结构在二类环境混凝土最低强度等级 C25 的要求，混凝土抗冻标号低于 F150 要求，现场调查混凝土已发现不同程度冻融破坏；综合以上因素，原混凝土耐久性低于现行规范耐久性要求，需要采取加固措施。对混凝土表面因冻融破坏引起的剥落、麻面等缺陷，加固措施为凿除原混凝土保护层，使用丙乳砂浆进行补强加固；处理范围为闸墩及底板流道表面。

丙乳砂浆是丙烯酸酯共聚乳液水泥砂浆的简称，属于高分子聚合物乳液改性水泥砂浆。丙乳砂浆是一种新型混凝土建筑物的修补材料，具有优异的黏结、抗裂、防水、防氯离子渗透、耐磨、耐老化等性能，和树脂基修补材料相比具有成本低、耐老化、易操作、施工工艺简单及质量容易保证等优点。在水利、公路、工业及民用建筑等钢筋混凝土结构的防渗、防腐护面和修补工程中应用十分广泛。

目前用于建筑工程中的修补材料主要有水泥基和树脂基两种。由于树脂基修补材料常用的主要是环氧树脂砂浆，该材料虽具有强度高、强度增长快、能抵抗多种化学物质的侵蚀等优点，但材料的力学性能与基底混凝土不相一致，存在如其膨胀系数大于基底混凝土而开裂脱落、不适合潮湿面黏结、不耐大气老化等缺点，且施工环境要求比较高，成本比较大；丙乳砂浆与传统环氧树脂砂浆相比，不仅成本低，而且施工与普通水泥砂浆相似，可人工涂抹，施工工艺简单，易操作和控制施工质量，并适合潮湿面黏结，与基础混凝土温度适应性好，使用寿命同普通水泥砂浆，克服了环氧树脂砂浆常因其膨胀系数大于基底混凝土而开裂、鼓包与脱落等缺点。

本闸缺陷混凝土的修补材料选用丙乳砂浆，丙乳砂浆与普通砂浆相比，具有极限拉伸率提高 1~3 倍，抗拉强度提高 1.35~1.5 倍，抗拉弹模降低，收缩小，抗裂性显著提高，与混凝土面、老砂浆及钢板黏结强度提高 4 倍以上，2d 吸水率降低 10 倍，抗渗性提高 1.5 倍，抗氯离子渗透能力提高 8 倍以上等优异性能，使用寿命基本相同，且具有基本无毒、施工方便、成本低，以及密封作用，能够达到防止老混凝土进一步碳化，延缓钢筋锈蚀速度，抵抗剥蚀破坏的目的。

水闸闸墩等部位混凝土表面的麻面和脱落，属于冻融剥蚀，采取的修补方法"凿旧补新"，即清除受到剥蚀作用损伤的老混凝土，浇筑回填能满足特定耐久性要求的修补材料。"凿旧补新"的工艺为：清除损伤的老混凝土→修补体与老混凝土接合面的处理→修补材料的浇筑回填→养护。

具体加固措施为：对缺陷混凝土进行凿毛，凿毛深度约等于保护层，用高压水冲洗干净，要求做到毛、潮、净；采用丙乳胶浆净浆打底，做到涂布均匀；人工涂刷丙乳砂浆，表面抹平压光；进行养护。

3.1.3.2　洞身裂缝修复

1. 现状裂缝情况

依据《韩墩引黄闸现场安全检测报告》（山东大学土建与水利学院测试中心，2008 年 11 月），该水闸 6 个洞室存在较多的裂缝，总数有 24 条，均垂直于水流方向。裂缝分布范围广；裂缝的宽度普遍较大，裂缝宽度最大1.25mm，长2.5m，最小0.11mm，且洞室混凝土结构有较多的混凝土剥落。裂缝检测见表3.1-4。

表3.1-4 裂 缝 检 测 结 果

孔别	节别	编号	裂缝长度/m	裂缝宽度/mm	备注
1	4	1	2.5	0.32、0.60	
	7	2	2.4	0.44、0.50、0.38、0.42	
	6	3	2.3	0.32、0.20	
	2	4	3.0	0.30、0.15、0.20	
2	6	5	2.0	0.40、0.48	
	6	6	2.5	0.20、0.30、0.50、0.46	
	4	7	2.7	0.80、0.65	
	7	8	3.1	0.25、0.45	
	2	9	2.0	1.00、0.66	
3	6	10	2.3	0.60、0.85、1.10、0.70	
	7	11	2.3	0.35、0.66	
4	6	12	2.2	0.60、0.50	
	5	13	2.2	1.20、0.35	
	3	14	1.5	0.11	
	2	15	1.5	0.50、0.40	
5	2	16	2.5	0.93	
	5	17	2.4	0.40、0.38	
	5	18	2.5	1.25、0.56	
	6	19	2.3	0.31、0.32	
	7	20	2.4	0.40、0.58	
	7	21	2.4	0.36、0.80	
6	7	22	2.3	0.57、1.25	
	5	23	2.4	1.00、1.10	
	7	24	2.2	0.87、0.69、0.86	

2. 裂缝处理方案

根据该工程的特点，依据《混凝土结构设计规范》（GB 50010），该工程发生裂缝的混凝土结构所处的环境条件应属三类环境，三类环境钢筋混凝土结构允许最大裂缝宽度为0.25mm。

依据《混凝土结构加固设计规范》（GB 50367）并参考工程实例，混凝土裂缝修补的方法主要有表面封闭法（一般处理宽度不大于0.2mm）、注射法、压力注浆法、填充密封法等。

参考有关工程实例，对宽度大于 0.3mm 的非贯穿性裂缝和贯穿性裂缝可以采用化学灌浆法处理。

为此对混凝土表面裂缝，宽度不超过 0.3mm 的非贯穿性裂缝进行填充并密封处理（凿槽填充丙乳砂浆），宽度超过 0.3mm 的非贯穿性裂缝采取化学灌浆进行加固。裂缝加固见图 3.1-2 和图 3.1-3。

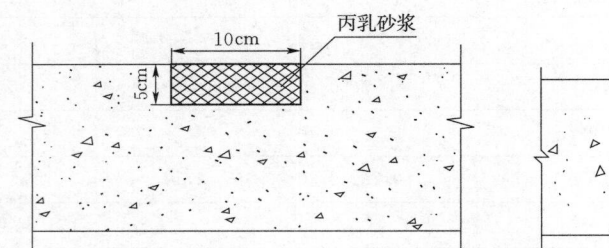 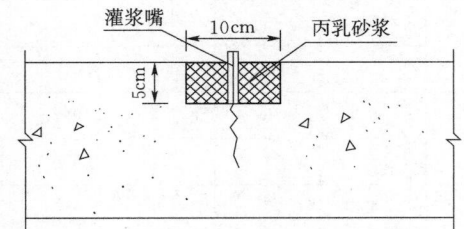

图 3.1-2　宽度不超过 0.30mm 裂缝加固示意图　图 3.1-3　宽度超过 0.3mm 裂缝加固示意图

3. 化学灌浆加固方案

对宽度超过 0.3mm 的裂缝进行化学灌浆，具体方法如下。

（1）表面处理。表面处理的目的是进行缝口封闭，防止渗漏和防止钢筋锈蚀。表面处理的方法是缝口凿槽嵌缝，顺着缝凿一条 10cm×5cm 的槽，清洗干净及吹干后用环氧砂浆回填，这样有利于裂缝化学灌浆时防止浆液从缝面流走。

（2）化学灌浆处理。化学灌浆处理是混凝土裂缝内部补强最有效的方法，通过化学灌浆能恢复结构的整体性和设计的应力状态。

（3）浆材。化学灌浆浆材采用高渗透性环氧系列浆材，采用改性环氧液，既有良好的可灌性，又有良好的固结性能，并且具有良好的耐久性、耐化学腐蚀性，与基材黏结力好。有一定的亲水性，凝结后胶质稳定性好，有弹性，已在很多工程中应用。

（4）灌浆方式及工艺流程。化学灌浆的灌浆方式为纯压式。结合本工程的特点，布孔形式采用骑缝形式。每隔 30～50cm 布置一灌浆嘴，灌浆嘴贴在混凝土上，具体间距结合裂缝情况确定。

骑缝化学灌浆的工艺流程是：钻孔→洗孔→埋管→嵌缝→待凝试漏→灌浆→割管→效果检查。

（5）化学灌浆施工方法。

1）先清洗混凝土表面，辨清裂缝走向，沿缝两边凿槽 10cm×5cm。

2）用喷气嘴、喷灯将槽内的尘渣吹净、烘干，检查裂缝贯通情况，埋设 $\phi10$ 透明胶管作为喷浆嘴。

3）化学灌浆。当检查发现裂缝可灌性较好时用电动泵灌注，否则可用手摇泵。灌浆压力为 0.3～0.5MPa。

进浆程序为由低至高，由一侧向另一侧依次推进。当第一孔进浆时，邻孔作排水、排气孔，待该孔水气排尽出浆后，接上另一泵，依此类推，直到最后一孔。若邻孔不出浆，则表明其中至少一孔与缝面不通或裂缝不贯通，此时按标准结束灌浆。

　　灌浆结束的一般标准是本孔在 15～30min 内连续吸浆率小于 10～20mL/min，而且压力不下降，则可结束。

3.1.3.3　防渗长度恢复

　　由于在 6 号洞室的第 5 节 5.8m 处产生 1 条渗水裂缝，分析表明，该条裂缝应为贯穿性裂缝，设计采取化学灌浆进行加固。

　　方法同洞身裂缝宽度大于 0.3mm 情况进行化学灌浆处理。

3.1.3.4　洞身混凝土剥落部位修复

　　洞身混凝土剥落部位处理方法同样采用凿除原混凝土保护层，使用丙乳砂浆进行补强加固。

3.1.3.5　观测设施修复

　　1. 现状情况

　　原来共设有沉陷测点 56 个，测压管 6 个。12 个沉陷观测点由于堤顶硬化或压盖等原因未挖出而不能使用，6 个测压管由于堵塞无法使用。闸基整体沉陷值较大，最大沉降值 32.8cm，超过规范允许值（15cm）。

　　2. 加固措施

　　渗压观测点的恢复：对于闸首顶部的测压管，用冲击钻疏通；对于堤顶和堤坡上的测压装置需重新设置，具体做法为：在接近原测压管位置，于涵洞的一侧钻孔至涵洞底部，放置测压计，用引线竖直引至地面后再引向位于启闭机房内的观测站。

　　鉴于目前地基沉降已稳定，沉降观测已显得不是十分迫切，且已损坏的金属沉陷点附近还设置有瓷壶沉陷观测点可以替代，因此不再对已损坏或掩埋的金属沉陷点进行恢复。

3.1.3.6　止水加固处理

　　1. 原止水方案及损坏情况

　　原止水采用两道止水，中间采用 651 型塑料止水，表面采用橡皮压板式止水。

　　依据《水闸安全鉴定报告书》（黄河水利委员会山东黄河河务局，2009 年 3 月），闸室各节之间的止水铁件严重锈蚀，部分已经蚀穿，失去功效，橡胶止水老化。

　　2. 止水加固处理方案

　　对止水损坏的部位进行加固处理，处理方法仍采用橡皮压板止水。凿除原损坏的止水，清除槽内灰尘碎渣等。止水槽宽与原布置方案一致，为 32cm，深度为 5～6cm（依据实际凿除深度尺寸而定，但不小于 5cm）。

　　该方法为在伸缩缝两侧预埋螺栓（采用植筋方法植入螺栓，螺栓直径 10mm，间距 20cm，单根长度 20cm），将橡胶止水带用扁钢通过拧紧螺母紧压在接缝处。扁钢宽度 6cm，厚度 6mm。橡胶止水带在原伸缩缝 3cm×7cm 矩形小槽处结合实际体型弯成抛物线形或椭圆形状，临水面凹槽内采用丙乳砂浆填充。

　　止水加固示意图见图 3.1-4。

3.1.3.7　上下游翼墙等其他项目加固

　　（1）上下游河道和下游消力池淤积严重，影响水闸的引水能力，因此需对上、下游河道和下游消力池淤积部位进行清淤。

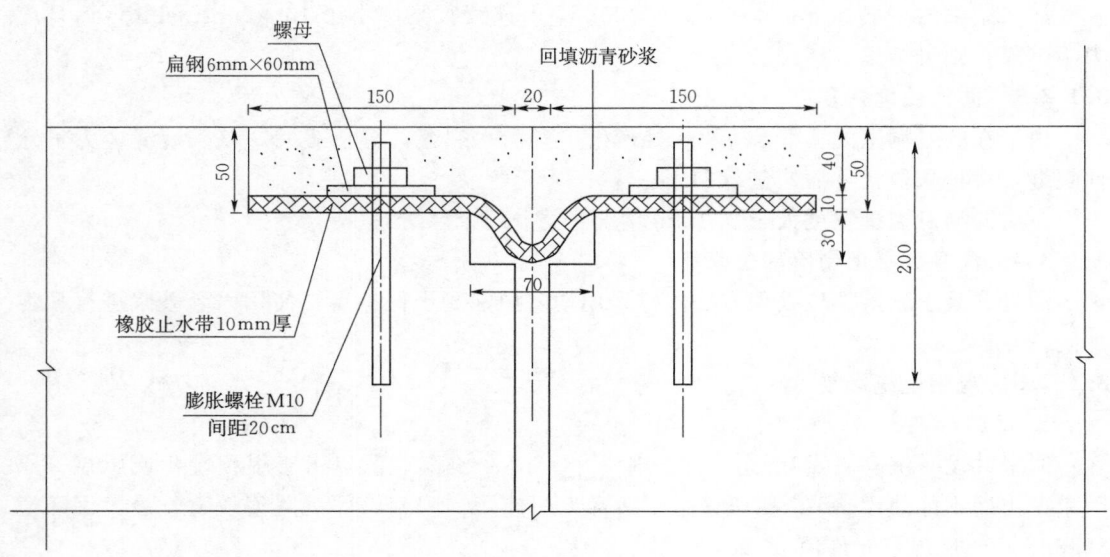

图 3.1-4 止水加固示意图（单位：mm）

（2）水闸上下游翼墙存在轻微裂缝，干砌石护坡存在不同程度的塌陷，因此需对上下游翼墙和浆砌石护坡进行加固，方法采用水泥砂浆抹面，厚度1cm，宽度10～20cm。

（3）加固工程施工过程中会对水闸周边环境造成一定的破坏，因此需考虑一定的环境恢复工程量，包括闸后护坡修复、周边环境绿化等。

3.1.4 启闭机排架及便桥加固

3.1.4.1 启闭机排架结构布置

1. 原启闭机排架结构布置

原启闭机排架为钢筋混凝土结构，排架柱混凝土强度等级为200号，相当于现行规范的混凝土强度等级C19，排架共2联，垂直水流向总长度为25.22m，顺水流向宽度为5.494m，见图3.1-5。启闭机房为砖混结构。启闭机平台板总宽度5.494m，在立柱两侧各挑出1.3m，厚度由0.4m渐变为0.15m。排架底部（墩顶）高程18.50m，启闭机房底部（排架顶部）高程24.90m，柱高6.4m，立柱断面为500mm×500mm。

2. 新建启闭机排架结构布置

根据本次加固工程新设计启闭机及电气、监控设备的尺寸和布置及防洪要求，启闭机平台顶部高程为24.90m，总长度为25.14m、总宽度6.39m，顺水流方向临河侧在立柱以外挑出1.65m，背河侧挑出1.85m，总宽度比原来增加了0.9m，排架共2联。

3.1.4.2 启闭机排架结构分析

1. 基本资料

根据新的启闭机房布置要求，拟定启闭机排架尺寸，详见图3.1-5。

2. 计算荷载及工况组合

排架所受的荷载包括排架的自重、启闭机梁传递的集中荷载以及地震荷载等。启闭机梁传递的集中荷载包括房屋重量、设备自重、启闭力、翼板自重、纵梁自重等。详见表3.1-5。

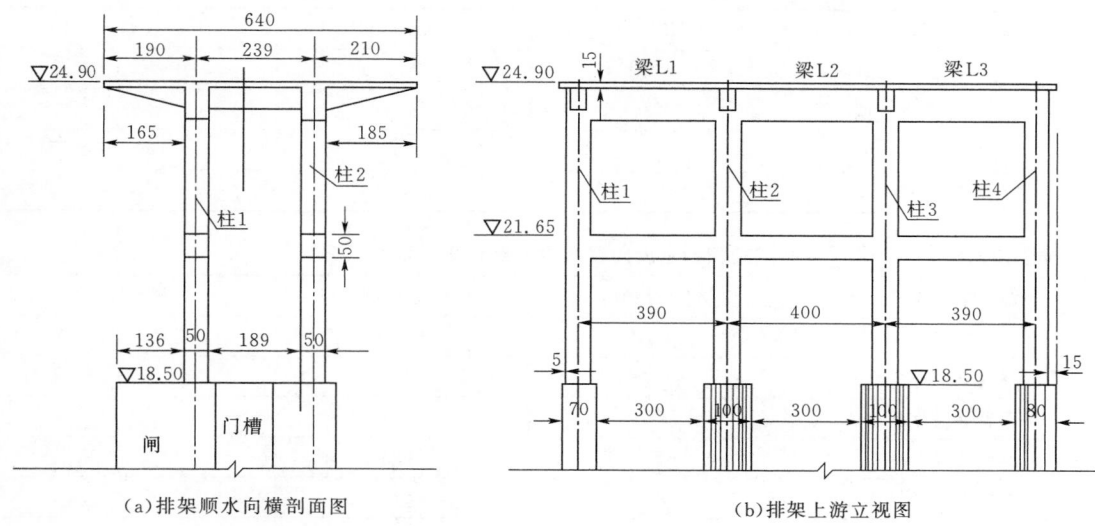

（a）排架顺水向横剖面图　　　　　　　　　　（b）排架上游立视图

图 3.1-5　启闭机排架结构示意图（高程单位：m；尺寸单位：cm）

表 3.1-5　　　　　　　　　荷 载 组 合 表

荷载组合	自重	风荷载	楼面活荷载	屋面活荷载	机房及大梁重	提门力	地震作用
正常运用	√	√	√	√	√		
地震工况	√	√	√	√	√		√
提门工况	√	√	√	√	√	√	

3. 计算方法及内力计算结果

计算将排架上部荷载均分到梁上，顺水流向和垂直水流向均简化为杆件结构。采用 SAP84 软件进行计算。根据计算结果分析，启闭提门情况结构较为不利，以下仅列出提门工况、地震情况计算成果，内力计算结果见表 3.1-6～表 3.1-9。

表 3.1-6　　　　　　排架结构顺水流向最大内力组合表（提门工况）

排 架 部 位	$M/(kN \cdot m)$	Q/kN	N/kN
排架柱	63.5	18.5	850
悬臂梁梁跨根部	120.5	97	16
悬臂梁梁跨中间	56.0	70	16
悬臂梁梁跨端部	0	30.5	16
中间梁上部左端	40	15	16
中间梁上部中间	60	27	16
中间梁上部右端	120.8	50	16

表 3.1-7　　　　　　　排架结构垂直水流向最大内力组合表（提门工况）

排 架 部 位	$M/(kN \cdot m)$	Q/kN	N/kN
排架柱	160.6	39.5	970.0
中间梁 L3 上部左端	352.0	484.8	50
中间梁 L3 下部中间	201	80	50
中间梁 L3 上部右端	160.6	395.0	50

表 3.1-8　　　　　　　排架结构顺水流向最大内力组合表（地震工况）

排 架 部 位	$M/(kN \cdot m)$	Q/kN	N/kN
排架柱	115.2	34.53	116.0
悬臂梁梁跨根部	131	97	30
悬臂梁梁跨中间	55	70	30
悬臂梁梁跨端部	0	30.5	30
中间梁上部左端	20	57	30
中间梁上部中间	62	72	30
中间梁上部右端	148	96	30

表 3.1-9　　　　　　　排架结构垂直水流向最大内力组合表（地震工况）

排 架 部 位	$M/(kN \cdot m)$	Q/kN	N/kN
排架柱 3	70	20	315
排架柱 4	96	30	186
中间梁 L2 上部左端	50	81	30
中间梁 L2 下部中间	25	35	30
中间梁 L2 上部右端	125	149	30

4. 原排架结构复核

原排架为钢筋混凝土结构，混凝土强度等级为 200 号，相当于现行规范的混凝土强度等级 C19。梁截面尺寸：①顺水流向梁，500mm×600mm（宽×高），梁净跨度 $l=$ 1.894m；②垂直水流向梁，500mm×600mm（宽×高），梁净跨度 $l=3.4$m。柱计算高度 $H=6.4$m。排架抗震等级为三级。

根据上述内力计算成果，对机架桥排架承载力进行验算，验算结果见表 3.1-10。

表 3.1-10　　　　　　　　　机架桥排架承载力验算结果表

项　　　目		排 架 梁	排 架 柱
正截面	受弯承载力/(kN·m)	607.13	237.88
	弯矩设计值/(kN·m)	475.2	216.81
	结论	满足要求	满足要求
斜截面	受剪承载力/kN	895.46	256.51
	剪力设计值/kN	654.48	39.71
	结论	满足要求	满足要求

计算表明，机架桥排架强度满足设计要求。

3.1.4.3 启闭机排架加固方案比选

对启闭机排架的加固方案包括：①方案 1：排架加固方案；②方案 2：排架拆除重建方案。

1. 方案 1

（1）加固内容。对原排架的加固包括以下 2 个方面。

1）根据结构分析，原排架柱配筋满足结构要求。原排架柱配置箍筋为 I 级钢筋，柱通长配双肢箍 $\phi 9@200$。根据《建筑抗震设计规范》（GB 50011—2010）中第 6.3.7 条规定，柱端 0.5m 范围内加密区配箍筋最低要求为 $\phi 8@150$，底层柱柱根 0.87m 范围内为 $\phi 8@100$，故原排架柱配筋不满足抗震规范要求；原排架混凝土强度等级为 200 号，相当于现行规范的混凝土强度等级 C19，主筋采用 HRB400。《混凝土结构设计规范》（GB 50010—2010）第 4.1.2 条规定：钢筋混凝土结构采用强度级别 400MPa 及以上的钢筋时，混凝土强度等级不应低于 C25，因此排架柱和梁混凝土强度不满足规范要求。

2）原排架顺水流向宽度为 5.494m，而根据本次加固工程新设计启闭机及电气、监控设备的尺寸和布置要求，启闭机平台总宽度为 6.37m，顺水流方向临河侧在立柱以外挑出 1.64m，背河侧挑出 1.84m，总宽度比原来增加了 0.88m，因此需对启闭机平台两侧帮宽。

（2）原排架梁、柱加固方法。混凝土结构的加固方法主要有增大截面加固法、外粘型钢加固法、外粘钢板法等。

增大截面加固法对混凝土强度等级要求较低，现排架柱可以满足要求，但增大截面需要大量植筋，需要对混凝土排架表面凿毛等工艺处理以加强新老混凝土之间的连接，工期较长。

外粘型钢加固法适用于需要大幅度提高截面承载能力和抗震能力的钢筋混凝土梁、柱结构的加固，需要打磨柱的棱角、焊接钢板、封缝和灌浆等，对柱的上下两端又有特殊的连接要求，混凝土强度等级不小于 C25，目前的混凝土强度等级不到 C20，不能满足常规的型钢加固要求，且工艺复杂。

粘钢加固法被广泛应用于混凝土结构加固工程，与其他加固方法相比较，粘钢加固具有以下优点。

1）基本不增加构件及结构的荷载，不改变原设计的结构体系和受力形式。

2）胶粘剂硬化时间快，施工周期短，基本不影响正常运行。

3）胶粘剂强度高于混凝土本体强度，可以使加固体与原构件共同工作，受力均匀。

4）粘钢加固一方面补充了原构件钢筋的不足，有效提高原构件的承载力；另一方面还通过大面积的钢板粘贴，有效地保护了原构件的混凝土，限制裂缝的开展，提高了原构件的刚度和抗裂能力。

因此，本次排架加固考虑采用外粘钢板法。钢板采用 Q235A 钢，厚度 3mm，其外表面涂防锈漆一道，再涂面漆二道进行防锈蚀处理。为加强粘贴钢板与混凝土构件的连接，采用金属胀锚螺栓 M10×65 进行固定，沿构件长度方向布置间距 30cm。

胶粘剂必须采用专门配制的改性环氧树脂胶粘剂，其安全性检验指标应符合《混凝土结构加固设计规范》（GB 50367）中要求。

（3）启闭机平台两侧的帮宽设计。启闭机平台两侧的帮宽带采用槽钢焊接支架支承。支架焊接在钢锚板上，钢锚板通过胶锚螺栓锚固在机架桥柱子侧面，支架上现浇钢筋混凝土板带，板带通过插筋锚固在槽钢支架上，以增加混凝土板带的稳定性。

2. 方案 2

（1）方案布置。拟对现机架桥排架以及启闭机梁拆除重建，新建启闭机房机架桥为钢筋混凝土排架结构，混凝土强度等级为 C30，立柱断面为 500mm×500mm，柱高 6.4m；启闭设备大梁断面为 500mm×800mm，其他悬臂梁尺寸为 300mm×600mm。

（2）新建排架配筋计算。依据排架结构内力计算成果，排架结构配筋计算结果见表 3.1-11。

表 3.1-11　　　　　　　　　　排架结构配筋计算成果表

钢筋规格：HRB335

排 架 部 位	尺寸/(mm×mm)	计算面积/mm²	配筋率/%
排架柱	500×500	500	0.2（总配筋率不少于0.6%）
顺水流向悬臂梁	300×600	1132	0.67
顺水流向跨中大梁	300×600	914	0.4
垂直水流向大梁	500×800	2220	0.58

注　表中所列配筋面积为构件单侧受力钢筋面积。

3. 启闭机排架加固方案比选

对上述机架桥改建方案进行综合比选，见表 3.1-12。

表 3.1-12　　　　　　　　　　机架桥改建方案比选表

项目	方案1：排架加固方案	方案2：排架拆除重建方案
优点	（1）粘钢加固可有效提高原构件的承载力、刚度和抗裂能力； （2）基本不增加构件及结构的荷载，不改变原设计的结构体系和受力形式； （3）胶粘剂硬化时间快，施工周期短	（1）混凝土结构整体性好，可灌筑成各种形状和尺寸的构件； （2）施工技术与施工设备简单； （3）耐久性和耐火性好； （4）建筑工程投资21.2万元，投资较低
缺点	（1）耐腐蚀性能和耐火性差； （2）排架中间横梁的存在影响老闸门的吊出和新闸门的就位，需将中间横梁敲掉，待新闸门就位后再恢复，施工过程容易影响其他部位结构安全； （3）建筑工程投资21.7万元，投资稍高	新老混凝土结合部位对施工要求高
结论	不推荐	推荐

经过对结构性能、施工、造价等因素进行综合比选，机架桥改建方案推荐采用方案2，

即排架拆除重建方案。

4. 便桥重建

机架桥改建后宽度加大，对原通往启闭机房的便桥及支撑柱有影响，因此需将原临近启闭机房的一跨桥板和支撑柱拆除，并在背河距离原柱 1.55m 的位置重新修建便桥支承柱，并新设一跨桥板。

3.1.5 启闭机房重建

根据改建后的启闭机和电气设备布置要求，新建启闭机房宽度不满足设计要求需加宽，启闭机平台外挑长度加大，对抗震不利。为了减少上部荷载，设计采用轻钢结构房屋。

3.1.5.1 轻型房屋特点

轻型房屋在用材上多用冷弯薄壁型钢，具体有 C 型钢、Z 型钢、U 型钢、带钢、镀锌带钢、镀锌卷板、镀锌 C 型钢、镀锌 Z 型钢、镀锌 U 型钢等；房屋结构形式由梁、柱、檩、龙骨等组成，见下图 3.1-6。

图 3.1-6 轻钢结构房屋示意图

轻钢结构房屋是在重钢结构和木结构房屋的基础上发展起来的，既继承了重钢结构的牢固、快捷，又继承了木结构的自重轻、外观可变性强等特点，是目前最具有发展潜力的环保节能型房屋结构。轻钢房屋的优点概括起来有如下几点。

（1）结构稳定性高，抗震和抗风性能好。

（2）地基及基础的处置非常简单，且由于主体和基础中设有防潮层，防潮效果会更加突出。

（3）工业化生产，施工周期短。

（4）房屋外形美观，使用空间大。

（5）保温隔热隔音效果突出。

（6）综合经济效益好。

3.1.5.2 轻型房屋体系

（1）地基与基础：本次设计房屋基础是建立在机架桥钢筋混凝土平台上。

（2）辅材：采用预制构件，不允许现场钻孔、焊接。主钢架（梁、柱）为焊接型钢或热轧型钢，以充分发挥高强度钢材的力学性能。次构件（檩条）为高强度的、经防腐处理的冷弯薄壁 C 型钢或 Z 型钢，和主钢架采用螺栓连接。

（3）围护系统：围护系统分为彩钢压型板和彩钢夹芯板，采用自攻螺栓和檩条（屋面檩条或沿墙檩条）连接。压型钢板是以彩色涂层钢板或镀锌钢板为基材，经辊压冷弯成型的建筑用围护板材，其保温及隔热层为离心超细玻璃丝棉卷毡。此种板材现场制作，有利于解决大范围内面板搭接易于出现的接缝不严的情况，现场复合使整个大面积的屋面成为一个整体，更加坚固、易排水、防漏、保温，而且建筑外形更加统一、协调、美观。而夹芯板是将彩色涂层钢板面板及底板与保温芯材通过粘接剂（或发泡）复合而成的保温复合围护板材，按保温芯材的不同可分为硬质聚氨酯夹芯板、聚苯乙烯夹芯板、岩棉夹芯板。夹芯板一般为工厂预制。本次设计为方便现场安装，选用彩钢夹芯板围护。连接方式为咬合连接或者搭接连接。

3.1.5.3　启闭机房设计

启闭机房采用轻钢结构，建筑面积 157.60m²，长度 25.13m，宽度 6.27m。屋顶采用坡型屋顶，建筑总高度 6.45m。

3.1.6　主要工程量表

韩墩引黄闸除险加固工程主要工程量见表 3.1–13。

表 3.1–13　　　　　　　韩墩引黄闸除险加固工程主要工程量表

编号	项　　目		单位	工程量	备注
一	拆除工程				
1	土方开挖		m³	5.25	
2	土方回填		m³	5.25	
3	启闭机房		m²	145.65	砖混结构
4	启闭机机架桥	启闭机机架桥梁板	m³	43.01	
		启闭机机架桥16根柱子	m³	46.10	
5	便桥	柱子	m³	9.48	
		便桥梁板	m³	3.36	
		钢管栏杆	m	20.16	
6	门槽混凝土凿毛		m²	141.12	
7	清淤	上游铺盖	m³	43.08	
		下游消力池	m³	50.01	
8	凿除混凝土		m³	0.54	
9	原止水拆除		m	434	
10	拆除闸顶混凝土		m³	17.72	
11	拆除浆砌石		m³	37.56	
二	重建加固工程				
1	渗压计	渗压观测计	套	6	
		钻孔数	个	6	钻孔直径0.2m，深度6~11m
2	启闭机房		m²	165.45	轻钢结构

续表

编号	项　　目		单位	工程量	备注
3	C30 混凝土梁板柱	启闭机机架桥大梁 C30	m³	46.10	
		启闭机机架桥板 C30	m³	24.40	
		启闭机机架桥柱 C30	m³	24.77	
4		柱子 C30	m³	9.48	
5		便桥板 C30	m³	3.36	
6	门槽二期混凝土 C40		m³	21.17	
7	钢管栏杆		m	20.16	
8	水泥砂浆 M15 表面修补	上下游翼墙	m³	0.21	裂缝长度 10.2m
9	丙乳砂浆修补	洞身修补裂缝修复	m³	0.15	
10		闸墩及洞身表面修补	m³	17.77	
11	止水	沥青砂浆	m³	5.83	
		橡胶止水带	m	455.70	10mm 厚
		不锈钢扁钢	t	2.58	
		不锈钢膨胀螺栓螺母 M10	套	4559	单根长 20cm，间距 20cm
12	裂缝环氧树脂灌浆（裂缝 0.3mm 以上）		m³	0.11	灌浆长度约 55m
13	浆砌石护坡		m³	37.56	
14	混凝土预制板		m³	17.72	54 块，每块尺寸 4m×0.5m×0.15m
15	钢筋		t	25.49	
16	铜字		个	5	
17	柴油发电机房		m²	30	
三	景观绿化				
1	早熟禾，黑麦草		m²	2600	
2	白蜡		棵	50	
3	毛泡桐		棵	50	
4	栾树		棵	50	

3.1.7　水闸除险加固后运用情况分析

3.1.7.1　设防能力分析

韩墩引黄闸原设计防洪水位为 22.80m，2043 年防洪水位为 20.72m，水位降低了 2.08m，因此水闸稳定性满足要求。

3.1.7.2　引水能力分析

韩墩原闸前设计引水位 12.88m（大河相应水位 13.24m）；现行设计引水位采用工程除险加固时前 3 年平均值，由此推得韩墩引黄闸引水口处大河流量 115m³/s 时相应水位为

12.39m，闸前引水位 12.03m，比原设计水位低 0.85m。经复核，现行引水流量为 51.5m³/s，小于原设计 60m³/s 的引水流量。

3.2　三义寨闸

三义寨闸在长期使用后出现诸多问题，如闸身强烈振动和不均匀沉陷，导致闸墩、闸底板、机架桥大梁、交通桥严重裂缝；钢闸门板锈蚀、漏水，没有导向装置和行走轮不转动等问题将会造成闸的抗洪能力降低；闸前、闸后渠道的严重淤积，导致引水效益下降；闸的运行能力、防洪能力的降低，对该闸今后的防汛也产生一定的威胁。

2004 年 1 月在开封市召开了三义寨闸工程安全鉴定会。与会专家听取了开封市河务局、黄委会基本建设工程质量检测中心、河南黄河勘测设计研究院的汇报，对各单位提供的有关报告文件，依据《水闸安全鉴定规定》（SL 214—1998）以及《黄河下游水闸安全鉴定规定》（黄建管〔2002〕9 号）逐一进行了审查，一致认为鉴定成果真实可靠，深度基本满足规范要求。与会专家根据三义寨闸工程现状调查分析、现状检测成果分析及复核稳定计算成果分析，认为该闸运用指标无法达到设计标准，存在严重的安全问题，不能满足正常使用要求，评定为四类闸，应该拆除重建。

3.2.1　闸址比选

闸址选择主要考虑以下几个因素。

（1）本工程属于水闸新建工程，闸址的选择首先要考虑与原分水闸及渠系建筑物的连接问题，新闸址距离老闸址越近则连接越顺，费用越少。

（2）应结合地形条件，使枢纽布置轴线长度尽可能小，工程量尽可能小。

（3）充分考虑与原引渠顺直衔接、引水可靠、放淤顺畅等原则。

3.2.1.1　方案布置

根据现场地形，黄河南岸大堤在 130+000 桩号处向大河侧弯进，形成 2～3km 的弯道，不利于黄河大堤的防洪抢险。本次设计初步选定以下 4 个闸址方案进行比选。

方案一：原闸拆除重建方案。

方案二：在老闸和三分闸间建新闸方案。

方案三：在三分闸后建新闸（两座闸）方案，小裁弯。

方案四：在三分闸后建新闸（两座闸）方案，大裁弯。

1. 方案一工程总体布置

方案一工程布置包括：老闸全部拆除、重建引水闸、上游引渠清淤、左右岸连接堤段、人民跃进渠护砌、放淤固堤等。

（1）老闸全部拆除后，新建闸在老闸位置居中布置，闸室横向与上游引渠水流方向垂直，闸室分三联对称布孔，中孔单孔一联，边孔二孔一联，闸体上游连接段与引渠连接，下游末段与人民跃进渠护砌段连接。水闸总长 135m，闸底板高程结合老闸及上下游渠道选定为 67.56m，闸顶与大堤平齐。

（2）上游引渠清淤长 200m，清淤至底高程 68.65～67.56m，清淤宽度 28m 左右，清淤沿引渠主槽方向进行，保持与下游人民跃进渠设计过流断面一致。

（3）左岸连接堤段长 55m，右岸连接堤段长 35m，维持原堤顶高程不变，和老堤平顺衔接。人民跃进渠上游段约 200m 渠道按现有标准护砌。

（4）放淤固堤段长 2830m，淤区结合堤防特点分淤临或淤背两种，淤区布置随堤线走势，平顺自然。

2. 方案二工程总体布置

方案二工程布置与方案一基本相同。新建闸位于人民跃进渠上，距老闸 400m，新筑大堤与跃进渠垂直，长 286m，两侧与老大堤平顺连接。新建闸在跃进渠道居中布置，闸室横向与引渠水流方向垂直，闸室分三联对称布孔，中孔单孔一联，边孔二孔一联，闸体上、下游连接段与跃进渠护砌段连接。闸底板高程 67.56m，闸顶与大堤平齐。

根据需要老闸仅拆除上部结构、中墩及闸门部分。上游引渠清淤长 200m，清淤至底高程 68.65～67.56m，清淤宽度 28m 左右，清淤沿引渠主槽方向进行，保持与下游人民跃进渠过流断面一致。

人民跃进渠护砌和放淤固堤同方案一不变。

3. 方案三工程总体布置

方案三工程布置包括引渠清淤、跃进渠护砌、原三义寨闸部分拆除、三分闸部分拆除、新筑堤防、改建引水闸、淤堤加固等。

引渠清淤、跃进渠护砌同方案一，原三义寨闸、三分闸拆除闸室上部结构、闸门及阻水中墩部分。

方案三堤线位置在三分闸下三义寨村庄之间，将弯进防洪大堤裁弯缩短，大堤布置尽量与水流方向平顺，同时考虑与兰杞干渠、商丘干渠、兰考干渠正交，新布堤线距三分闸500m 左右，堤线长 1190m。

兰杞闸位距三分闸 613m，3 孔，单孔净宽 4.5m，闸体总长 135m，上、下游浆砌石护砌面与干渠两岸连接，两侧通过空箱式挡土墙与堤防连接。兰考、商丘闸距三分闸490m，两闸合并布置，边墩间设沉降缝，上下游通过浆砌石扭面分别与已护砌渠道衔接，闸体总长 135m，两闸均为 3 孔，商丘闸单孔净宽 5m，兰考闸单孔净宽 4m，两侧通过空箱式挡土墙与新筑堤防连接。

放淤固堤段长 1880m，淤区结合堤防两侧特点，均为淤背布置，淤区布置随堤线走势。

4. 方案四工程总体布置

方案四将弯进大堤完全取直，恢复三义寨闸修建前老大堤。大堤穿三义寨村庄，与兰杞干渠、商丘干渠、兰考干渠正交。新筑大堤长 1330m，淤背固堤长 1330m。两闸顺水流方向布置，闸室规模、长度与方案三相同，其余工程布置均与方案三基本相同。

3.2.1.2 方案布置比较

闸址比选因素有总投资、对黄河行洪的影响、移民迁占难度、引水条件、管理及堤防加固等，主要因素是行洪和经济。从投资来看，方案一的主体建筑工程投资 4192.93 万元，移民迁占投资 2972.68 万元；方案二的主体工程投资 5315.27 万元，移民迁占投资3640.45 万元；方案三的主体工程投资 4787.16 万元，移民迁占投资 4239.24 万元；方案四的主体工程投资 4759.93 万元，移民迁占投资 5716.09 万元。从投资上看，方案一的投资最小，其次为方案二、方案三和方案四。从是否有利黄河行洪的角度来看，方案四对黄河行洪的影响最小，其次为方案三、方案二和方案一。

从上面的分析可看出，方案一的投资比方案二小，但方案一原址拆除重建，该处黄河大堤深入河滩约 1.9km，因此对黄河行洪的影响相对方案二大；同时，三义寨闸自 10 月到第二年 5 月为施工期，该段时间内月最大平均流量为 17.75m³/s，平均引水量 8750 万 m³，如采用方案一，则影响到正常的取水，对该区影响很大，所以初步可以排除方案一。方案四相对投资最大，可以排除。综合比较方案二、方案三，从投资因素分析，方案三相对节省，但是方案三将拆除三分闸，现有三分闸有管理机构，地方上关系协调阻力大，人员安置困难，水闸建成后后期管理遗留问题难以解决，综合考虑各种因素，方案二相对占优。

各闸址优缺点的比较详见表 3.2-1。

表 3.2-1　　　　　　开封三义闸闸改建工程改建闸址方案比选表

方案比选	优　点	缺　点
方案一	(1) 不需新修大堤； (2) 无永久征地； (3) 投资最少	(1) 老闸结构破坏严重，在原址上建新闸不能加以利用，需全部拆除； (2) 工程侵占河道，对黄河行洪不利； (3) 施工期因老闸拆除，需停止引水，农业灌溉受到影响，地方政府不同意
方案二	(1) 施工干扰少； (2) 施工期通过导流可满足灌溉要求； (3) 不存在三分闸管所废除问题，地方阻力小，干扰因素少； (4) 投资少	(1) 需修建一段新堤，新建工程量较大； (2) 为满足灌溉要求，需做导流； (3) 征地范围较大
方案三	(1) 比较有利于黄河行洪； (2) 投资较多	(1) 需废除新三义寨引黄工程三分闸，该闸 1995 年建成，并成立闸管所，废除工作难度大； (2) 需修建一段新堤，新建工程量较大； (3) 闸前引渠长，水头损失大，引水保证率低； (4) 征地范围较大
方案四	(1) 因裁弯取直，大堤有利于黄河防洪； (2) 投资最多	(1) 需废除新三义寨引黄工程三分闸，该闸 1995 年建成，并成立闸管所，废除工作难度大； (2) 需修建一段新堤，新建工程量大； (3) 闸前引渠长，水头损失大，引水保证率低； (4) 征地范围大

经综合比选，方案二能够满足原三义寨闸的功能，投资经济合理，引水条件好，受外界因素干扰小，本次设计确定选用方案二。

方案二闸址位于三分闸以上 150m 处，如闸向上游移动，将增大放淤工程量；水闸进口水流条件变差；如闸向下游移动，将减少放淤工程量；闸若与三分闸过近，影响水闸出口水流条件；由此，确定闸址位于三分闸以上 150m 位置，经济合理。

3.2.2　工程总体布置

根据最终选定的方案及闸位，三义寨闸改建工程包括老闸拆除、引渠疏浚、新建水闸以及与两岸连接堤防建设。

老闸上游引渠长约 200m，老闸与新建水闸间未护砌渠道长约 150m、人民跃进渠长约 250m，由于长年淤积渠底高程不能满足设计引水要求，本次设计对新建水闸上游引渠进行清淤疏浚。

新建水闸位于老闸下游 400m 处，水闸海漫末端距三分闸约 160m。由闸室段、上游连接段及下游消能防冲段组成。

新建水闸两侧修建长 294.7m 的堤防与原大堤连接。

3.2.3 闸型选择

3.2.3.1 闸底高程确定

大河设计引水位（大河水位）69.96m，大河最低引水位（大河水位）69.56m。考虑老闸前 200m 引渠水头损失 0.02m，老闸过闸水头损失 0.10m，老闸与新闸 400m 渠道水头损失 0.11m，从黄河至新建三义寨闸前总水头损失为 0.23m，新建三义寨闸闸前设计引水位为 69.73m，闸前最低引水位为 69.33m。

水闸底板高程的确定应结合引水水位、引水量的要求，同时满足闸上游引渠和下游渠道的连接要求，还应结合闸门型式、闸孔尺寸的选择，并考虑泥沙影响和运用条件等因素综合确定。采用较低的底板高程，有利于加大过闸水深和过闸单宽流量、减小闸孔宽度，但过低则会增加水闸的工程量，并增加施工难度；而采用较高的底板高程则会加大闸孔尺寸，同时在 2014 年小浪底水库拦沙库容淤满前黄河水位继续下降，难以引出足够的水量，达不到工程预期的设计引水规模。

综合考虑以上因素，并考虑与老闸底板高程、人民跃进渠渠道高程衔接，确定水闸底板高程为 67.56m。

3.2.3.2 闸型结构选择

水闸底板高程 67.56m，大河设计引水水位 69.96m（大河水位，下同），设计防洪水位 76.70m，校核防洪水位 77.70m。闸槛高程较低，挡水高度较大，最大达 10.14m。根据《水闸设计规范》（SL 265—2001），闸室结构选用以下两个方案进行比选。

（1）胸墙式方案。根据水力设计及结构计算，水闸孔数为 5 孔，单孔净宽 5.8m，总净宽 29m。工作闸门采用潜孔式弧形钢闸门，液压式启闭机操作。5 孔共设 1 扇检修闸门，采用单轨移动式启闭机操作。水闸由上游连接段、铺盖段、闸室段、消力池段、海漫段及防冲槽段 6 部分组成，总长 135.3m。闸室设缝墩，分为两个二孔联、一个一孔联共三联，闸室底板厚 1.8m、边墩厚 1.5m、中墩厚 1.3m、缝墩厚 1.0m，边墩两侧设挡墙。地基采用水泥土搅拌桩处理。

（2）涵洞式方案。根据水力设计及结构计算，水闸孔数为 7 孔，单孔净宽 4.2m，总净宽 29.4m。工作闸门采用潜孔式平面钢闸门，滚动支承，上游止水，采用固定卷扬式启闭机操作。7 孔共设 2 扇检修闸门，采用单轨移动式启闭机操作。水闸由上游连接段、铺盖段、闸室段、涵洞段、消力池段、海漫段及防冲槽段 7 部分组成，总长 204.3m。闸室设缝墩，分为 3 联，边联为二孔一联，中联为三孔一联。闸室底板厚 2.0m，边墩为变截面厚度 1.2～2.4m，中墩厚 1.2m，缝墩厚 1.0m；涵洞底板厚 0.95m、顶板厚 1.05m，边墙、中隔墙厚 0.8m。地基采用水泥粉煤灰碎石桩（CFG 桩）处理。

两个闸型结构方案主要工程量见表 3.2-2。

表 3.2-2　　　　　　　　　两个闸型结构方案主要工程量汇总表

序 号	项　　目	胸墙式方案	涵洞式方案
1	渠道清淤/万 m³	13.43	13.58
2	土方开挖/万 m³	3.20	2.96
3	土方填筑/万 m³	11.03	11.23
4	混凝土/万 m³	1.29	1.68
5	钢筋/t	1092	1547
6	浆砌石/m³	6245	6501
7	干砌石/m³	775	736
8	水泥土搅拌桩/m	4746	2804
9	水泥粉煤灰碎石桩/m	8404	11157
10	土工格栅/m²	11550	

由表 3.2-2 可知，胸墙式方案工程量略小于涵洞式方案，主体建筑工程投资：涵洞式 5315.27 万元，胸墙式 4800.97 万元，胸墙式方案较涵洞式方案节省投资 514.30 万元。

水闸坐落在人民跃进渠上，渠道底宽 28.4m，胸墙式方案闸室段宽 35.60m，涵洞式方案闸室段宽 38.20m，河道底宽为 28.4m，胸墙式方案水流流态较好。本工程为引黄灌溉工程，根据水闸过流能力及运行方式分析，当黄河水位较高时水闸长期处于局部开启状态。根据工程布置，胸墙式方案采用弧形门，涵洞式方案采用平板门，胸墙式方案更利于水闸运行控制。胸墙式方案闸室两侧填土较高，边墩两侧需设挡墙，基底应力较大，基础处理较难；涵洞式方案闸室两侧填土较低，可直接利用边墩挡土，基底应力较小，基础处理较易。闸型结构方案比选详见表 3.2-3。

表 3.2-3　　　　　　　　三义寨闸改建工程闸型结构方案比选表

	优　点	缺　点
胸墙式方案	(1) 投资较省，主体建筑工程共 4800.97 万元，比涵洞式方案少 514.30 万元； (2) 总长较短，征地范围较小	(1) 闸室两侧挡土高度大，不适应直接利用边墩挡土，需设挡墙； (2) 基底应力较大，地基处理较难； (3) 闸室底板闸门后侧为斜坡段结构，不利于清淤
涵洞式方案	(1) 闸室两侧挡土高度低，可利用边墩直接挡土； (2) 涵洞式结构受力明确，且设计为轻质结构，耐久性好； (3) 闸室基底应力较小，地基处理较易； (4) 涵洞内水流设计为无压流，水流流态好； (5) 涵洞式结构上部填土，有利于抗滑稳定； (6) 闸室采用胸墙式平底板结构，有利于清淤； (7) 有利于现行管理单位的运行管理	(1) 投资较大； (2) 总长较长，征地范围较大

虽然涵洞式方案投资较大，但从黄河防洪、水闸管理和水闸运用方式等综合考虑，本次设计推荐采用涵洞式方案。

3.2.4 闸室布置

1. 闸孔数量及闸室尺寸

闸孔数量主要根据工程引水指标和运行情况确定。根据水力计算：水闸闸孔数为 7 孔，单孔净宽 4.2m，总净宽 29.4m。闸室长度根据稳定和应力计算成果，确定为 12.0m。闸孔上部为胸墙，胸墙顶与闸墩顶齐平。底板厚 2.0m、边墩厚 1.2~1.4m、中墩厚 1.2m、缝墩厚 1.0m。闸后设 80m 长涵洞。

2. 闸顶高程

根据特征水位，本工程水闸闸顶高程应根据挡水情况确定。挡水时，闸顶高程不应低于最高挡水位（77.70m）加波浪计算高度与相应安全超高值之和。按照《水闸设计规范》（SL 265—2001）进行波浪爬高计算。同时，闸顶高程应考虑两侧黄河大堤堤顶高程。两侧黄河大堤堤顶高程最大高程为 78.56m。经计算比较，本次设计闸墩顶高程为 76.76m，闸室启闭机平台高程取为 82.76m。

3.2.5 两岸连接布置

水闸上游翼墙顶高程为 77.43~72.63m，上游翼墙渐变段后接圆弧段与上游渠道连接；水闸下游翼墙顶高程为 73.91m，下游翼墙直段后接圆弧段与下游铺盖连接；水闸两侧与两侧新建堤防连接。

3.2.6 闸后涵洞布置

水闸闸室接引水涵洞，涵洞共设 8 节，每节长 10m，总长 80m。涵洞底板顶高程 67.56~67.40m，边墙及中隔墙均厚 0.8m，底板厚 0.95m，顶板厚 1.05m，涵洞设有 7 孔，单孔净高 4.87m，单孔净宽 4.2m。两边联为二孔联，中联为三孔联。

3.2.7 防渗排水布置

水闸防渗排水布置应根据闸基地质条件和水闸上、下游水位差等因素，结合闸室、消能防冲和两岸连接布置进行综合分析确定。

1. 防渗布置

水闸底板坐落在第③-SL层砂壤土层上，渗透系数 $k=6.54\times10^{-6}$ cm/s，为微透水土层。根据《水闸设计规范》（SL 265—2001）中的渗径系数法，闸基防渗轮廓线长度（防渗部分水平段和垂直段长度总和）等于上下游水位差与渗径系数的乘积，即 $L=C\cdot\Delta H$，砂壤土类地基的允许渗径系数 C 值取 9~5。闸上、下游水位及水位差见表 3.2－4。

表 3.2－4　　　　　　　　　　　　水闸上、下游水位及水位差

上游水位/m	下游水位/m	水位差/m	允许渗径系数	防渗长度/m
77.70	67.56	10.14	9~5	91.26~50.70

闸室段前设计有混凝土防渗铺盖，闸室前齿下设有垂直防渗体，从铺盖前端至海漫，使地下轮廓线防渗段长度大于需要值，闸基防渗长度布置见表 3.2－5。

表 3.2 - 5　　　　　　　　　　　**闸 基 防 渗 长 度 布 置**　　　　　　　　单位：m

混凝土铺盖	闸室底板	消力池	涵洞
20	12	22	80

同时，为了防止水闸侧向绕渗引起的渗透破坏，水闸闸前混凝土铺盖与上游翼墙设水平止水，上游翼墙与闸室边墩设竖直止水带。闸室两侧新建连接堤防迎水面设复合土工膜防渗体。三义寨闸防渗布置为水平防渗和垂直防渗，渗径总长为水平、垂直防渗长度的总和，其中，水平防渗长度 134m，计算防渗长度 102.15m，故防渗布置满足要求。

2. 排水布置

为了增加底板的抗浮稳定性，浆砌石海漫段设置无砂混凝土排水体竖向排水。排水体梅花形布置，间距 2.5m，底部平铺 2 层无纺土工布。

3.2.8　消能防冲布置

消能防冲设施由消力池、海漫组成，海漫末端设置防冲槽。消力池采用钢筋混凝土结构，海漫由浆砌石海漫和干砌石海漫组成。消能防冲各部位尺寸根据水力计算确定，消能防冲布置见表 3.2 - 6。

表 3.2 - 6　　　　　　　　　　　**水 闸 消 能 防 冲 布 置**　　　　　　　　单位：m

消 力 池			海　　漫				防 冲 槽	
			浆砌石段		干砌石段			
深度	长	底板厚	长	厚	长	厚	深度	水平段长
2.0	23.0	1.5	20.0	0.5	20.0	0.5	1.5	3.5

3.2.9　水力设计

3.2.9.1　闸室总净宽计算

根据《黄河下游引黄涵闸、虹吸工程设计标准的几项规定》（黄工字〔1980〕第 5 号文），本次水闸设计引水水头差采用 0.3m 以节约工程投资，据此确定水闸闸室总净宽。闸前引渠水位为设计引水位 69.73m 时，下游水位为 69.43m，上游水深 $H = 2.17m$，下游水深 $h_s = 1.87m$，胸墙底至闸底板高度为 3.87m，下游涵洞净空高度为 2m，净空面积占涵洞总面积 51.68%，闸室出流为无压出流，闸门开启高度 e 与上游水深 H 比值为 1.78，即 $e/H = 1.60 > 0.65$，且 $h_s/H_0 = 1.87/(2.17 + 0.25) = 0.77 < 0.90$，判断闸室出流为堰流。根据以上分析及《水闸设计规范》（SL 265—2001），涵洞式水闸方案闸室总净宽计算采用宽顶堰流公式：

$$B_0 = \frac{Q}{\sigma \varepsilon m \sqrt{2g} H_0^{3/2}} \qquad (3.2 - 1)$$

式中：B_0 为闸孔总净宽，m；Q 为过闸流量，m³/s；H_0 为计入行近流速水头的堰上水深，m；g 为重力加速度，m/s²，可采用 9.81；m 为堰流流量系数，采用 0.385；ε 为堰流侧收缩系数；σ 为堰流淹没系数。

水闸总净宽计算成果见表 3.2 - 7。

表 3.2－7   水闸总净宽计算成果表

设计引水流量 /(m³/s)	上游水位 /m	下游水位 /m	水头差 /m	闸孔总净宽 /m	孔数 /孔	单孔净宽 /m
141	69.73	69.43	0.30	29.4	7	4.2

涵洞段设计底坡分析，设计底坡 $i=1/500$，当水闸过流流量达到设计流量 141m³/s 时，依据水力学计算公式：

$$C_c = \frac{1}{n} R^{1/6}$$

$$i_c = \frac{g}{\alpha C_c^2}$$

$$(3.2-2)$$

式中：n 为糙率系数，取 $n=0.014$；R 为水力半径；C_c 为谢才系数；g 为重力加速度，取 $g=9.81\text{m/s}^2$；i_c 为临界坡度；α 为工程系数。

计算得临界底坡 $i_c=1/632$，设计底坡大于临界底坡，水闸出口涵洞段底坡为陡坡，涵洞段不影响水闸泄流能力。

当上游水位达到最高引水水位 75.09m 时，初定闸门开启高度 $e=0.5$m 时，$e/H=0.207<0.65$，水闸水流为闸孔出流；根据闸孔出流计算公式，计算闸门开启高度 $e=0.5$m 时，水闸过流流量为 144.86m³/s，满足设计引水流量。

3.2.9.2 过流能力计算

水闸下游现有渠道人民跃进渠，设计渠底高程 67.56m，渠宽 28.4m，两侧边坡均为 1：3，纵坡 1/4500。考虑其过流能力对水闸过流的影响，经计算，设计引水水位 69.96m（大河水位，黄海高程）下，水闸实际引水流量为 77.98m³/s，此时渠道过流与水闸引水达到平衡。

小浪底水库拦沙库容淤满前，下游河道将继续发生冲刷，黄河水位继续下降，到 2020 年前后河槽下切可达到最大值。经计算，2020 年夹河滩流量为 500m³/s 时，闸前黄河水位为 69.56m，闸前最低引水位 69.33m。当水闸上、下游水头差为 0.3m 时，水闸过流为 54.21m³/s，基本满足下游抗旱灌溉和生活用水需求；考虑人民跃进渠过流能力影响，水闸实际引水流量为 24.71m³/s。因此，建议在此期间改建人民跃进渠，提高其过流能力。水闸过流能力计算成果见表 3.2－8。

表 3.2－8   水闸过流能力计算成果表

水 位	考虑扩建人民跃进渠		考虑现状人民跃进渠影响	
	引水量/(m³/s)	上、下游水头差/m	引水量/(m³/s)	上、下游水头差/m
闸前设计引水位 69.73m	141	0.30	77.98	0.043
闸前最低引水位 69.33m	54.21	0.30	24.71	0.006

3.2.9.3 消能防冲计算

消能防冲采用《水闸设计规范》（SL 265—2001）附录 B 中方法进行计算，消能方式采用底流消能，取各种水位运行条件下最不利的计算成果并结合工程实际经验确定消能防冲设施各部位尺寸。

计算结果表明，当闸前为最高引水水位 76.30m、水闸局部开启时，控制消能防冲设施的尺寸。计算工况选取见表 3.2-9，计算成果见表 3.2-10。

表 3.2-9　　　　　　　　　　　　水闸消能防冲计算工况

上游水位/m	过闸流量/(m³/s)	运行方式	下游水位/m
75.09	141	局部开启	71.38
75.09	70	局部开启	70.43

表 3.2-10　　　　　　　　　　　水闸消能防冲计算成果表

上游水位/m	过闸流量/(m³/s)	消力池			海漫长/m	海漫末端冲刷深/m
		长度/m	池深/m	底厚/m		
75.09	141	22.04	1.41	1.21	40.15	10.74
75.09	70	21.53	1.77	0.90	32.13	4.82

比较表 3.2-9 和表 3.2-10，消能防冲设施布置尺寸满足设计要求。

3.2.10　渗流稳定计算

水闸底板及消力池坐落在第③层砂壤土层上、消力池出口坐落在第③-Sx 层细砂层上。水闸闸基渗流稳定采用《水闸设计规范》（SL 265—2001）附录 C 中改进阻力系数法进行计算。

本次设计水闸为 1 级水工建筑物，水闸防洪标准同下游黄河大堤，下游黄河大堤防洪标准为抵御花园口 22000m³/s 流量。据此，水闸渗流稳定需满足抵御花园口 22000m³/s 流量。计算工况及水位组合见表 3.2-11，计算成果见表 3.2-12。

表 3.2-11　　　　　　　　水闸渗流稳定计算工况及水位组合

计算工况	上游水位/m	下游水位/m	水头差/m	闸基土岩性
抵御花园口 22000m³/s 流量	77.70	无水	10.14	砂壤土

表 3.2-12　　　　　　　　　　水闸渗流稳定计算成果表

闸基土岩性	允许渗流坡降值		计算渗流坡降值	
	水平段	出口段	水平段	出口段
砂壤土	0.3~0.4	0.35~0.45	0.071	0.211

由表 3.1-12 可知，水闸计算渗流坡降值小于闸基土允许渗流坡降值，闸基防渗布置满足设计要求。

3.2.11　结构设计

水闸结构设计包括闸室稳定计算、翼墙稳定计算、结构应力计算、胸墙结构计算等。

3.2.11.1　闸室稳定计算

根据闸址处工程地质条件及水闸基底面高程，闸室稳定计算参数选取见表 3.2-13。

表 3.2 - 13　　　　　　　　　　　闸室稳定计算参数表

闸基土岩性	摩擦角/(°)	凝聚力/kPa	闸基综合摩擦系数
砂壤土	7	25	0.35

根据闸室布置情况，分别取 2 孔联、3 孔联整体闸室作为计算单元进行抗滑稳定计算。

1. 计算工况及荷载组合

根据水闸运用方式，选取水位最不利组合进行闸室稳定计算，工况选取及水位组合如下。

工况 1：正常引水情况，上游设计引水水位 69.73m、下游渠道设计水位 69.66m。

工况 2：设计洪水位情况，上游设计防洪水位 76.70m、下游无水。

工况 3：完建情况，上游无水、下游无水。

工况 4：地震情况，正常引水情况＋地震。

工况 5：校核洪水位情况，上游校核防洪水位 77.70m、下游无水。

闸室稳定计算荷载组合见表 3.2 - 14。

表 3.2 - 14　　　　　　　　　　　闸室稳定计算荷载组合表

计 算 工 况		荷 载 组 合								
		自重	水重	静水压力	扬压力	土压力	淤沙压力	风压力	浪压力	地震荷载
基本组合	工况 1	√	√	√	√	√	√	√	√	—
	工况 2	√	√	√	√	√	√	√	√	—
	工况 3	√		√	√	√	—		—	—
特殊组合 I	工况 4	√	√	√	√	√	√	√	√	√
特殊组合 II	工况 5	√	√	√	√	√	√	√	√	

2. 荷载计算

(1) 闸室自重。闸室自重包括闸体结构自重、永久设备自重以及闸体范围内的水重。

(2) 静水压力。按相应计算工况下的浑水容重及上下游水位计算，浑水容重采用 12.50kN/m³。

(3) 扬压力。扬压力为浮托力及渗透压力之和，根据《水闸设计规范》(SL 265—2001) 附录 C.2 改进阻力系数法计算各工况渗透压力。地下水容重取 10.00kN/m³。

(4) 浪压力。根据水闸规范，设计取风区长为 5 倍闸前水面宽，取 200m，设计风速为 15m/s。浪压力根据《水闸设计规范》(SL 265—2001) 附录 E 公式进行计算。

(5) 地震力。地震动峰值加速度 0.10g，地震基本烈度为Ⅶ度。采用拟静力法计算地震作用效应。

1) 水平向地震惯性力。沿建筑物高度作用于质点 i 的水平向地震惯性力代表值按《水工建筑物抗震设计规范》(SL 203—1997) 中相应计算。其中，水平向设计地震加速度代表值取 0.10g，地震作用的效应折减系数取 0.25。

2) 地震动水压力。单位宽度的总地震动水压力作用在水面以下 $0.54H$。处，计算时分别考虑闸室上下游地震动水压力，其代表值 F。按《水工建筑物抗震设计规范》(SL 203—

1997）中式（6.1.9-2）计算。

3）地震动土压力。地震主动动土压力代表值 F_E 按下式计算。

$$F_E = \left[q_0 \frac{\cos\varphi_1}{\cos(\varphi_1 - \varphi_2)} H + \frac{1}{2}\gamma H^2 \right]\left(1 \pm \frac{\xi\alpha_v}{g}\right)C_e \qquad (3.2-3)$$

式中：F_E 为地震主动动土压力代表值；q_0 为土表面单位长度的荷载；φ_1 为挡土墙面与垂直面夹角；φ_2 为土表面与水平面夹角；H 为土的高度；γ 为土重度的标准值；ξ 为计算系数；α_v 为垂直压缩系数；C_e 为回弹指数。

（6）淤沙压力。

1）水平淤沙压力。根据《水工建筑物荷载设计规范》（DL 5077—1997），作用在水闸等挡水建筑物单位长度上的水平淤沙压力标准值按下式计算。

$$P_{sk} = \frac{1}{2}\gamma_{sb}h_s^2\tan^2\left(45° - \frac{\varphi_s}{2}\right) \qquad (3.2-4)$$

式中：P_{sk} 为淤沙压力标准值，kN/m；γ_{sb} 为淤沙的浮容重，kN/m³，计算取为 8.4kN/m³；h_s 为挡水建筑物前泥沙淤积厚度，m，设计引水情况下可不计；φ_s 为淤沙的内摩擦角，(°)，计算取为 10°。

2）竖向淤沙压力。计算作用在闸室上的淤沙重量。

3. 稳定计算

闸室抗滑稳定安全系数见表3.2-15。在各种计算情况下，闸室平均基底应力不应大于地基允许承载力，最大基底应力不大于地基允许承载力的1.2倍，最大值与最小值之比的允许值见表3.2-16。闸室稳定计算成果见表3.2-15、表3.2-16。

表 3.2-15　　　　　　　　　闸室稳定计算成果表（二孔联计算单元）

计算工况	P_{max}/kPa	P_{min}/kPa	基底应力允许值/kPa	不均匀系数 P_{max}/P_{min}	不均匀系数允许值 P_{max}/P_{min}		抗滑稳定安全系数	抗滑稳定安全系数允许值	
					基本组合	特殊组合		基本组合	特殊组合
工况1	198.54	131.99	100	1.504	1.50		4.91	1.35	
工况2	160.90	99.07	100	1.624	1.50		5.83	1.35	
工况3	236.83	154.51	100	1.533	1.50			1.35	
工况4	137.58	133.45	100	1.301		2.00	8.10		1.10
工况5	158.45	91.49	100	1.732		2.00	4.76		1.20

表 3.1-16　　　　　　　　　闸室稳定计算成果表（三孔联计算单元）

计算工况	P_{max}/kPa	P_{min}/kPa	基底应力允许值/kPa	不均匀系数 P_{max}/P_{min}	不均匀系数允许值 P_{max}/P_{min}		抗滑稳定安全系数	抗滑稳定安全系数允许值	
					基本组合	特殊组合		基本组合	特殊组合
工况1	165.66	89.87	100	1.843	1.50		1.88	1.35	
工况2	93.43	93.35	100	1.001	1.50		3.17	1.35	

续表

计算工况	P_{max} /kPa	P_{min} /kPa	基底应力允许值 /kPa	不均匀系数 P_{max}/P_{min}	不均匀系数允许值 P_{max}/P_{min}		抗滑稳定安全系数	抗滑稳定安全系数允许值	
					基本组合	特殊组合		基本组合	特殊组合
工况3	161.41	147.17	100	1.097	1.50			1.35	
工况4	115.39	81.82	100	1.410		2.00	6.83		1.10
工况5	90.81	86.51	100	1.050		2.00	2.60		1.20

由表3.2-15、表3.2-16可知，闸室平均基底应力大于地基允许承载力，地基需进行加固处理。

3.2.11.2 翼墙稳定计算

根据水闸布置，上游翼墙挡土高度为6.07~9.87m、下游翼墙挡土高度为9.51m。由于挡土高度较高，上下游挡墙采用悬臂式挡墙。

挡墙稳定计算采用极限平衡法，包括挡墙外部稳定验算及筋材内部稳定验算。

挡墙外部稳定计算采用重力式挡墙的稳定验算方法验算墙体的抗水平滑动、抗深层滑动稳定性和地基承载力。墙背土压力按库仑土压力理论计算。

加筋土内部稳定性验算包括筋材强度验算和抗拔稳定性验算，采用《水利水电工程土工合成材料应用技术规范》（SL/T 225—1998）附录K中式（K.3.1-1）、式（K.3.2）进行验算。

1. 上游翼墙稳定计算

上游翼墙采用悬臂式挡墙，墙后采用加筋土回填。墙厚0.5~1.5m、高6.07~9.87m，底板厚1.0m、宽7.0~10.9m。

选取最大挡土断面进行外部稳定验算。主要荷载包括土重、侧向土压力、水平水压力、水重、扬压力、结构自重等，侧向土压力按主动土压力计算。计算工况选取不利水位组合，工况选取如下。

工况1：正常运行情况，墙前水闸设计引水水位、墙后地下水位。

工况2：完建情况，墙前无水、墙后无水。

工况3：检修情况，墙后地下水位、墙前无水。

工况4：地震情况，正常运行情况＋地震。

上游翼墙稳定计算成果见表3.2-17。

经计算，翼墙稳定安全系数及基底应力不均匀系数均满足设计要求。

2. 下游翼墙稳定计算

下游翼墙采用悬臂式挡墙，墙后采用加筋土回填。墙厚0.5~1.5m、高9.87m，底板厚1.0m、宽10.5m。

外部稳定验算主要荷载包括土重、侧向土压力、水平水压力、水重、扬压力、结构自重等，侧向土压力按主动土压力计算。计算工况选取不利水位组合，工况选取如下。

表 3.2－17　　　　　　　　　　　上游翼墙稳定计算成果表

计算工况	P_{max} /kPa	P_{min} /kPa	基底应力 允许值 /kPa	不均匀 系数 P_{max}/P_{min}	不均匀系数允许值 P_{max}/P_{min}		抗滑稳定 安全系数	抗滑稳定安全 系数允许值	
					基本组合	特殊组合		基本组合	特殊组合
工况 1	232.05	145.36	100	1.596	1.50		1.916	1.35	
工况 2	241.03	161.80	100	1.490	1.50		1.940	1.35	
工况 3	242.42	146.31	100	1.657		2.00	1.771		1.20
工况 4	242.51	143.66	100	1.688		2.00	1.660		1.10

工况 1：正常运行情况，墙前消力池内水位、墙后地下水位。

工况 2：完建情况，墙前无水、墙后无水。

工况 3：检修情况，墙前无水、墙后地下水位。

工况 4：地震情况，正常运行情况＋地震。

下游翼墙稳定计算成果见表 3.2－18。

表 3.2－18　　　　　　　　　　　下游翼墙稳定计算成果表

计算工况	P_{max} /kPa	P_{min} /kPa	基底应力 允许值 /kPa	不均匀 系数 P_{max}/P_{min}	不均匀系数允许值 P_{max}/P_{min}		抗滑稳定 安全系数	抗滑稳定安全 系数允许值	
					基本组合	特殊组合		基本组合	特殊组合
工况 1	185.42	154.55	85	1.20	1.50		3.096	1.35	
工况 2	203.36	149.30	85	1.36	1.50		1.983	1.35	
工况 3	210.80	121.30	85	1.74		2.00	1.510		1.20
工况 4	193.42	154.33	85	1.25		2.00	2.447		1.20

经计算，翼墙稳定安全系数及基底应力不均匀系数均满足设计要求。

3.2.11.3　结构应力计算

因中联和边联分缝，中联两侧不受外力，只受上部结构传递的竖直荷载，故闸室结构分析选取二孔的边联进行计算。根据闸室布置，按垂直水流方向截取单宽进行计算。涵洞的边联和中联分缝，中联两侧不受外力，只受上部填土传递的垂直土压力，故涵洞结构应力分析选取二孔的边联进行计算，根据涵洞布置，按垂直水流方向截取单宽进行计算。闸室、涵洞结构计算简图见图 3.2－1 和图 3.2－2。

根据《水闸设计规范》(SL 265—2001)，闸室结构计算采用弹性地基梁法，计算采用《水利水电工程设计计算程序集》弹性地基梁的平面框架内力及配筋计算。根据水闸、涵洞运行方式及止水布置，计算工况选取及荷载组合见表 3.2－19，相应计算成果分别见表 3.2－20、表 3.2－21。

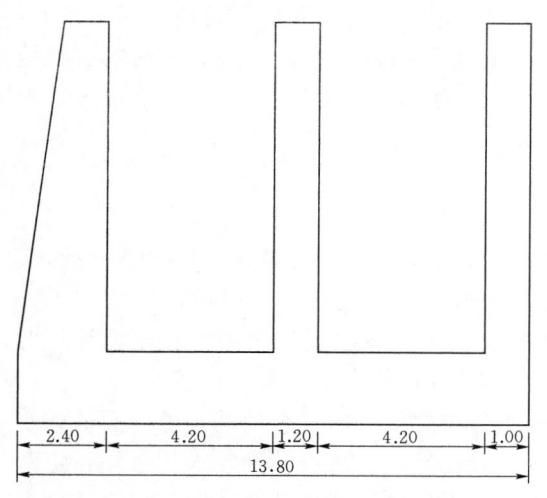

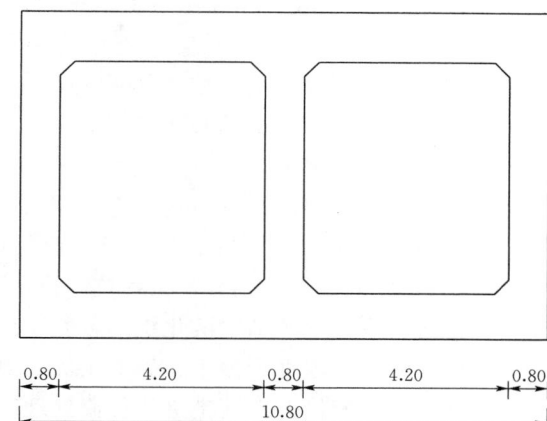

图 3.2－1　闸室结构计算简图（单位：m）　　　　图 3.2－2　涵洞结构计算简图（单位：m）

表 3.2－19 　　　　　　　　　　闸室结构计算工况选取及荷载组合表

部位	计算工况	荷 载 组 合					
		自重	水重	静水压力	扬压力	土压力	淤沙压力
门槛上游段	校核防洪水位	√	√	√	√	—	√
	建成无水	√	—	—	—	—	—
门槛下游段	建成无水	√	—	—	—	—	—
	设计引水位	√	√	√	√	—	√
	最高水位局部开启	√	√	√	√	—	√

表 3.2－20 　　　　　　　　　　闸室结构计算成果表　　　　　　　　　单位：kN・m

部位	底板	边墩	中墩
M_{max}	1680.25	1680.25	665.58

表 3.2－21 　　　　　　　　　　涵洞结构计算成果表　　　　　　　　　单位：kN・m

部位	顶板	底板	边墙	中墙
M_{max}	606.74	608.29	530.47	365.13

　　按正截面纯弯构件对闸室底板、边墩、中墩和涵洞顶板、底板、边墙、中墙进行配筋计算，闸室底板、边墩受拉钢筋选配 $\phi28@150$，中墩受拉钢筋选配 $\phi25@150$，涵洞顶板、底板受拉钢筋选配 $\phi28@200$，边墙、中墙受拉钢筋选配 $\phi28@200$。

　　本次结构设计同时考虑门槽部位因其颈部受闸门传来的水压力而可能受拉，故应验算门槽应力。经计算，最大拉应力（校核防洪水位77.70m时）为1.32N/mm²，未超过混凝土轴心抗拉强度设计值1.50N/mm²。

3.2.11.4　胸墙结构计算

　　胸墙是闸室顶部的挡水结构，布置在弧形门门槽的上游，采用平板结构，顺水流向厚度为 0.6m。为使水流平顺通过孔口，减小阻力，增大泄流能力，胸墙上游底部为圆弧形，半径 0.6m。胸墙两端固结在闸墩上，按两端固结板进行结构计算，计算工况选取水闸挡校核防洪水位 77.70m。经计算，胸墙跨中最大弯矩为 116.06kN·m、固端最大弯矩为 232.12kN·m，受拉钢筋选配 φ20@200，满足要求。

3.2.12　地基处理设计及沉降计算

3.2.12.1　地基处理设计

由结构设计可知，天然地基允许承载力不满足设计要求，本次设计需进行基础处理。根据地质报告，场区第⑤层土存在轻微液化可能。据《水工建筑物抗震设计规范》（SL 203—1997）中表 1.0.5 划分，工程抗震设防类别为乙类，本次设计采用水泥土搅拌桩对闸基基础进行围封处理消除液化沉陷，并采用振冲 CFG 桩提高地基基础承载力。

场区地基土层岩性为砂土、砂壤土等，地质报告中建议采用复合地基，以碎石桩或水泥土搅拌桩等工程措施对地基进行加固处理。经综合比选，本次设计确定采用水泥粉煤灰碎石桩复合地基，地基处理的任务主要是解决地基变形问题，即地基是在满足强度基础上以变形进行控制的，因此 CFG 桩的桩长是通过变形计算确定。

1. CFG 桩复合地基单桩竖向承载力特征值 R_a 计算

当采用单桩载荷试验时，应将单桩竖向极限承载力除以安全系数 2。

当无单桩载荷试验资料时，可按式（3.2-5）计算。

$$R_a = u_p \sum_{i=1}^{n} q_{si} l_i + q_p A_p \qquad (3.2-5)$$

式中：u_p 为桩的周长，m；n 为桩长范围内所划分的土层数；q_{si}、q_p 分别为桩周第 i 层土的侧阻力、桩端阻力特征值，kPa，可按现行国家标准《建筑地基基础设计规范》（GB 50007）有关规定确定；l_i 为第 i 层土的厚度，m；A_p 为桩的截面积，m^2。

2. CFG 桩复合地基承载力计算

CFG 桩复合地基承载力特征值，应通过现场复合地基载荷试验确定，初步设计时可采用下式估算。

$$f_{spk} = m \frac{R_a}{A_p} + \beta(1-m) f_{sk} \qquad (3.2-6)$$

式中：f_{spk} 为复合地基承载力特征值，kPa；m 为面积置换率；A_p 为桩的截面积，m^2；f_{sk} 为桩间土天然地基承载力特征值，kPa；β 为桩间土承载力折减系数，由于桩端土未经修正的承载力特征值大于桩周土的承载力特征值，依据规范建议值，取 0.25；R_a 为单桩竖向承载力特征值，kN。

3. CFG 桩复合地基变形计算

地基处理后的变形计算应按现行国家标准《建筑地基基础设计规范》（GB 50007）的有关规定执行。复合土层的分层与天然地基相同，各复合土层的压缩模量等于该层天然地基压缩模量的 ζ 倍，ζ 值可按下式确定：

$$\zeta = \frac{f_{spk}}{f_{sk}} \qquad (3.2-7)$$

式中：f_{sk} 为基础底面下天然地基承载力特征值，kPa。

本次设计水泥粉煤灰碎石桩桩径 $d = 600\text{mm}$，正方形布置。在各种计算情况下，闸室、挡墙平均基底应力均小于复合地基允许承载力，最大基底应力均小于复合地基允许承载力的 1.2 倍。据《水闸设计规范》（SL 265—2001），地基基础处理满足规范要求。水闸地基处理设计成果见表 3.2 - 22。

表 3.2 - 22　　　　　　　　　　　水闸地基处理设计成果表

项目 ＼ 部位	闸室	上游翼墙	下游翼墙	闸后涵洞
桩径/mm	600	600	600	600
桩长/m	11	11	10	10
桩间距/m	2.5	2.0	2.0	1.8
f_{spk}/kPa	240	240	240	285
基础最大平均基底应力/kPa	195.67	194.37	131.17	256.62

由表 3.2 - 22 可知，处理后的复合地基承载力满足设计要求。

消力池底板底高程 65.56m，坐落在第③-CL 黏土层上，根据地质报告，该层为软弱层，天然地基承载力为 85kPa。经计算，消力池最大基底应力为 97.5kPa，天然地基承载力不满足设计要求。考虑消力池底板下第③-CL 层黏土层较薄，仅为 0.52～0.27m，设计采用换填法进行基础处理。将消力池底板下该层土全部挖除换填碎石，换填厚度为 0.6m。

3.2.12.2　地基沉降计算

CFG 桩复合地基的变形包括搅拌桩复合土层的平均压缩变形 s_1 与桩端下未加固土层的压缩变形 s_2。

CFG 桩复合土层的压缩变形 s_1 按下式计算：

$$\left. \begin{array}{l} s_1 = \dfrac{(p_z + p_{z1})l}{2E_{sp}} \\ E_{sp} = mE_p + (1-m)E_s \end{array} \right\} \tag{3.2-8}$$

式中：p_z 为 CFG 桩复合土层顶面的附加压力值，kPa；p_{z1} 为 CFG 桩复合土层底面的附加压力值，kPa；E_{sp} 为 CFG 桩复合土层的压缩模量，kPa；E_p 为 CFG 桩的压缩模量，kPa；E_s 为桩间土的压缩模量，kPa。

桩端以下未加固土层的压缩变形 s_2 按下式计算：

$$s_2 = m \sum_{i=1}^{n} \frac{e_{1i} - e_{2i}}{1 + e_{1i}} h_i \tag{3.2-9}$$

式中：n 为未加固土层计算深度内的土层数；e_{1i} 为加固土层以下第 i 层土在平均自重应力作用下，由压缩曲线查得的相应孔隙比；e_{2i} 为加固土层以下第 i 层土在平均自重应力加平均附加应力作用下，由压缩曲线查得的相应孔隙比；h_i 为加固土层以下第 i 层土的厚度；m 为地基沉降量修正系数，本次计算取 1.2。

闸室地基沉降计算结果见表 3.2 - 23。

表 3.2 - 23　　　　　　　　　　　　闸室地基沉降计算成果表　　　　　　　　　　　单位：mm

计算单元 \ 部位	上游点	中点	下游点
2 孔联最终沉降	50.2	44.1	38.0
3 孔联最终沉降	48.4	42.3	36.0

由表 3.1 - 23 可知，闸室地基最终沉降量均小于 150mm，相邻部位的最大沉降差也均小于 50mm，闸室地基沉降量满足规范要求。

3.2.13　老闸拆除及引渠疏浚

3.2.13.1　老闸拆除

三义寨引黄闸系 1958 年建成的大型开敞式水闸，属 1 级水工建筑物。结构形式为钢筋混凝土结构，共分三联六孔，每二孔为一联，单孔宽 12m、边墩厚 1.5m、中墩厚 1.6m、缝墩厚 1.2m，总宽 84.6m，底板高程 66.50m。

该闸在运用期间存在诸多问题，于 1974 年、1990 年进行 2 次加固改建，改建后中联弧形闸门改建成四孔平板钢闸门，中联增建 2 个闸墩，闸底板加高至 68.50m；边联四孔一次改建底板加高至 69.00m，二次改建修建钢筋混凝土挡水墙封堵。

由于小浪底水库的运用，近年来下游黄河河底不断下切，目前老闸过流不能满足新建水闸引水需求，需将老闸部分或全部拆除。本次设计老闸拆除充分考虑以下两点：①水闸过流满足新建水闸引水需求；②尽量减小过老闸的水头损失。据此，将老闸中联 2 孔底板 68.50m 高程以上部分闸墩拆除，边联保留两边孔封堵，其余两孔底板 69.00m 高程以上闸墩拆除，同时将交通桥及上部结构全部拆除。拆除后老闸过水断面宽 54.4m，过流能力满足新建水闸引水需求。

3.2.13.2　引渠疏浚

引渠包括老闸上游引渠及老闸与新闸间的渠道。

(1) 老闸上游引渠长 200m，宽 40～50m。由于常年淤积现状渠底高程较高，不能满足设计引水需求，本次设计需对老闸上游引渠进行清淤，清淤厚度约 2.5m。

(2) 老闸与新闸间的渠道长 400m，包括 150m 长的未护砌渠道及 250m 长的已护砌的人民跃进渠。未护砌渠道宽 50.5～84.5m，由于常年淤积，现状淤积面高程为 69.56～70.80m；人民跃进渠设计渠底高程为 68.47m，设计底宽 28.4m，设计纵比降 1/4500，现状淤积面高程为 69.56～69.93m。老闸拆除后底板高程 69.00m，新建水闸设计底板高程为 67.56m，为了保证新建水闸能够顺利引水，本次设计需对渠道进行清淤。未护砌渠道清淤后渠底高程 69.00～67.56m，人民跃进渠清淤至原设计渠底高程。未护砌渠道渠坡采用 0.3m 厚浆砌石护砌，浆砌石下铺设 0.15m 厚砂砾石垫层。同时，由于场区地下水埋深较浅，砂砾石垫层下铺设 2 层无纺土工布进行反滤。

3.2.14　两岸连接堤防设计

3.2.14.1　工程等级及建筑物级别

黄河下游堤防是保证黄河、淮河、海河平原防洪安全的第一道屏障，干流堤防设防洪水相应为洪水重现期大于 100 年，按照《堤防工程设计规范》（GB 50286—1998），临黄大堤属 1 级堤防。

3.2.14.2 大堤断面设计

1. 设计堤顶高程

根据《堤防工程设计规范》（GB 50268—1998），设计堤顶高程为设计洪水位加超高。本次新建大堤将原弯向黄河的大堤后移约 400m，设计取新建大堤堤顶高程同两侧老堤，为 81.20～80.33m。

2. 设计堤顶宽度

堤顶宽度主要应满足堤身稳定要求，还应满足防汛抢险交通、工程机械化抢险及工程正常运行管理的需要。本次设计新建大堤堤顶宽度为 12m。

3. 设计边坡系数

堤防边坡的设计原则：首先满足渗流稳定和整体抗滑稳定要求，同时还要兼顾施工条件，并便于工程的正常运行管理。

根据已建工程的实践经验以及《堤防工程设计规范》（GB 50268）的相关规定，本次设计新建大堤临背河边坡均采用 1∶3。

4. 堤坡防护

为了防止水流冲刷破坏堤身，新建大堤迎水面采用浆砌块石，浆砌石厚 0.5m，下铺0.15m 厚的砂砾石垫层。同时，为了防止渗透破坏以及侧向绕渗影响水闸安全，砂砾石垫层下铺设一层复合土工膜。新建大堤背水面采用植草防护。

5. 堤基处理

堤基处理包括新建大堤基础清理以及新建大堤与老堤连接处老堤堤坡清理，其边界应超出设计边线 0.3～0.5m。基础清基深度为 0.3m，堤坡清理水平厚度为 0.3m。

6. 填筑土料

填筑土料应符合《堤防工程设计规范》（GB 50286）中第 6.2.1 条规定："均质土堤宜选用亚黏土，黏粒含量为 15%～30%，塑性指数宜为 10～20，且不得含植物根茎、砖瓦垃圾等杂物；填筑土料含水率与最优含水率允许偏差为±3%。"填筑土料的压实度不小于 0.94。

黄河有史以来就是多泥沙河流，大河挟沙顺流而下，在不同的水流状态和边界条件下，形成不同的淤积区。根据多年的观测试验，其多数为粉砂和砂性土，只有少数为黏性土，且分布不均匀。根据料场勘察的实际情况，料场土料平均黏粒含量为 11.4%，基本满足设计要求。

3.2.15 堤顶道路设计

3.2.15.1 堤顶道路标准

本次新建大堤堤顶道路设计标准参考平原微丘三级公路标准。

3.2.15.2 路面设计

路面设计根据公路等级、使用要求、性质及自然条件等并结合当地实际经验进行综合考虑，路面由面层和基层组成。

面层采用热拌沥青碎石混合料。根据现场查勘，两侧老堤堤顶沥青道路宽 7.6m。据此，本次设计新建大堤堤顶道路面层取为 7.6m。面层总厚度 5cm，由 4 层组成，分别为

4cm 厚的沥青碎石层、封层、黏层、透层。面层施工时应随基层形成 2％的双向排水横坡。

基层选用混合基层，即水泥石灰碎石土基层和水泥石灰土底基层。水泥石灰碎石土基层宽 8.1m、厚 15cm，水泥石灰土底基层宽 8.4m、厚 15cm。基层、底基层的压实度（重型击实）应分别达到 97％、95％，7d 浸水无侧向抗压强度应分别达到 0.80MPa、0.50MPa。

3.2.15.3　路肩

行车道两侧的黏土路肩宽均为 0.75m（含 10cm 宽的路缘石），压实度不小于 93％。路肩应与路面平顺连接，并形成 3％的横向排水坡。

在行车道两侧埋设路缘石，路缘石顶面与行车道齐平，采用 50cm×35cm×10cm 的 C20 混凝土预制块。路缘石应在面路基层碾压完成后再开槽埋入，并将其孔隙填土倒实，确保稳定。在路面、路肩施工时，应保证与路缘石能紧密结合。

3.2.15.4　堤顶培土

在两侧路肩外沿至大堤顶边沿需用符合要求的土料进行堤顶培土，把路肩与堤顶的高差填平压实，培土顶面要与路肩形成 3％的平顺排水横坡。

压实度应不低于 92％。

3.2.15.5　路面排水

水闸两侧新建大堤长度较短，本次设计堤坡不设排水沟，路肩两侧各设 0.5m 宽的草皮带。

3.2.16　改建工程量

三义寨闸改建工程量见表 3.2－24。

表 3.2－24　　　　　　　　　　三义寨闸改建工程量汇总表

序号	工　程　项　目	单位	数量	备　　注
一	老闸拆除			
1	闸墩混凝土拆除	m^3	1924	
2	胸墙混凝土拆除	m^3	318	
3	机架桥及启闭机室混凝土拆除	m^3	472	
4	交通桥混凝土拆除	m^3	915	
二	新建大堤			
1	清基、清坡	m^3	4155	
2	土方填筑	m^3	69759	
3	沥青碎石路面	m^2	2632	路面厚 5cm
4	水泥石灰碎石土	m^3	421	
5	水泥石灰土	m^3	436	
6	浆砌石护坡	m^3	3867	
7	砂砾石垫层	m^3	1160	
8	复合土工膜	m^2	7734	两布一膜，$900g/m^2$
9	草皮护坡	m^2	4795	

续表

序号	工程项目	单位	数量	备注
10	堤肩草皮带	m²	346	
11	行道林	株	330	
12	路缘石	m³	35	C20预制混凝土板,单块规格:50cm×35cm×10cm
13	备防石倒运	m³	476	
三	上游引渠及护砌渠道			
1	清淤	m³	118219	
2	浆砌石护坡	m³	1099	
3	砂砾石垫层	m³	549	
4	土工布	m²	7326	无纺土工布,350g/m²
四	新建水闸			
(一)	人民跃进渠清淤	m³	17562	
(二)	主体工程			
1	土方开挖	m³	29841	
2	土方回填	m³	50200	含管理处房台土方填筑量
3	C30混凝土	m³	8835	
4	C25混凝土	m³	7255	
5	C10混凝土	m³	531	
6	钢筋	t	1491	
7	钢制栏杆	m	121	
8	铜片止水	m	896	
9	橡胶明止水	m	896	
10	高压闭孔聚乙烯板	m²	1563	厚2cm
11	聚硫密封胶	m²	45	厚2cm
12	无砂混凝土排水柱	m³	8	
13	浆砌石护坡	m³	419	
14	浆砌石护底	m³	951	
15	干砌石护坡	m³	321	
16	干砌石护底	m³	415	
17	砂砾石垫层	m³	710	
18	抛石	m³	271	
19	土工布	m²	8823	无纺土工布,350g/m²
20	水泥土搅拌桩防渗墙	m²	2804	厚500mm
21	水泥粉煤灰碎石桩	m	11157	桩径600mm
22	粗砂垫层	m³	1233	

序号	工 程 项 目	单位	数量	备　　注
（三）	附属设施			
1	启闭控制房建筑面积	m²	306	
2	三义寨闸管理处用房建筑面积	m²	901	

3.2.17　安全监测设计

3.2.17.1　安全监测系统

1. 设计原则

（1）以监测水闸底板扬压力的分布、水闸与大堤结合部的渗透压力以及闸室的不均匀沉陷为主。

（2）所选择的观测设备应长期稳定、可靠，具有大量的工程实践考验。同时便于实现自动化观测。

2. 设计依据

（1）《引黄涵闸远程监控系统技术规程》（试行）（SZHH 01—2002）。

（2）《黄河堤防工程管理设计规定》（黄建管〔2005〕44 号）。

（3）《土石坝安全监测技术规范》（SL 60—1994）。

（4）《水闸设计规范》（SL 265—2001）。

（5）《大坝安全自动监测系统设备基本技术条件》（SL 268—2001）。

（6）《大坝安全监测自动化技术规范》（DL/T 5211—2005）。

3.2.17.2　监测项目及测点设置

根据上述设计原则，结合建筑物本身的具体情况，其仪器布设情况如下。

（1）底板扬压力观测。为监测水闸底板扬压力分布情况，沿铺盖、闸室，涵洞 2 号、4 号、6 号、8 号管节底板，消力池段底板中部各布设 1 支渗压计。

（2）闸堤结合部渗透压力观测。为监测水闸与大堤结合部的渗透压力分布情况，沿铺盖、闸室，涵洞 2 号、4 号、6 号、8 号管节底板，消力池段底板左右侧与黄河大堤结合部各布设 1 支渗压计。

（3）闸室不均匀沉陷观测。闸室的不均匀沉陷不仅影响闸室的运行而且会危及涵闸安全。为监测闸室不均匀沉陷，在每联水闸的四角闸墩上分别安装 4 个普通水准测点。

（4）涵洞管节不均匀沉陷观测。为监测涵洞管节不均匀沉陷，在闸室与涵洞结合处、各涵洞管节结合处、涵洞与消力池结合处及下游翼墙顶部布设水准测点，其中，闸室与涵洞结合处布设 12 个深式水准测点，涵洞 2 号、3 号，3 号、4 号管节结合处各布设 12 个深式水准测点；涵洞 4 号、5 号，5 号、6 号管节，6 号、7 号管节，7 号、8 号管节结合处各布设 12 个普通水准测点；涵洞与消力池结合处布设 4 个普通水准测点；下游翼墙顶部布设 6 个普通水准测点。

（5）堤顶沉陷观测。为监测水闸顶部黄河大堤沉陷情况，在堤顶布设 6 个普通水准标点。

（6）上下游水位观测。在上游闸室进水口右翼墙布设 1 支水位计，在下游消力池右翼墙布设 1 支水位计，以监测上下游水位。为了便于现场直观观察到水位的变化情况，同时考虑到观测系统遭到破坏时，还能通过人工观测采集到水闸上下游水位情况，特在其上下游侧墙上安装 1 根水尺。

（7）温度观测。外部环境温度的变化是影响仪器测值的主要因素之一，也是观测资料分析的必备参数，为此在管理房附近布设 1 支温度计（含百叶窗），以监测环境温度的变化。

3.2.17.3　监测设备选型

目前，应用于水利水电工程安全监测的设备类型很多，如振弦式、差动电阻式、电容式、压阻式等。除振弦式仪器外，其他仪器均存在长期稳定性差、对电缆要求苛刻、传感器本身信号弱、受外界干扰大的缺点。振弦式仪器是测量频率信号，具有信号传输距离长（可以达到 2～3km）、长期稳定性好、对电缆绝缘度要求低、便于实现自动化等优点，并且每支仪器都可以自带温度传感器测量温度，同时，每支传感器均带有雷击保护装置，防止雷击对仪器造成损坏。

根据安全监测设计原则以及各种类型仪器的优缺点，建议本工程中应用的渗压计、测缝计采用振弦式。

3.2.17.4　监测工程量

三义寨闸监测工程量见表 3.2-25。

表 3.2-25　　　　　　　　　　　三义寨闸监测工程量表

序　号	项　　　目	单　　位	数　　量
1	渗压计	支	21
2	水位计	支	2
3	温度计	支	1
4	水尺	m	16
5	普通水准标点	个	84
6	深式水准标点	个	36
7	水准工作基点	个	1
8	集线箱	个	1
9	水准仪	套	1
10	振弦式读数仪	个	1
11	电缆	m	2100
12	直径 50mm 镀锌钢管	m	30
13	电缆保护管（直径 50mm PVC 管）	m	120
14	电缆沟开挖与回填	m	100

3.3　三义寨闸堤防加固

3.3.1　工程等别与建筑物级别

黄河下游堤防是保证黄河、淮河、海河平原防洪安全的第一道屏障，干流堤防设防洪水相应为洪水重现期大于 100 年，按照《堤防工程设计规范》（GB 50286—1998），三义寨闸堤防属 1 级堤防。

3.3.2　设计依据的规程规范

主要依据规程规范如下。

(1)《防洪标准》(GB 50201—1994)。

(2)《水利水电工程初步设计报告编制规程》(DL 5021—1993)。

(3)《堤防工程设计规范》(GB 50286—1998)。

(4)《堤防工程施工质量评定与验收规程》(试行)(SL 239—1999)。

(5)《堤防工程施工规范》(SL 260—1998)。

(6)《堤防工程管理设计规范》(SL 171—1996)。

(7)《疏浚工程施工技术规范》(SL 17—1990)。

(8)《水工建筑物抗震设计规范》(SL 203—1997)。

(9)《工程建设标准强制性条文》(水利工程部分)。

(10)《公路工程技术标准》(JTG B01—2003)。

(11)《公路路基设计规范》(JTG D30—2004)。

(12)《公路沥青路面设计规范》(JTJ 014—1997)。

(13)《公路软土地基路堤设计与施工技术规范》(JTJ 017—1996)。

(14)《沥青路面施工与验收规范》(GB 0092—1996)。

(15)《公路沥青路面施工技术规范》(JTG F40—2004)。

技术要求、设计文件如下。

(1)《黄河下游近期防洪工程建设可行性研究报告》(黄河勘测规划设计有限公司,2008 年 7 月)。

(2)《黄河堤防工程管理设计规定》(黄建管〔2005〕44 号)。

(3)《黄河下游堤防道路工程设计暂行规定》(黄委会)。

3.3.3　设计范围和内容

堤防加固工程主要包括新闸两侧弯道段大堤的加固以及附属工程(包括堤顶道路、排水沟、植草、植树、适生林等),大堤加固全长 2.413km。

3.3.4　设计基本资料

1. 设防水位

根据水文分析,小浪底水库建成后,黄河下游河道演变为先冲刷达到最低,然后逐渐回淤,2010 年水平的设防水位略低于 2000 年水平的设防水位,考虑到近年来下游防洪工程建设的实际情况,为安全起见,本次采用 2000 年水平、2010 年水平设计洪水位的最高值,即采用 2000 年设计洪水位作为防洪工程建设的依据。

黄河下游各主要控制站相应的设防水位为铁谢 118.69m、裴峪 110.14m、官庄峪 100.99m、秦厂 100.33m、花园口 94.46m、柳园口 83.03m、夹河滩 78.31m、石头庄 70.07m、高村 65.12m、苏泗庄 61.58m、孙口 50.79m、南桥 45.85m、艾山 45.01m、泺口 34.63m、刘家园 30.35m、道旭 19.92m、利津 16.24m。根据以上控制站的设防水位,按直线内插法推算设计堤段的设防水位为 75.56~75.24m。

2. 抗震标准

根据地质勘察报告,三义寨引黄闸闸址区抗震设防烈度为 7 度,设计基本地震加速度

值为 $0.10g$。

3. 抗滑稳定安全系数

（1）正常运用条件：抗滑稳定安全系数 $K \geqslant 1.3$。

（2）非常运用条件：抗滑稳定安全系数 $K \geqslant 1.2$。

3.3.5 堤段现状

本次设计的各堤段现状情况见表 3.3-1。

表 3.3-1　　　　　堤防加固工程各堤段现状情况统计表

序号	项　目	0+000~0+978 堤段	2+045~3+480 堤段
1	段落长度/m	978	1435
2	堤顶设计高程/m	78.56~78.46	78.46~78.24
3	堤顶现状高程/m	79.50~81.40	79.50~80.20
4	堤顶宽度/m	11.13~13.00	13.00~25.00
5	临河边坡	1:3	1:3
6	背河边坡	1:3	1:3
7	堤防加固情况	0+000~0+750 段临河侧新堤加放淤，淤区宽度 100m；0+750~0+978 段背河侧放淤，淤区宽度 100m，上界已放淤加固	背河侧堤脚和渠道之间放淤固堤，淤区宽度 80~100m

3.3.6 堤身堤基情况

3.3.6.1 堤身情况

由于黄河下游大堤是在民埝的基础上经历代逐步加高培修而成的，历次加修的堤身质量参差不齐，再加上堤防决口临时抢修用料复杂、质量较差。

从堤防地质勘察可以发现，堤身土黏性含量均小于 15%，堤身干密度小于 $1.5t/m^3$，堤防隐患探测表明，堤身存在多处明显隐患，主要为松散体和裂缝，少量为空洞。隐患大多位于堤顶以下 2~7m，处于堤身的中上部。

地质钻孔中，少数孔有漏浆现象，漏浆部位接近大堤底部。

3.3.6.2 基础情况

黄河下游平原系由黄河泥沙冲积而成，堤防基础多为砂性土，主要为壤土、砂壤土、粉土、粉砂，地层结构类型主要为双层结构和多层结构。黄河堤防系在历史旧民埝的基础上加修而成，基础没有进行处理，透水性较强，而且在历史上黄河堤防曾多次决口泛滥，每次决口堵复都是用了大量的秸柳软料，更加重了基础的渗水强度，这也是洪水期间堤防出现险情的主要原因之一。

3.3.7 出险原因分析

黄河大堤在历年汛期大水时均有堤段出险，根据对出险情况的分析，主要出险原因归纳如下。

（1）堤身土料由砂壤土、黏土、壤土混掺组成，土质极不均匀。根据历史险情、隐患探测的成果和钻孔中漏水漏浆情况，加上室内土工试验测定的堤身土的黏粒含量、干密度和渗透系数等指标，充分说明堤身填筑质量不好，存在裂隙空洞等现象，引起堤身渗漏，具体表现为堤坡和堤脚部位的出渗。

（2）地基存在浅层透水砂层，背河侧存在诸多的坑塘和沟渠，使上部弱透水覆盖层变薄，水位较高时河水通过透水性较强的砂层而产生渗透破坏。

（3）临河侧存在堤沟河，地势低洼，同时，以前的堤防建设有近堤取土现象，减弱了入渗的铺盖作用。

由以上分析可以看出，黄河下游堤防堤身和地基均存在问题和隐患，需进行加固处理。

3.3.8 加固方案比较

3.3.8.1 总体方案比较

由于该段堤防堤身土质复杂、质量差，存在多种隐患，且该段大堤位于重点确保堤段，因此需要采取适当的加固措施，消除隐患，弥补缺陷。常采用的加固措施有堤防截渗墙、放淤固堤等。以上工程措施各有特点，且在除险加固工程建设中均已得到应用，积累了较多经验。各方法比较如下。

1. 堤防截渗墙

堤身、堤基存在裂缝、洞穴、空洞，堤基复杂易产生渗透破坏，此时也可采用截渗法。截渗法通常有混凝土截渗墙、水泥土搅拌桩截渗墙、高压喷射灌浆、垂直铺塑等多种方法。黄河堤防加固以前采用的截渗墙主要为混凝土截渗墙和水泥土搅拌桩截渗墙。

截渗墙技术发展较快，其施工机具和工艺技术不断发展完善，具有截渗深度大、连续造墙、施工速度较快等优点。截渗墙法加固可提高堤身、堤基的防渗效果；可有效阻断贯穿堤身的横向裂缝、獾狐洞穴，亦能阻止树根横穿堤身，且危害大堤的动物不能对墙体造成破坏，防止新的洞穴隐患产生；另外该措施征地赔偿问题很少，产生的社会问题小，在堤防背河有村庄而采取放淤固堤困难的情况下，是一种较好的加固措施。

但是，截渗墙法加固堤防存在以下诸多不利因素。首先，如采用堤身混凝土截渗墙，堤身在开槽施工中易塌孔、漏浆，不易成墙，黄河大堤上多处的施工实例证明，采用堤身混凝土截渗墙法施工是不可行的；如采用堤身水泥土搅拌桩截渗墙，受工艺设备的限制，成墙深度不能达到设计要求。其次，滩内地形复杂，洪水漫滩后，滩地上的水流情况也很复杂，洪水期可能产生横河、斜河现象，洪水主流直接顶冲大堤，致使大堤临河侧堤坡滑塌。此时，截渗墙受背水侧大堤土压力作用，将产生强度破坏，这时剩余堤防宽度较小，没有抢修的工作场地，极可能导致大堤冲决。

2. 放淤固堤

放淤固堤是利用挖泥船或泥浆泵抽取河道或滩区的泥沙，输送到堤防背河侧，培厚大堤断面，延长渗径长度。

淤背固堤具有显著的优点：在河道中挖取的泥沙多为沙性土，渗透系数大，置于大堤背河侧有利于背河导渗；由于淤背较宽，可有效地延长渗径，提高堤防强度，增强堤防的整体稳定性，有利于抗震；淤背固堤同时加宽大堤断面，便于抗洪抢险，可为抢险争取时间；更重要的是放淤固堤技术能够利用黄河泥沙，对河道有一定的疏浚作用，通过长期放淤固堤，可以使黄河下游变为相对地下河，符合以"黄治黄"的治河方针；淤背固堤施工效率高、工序简单，施工完成后，由于宽度相对较大，有利于进行工程的综合开发利用，实现较好的综合效益。自20世纪70年代初期黄河下游就开始实施放淤固堤工程，通过淤背加固，填平了大堤背河侧的低洼坑塘，加大了堤防的宽度，延长了渗径，对解决漏洞、渗水、管涌等险情有明显的作用，有效地提高堤防防御洪水的能力。实践证明，凡是进行淤背固堤且达到加固标准的堤段，发生大洪水时背河都没有发生险情。

经过长期的实践证明，放淤固堤优点最为明显：①可以显著提高堤防的整体稳定性，有效解决堤身质量差问题，处理堤身和堤基隐患；②较宽的放淤体可以为防汛抢险提供场地、料源等；③从河道中挖取泥沙，有疏浚减淤作用；④淤区顶部营造的适生林有利于改善生态环境；⑤长期实施放淤固堤，利用黄河泥沙淤高背河地面，淤筑"相对地下河"，可逐步实现黄河的长治久安。

放淤固堤的缺点是：大堤淤区和取土占用耕地，淤区取土多为沙土，若不及时妥善处理，极易产生沙化，导致淤筑区和周边地区的环境恶化，给当地群众生产生活带来不便。淤区施工用水量大，施工用水需要排水出路，如果处理不当，可能引起周边地区土壤次生盐碱化。但长期实践证明，通过包边盖顶和淤区排水工程措施，目前这两个问题都已得到很好解决。

通过以上的分析比较，考虑到放淤固堤能够利用黄河泥沙，对河道有一定疏浚作用，通过长期放淤固堤，可以使黄河下游变为相对地下河，符合"以黄治黄"的治河战略方针；放淤固堤同时加宽大堤断面，便于抗洪抢险，可为抢险争取时间。因此，本段堤防推荐采用放淤固堤的加固措施。

3.3.8.2 放淤固堤方案的比较

本工程的加固范围为黄河右岸 129＋300～130＋831 之间的弯道段大堤，对应的弯道段渠堤桩号为 0＋000～3＋480。其中，新建三义寨闸上游侧加固渠堤范围为 0＋000～0＋978；渠堤长 978m；下游侧加固渠堤范围为 2＋045～3＋480，渠堤长 1435m。

1. 渠堤桩号 0＋000 至新建三义寨闸堤段（以下简称闸前段）

该段渠堤背河侧无村庄分布，但部分堤段背河侧紧邻新三义寨引黄灌区的兰杞干渠，不具备全部在背河侧放淤固堤的条件，因此只在具备放淤条件的堤段（0＋700～0＋978 段）采用"背河侧放淤固堤"的加固方案。

大堤在渠堤桩号 0＋000 和 0＋700 两处形成凹向背河侧的急弯，根据现状地形，堤防紧邻兰杞干渠，堤脚线和渠道上开口线最窄处只有 10m 左右，不具备背河放淤条件。临河侧村庄分布较少，在临河侧新建大堤，使堤线前移，不需要进行移民房屋及其他实物的搬迁赔偿；新建大堤后，在新堤和老堤之间进行放淤，既可以解决原来存在的防汛抢险困难的问题，在急弯段建新堤还可以归顺堤线，便于今后的工程管理。因此，0＋000～0＋700 段推荐采用在临河侧"新建大堤结合放淤固堤"的加固方案。

2. 新建三义寨闸至渠堤桩号 3＋480 堤段（以下简称闸后段）

该段渠堤临河侧村庄密集，房屋占压面积大，背河侧与人民跃进渠和兰考干渠之间有约 100m 的宽度可以布置淤区，拆迁量较小，且下游堤防加固也采用背河侧放淤，因此本段采用"背河侧放淤固堤"的加固方案。

3.3.9 淤区断面的确定

放淤固堤宽度应对黄河历史上背河堤脚以外经常出现管涌等险情的范围进行覆盖，以避免类似险情再次发生；并充分考虑现有堤防的实际情况，高度应高于背河堤坡在大洪水时出险（渗水、滑坡、漏洞等）范围，坡度应符合稳定要求（包括渗流、地震等）；淤筑体的表面保护，要满足环境保护要求，并应有与工程相适应的耐久性。

根据经验，背河发生管涌等险情一般都在 100m 范围以内，因此放淤宽度一般为 100m 左右。防洪保护区范围左岸沁河口—原阳箴张、右岸郑州邙山根—兰考三义寨、济南槐荫老龙王庙—历城霍家溜 3 个重点确保堤段及近年已经批复实施的部分险要堤段的放淤固堤采用淤宽一般为 100m、顶部与设计洪水位齐平的标准。

本次设计加固范围内，村庄和其他搬迁实物较少，淤区宽度受拆迁赔偿的影响较小，且本段堤防属于 3 个确保堤段内，因此，淤区宽度采用 100m，淤区顶高程与设计洪水位齐平。

3.3.10　加固工程布置

3.3.10.1　闸前段

渠堤在 0+000（大堤 129+300）～0+750 形成两处弯道，背河侧紧邻兰杞干渠，故在老堤临河侧约 100m 处布置新堤，使渠堤改线，在新堤和老堤之间放淤。新堤的起始桩号为 129+090（大堤桩号），在渠堤桩号 0+950 处结束，全长 1029m。新堤与老堤中心线相距约 100m，淤区与背河侧老淤区的搭接长度大于 50m。淤区的顶部高程与 2000 年设防水位齐平。新堤顶宽 12m，两侧边坡 1∶3。

0+750～0+978 渠堤段，背河侧离兰杞干渠较远，采用背河放淤。淤区顶宽 100m，高程与 2000 年设防水位齐平，淤区外边坡 1∶3，与临河侧淤区搭接长度大于 50m。

3.3.10.2　闸后段

2+045～3+480 渠堤段，临河侧分布大片村庄，采用背河侧放淤，淤区顶宽 100m，高程与 2000 年设防水位齐平，淤区外边坡 1∶3。淤区结束段与相临堤段淤区相衔接。此段背河侧受人民总干渠和兰考干渠影响，部分渠段淤区宽度无法满足 100m 的要求，从现状渠道上开口线留出 6m 的管理道路后为淤区的坡脚线，淤区的宽度范围为 80～100m。根据渗流稳定计算，断面满足设计要求。

3.3.11　新堤设计

3.3.11.1　新堤堤型设计

堤型的选择要兼顾到经济性和实用性，并且能满足防汛和管理的要求。黄河下游临黄大堤约 1370km，大都是在历代民埝的基础上加高培厚而成，堤型均为土堤。本段堤防地处黄河下游，河道宽而滩地大，有较为充足的土料来源。根据实际情况，新堤堤身设计为均质土堤，利用当地滩区的土料填筑。

3.3.11.2　新堤堤线布置

根据《堤防工程设计规范》（GB 50286—1998）：“堤线应力求平顺，各堤段平缓连接，不得采用折线或急弯。”新堤与老堤的连接及堤线的平顺布置应符合规范要求。新堤与老堤的连接是一个重要问题，连接夹角不能过大，也不能过小。过大则漫滩洪水可能对堤防产生不利影响；过小则使连接段加长，使放淤宽度减小。由于修做新堤，参照平原微丘三级公路的标准，堤线转弯半径不小于 200m。

3.3.11.3　新堤设计断面

设计堤段位于黄河大堤右岸，按照各河段堤防断面，堤防的堤顶设计高程超设防水位

3m；堤顶宽度 12m，两侧边坡 1：3。

根据对典型断面进行的抗滑稳定计算，各工况均满足要求。

采用新堤结合放淤固堤加固后，对以上断面进行渗流稳定计算，计算成果表明：在假定堤身是均质填土的基础上，放淤加固后，出逸高度有所降低，出逸比降满足允许水力坡降。

3.3.11.4 新堤地基处理

新堤清基深度为 0.3m，遇到特殊情况，清基深度可根据具体情况适当加深。基面清理范围为堤身设计基面边线外 0.5m。

3.3.11.5 填筑材料与填筑标准

（1）填筑材料。土料场的勘察表明，所选料场土料的质量和储量满足要求。

（2）填筑标准。黄河大堤为 1 级堤防，筑堤标准按压实度控制，要求压实度不小于 0.94。

3.3.11.6 护坡与排水

（1）护坡。护坡应坚固耐久、就地取材、利于施工和维修。由于靠水机会不多，且临河侧种植了防浪林带，风浪作用较小，采用草皮护坡。

（2）排水。由堤顶子埝汇集堤顶雨水，通过堤坡横向排水沟排出。

3.3.12 淤区设计

3.3.12.1 淤区基础处理

1. 清基清坡

淤区施工前应进行清基清坡。

清基深度为 0.2m，遇到特殊情况，清基深度可进行调整。基面清理范围为淤区设计边线外 0.3～0.5m。淤区范围内如有坑塘，要将坑塘内的水草等杂物清除干净。

淤区清坡水平宽度为 0.3～0.5m，清理高度高出淤区高程 0.3～0.5m。

2. 地震液化

根据地质勘探分析，本区域属于 7 度地震区，大堤下方的地基一般不存在地震液化问题，而三义寨水闸右侧渠堤背河侧的第⑤层砂层局部存在轻微液化问题。

经过分析，认为对可能出现的液化现象暂不采取工程措施，理由如下。

（1）放淤固堤工程实施后，淤背区相当于在大堤背河侧进行了压重，地震时，背河即使发生液化，也只可能在淤区坡脚产生，不会影响到大堤。

（2）7 度地震与设计洪水组合的概率很小，而多年平均洪水流量相应的洪水水位很低，此时一旦发生地震液化，有条件对出险堤段进行修复，不会造成大的危害。

3.3.12.2 围堤及格堤

为了放淤固堤工作顺利进行，必须修好围堤，以防止淤区决口。围堤高度由放淤设备的排泥量、泥浆沉淀后的富裕水深、风浪超高和围堤土质、沉降量等因素确定，边坡参照《疏浚工程技术规范》（SL 17）选定，围格堤可分期做。一期围格堤可采用推土机从淤区内推土填筑，二期围格堤从淤区内推填放淤土方并填筑到设计高程。

围堤标准断面：顶宽 2.0m，高 2.5～3.0m，临水坡 1：2.5，背坡 1：3，超高 0.5m，围格堤均为半压实。由于淤区面积较大，考虑到铺设排泥管和淤区平整的要求，淤区内要修筑格堤将淤区划分为几个格区，便于多次复淤，每条间隔 500m。格堤高度与围堤高度齐平，内外坡均为 1∶2，顶宽 2m。

3.3.12.3　包边盖顶

放淤固堤取土多为砂质土，淤区若不采取防护措施，风冲雨蚀，不但使淤区本身工程损毁，且易使附近农田沙化，影响农业生产，因此，需对淤区进行包边盖顶设计。

施工完成后，淤区顶部种植适生林，因此，盖顶宜采用耕作土（壤土）；包边土料应该有较高的黏性。

淤区在达到设计顶部高程内盖顶厚度 0.5m。修筑新堤的堤段，新、老堤之间放淤部分只需要盖顶不需要再进行包边。其他的淤背段，除需要盖顶外，尚需要包边，水平包边宽度为 1.0m。

盖顶前要将淤区顶面平整，淤区外侧高于内侧 0.1m，并修做淤区顶部的围堰和格堤以便于工程管理和淤区排水。包边、盖顶后围堰顶宽 1.0m，高 0.50m，外边坡 1∶3，内边坡 1∶2；格堤间距 100m，顶宽 1.0m，两侧边坡均为 1∶2。

淤区盖顶自然垫实（达到自然容重）厚度为 0.5m，虚土填筑厚度按不小于 0.67m 控制，可不压实。淤区包边前需用机械或人工整理边坡达 1∶3，土料含水量控制在 15%～20%。包边土方填筑压实度不小于 0.90。

根据复垦要求，为保水保肥，在盖顶之下铺设黏土隔水层，厚度 0.2m。

3.3.13　附属工程设计

3.3.13.1　防浪林工程

新堤建成后，需要在临河侧靠堤脚处新建防浪林带，和两侧老堤防浪林带连接成一体，共同起到防风、消浪的作用。

1. 树种选择

根据黄河下游的实际情况，经过综合比较和分析，选择高柳和丛柳作为防浪林的树种。该树种具有耐旱耐涝、枝叶茂密、苗源丰富、种植容易等优点，而且是防汛抢险最常用也是最好用的料物之一。根据以前黄河下游防浪林的经验，高柳树苗要求高于 2.5m、树龄 2a 生以上、胸径不小于 2cm。

2. 防浪林布置

黄河防浪林由高柳和丛柳组成，防浪林按 50m 宽种植，其中，高柳宽 24m，间距 2m×2m；丛柳宽 26m，间距 1m×1m。

3. 工程量

因防浪林种植一般情况下成活率为 90% 左右，为保证防浪林建设达到设计要求，发挥最大效益，增加 10% 的树木。本期防浪林工程需植柳树 27254 株，其中，高柳 5451 株，丛柳 21803 株。

3.3.13.2　堤顶道路

为了防汛抢险的需要，新建大堤堤顶道路应进行硬化，以保证防汛车辆的畅通。本次初步设计堤顶硬化范围为 129+090（大堤桩号）～0+950（渠堤桩号），硬化长度 1029m。参考三级公路标准硬化，沥青碎石路面，路面宽 6m，路基宽 6.5m。硬化过程中需注意与原大堤路面的连接。其设计标准如下。

1. 路线布置

堤顶硬化的平曲线布置沿现有堤顶布置，堤线不再做改线处理，路中心与堤顶中心重合，对特殊情况可适当调整。

纵曲线布置，本设计堤防道路的堤顶高程已达到设计高程的要求，因此，堤身路基纵断面设计高程原则上采用 2000 年堤顶设防高程，为了线路纵向平顺连接、符合公路标准要求，仅将纵坡作微小调整。

2. 路基设计

（1）路基横断面设计。根据路线纵断面设计，在现有大堤顶面挖 6.8m 宽的路槽，路槽底面应按设计要求修整为 2% 的双向排水横坡。

（2）路基设计的基本要求。路基应根据使用要求和当地的自然条件并结合施工方法进行设计，既要有足够的强度和稳定性，又要经济合理。

现有黄河大堤作路基，路基应有一定的密实度，以保证路基和路面必要的稳定性。根据《黄河下游堤防道路工程设计暂行规定》的要求，新修路段需将路槽以下 30cm 路堤土翻松，重新压实，使其压实度按重型击实标准达 93%。

3. 路面设计

路面设计根据公路等级、使用要求、性质及自然条件等，结合当地实际经验及路基状况进行综合考虑。路面按其结构性质由面层和基层组成。

（1）面层。为了给汽车运输提供安全、快速、舒适的行车条件，根据公路及路面等级和使用要求，面层类型选用热拌沥青碎石混合料，其路面具有坚实、平整、抗滑、耐久的品质，还具有高温抗车辙、低温抗开裂、抗水损害以及防雨水渗入基层的功能。

热拌沥青碎石混合料面层总宽 6m，总厚度 5cm，由 4 层构成，从上而下分别为：上封层、4cm 厚沥青碎石层、下封层、透层。面层施工时应随基层形成 2% 的双向排水横坡。

堤顶干道热拌沥青碎石混合料面层，混合料类型选为 AM-16，最大集料粒径 16mm。AM-16 矿料级配（方孔筛）见表 3.3-2。

为了提高坡道的抗滑性能，辅道及路口热拌沥青碎石混合料类型选用 AK-16A 抗滑面层。最大集料粒径 16mm，AK-16A 的矿粒级配（方孔筛）见表 3.3-3。

表 3.3-2　　　　　　　　　　　AM-16 矿料级配表

筛孔尺寸/mm	19.0	16.0	13.2	9.50	4.75	2.36	1.18	0.6	0.6	0.15	0.075
通过质量/%	100	90~100	60~85	42~68	18~42	6~25	3~18	1~14	1~10	0~8	0~5

表 3.3-3　　　　　　　　　　　AK-16A 矿料级配表

筛孔尺寸/mm	16.0	13.2	9.50	4.75	2.36	1.18	0.6	0.3	0.15	0.75
通过质量/%	90~100	70~90	50~70	30~50	22~37	16~28	12~23	8~18	6~13	4~9

沥青碎石路面对碎石的要求如下。

1）使用与沥青黏结力差的酸性石料，如，花岗石、石英岩、砂岩、片麻岩、角闪岩等。宜使用石灰岩、白云岩、辉长岩、玄武岩、辉绿岩、大理石等碱性石料，最好使用硅质石灰岩。

2）不宜采用颚式破碎机轧制的碎石料，宜采用旋回破碎机、反击式破碎机、锤式破碎机轧制的碎石料。

3）矿料的级配组合必须符合设计规定，按方孔筛通过筛孔质量的百分数进行控制。

4）矿料应洁净、干燥、新鲜无风化、无杂质、无泥块，具有足够的强度、坚硬、耐磨和冲击性。

5）矿料应有良好的颗粒形状，应采用接近立方体、多棱体状颗粒，不得采用片状、圆状的碎石料。

6）细长扁平颗粒含量应小于20％，含泥量不大于1％，软弱石料含量不大于5％，吸水率不大于3％。

7）石料等级应不低于2级，视密度不小于2.45t/m³，压碎值不大于30％。

8）沥青碎石路面选用的沥青标号采用重型道路石油沥青AH－100型，沥青碎石压实度应以马歇尔试验密度为标准密度，其压实度达到94％。

9）沥青混合料松铺系数取1.3，材料用量为：沥青（AH－100型）4kg/m²；矿料0.05m³/m²（松方）。

a. 封层。封层用于沥青面层的上、下面，分别称上封层和下封层。上、下封层的厚度各5mm，上封层宽6m，采用BC－3中裂拌和型阳离子乳化沥青稀浆；下封层宽6.0m，采用BC－2中裂拌和型阳离子乳化沥青稀浆，沥青、石屑用量分别为1.1kg/m²、0.0065m³/m²（松方）。

乳化沥青稀浆上、下封层均采用ES－2型矿料级配（方孔筛），见表3.3－4。

表3.3－4   ES－2型封层矿料级配表

筛孔尺寸/mm	9.50	4.75	2.36	1.18	0.60	0.30	0.15	0.075
通过质量/%	100	90～100	65～90	45～70	35～50	18～30	10～21	5～15

b. 黏层。黏层用于路缘石与面层接触面，采用PC－3快裂洒布型阳离子乳化沥青稀料涂刷，涂层厚1mm，沥青用量0.6kg/m²。

c. 透层。透层用于基层与面层的结合面，采用PC－2快裂洒布型阳离子乳化沥青稀料涂刷。透层宽6.0m，沥青用量0.93kg/m²。

（2）基层。设计选用混合基层，即基层采用水泥石灰碎石土基层，底基层采用水泥石灰土基层。

水泥石灰碎石土基层宽6.5m，厚15cm，设计配合比为土：碎石：石灰：水泥＝61：25：10：4（重量比）。水泥石灰土底基层宽6.8m，厚15cm，设计配合比为土：石灰：水泥＝100：10：6（重量比）。基层施工前必须做现场配合比试验，以保证其强度满足设计要求。

基层、底基层的压实度（重型击实）分别应达到97％、95％。7d浸水无侧限抗压强度应达到基层不低于0.8MPa、底基层不低于0.6MPa。

石灰稳定类基层对原材料的技术要求：①水泥，普通硅酸盐水泥、矿渣硅酸盐水泥和火山灰质硅酸盐水泥均可做结合料，宜选用终凝时间长的水泥；②石灰，稳定土所用石灰质量应符合"石灰技术指标"中规定的不低于Ⅲ级消石灰或生石灰的技术指标;石灰技术指标见表 3.3-5;③细粒土,应为粉土或粉质黏土,土的塑性指数为 7~18,针对黄河大堤沿线土质情况,以塑性指数 12~18 为佳。土料应干净,无杂草、瓦砾,硫酸盐含量应小于 0.8%,有机质含量应小于 10%;④碎石,其碎石应具有一定级配,且最大粒径不应超过 40mm。碎石级配范围见表 3.3-6。

表 3.3-5   石灰技术指标表   %

项目指标 \ 类别	钙质生石灰			镁质生石灰			钙质消石灰			镁质消石灰		
	等级											
	Ⅰ	Ⅱ	Ⅲ	Ⅰ	Ⅱ	Ⅲ	Ⅰ	Ⅱ	Ⅲ	Ⅰ	Ⅱ	Ⅲ
有效钙加氧化镁含量	≥85	≥80	≥70	≥80	≥75	≥65	≥65	≥60	≥55	≥60	≥55	≥50
5mm 圆孔筛余未消化残渣含量	≤7	≤11	≤17	≤10	≤14	≤20						
含水量							≤4	≤4	≤4	≤4	≤4	≤4
0.71mm 方孔筛的筛余							≤0	≤1	≤1	≤0	≤1	≤1
0.125mm 方孔筛的累计筛余							≤13	≤20	—	≤13	≤20	—
钙镁石灰的分类界限,氧化镁含量	≤5			>5			≤4			>4		

表 3.3-6   碎石级配范围   %

层位	通过下列方筛孔的质量百分率								
	40mm	31.5mm	19mm	9.5mm	4.75mm	2.36mm	1.18mm	0.6mm	0.075mm
基层	100	100	81~98	52~70	30~50	18~38	10~27	6~20	0~7

4. 其他

(1) 路肩。行车道两侧的黏土路肩宽均为 0.75cm(含路缘石,宽 10cm),压实度应达到 93%(重型击实)。路肩应与路面平顺相连,并形成 3% 的横向排水坡。

(2) 堤顶培土。在两侧路肩外沿至大堤顶边沿,需用符合要求的土料进行堤顶培土,把路肩与堤顶的高差碾压填平。培土顶面要与路肩形成 3% 的平顺排水横坡。

培土所用土料宜选用粉质黏土、粉土,黏粒含量宜为 15%~30%,塑性指数宜为 10~17,土中不得有草根、瓦砾等杂质,含水量应适宜。压实度可与路肩相同,也可低于路肩,但不低于 92%。

(3) 路缘石。在行车道两侧设埋入式路缘石,路缘石顶面与行车道齐平,采用 50cm×30cm×10cm 的 C20 素混凝土预制块。

路缘石应在路面基层碾压完成后再开槽埋入,并将其孔隙填土捣实,确保稳定。在路面、路肩施工时,亦应保证与路缘石能紧密结合。

5. 路面排水

做好路面排水对保持路基、路面稳定和强度,确保公路畅通和行车安全极为重要。结合本工程的实际情况,设计采用集中排水形式,路面雨水通过路面和路肩设置的排水横坡排向大堤两侧,利用堤肩的挡水子埝(顶宽 0.3m、高 0.2m,内边坡 1:2,外边坡 1:3)

汇集，通过两侧堤坡排水沟排除，路肩边坡植草皮护坡。

3.3.13.3　行道林

根据黄委堤防建设的有关规定，行道林的种植标准：堤顶两侧各植一行，株距 2m。本次设计中，新建大堤堤顶两侧各植 1 行。

3.3.13.4　护堤地植树

淤区坡脚外设护堤地，其宽度为 10m。在护堤地植树，其株行距 2m×2m。

3.3.13.5　排水沟及永久排水

1. 堤防排水设施

（1）堤身排水沟。单侧排水沟间距 100m，临、背河交错布置。临河排水沟的长度为从堤顶到堤脚，背河排水沟的长度从堤顶到淤区顶与淤区纵向排水沟相连。临河排水沟在堤防坡脚外设消力池，消力池宽 60cm、深 0.30m、长 50cm。排水沟采用 C20 混凝土预制或现浇梯形断面，上口净宽 0.36m，底净宽 0.30m，净深 0.16m，厚 0.06m；排水沟两侧及底部采用三七灰土垫层，厚度 0.15m，并与堤坡紧密结合。

（2）堤顶子埝。子埝主要是用于约束堤顶雨水，使其沿堤坡横向排水沟排水至堤脚，防止雨水冲刷堤坡造成水土流失，形成水沟浪窝。堤顶子埝高 0.15m，顶宽 0.5m，内坡 1∶2，外坡 1∶3。

2. 淤区排水设施

为防止雨水集中冲刷，淤区边坡、淤区顶部与大堤交汇处均需设置排水沟。按照规范要求并结合黄河上已有工程的经验，淤区边坡每 100m 布设 1 条横向排水沟，淤区顶面与大堤堤坡交汇处布设纵向排水沟 1 条，并与堤身排水沟相连。排水沟采用 C20 混凝土预制或现浇梯形断面，上口净宽 0.36m，底净宽 0.30m，净深 0.16m，厚 0.06m；排水沟两侧及底部采用三七灰土垫层，厚度 0.15m。为保护排水沟及堤脚，在排水沟到达淤区坡脚处设消力池，消力池宽 60cm、深 30m、长 50cm。

3.3.13.6　堤坡植草

对放淤固堤的堤段，为防止边坡被雨水冲刷，在堤坡和淤区边坡进行植草防护，草种为耐旱型葛芭草，墩距 0.2m，梅花形布置。

3.3.13.7　标志桩、界桩

为了便于工程管理，沿护堤地边界埋设界桩，界桩直线段 200m 埋设 1 根，弯曲段适当加密。工程设标志桩，以标识工程特性。

3.3.13.8　辅道处理

堤防上有许多上堤辅道，平时既为工程管理服务，又是滩区内外联系及群众进行正常生产的必经之路，也是汛期滩区群众迁安救护和工程抢险的主要通道。放淤固堤施工后，原有辅道与堤防连接不顺，必须在原基础上进行处理。

根据规范及有关规定的要求，结合上堤辅道的重要程度，对辅道予以处理。辅道两侧边坡均为 1∶2，纵坡为 1∶15，顶宽 9m。

辅道处理仅涉及放淤固堤一侧，原辅道路面为碎石、沥青路面的，放淤时应清除，放淤完成后予以恢复。

开封堤防加固工程辅道统计见表 3.3−7。

表 3.3-7　　　　　　　　　开封堤防加固工程辅道统计表

序号	桩号	辅道型式	堤顶高程/m	地面高程/m	辅道顶宽/m	辅道纵坡	辅道边坡	路面结构	土方工程量/m³
1	0+220	临河正交	78.58	74.97	9	1:15	1:2	沥青	2896
2	0+545	临河斜交	78.95	74.99	9	1:15	1:2	沥青	3038
3	2+280	背河正交	79.05	74.55	9	1:15	1:2	沥青	1587
4	3+320	背河斜交	79.48	74.28	9	1:15	1:2	沥青	2380

注　表中桩号为渠堤桩号。

3.3.14　堤防加固工程量

放淤固堤工程主要工程量包括放淤填筑、新堤填筑、包边盖顶、清基清坡、围格堤填筑、辅道填筑等，详见表 3.3-8、表 3.3-9。

表 3.3-8　　　　　堤防加固工程主要工程量汇总表（20cm 隔水层方案）

编号	工 程 项 目	单位	工程量	备注
一	建筑工程			
（一）	主体工程			
1	填淤土方	万 m³	35.15	
2	新堤填筑	万 m³	10.74	
3	包边土方	万 m³	0.63	
4	隔水层土方	万 m³	2.99	
5	盖顶土方	万 m³	7.48	
6	淤区平整	万 m²	14.95	
7	一期围格堤土方	万 m³	5.42	
8	二期围格堤土方	万 m³	0.69	
9	清基清坡	万 m³	4.06	
10	复垦土开挖	万 m³	5.55	
11	堤顶硬化	m	1034.93	
12	排水沟	m	2825.52	
（二）	附属工程			
1	辅道填筑土方	m³	9901.57	
2	辅道硬化	m²	2314.66	
3	界桩	根	27	
4	护堤地种树	株	4390	
5	行道林	株	1087	
6	子埝土方	m³	52.00	
7	植草	m²	43347.05	

表 3.3－9　　　　　　　　堤防加固工程主要工程量汇总表（1m 壤土方案）

编号	工程项目	单位	工程量	备注
一	建筑工程			
（一）	主体工程			
1	填淤土方	万 m³	43.46	
2	新堤填筑	万 m³	10.74	
3	包边土方	万 m³	0.63	
4	淤区覆土	万 m³	14.96	
5	淤区平整	万 m²	14.95	
6	一期围格堤土方	万 m³	5.42	
7	二期围格堤土方	万 m³	0.69	
8	清基清坡	万 m³	4.06	
9	复垦土开挖	万 m³	13.86	
10	堤顶硬化	m	1034.93	
11	排水沟	m	2825.52	
（二）	附属工程			
1	辅道填筑土方	m³	9901.57	
2	辅道硬化	m²	2314.66	
3	界桩	根	27	
4	护堤地种树	株	4390	
5	行道林	株	1087	
6	子埝土方	m³	52.00	
7	植草	m²	43347.05	

3.3.15　稳定计算分析

3.3.15.1　渗流稳定计算分析

1. 计算断面的选取

根据各堤段不同的地质条件，按照地基地层分类和放淤固堤类型，选取渠堤桩号 0＋400、0＋600、0＋800、1＋400 共 4 个断面进行渗流稳定计算。

2. 计算参数

根据地质勘查报告，各土层的渗透系数见表 3.3－10。

表 3.3－10　　　　　　　　　　　　渗流计算参数表

层号	岩性	渗透系数/（cm/s）	允许坡降建议值
第①层	壤土	2.5×10^{-5}	0.35～0.50
第②层	壤土	2.1×10^{-5}	0.40～0.55
第③层	黏土	1.9×10^{-6}	0.40～0.55
第④层	砂壤土	1.7×10^{-5}	0.10～0.20
第⑤层	细砂	3.2×10^{-4}	0.15～0.25

3. 计算方法

渗流计算采用河海大学工程力学研究所编制的水工结构有限元分析系统（AutoBank v3.2）。

采用平面有限元计算方法的有限元渗流分析对大堤的流场进行模拟，分析典型断面的渗透稳定性。

根据流体力学原理，在求解域中三维无黏性不可压缩稳定流的水头函数满足拉普拉斯方程：

$$k_x \frac{\partial^2 h}{\partial x^2} + k_z \frac{\partial^2 h}{\partial z^2} = 0 \qquad (3.3-1)$$

式中：h 为水头函数；x、z 为坐标；k_x、k_z 为渗透系数。

堤防渗流场计算的基本假定：①渗流场计算按平面问题考虑；②渗流场计算按稳定场问题考虑。

由于地质给定的渗透剖面有限，在计算中对下游计算边界按给定的地层进行适当的延长，一般取至堤前后各 $100\sim150m$。上、下游计算边界为封闭型，临河侧水位取设防水位，背河侧水位取堤后地面高程。

4. 计算成果分析

渗流计算成果见表 3.3-11。计算成果表明，在假定堤身是均质填土的基础上，设计洪水条件下，现状堤坡出逸比降满足设计要求。

表 3.3-11 渗 流 计 算 成 果 表

计算断面桩号	计算情况	出溢高度 /m	出溢比降	允许出溢比降	单宽渗流量 /(m²/d)
新堤 0+400	现状	0.17	0.14	0.52	3.0845
	加淤临	0	0.09	0.52	0.9504
新堤 0+600	现状	0	0.25	0.52	0.0181
	加淤临	0	0.17	0.52	0.0110
老堤 2+850	现状	0.12	0.1	0.44	0.0081
	加淤背	0	0.13	0.44	0.0062
老堤 2+650	现状	0	0.09	0.44	0.0043
	加淤背	0	0.04	0.44	0.0043

由于上述渗流计算成果是按照均质土堤进行计算，而堤身、堤基的裂缝、孔洞等隐患易形成集中渗流，且位置不易确定，因此计算结果不能完全反映实际情况。目前的计算还不能模拟堤防存在的缺陷；同时，由于黄河高水位运行的时机很少，又缺少堤防临水出险时必须的观测资料，无法进行出险堤段的反演分析，不能较真实的进行模拟分析。

黄河下游堤防的"溃决"一般都是由渗水通道破坏引起溃堤决口的。由于堤防土质不良，存在裂隙、孔洞等隐患，仍需对这些堤段进行加固。

3.3.15.2　边坡稳定计算

1. 典型断面的选取

根据地形特征、运用情况和地质条件，共选取 2 个典型断面进行边坡稳定计算，桩号分别为 0+050、0+450。

2. 计算工况及方法

兰考段堤防为 1 级堤防。根据《堤防工程设计规范》（GB 50286—1998）的要求，大堤抗滑稳定包括正常情况和非常情况，计算工况如下。

（1）正常运用情况。

1）设计洪水位下的稳定渗流期或不稳定渗流期的背河侧堤坡，规范要求安全系数不小于 1.3。

2）设计洪水位骤降期的临河侧堤坡，规范要求安全系数不小于 1.3。

（2）非正常运用情况。

1）施工期的临河、背河侧堤坡，规范要求安全系数不小于 1.2。

2）多年平均水位遭遇地震的临河、背河侧堤坡，规范要求安全系数不小于 1.2。本段堤防多年平均水位很低，不会上滩，所以本次设计不再计算该工况。

计算方法采用规范要求的瑞典圆弧法和简化毕肖普法。计算采用河海大学工程力学研究所编制的土石坝稳定分析系统（HH-SLOPE r1.1）。稳定计算采用的各层物理力学指标见表 3.3-12。

表 3.3-12　　　　　　　　　　　土层物理力学指标采用表

层号	岩性	含水量 /%	干密度 /(g/cm³)	孔隙比	孔隙率 /%	饱和度	土粒比重 /(g/cm³)	凝聚力 /MPa	内摩擦角 /(°)
第①层	壤土	23.2	1.5	0.803	44.47	77	2.71	22.15	20.7
第②层	壤土	23.6	1.65	0.636	38.9	100	2.7	22.15	20.7
第③层	黏土	34.4	1.37	1.01	50.17	93	2.74	23	9.5
第④层	砂壤土	22.9	1.56	0.699	41	88	2.7	33.3	29.1
第⑤层	细砂	19.3	1.69	0.576	36.38	90	2.68	20.8	33.8

3. 计算成果分析

计算成果见表 3.3-13。根据抗滑稳定计算结果分析，新建大堤在各种工况下是稳定的。

表 3.3-13　　　　　　　　　　　稳定计算成果汇总表

桩号	工况	计算方法	计算 K	规范值
0+050	大堤，临河坡，完建	瑞典圆弧法	1.61	1.2
		简化毕肖普法	1.79	1.2
	大堤，临河坡，设计洪水位	瑞典圆弧法	3.27	1.3
		简化毕肖普法	3.59	1.3
	大堤，临河坡，水位降落期	瑞典圆弧法	1.72	1.3
		简化毕肖普法	1.94	1.3

桩号	工　况	计算方法	计算 K	规范值
0+450	大堤，临河坡，完建	瑞典圆弧法	1.70	1.2
		简化毕肖普法	1.89	1.2
	大堤，临河坡，设计洪水位	瑞典圆弧法	3.55	1.3
		简化毕肖普法	3.80	1.3
	大堤，临河坡，水位降落期	瑞典圆弧法	1.80	1.3
		简化毕肖普法	1.96	1.3

3.4 林辛闸

3.4.1 水闸计算复核

3.4.1.1 防洪标准复核

林辛闸址（临黄堤右岸 338+886）处的 2043 设计水平年水位为 49.61m，比该闸原设计防洪水位 49.79m 有所降低，因此防洪标准能够满足要求。

3.4.1.2 水闸过流能力复核

因 2043 水平年设计防洪水位低于原闸设计防洪水位，本次过流能力复核计算内容主要是 2043 水平年设计水位过流能力及现状过流能力。

2043 水平年上游设计洪水位 49.61m 和校核洪水位 50.61m 时，下游水位均按东平湖较高水位 44.79m；现状按《2008 年黄河中下游洪水调度方案》大河流量 13500m³/s 对应水位 48.06m，相应下游水位 44.79m 进行复核计算。

该闸共 15 孔，每孔净宽 6m，高 4m。坎顶高程 40.79m，胸墙底高程 44.79m，闸门全开时，闸门开启高度为 $e=4$m，为闸孔出流，根据《水力计算手册》，其过流能力计算公式为：

$$Q = \sigma_s \mu e n b \sqrt{2g(H_0 - \varepsilon e)} \qquad (3.4-1)$$

式中：Q 为过闸流量，m³/s；b 为闸孔单孔净宽，m；H_0 为计入行近流速水头的堰上水深，m，本次计算忽略行近流速；μ 为流量系数，$\mu = \varepsilon\varphi$，查《水力计算手册》表 3-4-3，取 $\varphi=0.85$；ε 为垂直缩系数，查《水力计算手册》表 3-4-1；n 为闸孔数，$n=15$；σ_s 为堰流淹没系数，自由出流时 $\sigma_s=1$。

经计算，设计水位时闸孔出流流量为 2166m³/s，校核水位时闸孔出流流量为 2310m³/s，现状过流时闸孔出流流量为 1904m³/s，故该闸在各种工况下过流能力满足要求。分洪闸分洪入湖，分洪时闸孔淹没与否，取决于下游湖水位。上述分洪流量验算时下游水位为较高湖水位 44.79m，高于闸后现状地表高程 38.79m，所以现状过流能力也满足要求。

3.4.1.3 消能防冲复核

林辛水闸下游消能采用消力池消能，计算工况为上游设计洪水位为 50.79m 时，下游水位为较低湖水位 41.79m。

消力池的计算主要是计算消力池的深度、长度和消力池底板的厚度。消力池深度的计算采用以下公式：

$$
\left.
\begin{aligned}
T_0 &= h'_c + \frac{\alpha q^2}{2g\varphi^2 h'^2_c} \\
h''_c &= \frac{h'_c}{2}\left(\sqrt{1 + 8\frac{q^2}{gh'^3}} - 1\right)\left(\frac{b_1}{b_2}\right)^{0.25} \\
\sigma h''_c &= h_t + S + \Delta z \\
\Delta Z &= \frac{\alpha q^2}{2g}\left(\frac{1}{\varphi^2 h_t^2} - \frac{1}{\sigma_0^2 h''^2_c}\right)
\end{aligned}
\right\}
$$

$$(3.4-2)$$

式中：T_0 为以出口池底为基准面的上游总能头，m；q 为水流出闸单宽流量，m^2/s；h'_c 为收缩段面水深，m；h_t 为下游水深，m；ΔZ 为消力池出口水面落差，m；h''_c 为收缩水深的跃后水深，m；b_1、b_2 分别为消力池首、末端宽度，m；σ_0 为水跃淹没系数，可采用 $1.05\sim$ 1.0；φ 为消力池出流的流速系数，取 0.95；α 为消水流动能校正系数，采用 $1.0\sim1.05$。

消力池长度 L_{sj} 按下式计算。

$$
\left.
\begin{aligned}
L_j &= 6.9(h''_c - h'_c) \\
L_{sj} &= L_s + (0.7\sim0.8)L_j
\end{aligned}
\right\}
$$

$$(3.4-3)$$

式中：L_j 为自由水跃长度，m；L_s 为消力池斜坡段水平投影长度，m。

复核计算得一级消力池长 26.75m，深 1.54m，消力坎高 0.83m；二级消力池池长 17.13m，深 1.01m。原一级设计消力池长 40.2m，深 1.1m，消力坎高 1.7m；原二级消力池长 16.6m，深 1.0m。综合考虑现状消能设施满足要求。

3.4.1.4　海漫长度复核

海漫长度按下式计算。

$$
L_p = K_s\sqrt{q_s\sqrt{\Delta H'}}
$$

$$(3.4-4)$$

式中：L_p 为海漫长度，m；K_s 为海漫长度计算系数，视土质而定，本工程为壤土和黏土夹层地基，取 $K_s=9.5$；q_s 为消力池末端单宽流量，$m^3/(s\cdot m)$，$q_s=\dfrac{Q}{B'}$，B' 为下游平均水面宽度，m；$\Delta H'$ 为上下游水位差，m。

经计算得，闸门全开时 $L_p=72m$。实际海漫长度为 47.8m，不满足要求，需要采取加固措施。

3.4.1.5　闸室渗流稳定复核

1. 闸基防渗排水布置分析

根据林辛进湖闸 1982 年改建后的竣工资料，该闸原防渗总长度为 53.8m（其中黏土铺盖 40m，闸底板长 13.8m），改建后防渗段向闸后增长 20m，减压排水井改设在一级消力池后部，防渗总长度为 73.8m。

原闸坐落在 I_3 层（轻壤中壤土层），消力池段坐落在 I_4 层（黏土层），按《水闸设计规范》（SL 265—2001）中渗径系数法初估基础防渗轮廓线长度，即按公式（3.1-1）计算。

在校核防洪水位下，其上下游水位差为 $\Delta H=11.2m$，渗径系数 $C=5\sim3$（壤土层），基础防渗长度应为 $56.0\sim34.0m$。原设计防渗长度已达 73.8m，完全满足设计要求。

综上所述，原闸防渗排水布置满足要求。

2. 闸基渗流稳定计算

计算方法采用《水闸设计规范》（SL 265—2001）中的改进阻力系数法。

（1）土基上水闸的地基有效深度计算。可按式（3.1-2）计算，其中，$L_0 = 106.6\text{m}$，$S_0 = 8.7\text{m}$。

当计算的 T_e 值大于地基实际深度时，T_e 值应按地基实际深度采用。

林辛分洪闸项目中，因 $\dfrac{L_0}{S_0} = 39.3 > 5$，故 $T_e = 0.5L_0 = 36.9\text{m}$。

由地质报告可知，Ⅱ层为本区较厚的黏土层（厚度 3～2m 以上），可作为本区的相对隔水层，故地基实际深度应采用 13m。

（2）分段阻力系数计算。分段阻力系数采用式（3.1-3）计算。

林辛进湖闸可分为：进口段、内部水平段 1、内部垂直段 1、内部水平段 2、内部垂直段 2、内部水平段 3（水平段＋倾斜段）、内部水平段 4 和出口段几部分，经计算，各段阻力系数如下。

$\zeta_{0\text{进}} = 0.491$，$\zeta_{x1} = 3.077$，$\zeta_{y1} = 0.037$，$\zeta_{x2} = 1.022$，$\zeta_{y2} = 0.015$，$\zeta_{x3} = 0.608$，$\zeta_{x4} = 1.017$，$\zeta_{0\text{出}} = 0.465$。

（3）各分段水头损失的计算。各分段水头损失按式（3.1-4）计算。

当内部水平段底板倾斜时，其阻力系数 $\zeta_s = \alpha \zeta_x$，其中 α 为修正系数，计算公式见式（3.1-5）。

经计算，各段水头损失值分别如下。

$h_{0\text{进}} = 0.813\text{m}$，$h_{x1} = 5.096\text{m}$，$h_{y1} = 0.061\text{m}$，$h_{x2} = 1.693\text{m}$，$h_{y2} = 0.024\text{m}$，$h_{x3} = 1.006\text{m}$，$h_{x4} = 1.685\text{m}$，$h_{0\text{出}} = 0.771\text{m}$。

（4）各分段水头损失值的局部修正。

1）进出口段修正后的水头损失值按式（3.1-6）计算。

经计算，$\beta'_{0\text{进}} = 0.696$，$\beta'_{0\text{出}} = 0.749$。则修正后水头损失：$h'_{0\text{进}} = 0.554\text{m}$，$h'_{0\text{出}} = 0.432\text{m}$。修正后水头损失的减小值 Δh 按 $\Delta h = (1 - \beta') h_0$ 计算。

故进、出口各修正后水头损失的减小值分别为：$\Delta h_{\text{进}} = 0.259\text{m}$，$\Delta h_{\text{出}} = 0.339\text{m}$。

2）水平段及内部垂直段水头损失值的修正。由于 h_{x1}、h_{x4} 均大于 Δh，故内部垂直段水头损失值可不加修正，水平段的水头损失值按式（3.1-8）修正。

经计算，$h'_{x1} = 5.356\text{m}$，$h'_{x4} = 2.024\text{m}$。

（5）闸基渗透稳定计算。水平段及出口段渗流坡降值按式（3.1-9）计算。

经计算，$J_{x\max} = 0.214$，$J_{0\text{出}} = 0.539$。

本工程闸基坐落在 I_3 层（轻壤中壤土层），消力池段坐落在 I_4 层（黏土层），由《水闸设计规范》（SL 265—2001）表 6.0.4 的水平段和出口段的允许渗流坡降值，可知：$[J_x] = 0.25 \sim 0.35$，$[J_0] = 0.60 \sim 0.70$。

故本工程现有闸基的水平段、减压井出口段渗流坡降值均能满足规范要求，闸基抗渗稳定满足要求。

3.4.1.6　闸室稳定复核计算

1. 基本资料

建筑物等级为 1 级水工建筑物；设计挡水水位 49.79m；校核挡水水位 50.79m。

挡水时的下游水位 39.64m：闸室基底面与地基之间的摩擦系数 0.35；上游闸底板高程 39.89m；下游闸底板高程 39.17m；浑水容重 12.5kN/m³；淤沙浮容重 8kN/m³。

2. 工况组合

按照《水闸设计规范》（SL 265—2001）要求，将荷载组合分为基本组合和特殊组合两类，基本组合为设计洪水位和上下游无水两种情况，特殊组合为校核洪水位和设计洪水位＋地震两种情况。各种情况的荷载计算均依据水闸现状，计算工况及荷载组合见表 3.4-1。

表 3.4-1　　　　　　　　　　　　　　　计算工况及荷载组合表

荷载组合	计算工况	水位		荷载						
		闸前/m	闸后/m	自重	水重	静水压力	扬压力	淤砂压力	浪压力	地震惯性力
基本组合	设计洪水位	49.79	39.64	√	√	√	√	√	√	
	上、下游均无水			√						
特殊组合	校核洪水位	50.79	39.64	√	√	√	√	√	√	
	设计洪水位＋地震	49.79	39.64	√	√	√	√	√	√	√

3. 计算方法

根据《水闸设计规范》（SL 265—2001），土基上的闸室稳定计算应满足下列要求：沿闸室基底面的抗滑稳定安全系数在基本组合情况下不小于 1.35，在特殊组合情况下校核洪水位时不小于 1.20、设计洪水位＋地震时不小于 1.10。

根据《水闸设计规范》（SL 265—2001），闸室抗滑稳定安全系数计算公式为：

$$K_c = \frac{f \sum G}{\sum H} \tag{3.4-5}$$

式中：K_c 为沿闸室基底面的抗滑稳定安全系数；$\sum H$ 为作用在闸室上的全部水平向荷载，kN；$\sum G$ 为作用在闸室上的全部竖向荷载，kN；f 为闸室基底面与地基间的摩擦系数。

由于该闸底板下采用钻孔灌注桩基础，因此验算沿闸室底板底面的抗滑稳定性应计入桩体的抗剪断能力。因此式（3.4-5）分子项中应计入桩体材料抗剪断强度与桩体横截面积的乘积。

根据《水闸设计规范》（SL 265—2001），闸室基底应力按下式计算。

$$P_{\min}^{\max} = \frac{\sum G}{A} \pm \frac{\sum M_x}{W_x} \tag{3.4-6}$$

式中：$P_{\min}^{\max}$ 分别为闸室基底应力的最大值和最小值，kPa；$\sum G$ 为作用在闸室上的全部竖向荷载（包括扬压力），kN；$\sum M_x$ 为作用在闸室上的竖向和水平荷载对基础底面垂直水流方向形心轴 x 的力矩，kN·m；A 为闸室基底面的面积，m²；W_x 为闸室基底面对于该底面垂直水流方向的形心轴 x 的面积矩，m³。

4. 计算成果

闸室底板采用分离式，所以闸室稳定按边跨、中跨两种情况分别进行计算，计算得到的基底应力结果可为钻孔灌注桩的复核提供依据。计入桩体的抗剪断能力后，单桩抗剪断能力（仅考虑混凝土的抗剪能力）为 $0.07 \times 7.5 \times 3.14 \times 425^2 = 297760\text{N}$。中跨总桩数为 30 根，总的抗剪断力为 8932.8kN，在不计底板摩擦力时最小 K_c 为 1.45，大于规范要求的 1.35；边跨为 48 根桩，总的抗剪断力为 14292.48kN，在不计底板摩擦力时最小 K_c 为 1.46，大于规范要求的 1.35；用以上值求出的抗滑稳定安全系数在不计入摩擦力时 K_c 大于规范允许值。因此该闸的抗滑稳定满足要求。

其稳定计算成果见表 3.4-2、表 3.4-3。

表 3.4-2 边跨稳定计算成果表

计 算 工 况	垂直力/kN	水平力/kN	弯矩/(kN·m)	K_c
设计洪水位	20146.33	8103.34	−7274.48	1.76
上、下游无水	25941.95	0	−29453.60	—
校核挡水位	20033.4	9768.58	−1207.05	1.46
设计洪水位＋地震	20146.33	7267.97	−14143.34	1.96

注 垂直力向下为正，水平力指向下游为正，弯矩顺时针为正。

表 3.4-3 中跨稳定计算成果表

计 算 工 况	垂直力/kN	水平力/kN	弯矩/(kN·m)	K_c
设计洪水位	10974.95	5110.22	−15302.85	1.75
上、下游无水	14514.48	0	−26380.86	—
校核洪水位	10914.11	6160.37	−10585.08	1.45
设计洪水位＋地震	10974.95	4609.6	−18907.18	1.94

注 垂直力向下为正，水平力指向下游为正，弯矩顺时针为正。

3.4.1.7 结构安全复核

1. 计算内容及方法

根据《水闸设计规范》（SL 265—2001）及《水闸安全鉴定规定》（SL 214—1998）相关规定，水闸结构安全复核部位主要包括闸室段的边墩和底板，中墩所受荷载对称，受力较小，可不进行复核。

计算内容包括结构内力计算和正常使用极限状态下计算正截面裂缝宽度验算。

根据《林辛闸改建加固工程竣工图》、《水工混凝土结构设计规范》（SL 191—2008）及相关混凝土结构计算理论，对林辛水闸的结构进行安全复核计算。

2. 计算模型

水闸边墩简化为固结在底板上的悬臂梁，底板下有钢筋混凝土钻孔灌注桩基，结构计算采用桩基承台。

3. 计算参数

计算荷载包括自重荷载、机架桥荷载、水压力、扬压力和土压力、地震惯性力等，机架桥及上部启闭机房、启闭机的重力通过排架柱传到闸墩上；混水容重取 $\gamma_w = 12.5\text{kN/m}^3$，清水容重取 $\gamma_w = 10\text{kN/m}^3$；扬压力为渗透压力与浮托力之和。边墩后回填壤土，干容重为 15kN/m³，湿容重 18.5kN/m³，饱和容重 20kN/m³。闸室混凝土标号为 150 号。

4. 计算工况及荷载组合

（1）边墩。分别在闸门前和闸门后取单宽悬臂板，由于边墩上游回填黏土防渗，按墩后无水考虑，取最危险工况——地震工况计算。计算荷载包括：土压力＋自重＋上部结构自重＋地震惯性力。

（2）底板。取单宽板条计算。经计算，完建期地基应力最大，因此取完建工况为计算工况。计算荷载包括：自重＋桩顶荷载。

5. 计算成果

承载能力极限状态的配筋计算结果，及正常使用极限状态的裂缝宽度验算结果详见表 3.4－4。

表 3.4－4　　　　　　　　　　配筋计算及裂缝宽度验算表

位　　置		原配筋面积 /(mm²/m)	复核配筋面积 /(mm²/m)	原配筋面积对应的裂缝宽度计算值 /mm	裂缝宽度允许值 [W] /mm
边墩	闸门前	1608	1406	—	—
底板		1608	1581	0.23	0.25

由上表 3.4－4 可看出：边墩、底板配筋面积和裂缝宽度均满足规范《水工混凝土结构设计规范》（SL 191—2008）规定的要求。

3.4.2　水闸加固设计

3.4.2.1　水闸混凝土表面的麻面和脱落处理

水闸混凝土表面的麻面和脱落，属于冻融剥蚀，采取的修补方法"凿旧补新"，即清除受到剥蚀作用损伤的老混凝土，浇筑回填能满足特定耐久性要求的修补材料。"凿旧补新"的工艺为：清除损伤的老混凝土→修补体与老混凝土接合面的处理→修补材料的浇筑回填→养护。

水闸缺陷混凝土的修补材料选用丙乳砂浆，丙乳砂浆与普通砂浆相比，具有极限拉伸率提高 1～3 倍，抗拉强度提高 1.35～1.5 倍，抗拉弹模降低，收缩小，抗裂性显著提高，与混凝土面、老砂浆及钢板黏结强度提高 4 倍以上，2d 吸水率降低 10 倍，抗渗性提高 1.5 倍，抗氯离子渗透能力提高 8 倍以上等优异性能，使用寿命基本相同，且具有基本无毒、施工方便、成本低，以及密封作用，能够达到防止老混凝土进一步碳化、延缓钢筋锈蚀速度、抵抗剥蚀破坏的目的。

具体加固措施为：对缺陷混凝土进行凿毛，凿毛深度约等于保护层，用高压水冲洗干净，要求做到毛、潮、净；采用丙乳胶浆净浆打底，做到涂布均匀；人工涂刷丙乳砂浆，表面抹平压光；进行养护。

3.4.2.2　止水橡胶老化脱落的处理

两岸桥头堡与边墩间不均匀沉降致使该处橡胶止水带拉裂、橡胶止水年久老化；本次加固对原橡胶止水带采用更换新止水带处理，选用 651 型橡胶止水带，同时更换锚栓和钢压条。

3.4.2.3 海漫长度不足的处理

根据计算，海漫实际长度比理论计算值短 25m，针对海漫长度不足的加固措施，进行以下 3 个方案的比选。

（1）方案一：海漫加长。拆除原防冲槽及其两侧弧形挡墙；将原干砌石海漫段沿 10° 扩散角，向后顺延 25m；在加长的干砌石海漫末端新设防冲槽，新设防冲槽长度和断面尺寸同原设计，即上口宽 13.8m、下口宽 0.6m、高 2.8m。同时延长两侧浆砌石挡墙，挡墙断面同原设计，墙顶宽 0.5m，墙底宽 3.8m，高 5m。

（2）方案二：对原防冲槽进行加固。海漫长度不足，将无法有效地削减水流余能，会对闸后渠道造成冲刷破坏。但该闸为泄洪闸，海漫以后为东平湖库区的滩地，不存在渠道，因此，可以考虑对原防冲槽进行加固。防冲槽为堆石结构，槽顶与海漫顶面齐平，槽底高程决定于冲刷深度。堆石数量应遵循以能安全覆盖冲刷坑的上游坡面，防止冲坑向上游发展而危及海漫结构安全的原则，防冲槽的断面见图 3.4-1，可按下游河床冲至最深时控制，石块坍塌在冲刷坑上游坡面所需要的面积 $A=tL$ 确定。

$$
\left.\begin{array}{l}
A = d_m t \sqrt{1+m^2} \\
d_m = 1.1 \dfrac{q_m}{[v_0]} - h_m
\end{array}\right\} \tag{3.4-7}
$$

式中：d_m 为海漫末端河床冲刷深度，m；t 为冲坑上游护面厚度，即堆石自然形成的护面厚度，按 $t \geqslant 0.5$ 选取；m 为坍落的堆石形成的边坡系数，可取 $m=2\sim4$；q_m 为海漫末端单宽流量，m³/(s·m)；$[v_0]$ 为河床土质允许不冲流速；h_m 为海漫末端河床水深。

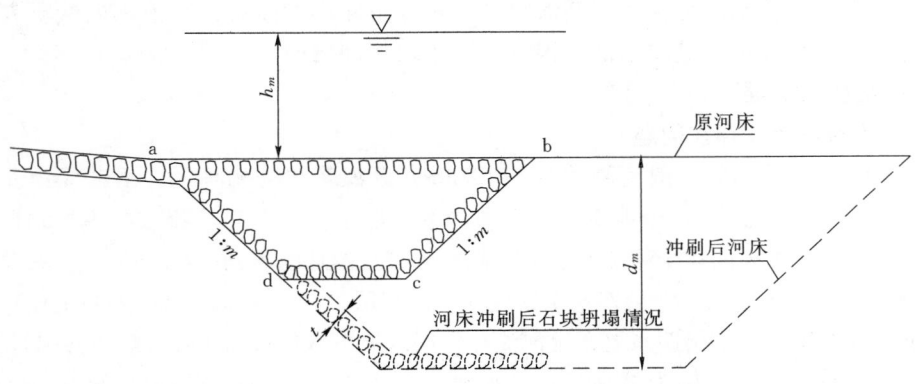

图 3.4-1 防冲槽断面图

对海漫加长和不加长两方案进行了冲刷深度计算，其结果见表 3.4-5；计算结果表明，海漫不加长，冲刷深度比海漫加长深 0.69m。对冲坑上游坡面不同护坡厚度和不同坡比情况下抛石槽的计算见表 3.4-6。

表 3.4-5　　　　　　　　　　现状下游河床冲刷深度

方案	$Q/(\text{m}^3/\text{s})$	B/m	$[v_0]/(\text{m/s})$	h_m/m	d_m/m
方案一（海漫加长）	1800	188	0.75	4	10.04
方案二（对原防冲槽进行加固）	1800	179.2	0.75	4	10.73

表 3.4 - 6　　　　　　　不同护面厚度和不同坡比防冲槽截面面积

d_m/m	t/m	$A_{计算}$/m²	
		$m=2$	$m=3$
10.73	0.50	12.00	16.97
10.73	0.60	14.40	20.36
10.73	0.70	16.80	23.76
10.73	0.80	19.20	27.15
10.73	0.90	21.60	30.54
10.73	1.00	24.00	33.94

　　方案二结论：原防冲槽截面面积为 26.24m²，大于表 3.4 - 6 经验公式计算值的绝大多数。表明防冲槽是安全的，不需要加固。

　　(3) 方案三：类似工程经验。林辛闸与石洼闸相邻，地质条件相同，上下游水位和水头差均相近，闸孔尺寸相同，林辛闸的消能防冲设计可以参考石洼的经验。经查证石洼闸1976 年改建时的设计资料《石洼闸改建加固技施设计》与《海漫长度试验报告》。有以下结论：石洼进湖闸初步设计中，据计算，海漫长度达 70m 以上，为了较合理地确定海漫长度，进行了不同海漫长度的局部冲刷比较试验，试验结果为当海漫长度超过 50m，对减小局部冲刷深度作用已不显著，设计时可按 50m 考虑。林辛闸现状海漫长度 47.8m 满足试验成果要求，不再加固。

　　经过以上 3 个方案的分析，表明海漫计算长度虽然小于经验计算值，但试验表明海漫长度是合适的，防冲槽也是安全的。因此不再采取加固措施。

3.4.3　地基加固工程

3.4.3.1　基础现状及存在问题

　　闸址区内地形平坦，一般标高 40.0～40.3m，近坝背坡为柳林区，闸轴线为北东 10°，黄河大堤在此段呈北东 20°，据地质勘探揭露，本区地层均系第四纪疏散沉积物，自上而下可分为 4 个大层：①第四系全新统冲积层，此层分布范围从地表到标高 28.0m 左右总厚度约 12.0m，可分为 11 个小层；②第四系全新统冲积湖积层，此大层仅一层，为黏土层；③第四系全新统河流冲积层；④第四系更新统河流冲积层。地下水位很高，在 39.50m 附近。

　　(1) 基础现状。林辛闸为桩基开敞式水闸，分缝设在闸底板中间，全闸有 12 个中联，2 个边联。中联长 19.3m、宽 7m，底板平均厚度 2m；中联下设混凝土灌注桩 30 根，桩直径 0.85m，桩长 12.7～19.7m；边联长 19.3m、宽 11.1m，底板平均厚度 2m，边联下设混凝土灌注桩 48 根，桩长 12.7～19.7m。

　　(2) 存在问题。该闸自兴建以来，连续沉降观测显示，岸箱与边联各观测点的累计沉降量偏大，各中联累计沉降量多数满足规范要求，其中 2010 年观测结果为北岸箱上游侧累计沉降 520mm，南岸箱上游侧累计沉降 495mm，边联累计沉降 243mm，大于规范限值 150mm；边联与中联间沉降差未超过规范限值 50mm。

　　本次安全鉴定发现的问题：①地基沉降差不满足设计要求；②中联老桩配筋不满足要求。

3.4.3.2 桩基础复核

桩基复核计算内容包括单桩的竖向承载力、水平承载力及桩身强度。依据《建筑桩基技术规范》(JGJ 94—2008)、《公路桥涵地基与基础设计规范》(JTJ D63—2007) 和《公路钢筋混凝土及预应力混凝土桥涵设计规范》(JTG D62—2004) 进行计算。

1. 桩顶作用效应计算

桩顶作用效应采用《建筑桩基技术规范》(JGJ 94—2008) 中的 2 种方法分别进行计算复核

（1）方法 A。计算公式为：

偏心竖向力作用下

$$\left.\begin{aligned} N_i &= \frac{F+G}{n} \pm \frac{M_x y_i}{\sum y_i^2} \frac{M_y x_i}{\sum x_i^2} \\ 水平力 \quad H_i &= \frac{H}{n} \end{aligned}\right\} \qquad (3.4-8)$$

式中：F 为作用于桩基承台顶面的竖向力设计值；G 为桩基承台和承台上土自重设计值；N_i 为偏心竖向力作用下第 i 复合桩基或桩基的竖向力设计值；M_x、M_y 分别为作用于承台底面通过桩群形心的 x、y 轴的弯矩设计值；x_i、y_i 分别为第 i 复合基桩或基桩至 x、y 轴的距离；H 为作用于桩基承台底面的水平力设计值；H_i 为作用于任一复合基桩或基桩的水平力设计值；n 为桩基中的桩数。

群桩形心位置按下式计算。

$$x_0 = \frac{\sum\limits_i^n x_i}{n} \qquad (3.4-9)$$

式中：x_i 为第 i 个桩距承台外边缘的距离；x_0 为桩群形心距承台外边缘的距离。

（2）方法 B。低承台桩基的 M 法，依据《建筑桩基技术规范》(JGJ 94—2008) 表 C.0.3-2 进行计算。林辛闸计算结果详见图 3.4-2、图 3.4-3、表 3.4-7～表 3.4-12。

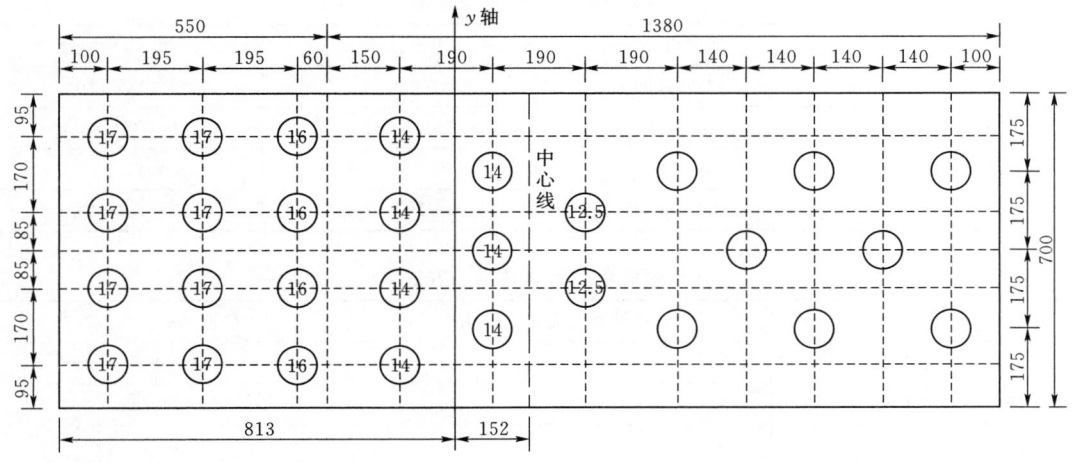

图 3.4-2 林辛闸中联基桩布置图（单位：cm）

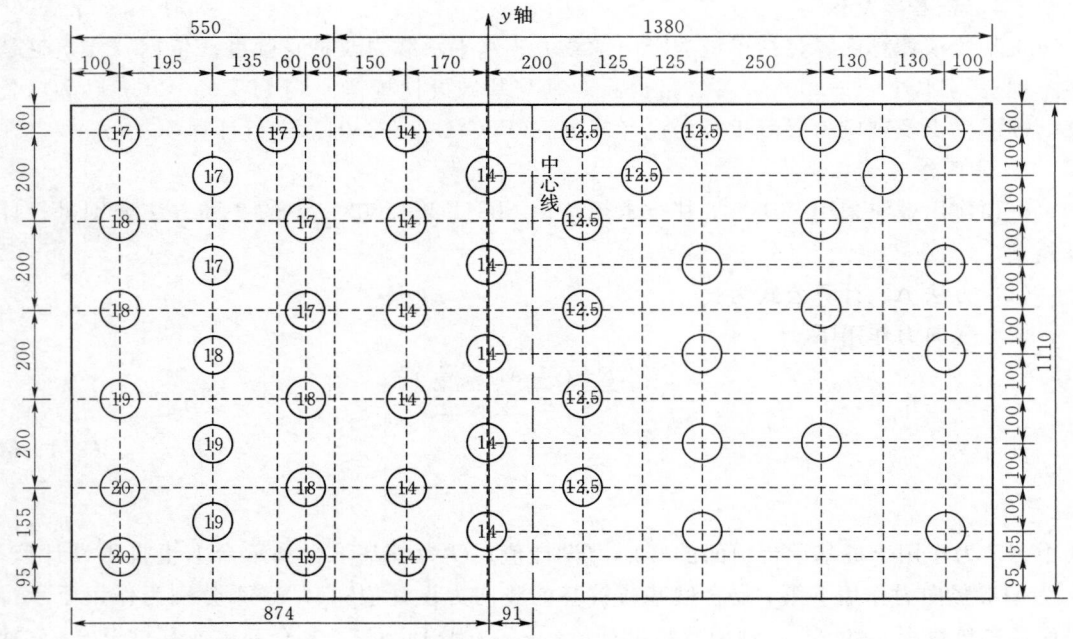

图 3.4-3 林辛闸边联基桩布置图（单位：cm）

表 3.4-7   **林辛中联桩顶荷载设计值**

工　况	竖向力/kN	水平力/kN	弯矩/(kN·m)
完建期	14514.48	0	−26380.86
设计洪水位	10974.95	5110.22	−15302.85
校核洪水位	10914.11	6160.37	−10585.08
地震	10974.95	4609.6	−18907.18

注　竖向力向下为正，水平力向下游为正，弯矩顺时针为正。

表 3.4-8   **林辛边联桩顶荷载设计值**

工　况	竖向力/kN	水平力/kN	弯矩/(kN·m)
完建期	25941.95	0	−29453.60
设计洪水位	20146.33	8103.34	−7274.48
校核洪水位	20033.4	9768.58	−1207.05
地震	20146.33	7267.97	−14143.34

表 3.4-9   **林辛中联单桩计算结果（方法 A）**

工　况	单桩竖向最大荷载/kN	单桩水平荷载/kN
完建期	448.37	0
设计洪水位	395	176.21
校核洪水位	448.76	212.42
地震	351.61	158.96

表 3.4 - 10 　　　　　　　　林辛边联单桩计算结果（方法 A）

工 况	单桩竖向最大荷载/kN	单桩水平荷载/kN
完建期	572.89	0
设计洪水位	495.49	168.82
校核洪水位	550.55	203.51
地震	448.42	151.42

表 3.4 - 11 　　　　　　　　林辛中联单桩计算结果（方法 B）

工 况	单桩竖向最大荷载/kN	单桩水平荷载/kN	弯矩/(kN·m)
完建期	486	-3.17	3.76
设计洪水位	378.0	158.95	-277.48
校核洪水位	381.03	191.97	-333.59
地震	374.5	143.3	-251.78

表 3.4 - 12 　　　　　　　　林辛边联单桩计算结果（方法 B）

工 况	单桩竖向最大荷载/kN	单桩水平荷载/kN	弯矩/(kN·m)
完建期	491.02	-3.33	4.3
设计洪水位	560.88	152.90	-264.66
校核洪水位	628.11	184.75	-318.19
地震	509.2	137	-238.62

2. 钻孔灌注桩的容许承载力

容许承载力公式为

$$\left.\begin{aligned}
[P] &= \frac{1}{2}(Ul\tau_p + A\sigma_R) \\
\tau_p &= \frac{1}{l}\sum_{i=1}^{n}\tau_i l_i \\
\sigma_R &= 2m_0\lambda\{[\sigma_0] + k_2\gamma_2(h-3)\}
\end{aligned}\right\} \quad (3.4-10)$$

式中：$[P]$ 为单桩轴向受压容许承载力，kN，在局部冲刷线以下，桩身自重的 1/2 作为外力考虑；U 为桩的周长，m，按成孔直径计算；l 为桩在局部冲刷线以下的有效长度，m；A 为桩底横截面面积，m^2，用设计直径计算；τ_p 为桩壁土的平均极限摩阻力，kPa；n 为土层的层数；l_i 为承台底面或局部冲刷线以下各土层的厚度，m；τ_i 为与 l_i 对应的各土层与桩壁的极限摩阻力，kPa；σ_R 为桩尖土的极限承载力，kPa；$[\sigma_0]$ 为桩尖处土的容许承载力，kPa；h 为桩尖的埋置深度，m；k_2 为地面土容许承载力随深度的修正系数；γ_2 为桩尖以上土的容重，kN/m^3；λ 为修正系数；m_0 为清底系数。

参数取值：$l=12.5m$；$\tau_i=60kPa$；$[\sigma_R]=180kPa$。经计算，$[P]=1100kN$，单桩竖向承载力满足要求。

3. 桩基的水平承载力复核

桩身配筋率不小于 0.65% 的灌注桩单桩水平承载力计算公式如下。

147

$$
\left.
\begin{aligned}
R_h &= 0.75 \frac{\alpha^3 EI}{\upsilon_x} \chi_{0a} \\[2mm]
\alpha &= \sqrt[5]{\frac{mb_0}{EI}} \\[2mm]
EI &= 0.85 W_0 d/2 \\[2mm]
W_0 &= \frac{\pi d}{32} \left[d^2 + 2(\alpha_E - 1)\rho_g d_0^2 \right]
\end{aligned}
\right\}
\qquad (3.4-11)
$$

式中：R_h 为单桩水平承载力设计值；α 为桩的水平变形系数；m 为地基土的水平抗力系数的比例系数；b_0 为桩身的计算宽度；$b_0 = 0.9(1.5d + 0.5)$；EI 为桩身抗弯刚度；α_E 为钢筋弹性模量与混凝土的弹性模量的比值；d_0 为扣除保护层的桩直径；ρ_g 为桩身配筋率；υ_x 为桩顶水平位移系数；χ_{0a} 为桩顶容许水平位移。

参数取值：$\alpha = 0.52$；$EI = 566288.67$；$\upsilon_x = 0.94$。经计算，$R_h = 318\text{kN}$，单桩水平承载力满足要求。

4. 桩身强度复核

本次设计桩基正截面抗压承载力计算应符合下列规定：

$$
\left.
\begin{aligned}
\gamma_0 N_d &\leqslant Ar^2 f_{cd} + C\rho r^2 f'_{sd} \\[2mm]
\gamma_0 N_d e_0 \eta &\leqslant Br^3 f_{cd} + D\rho g r^3 f'_{sd}
\end{aligned}
\right\}
\qquad (3.4-12)
$$

式中：γ_0 为结构重要性系数，本次设计取 1.1；e_0 为轴向力的偏心距，$e_0 = M_d / N_d$；A、B 分别为有关混凝土承载力的计算系数；C、D 分别为有关纵向钢筋承载力的计算系数；r 为圆形截面的半径；g 为纵向钢筋所在圆周的半径 r_s 与圆截面半径之比，$g = r_s / r$；ρ 为纵向钢筋配筋率，$\rho = A_s / \pi r^2$；f_{cd}、f'_{sd} 分别为基桩混凝土抗压强度设计值、普通钢筋抗压强度设计值。

对长细比 $l_0 / i > 17.5$ 的构件，应考虑构件在弯距作用平面内的挠曲对轴向力偏心距的影响。此时应将偏心距 e_0 乘以偏心距增大系数。

η 为偏心距增大系数，按下式计算。

$$
\left.
\begin{aligned}
\eta &= 1 + \frac{1}{1400 e_0 / h_0} \left(\frac{l_0}{h} \right)^2 \zeta_1 \zeta_2 \\[2mm]
\zeta_1 &= 0.2 + 2.7 e_0 \leqslant 1.0 \\[2mm]
\zeta_2 &= 1.15 - 0.1 \frac{l_0}{h} \leqslant 1.0
\end{aligned}
\right\}
\qquad (3.4-13)
$$

式中：l_0 为桩身计算长度，按桩底、桩顶连接形式确定；i 为截面最小回转半径，$i = (I/A)^{0.5}$，对于圆形截面 $i = d/4$；h_0 为截面有效高度，圆形截面取 $h_0 = r$；h 为截面高度，圆形截面取 $h = 2r$；ζ_1 为荷载偏心率对截面曲率的影响系数；ζ_2 为桩身长细比对截面曲率的影响系数。

5. 桩基础复核结论

根据表 3.4-13、表 3.4-14，桩基础计算分析表明，中联老桩最上游一列桩配筋不满足规范要求，需要采取加固措施。

表 3.4 - 13   林辛中联单桩配筋面积表

工 况	实际配筋面积 /mm² (新/老)	计算 ρ_{max}	计算 $A_{s\,max}$/mm²	是否满足
完建期	6440/4177	构造	构造	是
设计洪水位	6440/4177	0.51%	2893.99	是
校核洪水位	6440/4177	0.75%	4255.87	老桩不满足
地震	6440/4177	0.42%	2383.29	是

表 3.4 - 14   林辛边联单桩配筋面积表

工 况	实际配筋面积 /mm² (新/老)	计算 ρ_{max}	计算 $A_{s\,max}$/mm²	是否满足
完建期	6440/4177	构造	构造	是
设计洪水位	6440/4177	0.31%	1759.10	是
校核洪水位	6440/4177	0.43%	2440.03	是
地震	6440/4177	0.25%	1418.62	是

3.4.3.3 地基沉降复核

1. 地基沉降计算方法

群桩基础沉降计算是一个较为复杂的问题，一直是岩土工程界的难点和重点。目前群桩沉降计算方法主要有等代墩基法、经验法、Mindlin - Geddes 法、等效作用分层总和法等，本次计算采用等效作用分层总和法，依据《建筑桩基技术规范》和《建筑地基基础设计规范》，计算地基变形时，地基内的应力分布，采用各向同性均质线性变形体理论。对于桩中心距不大于 6 倍桩径的桩基，其最终沉降量计算采用等效作用分层总和法。等效作用面位于桩端平面，等效作用面为桩承台投影面积，等效作用附加应力近似取承台底平均附加应力。对于混凝土灌注桩桩基的沉降，忽略桩本身的沉降量，只计算桩端以下未加固土层的沉降量。

地基最终变形量按下式计算。

$$s = \varphi_s \sum_{i=1}^{n} \frac{p_z}{E_{si}} (z_i \alpha_i - z_{i-1} \alpha_{i-1}) \qquad (3.4 - 14)$$

式中：φ_s 为沉降计算经验系数；p_z 为桩端处的附加压力，kPa；n 为未加固土层计算深度范围内所划分土层数；E_{si} 为桩端下第 i 层土的压缩模量，MPa；z_i、z_{i-1} 分别为桩端至第 i 层土、第 $i-1$ 层土底面的距离，m；α_i、α_{i-1} 分别为桩端到第 i 层土、第 $i-1$ 层土底面范围内的平均附加应力系数。

2. 参数选取与沉降计算

地质参数来自于《东平湖林辛进湖闸工程地质报告》（1968 年）中相关部分地基土压缩模量 E_s 成果见表 3.4 - 15，$e - p$ 曲线成果见表 3.4 - 16。

表 3.4-15　　　　　　　　　　地基土压缩模量 E_s 成果表　　　　　　　　单位：kPa

E_s/kPa　$p/(\text{g/cm}^2)$ 地层	0～50	50～100	100～200	200～300	300～400	400～600	均值
第②层黏土	4459.52	6614.29	8752.38	11356.25	12864.29	12764.29	9468.50
第③-1层重壤土、黏土	1815.22	4776.47	6986.96	9900.00	15680.00	15580.00	9123.11
第③-2层中壤土	4325.00	8550.00	11333.33	16850.00	20937.50	22226.67	14037.08
第④-1层黏土	6185.71	14316.67	10070.59	15409.09	16840.00	16740.00	13260.34
第④-2层中壤土	7818.18	10681.25	17010.00	28183.33	21062.50	23957.14	18118.73
第④-3层黏土	2308.82	6400.00	8021.05	11576.92	10657.14	16422.22	9231.03

由表 3.4-15 知，地基土的压缩模量对沉降计算结果影响很大，本次计算时，对各计算土层的压缩模量的选用进行了分析。

表 3.4-16　　　　　　　　　　地基土压缩 e-p 曲线成果表

e　$p/(\text{g/cm}^2)$ 地层	0	50	100	200	300	400	600
第①-3层轻壤土、中壤土	0.91	0.829	0.804		0.693	0.673	0.641
第①-4层黏土	0.986	0.906	0.869	0.816	0.781	0.759	0.721
第①-5层轻壤土、砂壤土	0.77	0.755	0.748	0.738	0.733	0.728	0.72
第①-6层黏土	0.928	0.892	0.875	0.85	0.832	0.817	0.795
第①-7层轻壤土、砂壤土	1.09	1.064	1.051	1.024	1	0.975	0.935
第②层黏土	0.873	0.852	0.838	0.817	0.801	0.787	0.759
第③-1层重壤土、黏土	0.67	0.624	0.607	0.584	0.568	0.558	0.538
第③-2层中壤土	0.73	0.71	0.7	0.685	0.675	0.667	0.652
第④-1层黏土	0.732	0.718	0.712	0.695	0.684	0.674	0.654
第④-2层中壤土	0.72	0.709	0.701	0.691	0.685	0.677	0.663
第④-3层黏土	0.57	0.536	0.524	0.505	0.492	0.478	0.46

从表 3.4-16 地基土压缩模量 E_s 成果表，可以看出，同一种土在不同荷载级下的压缩模量与其均值差异性比较大，说明样本的方差比较大。考虑到现状闸基的沉降量比较大，以及桩端处附加应力值的大小（约 50kPa），在沉降计算时，选用附加应力由 0kPa 变化到 50kPa 时对应的压缩模量作为该土层的压缩模量。

地下水水位标高 39.50m，接近地表，由闸基土层物理力学性质试验成果表可知，基础范围内各土层的饱和容重为 20kN/m³，基础埋深 2.6m，基础面的自重应力为

26kPa；由闸基稳定计算成果可知，基础面的平均基底应力：边联为121kPa，中联为106kPa。

地基沉降计算结果为：边联沉降量221mm，中联沉降量156mm。

3. 地基沉降趋势评价

（1）现状情况。林辛闸北边联（左岸）累积沉降量最大值为246mm，南边联（右岸）累积沉降量最大值为266mm，各中联最大沉降量为148mm。该闸的沉降量超出规范规定的150mm，各联间沉降差未达到规范规定的50mm。

（2）沉降原因分析。闸基下各土层地质年代为第四系，成因为河流冲积和湖积，从整体上分4个大层，各大层下又分若干小层，各土层物理力学性质试验成果表明，各土层的空隙比在0.8以上，压缩模量（0～50kPa）比较小，属于高压缩性土，地下水位在39.50m附近，接近地表。引起闸基沉降的原因比较复杂，林辛闸的沉降原因有以下几点：①地基属于高压缩性土，地基沉降计算也验证了这一点；②原始地基地下水位高，空隙水压力大，当地下水位下降后，随着空隙水压力的释放，有效应力增大；③两侧岸箱未设桩基，它的沉降会引起边联处负摩阻力，带动周围中联的沉降，闸基上游端或下游端从左至右沉降曲线呈U形［图3.4-5（a）］。沉降观测资料也证明了这一点；④上部结构在桩端平面处产生的附加应力大，边联为100kPa，中联为80kPa。

（3）历史沉降资料分析。林辛闸自建以来，每年都有沉降观测数据，林辛闸沉降观测点布置图和各观测点沉降速度变化曲线图见图3.4-4和图3.4-5。从图3.4-5能够看出，自2001—2010年间，各观测点沉降曲线呈水平趋势，表明地基土经过40年的固结沉降，已趋于稳定。

（4）地基沉降复核结论。从以上计算分析表明，目前地基沉降已稳定。

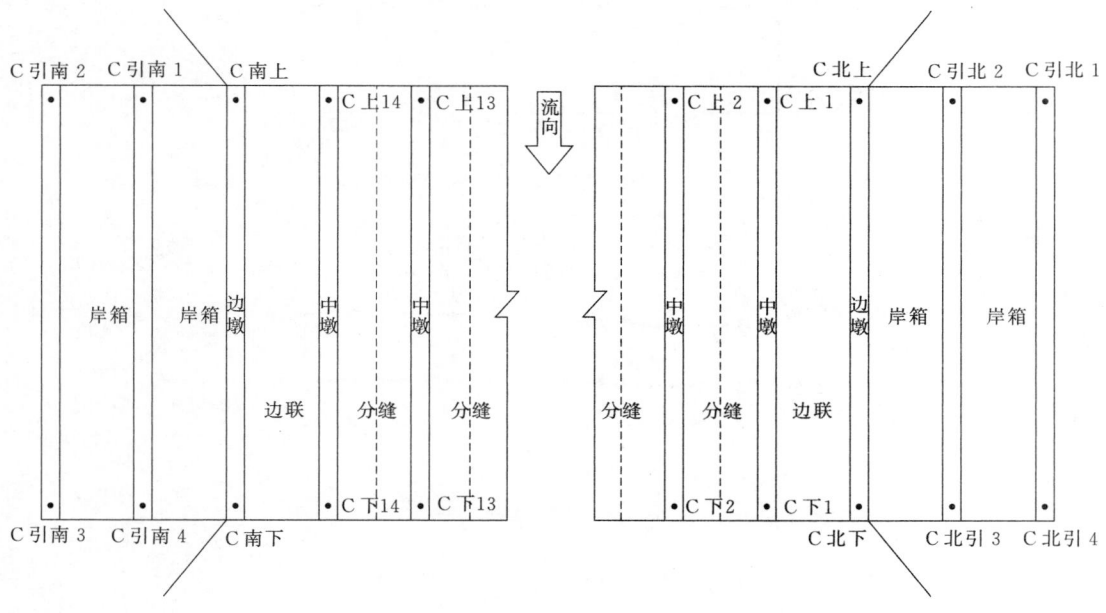

图3.4-4　林辛闸沉降观测点布置图

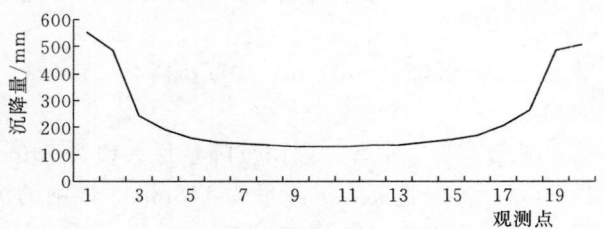

(a)林辛闸上游各观测点 2010 年沉降曲线

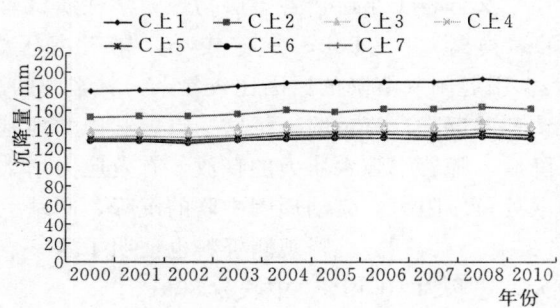

(b)林辛闸 C 上 1～C 上 7 沉降曲线

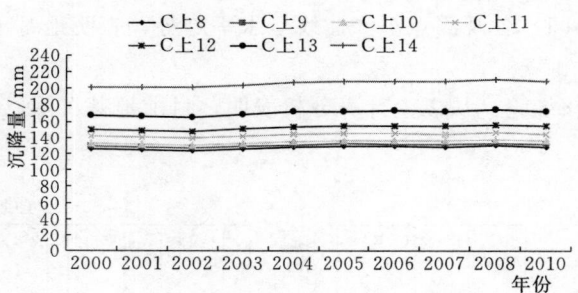

(c)林辛闸 C 上 8～C 上 14 沉降曲线

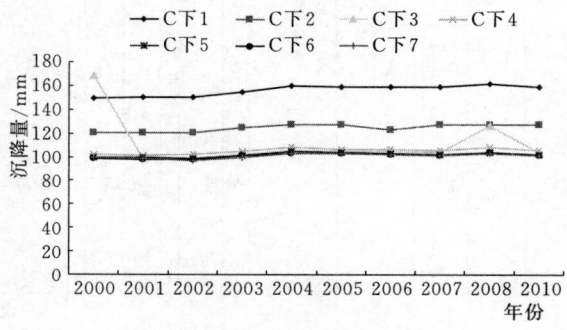

(d)林辛闸 C 下 1～C 下 7 沉降曲线

图 3.4-5（一）　林辛闸各观测点沉降曲线图

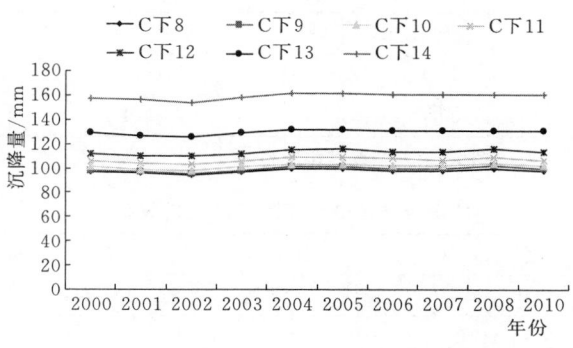

（e）林辛闸 C 下 8～C 下 14 沉降曲线

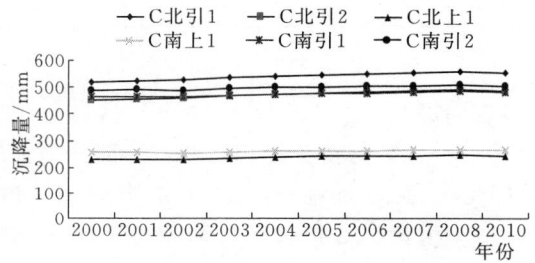

（f）林辛上游侧岸箱沉降曲线

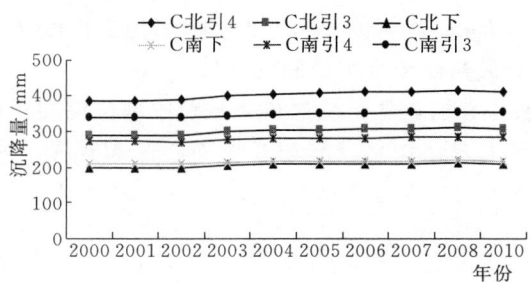

（g）林辛下游侧岸箱沉降曲线

图 3.4-5（二） 林辛闸各观测点沉降曲线图

4. 地基加固

在桩基础复核计算中，中联老桩上游侧一列桩配筋不满足，需要采取加固措施，通过一系列的减载措施：启闭机房由砖混结构更换为轻结构；混凝土闸门更换为钢闸门，启闭机容量变小（自重相应减轻）。再一次对中联进行了计算（表 3.4-17 和表 3.4-18）结果表明：减载后，中联桩基础配筋满足要求。

表 3.4-17   林辛中联桩顶荷载设计值（减载后）

工 况	竖向力/kN	水平力/kN	弯矩/(kN・m)
完建期	13620.77	0	−19999.77
设计洪水位	10081.24	5110.22	−8921.76

续表

工　况	竖向力/kN	水平力/kN	弯矩/（kN·m）
校核洪水位	10020.4	6160.37	−4203.99
地震	10081.24	4663.13	−11563.31

注　竖向力向下为正，水平力向下游为正，弯矩顺时针为正。

表 3.4-18　　　　　　林辛中联单桩配筋面积表（减载后）

工况	实际配筋面积/mm²（新/老）	计算 ρ_{max}	计算 $A_{s\,max}$/mm²	是否满足
完建期	6440/4177	构造	构造	是
设计洪水位	6440/4177	0.49%	2780.50	是
校核洪水位	6440/4177	0.71%	4028.8	是
地震	6440/4177	0.46%	2610.27	是

3.4.4　交通桥加固工程

3.4.4.1　交通桥现状及存在问题

林辛公路桥分为两部分，一部分与桥头堡相结合，一部分为标准的公路桥。第一部分采用了宽度为 143cm 的实心桥板进行铺装，共计 6 块桥板，桥梁总宽 8.63m，净宽 7.75m；第二部分采用宽为 99cm 的实心桥板进行铺装，共计 8 块桥板，桥梁总宽为 8m，净宽为 7.5m。第一部分跨径为 6.9m，第二部分跨径为 7m。

原设计标准为汽-13，本次按照新的公路桥梁设计规范进行复核，公路设计标准为二级，相当于原汽-20、挂-100。本桥的 1 号、2 号桥板为二次改建时预制的桥板，混凝土标号为 250，3 号、5 号为最初修建水闸预制的桥板。

公路桥伸缩缝处铺装层普遍破坏，交通桥桥板跨中部位混凝土剥蚀严重，钢筋锈蚀裸露。工作桥护栏出现混凝土老化剥落、露筋及桥面板断裂现象。本次安全鉴定发现的问题：公路桥结构配筋不满足现行规范要求。

3.4.4.2　交通桥计算复核

1. 桥面板计算复核

计算工况取正常运用工况和地震作用，详见表 3.4-20、表 3.4-21，见图 3.4-6。

本桥设计安全等级采用公路二级，永久作用为结构自重，可变作用为人群荷载和汽车荷载，偶然作用为地震惯性力，荷载组合具体见表 3.4-19。

表 3.4-19　　　　　　　荷　载　组　合　表

荷　载　组　合				
荷载组合	自重	风荷载	上部荷载	车辆荷载	地震作用
正常运用	√	√	√	√	
地震工况	√	√	√	√	√

跨径：标准跨径 $l_k=6+0.5\times2=7m$，计算跨径 $l=1.05\times6=6.3m$；桥面宽度：1m +6m+1m；设计荷载：汽车荷载为公路-Ⅱ级荷载；人群荷载为 3kN/m；实心板混凝土采用 C25。

（1）计算刚度参数 γ，计算公式如下。

$$\gamma = 5.8 \frac{I}{I_T} \left(\frac{b}{l} \right)^2 \qquad (3.4-15)$$

式中：I 为截面抗弯惯性矩；b 为截面宽度；I_T 为截面抗扭惯性矩；l 为计算跨度。

（2）计算跨中荷载横向分布影响线。

表 3.4-20　　　　　　　　1 号、2 号板横向分布影响线竖标表

γ	0.04	0.05	0.045	γ	0.04	0.05	0.045
η_{11}	0.311	0.337	0.324	η_{21}	0.234	0.245	0.2395
η_{12}	0.234	0.245	0.240	η_{22}	0.233	0.246	0.2395
η_{13}	0.155	0.155	0.155	η_{23}	0.183	0.19	0.1865
η_{14}	0.104	0.099	0.102	η_{24}	0.122	0.12	0.121
η_{15}	0.072	0.064	0.068	η_{25}	0.084	0.078	0.081
η_{16}	0.051	0.043	0.047	η_{26}	0.06	0.052	0.056
η_{17}	0.039	0.031	0.035	η_{27}	0.046	0.038	0.042
η_{18}	0.033	0.026	0.030	η_{28}	0.039	0.031	0.035

表 3.4-21　　　　　　　　3 号、4 号板横向分布影响线竖标表

γ	0.04	0.05	0.045	γ	0.04	0.05	0.045
η_{31}	0.155	0.155	0.155	η_{41}	0.104	0.099	0.1015
η_{32}	0.183	0.19	0.1865	η_{42}	0.122	0.12	0.121
η_{33}	0.2	0.212	0.206	η_{43}	0.163	0.169	0.166
η_{34}	0.163	0.169	0.166	η_{44}	0.188	0.2	0.194
η_{35}	0.11	0.108	0.109	η_{45}	0.157	0.163	0.16
η_{36}	0.078	0.072	0.075	η_{46}	0.11	0.108	0.109
η_{37}	0.06	0.052	0.056	η_{47}	0.084	0.078	0.081
η_{38}	0.051	0.043	0.047	η_{48}	0.072	0.064	0.068

（3）作用效应计算。包括自重荷载效应和车道荷载效应计算。计算车道荷载效应引起的板跨中截面效应时，均布荷载满布于使板产生最不利效应的同号影响线上，集中荷载只作用于影响线中一个最大影响线峰值处，具体见图 3.4-7。

经计算，跨中弯矩 $M=217.69\text{kN}\cdot\text{m}$，跨中剪力 $V=96.47\text{kN}$，现配钢筋面积 $A_s=4620\text{mm}^2$，实配钢筋面积 $A_s=3490\text{mm}^2$，不满足规范要求。

2. 盖梁与墩柱计算

（1）设计标准及上部构造。设计荷载：公路-Ⅱ级荷载；人群荷载 3kN/m^2。桥面净空：净 6m+2×1m，标准跨径：6.3m；柱：700mm×800mm；梁：800mm×700mm。荷

载组合情况见表 3.4－22。

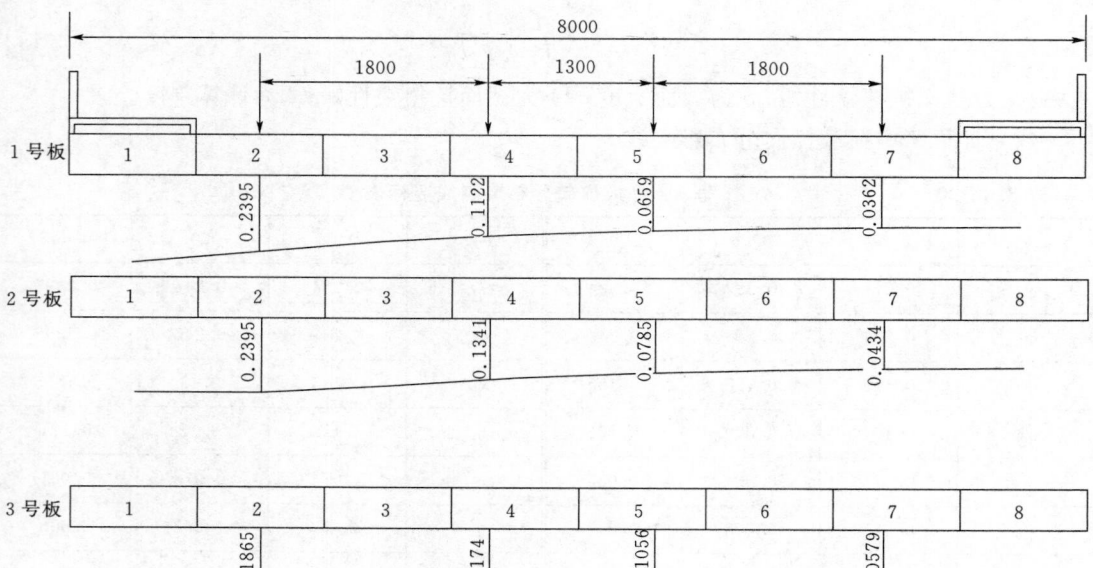

图 3.4－6 1～4 号板荷载横向分布影响线（单位：mm）

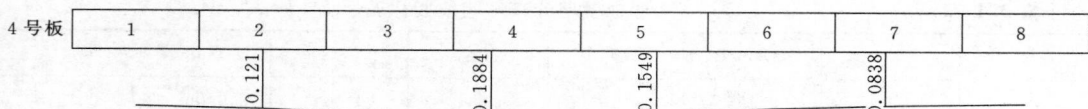

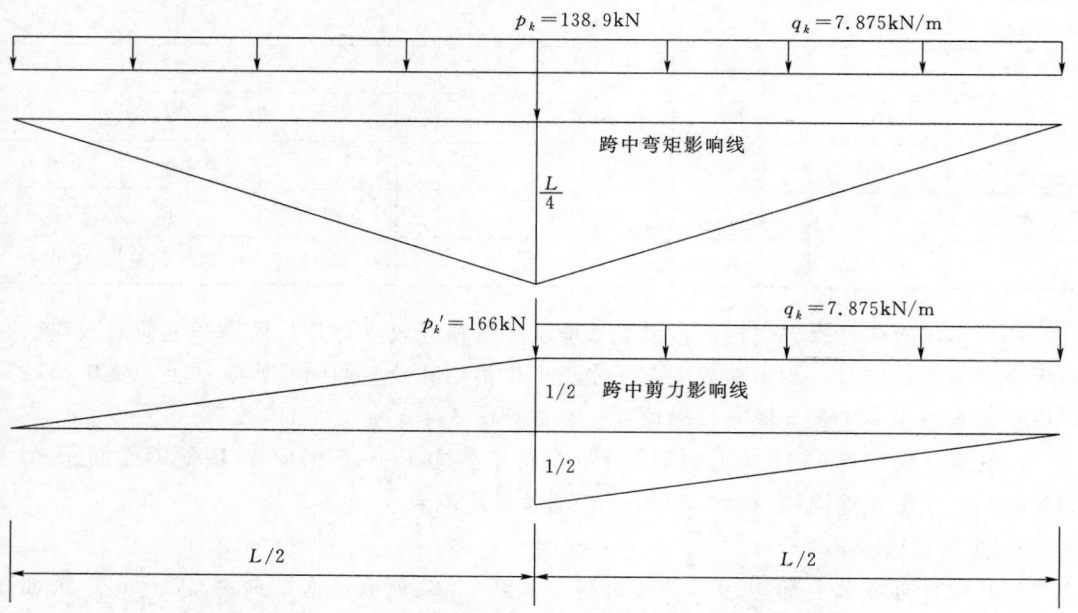

图 3.4－7 简支板跨中内力影响线及荷载图

表 3.4 - 22   荷 载 组 合 表

工 况	荷 载				
荷载组合	自重	风荷载	上部荷载	车辆荷载	地震作用
正常运用	√	√	√	√	
地震工况	√	√	√	√	√

（2）材料。混凝土 C20，钢筋 HRB335。

（3）可变荷载横向分布系数计算。荷载对称布置时用杠杆法，详见图 3.4 - 8；非对称布置时用偏心受压法，详见图 3.4 - 9。

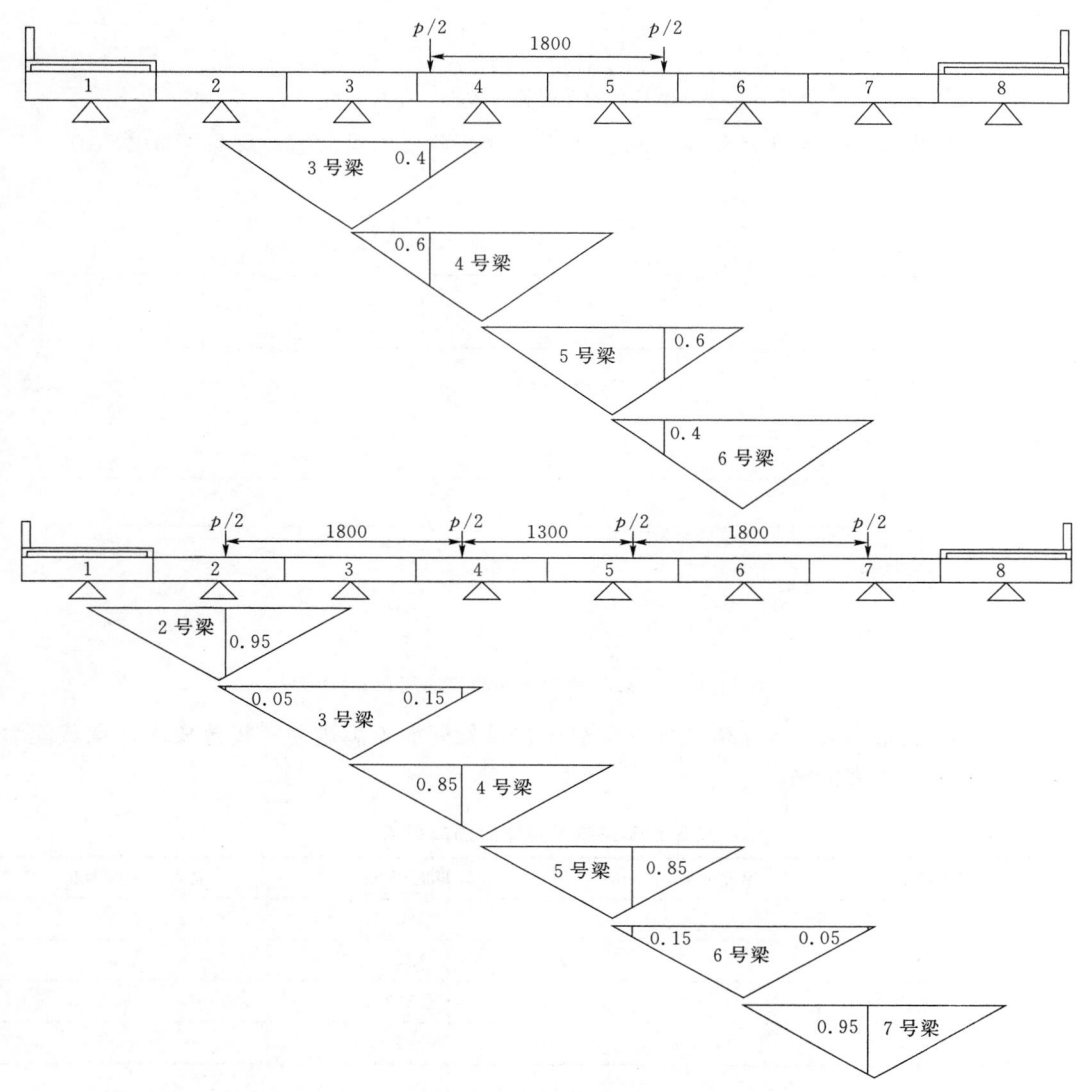

图 3.4 - 8　单车列、双车列对称布置图（单位：mm）

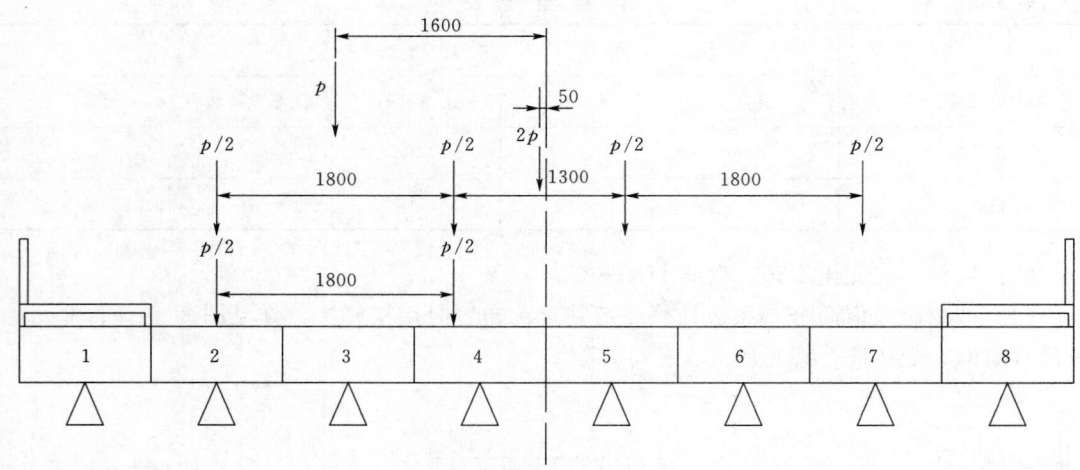

图 3.4 - 9 单双车列非对称布置图（单位：mm）

（4）顺桥向可变荷载移动情况，求得支座可变荷载反力最大值，详见图 3.4 - 10。

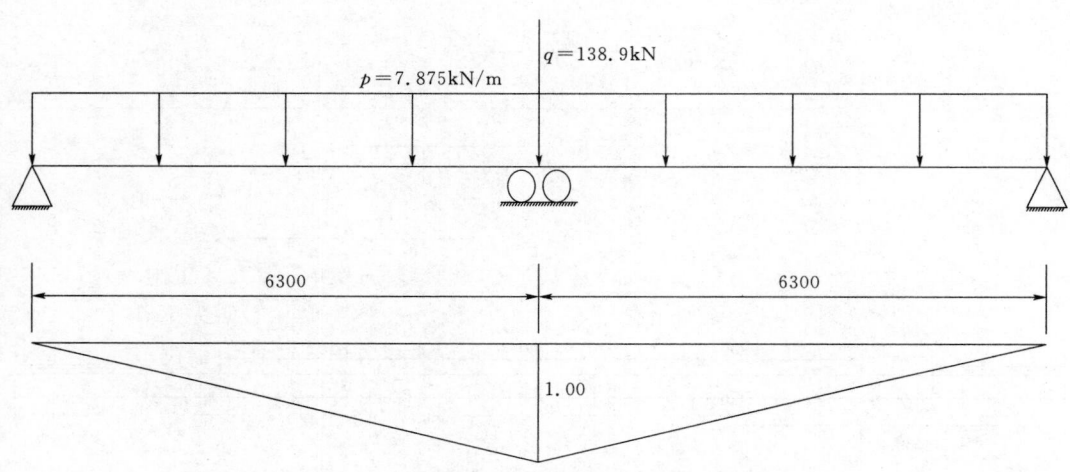

图 3.4 - 10 车道荷载顺桥向布置（单位：mm）

（5）计算成果。表 3.4 - 23 表明，原公路桥排架配筋不满足现行规范要求，承载能力不够，需要采取加固措施。

表 3.4 - 23　　　　　　　　　　　　公路桥排架柱及盖梁配筋成果表

排架部位	原配筋面积/mm²	计算面积/mm²	是否满足现规范
排架柱	3484	3960	否
梁跨中下部	1520	1272	是
梁柱节点左侧	3484	2869	是
梁柱节点右侧	3484	2869	是

（6）复核结论。交通桥承载能力不能满足规范要求，需要采取加固设计。

3. 交通桥加固设计

(1) 公路桥上部结构设计。简支梁桥是梁式桥中应用最早、使用最广泛的一种桥形。其构造简单,架设方便,结构内力不受地基变形、温度改变的影响。

装配式板桥是目前采用最广泛的板桥形式之一。按其横截面形式主要分为实心板和空心板。根据我国交通部颁布的装配式板桥标准图,通常每块预制板宽为 1.0m,实心板的跨径范围为 1.5~8.0m,主要采用钢筋混凝土材料;钢筋混凝土空心板的跨径范围为 6~13m;而预应力混凝土空心板的跨径范围为 8~16m。

改造后的交通桥荷载设计标准按公路 2 级,采用交通部公路桥涵标准图《装配式钢筋混凝土简支板梁上部构造 (1m 板宽)》,选用标准为:公路 2 级,跨径 8m 的装配式空心板桥。整个板面由 6 块中板 (99cm×42cm) 和 2 块边板 (99cm×42cm) 组成。桥面铺装结构由下而上采用 10cm 厚 C40 防水混凝土、6~11cm 厚沥青混凝土桥面铺装。

(2) 公路桥排架加固设计。

1) 拆除重建方案。

a. 工程布置。交通桥排架结构因承载能力不满足现行规范,对其进行拆除重建。柱由 700mm×800mm 改为 800mm×800mm,梁保持 800mm×700mm 不变。

b. 植筋计算。公路桥排架以闸墩为基础,闸墩在本次加固中未拆除,新建的排架钢筋需要采用植筋方式与闸墩进行锚固联接。由于原闸墩混凝土标号为 150 号,相当于 C14 混凝土,不符合《混凝土结构加固设计规范》(GB 50367—2006) 中第 12.1.2 条 "当新增构件为其他结构构件时,其原构件混凝土强度等级不得低于 C20" 的要求。但由于该闸建于 20 世纪 70 年代,随着混凝土龄期的增长,混凝土结构强度增加。根据《山东黄河东平湖林辛分洪闸工程现场安全检测报告》,抽检的 5 个闸墩的混凝土抗压强度见表 3.4 - 24,实际混凝土强度满足植筋要求。

表 3.4 - 24　　　　　　　　闸墩混凝土抗压强度检测结果表 (回弹法)

墩号	强度平均值/MPa	强度推荐值/MPa	相当于现行混凝土标号
1	25	23.4	C23
7	26.1	23.8	C23
10	25.9	24.1	C24
15	25	23	C23
16	23.5	21.6	C21

《混凝土结构加固设计规范》(GB 50367—2006) 中植筋的基本锚固深度 l_s 应按下式确定。

$$l_s = 0.2\alpha_{spt}df_y/f_{bd} \tag{3.4-16}$$

式中: α_{spt} 为防止混凝土劈裂引用的计算系数,取值 1.0;d 为植筋公称直径,mm;f_y 为钢筋抗拉强度设计值,N/mm^2,取值 300N/mm^2;f_{bd} 为植筋用胶粘剂的强度设计值,取值 2.3。

根据计算,当采用不同植筋直径为 20mm、22mm、25mm,基本锚固深度分别为 522mm、574mm、652mm。

植筋锚固深度设计值 l_d 按下式确定。

$$l_d \geqslant \psi_N\psi_{ae}l_s \tag{3.4-17}$$

式中：ψ_N 为考虑各种因素对植筋受拉承载力影响而需加大锚固深度修正系数，取值 1.1；ψ_{ae} 为考虑植筋位移延性要求的修正系数，取值 1.25。

根据计算，当采用不同植筋直径为 20mm、22mm、25mm，设计锚固深度分别为 720mm、790mm、900mm，可以选用 HRB 直径 25mm 钢筋进行植筋。

2）原排架加固方案。根据以上计算可知，排架结构存在排架柱承载力不足，排架柱受力特点为小偏心受压构件，可以外粘型钢加固方法进行加固。

采用外粘型钢加固钢筋混凝土偏心受压构件时，其矩形截面正截面承载力应按下式确定［式中参数说明见《混凝土结构加固设计规范》（GB 50367—2006）］。

$$N \leqslant \alpha_1 f_{c0} bx + f'_{y0} A'_{s0} - \sigma_{s0} A_{s0} + \alpha_a f'_a A'_a - \alpha_a \sigma_a A_a$$

$$Ne \leqslant \alpha_1 f_{c0} bx \left(h_0 - \frac{x}{2}\right) + f'_{y0} A'_{s0} (h_0 - a'_{s0}) + \sigma_{s0} A_{s0} (a_{s0} - a_a) + \alpha_a f'_a A'_a (h_0 - a'_a)$$

$$(3.4-18)$$

经计算选 Q235 型钢 L75×5，缀板选用 40mm×4mm，间距为 300mm，柱端为 200mm。

3）方案比选。对公路桥排架加固进行了综合比选，见表 3.4-25，最终选定排架拆除重建方案为推荐方案。

表 3.4-25　　　　　　　　　　公路桥排架加固方案比选表

项 目	排 架 重 建	外 粘 型 钢 加 固
优点	混凝土结构整体性好、结构耐久性好，空间上容易恢复原桥面高程	构件截面尺寸增加不多，而构件承载力和延性可大幅提高，工期较短
缺点	工期较长，新老混凝土结合部位对施工要求高	耐久性、防腐性和耐火性较差，改变原桥面高程，部分墩柱已破坏，不具备粘钢条件
结论	推荐	比较推荐

3.4.5 启闭机房加固工程

3.4.5.1 启闭机房现状及存在问题

房闭机房分缝与闸底板分缝不一致，适应地基变形能力差，闸基的不均匀沉降虽然没超过 5cm，但对砖混结构墙已经影响很大，表现在启闭机房室内墙体多处出现裂缝，桥头堡墙体与这相邻的边墩段墙体间，外墙自上而下出现贯穿性裂缝，缝宽最宽处达 5cm。

本次安全鉴定发现的问题：地震工况下，机架桥排架结构配筋不满足要求，机架桥局部出现不均匀沉降。

3.4.5.2 启闭机排架及大梁复核

（1）启闭机排架复核。

1）基本资料。启闭机房机架桥为钢筋混凝土排架结构，混凝土强度等级为 R200，柱子断面为 600mm×600mm，梁断面为 600mm×1000mm。

2）工况、荷载组合情况见表 3.4-26。

表 3.4-26   荷 载 组 合 表

工况	荷 载 组 合						
	自重	风荷载	楼面活荷载	屋面活荷载	机房及大梁重	提门力	地震作用
地震工况	√	√	√	√	√		√
提门工况	√	√	√	√	√	√	

3) 计算结果。采用 PKPM 软件进行计算，配筋结果见表 3.4-27，结果表明原结构启闭机排架梁支座处承载能力不能满足规范要求，需要采取加固措施。

表 3.4-27   林辛排架钢筋面积统计表

排架部位	原配筋面积 /mm²	结构类型	计算配筋面积/mm²			
			提门工况		地震工况	
短柱	1473	原结构复核	1080	满足规范	1259	满足规范
长柱	1904	原结构复核	1080	满足规范	1259	满足规范
梁跨中（下部）	4418	原结构复核	3957	满足规范	1500	满足规范
梁左端（上部）	2492	原结构复核	3477	不满足规范	2800	不满足规范
梁右端（上部）	2768	原结构复核	1587	满足规范	1500	满足规范

注　表中所列配筋面积为构件单侧受力钢筋面积。

（2）启闭机大梁复核。

1) 基本资料。简支梁计算跨径 6900mm；截面尺寸：宽 300mm，高 1000mm；启闭工况为最不利工况；荷载为双吊点；原设计 2×63t；加固设计 2×50t。

2) 计算结果。计算成果见表 3.4-28、表 3.4-29，结果表明大梁斜截面抗剪箍筋配

表 3.4-28   大梁配筋面积统计表（启门力 2×63t）

部　位	原配筋面积	计算配筋面积/mm²	是否满足规范
2号梁跨中纵筋	4ϕ25（1964）	2122	否
2号梁梁端纵筋	2ϕ16（402）	616	否
2号梁端箍筋	2ϕ9@250（508）	804	否
2号跨中箍筋	2ϕ9@250（508）	804	否

表 3.4-29   大梁配筋面积统计表（启门力 2×40t）

部　位	原配筋面积	计算配筋面积/mm²	是否满足规范
2号梁跨中纵筋	4ϕ25（1964）	1206	是
2号梁梁端纵筋	2ϕ16（402）	616	否
2号梁端箍筋	2ϕ9@250（508）	804	否
2号跨中箍筋	2ϕ9@250（508）	804	否

筋面积不足；现场查勘发现：右岸 4 号孔下游侧大梁梁底有裂缝，右岸 6 号孔两端有裂缝，左岸 4 号孔下游大梁梁底露筋，表明已出现破坏现象，存在安全隐患；再者为配合机房和启闭机改造需要，本次加固采取拆除重建，断面和跨度同原尺寸。

3.4.5.3　启闭机房加固设计

启闭机、启闭机排架以及闸门三者在结构布置、选型和结构受力上紧密相连，在加固时，三者应统筹兼顾，做成结构安全，运用方便，经济节约。本次加固设计就是基于这样的理念，初步提出以下两种方案。

1．方案一：轻钢结构房屋

（1）方案说明。林辛闸闸基历史沉降较大，在采取加固措施时，原则是要做到不增大上部荷载。启闭机房原为砖混结构，主要问题有以下两点：①存在沉降缝设在闸墩上方，闸室分缝分在底板上，两者分缝位置不在同一竖直线上，两者沉降时不同步，加上砖混结构整体性差，造成启闭机房内部裂缝过大，桥头堡与机房间出现贯穿性裂缝，存在安全隐患；②原机架桥排架梁支座处承载力不满足现行规范要求。

轻钢房屋不但整体性好而且自重较轻，对基础变形适应能力强，能改善排架受力。轻钢房屋主体结构为镀铝锌钢构造，屋面结构从外到内分为屋面玻璃纤维瓦、防水层、玻璃纤维棉隔热及基板层；墙体结构自内而外分别为内装饰基板、轻钢骨架系统、内墙保温隔音系统、结构定向板材、呼吸防潮系统、外墙保温系统和外墙装饰材料。

（2）加固计算。启门机由 $2 \times 63t$ 降低到 $2 \times 50t$，房屋自重减为砖混结构的 1/6（砖混结构为 $1500kg/m^2$）。加固计算结果见表 3.4-30，机架桥排架配筋满足要求。

表 3.4-30　　　　　　　　林辛闸排架钢筋面积统计表（方案一）

排架部位	原配筋面积/mm²	结构类型	计算配筋面积/mm²			
			提门工况		地震工况	
短柱	1473	轻钢结构	1080	满足规范	1259	满足规范
长柱	1904	轻钢结构	1080	满足规范	1259	满足规范
梁跨中（下部）	4418	轻钢结构	3093	满足规范	1500	满足规范
梁左端（上部）	2492	轻钢结构	1200	满足规范	1500	满足规范
梁右端（上部）	2768	轻钢结构	1200	满足规范	1500	满足规范

注　表中所列配筋面积为构件单侧受力钢筋面积。

2．方案二：砖混结构房屋

（1）方案说明。原启闭机房是砖混结构，用砖为黏土实心砖，自重大，不符合当前环境保护要求。重建时采用轻质混凝土砌块进行原规模恢复，外墙采用 M10 混合砂浆浆砌强度 A10、干密度 B08 的轻质混凝土砌块，厚度 240mm。墙体中间设构造柱，断面尺寸 240mm×240mm；墙顶设圈梁 1 道，断面尺寸 240mm×240mm，屋顶采用现浇混凝土板坡屋面，混凝土强度等级为 C20。

（2）加固计算。启门机由 $2 \times 63t$ 降低到 $2 \times 50t$，砖混结构为 $1500kg/m^2$。加固计算结果见表 3.4－31，机架桥排架配筋满足要求。

表 3.4－31　　　　　　　林辛排架钢筋面积统计表（方案二）

排架部位	原配筋面积 /mm²	结构类型	计算配筋面积/mm²			
			提门工况		地震工况	
短柱	1473	轻质砌块	1080	满足规范	1259	满足规范
长柱	1904	轻质砌块	1080	满足规范	1259	满足规范
梁跨中（下部）	4418	轻质砌块	2764	满足规范	1500	满足规范
梁左端（上部）	2492	轻质砌块	2244	满足规范	1751	满足规范
梁右端（上部）	2768	轻质砌块	1200	满足规范	1500	满足规范

注　表中所列配筋面积为构件单侧受力钢筋面积。

3. 方案比选

两种方案的比选情况，见表 3.4－32。

表 3.4－32　　　　　　　　启闭机房加固方案比选表

项　目	轻　钢　房　屋	砖　混　房　屋
优点	结构整体性好、抗震性好，居住舒适度高，节能，工业化程序高，施工工期短，自重轻，改善结构受力明显	砖适用范围广，各地均有生产，具有很好的耐久性、化学稳定性和大气稳定性。可节省水泥、钢材和木材，不需模板，造价较低。施工技术与施工设备简单
缺点	工程造价较高	砖体是脆性材料，整体性差，抗震性差，不节能，自重大，改善结构受力不明显
结论	推荐	不推荐

表 3.4－32 中轻钢结构与砖混结构的比较来看，前者明显占优，结合本工程实际特点，推荐轻钢房屋为设计方案。

3.4.5.4　轻型房屋设计

1. 轻型房屋特点

轻型房屋特点可参见 3.1.5.1 节相关内容。

2. 轻型房屋体系

轻型房屋体系中地基与基础、辅材、围护系统相关内容可参考 3.1.5.2 节相关内容。

林辛闸轻钢结构房屋示意图详见图 3.4－11。

3.4.6　桥头堡加固工程

3.4.6.1　桥头堡现状及存在问题

林辛闸桥头堡建在两岸减载孔上，桥堡头共有 3 层，中间层与启闭机房相通，房屋结构为砖混凝土结构，目前因桥头堡与机架桥间不均匀沉降严重，桥头堡多处出现沉降裂缝，危及安全运行。

图 3.4-11 林辛闸轻钢结构房屋示意图

3.4.6.2 桥头堡加固设计

原桥头堡拆除重建，根据本工程具体情况和功能要求，新设桥头堡左右两岸为不对称结构，为轻钢坡屋面造型。总建筑面积约 410m²，右岸桥头堡建筑共 2 层，一层为楼梯间、值班室、办公室、工具室及配电室；二层为休息室、监控室和办公室。左岸桥头共 2 层，为闸后交通桥管理办公室、值班室。

3.4.7 主要工程量表

主要工程量见表 3.4-33。

表 3.4-33　　　　　　　　　　　　　主 要 工 程 量 表

编号	项 目	单位	工程量	备 注
一	拆除工程			
1	启闭机房和桥头堡	m²	972.37	砖混结构
2	启闭机机架桥大梁	m³	163.48	
3	公路桥排架混凝土	m³	105.57	
4	公路桥桥面混凝土	m³	278.62	
5	门槽混凝土凿除	m³	61.95	
6	闸上农渠混凝土	m³	662.53	渠道
7	清淤量	m³	30392.74	
8	抛石拆除	m³	—	
9	闸室混凝土凿毛	m³	206.20	
10	土方开挖	m³	—	
11	土方回填	m³	—	
二	重建工程			
1	渗压计	个	8	
2	启闭机房和桥头堡	m²	1050.50	轻钢结构
3	启闭机大梁			

编号	项 目	单位	工程量	备 注
(1)	机架桥大梁 C30 混凝土	m³	177.23	
(2)	机架桥大梁钢筋	t	23.04	
4	交通桥			
(1)	C20 混凝土堵头	m³	4.09	
(2)	C30 混凝土预制空心板	m³	418.95	
(3)	桥台搭板混凝土 C30	m³	25.20	搭板 30cm
(4)	桥面铺装防水层	m²	1197.00	
(5)	桥面防水 C40 混凝土	m³	135.66	交通桥 100mm 厚
(6)	桥面沥青混凝土	m³	95.76	交通桥 80mm 厚
(7)	青石栏杆	m	268.80	交通桥栏杆
(8)	钢筋	t	119.34	
(9)	铰缝 M15 砂浆	m³	2.00	
(10)	绞缝 C40 混凝土	m³	41.90	
(11)	橡胶支座（GYZ200×28）	个	608	
(12)	支座垫石 C40 混凝土	m³	13	
(13)	伸缩装置 GQF–C60	m	17	
5	公路桥排架钢筋	t	15.84	
6	公路桥排架 C25 混凝土	m³	105.57	0.8m×0.7m
7	铅丝笼石	m³	—	
8	门槽二期混凝土 C30	m³	90.09	
9	插筋	t	12.61	
10	裂缝化学环氧树脂灌浆	m³	0.17	
11	丙乳砂浆修补闸墩	m³	206.2	高程 41.79m 以下厚 35mm，以上厚 20mm
12	651 橡胶止水带	m	24	
13	堤顶道路恢复	m	100	沥青混凝土路面
三	附属工程			
1	农渠 C20 混凝土	m³	662.53	矩形 0.7m×1.2m
2	工作桥青石栏杆	m	751.17	用于工作桥

3.4.8 除险加固后安全评价

（1）防洪标准评价。除险加固后林辛闸 2043 水平年设计防洪水位为 49.61m，低于原闸设计防洪水位 49.79m，因此防洪标准能够满足要求。

（2）闸室稳定评价。在闸室稳定复核计算中，原闸设防水位下闸室稳定计算满足要求。因为 2043 水平年设防水位低于原闸设防水位，所以闸室稳定能够满足要求。

（3）水闸分洪能力评价。在水闸过流能力复核中：2043 水平年下设防水位 49.61m

时，水闸分洪流量为 2166m³/s，大于 1800m³/s，因此闸室分洪流量满足要求。综上所述，林辛闸除险加固后，在远期规划 2043 水平年设防标准下，水闸枢纽是安全的，在加固后的运用中，应加强管理和监测以保证工程安全运行。

3.5　马口闸

马口闸纵轴线与原闸相同，涵闸及围坝相关部分拆除后，由于涵闸与排涝压力涵洞连接需要，出口竖井位置不变。涵闸分为进口段（长 24.0m）、闸室段（长 8.5m）、箱涵段（长 45.2m）、出口竖井段（长 7.0m）、出口段（长 20m），总长度 104.7m。

围坝开挖后按照原堤线高程回填，穿堤涵段原堤顶路面为沥青混凝土型式，在工程结束后应将路面恢复到原状。

3.5.1　进口段结构设计

由于马口闸具有排涝和引水双重作用，因此涵闸进口段不仅要设置护面，还要考虑在排涝工况下的防冲措施。进口段总长 24.0m，由上游向下游依次布置 4.0m 长的抛石防冲槽、5.0m 长的干砌块石护面和 15.0m 长的浆砌石护面。其中，抛石防冲槽厚 1.0m，平面布置为梯形，底宽为 22.02～18.92m，下铺 0.2m 厚碎石垫层；干砌块石护面厚 0.4m，平面布置为梯形，底宽为 18.92～15.04m，下铺 0.1m 厚碎石垫层；浆砌石护面厚 0.5m，底宽 2.0m，下层设 0.1m 厚的碎石垫层。浆砌石护面两侧设置浆砌石扭曲面，扭曲面墙顶高程自上游向下游由 37.29m 渐变为 40.00m。

3.5.2　闸室结构设计

闸室段长 8.5m，为钢筋混凝土结构，设 1 孔平板检修闸门和 1 孔平板工作闸门。闸底板高程 36.79m，工作闸门采用后止水形式，胸墙前孔口尺寸为 2.0m×2.4m，检修闸门孔口宽度为 2.0m。检修平台顶高程 42.09m，闸上设启闭机排架和启闭机房，启闭机房底板与坝顶平，高程为 46.87m。工作门槽下游侧设钢筋混凝土胸墙，兼起挡土作用。闸墩厚 0.8m；闸底板厚 0.7m，下层设 0.1m 厚的素混凝土垫层。

启闭机房为钢筋混凝土框架结构，建筑面积 16.92m²，启闭机房外设 0.90m 宽悬挑平台通道，便于操作运行。启闭机房内设 1 台固定卷扬式启闭机操作工作闸门，1 台电动葫芦操作检修闸门。启闭机房与坝顶交通采用宽为 1.5m 的钢筋混凝土桥连接。

闸室两侧各设置宽为 7.2m 的平台，平台地面高程与检修平台相同，为 42.09m，平台与坝顶间设宽为 1.5m 的浆砌石台阶满足交通要求。

3.5.3　箱涵段结构设计

闸室后接长 45.2m 的钢筋混凝土箱涵，共 6 段，与前、后闸室连接段的两段长 6.6m，中间段每段长为 8.0m。箱涵进口底板高程为 36.79m，出口底板高程为 36.69m。箱涵为单孔结构，孔口尺寸为 2.0m×2.0m，四角均设高 0.2m 护角。箱涵顶板、底板及边墙厚均为 0.5m。

分缝处止水形式为：分缝中部设橡胶止水带，其上下填充闭孔泡沫板，分缝迎水面设置高 3cm、宽 2cm 的聚硫密封胶，箱涵分缝外周围包防渗土工膜，土工膜宽 1m，土工膜外是 1.0m 厚的黏土环；每节箱涵端部均置于混凝土垫梁上，垫梁长 3.6m，断面尺寸

1.0m×0.5m（宽×高）。

3.5.4 出口竖井段结构设计

因涵闸承担排涝和引水的双重任务，涵洞出口需设闸门井1座。竖井上部横断面尺寸为5.0m×5.0m，为保证竖井在各工况下的基底应力满足要求，设计底板平面尺寸为6.0m×7.0m，底板高程36.69m，启闭机层高程44.41m，启闭机房建筑面积33.0m²，钢筋混凝土框架结构。启闭机房与坝顶道路的连接采用宽为1.5m的钢筋混凝土桥。

3.5.5 出口段结构设计

出口段总长度为20.0m，左侧墙因紧邻排灌站围墙而且比较完好，不再考虑拆除重建，底板及右侧墙因破损严重，需要拆除重建，重建的底板设计为浆砌石结构，厚0.5m，底板上设排水孔以减小基底扬压力，底部设总厚0.6m的砾石、碎石、粗砂反滤层。右侧墙按重力式浆砌石挡土墙结构设计，扭曲面形式，出口段末端与原衬砌渠道平顺相接。

3.5.6 箱涵与坝体截渗墙的连接设计

马口闸轴线位于东平湖围坝桩号79+300处，该桩号上、下游各7.0m以外范围已沿坝设置了截渗墙，此处尚有14.0m未进行截渗处理。本次设计考虑结合马口闸的拆除重建工程将该段的截渗缺口进行封闭。马口闸拆除重建期间，在设计箱涵底高程以下，用高压摆喷截渗墙与两侧截渗墙连接、封闭，搭接长度为1.0m，墙底高程21.00m，为防止箱涵沉降对高压摆喷截渗墙产生破坏，在洞底混凝土与截渗墙间设置柔性止水材料，根据高压摆喷墙的固结范围，设计布孔间距为2.5m。设计箱涵底以上用黏土心墙与两侧原截渗墙连接、封闭，搭接长度为1.0m，心墙顶与堤顶路基底面齐平，心墙顶宽1.0m，两侧边坡均为1∶0.1；心墙底设于箱涵底高压摆喷截渗墙顶面以下1.0m处，即与高压摆喷截渗墙的搭接长度为1.0m；两侧也与原截渗墙连接、封闭，搭接长度为1.0m。通过这一措施，使东平湖围坝在该段的截渗体系得以完善。

3.5.7 水力计算

包括过流能力计算及消能防冲计算。

3.5.7.1 过流能力计算

1. 流态判别

涵洞的过流能力属于宽顶堰流的特殊情况，其流态判别方式如下。

（1）$H \leqslant 1.2D$：当$h < D$时，为无压流；当$h \geqslant D$时，为淹没压力流。

（2）$1.2D < H \leqslant 1.5D$：当$h < D$时，为半压力流；当$h \geqslant D$时，为淹没压力流。

（3）$H > 1.5D$：当$h < D$时，为非淹没压力流；当$h \geqslant D$时，为淹没压力流。

其中：H为从进口洞底算起的进口水深，m；h为从出口洞底算起的出口水深，m；D为洞高，m。

经计算，在设计引水工况下，即当上游水位为38.79m时，涵洞水流为无压流；在最高引水工况下，即当上游水位为41.10m时，涵洞水流为非淹没压力流；在排涝设计工况和排涝最高设计工况下，涵洞水流为淹没压力流；在排涝最低设计工况下，涵洞水流为无压流。

涵洞长短洞的判别，按《灌溉与排水工程设计规范》（GB 50288—1999）相关公式计算，公式如下。

$$L_k = (52 \sim 83)H \tag{3.5-1}$$

式中：L_k 为无压缓坡短洞的极限长度，m；H 为进口水深，m。

经计算，在设计引水工况下，$L_k = 104 \sim 166$m；本工程涵洞长度为 50.15m，故在设计引水工况下，涵洞为短洞。

2. 过流能力计算

在设计引水工况下，按无压流计算涵洞的过流能力，计算公式如下。

$$Q = mB\sqrt{2g}{H_0}^{3/2} \tag{3.5-2}$$

式中：Q 为涵洞过流流量，m^3/s；m 为无压流时的流量系数；B 为过流净宽，m；H_0 为包括行近流速水头在内的上游水头。

在设计引水位情况下涵洞的最大过流能力为 $9.65m^3/s > 4.0m^3/s$，满足过流能力的要求。

湖水位为排涝最高设计水位时的工况为涵闸的排涝控制，按淹没压力流计算其过流能力：

$$Q = m_2 A\sqrt{2g(H_0 + iL - h)} \tag{3.5-3}$$

式中：Q 为涵洞排涝过流流量，m^3/s；m_2 为压力流时的流量系数；A 为洞身断面面积，m^2；H_0 为包括行近流速水头在内的进口水深，m；i 为洞底坡降；L 为洞身段长度，m；h 为出口水深，即湖内水位距临湖侧洞底的高差，m。

由 $Q = 10m^3/s$，求得竖井内水深为 6.72m，相应的竖井内水位为 43.41m，即在竖井内水位为 43.41m 时，洞内过流量为 $10.0m^3/s$，满足排涝过流能力的要求。

3.5.7.2 消能防冲计算

灌溉引水的消能防冲计算的控制工况为：上游水位为最高引水位 41.10m，下游水位为渠道正常水位 38.49m，引水流量为 $4m^3/s$。

排涝消能防冲计算的控制工况为：东平湖设计最低排涝水位 37.44m，排涝流量为 $10m^3/s$。

通过下游水深 h_t 与出口后收缩水深 h''_c 的共轭水深 h''_c 进行比较来判别出口水流衔接形式。

(1) 当 $h''_c > h_t$ 时，为远驱水跃。

(2) 当 $h''_c = h_t$ 时，为临界水跃。

(3) 当 $h''_c < h_t$ 时，为淹没水跃。

经计算，在以上两种工况下，出口水流衔接形式均为淹没水跃，可不需采用专门的工程措施进行消能。

3.5.8 基础防渗轮廓线布置及渗流计算

3.5.8.1 水闸基础防渗轮廓线布置

水闸为壤土地基，按《水闸设计规范》（SL 265）中渗径系数法初估基础防渗轮廓线长度，即 $L = C\Delta H$，设计防洪水位下，其上、下游水位差为 8.18m，渗径系数 $C = 5$，基础防渗长度应在 40.9m 以上。根据截渗墙的布置位置，基础防渗长度应按截渗墙上游面与闸基交点起算，水闸基础有效防渗轮廓线长度为 73.47m，满足水闸基础防渗长度要求。

3.5.8.2 渗流计算

根据《水闸设计规范》（SL 265），水闸基础的渗流计算可按改进阻力系数法。

计算工况：设计防洪水位下，即其上、下游水位差为 8.18m。

根据截渗墙的布置位置，基础渗流计算的进口按截渗墙上游面与闸基交点考虑。经计算，修正后的闸基出口段渗透坡降为 0.44，小于规范规定的出口段允许坡降值 0.60；修正后的闸基水平段平均渗透坡降为 0.07，小于规范规定的水平段允许坡降值 0.35；渗流稳定满足规范要求。

3.5.9 基础承载力验算

基础持力层即第②层的承载力标准值为 180kPa，由于基础周围有连续的大堤覆盖，按照《建筑地基基础设计规范》（GB 50007—2011）中的规定，基础承载力设计值应为承载力标准值加宽深度修正值，公式如下。

$$f_a = f_{ak} + \eta_b \gamma (b - 3) + \eta_d \gamma_m (d - 0.5) \tag{3.5-4}$$

式中：f_a 为修正后的地基承载力特征值；f_{ak} 为地基承载力特征值；η_b、η_d 为基础宽度和埋深的地基承载力修正系数；γ 为基底下土的重度；γ_m 为基底上土的加权平均重度；b 为基础底面宽，小于 3m 按 3m 取值，大于 6m 按 6m 取值；d 为基础埋置深度。

涵闸修正后的地基承载力特征值见表 3.5-1。

表 3.5-1　　　　　　　　　　　　涵闸修正后的地基承载力特征值　　　　　　　　　　单位：kPa

部位	闸室段		箱涵段				竖井段	
	前端	后端	墙前前端	墙前后端	墙后前端	墙后后端	前端	后端
地基承载力设计值	200.40	262.25	260.45	325.17	446.83	236.87	245.55	207.00

3.5.10 闸室稳定及基底应力计算

3.5.10.1 计算内容

计算内容包括地基应力及不均匀分布系数 η、抗滑稳定安全系数 K_c 及基础承载力验算。

3.5.10.2 计算工况及荷载组合

计算工况及荷载组合，见表 3.5-2。

表 3.5-2　　　　　　　　　　　　　　计算工况及荷载组合表

荷载组合	计算工况	水位/m		荷　　载						
		闸上	闸下	自重	静水压力	扬压力	土压力	泥沙压力	波浪压力	地震荷载
基本	完建期	无水	无水	√	—	—	√	—	—	—
	设计洪水位	44.87	无水	√	√	√	√	略	略	—
特殊	正常蓄水位+地震	39.13	无水	√	√	√	√	略	略	√

3.5.10.3 抗滑稳定验算

抗滑稳定计算采用式（3.4-5）。

3.5.10.4 基底应力验算

计算采用以下公式：

$$P_{\min}^{\max}=\frac{\sum G}{A}\pm\frac{\sum M_x}{W_x}\pm\frac{\sum M_y}{W_y}\left.\right\}$$

$$\eta=P_{\max}/P_{\min}\leqslant[\eta]$$

(3.5-5)

式中：$P_{\max}$ 为闸室基底压力的最大值；$P_{\min}$ 为闸室基底压力的最小值；$\sum G$ 为作用在闸室上的全部竖向荷载（包括闸室基底扬压力）；$\sum M_x$、$\sum M_y$ 分别为作用在闸室上的全部竖向和水平向荷载对于基础底面形心轴 x、y 的力矩；A 为闸室基础底面的面积；W_x、W_y 为闸室基础底面对于该底面形心轴 x、y 的截面矩；η 为不均匀分布系数。

3.5.10.5　计算成果

计算结果见表 3.5-3 和表 3.5-4。

表 3.5-3　　　　　　　　　　闸室抗滑稳定安全系数表

荷 载 组 合	计 算 工 况	K_c		$[K_c]$
		闸室段	竖井段	
基本	完建期	7.73	47.19	1.35
	设计洪水位	1.38	43.70	1.35
特殊	正常蓄水位＋地震	6.58	6.78	1.10

表 3.5-4　　　　　　　　　　基底应力计算成果表

荷载组合	计算工况	基底应力/kPa				不均匀系数		
			闸室段	竖井段	涵管段		闸室段 η	竖井段 η	$[\eta]$
基本	完建期	前端	112.81	172.57	墙前前端	106.39	1.15	1.56	2
					墙前后端	188.85			
		后端	129.35	110.61	墙后前端	188.85			
					墙后后端	76.56			
	设计洪水位	前端	60.78	165.44	墙前前端	77.23	1.59	1.41	2.50
					墙前后端	138.63			
		后端	96.37	117.75	墙后前端	188.85			
					墙后后端	76.56			
特殊	正常蓄水位＋地震	前端	119.79	99.48	墙前前端	106.39	1.55	1.85	3.00
					墙前后端	188.85			
		后端	77.13	183.70	墙后前端	188.85			
					墙后后端	76.56			

根据基底应力计算，闸室、涵管及竖井段的最大基底应力均小于对应位置处修正后的地基承载力特征值的 1.2 倍，基础承载力满足设计要求，不需要进行基础处理。

3.5.11　附属工程

3.5.11.1　路面恢复工程

原堤顶路面结构为沥青混凝土路面，该处上坝路的路面结构为碎石路面，由于水闸加固改建工程的实施需要，要对该段堤防进行开挖，将破坏堤顶道路和上坝路的结构，所以需要在水闸加固改建的主体工程完成后，对堤顶道路和上坝路按原状恢复，堤顶道路结构主要包括路基、路面和两侧路缘石，上坝路结构按碎石路面恢复。

3.5.11.2 植树、植草

树木、草皮是黄河防洪工程的生物防护措施之一，它具有护坡防冲、保持水土、绿化、美化工程的功能，对维护工程完整，保持其应有的抗洪强度，改善生态环境起着重要作用。在堤顶两侧各栽植1排行道林，株距为2m。开挖范围内的下游堤坡和上游堤坡未护砌部分，种植防冲刷、耐干旱的葛芭草，16墩/m²。

3.5.11.3 排水沟

按照规定，堤防上下游坡每隔100m应各设置横向排水沟1道，在马口闸所在段的堤防，由于上游坡设置有浆砌石台阶，可以利用其作为横向排水通道使用，所以本工程的上游堤坡不再专门设置横向排水沟，根据本工程的开挖范围，需要在下游堤坡设置横向排水沟1道。排水沟采用预制混凝土结构。

3.5.11.4 其他

工程还应安置工程标志牌、百米桩等，具体按黄河务〔2000〕12号文规定实施。根据设计规定：设工程标志牌1处、百米桩1根。

3.5.12 主要工程量

马口闸建筑工程部分的主要工程量见表3.5-5。

表 3.5-5　　　　　　　　马口闸建筑工程部分的主要工程量表

编号	项 目 名 称	单位	数 量	备 注
一	拆除工程			
1	浆砌石拆除	m³	597.1	
2	干砌石及抛石拆除	m³	582.2	
3	垫层混凝土拆除	m³	15.4	
4	钢筋混凝土拆除	m³	387.1	
5	启闭机房拆除	m²	9.0	
6	启闭机拆除	台	3	
7	启闭机轨道拆除	m	33.9	
8	闸门拆除	扇	3	
9	测压管拆除	个	3	
10	沉陷杆拆除	个	3	
二	土方工程			
1	土方开挖	m³	21354.5	
2	土方回填	m³	19703.9	
3	黏土心墙	m³	951.0	
4	黏土环	m³	238.1	
三	石方工程			
1	浆砌石	m³	452.0	

编号	项 目 名 称	单 位	数 量	备 注
2	干砌石	m³	142.6	
3	碎石垫层（200mm 厚）	m³	44.6	
4	碎石垫层（150mm 厚）	m³	54.2	
5	碎石垫层（100mm 厚）	m³	26.2	
6	反滤料	m³	47.9	
7	抛石	m³	86.0	
四	混凝土工程			
1	素混凝土垫层（C10）	m³	23	厚 100mm
2	闸室下部混凝土（C25）	m³	270.4	
3	闸室上部混凝土（C30）	m³	25.4	
4	预制混凝土垫梁（C25）	m³	14.6	
5	涵洞混凝土（C25）	m³	241.1	
6	工作桥墩混凝土（C20）	m³	11.88	
7	桥面预制混凝土（C25）	m³	6.0	
8	钢筋混凝土栏杆	m	105.6	
9	钢筋	t	62.8	
五	房屋建筑工程			
	启闭机房	m²	43.3	
六	截渗墙工程			
1	钻孔	m	195.7	
2	高压摆喷截渗墙	m	165.8	
七	其他			
1	橡胶止水	m	73.5	
2	闭孔泡沫板	m²	41.7	
3	聚硫密封胶	m³	0.1	
4	防渗土工膜	m²	88.2	
5	$\phi200$ 无砂混凝土排水孔	m	15.1	
6	$\phi100$ PVC 排水管	m	256.6	
7	植树	棵	81	
8	植草	m²	2627.2	
9	沥青路面恢复（坝顶路）	m²	641.6	
10	碎石路面恢复（上坝路）	m²	423.1	

3.5.13 安全监测

3.5.13.1 设计原则

从大量涵闸的运行实践可以看出，涵闸和穿堤建筑物的破坏，通常是由于底板扬压力过大或者底板下部以及穿堤建筑物与大堤的结合部处理不当，形成渗流通道造成的。结合本闸的实际情况，特提出如下设计原则。

（1）监测项目的选择应全面反映建筑物实际情况，力求少而精，突出重点，兼顾全局。本工程以渗流监测为主，兼顾变形监测。渗流监测主要监测箱涵底板扬压力分布以及箱涵两侧与围坝结合部的渗透压力分布情况。变形监测主要监测闸室不均匀沉陷以及由箱涵不均匀沉陷引起的接缝变形。

（2）所选择的监测设备应结构简单，精密可靠，长期稳定性好，易于安装埋设，维修方便，具有大量的工程实践考验。同时便于实现自动化监测。

3.5.13.2 观测项目

根据上述设计原则，结合建筑物本身的具体情况，其仪器布设情况如下。

1. 渗流监测

底板扬压力监测。为监测涵闸底板扬压力分布，沿闸底板中心线分别在进口闸室段上游侧、进口闸室段下游侧，截渗墙上游侧、下游侧，第五节箱涵，出口闸室中部各布置1支渗压计，共6支。

2. 变形监测

（1）闸室不均匀沉陷监测。对涵闸等引水工程来说，闸室的均匀沉陷基本不影响涵闸的正常运行，而闸室的不均匀沉陷量过大，会造成闸墩倾斜，闸门无法启闭等影响涵闸正常运行的后果；为监测闸室的不均匀沉陷，在进口水闸和出口竖井的边墩四角各布设1个沉陷标点；水准工作基点组设在管理房周围相对稳定的基础上。

（2）接缝监测。为监测因基础不均匀沉陷引起的箱涵接缝开合情况，在闸室与箱涵接缝下部，围坝内第二、三节箱涵接缝下部，围坝内第六节箱涵与出口竖井接缝下部各布置1支测缝计，共3支。

3. 环境量监测

（1）上下游水位监测。在闸前和出口竖井水流相对平顺的明渠段各布置1支水位计，共2支，以监测涵闸上下游水位的变化。

（2）气温监测。在涵闸管理房附近布置1支温度计，监测涵闸附近气温的变化。

4. 监测站

监测站设在进口闸室启闭机房内。

3.5.13.3 监测设备选型

目前，应用于水利水电工程安全监测的设备类型很多，如振弦式、差动电阻式、电容式、压阻式等。除振弦式仪器外，其他仪器均存在长期稳定性差、对电缆要求苛刻、传感器本身信号弱、受外界干扰大的缺点。振弦式仪器是测量频率信号，具有信号传输距离长（可以达到2～3km），长期稳定性好，对电缆绝缘度要求低，便于实现自动化等优点，并且每支仪器都可以自带温度传感器测量温度，同时，每支传感器均带有雷击保护装置，防止雷击对仪器造成损坏。

根据安全监测设计原则以及各种类型仪器的优缺点，建议本工程中应用的渗压计、测缝计采用振弦式。

3.5.13.4 监测工程量

安全监测工程量见表 3.5-6。

表 3.5-6 安全监测工程量表

序 号	项 目 名 称	单 位	数 量
一	仪器设备		
1	渗压计	支	6
2	埋入式测缝计	支	3
3	水位计	支	2
4	温度计	支	1
5	水准标点	个	8
6	水准工作基点组	组	1
7	集线箱	个	1
8	电缆	m	500
9	直径 50mm 镀锌钢管	m	100
10	电缆保护管（直径 50mm PVC 管）	m	180
11	水准仪	个	1
12	振弦式读数仪	个	1
二	仪器设备率定费	项	1
三	运输保险费	项	1
四	安装调试费	项	1
五	施工期观测与资料整理	项	1

3.6 码头泄水闸

3.6.1 闸前铺盖与闸底板间止水装置修复

3.6.1.1 现状情况

闸前铺盖与闸底板间止水原采用三毡四油沥青麻布，用螺栓固定在闸底板前端竖直面上，下端锚固在闸前黏土铺盖层里，用混凝土沥青井封闭。由于闸使用年限过久，止水装置均已老化，止水失效。

3.6.1.2 加固措施

拆除闸前部分浆砌石铺盖，清除原沥青井和沥青麻布，将 0.75mm 厚的 HDPE 土工膜用螺栓锚固到闸底板前端竖直面上，螺栓垂直水流方向间距取 2m；外设薄钢板压条固定，土工膜下端锚固到闸前黏土铺盖层里，锚固长度 2m；紧贴闸底板前端浇筑宽 0.3m、高 1m 的混凝土现浇带。完成后恢复黏土层及其上部的浆砌石铺盖。

3.6.2 闸首与箱涵、箱涵节之间分缝止水修复

3.6.2.1 现状情况

箱涵分缝处原设黏土环、沥青麻布、塑料止水及明止水橡皮共 3 道止水，缝内填 2cm 厚沥青杉板。明止水橡皮的做法是在混凝土临水面接缝处，每侧各预留宽 10cm、深 4cm 的槽，内层抹 2cm 厚环氧树脂砂浆，再贴平面橡皮止水，外侧用水泥砂浆护面。

该闸在多次清淤检查均发现，闸室与洞身、洞节之间止水橡皮已老化，大部分已脱落断裂，虽经多次维修更换，但耐久性太差，渗水、漏水仍较为严重。

3.6.2.2 止水加固处理方案

凿除原损坏的止水，清除槽内灰尘碎渣等，更换成新的明止水，止水槽与原来一致，宽度为 22cm，深度为 4cm。

新的明敷止水做法为：在伸缩缝两侧植入螺栓，螺栓直径 10mm，间距 20cm，单根长度 25cm，将橡胶止水带用不锈钢板通过螺母拧紧压在接缝处，钢板宽度 6cm，厚度 10mm。橡胶止水带安装完成后，临水面凹槽内采用丙乳砂浆填充。

3.6.3 闸首及洞身混凝土表面缺陷修复

3.6.3.1 现状情况

根据工程现状调查分析报告，混凝土结构中闸首流道及箱涵因碳化、水流冲刷、气蚀等原因形成不同程度混凝土脱落、露筋等现象。左孔洞身第一节与闸室段相接处有一长 40cm 的顺水流向裂缝，最大缝宽 0.02mm。

3.6.3.2 加固措施

混凝土表面的剥落、麻面及冲坑等缺陷，加固措施为凿除原混凝土保护层，使用丙乳砂浆进行补强加固。

针对水闸部分混凝土表面的麻面和脱落，尤其是下游左边孔出口盖板底面混凝土脱落、露筋、钢筋严重锈蚀等问题，采取"凿旧补新"的修补方法进行。

（1）损毁混凝土凿除：为了避免混凝土凿除过程对原有构件破坏，采用人工凿除的方法进行清理，对混凝土表面开裂、松散、剥落的部位凿除直至露出新鲜混凝土面。

（2）锈蚀钢筋的处理：对原有钢筋除锈后绑扎搭接或焊接一根同型号钢筋，保证主筋断面面积大于原主筋断面面积，搭接长度应满足规范要求。

（3）丙乳砂浆补强：对有缺陷的混凝土进行凿毛清理后，用高压水冲洗干净，要求做到毛、潮、净，采用丙乳胶浆净浆打底，做到涂布均匀，人工涂刷丙乳砂浆，表面抹平压光，进行养护。

对于薄层修补区的边缘凿开一道 30mm 的凿槽，增加砂浆与老混凝土面的黏结；对于单块修补面积超过 20m² 的跳仓分块施工；对于混凝土面凿除深度大于 30mm 的部位，用丙乳胶浆净浆打底后，采用 C30 细石丙乳混凝土修补。

3.6.4 涵洞两侧锥探灌浆加固

（1）现状情况。由于地基的不均匀沉降，启闭机房在桥头堡处错位达 102.0mm，闸涵与堤身土之间产生不均匀沉降和裂缝，东平湖蓄滞洪水运用时，将产生接触渗流破坏，威胁东平湖蓄滞洪水的安全运行。

（2）加固措施。对闸首、涵洞与大堤之间的裂缝采用锥探压力灌浆加固方案。锥探灌

浆孔的布置按梅花形布孔，在闸首及涵洞两侧各布置 6 排灌浆孔，设计排距为 2.0m，孔距为 2.0m，孔径为 30~35mm；扩孔干法造孔。造孔深度应超过闸首底板和涵洞底板以下 1.5m，即设计孔深 12.7~15.4m。

造孔机械选用 ZK24 型和黄河 747 型锥孔机，柴油动力，齿轮传动，挤压成孔，开孔直径 32~35mm。制浆设备选用洪湖 PN 型搅灌机，能搅、储、压联合作业，其特点是可自行、柴油机动力，能同时供给 3~4 根注浆管，适用于锥探压力灌浆的多孔并联灌浆方式。

灌浆土料和浆液的各项指标参数依据《土坝坝体灌浆技术规范》（SL 564），结合黄河下游多年的灌浆经验来选择确定。

3.6.5 机架桥、启闭机房重建工程

3.6.5.1 机架桥、启闭机房及楼梯间存在问题

由于地基的不均匀沉降，启闭机房在楼梯间开裂错位达 102.0mm，大大超出了规范要求，同时，启闭机下 4 根 T 型梁挠度较大，均不能满足规范要求。

3.6.5.2 机架桥设计

除险加固工程拆除启闭机房、楼梯间、机架桥，保留机架桥柱。

（1）基本资料。启闭机房机架桥为钢筋混凝土梁板结构，混凝土强度等级为 C30，启闭设备大梁断面为 40cm×80cm，其他悬臂梁尺寸为 25cm×50cm。

根据设备检修要求和防洪要求，启闭机层高程 50.10m，启闭机房总长度约 11.4m，宽度为 4.2m。

（2）机架桥结构计算。将柱上部板个荷载均分到梁上，顺水流向和垂直水流向均简化为杆件结构。各个工况荷载组合详见表 3.6-1。

表 3.6-1   荷 载 组 合 表

工况	荷 载						
	自重	风荷载	楼面活荷载	屋面活荷载	机房及大梁重	提门力	地震作用
正常运用	√	√	√	√	√		
地震工况	√	√	√	√	√		√
提门工况	√	√	√	√	√	√	

采用理正软件进行计算，根据计算结果分析，在地震工况下，结构较不利，以下仅列出地震情况计算成果，内力及配筋结果见表 3.6-2。

表 3.6-2   排架构件最大内力及配筋结果表

排架部位	$M/(kN \cdot m)$	Q/kN	配筋型式	配筋面积/mm²
主梁跨中下部（提门工况）	852.10	134.25	8ϕ28	4926

注 表中所列配筋面积为构件单侧受力钢筋面积，主梁为启闭机支点所在的梁，排架柱为对称配筋。

水闸启闭机房现状为砖混结构，上部荷载为 1059.58kN，水闸加固后启闭机房改建为框架结构机房，上部荷载为 989.80kN，上部荷载减轻 69.78kN。故不需对原机架桥混凝土柱进行强度复核计算。

3.6.5.3 启闭机房设计

1. 启闭机房尺寸及型式拟定原则

（1）合理组织建筑的出入口位置，努力使建筑与周围环境有机协调统一。

（2）功能使用要求是建筑的最基本因素，力求满足各项要求，坚持高起点、高水平、高标准。

（3）使用、安全、经济、美观是建筑不变的准则，在满足以上所述的情况下，尽可能节省工程投资，降低造价，通过合理的设计降低运营费用。

2. 启闭机房平面设计

码头泄水闸启闭机房共 2 层，建筑面积 136.88m²。其中启闭机室为框架结构，面积 51.76m²。楼梯间及其他房间为砖混结构，面积 85.12m²。建筑一层布置卫生间、值班室、控制室和柴油发电机室，二层布置启闭机室。启闭机室一侧设置 2 处楼梯。启闭机房各功能用房建筑面积详见表 3.6-3。

表 3.6-3 　　　　启闭机房各功能用房建筑面积汇总表　　　　单位：m²

项　目	建 筑 面 积	项　目	建 筑 面 积
启闭机室	51.76	柴油发电机室	17.63
楼梯间	32.79	值班室	12.14
控制室	17.63	卫生间	4.93

3. 启闭机房立面设计

本建筑设计力求功能、色彩与形式的协调统一，立面设计采用现代建筑风格。外墙、外装饰材料为白色外墙涂料，外窗采用铝合金平开窗。

3.6.6 室外工程设计

（1）码头泄水闸场区景观绿化设计。码头泄水闸场区位于启闭机房西侧，面积约 236m²。场区在堤顶路侧设置大门。为满足功能需求，在场区中心设置面积 55m² 的铺装场地；围墙内侧绿化带，选用女贞和大叶黄杨球间隔列植。启闭机房外围以种植池形式形成建筑基础种植。正对大门的种植池做规则式植物模纹，不仅丰富了植物配置形式，而且烘托气氛起到迎宾的作用。

（2）场区景观植物配置。植物的选择遵循适地适树的原则，常绿和落叶植物相结合，乔木、灌木和草本植物相结合，观叶和观花植物相结合。乔木选用圆柏、女贞和紫薇，灌木选用大叶黄杨、金叶女贞和紫叶小檗，草本植物选用丰花月季，草坪草选用早熟禾。力求在乔灌草地被四个层次营造丰富的植物群落效果，形成可观、可赏、可游、可憩的场区绿化景观。

3.6.7 水闸加固后稳定分析

3.6.7.1 水闸渗流稳定计算复核

依据《东平湖码头泄水闸工程安全鉴定报告》结论，水闸的过流能力、消能防冲、防渗长度及渗透坡降等均满足规范要求。针对除险加固后设计防洪水位较原设计防洪水位提高 0.5m 情况，对水闸的渗流稳定进行复核计算。

1. 闸基防渗排水布置分析

根据该闸竣工资料，上游黏土铺盖长 30m，闸段长 20m，涵洞段长 16m，浆砌石消力池长 20m，故该闸原防渗总长度为 86m。闸基持力层取用壤土层，按《水闸设计规范》（SL 265—2001）中渗径系数法初估基础防渗轮廓线长度，即

$$L = C\Delta H \tag{3.6-1}$$

式中：L 为基础防渗轮廓线长度，m；ΔH 为上、下游水位差，m；C 为渗径系数。

在设计防洪水位 45.0m，相应下游水位 37.5m 时，其上下游水位差为 $\Delta H = 7.5$m，渗径系数 $C=7$，基础防渗长度应为 52.5m。

原设计防渗长度大于要求的防渗长度，满足设计要求。

2. 闸基渗流稳定计算

计算方法采用《水闸设计规范》（SL 265—2001）中的改进阻力系数法。

（1）土基上水闸的地基有效深度计算。可按式（3.1-2）计算。

当计算的 T_e 值大于地基实际深度时，T_e 值应按地基实际深度采用。

由地层剖面图可知，Ⅵ层为本区较厚的黏土层，可作为本区的相对隔水层，故地基实际深度应采用 33.0m。

（2）分段阻力系数计算。采用式（3.1-3）计算。

（3）各分段水头损失的计算。各分段水头损失按式（3.1-4）计算。

当内部水平段的底板为倾斜，其阻力系数可按式（3.1-5）计算。

（4）各分段水头损失值的局部修正。

1）进出口段修正后的水头损失值按式（3.1-6）计算。

修正后水头损失的减小值 Δh 按式（3.1-7）计算。

2）水平段及内部垂直段水头损失值的修正。由于 h_{x1}、h_{x4} 均大于 Δh，故内部垂直段水头损失值可不加修正，水平段的水头损失值按式（3.1-8）计算修正。

（5）闸基渗透稳定计算。水平段及出口段渗流坡降值按式（3.1-9）计算。

水平段及出口处的渗流稳定计算结果见表 3.6-4。

表 3.6-4　　　　　　　　　闸基渗流稳定计算结果汇总表

平均渗透坡降	设计防洪水位 45.00m	校核防洪水位 46.00m	允许渗流坡降值
闸室底板水平段	0.0759	0.0648	0.15~0.25
涵洞出口处	0.4191	0.3576	0.40~0.50

本工程闸基坐落在砂壤土层上，由《水闸设计规范》（SL 265—2001）表 6.0.4 的水平段和出口段的允许渗流坡降值可知：$[J_x]=0.15\sim0.25$，$[J_0]=0.40\sim0.50$。本工程铺盖与闸室、闸涵与涵洞间的止水修复后，基础防渗长度 66m，经计算，现有闸基的水平段、出口段渗流坡降值均能满足规范要求，闸基抗渗稳定满足要求。

3.6.7.2　闸室稳定及应力计算

《东平湖码头泄水闸工程安全鉴定报告》对水闸稳定及抗渗稳定性进行了复核："在设计防洪水位及校核防洪水位工况下闸室最大基底应力、闸室基底应力最大值和最小值之比均不满足规范要求；平均基底应力、抗滑稳定安全系数均满足规范要求。"

考虑到水闸加固后启闭机房改为轻型启闭机房，上部荷载有所减轻，但水闸防洪水位比原设计水位增加 0.50m，虽然总荷载未超出原设计荷载值，考虑到鉴定报告中基底应力

计算最大值超出 1.2 倍允许承载力，且不均匀系数不满足规范要求，故对水闸稳定再次复核计算。

1. 基础承载力验算

根据 1973 年 8 月《东平湖新湖区码头泄水闸施工技术总结》："原建筑物按底板高程 36.00m 进行设计，根据实际基础开挖情况，35.30m 高程软黏土层已经挖去，35.30m 以下黏土比较坚硬、密实，干容重在 1.4t/m³ 以上，可作建闸地基，故经河务局批准闸底板高程改为 36.20m。为施工方便，其他部位亦相应抬高 0.2m。"推算码头泄水闸基础持力层即第②层为黏土层：灰黄色，湿，一般可塑～硬塑状，层厚 1.202.00m，分布连续。

按照《水闸设计规范》（SL 265—2001）中的规定，在竖向对称荷载作用下，可按限制塑性区开展深度的方法计算土质地基允许承载力，计算公式如下。

$$[R] = N_B \gamma_B B + N_D \gamma_D D + N_C C \tag{3.6-2}$$

式中：$[R]$ 为按限制塑性区开展深度计算土质的地基允许承载力，kPa；γ_B 为基底面以下土的重度，kN/m²，地下水位以下取浮重度；γ_D 为基底面以上土的重度，kN/m²，地下水位以下取浮重度；B 为基底面宽度，m；D 为基底埋置深度，m；C 为地基土的黏结力，kPa；N_B、N_D、N_C 分别为承载力系数，由《水闸设计规范》表 H.0.1 查得，N_B、N_D、N_C 分别为 0.313、1.940、4.421。

涵闸地基承载力计算参数选取值情况见表 3.6-5。计算得 $[R] = 184.45$kPa。

表 3.6-5　　　　　　　　　涵闸地基承载力计算参数选取值情况

项目	底宽 B /m	埋深 D /m	地基土重度 γ_d /(kN/m²)	地基土浮重度 γ_b /(kN/m²)	快剪指标 C /kPa	土的内摩擦角 φ /(°)
数值	11.4	1.4	15	9.3	25	12

2. 计算内容

计算内容包括地基应力及不均匀分布系数 η、抗滑稳定安全系数 K_c 及基础承载力验算。

水闸启闭机房现状为砖混结构，上部荷载为 1059.58kN，水闸加固后启闭机房改为框架结构机房，上部荷载为 989.80kN，上部荷载减轻 69.78kN。

（1）计算工况及荷载组合。作用在闸室上的主要荷载有：闸室自重和永久设备自重、水重、静水压力、扬压力、侧向土压力、浪压力、地震力等。

1）闸室自重。闸室自重包括闸体和上部启闭机房、永久设备重、闸体范围内的水重等。

2）静水压力。按相应工况下计算上下游水位。

3）扬压力。扬压力为浮托力及渗透压力之和，根据阻力系数法计算各工况渗透压力。

4）浪压力。本工程水面宽度较小，风浪的影响可忽略不计。

5）地震。地震动峰值加速度 0.15g，地震基本烈度为Ⅷ度。根据《水工建筑物抗震设计规范》（SL 203—1997），该水闸采用拟静力法计算地震作用效应。

a. 水平向地震惯性力。沿建筑物高度作用于质点 i 的水平向地震惯性力代表值按下式计算。

$$F_i = \alpha_h \xi G_{Ei} \alpha_i / g \tag{3.6-3}$$

式中：F_i 为作用在质点 i 的水平向地震惯性力代表值；ξ 为地震作用的效应折减系数，除另有规定外，取 0.25；G_{Ei} 为集中在质点 i 的重力作用标准值；α_i 为质点 i 的动态分布系数；α_h 为水平向设计地震加速度代表值，$0.10g$。

b. 地震动水压力。单位宽度的总地震动水压力作用在水面以下 $0.54H_0$ 处，计算时分别考虑闸室上下游地震动水压力，其代表值 F_0 按下式计算。

$$F_0 = 0.65 \alpha_h \xi \rho_w H_0^2 \tag{3.6-4}$$

式中：ρ_w 为水体质量密度标准值；H_0 为水深。

计算工况及荷载组合，见表 3.6－6。

表 3.6－6　　　　　　　　　　　计算工况及荷载组合表

荷载组合	计算工况	水位/m		荷 载						
		闸上	闸下	自重	静水压力	扬压力	土压力	泥沙压力	波浪压力	地震荷载
基本	完建期（枯水期）	36.5	36.5	√	—	—	√	—	—	—
	设计洪水位	45.0	37.5	√	√	√	√	略	略	—
特殊	校核防洪水位	46.0	39.6	√	√	√	√	略	略	—
	正常蓄水位＋地震	37.5	37.5	√	√	√	√	略	略	√

（2）抗滑稳定验算。计算采用式（3.4－5）。

（3）基底应力验算。计算采用式（3.5－5）。

（4）计算成果。计算结果见表 3.6－7。

表 3.6－7　　　　　　　　　　　闸室抗滑稳定安全系数表

工　况	P_{max} /kPa	P_{min} /kPa	$P_{平均}$ /kPa	不均匀系数 P_{max}/P_{min}	不均匀系数允许值 P_{max}/P_{min}		抗滑稳定安全系数	抗滑稳定安全系数允许值	
					基本组合	特殊组合		基本组合	特殊组合
完建	190.00	171.02	180.51	1.11	2.00		16.71	1.35	
设计防洪水位	146.54	104.21	125.37	1.41	2.00		4.49	1.35	
校核防洪水位	179.04	104.33	141.69	1.72		2.50	4.88		1.20
常水位＋地震	223.73	115.82	169.77	1.93		2.50	3.00		1.10

根据基底应力计算，闸室及涵管的最大基底应力均小于按限制塑性区开展深度计算土质的地基允许承载力 221.34kPa（184.45kPa 的 1.2 倍），平均基底应力均小于按限制塑性区开展深度计算土质的地基允许承载力 184.45kPa。基础承载力基本满足设计要求，不需要采取基础处理措施。

3.6.7.3　水闸除险加固后运用情况分析

（1）设防能力分析。码头泄水闸原设计防洪水位为 44.50m，现设计防洪水位为

45.00m，水位提高了 0.50m，经过加固后，在设计防洪水位和校核防洪水位及完建工况下闸室稳定、闸基渗流稳定复核计算均满足规范要求。

（2）泄水能力分析。码头泄水闸原设计上游水位 39.50m，相应下游水位 39.30m，排涝流量为 50m³/s。经复核计算过流能力满足原设计标准。原设计泄水水位 41.00m，相应下游水位 37.50m，泄洪流量为 150m³/s。经黄河水利委员会黄河水利科学研究院出具的安全鉴定报告复核计算过流能力、消能防冲均满足原设计标准。本次除险加固工程不对闸室过流能力产生不利影响，故不再对过流能力进行复核计算。

3.6.8 水闸土建工程主要工程量表

码头泄水闸除险加固土建部分主要工程量见表 3.6-8、表 3.6-9。

表 3.6-8　　　　　　　　　码头泄水闸旧闸拆除主要工程量表

编号	项　目		单　位	工程量	备　注
1	清淤		m³	1412.25	
2	浆砌石铺盖		m³	12.60	
3	黏土铺盖		m³	31.50	
4	启闭机房及桥头堡建筑		m²	145.25	砖混结构
5	机架桥钢筋混凝土		m³	13.38	
6	混凝土栏杆		m	102.06	
7	门槽混凝土凿除		m³	6.19	
8	钢爬梯		个	17	
9	止水拆除	止水橡皮	m	42	
10		扁钢	m	84	
11		膨胀螺栓螺母	套	420	
12	护坡	浆砌石护坡	m³	21.69	
13		碎石垫层	m³	4.94	
14	砌石场地		m²	325.50	

表 3.6-9　　　　　　　　　码头泄水闸除险加固主要工程量表

编号	项　目	单　位	工程量	备　注
一	水闸修复			
1	浆砌石铺盖	m³	12.60	
2	黏土铺盖	m³	31.50	
3	启闭机房	m²	51.76	框架结构
4	桥头堡	m²	85.12	砖混结构
5	机架桥梁板 C30	m³	18.31	
6	钢筋	t	2.75	
7	模板	m²	100.40	
8	不锈钢栏杆	m	102.06	

编 号	项 目		单 位	工 程 量	备 注
9	门槽	门槽二期混凝土 C40	m³	5.99	
10		门槽植筋	t	6.46	HRB335 级钢 φ16
11		门槽凿孔	m	2453.22	孔径为 25mm
12	钢爬梯		kg	161.70	HRB335 级钢 φ25
13	混凝土表面修补		m²	220.50	丙乳砂浆
14	裂缝处理		cm³	2520	环氧树脂
15	止水修复	沥青砂浆	m³	1.16	
16		止水橡皮	m	42	宽 210mm，厚 10mm，平板型
17		不锈钢扁钢	m	84	扁钢 4mm×75mm
18		C30 混凝土	m³	4.41	
19		HDPE 土工膜	m²	46.20	厚 0.75mm
20		不锈钢膨胀螺栓螺母	套	420	膨胀螺栓 M10
21	涵闸两侧压力灌浆加固		m	3687	孔径为 35mm
22	浆砌石护坡		m³	21.69	
23	碎石垫层		m³	4.94	
24	砌石场地		m²	325.50	0.3m 厚
25	水泥砂浆		m³	2.45	浆砌石修复
26	铁艺大门		扇	1.00	高 2.2m、宽 2.0m
27	铜字		个	10	
二	环境恢复				
1	圆柏		株	6	
2	女贞		株	19	
3	紫薇		株	7	
4	大叶黄杨		株	12	
5	金叶女贞		m²	7	
6	紫叶小檗		m²	7	
7	月季		m²	3	
8	早熟禾		m²	82	

3.6.9 观测设施修复

3.6.9.1 监测设施现状

《东平湖码头泄水闸安全鉴定报告》对码头泄水闸的安全监测设施状况提出了评价意见，主要内容：沉降观测点损坏 1 个，测压管淤堵。

从现有监测设施来看，本工程的监测设施不能满足《混凝土坝安全监测技术规范》（DL/T 5178—2003）的要求，有必要对现有的监测设施进行更新改造，以满足本工程安全运行的需要。

3.6.9.2 设计原则

从大量涵闸的运行实践可以看出，涵闸和穿堤建筑物的破坏，通常是由于底板扬压力过大或者底板下部以及穿堤建筑物与大堤的结合部处理不当，形成渗流通道造成的。结合本闸的实际情况，特提出如下设计原则。

（1）监测项目的选择应全面反映建筑物实际情况，力求少而精，突出重点，兼顾全局。本工程以渗流监测为主，兼顾变形监测。

（2）渗流监测主要监测箱涵底板扬压力分布以及箱涵两侧与围坝结合部的渗透压力分布情况。

（3）所选择的监测设备应结构简单，精密可靠，长期稳定性好，易于安装埋设，维修方便，具有大量的工程实践考验，同时便于实现自动化监测。

3.6.9.3 监测项目

根据上述设计原则，结合建筑物本身的具体情况，其仪器布设情况如下。

1. 渗流监测

（1）扬压力监测。为监测涵闸底板扬压力分布，在闸室中墩底部沿程布置3支渗压计，以满足扬压力监测要求。

（2）渗透压力监测。为监测箱涵和围坝结合部的渗透压力情况，在闸室上游侧、箱涵中上游及中下游侧的左、右两侧分别布置1支渗压计，共6支。

2. 变形监测

对涵闸等引水工程来说，闸室的均匀沉陷基本不影响涵闸的正常运行，而闸室的不均匀沉陷量过大，会造成闸墩倾斜、闸门无法启闭等影响涵闸正常运行的后果；对已损坏的沉降点进行恢复，并沿用原有沉降点进行沉降监测，以监测水闸的沉降变形情况。

3. 环境量监测

（1）上下游水位监测。在闸前和出口竖井水流相对平顺的明渠段各布置1支水位计，共2支，其中上游侧水位计采用遥测水位计，以监测涵闸上下游水位的变化。

（2）气温监测。在涵闸管理房附近布置1支温度计，监测涵闸附近气温的变化。

（3）监测站。监测站设在闸室启闭机房内。

3.6.9.4 监测设备选型

目前，应用于水利水电工程安全监测的设备类型很多，如振弦式、差动电阻式、电容式、压阻式等。除振弦式仪器外，其他仪器均存在长期稳定性差、对电缆要求苛刻、传感器本身信号弱、受外界干扰大的缺点。振弦式仪器测量频率信号，具有信号传输距离长（可以达到2～3km）、长期稳定性好、对电缆绝缘度要求低、便于实现自动化等优点，并且每支仪器都可以自带温度传感器测量温度，同时，每支传感器均带有雷击保护装置，防止雷击对仪器造成损坏。

根据安全监测设计原则以及各种类型仪器的优缺点，本工程中应用的渗压计采用振弦式。

3.6.9.5 监测工程量

码头泄水闸监测工程量详见表3.6-10。

表 3.6 - 10   码头泄水闸监测工程量汇总表

序 号	项 目 名 称	单 位	数 量
一	仪器设备		
1	渗压计	支	9
2	水位计	支	1
3	遥测水位计	套	1
4	温度计	支	1
5	沉降点	个	1
6	集线箱	个	1
7	电缆	m	480
8	直径 50mm 镀锌钢管	m	80
9	电缆保护管（直径 50mm PVC 管）	m	130
10	振弦式读数仪	个	1
11	渗压计钻孔	m	100
小计			
二	仪器设备率定费	项	1
三	运输保险费	项	1
四	安装调试费	项	1
五	施工期观测与资料整理	项	1

第4章　电气与金属结构设计

4.1　韩墩引黄闸工程

4.1.1　电气

4.1.1.1　电源引接方式

韩墩引黄闸始建于1982年,目前已运行29年。原闸门由6台80t单吊点固定式卷扬启闭机(生产日期:1982年),由于建筑物结构及金属结构运行年限已久,建筑物结构破损,金属结构设备和电气设备老化,工程已不能正常使用,需要进行改造。

本工程主要负荷为6台引黄闸闸门启闭机、照明负荷、检修负荷、计算机监控等负荷,根据《供配电系统设计规范》(GB 50052—2009)规定,本工程按三级负荷设计。此类负荷需要一回电源,供电电源利用原有10kV电源,从终端杆处引接至水闸箱式变电站,原有电源目前运行正常,不在本期改造范围内。但由此地电网属于农村电网,供电可靠性不高,停电后闸门启闭机将无法进行操作;并且给涵闸监控系统和视频监视系统失电时供电的UPS电源供电时间也有限,因此需增加柴油发电机1台,以提高供电可靠性。

4.1.1.2　电气接线

本工程供电负荷电压等级为0.4kV,其主要负荷见表4.1-1。

表 4.1-1　　　　　　　　　　主要设备用电负荷表

序号	设备名称	台数	运行台数	容量/kW	总容量/kW	运行方式
1	卷扬式启闭机	6	6	26	156	不经常、短时
2	控制室电源				20	经常、连续
3	照明				10	经常、连续
4	检修				40	不经常、短时
5	其他				10	不经常、短时
合计					171.2	

注　经常、连续运行设备的同时系数 K_1 取0.9,不经常、短时运行设备的同时系数 K_2 取0.7,0.4kV总负荷 $S = K_1\sum + K_2\sum = 0.9\times(20+10) + 0.7\times(156+40+10) = 171.2$ kW。

由表4.1-1所得其计算负荷约为171.2kW,由于电机容量较小,其启动方式均为直接启动,其最大负荷运行方式为2台26kW同时运行,1台启动,为了满足所需容量,同时考虑变压器的经济运行,设变压器1台,容量为200kVA。

本工程10kV侧采用线路-变压器组接线,0.4kV侧采用单母线接线,考虑到负荷功率不大,距离较近,在低压母线上采用集中补偿装置补偿。

4.1.1.3　主要电气设备选择

韩墩闸设箱式变电站 1 座，设 SC10 - 200/10 型变压器 1 台，高压侧设 1 台负荷开关、限流熔断器及避雷器。低压单元设 14 回出线，供动力负荷 6 回、照明负荷 2 回、检修负荷 2 回及计算机控制负荷 1 回，其他 3 个回路作为备用。设无功补偿装置 1 套，补偿容量为 60kvar。另设 1 台柴油发电机组作为主供电源失去时的备用电源。

主要设备型号及参数如下。

1. 箱式变压站

型号：YB - 10/0.4 - 200，户外型；额定电压：10/0.4kV；变压器额定容量：200kVA、干式；高压负荷开关：160A、SF$_6$；高压熔断器：RN1 - 10/50、30A；0.4kV 并联电容器 60kvar；箱体防护等级：IP33；使用条件：海拔不超过 2000m、环境温度＋40～－30℃、相对湿度不超过 90％（25℃）。

2. 户外氧化锌避雷器

型号：Y5WS5 - 17/50；系统额定电压：10kV；避雷器额定电压：17kV；避雷器持续运行电压：13.6kV；雷电冲击残压：50kV；爬电比距：＞2.4cm/kV。

3. 跌落式熔断器

型号：RW9 - 10；额定电压：10kV；额定电流：100A；额定断流容量：100kVA。

4. 柴油发电机

按单台 26kW 卷扬机运行，并考虑部分照明负荷，选择柴油发电机容量为 150kW。主要参数如下：额定输出功率：150kW；额定电压：400V；三相四线，额定频率：50Hz；额定功率因数：0.8；噪声水平不大于 86dB。

4.1.1.4　主要电气设备布置

箱式变电站布置在闸管所院内，地势较高、不易积水、便于巡视。柴油发电机布置在柴油发电机房内，柴油发电机房与箱式变电站相邻。箱式变电站至各用电设备电缆通过电缆沟或穿管直埋连接。

4.1.1.5　照明

为降低损耗，本工程采用节能型高效照明灯具。管理房采用荧光灯，启闭机房照明采用工矿灯，事故照明灯采用带蓄电池灯具，蓄电池连续供电时间不少于 60min。柴油发电机房照明灯具选用防爆型灯具。

4.1.1.6　过电压保护及接地

为防止雷电波侵入，在 10kV 电源进线终端杆上各装设一组氧化锌避雷器。建筑屋顶设避雷网带保护。

接地系统以人工接装置（接地扁钢加接地极）和自然接装置相结合的方式；人工接地装置包括：闸室、管理房等处设的人工接地装置。自然接装置主要是利用结构钢筋等自然接地体，人工接装置与自然接装置相连，所有电气设备均与主接地网连接。

防雷保护接地、工作接地及电子系统接地共用一套接地装置，其接地电阻按不大于 1Ω 设计。若接地电阻达不到要求时，采用高效接地极或降阻剂等方式有效降低接地电阻，直至满足要求。

4.1.1.7　电缆防火

根据《水利水电工程设计防火规范》（SDJ 278—1990）要求，所有电缆孔洞均应采取防火措施，根据电缆孔洞的大小采用不同的防火材料，比较大的孔洞选用耐火隔板、阻火包和有机防火堵料封堵，小孔洞选用有机防火堵料封堵。电缆沟主要采用阻火墙的方式将电缆沟分成若干阻火段，电缆沟内阻火墙采用成型的电缆沟阻火墙和有机堵料相结合的方式封堵。

4.1.1.8 涵闸监控系统

1. 控制范围

山东涵闸除险加固工程韩墩引黄闸闸门自动控制系统的控制范围包括箱式涵洞工作闸门6扇，配套6台800kN固定卷扬式启闭机，单台启闭机用电负荷为26kW。

利用新建光纤通道实现现地控制单元与上位机监控系统的通信。

设1套视频监视系统，可在闸管所集控室内实现对闸门和启闭机的视频监视。

2. 控制方式及系统组成

闸门控制拟采用由上位计算机系统及现地控制单元组成的分层分布式控制系统。

现地控制单元设于启闭机房，由控制屏、自动化元件构成。预留有和上位计算机监控系统的通信接口，可通过新建光纤通道与上位机相连。

上位计算机系统由监控计算机、不间断UPS电源、以太网交换机、打印机等设备组成，上位机放于闸管所集控室内。本期接入黄委统一的黄河下游引黄涵闸远程监控系统内。

每闸门设1面闸门控制屏，控制屏内装设可编程序逻辑控制器（PLC）、触摸屏、信号显示装置、网络服务器和主回路控制器件，主要包括空气开关、接触器、热继电器等。PLC具有网络通信功能，采用标准模块化结构。PLC由电源模块、CPU模块、I/O模块、通信模块等组成。

为了配合实施闸门控制系统的功能要求，实现闸门的远方监控，启闭机均装设闸门开度传感器、荷重传感器，将闸门位置信号、荷载信号传送至现地控制单元和上位机系统，为闸门控制提供重要参数。

设1套视频监视系统，可在闸管所集控室内实现对闸门和启闭机的视频监视。

3. 上位计算机系统的功能

（1）数据采集和处理。

1）模拟量采集：闸门启闭机电源电流、电压、闸门开度、闸门荷载。

2）状态量采集：闸门上升或下降接触器状态、闸门启闭机保护装置状态、动力电源、控制电源状态、有关操作状态等。

（2）实时控制。通过监控计算机对闸门实施上升或下降的控制，所有接入闸门控制系统的闸门均采用现地控制与远方控制两种控制方式，互为闭锁，并在现地切换。

（3）安全运行监视。

1）状态监视。对电源断路器事故跳闸、运行接触器失电、保护装置动作等状态变化进行显示和打印。

2）过程监视。在控制台显示器上模拟显示闸门升降过程，并标定升降刻度。

3）监控系统异常监视。监控系统中硬件和软件发生故障时立即发出报警信号，并在显示器显示记录，同时指示报警部位。

4）语音报警。利用语音装置，按照报警的需要进行语言的合成和编辑。当事故和故障发生时，能自动选择相应的对象及性质语言，实现汉语语音报警。

（4）事件顺序记录。当供电线路故障引起启闭机电源断路器跳闸，电气过负荷、机械过负荷等故障发生时，应进行事件顺序记录，进行显示、打印和存档。每个记录包括点的名称、状态描述和时标。

（5）管理功能。

1）打印报表。包括打印闸门启闭情况表、闸门启闭事故记录表。

2）显示。以数字、文字、图形、表格的形式组织画面在显示器上进行动态显示。

3）人机对话。通过标准键盘、鼠标可输入各种数据，更新修改各种文件，人工置入各种缺漏的数据，输入各种控制命令等，实现各涵闸运行的监视和控制。

（6）系统诊断。主控级硬件故障诊断：可在线和离线自检计算机和外围设备的故障，故障诊断应能定位到电路板。

主控级软件故障诊断：可在线和离线自检各种应用软件和基本软件故障。

（7）软件开发。应能在在线和离线方式下，方便地进行系统应用软件的编辑、调试和修改等任务。

4.1.1.9　现地控制单元的功能

1. 实时数据采集和处理

（1）模拟量采集。包括采集闸门启闭机电源电流、电压、闸门开度、闸门荷载。

（2）状态量采集。包括采集闸门行程开关状态、启闭机运行故障状态等。

涵闸监控系统通过在不同点安装一定数量的传感器进行以上数据的信号采集，并对数据进行整理、存储与传输。

2. 实时控制

（1）可实现远方/现地控制，采用现地控制时，运行人员通过触摸屏在现场对所控制的闸门进行上升、下降、局部开启等操作。闸门开度实时反映出现运行故障，能及时报警并在触摸屏上显示。

（2）采用远方控制时，通过通信网络接受上位机系统的控制指令，自动完成闸门的上升、下降、局部开启。

（3）在上位机系统故障或通信网络故障时，可独立完成闸门的控制。

3. 安全保护

闸门在运行过程中，如果发生电气回路短路电源断路器跳闸，当发生电气过负荷，电压过高或失压，启闭机荷重超载或欠载时，保护动作自动断开闸门升/降接触器回路，使闸门停止运行。如果由于继电器、接触器接点粘连，或发生其他机械、电气及环境异常情况时，应自动断开闸门电源断路器，切断闸门启闭机动力电源。

4. 信号显示

在PLC控制屏上通过触摸屏反映闸门动态位置画面、电流、电压、启闭机电气过载、机械过载、故障等信号。

5. 通信功能

现地控制单元将采集到的数据信息上传到上位机系统，并接收远程控制命令。

4.1.1.10 监控系统主要技术要求

1. 集中控制级设备

（1）操作员工作站。采用工业控制计算机，双机热备，基本配置如下：

处理器：≥3GHz，Intel，酷睿双核；标准内存容量：≥4GB；硬盘容量：≥500GB；显示器：22″TFT 型宽屏；显示内存：≥512MB；1 个标准键盘、1 个鼠标；光驱：DVD；接口：2 个串行口，1 个并行口，4 个 USB 接口、1 个 10/100M 以太网接口。

应有成熟的实时多任务、多用户操作系统的支持，并应满足用户要求。具有电源故障保护和电源恢复后自动重新启动的自动恢复功能。

（2）打印机。提供 1 台激光打印机，用以打印各报警信号，运行状态和实时记录、报表以及打印任何一个彩色显示器上显示的图像等，性能至少满足：①分辨率：≥600×600dpi；②幅面：A3；③打印速度：≥15ppm；④带有汉字库，符合《信息交换用汉字编码字符集》（GB 2312—1980）。

（3）以太网交换机。不少于 8 个 10/100Base - T 和 2 个 10/100Base - FX 接口；支持标准 IEEE 802.1s MSTP、RSTP 备援机制，符合复杂网络架构备援需求；支持 VLAN、Private VLAN、QinQ、GVRP、QoS、IGMP Snooping V1/V2/V3、Rate Control、Port Trunking、LACP、在线多端口监控；外壳满足 IP31 工业防护标准。

（4）UPS 电源。设 1 台在线式 UPS，给集控室内的主控级设备供电。UPS 电源应配置隔离变压器、蓄电池组、控制保护装置，当 UPS 故障时，应有告警信号引出。UPS 切换时，不能造成用电设备（如计算机、显示器等）的损坏。UPS 的基本性能要求如下。

输入电压：380V AC/220V AC±15%，50Hz±5%；容量：≥4kVA；容量裕度：>50%。

输出电压：220V AC±2%，50Hz±0.1%；波形失真：<3%；UPS 在失去交流输入电源时，应能保证其全部负载不少于 1h 供电。

2. 现地控制单元硬件要求

闸门现地控制单元至少应包括下列设备。

（1）1 台可编程序控制器（PLC）。

1）CPU 特性：可编程序控制器 CPU 字长 16 位或以上；应具有固态晶体控制的实时时钟，其工作频率不应低于 25MHz。

2）存储器特性：直接存储器存储容量不应少于 32KB，寻址容量不应少于 16KB；并具有错误检测功能和保护特性；至少应有 50% 的存储容量留作备用；其存储时间应小于 120ns。

3）输入、输出电路。每套闸门现地控制单元输入、输出回路，请卖方根据系统控制要求配置相应的数字量输入、输出及模拟量输入、输出点数。

数字输入电路应具有光电隔离；隔离电压不应小于有效值 2000V；每一个输入通道应能单独选择常开触点或常闭触点的接收；应具有接点防抖过滤措施，以防止因触点抖动造成误操作；每一路数字输入均应有 LED 状态显示。

PLC 应具有与闸门开度荷重仪的接口，接口方式 4~20mA。

每一路信号输出都应有 LED 显示，其绝缘耐压水平不应小于有效值 2000V。

（2）触摸屏。每套现地控制单元设 1 面 10″真彩触摸控制屏。

（3）通信接口。每个闸门现地控制单元 LCU 均设置与集控级相连的以太网接口，以及与编程便携式个人计算机的通信接口。

（4）现地控制单元 LCU 上预留开度荷重仪等测量装置的安装位置。

（5）主回路设备：每扇闸门启闭机的主回路相对独立，通过控制两组交流接触器使启闭机电动机正/反转或开启/关闭相应阀门，实现闸门的提升或下降；电气过负荷保护由热保护继电器实现；主回路自动空气开关带分励脱扣线圈，可通过手动或自动实现故障时紧急断电。通过电流、电压变送器（或多功能电表）采集主回路电流和电压转换成 4～20mA 的模拟量送至 PLC，可实现启闭机运行时电流、电压的远方监视。

4.1.1.11　视频监视系统的技术要求

1. 系统功能要求

视频监视系统具有以下主要功能：①数字图像记录功能；②控制功能；③键盘控制；④系统管理功能；⑤录像及回放功能；⑥多级监控功能；⑦时间同步功能；⑧方便扩充和升级功能。

2. 设备性能要求

（1）数字视频服务器和硬盘录像机，配接 22 寸宽屏显示器。

1）图像清晰度：在 MPEG - 4 或 MPEG - 2 的编码方式下，每路编码、传输、录像、回放均可实现 D1 图像分辨率（752×576）。

2）网络能力：支持 E1、光纤（单纤双向、双纤双向）、802.11b、GPRS 等多种传输网络，只传输系统调看图像码流，轻松构建大型数字化监控系统。

3）文件备份功能：支持 USB2.0 本地备份及远程网络备份。

用单一的 PC 键盘和遥控器可本地集中控制多台堆叠编码设备。

性能要求：①视频压缩标准：H.264；②视频处理芯片：DSP 处理器；③主 CPU：嵌入式 MPU 处理器；④视频输入：1～16 路（NTSC，PAL 制式自动识别），BNC（电平：1.0Vp - p；阻抗：75Ω）；⑤视频输出：1 路（NTSC，PAL 可选），BNC（电平：1.0Vp - p；阻抗：75Ω），可切换，支持 1/4/9/16 画面分割。

（2）数字视频解码设备。模拟视频输出，视频信号不小于 480 电视线。

（3）摄像机。应选用适合水闸工业环境要求的彩色摄像机，其扫描制式应根据不同功能区别对待，并符合相应的国家标准。

对室内宜选用低照度彩色摄像机。室内、室外摄像机应具有防震、防盗、防雾、防尘功能。涵闸配 6 台摄像机，其中 4 台监视闸门的摄像机具有红外夜视功能。闸前、闸后设 2 台一体化彩色球形摄像机用于监视闸前、闸后的情况。

1）红外摄像机。成像元件：1/4″ Interline CCD；像数：752（水平）×582（垂直），PAL/CCIR；扫描系统：2：1 Interlace；水平解析度：Color，480TVL B/W；最低照度：0.5lx；红外开启时：0lx；红外距离：50m；同步系统：Internal/External；信噪比：≥50dB；视频输出：1.0Vp - p 75 Ohm；镜头接口：C \ CS；自动光圈：Video/DC；环境温度：-10～+50℃。

设在室外的摄像机应能防高温、防低温、防尘、防雨、防镜头结露。所有摄像机应有防雷、防高电压感应措施。

2）一体化彩色摄像机及镜头。有效像素：752（水平）×582（垂直）；成像元件：1/4″ Interline CCD；信号模式：PAL；扫描制式：2∶1 隔行扫描；清晰度：480 电视线；最低照度：<0.1lx；信噪比：>48dB（AGC＝OFF）；背光补偿：自动；电子快门：1/50～1/10000s；焦距：4～64mm，30 倍光学变焦；光圈：自动。旋转范围：360°连续旋转。左右旋转速度：0.8～240(°/s)；上下旋转速度：0.8～120(°/s)。工作温度：0～50℃。环境湿度：<90%。

所有摄像机应有防雷、防高电压感应措施。

4.1.1.12 主要电气工程量表

主要电气工程量见表 4.1-2。

表 4.1-2　　　　　　　　　　　主 要 电 气 工 程 量 表

序号	名　称	型 号 规 格	单位	数量	备　注
1	10kV 箱式变电站	200kVA	套	1	
2	照明		项	1	
3	检修动力箱		面	2	
4	钢管		t	1	
5	接地装置		t	3	
6	电缆封堵防火材料		t	1	
7	柴油发电机	150kW，0.4 kV	台	1	
8	氧化锌避雷器	Y5WS5-17/50	组	1	
9	跌落式熔断器	RW9-10，10kV，100A	套	1	
10	户外三芯电缆终端	5601PST-G1，15kV	套	1	
11	户内三芯电缆终端	5623PST-G1，15kV	套	1	
12	电缆（8.7/10kV）	ZR-YJV22-3×50	m	50	
13	电缆（0.6/1kV）	ZR-YJV22	m	1500	
14	监控计算机及其网络设备（含软件）		套	1	
15	控制屏		面	6	
16	UPS 电源		台	1	
17	控制电缆		km	1.0	
18	光缆		km	0.5	
19	打印机		台	1	
20	视频监视系统		套	1	

4.1.2　金属结构

4.1.2.1　概述

韩墩引黄闸为钢筋混凝土箱式涵洞结构，共 6 孔，每 3 孔为一联，共 2 联。洞身为 3m×3m 正方形断面，每孔设 1 扇工作闸门，共 6 扇。闸门现为钢筋混凝土板梁式平板闸门，重 17t，每扇闸门采用 1 台 QPQ800kN 固定卷扬式启闭机操作。

本次金属结构设备除险加固的内容主要包括闸门和启闭设备的更新，对旧门槽的去除和改建。主要内容包括拆除旧闸门及拉杆 6 套，门槽 6 套和固定卷扬式启闭机 6 台，新建平面闸门 6 扇、门槽 6 套、长拉杆 6 根和短拉杆 6 根，固定卷扬启闭机 6 台。总工程量约为 130.5t。

4.1.2.2　金属结构现状与处理措施

韩墩引黄闸的金属结构设备自建成后运行已有 30 多年，根据《水利建设项目经济评价规范》（SL 72—1994）中规定的水利工程固定资产分类折旧年限：压力钢管 50a；大型闸、阀、启闭设备 30a；中小型闸、阀、启闭设备 20a。另根据《水工钢闸门和启闭机安全检测技术规程》（SL 101—1994）的规定，容量在 1000kN 以下的固定卷扬启闭机属于中小型启闭机的范围，其折旧年限应为 20a。韩墩引黄闸的金属结构设备均已超出折旧年限。

1. 闸门现状与处理措施

韩墩引黄闸原闸门为混凝土闸门，由于年久失修，经现场检测，普遍存在下列问题。

（1）闸门背面面板混凝土浇筑质量较差，有较多的蜂窝麻面。

（2）闸门底部混凝土剥落，钢筋暴露于大气中，发生锈蚀。

（3）闸门止水全部老化，固定止水的钢板和螺栓严重锈蚀，漏水严重。

（4）滚轮严重锈蚀，不能灵活转动。

（5）闸门金属铁件锈蚀严重，强度降低，经复核计算，滚轮支座处钢筋混凝土板的抗剪强度不满足要求。

对于闸门存在的上述问题，若进行修复，实施难度较大，难以彻底解决问题，有些缺陷甚至无法修复。如更换闸门止水橡皮，由于固定螺栓是在混凝土浇筑之前预埋在门体内，现在大部分已经锈蚀甚至断裂，必须把这些螺栓全部凿出，再将新螺栓进行浇筑。这样处理，不仅工艺复杂，费时费力，还会削弱修复后的闸门强度。再如滚轮不能转动的问题，由于闸门是下游止水，运行时淤沙高程高于门顶，泥沙进入滚轮轴承内，必然会影响滚轮转动，长期淤积导致滚轮不能转动。即使更换新的滚轮及轴承，运行一段时间仍会出现锈死不能转动的情况。此外，滚轮支座处混凝土板抗剪强度不满足要求的缺陷，根本无法进行修复。

鉴于上述原因，闸门修复的工程量较大，修复后仍然存在缺陷并可能产生安全隐患。在本次改造中，对老闸门进行报废处理，新建 6 孔闸门。考虑到钢闸门自重轻、检修维护方便、技术成熟且应用广泛，因此本次改造方案决定新建钢闸门。

2. 埋件现状与处理措施

韩墩引黄闸门槽埋件锈蚀严重，有些已经锈穿，对闸门的运行存在很大的安全隐患。根据《水利水电工程金属结构报废标准》（SL 226—1998）第 3.5 条闸门埋件报废标准规定，埋件已达到报废条件，本次改造决定结合闸墩表面处理，对埋件进行更新。

3. 启闭机现状与处理措施

该闸 6 台启闭机已超过规定的折旧年限，且均存在不同程度的漏油现象，线路老化。部分启闭系统操作不灵活，无法控制启闭高度，已影响闸门正常启闭。启闭机的运行存在较大的安全隐患。

总体来说，启闭机技术落后，耗能高，效率低，且多数配件已不再生产，不便实行技术改造，设备本身也以超过水利工程固定资产规定的折旧年限。虽然通过对设备上已破损、老化的部件进行修整、更换或大修后能使部分启闭机继续使用，但这些补救措施并不能从根本上长远性地解决问题，仍然存在安全隐患。因此，本次改造方案决定结合启闭机房的更新改造，对启闭机设备全部进行更新。

根据上述的现状分析和规范规定，本次金属结构设备除险加固决定对所有的闸门和启闭设备进行更新，对旧门槽进行去除和改建。

4.1.2.3 金属结构设计

新设计的工作闸门共 6 孔，为潜孔式平面钢闸门。孔口尺寸 3m×3m（宽×高），底坎高程 10.50m，门槽尺寸 0.6m×0.35m（宽×深）。设计防洪水位为 22.80m，校核防洪水位为 23.80m。运用方式为动水启闭，最大操作水位为 20.32m。

原布置闸门采用下游止水，若改成上游止水需在上游增加胸墙，不宜实施，故新方案仍采用下游止水。由于门前泥沙淤积严重，如果采用原来的定轮支撑形式，滚轮仍会被泥沙淤死，不能转动，新方案改为滑块支承，滑块采用自润滑复合材料，以减少磨损。门体材料采用 Q235B，流道内埋件表面采用免维护复合钢板，基层钢板采用 Q235B，复层钢板采用 0Cr18Ni9。

每扇闸门采用 1 台固定卷扬启闭机操作，容量为 800kN，扬程 10m，布置在 24.90m 高程的工作桥上。因闸门门前淤沙高过门顶，为防止启闭机动滑轮被淤死，在启闭机吊头和闸门间采用拉杆连接，动滑轮不进入门槽内。启闭机装有荷载限制器，具有动态显示荷载、报警和自动切断电路功能。当荷载达到 90% 额定荷载时报警，达到 110% 额定荷载时自动切断电路，以确保设备运行安全。启闭机装有闸门开度传感器，可以实时测量闸门所处的位置开度，并将信号输出到现地控制柜和远方控制中心，通过数字仪表显示闸门所处的位置。传感器可预置任意位置，实现闸门到位后自动切断电路，启闭机停止运行。启闭机上还装有主令控制器，控制闸门提升的上、下限位置，起辅助保护作用，与开度传感器一起对启闭机上下极限和重要的开度位置实现双重保护。启闭机要求既可现地控制又可实现远方自动化控制。

金属结构主要工程量见表 4.1-3。

表 4.1-3 　　　　　　　　　　　金属结构主要工程量表

序号	名　称	单位	数量	重量/t		备　注
				单重	共重	
1	工作闸门	扇	6	7.5	45	含配重 3.5t
2	工作门门槽埋件	套	6	4	24	
3	长拉杆	根	6	0.2	1.2	
4	短拉杆	根	6	0.05	0.3	
5	800kN 固定卷扬机	台	6	10	60	

4.1.2.4 防腐涂装设计

1. 表面处理

门体和门槽埋件采用喷砂除锈，喷射处理后的金属表面清洁度等级为：对于涂料涂装应不低于 Sa2.5 级，与混凝土接触表面应达到 Sa2 级；机械设备采用手工动力除锈，表面除锈等级为 Sa3 级。

2. 涂装材料

（1）闸门采用金属热喷涂保护，金属喷涂层采用热喷涂锌，涂料封闭层采用超厚浆型无溶剂耐磨环氧树脂涂料。

（2）所有埋件埋入部分与混凝土结合面，涂刷特种水泥浆（水泥强力胶），既防锈又与混凝土黏结良好。

（3）启闭机按水上设备配置 3 层涂料防护，由内向外分别为环氧富锌底漆、环氧云铁防锈漆和氯化橡胶面漆。

4.1.3 消防设计

4.1.3.1 消防设计原则

本工程建筑物虽然可燃物少，耐火等级高，但消防设计不能掉以轻心，需坚持"以防为主、防消结合"和"确保重点，兼顾一般，便于管理，经济实用"的工作方针，在重点部位设置必要的消防设备、安装避雷装置等、布置必要的疏散通道，以自防自救为主，外援为辅，采取积极可靠的措施预防火灾的发生，一旦发生火灾则尽量限制其范围，并尽快扑灭，减少人员伤亡和财产损失。

4.1.3.2 消防设计规程、规范

《水利水电工程设计防火规范》（SDJ 278—1990）。

《建筑设计防火规范》（GB 50016—2006）。

《建筑灭火器配置设计规范》（GB 50140—2005）。

4.1.3.3 消防总体设计方案

1. 枢纽防火设计

本工程防火项目主要是启闭机室，启闭机房内布置有卷扬式启闭机及控制设备，根据《建筑设计防火规范》（GB 50016—2006）规定，启闭机房的火灾危险性类别为戊类，耐火等级为三级。可能发生火灾为带电物体燃烧引起的火灾，属轻危险级，建筑构件的耐火等级不低于三级，不设消火栓，灭火器选用磷酸铵盐干粉灭火器 MF/ABC4 型 4 具和 1 套灭火沙箱。

2. 电器防火设计

为防止雷电波侵入，在 10kV 电源终端杆处装设 1 组氧化锌避雷器；在建筑屋顶设避雷带并引下与接地网连接，作为建筑物防雷。根据《水利水电工程设计防火规范》（SDJ 278—1990）要求，所有电缆孔洞、电缆桥架均应采取防火措施；根据电缆孔洞的大小采用不同的防火材料，比较大的孔洞选用耐火隔板、阻火包和有机防火堵料封堵，小孔洞选用有机防火堵料封堵。电缆沟主要采用阻火墙的方式将电缆沟分成若干阻火段，电缆沟内阻火墙采用成型的电缆沟阻火墙和有机堵料相结合的方式封堵，电缆沟层间采用防火隔板等方式。闸室启闭机房的建筑物采用自然排（风）烟的方式。

4.1.3.4 主要消防设备表

韩墩引黄闸除险加固工程主要消防设备详见表 4.1-4。

表 4.1-4　　　　　　　　　韩墩引黄闸除险加固工程主要消防设备表

序号	名　称	型号规格	单位	数量	备　注
1	手提式干粉灭火器	MF/ABC4 型	具	4	
2	砂箱	1m³	个	1	包括使用工具

4.2　三义寨闸工程

4.2.1　电气工程

4.2.1.1　电源引接方式

三义寨渠首闸位于开封市兰考县境内，闸门的运行情况采用计算机监控系统及视频监视系统，水闸对供电要求允许短时停电，按三级负荷设计。

三义寨渠首闸电源由三义寨—夹河滩 10kV 架空线路 T 接，T 接架空线路距三义寨闸管理所约 800m，导线采用 LGJ-70 钢芯铝绞线，然后经电缆（YJV22-3×70 8.7/10kV）引至配电室内高压进线柜，高压进线采用负荷开关、限流熔断器，计量设在高压侧，低压单元设 10 个出线回路，分别供工作闸门启闭机、检修闸门启闭机、管理所用电负荷和备用。

4.2.1.2　电气接线

本工程属永久变电站，电压等级 10kV/0.4kV；主变压器 1 台：200kVA；10kV 进线 1 回；电容补偿装置补偿容量为 60kvar。

本站 10kV 侧采用单母线接线，0.4kV 侧亦采用单母线接线，高压侧 1 进线接入 10kV 母线，经主变压器至 0.4kV 母线，考虑到负荷功率不大，距离较近，在低压母线上采用集中补偿装置补偿。

4.2.1.3　主要电气设备选择

（1）主变压器。型式：SC10-200/10 环氧树脂浇注干式变压器。额定容量：200kVA。额定电压：$10\pm2\times2.5\%/0.4$kV；绝缘水平：LI175AC35/LI0AC3；阻抗电压：$U_k=4\%$；接线组别：D，yn11。

（2）10kV 开关柜。选用 XGN15-12 型单元式交流金属封闭环网开关柜。额定电压：10kV；最高工作电压：12kV；主母线额定电流：630A；熔断器最大额定电流：160A。熔断器分断电流：31.5kA；负荷开关额定电流分断次数：100 次；防护等级：IP4X。

（3）0.4kV 开关柜。选用 GCS 型抽出式开关柜，选用额定电流 2000A；母线额定短时耐受电流 50kA。

（4）并联电容器成套装置。选用 BSMJ-0.4-16-3 型并联电容器成套装置。

4.2.1.4　主要电气设备布置

三义寨闸管理所建配电室 1 处，室内布置 SC10-200/10 型变压器 1 台；负荷开关柜 3 面，即进线及计量柜 1 面、PT 机母联柜 1 面、出线柜 1 面；GCS 低压开关柜 3 面，即进线柜 1 面，出线柜 1 面，电容补偿柜 1 面。主要电气设备布置在管理房一层配电室内，便于巡视和管理。

闸门启闭机控制箱布置在启闭机旁，为方便闸门启闭机检修，启闭机房布置有检修箱。

4.2.1.5　照明

管理所、启闭机房等工作场所及户外道路设置照明灯具，其中，管理所的计算机监控室、配电室设应急照明。

启闭机房设照明配电箱，控制启闭机房等工作场所照明灯具，户外道路照明配电箱设在生产管理所内，统一控制。

4.2.1.6　过电压保护及接地

在 10kV 电源进线处装设氧化锌避雷器，以便对变压器和电气设备起到防止雷电入侵波的保护作用，0.4kV 母线装设避雷模块。建筑物防雷按三类设计，建筑物采用避雷带做直击雷保护，可利用建筑物钢筋混凝土支柱内的主筋做引下线与主接地网连接。

接地系统以人工接地网和自然接地体相结合的方式。人工接地网敷设在管理所及附属设施周围，自然接地体利用启闭机房、闸门槽及其所连钢筋等接地，两部分接地网连接点不少于 2 处。总接地电阻小于 1Ω，若总接地电阻达不到要求时，采用高效接地极或降阻剂等方式有效降低接地电阻，直至满足要求。

4.2.1.7　电缆防火

根据《水利水电工程设计防火规范》(SDJ 278—1990) 要求，所有电缆孔洞均应采取防火措施，根据电缆孔洞的大小采用不同的防火材料，比较大的孔洞选用耐火隔板、阻火包和有机防火堵料封堵，小孔洞选用有机防火堵料封堵。电缆沟主要采用阻火墙的方式将电缆沟分成若干阻火段，电缆沟内阻火墙采用成型的电缆沟阻火墙和有机堵料相结合的方式封堵。

主要电气设备材料见表 4.2-1。

4.2.2　金属结构

三义寨闸主要承担灌溉的任务。在进口闸室内依次设置检修闸门、工作闸门及其启闭设备。水闸共 7 孔，金属结构设备包括检修闸门、工作闸门及其相应的启闭设备。工作闸门每孔 1 扇，共 7 扇，检修闸门 7 孔共用 1 扇。共设置闸门 8 扇、单轨移动式启闭机 1 台、固定卷扬式启闭机 7 台，金属结构总工程量约 245t。金属结构设备主要参数及技术特性见表 4.2-1，主要电气工程量详见表 4.2-2。

表 4.2-1　　　　　　　　　　金属结构设备主要参数及技术性能

序号	内　容		单　位	检修闸门	工作闸门	备　注
1	孔口尺寸-设计水头		m×m(宽×高)-m	4.2×2.17-2.17	4.2×3.87-9.14	
2	闸门型式			平面钢闸门	平面钢闸门	
3	孔数		孔	7	7	
4	扇数		扇	1	7	
5	门重	单重	t	3	9 (6)	括号内为加重
6		共重	t	3	63 (42)	

序号	内 容		单 位	检修闸门	工作闸门	备 注
7	埋件	单重	t	3	6	
8		共重	t	21	42	
9	启闭机	型式		单轨移动式启闭机	固定卷扬式启闭机	
10		容量	kN	2 台×50	2 台×250	
11		扬程	m	18	10	
12		数量	台	1	7	
13		单重	t	4.5	10	
14		共重	t	4.5	70	

表 4.2－2 　　　　　主 要 电 气 工 程 量 表

序号	名 称	型号规格	单位	数量	备 注
1	电力变压器	SC10－200/10 100kVA　10/0.4kV	台	1	
2	负荷开关柜	XGN15－12	面	3	
3	低压开关柜	GCS	面	3	
4	检修箱	XXL	面	2	
5	照明配电箱		面	6	
6	工矿灯	250W，220V	套	8	
7	日光灯	36W，220V	套	40	
8	其他灯具		套	20	
9	开关	220V，10A	套	30	
10	插座	220V，10A/25A	套	50	
11	10kV 电缆	YJV22－3×70 8.7/10kV	km	0.08	终端杆至高压进线柜
12	电缆	VV22－3×16＋1×10 0.6/1kV	km	1.5	低压盘至启闭机室
13	电缆	VV22－3×10＋1×6 0.6/1kV	km	1	低压盘至检修箱
14	电缆	VV22－4×10 0.6/1kV	km	0.2	低压盘至照明箱
15	电缆	VV22－4×4 0.6/1kV	km	1	室外照明
16	导线	BV－4	km	1	
17	导线	BV－2.5	km	1	
18	护管	$\phi20$	km	0.5	
19	护管	$\phi32$	km	0.2	
20	接地扁钢	60mm×6mm	km	2	

序号	名　称	型号规格	单位	数量	备　注
21	垂直接地极	$\phi 50 \times 2500\text{mm}$	个	10	
22	接地端子		个	20	
23	电缆封堵防火材料		t	1	
24	槽钢	[10	m	30	
25	10kV 架空线路	LGJ - 70	km	0.8	

4.2.2.1　检修闸门及启闭设备

1. 检修闸门

检修闸门布置在水闸的进口，当工作闸门及埋件需要检修时，检修闸门闭门挡水，正常情况下，闸门锁定在闸顶平台上。检修闸门孔口尺寸为 4.2m×2.17m（宽×高，下同），底坎高程 67.56m，设计水头 2.17m。运用方式为静水启闭，平压方式采用小开度提门充水。

闸门型式采用平面滑动钢闸门，止水布置在下游，侧止水采用 P 形橡皮，底止水采用条形橡皮；主支承采用自润滑复合材料滑块，反向支承采用 MGA 材料；门体和埋件主要材料均采用 Q235 - B。

2. 检修闸门启闭设备

检修闸门采用单轨移动式启闭机操作，启闭容量为 2 台×50kN，扬程 18m。轨道布置在启闭机房的梁下，通过螺栓与焊在梁下的支架连接。轨道采用 36a 工字钢，长度约 38m。启闭机装有荷载限制器，具有动态显示荷载、报警和自动切断电路功能。当荷载达到 90% 额定荷载时报警，达到 110% 额定荷载时自动切断电路，以确保设备运行安全。启闭机装有主令控制器，控制闸门提升的上、下限位置，当启闭机到达上下极限和重要的开度位置时，可自动停机。启闭机为现地控制，控制箱设于机房内。

4.2.2.2　工作闸门及启闭设备

1. 工作闸门

工作闸门布置在检修闸门的下游侧，主要承担灌溉引水和水流控制的任务；闸门最低引水位 69.33m，最高引水位 75.09m，在汛期出现设计或校核洪水时闸门闭门挡水。工作闸门孔口尺寸为 4.2m×3.87m，底坎高程 67.56m，设计水头 9.14m。运用方式为动水启闭，可局部开启控制引水流量。

工作门采用平面定轮钢闸门，门体主材为 Q235 - B，定轮材料为 ZG310 - 570，滑动轴承为自润滑复合材料。考虑泥沙淤积，止水布置在闸门上游侧，顶、侧止水采用 P 型橡皮、压缩量 3mm，底止水采用 I 型橡皮、压缩量 5mm。

门槽埋件由底坎、胸墙、主轨、副轨、反轨组成，主轨材料为 ZG310 - 570，其余埋件材质采用 Q235 - B。

2. 工作闸门启闭设备

工作闸门的操作选用固定卷扬式启闭机，容量为 2 台×250kN，扬程 10m，启闭机布置在闸顶启闭机房内。

启闭机装有荷载限制器，具有动态显示荷载、报警和自动切断电路功能。当荷载达到90％额定荷载时报警，达到110％额定荷载时自动切断电路，以确保设备运行安全。

启闭机装有闸门开度传感器，可以实时测量闸门所处的位置开度，并将信号输出到现地控制柜和远方控制中心，通过数字仪表显示闸门所处的位置。传感器可预置任意位置，实现闸门到位后自动切断电路，启闭机停止运行。启闭机上还装有主令控制器，控制闸门提升的上、下限位置，起辅助保护作用，与开度传感器一起，对启闭机上下极限和重要的开度位置实现双重保护。

启闭机既可现地控制又可实现远方自动化控制。

4.2.2.3 防腐涂装

1. 表面处理

钢闸门的表面采用喷砂除锈，表面除锈等级为 Sa2.5 级，表面粗糙度为 $40 \sim 80 \mu m$。机械设备采用手工动力除锈，表面除锈等级为 Sa2 级。

2. 涂装材料

闸门的表面采用涂料涂装，底漆为环氧富锌防锈底漆 2 道，干膜厚度为 $80 \mu m$，中间漆为环氧云铁防锈漆 1 道，干膜厚 $70 \mu m$，面漆为氯化橡胶面漆 2 道，干膜厚 $100 \mu m$，干膜总厚度 $250 \mu m$。

埋件的非加工裸露表面采用涂料涂装，底漆为环氧富锌底漆 2 道，干膜厚度为 $80 \mu m$，中间漆为环氧云铁漆 1 道，干膜厚 $70 \mu m$，面漆为改性环氧耐磨漆 2 道，干膜厚 $100 \mu m$，干膜总厚度 $250 \mu m$。

埋件的埋入表面（与混凝土结合的表面）涂刷无机改性水泥浆，厚度为 $300 \mu m$。

机械设备的外表面采用涂料涂装，底漆为无机富锌漆 2 道、干膜厚度为 $100 \mu m$，中间漆为环氧云铁漆 1 道、干膜厚度为 $50 \mu m$，面漆为丙烯酸聚氨酯漆 2 道、干膜厚度 $100 \mu m$，干膜总厚度 $250 \mu m$。

4.2.3 消防设计

4.2.3.1 消防设计原则

工程消防设计坚持"以防为主、防消结合"和"确保重点，兼顾一般，便于管理，经济实用"的工作方针，在重点部位设置必要的消防设备、安装防雷装置等、布置必要的疏散通道，以自防自救为主，外援为辅，采取积极可靠的措施预防火灾的发生，一旦发生火灾则尽量限制其范围，并尽快扑灭，减少人员伤亡和财产损失。

4.2.3.2 消防设计规程、规范

《水利水电工程设计防火规范》（SDJ 278—1990）。

《建筑设计防火规范》（GB 50016—2006）。

《建筑灭火器配置设计规范》（GB 50140—2005）。

4.2.3.3 消防设计方案

1. 枢纽防火设计

本工程防火项目包括检修闸门启闭机室、2 座工作弧形门启闭机控制室，布置在80.56m 高程闸顶平台上。根据《建筑设计防火规范》（GB 50016—2006）规定，不设水消防，选用 MF/ABC4 型磷酸铵盐干粉灭火器 8 具和 2 套灭火砂箱。

2．电气防火设计

根据《水利水电工程设计防火规范》（SDJ 278—1990）要求，所有电缆孔洞、电缆桥架均应采取防火措施；根据电缆孔洞的大小采用不同的防火材料，比较大的孔洞选用耐火隔板、阻火包和有机防火堵料封堵，小孔洞选用有机防火堵料封堵。电缆沟主要采用阻火墙的方式将电缆沟分成若干阻火段，电缆沟内阻火墙采用成型的电缆沟阻火墙和有机堵料相结合的方式封堵，电缆沟层间采用防火隔板等方式。

4.2.3.4　消防设备表

三义寨闸改建工程主要消防设备详见表 4.2-3。

表 4.2-3　　　　　　　　　　　三义寨闸改建工程主要消防设备表

序号	名　称	型号规格	单位	数量	备　注
1	手提式干粉灭火器	MF/ABC4 型	具	8	
2	落地式灭火器箱	XML4-2	个	4	
3	砂箱	1m³	个	2	包括工具

4.2.4　引黄涵闸远程监控系统

三义寨闸包括 7 孔工作闸门和 1 扇检修闸门。工作闸门设计水头 10.05m，运用条件为动水启闭，且有局部开启的要求。工作闸门为直升式平面定轮钢闸门，固定卷扬机启闭机操作，启闭容量为 2 台×250kN，电机功率为 15kW，扬程 10.0m，用于正常引水。7 孔工作闸门前共设 1 扇检修闸门，孔口尺寸 4.2m×2.17m（宽×高），设计水头 2.17m，门体重 4.5t，采用 2 台×50kN 单轨移动式电动葫芦就地操作。本工程引黄涵闸工作闸门纳入引黄涵闸远程监控系统。

4.2.4.1　设计依据

《黄河引黄涵闸远程监控系统技术规程（试行）》（SZHH 01—2002）。

《黄河下游引黄涵闸远程监控系统总体设计报告》。

《黄河下游引黄涵闸现地监控系统技施设计指南》。

《水闸设计规范》（SL 265—2001）。

《水利水电工程启闭机设计规范》（SL 41—1993）。

《低压配电设计规范》（GB 50054—1995）。

《电气装置安装工程盘、柜及二次回路接线施工及验收规范》（GB 50171—1992）。

《电子计算机机房设计规范》（GB 50174—1993）。

《电子设备雷击保护导则》（GB 1450）。

《计算机接地技术要求》（GB 2887）。

《水位观测标准》（GBJ 138—1990）。

《超声波水位计》（SL/T 184—1997）。

IEEE 802.3 网络技术标准。

4.2.4.2　建设任务

根据黄委"数字黄河"的统一规划，设立黄河水量调度管理系统，并在黄河下游各引水涵闸设立监控站，以实现黄委水量总调中心和各级水调中心对黄河各引水涵闸的远方监控和管理。为配合黄河水量调度管理系统的实施，同时，为确保引水涵闸的安全运行和效益的发挥，三义寨闸改建工程采用功能强、可靠性高、操作方便并能实施监视涵闸运行情况的计算机监控及视频监视系统。新闸由三义寨引黄闸管所和所属县河务局管理。

建设的主要项目如下。

（1）自动控制项目：闸门启闭机控制。

（2）引水监测项目：闸前水位、闸后水位、闸门开度。

（3）运行安全监测项目：启闭机限位监测，运行异常监测，电压监测，电流监测。

（4）视频监视项目：闸前、闸后及闸室环境。

4.2.4.3 现地监控系统的组成及功能

根据黄河水量调度管理系统的要求，三义寨闸设立现地监控站。监控对象为7孔工作闸门运行工况、水量信息、现场实景图像监视及水工安全监测。

现地监控站由涵闸监控系统、视频监视系统和安全监测系统（见相关章节内容）组成。现地监控站各子系统连接成10M/100M的以太网。①涵闸监控系统的核心设备采用带以太网接口的可编程序逻辑控制器（PLC），安装在机房控制屏上，PLC既能接收远程监控命令实现涵闸的启闭，又能在脱离上级水调中心的情况下实现对闸门的控制操作。涵闸监控系统主要完成对闸门的信息采集、控制、操作和显示。②视频监视系统完成现地监控站实时图像信息的采集和视频设备的控制。所有信息和控制命令通过无线扩频通信实现与上级水调中心的通信。无线宽带通信设备的设计与选型在黄河通信总体设计中考虑。

涵闸监控系统在每台固定卷扬机机旁各设控制柜1面。控制柜布置PLC模件、触摸屏、控制开关、按钮、信号显示装置、继电器、网络视频服务器、电气主回路设备，如电源断路器、接触器、热继电器、电流互感器、电流电压表等。在闸管所安装的设备为监控计算机、不间断电源、无线宽带接入设备、以太网交换机等。

视频监视系统由装于现场的4台可调节方位和焦距的摄像设备和布置于闸管所或启闭机室的网络视频服务器构成。网络视频服务器与闸管所通过以太网交换机连接。

4.2.4.4 涵闸监控系统设计

1. 系统组成

涵闸监控系统由机房内控制柜、PLC、自动化元件和监控计算机构成。

（1）控制柜内装设可编程序逻辑控制器（PLC）、触摸屏、信号显示装置及主回路控制元器件，主要包括空气开关、接触器、热继电器等。

（2）PLC具有网络通信功能，采用标准模块化结构。PLC由电源模块、CPU模块、I/O模块、通信模块等组成。

（3）自动化元件主要高度荷载综合显示仪和水位传感器等。涵闸配置2套水位传感器，闸前1套、闸后1套，水位信号送至机房PLC控制屏，再通过网络将水位信息传送到各级水调中心。闸门高度传感器、荷载传感器及水位传感器等由启闭机配套供，信号接入PLC。

（4）监控计算机布置在闸管所，对现场采集的数据进行监视、记录、处理，以数字、文字、图形、表格的形式在显示器上进行动态显示，并完成对涵闸的控制功能。在闸管所设置1台以太网交换机，与启闭机室PLC采用光缆连接，与上级水调中心之间的通信采用无线扩频系统。无线扩频系统属于黄河专用通信网，由黄河通信系统统一考虑并实施。

2. 系统功能

（1）实时数据采集和处理。

1）模拟量采集：闸门启闭机电源电流、电压，闸前水位、闸后水位，闸门开度等。

2）状态量采集：闸门行程开关状态，启闭机运行、故障状态等。

涵闸监控系统通过安装在不同位置的传感器、电气元器件进行以上数据的信号采集，并对数据进行整理、存储与传输。

主要采集量如下。

a. 闸前闸后水位信息采集：在涵闸前后按水位观测要求安装水位传感器，以便实时监测涵闸闸前及闸后水位的实时水位信息。

b. 闸门启闭高度的实时监测：无论闸门动作与否，安装于闸门上的开度传感器能够实时检测闸门的启闭高度值，并上传给现场测控单元。

c. 闸门启闭运行实时状态监测：对涵闸的实时运行状态进行监测。

d. 动力系统状态监测：包括动力系统的电流、电压。

e. 启闭机运行故障状态监测：对电机过载、短路等电气故障进行实时监测。

（2）实时控制。

1）运行人员通过控制屏在现场对所控制的闸门进行上升、下降、局部开启等操作。闸门开度实时反映，出现运行故障能及时报警，并在触摸屏上显示。

2）通过通信网络接受上级监控中心的控制指令，自动完成闸门的上升、下降、局部开启。

（3）安全保护。闸门在运行过程中，当发生电气回路短路电源断路器跳闸、电气过负荷、电压过高或失压时，保护动作自动断开闸门启闭机接触器回路，使闸门停止运行。如果由于继电器、接触器接点粘连，或发生其他机械、电气及环境异常情况时，应自动断开闸门电源断路器，切断闸门启闭机动力电源。

（4）信号显示。在控制柜上通过触摸屏反映闸门动态位置画面、电流、电压、启闭机电气和机械过载等信号。

（5）通信功能。现地监控系统将采集到的数据信息上传到各级水调中心和黄委总调中心，并接收远程控制命令。

3. 启闭电路设计

（1）PLC配置。PLC采用标准模块化结构，具有网络通信功能。PLC包括控制单元、数据采集单元和通信单元三部分。如果CPU不带以太网接口，应相应配置以太网接口模块。

接入PLC I/O的基本量如下。

1）闸前、闸后水位，闸门位置，电源电压，每台启闭机电机工作电流。

2）主回路电源断路器、总控制电源断路器信号接点，接触器辅助接点，热继电器动作信号接点等。

3）每扇闸门上、下限位开关接点。

4）现地/远方操作切换开关接点，事故紧急断电按钮接点。

5）闸门上升、下降、急停输出继电器，综合报警输出继电器。

（2）主回路设计。涵闸每个卷扬机房内各引1路AC 380V/220V外来电源，外来电源装设电压变送器，把采集到的电压变换成4～20mA的模拟量送至PLC，可实现启闭机电源电压的远方监测和电压超压或失压保护。涵闸启闭泵站电动机的主回路相对独立，通过控制交流接触器、电磁阀，实现闸门的开启或关闭；电气过负荷保护由热保护继电器实现；主回路断路器带分励脱扣线圈，可通过手动或自动方式，实现故障时紧急断电。主回路工作电流的采集，通过电流变送器把采集到的启闭机工作电流变换成4～20mA的模拟量送至PLC，可实现启闭机运行电流的远方监视。

（3）控制回路设计。涵闸启闭机控制电源从主回路引接，通过隔离变压器防止主回路干扰。涵闸启闭控制电源、PLC电源、DC24V整流电源、仪表电源等分设断路器，当某路电源故障跳闸时不影响其他回路的供电。

涵闸控制设有PLC（远方）和现地切换开关。远方控制通过PLC输出对闸门进行开启、关闭和中途停机等操作。现地操作通过在控制柜上设置的操作按钮对闸门进行开启、关闭和中途停机等操作。控制回路设计了PLC控制和简易常规回路，当PLC故障退出时，运行人员可现地手动控制闸门启闭。闸前、闸后水位，闸门位置，电流、电压以及正常运行信号和事故信号通过触摸屏显示画面。控制柜上设有事故急停按钮，用于紧急情况下切断总电源。

由于PLC控制设备安装在卷扬机房内，气候及环境条件较差，因此在PLC控制柜内设置温湿度控制器，可根据现场条件自动启动加热驱潮设备，以免柜内电气设备受潮影响性能和造成损坏。

4.2.4.5 涵闸视频监视系统设计

为实现各级监控中心和黄委水量总调中心对涵闸现场情况的实时监视，在涵闸现地设置视频监视系统，将现场采集的图像信号通过网络视频接入终端传送至闸管所监控主机，并通过网络送给上级调度中心。

1. 系统组成

涵闸视频监视系统设备包括前端摄像部分和网络视频接入终端。前端摄像部分包括摄像机、镜头、云台、防护罩、控制解码器、视频传输电缆及安装支架。其中室外摄像机为全天候防护罩，含有自动加热器、恒温器、雨刮器和清洗装置。涵闸配置4套摄像机，分别监视闸前、闸后水情及环境状况、启闭机室的环境状况。闸前、闸后摄像机采用三可变摄像机，启闭机室内采用一体化变焦摄像机。每座云台均安装专用灯具为夜间摄像提供照明。

在闸室外安装的2套摄像机的位置，以能监测到涵闸前后全貌为原则确定。摄像机应固定安装在塔杆上，每座塔杆上设1根避雷针，摄像机的进出线缆设相应的防浪涌装置，以防止摄像机遭直接雷击和抑制浪涌。

摄像机获取的图像信息通过网络视频接入终端传送到以太网交换机，闸管所监控主机从以太网交换机获取图像信息进行显示，并可对摄像机云台的转动、镜头的变焦、变倍、变光圈及刮雨器进行控制。同时将这些图像信息通过以太网交换机和无线通信传送到上级水量调度管理系统网络上，供各级水调中心调用。为保证各级水调中心监控终端上同时显示三幅图像的连贯性、实时性要求，在网络视频接入终端和网络带宽要求的设置中，采用了速率自适应功能，能够在网络传输通道改善时，自动将图像的传输调整到最佳状态。

2. 系统功能

涵闸视频监视系统应具备如下功能。

（1）闸前、闸后水情及环境状况，闸室的环境状况的视频采集。将摄像机采集的视频及音频信号数字化并压缩处理。

（2）压缩数据通过光缆传送给闸管所，以便进行现地管理和控制，同时这些数据通过无线通信传送到各级水调中心和黄委总调中心，接收远程控制指令，根据指令要求自动切换视频源或对云台和摄像机等设备进行控制。

（3）通过控制摄像机转动的角度和焦距的调整实现对涵闸全天候、全方位的实时图像监视。

4.2.4.6　闸管所监控系统

闸管所由1台监控计算机、以太网交换机、打印机、UPS电源、无线宽带通信设备等组成。

闸管所监控系统主要功能为：接收涵闸现地监控系统采集的各种数据，并进行存储、记录、计算、显示和通信，根据涵闸现地情况可下发指令对闸门启闭机进行启闭控制，对涵闸安全运行、视频图像和工程安全进行监视，参数计算（根据采集到的闸门开度、闸前、闸后水位，利用水力学公式计算出相应的过闸流量，在引水时段内对过闸流量的积分计算出涵闸引水总量）、管理、系统诊断、安全验证、软件开发等。

4.2.4.7　监控系统供电及主要设备选型

1. 供电范围及要求

三义寨闸现地监控系统的供电范围主要包括闸门启闭机现场监控设备、现场图像监视设备、现地站监控主机和网络连接设备等。针对水调管理对监控数据实时性及不间断工作的要求，闸管所监控室采用UPS集中供电。

UPS电源应具有稳压功能，如果没有稳压功能应另配置稳压器，其稳压范围应大于供电电源波动的最大范围。UPS和稳压器均应为工业级产品。UPS和稳压器的性能指标应等同或不低于在引黄涵闸远程监控系统一期工程中应用的同类设备。

（1）各启闭机室分别设1台UPS电源，供PLC、摄像机、水位、闸位、电量传感器等设备工作，UPS电源的容量能满足这些设备在电网无电的情况下正常工作2h。通过对UPS供电负荷的估算，闸室应选用容量为3kVA、自带蓄电池放电时间为2h的UPS电源，且有故障告警接口。

（2）闸管所监控室设1台UPS电源，供监控计算机、网络视频接入终端、打印机、以太网交换机、无线宽带网接入设备等用电，UPS电源的容量能满足这些设备在电网无电的情况下正常工作2h。

2. 监控系统主要设备选型

为便于和已建引黄涵闸的远程监控系统整合，PLC、综合显示控制屏（触摸屏）、编码器（闸位计）、视频服务器等设备的选型，参照引黄涵闸远程监控系统一期工程黄委统一招标的设备型号选型设计。对于PLC考虑产品的更新换代问题。启闭机控制回路、电气主回路设备及元器件采用国产标准化优质产品或国际知名品牌产品。闸门限位开关、开度传感器、液压系统传感器由启闭机配套选型，输出信号满足控制系统要求。

监控计算机、以太网交换机和摄像机、云台、解码器的各项性能指标应等同或优于在引黄涵闸远程监控系统一期工程中应用的同类设备。

4.2.4.8 监控系统主要电气设备材料表

监控系统主要设备材料见表4.2-4。

表 4.2-4　　　　　　　　　　　监控系统主要设备材料表

序号	设备名称	型号规格	单位	数量	备注
一	启闭机室 PLC 及控制、动力设备				
1	PLC	施耐德 M340 系列，集成以太网接口	套	7	
(1)	处理器	集成以太网接口	块	7	
(2)	电源模件	120VA	块	7	
(3)	通信模件	RS485/RS232	块	7	
(4)	离散量 I/O 模件	32 点 DI	块	7	
(5)	离散量 I/O 模件	16 点 DO	块	7	
(6)	模拟量 I/O 模件	4 点 AI	块	14	
(7)	其他	机板、连接电缆等	套	7	
2	触摸屏	与 PLC 同品牌	套	7	包括存储卡、连接电缆等附件
3	中间继电器	OMRON，DC24V	个	77	
4	中间继电器	OMRON，AC220V	个	14	
5	按钮	国产优质产品	个	42	
6	控制开关	国产优质产品	个	35	
7	信号灯	国产优质产品	个	42	
8	电铃	UC4-75	台	7	
9	电源防雷器		个	7	
10	断器	NS100N，3P	个	7	
11	断路器	C65N/H	个	77	
12	接触器	LC1-D4011+2NO	个	14	
13	接触器	LC1-D0910	个	21	
14	热继电器	LR2-D	个	7	
15	电流互感器	LMZ1-0.5	个	14	
16	电流表	16L1-A，50/5A			
17	电压表	16L1-V，0~450V			
18	电流变送器	5A/4~20mA			
19	电压变送器	400V/4~20mA			

序号	设备名称	型号规格	单位	数量	备　注
20	温湿度变送器				
21	直流电源装置	AC 220V/DC 24V，20A	个	7	工业级
22	熔断器	RT14－20/2A、4A、10A			
23	熔断器	RT18－32/2A、4A			
24	旋钮	国产优质产品			
25	温湿度控制器	KHN－2D			
26	加热器	DJR－100F			
27	柜内照明灯具	AC220V，40W			
28	单相三极扁圆插座	10A，AC250V			
29	UPS 电源	山特 3kVA/2h 带电池，具有稳压功能			7 套 PLC 共用
30	控制柜	2260mm×800mm×600mm （高×宽×深）			
31	光纤转换器	多模			
32	其他	系统、设备集成所需的附件			
33	系统软件				
34	PLC 编程及应用软件				
35	触摸屏编程及应用软件				
二	自动化元件及设备				
1	开度传感器、接近开关	启闭机配套			
2	荷重传感器				
3	超声波水位计				
4	水位计防雷器				
三	视频系统				
1	视频编码器	4 端口	台		
2	彩色摄像机		台		
3	一体化彩色摄像机		台		
4	变焦镜头		台		闸前
5	变焦镜头		台		闸后
6	控制解码器（室外）		台		
7	云台（室外）		台		
8	防护罩（室外）		套	2	
9	摄像机照明灯		套	2	
10	云台控制信号线防雷器		个	4	
11	摄像机视频信号线防雷器		个	4	

续表

序号	设备名称	型号规格	单位	数量	备 注
12	解码器电源线防雷器		个	4	
13	视频箱（室外）		个	2	
14	视频箱（室内）		个	1	
四	闸管所主要设备				
1	工业计算机	研华2.8GB，内存512MB，硬盘80GB等			
2	显示器	21in液晶			
3	以太网交换机	12电口/2光口，多模			
4	光纤转换器				
5	耦合器				
6	打印机				
7	稳压器	2kVA			
8	UPS电源	2kVA/2h，带电池			山特
9	电源防雷器	ZYSPD10K275C/2			
10	双位操作台	卖方自制或采购			
11	监控软件	含操作系统软件和应用软件			
五	电缆、安装杆塔				
1	动力电缆	ZR-VV22-3×16、3×4、2×4、2×2.5			
2	控制信号电缆	ZR-KVV22、KVVP22、DJYPVP、RVVP			
3	视频电缆				
4	光纤	多模4芯，铠装直埋光缆			
5	非屏蔽双绞线				
6	杆塔	混凝土基础，φ219镀锌钢管5m，避雷装置			
7	其他	尾纤、耦合器等附件			

4.3 林辛闸工程

4.3.1 进湖闸10kV线路工程
4.3.1.1 35kV石洼变电站现状

35kV石洼变电站是石洼、林辛、十里堡三闸专用电源变电站，同时兼顾着当地农村电网用电。自1985年建成以来，在黄河抗洪防汛中发挥了重要作用。但该站变配电设备已陈旧老化，因35kV石洼变电站自1985年建成以来设备没有更新过，所有设备已达到报废年限，设备已被多次下令整改，国家电力公司水电施工设备质量检验测试中心和电力工业阻滤波器及变电设备质量检验测试中心于 2004 年对东平湖进出湖闸机电设备进行了鉴定。2010 年，黄委会组织专家对石洼闸和 35kV 石洼变电站进行鉴定，根据《山东黄河东平湖石洼分洪闸工程现场安全检测报告》和《东平湖进出湖闸机电设备鉴定检测报告》进行本次改造设计。

4.3.1.2　35kV 石洼变电站改造设计

35kV 石洼变电站主要是为石洼闸、林辛闸和十里堡闸提供电源，因历史原因，以前供电可靠性低，才设置 35kV 电压等级变电站作为专用电源。本次设计做两个方案进行比较，方案一是对原 35kV 变电站改造设计，属于单电源；方案二是采用双电源，因石洼闸是特大型泄洪闸，根据其功能和使用情况，属于二级负荷。所以，方案二采用 2 个 10kV 架空线路作为三闸电源，一回线路引自梁山县大路口变电站，另一线路引自东平县银山变电站。采用 10/0.4kV，取消中间环节，节省投资，减少损耗，符合节能规范要求。目前，10kV 电压等级供电可靠性比以前有很大提高，涵闸用电设备均为 0.4kV 电压等级，本工程电源建议采用 10kV 电压等级，推荐方案二。

推荐方案概算总投资为 823.2 万元。

4.3.2　电气

4.3.2.1　电源引接方式

10kV 输电线路已经引至东平湖林辛分洪闸附近，此工程 10kV 电源拟从距林辛闸最近 10kV 线路"T"接，在终端杆处装设避雷器和跌落式熔断器，由终端杆经电缆（ZR - YJV$_{22}$ - 3×50mm^2 8.7/15kV）引至配电室；供电系统主要为闸门固定卷扬启闭机、照明、检修、视频、监控等负荷供电。

根据《供配电系统设计规范》（GB 50052—2009）规定，本工程按二级负荷设计。负荷应采用双电源供电，10kV 地方电网电源作为主供电源，柴油发电机作为备用电源（备用电源见其他设计）。设计在低压进线柜设双电源自动转换装置（作为今后上柴油发电机组时的接口），双电源自动转换装置可自动或手动转换，以保证特殊时刻供电的可靠性。

表 4.3 - 1　　　　　　　　　　林辛分洪闸主要用电负荷

序号	设备名称	台数	最大运行台数	单机容量/kW	总容量/kW	运行方式
1	固定卷扬启闭机	15	2	2×18.5	74	季节性、短时
2	控制室电源				10	经常、连续
3	照明				10	经常、连续
4	检修				30	经常、短时
5	生活				10	经常、连续
合计					79	

注　经常、连续运行设备的同时系数 K_1 取 0.9，经常、短时运行设备的同时系数 K_2 取 0.5；则 0.4kV 总负荷 $S = K_1\sum + K_2\sum = 0.9×(10+10+10) + 0.5×(74+30) = 79$kW。

4.3.2.2　电气接线

由表 4.3 - 1 得出计算负荷约为 79kW，由于卷扬启闭机是采取直接启动、同时考虑变压器的经济运行，因此选择干式变压器1台，容量为200kVA；0.4kV开关柜共设置5面，其中1面进线柜，3面馈线柜，1面动态无功补偿装置。

10kV侧采用高压负荷开关和熔断器，0.4kV侧采用单母线接线，经变压器至0.4kV母线，考虑到负荷功率不大，距离较近，在低压母线上装设电容补偿装置。

4.3.2.3　主要电气设备选择

（1）氧化锌避雷器。型号：YH5WS5-17/50，户外型；系统额定电压：10kV；避雷器额定电压：17kV；避雷器持续运行电压：13.6kV；雷电冲击残压：50kV；爬电比距：＞2.5cm/kV。

（2）跌落式熔断器。型号：RW9-10，户外型；额定电压：10kV；额定电流：100A；额定短路开断电流：10kA。

（3）高压负荷开关柜。额定电压：380V；额定电流：630A；额定短时耐受电流：20kA；额定峰值耐受电流：50kA；熔断器最大额定电流：125A；熔断器开断电流：31.5kA；外壳防护等级：IP3X。

（4）干式变压器。型号：SC11-200/10；额定电压：高压（10±2）×2.5%kV，低压0.4kV；额定容量：250kVA；阻抗电压：4%；连接组别：D，yn11；冷却方式：自然冷却。

（5）低压开关柜。型号：MNS型低压抽出式开关柜；额定工作电压：12kV；额定绝缘电压：660V；水平母线额定工作电流：2000A；垂直母线额定工作电流：1000A；水平母线短时耐受电流：100kV；外壳防护等级：IP54。

（6）0.4kV并联电容器成套装置。选用模块智能动态无功补偿装置；输入电压：AC380±15%；电压采用精度：≤0.1%；电流采用精度：≤0.5%；功率因数采用精度：≤0.01%；投切次数：＞100万次。

（7）移动发电机。250kW移动发电机1台。

林辛闸电气一次设备清单见表4.3-2。

表 4.3-2　　　　　　　　　　　林辛闸电气一次设备清单

序 号	名 称	型号及规格	单 位	数 量
1	高压负荷开关柜	XGN-12，630A	面	1
2	干式变压器	SC11-200kVA，10/0.4kV	台	1
3	氧化锌避雷器	YH5WS5-17/50	组	1
4	跌落式熔断器	RW9-10	套	1
5	0.4kV低压配电柜	MNS	面	5
6	动力配电箱		面	2
7	0.4kV母线桥		m	8
8	双电源转换装置	600A	台	1
9	照明		项	1
10	10kV电力电缆	ZR-YJV22-8.7/10kV	km	0.2
11	0.4kV电力电缆	ZR-YJV22-1kV	km	1.5

序　号	名　称	型号及规格	单　位	数　量
12	电缆桥架及支架		t	3
13	电缆封堵防火材料		项	1
14	接地		t	2
15	基础及预埋件钢材		t	0.3

4.3.2.4　主要电气设备布置

为方便各电气设备检修，配电室设在一楼，为方便闸门启闭机检修，在闸门启闭泵房内布置 2 个检修配电箱、1 个照明箱。

配电室与现地控制盘电缆采用桥架或穿管敷设连接。

4.3.2.5　照明

启闭机房照明采用节能荧光灯，事故照明灯采用带蓄电池壁灯，值班室、室内变电站照明布置节能荧光灯。

室外照明主要采用庭院灯和高杆路灯，为方便涵闸抢险检修方便，局部另设投光灯，光源均采用新型高效的高压钠灯或金属卤化物灯。

4.3.2.6　过电压保护及接地

为防止雷电波侵入，在 10kV 电源终端杆处装设一组氧化锌避雷器；在建筑屋顶设避雷带并引下与接地网连接，作为建筑物防雷。

接地系统以人工接地装置（接地扁钢加接地极）和自然接地装置相结合的方式；人工接地装置包括：配电室、启闭机房等处的人工接地装置；自然接地装置主要是利用结构钢筋等自然接地体；人工接地装置与自然接地装置连接应不少于 2 处，所有电气设备均与接地网连接。

防雷保护接地、工作接地及电子系统接地共用一套接地装置，接地网接地电阻不大于 1Ω，若接地电阻达不到要求时，采用高效接地极或加降阻剂等方式有效降低接地电阻，直至满足要求。

4.3.2.7　涵闸监控系统

控制系统的监控对象为 15 孔闸门及闸站电气设备。由于该闸门为黄河分洪闸门，其地理位置及作用非常重要，闸门的操作运行直接关系到泄洪系统的安全运行。本着确保设备安全运行的设计原则，闸门控制系统采用功能强、可靠性高、操作方便并能实时监视每孔闸门运行情况的监控系统。随着计算机技术在水电工程中的广泛应用，同时考虑将来有可能与远程集中控制系统进行通信，本次改造采用目前较先进的计算机监控系统代替常规接线，并预留有与远程集控中心的通信接口。

本监控系统分为主控级和现地级。现地级由 2 套现地控制单元 LCU 屏和 15 套闸门启闭机控制屏组成，现地级控制设备均布置在闸门启闭机室。主控级采用 1 套后台机系统，其中包括 1 台主机兼操作员站、通信服务器、打印机、语音报警装置、不间断电源 UPS 等设备，布置在闸门控制室。

每孔闸门的启闭机旁均设有现地控制屏，控制系统采用可编程控制器 PLC，在现地控制屏上通过 PLC 实现对各闸门的操作,闸站内设闸门控制室。闸门的控制既可在闸门控制室实现;也可在现地控制屏上实现;在闸门控制室,可对 15 孔闸门进行远方监控,各闸门的位置信号、故障信号等相关信息均可上送控制室,同时控制室还可发出命令至现地控制屏,控制启闭机的运行。

主控级和现地级监控系统的基本功能如下。

(1) 主控级功能。①数据采集和处理;②顺序控制;③运行监视和管理;④系统通信(包括与石洼闸管所集控中心系统的通信)。

(2) 现地级功能。

1) 监控对象:1 个 LCU 监控 1～8 号闸门,2 个 LCU 监控 9～15 号闸门和闸站内 400V 电气设备。

2) 功能:①数据采集;②控制操作;③信号显示;④数据远传。

现地级控制单元 LCU 屏上的 PLC 通过网络总线与主控级进行通信,再通过主控级通信口与石洼闸管所远程集控中心系统进行通信。

4.3.2.8 视频监视系统

为能在控制室了解整个闸站的现场环境和设备运行情况,在闸站设置视频监视系统,各摄像机通过视频接入终端进行压缩编码,接入以太网,视频信号传输到控制室,通过视频监视器可监视现场情况。

在控制室配置 1 套 21in 液晶显示器、1 台硬盘录像机。监视图像的显示方式可任意设定为人工调度显示或自动循环显示。站内设 8 套日夜一体化摄像机,分别用于低压开关柜室(1 套)、闸门启闭机室(2 套)、上游湖面(2 套),下游湖面(2 套)及大门口保安(1 套),电气二次设备详见表 4.3-3。

表 4.3-3   林辛闸电气二次设备表

序 号	设 备 名 称	设备型号	单 位	数 量	备 注
一	计算机监控系统				
1	主机兼操作员站		套	1	
2	通信服务器		套	1	
3	UPS 不间断电源	3kVA,1h	套	1	
4	激光打印机		台	1	
5	核心交换机		台	1	
6	语音报警装置		套	1	
7	操作控制台		套	1	
8	网络柜(网络设备及附件)		套	1	
9	软件		套	1	
10	现地控制单元 LCU 屏		面	2	
二	设备材料				
1	控制电缆		km	3	
2	光缆		km	0.5	

续表

序 号	设 备 名 称	设备型号	单 位	数 量	备 注
三	视频系统				
1	彩色专业摄像机		套	8	
2	硬盘录像机		台	1	
3	彩色监视器	21in	台	1	
4	UPS 不间断电源	1kVA，4h	套	1	
5	摄像机专用电源及其他附件		套	1	
6	网络视频集中管理软件		套	1	
7	网络柜		面	1	
8	视频防雷设备		套	8	
9	视频、电源、信号线		km	3	
10	超五类双绞线		km	0.5	

4.3.3 金属结构

林辛闸始建于 1968 年，由于河床抬高，于 1977—1979 年进行了改建，共 15 孔。原设计工作闸门采用变截面钢筋混凝土闸门，孔口尺寸 6m×4m（宽×高），设计水头 9.32m，底坎高程 40.80m，胸墙底高程 44.80m。改造闸门由原来的旧闸门改造而成，采用定轮支承，上节为仿石洼闸门新建，下节为旧闸门加固，止水座板为预花岗岩片导滑板。采用 2 台×630kN 固定式卷扬机操作，其作用为：分滞黄河洪水，控制艾山下泄流量不超过 10000m³/s。

本次金属结构设备除险加固的内容主要包括进湖闸工作闸门、门槽以及启闭设备的更新处理。设备包括：平面闸门 15 扇、门槽 15 套，固定卷扬启闭机 15 台。总工程量约为 390t。

4.3.3.1 金属结构现状与处理措施

该闸从初建完成至改建完成期间未正式运用，初建后于 1968 年年底进行充水试验，除闸门漏水外，其他情况正常。1982 年分洪运用，分洪流量最大 1350m³/s。分洪初期闸门开度为 0.5m 时，有较大振动，在公路桥上有明显感觉。随着闸门开度的增加和尾水的抬高，闸室振动逐渐消失。当开度到达 2.0m 以上时，闸门振动又比较明显。

金属结构设备运行期从改造完成已有三十多年，已超过了《水利建设项目经济评价规范》（SL 72—1994）中规定的水利工程固定资产分类折旧年限：即压力钢管 50a；大型闸、阀、启闭设备 30a；中小型闸、阀、启闭设备 20a。对启闭机设备而言，按照《水工钢闸门和启闭机安全检测技术规程》（SL 101—1994）的规定，启闭力在 1000kN 以下的属于中小型启闭机的档次，其折旧年限应为 20a。可见林辛进湖闸的金属结构设备已属于超期服役，现状描述和处理措施如下。

1. 闸门及埋件

（1）闸门为钢筋混凝土平面闸门，年久失修，部分闸门混凝土脱落，金属构件出露、锈蚀严重。

（2）混凝土闸门表面存在剥蚀、碳化现象。

（3）个别闸门顶板发现裂缝，钢筋外露，锈蚀严重。

（4）大多数闸门橡皮止水严重老化，部分出现拉裂，已经无法止水。

（5）门槽轨道埋件锈损严重，止水导板为花岗岩片导滑板，表面粗糙，凸凹不平，极易磨损止水橡皮。

（6）个别闸门侧轮丢失。

闸门年久失修，闸门混凝土脱落，金属构件外露、锈蚀严重，闸门顶板有裂缝，钢筋外露，锈蚀严重，对闸门本身结构已造成安全隐患；大部分止水橡皮出现严重老化、拉裂现象，多数止水连接螺栓锈蚀严重，必须重新更换；侧滑块丢失，致使闸门启闭时偏斜卡阻；闸门金属构件和封水螺栓一端浇筑在混凝土闸门内部，更换难度较大，如果强行更换势必对闸门结构造成很大破坏；同时这些设备本身也已运行 32a，已不具备修复的价值。闸门埋件锈蚀严重；止水座板为预制花岗岩片导滑板，表面粗糙，凸凹不平，极易磨损止水橡皮，同时对闸门的启闭也存在很大的安全隐患。

处理措施：结合本次改造，把混凝土闸门更换为钢闸门，同时对埋件进行更新处理。

2. 启闭机

（1）启闭机使用已经超过 30a，设备陈旧。

（2）启闭机制动器抱闸时出现冒烟现象，轴瓦老化。

（3）启闭机的高度指示装置设备陈旧，技术落后；高度指示器均有不同偏差，有的已经失去作用。

（4）部分启闭机减速器、联轴器出现漏油现象。

（5）绝大部分启闭机未设荷载限制器。

（6）大多数配件已不再生产，维修困难。

总体来说，该启闭机技术落后，耗能高，效率低，运行操作人员劳动强度大，且多数配件已不再生产，已不便实行技术改造，设备本身也已超过水利工程固定资产规定的折旧年限。虽然通过对设备上已破损、老化的部件进行修整、更换或大修后能使部分启闭机继续使用，但这些补救措施并不能从根本上长远性地解决问题，仍然存在安全隐患。

处理措施：结合启闭机房的更新改造，启闭机全部进行更新处理。

4.3.3.2 门型比较

林辛进湖闸工作闸门现为钢筋混凝土闸门，本阶段平面闸门可选用钢闸门、铸铁闸门和钢筋混凝土闸门。钢闸门具有自重轻、承载能力大、性能稳定、施工和维护简单、具有一定的抗震性；铸铁闸门一般用于孔口尺寸较小的地方，铸造的劳动强度及加工工作量大，费用一般较高。钢筋混凝土闸门制造维护较简单，造价低，适用于小型工程，但其自重偏大，启闭容量大，并且混凝土有透水性，结构抗震性差，一般大、中型工程不推荐使用。结合本次钢筋混凝土闸门无法对损坏的零部件进行修复的缺陷，本阶段推荐选用钢闸门。

4.3.3.3 金属结构设计

新设计的工作闸门为潜孔平面悬臂定轮闸门，共 15 孔。孔口尺寸 6m×4m（宽×高），设计水头 9.32m，底坎高程 40.80m，门槽尺寸为 0.71m×0.35m。运用方式为动水启闭。闸门平时挡水，适时开启泄洪排沙。

闸门止水布置在上游侧，门体材料采用 Q235-B，主轮采用 ZG310-570，轴承采用自润滑复合材料，为防止泥沙进入轴承，轴承两端增加密封装置。凿出原二期混凝土中的埋件，补全一、二期混凝土插筋，重新安装闸门埋件。埋件除主轨采用标准重轨外，其他均采用 Q235-B。门体分 2 节制造、运输，在工地拼焊成整体。埋件重量 5t/孔，闸门重量 11t/孔。闭门需要加重块 7t，采用混凝土结构。

工作闸门采用固定卷扬启闭机操作，容量为 2 台×400kN，扬程 10m。

启闭机由起升机构、传动机构、保护装置和电器控制装置等组成，工作级别 Q2。起升机构包括开式齿轮、卷筒、滑轮等。传动机构包括电机、联轴器、制动器、减速器等。保护装置包括荷载限制器、高度指示器、主令控制器等。

荷载限制器具有动态显示荷载、报警和自动切断电路功能。当荷载达到 90% 额定荷载时报警，达到 110% 额定荷载时自动切断电路，以确保设备运行安全。主令控制器控制闸门提升的上、下限位置，具有闸门到位自动切断电路的功能。开度传感器与主令控制器一起作为启闭机起升高度位置的双重保护，它的接收装置安装于现地操作的控制柜。

4.3.3.4　防腐涂装设计

1. 表面处理

门体和门槽埋件采用喷砂除锈，喷射处理后的金属表面清洁度等级为：对于涂料涂装应不低于 Sa2.5 级，与混凝土接触表面应达到 Sa2 级。手工和动力工具除锈只适用于涂层缺陷局部修理和无法进行喷射处理的部位，其表面清洁度等级应达到 Sa3 级。

2. 涂装材料

(1) 闸门采用 3 层涂料防护，由内向外分别用环氧（水性无机）富锌底漆、环氧云铁防锈漆和环氧面漆。

(2) 所有埋件埋入部分与混凝土结合面，涂刷特种水泥浆（水泥强力胶），既防锈，又与混凝土黏结性能良好。埋件外表面涂装为：底层用环氧富锌底漆，环氧云铁作中间漆，面漆选用改性环氧耐磨漆。

(3) 启闭机按水上设备配置 3 层涂料防护，由内向外分别为环氧富锌底漆、环氧云铁防锈漆和聚氨酯面漆。

4.3.3.5　金属结构工程量表

林辛闸除险加固工程金属结构特性见表 4.3-4、金属结构拆除工程量见表 4.3-5。

表 4.3-4　　　　　　　　　　林辛闸除险加固工程金属结构特性表

基本资料				闸门					启闭机			
闸门名称	孔口尺寸-设计水头/ [(m×m)(宽×高)-m]	孔口数量	扇数	闸门型式	门体重量/t		埋件重量/t		型式	容量/kN（行程/m）	数量	单重/t	共重/t
					单重	共重	单重	共重					
工作闸门	6.0×4.0-9.32	15	15	定轮闸门	11	165	5	75	固定卷扬启闭机	2×400（10）	15	10	150
其他	闸门防腐面积 3960m²；混凝土加重块 105t												

表 4.3 - 5 　　　　　　　　　　林辛闸除险加固工程金属结构拆除工程量表

编 号	项 目	单 位	工程量	备 注
1	混凝土闸门拆除	m^3	490.17	混凝土门更换为钢闸门
2	启闭机拆除	台	15.00	

4.3.4 消防设计

本工程防火项目主要是启闭机室。防火设计遵照《水利水电工程设计防火规范》（SDJ 278—1990）、《建筑设计防火规范》（GB 50016—2006）、《建筑灭火器配置设计规范》（GB 50140—2005）等规定，并根据工程所在地建筑物结构及配置特点而进行设计。

1. 枢纽防火设计

启闭机房与桥头堡建筑面积约 1050.5m²，启闭机房内布置有卷扬式启闭机，桥头堡内为控制设备和办公设备。根据《建筑设计防火规范》（GB 50016—2006）规定，启闭机房的火灾危险性类别为戊类，耐火等级为三级。可能发生火灾为带电物体燃烧引起的火灾，属轻危险级，建筑构件的耐火等级不低于三级，不设消火栓，灭火器选用磷酸铵盐干粉灭火器 MF/ABC4 型 14 具。

2. 电器防火设计

为防止雷电波侵入，在 10kV 电源终端杆处装设 1 组氧化锌避雷器；在建筑屋顶设避雷带并引下与接地网连接，作为建筑物防雷。根据《水利水电工程设计防火规范》（SDJ 278—1990）要求，所有电缆孔洞、电缆桥架均应采取防火措施；根据电缆孔洞的大小采用不同的防火材料，比较大的孔洞选用耐火隔板、阻火包和有机防火堵料封堵，小孔洞选用有机防火堵料封堵。电缆沟主要采用阻火墙的方式将电缆沟分成若干阻火段，电缆沟内阻火墙采用成型的电缆沟阻火墙和有机堵料相结合的方式封堵，电缆沟层间采用防火隔板等方式。

4.4 码头泄水闸工程

4.4.1 电气

4.4.1.1 电源引接方式

码头泄水闸位于东平湖水库围坝西段，距小安山隔堤约 200m，由于码头泄水闸建成后已运用了 30 多年，目前，该闸存在着诸如桥头堡沉降严重、左孔洞身有裂缝渗水、闸门锈蚀严重、启闭设备无供电线路等情况，需对闸门进行改造，经鉴定该闸为三类闸，本次设计需要增加电气设备。

本工程主要负荷为 2 台泄水闸门启闭机、照明负荷、检修负荷、控制室负荷、视频系统等负荷，码头泄水闸为解决东平湖库区移民的生产生活问题，担负排涝作用，根据《供配电系统设计规范》（GB 50052—2009）规定，本工程泄水闸启闭机及视频负荷按二级负荷设计，其他负荷按三级负荷设计。主供电源经与当地供电部门协商从附近 10kV 线路上"T"接，距码头泄水闸箱式变电站 2km，备用电源采用柴油发电机组，主供电源与备用电源通过双电源转换开关实现转换（双电源转换开关安装在箱式变内）。

4.4.1.2　电气接线

本工程供电负荷电压等级为 0.4kV，其主要负荷见表 4.4－1。

表 4.4－1　　　　　　　　　　　　主 要 设 备 用 电 负 荷

序号	设 备 名 称	台数	运行台数	单机容/kW	总容量/kW	运行方式
1	卷扬式启闭机	2	2	2×11	44	不经常、短时
2	UPS 电源				10	经常、连续
3	照明				10	经常、连续
4	检修				10	不经常、短时
5	控制室负荷				10	经常、连续
合计					57.8	

注　经常、连续运行设备的同时系数 K_1 取 0.9，不经常、短时运行设备的同时系数 K_2 取 0.7，0.4kV 总负荷 $S = K_1\Sigma + K_2\Sigma = 0.9 \times (10+10+10) + 0.7 \times 44 = 57.8$kW。

由表 4.4－1 可知，其计算负荷约为 57.8kW，由于电机容量较小，其启动方式均为直接启动，其最大负荷运行方式为 1 台 22kW 运行，为了满足所需容量，同时考虑变压器的经济运行，设变压器 1 台，容量为 100kVA。

柴油发电机作为备用电源，考虑在使用备用电源时，2 个闸孔可以按顺序启动，即 1 台 22kW 卷扬机启动、正常照明负荷及视频系统负荷等，经计算，选择柴油发电机容量为 100kW。

本工程 10kV 侧采用线路-变压器接线，0.4kV 侧采用单母线接线。

4.4.1.3　主要电气设备选择

1. 箱式变压站

（1）高压单元。型号：YB－10/0.4－100kVA；最高工作电压：12kV；额定短时耐受电流：12kA；额定峰值耐受电流：40kA。

（2）变压器单元。型号：SC10－100/10，环氧树脂浇注干式变压器；额定容量：10kVA；额定电压：10/0.4kV；绝缘水平：LI175AC35/LI0AC3；高压分接范围：±2×2.5%；联接组别：D，yn11；阻抗电压：$U_k = 4\%$；箱体防护等级：IP20；使用条件：海拔不超过1000m、环境温度＋40～－20℃、相对湿度不超过 90%（25℃）。

2. 户外氧化锌避雷器

型号：Y5WS－17/50；系统额定电压：10kV；避雷器额定电压：17kV；避雷器持续运行电压：13.6kV；雷电冲击残压：50kV；爬电比距：＞2.4cm/kV。

3. 跌落式熔断器

型号：RW10－10；额定电压：10kV；额定电流：100A；额定断流容量：100kVA。

4. 柴油发电机

额定输出功率：100kW；额定电压：400V，三相四线；额定频率：50Hz；额定功率因数：0.8；噪声水平：≤85dB。

4.4.1.4 主要电气设备布置

箱式变电站布置在排水闸柴油发电机房外，靠近用电负荷中心，该处地势较高、不易积水、便于巡视。柴油发电机布置在柴油发电机房内，箱式变电站至各用电设备电缆通过电缆沟、电缆桥架、埋管等敷设。

4.4.1.5 照明

为降低损耗，本工程采用节能型高效照明灯具。控制室采用荧光灯，启闭机房照明采用工矿灯，事故照明灯采用带蓄电池灯具，蓄电池连续供电时间不少于 60min。室外照明选用金属卤化物灯具，灯距为 30～40m；灯杆选用钢管杆，杆高为 4～6m。

4.4.1.6 过电压保护及接地

为防止雷电波侵入，在 10kV 电源进线终端杆上装设 1 组氧化锌避雷器。建筑屋顶设避雷网带保护。

接地系统以人工接装置（接地扁钢加接地极）和自然接地装置相结合的方式；人工接地装置包括：闸室处设的人工接地装置。自然接地装置主要是利用结构钢筋等自然接地体，人工接地装置与自然接地装置相连，所有电气设备均与主接地网连接。

防雷保护接地、工作接地及电子系统接地共用一套接地装置，其接地电阻按不大于 1Ω 设计。若接地电阻达不到要求时，采用高效接地极或降阻剂等方式有效降低接地电阻，直至满足要求。

4.4.1.7 电缆防火

根据《水利水电工程设计防火规范》（SDJ 278—1990）要求，所有电缆孔洞均应采取防火措施，根据电缆孔洞的大小采用不同的防火材料，比较大的孔洞选用耐火隔板、阻火包和有机防火堵料封堵，小孔洞选用有机防火堵料封堵。电缆沟主要采用阻火墙的方式将电缆沟分成若干阻火段，电缆沟内阻火墙采用成型的电缆沟阻火墙和有机堵料相结合的方式封堵，电缆选择阻燃电缆。

电气一次设备材料工程量见表 4.4－2。

表 4.4－2 电气一次设备材料工程量表

序号	名　称	型号规格	单位	数量	备　注
1	箱式变	YB－10/0.4－100	座	1	
2	检修箱		个	1	
3	跌落式熔断器	RW10－10	组	1	
4	户外避雷器	YH5WS－17/50	组	1	
5	照明		项	1	
6	10kV 电缆	ZR－YJV22－8.7/10kV	km	0.1	进线电缆
7	0.4kV 电缆	YJV－0.6/1kV	km	0.5	
8	接地		项	1	
9	防火材料		t	0.5	
10	基础及预埋件钢材		t	1	
11	电缆桥、支架		t	1	

续表

序号	名　称	型号规格	单位	数量	备　注
12	柴油发电机	100kW	台	1	
外接电源					
1	10kV 线路		km	2	

4.4.1.8　涵闸监控系统

1. 控制范围

山东涵闸除险加固工程码头泄水闸闸门自动控制系统的控制范围为 2 台 400kN 固定卷扬式启闭机，单台启闭机功率为 22kW。

2. 控制方式及系统组成

由于值班房紧邻涵闸，控制方式采用现地控制，不设远方控制，现地控制柜预留通信接口。视频控制设备及 UPS 柜布置在值班房控制室内。

考虑现场条件及闸门操作的方便性，采用 2 台闸门，共设 1 面闸门控制柜和 1 面动力柜，动力柜与控制柜布置在闸室中便于观察和操作的位置，控制柜内装设可编程序逻辑控制器（PLC）、触摸屏、信号显示等装置；动力柜内装设回路控制器件，主要包括空气开关、接触器、热继电器等。PLC 采用标准模块化结构，由电源模块、CPU 模块、I/O 模块、AI 模块等组成。

为了配合实施闸门控制系统的功能要求，每扇启闭机均装设闸门开度传感器、荷重传感器，将闸门位置信号、荷载信号传送至现地控制柜内。

涵闸配置 2 套水位传感器，闸前 1 套、闸后 1 套，水位信号送至 PLC 控制柜。

3. 现地控制单元的功能

（1）实时数据采集和处理。

1）模拟量采集：闸门启闭机电源电流、电压、闸门开度、闸门荷载。

2）状态量采集：闸门行程开关状态、启闭机运行故障状态等。

涵闸监控系统通过在不同点安装一定数量的传感器进行以上数据的信号采集，并对数据进行整理、存储与传输。

（2）实时控制。可实现现地控制，采用现地控制时，运行人员通过触摸屏在现场对所控制的闸门进行上升、下降、局部开启等操作。闸门开度实时反映，出现运行故障能及时报警并在触摸屏上显示。

（3）安全保护。闸门在运行过程中，如果发生电气回路短路电源断路器跳闸，当发生电气过负荷，电压过高或失压，启闭机荷重超载或欠载时，保护动作自动断开闸门升/降接触器回路，使闸门停止运行。如果由于继电器、接触器接点粘连，或发生其他机械、电气及环境异常情况时，应自动断开闸门电源断路器，切断闸门启闭机动力电源。

（4）信号显示。在 PLC 控制屏上通过触摸屏反映闸门动态位置画面、电流、电压、启闭机电气过载、机械过载、故障等信号。

4. 视频监视系统

设 1 套视频监视系统，视频监视系统由 3 台可调节方位和焦距的摄像设备、网络视频服务器构成，3 台摄像设备布置位置为闸前、闸后及闸室内。电气二次设备汇总见表 4.4 - 3。

表 4.4-3   电气二次设备汇总表

序号	设备名称	设备型号	单位	数量
一	控制系统			
1	现地控制柜	开入模件输出 64 点、模入模件输出 16 点、开出模件输出 32 点	面	1
2	动力柜	断路器、接触器、热继电器等主回路电气设备	面	1
3	控制电缆		km	3
二	超声波水位计		套	2
三	视频系统			
1	彩色专业摄像机		套	3
2	硬盘录像机		台	1
3	彩色监视器	21in	台	1
4	摄像机专用电源及其他附件		套	1
5	网络视频集中管理软件		套	1
6	视频网络服务器		面	1
7	视频防雷设备		套	2
8	视频、电源、信号线		km	3
9	超五类双绞线		km	0.5
10	UPS 不间断电源	3kVA, 1h	套	1
11	操作控制台		套	1

4.4.2 金属结构设计

码头泄水闸始建于 1973 年并于当年建成投入使用，为 2 孔混凝土涵洞式泄水闸。洞孔尺寸进口段 4.5m×5.5m（宽×高），每孔设 1 扇工作闸门，共 2 扇。现状闸门为钢框架钢丝网水泥拱面板闸门，每扇闸门采用 1 台手电两用固定卷扬式启闭机启闭。

本次金属结构设备除险加固的内容主要包括闸门和启闭设备的更新，对旧门槽的去除和改建。即拆除旧闸门 2 套、门槽 2 套和固定卷扬式启闭机 2 台，新建平面闸门 2 扇、门槽 2 套、固定卷扬启闭机 2 台。总工程量约为 74t。

4.4.2.1 金属结构现状与处理措施

码头泄水闸的金属结构设备自建成后运行已有 30 多年，根据《水利建设项目经济评价规范》（SL 72—1994）中规定的水利工程固定资产分类折旧年限：即压力钢管 50a；大型闸、阀、启闭设备 30a；中小型闸、阀、启闭设备 20a。根据《水工钢闸门和启闭机安全检测技术规程》（SL 101—1994）的规定，容量在 1000kN 以下的固定卷扬启闭机属于中小型启闭机的范围，其折旧年限应为 20a。码头泄水闸的金属结构设备均已超出折旧年限。

4.4.2.2 闸门现状与处理措施

码头泄水闸原闸门为钢框架钢丝网水泥拱面板闸门，由于年久失修，经现场检测，普遍存在下列问题：作为钢框架钢丝网水泥拱面板闸门的面板、主梁及边梁铁制构件锈蚀严重，锈蚀面积达 100%，蚀坑密布；闸门止水老化、漏水严重。

根据水闸安全鉴定结论，对老闸门进行报废处理，新建 2 孔闸门。考虑到钢闸门自重轻、检修维护方便、技术成熟且应用广泛，因此，本次改造方案决定新建闸门为平板钢闸门。

4.4.2.3　埋件现状与处理措施

码头泄水闸门门槽埋件锈蚀严重，有些已经锈损，对闸门的运行存在很大的安全隐患。根据《水利水电工程金属结构报废标准》（SL 226—1998）第 3.5 条闸门埋件报废标准规定，埋件已达到报废条件，本次改造决定结合闸墩表面处理，对埋件进行更新。

4.4.2.4　启闭机现状与处理措施

该闸 2 台启闭机已超过规定的折旧年限，启闭设备超过现行标准使用年限，多数部件属淘汰产品；有的电动机外壳已脱落；制动轮、齿轮磨损严重；启闭机减速箱漏油严重；钢丝绳存在锈蚀、断丝现象；无高度限制器及负荷控制器；启闭机的运行存在较大的安全隐患。

总体来说，启闭机技术落后，耗能高，效率低，且多数配件已不再生产，已不便实行技术改造，设备本身也以超过水利工程固定资产规定的折旧年限。虽然通过对设备上已破损、老化的部件进行修整、更换或大修后能使部分启闭机继续使用，但这些补救措施并不能从根本上长远性地解决问题，仍然存在安全隐患。因此，本次改造方案决定结合启闭机房的更新改造，对启闭机设备全部进行更新。

根据上述的现状分析和规范规定，本次金属结构设备除险加固决定对所有的闸门和启闭设备进行更新，对旧门槽进行去除和改建。

4.4.2.5　金属结构设计

新设计的工作闸门为潜孔式平面钢闸门，共 2 孔。孔口尺寸 4.5m×5.5m（宽×高），底坎高程 36.20m，设计防洪水位为 45.00m，设计水头 8.8m。门槽尺寸为 0.6m×0.3m（宽×深），运用方式为动水启闭。

原布置闸门采用下游止水，若改成上游止水需在上游增加胸墙，不宜实施，故新方案仍采用下游止水。由于门前有泥沙淤积，如果采用定轮支撑形式，滚轮容易被泥沙淤死，不能转动，最后选用滑块支承，滑块采用自润滑复合材料。门体材料采用 Q235B，流道内埋件表面采用免维护复合钢板，基层钢板采用 Q235B，复层钢板采用 0Cr18Ni9。闸门整体制造、运输。

每扇闸门采用 1 台固定卷扬启闭机操作，容量为 2 台×400kN，扬程 8m，布置在48.00m 高程的工作桥上。启闭机装有荷载限制器，具有动态显示荷载、报警和自动切断电路功能。当荷载达到 90% 额定荷载时报警，达到 110% 额定荷载时自动切断电路，以确保设备运行安全。启闭机装有闸门开度传感器，可以实时测量闸门所处的位置开度，并将信号输出到现地控制柜和远方控制中心，通过数字仪表显示闸门所处的位置。传感器可预置任意位置，实现闸门到位后自动切断电路，启闭机停止运行。启闭机上还装有主令控制器，控制闸门提升的上、下限位置，起辅助保护作用，与开度传感器一起，对启闭机上下极限和重要的开度位置实现双重保护。启闭机要求既可现地控制又可实现远方自动化控制。

4.4.2.6　防腐涂装设计

1. 表面处理

门体和门槽埋件需要防腐的部位采用喷砂除锈，喷射处理后的金属表面清洁度等级为：对于涂料涂装应不低于 Sa2.5 级，与混凝土接触表面应达到 Sa2 级。机械设备采用手工动力除锈，表面除锈等级为 Sa3 级。

2. 涂装材料

（1）闸门采用金属热喷涂保护，金属喷涂层采用热喷涂锌，涂料封闭层采用超厚浆型无溶剂耐磨环氧树脂涂料。

（2）埋件外露表面采用免维护复合钢板，不需要防腐。埋件埋入部分与混凝土结合面，涂刷特种水泥浆（水泥强力胶），既防锈又与混凝土黏结性能良好。

（3）启闭机按水上设备配置 3 层涂料防护，由内向外分别为环氧富锌底漆、环氧云铁防锈漆和氯化橡胶面漆。

3. 金属结构主要工程

码头泄水闸金属结构主要工程量见表 4.4-4。

表 4.4-4   码头泄水闸金属结构主要工程量表

序号	名　称	单　位	数　量	重量/t		备　注
				单　重	共　重	
1	工作闸门	扇	2	9.5	19.0	
2	工作闸门配重	套	2	12.0	24.0	
3	工作门门槽埋件	套	2	3.5	7.0	
4	2×400kN 固定卷扬机	台	2	12	24	

4.4.3 消防设计

4.4.3.1 消防设计原则

码头泄水闸工程消防采取"以防为主、防消结合"和"确保重点，兼顾一般，便于管理，经济实用"的工作方针，以自防自救为主，外援为辅。本泄水闸建筑物虽然可燃物少，耐火等级高，但消防设计不能掉以轻心，采取积极可靠的措施预防火灾的发生，一旦发生火灾则尽量限制其范围，并尽快扑灭，减少人员伤亡和财产损失。

4.4.3.2 消防设计、规范

《水利水电工程设计防火规范》（SDJ 278—1990）。

《建筑设计防火规范》（GB 50016—2006）。

《建筑灭火器配置设计规范》（GB 50140—2005）。

4.4.3.3 消防总体设计方案

1. 枢纽防火设计

码头泄水闸启闭机房共 2 层，建筑面积 183.2m²。其中启闭机室为轻钢结构，面积 64.8m²。楼梯间及其他房间为砖混结构，面积 118.4m²。建筑一层布置卫生间、值班室、控制室和柴油发电机室，二层布置启闭机室。启闭机室两侧设置两处楼梯。

本工程防火项目主要是控制室、柴油发电机房、启闭机室。两扇闸门各采用 1 台固定卷扬启闭机操作，根据《水利水电工程设计防火规范》（SDJ 278—1990）规定，建筑物火灾危险类别为丁类及其以下、耐火等级为二级。可能发生火灾为带电物体燃烧引起的火灾，属轻危险级，建筑构件的耐火等级不低于二级，不设消火栓，灭火器选用磷酸铵盐干粉灭火器和灭火砂箱（包括使用工具）。

2. 电气防火设计

为防止雷电波侵入，在 10kV 电源进线终端杆上装设 1 组氧化锌避雷器；在建筑屋顶设避雷带并引下与接地网连接，作为建筑物防雷。根据《水利水电工程设计防火规范》（SDJ 278—1990）要求，所有电缆孔洞、电缆桥架均应采取防火措施；根据电缆孔洞的大小采用不同的防火材料，比较大的孔洞选用耐火隔板、阻火包和有机防火堵料封堵，小孔洞选用有机防火堵料封堵。电缆沟主要采用阻火墙的方式将电缆沟分成若干阻火段，电缆沟内阻火墙采用成型的电缆沟阻火墙和有机堵料相结合的方式封堵，电缆沟层间采用防火隔板等方式。控制室、柴油发电机房、闸室启闭机房的建筑物均采用自然排（风）烟的方式。

4.4.3.4　主要消防设备表

码头泄水闸主要消防设备详见表 4.4-5。

表 4.4-5　　　　　　　　　　码头泄水闸主要消防设备表

序号	名　称	型号规格	单位	数量	备　注
1	手提式干粉灭火器	MF/ABC4 型	具	8	
2	灭火器箱		个	4	两个装
3	砂箱	1m³	座	1	包括使用工具

4.5　马口闸工程

4.5.1　电气

4.5.1.1　电源引接方式

马口闸工程包括进口门（包括检修门、工作门）、出口门（包括灌溉门、排涝门）。进口检修门用电负荷有电动葫芦 1 台（13kW），进口工作门用电负荷为卷扬启闭机 1 台（9kW）；出口灌溉门用电负荷有手电两用螺杆机 1 台（2.2kW），出口排涝门用电负荷有手电两用螺杆机 1 台（2.2kW）。根据供用电设计规范规定，负荷等级确定为三级。

当地有关部门介绍，马口闸工程附近有（泵站配电室距进口门约 70m，泵站配电室距出口门约 50m）泵站 1 座，装有 1000kVA 和 630kVA 变压器各 1 台，具备为马口闸供电的条件，因此，马口闸进口门和出口门电源均由附近泵站配电室引接。

4.5.1.2　电气设备选择与布置

进口门内安装挂墙配电箱 1 个，配电箱进线从泵站低压配电室备用回路引接，采用 VV22-3×16+1×10 电缆直埋，局部穿 φ50 钢管暗敷，电动葫芦和螺杆机均在进口闸室内现地控制。

出口门用电负荷有电源从泵站低压配电室备用回路引接，采用 VV22-3×10+1×6 电缆直埋，局部穿 φ50 钢管暗敷，配电箱设在泵房内。

进口闸室设一般照明。各个闸门自带控制箱，进行简单的常规控制，控制箱在机架本体上。

4.5.1.3　接地

接地系统以人工接地网和自然接地体相结合的方式。人工接地网设在进、出口闸室周围，自然接地体利用闸门槽及其所连钢筋等接地，两部分接地网有不少于2处可靠焊接。总接地电阻不大于4Ω，若接地系统的总接地电阻大于4Ω时，可使用高效接地极或降阻剂等方式有效降低接地电阻，直至满足要求。

4.5.1.4 电缆防火

所有电缆孔洞均应做好防火处理，根据孔洞的大小选择不同的防火材料，比较大的孔洞选用耐火隔板、阻火包和有机防火堵料封堵，小孔洞选用有机防火堵料封堵。

4.5.1.5 电气工程量

码头泄水闸主要电气工程量见表4.5-1。

表 4.5-1　　　　　　　　　　码头泄水闸主要电气工程量表

序号	名　称	型号规格	单位	数量
1	电力电缆	VV22-3×16+1×10, 0.6/1kV	m	80
2	电力电缆	VV22-3×10+1×6, 0.6/1kV	m	60
3	控制电缆	ZR-KVV22	m	500
4	导线	BV-2.5	m	30
5	灯具	36W日光灯，220V	套	1
6	开关	5A 220V	套	1
7	护管	$\phi32$	m	50
8	护管	$\phi50$	m	80
9	接地扁钢	-60×6mm	m	60
10	垂直接地极	$\phi50\times2500$mm	根	4
11	接地端子		个	2
12	电缆封堵防火材料		kg	50

4.5.2 金属结构

东平湖马口闸为一孔涵闸，主要承担灌溉和排涝的任务。金属结构设备包括进口检修闸门、工作闸门、出口灌溉闸门、排涝闸门及其相应的启闭设备。共设置闸门4扇、电动葫芦1台、手电两用螺杆式启闭机2台、固定卷扬式启闭机1台，金属结构总工程量约24.8t。金属结构设备主要参数及技术性能详见表4.5-2。

表 4.5-2　　　　　　　　　　金属结构设备主要参数及技术性能

序号	闸门名称	孔口尺寸-设计水头/[(m×m)(宽×高)-m]	闸门型式	孔数	扇数	闸门 门重(加重)/t 单重	闸门 门重(加重)/t 共重	闸门 埋件/t 单重	闸门 埋件/t 共重	启闭机 型式	启闭机 容量/kN	启闭机 扬程/m	启闭机 数量	启闭机 单重/t	启闭机 共重/t
1	进口检修闸门	2×2.34-2.34	钢闸门	1	1	2	2	1.7	1.7	电动葫芦	50	6	1	1	1
2	进口工作闸门	2×2.4-8.08	钢闸门	1	1	4	4	2	2	固定卷扬机	200	6	1	3.5	3.5

序号	闸门名称	孔口尺寸-设计水头/[(m×m)(宽×高)-m]	闸门型式	孔数	扇数	闸门				启闭机					
						门重(加重)/t		埋件/t		型式	容量/kN	扬程/m	数量	单重/t	共重/t
						单重	共重	单重	共重						
3	出口灌溉闸门	2×2-6.72	钢闸门	1	1	2	2	2.5	2.5	手电两用螺杆机	50	3	1	0.8	0.8
4	出口排涝闸门	2×2-4.81	钢闸门	1	1	2	2	2.5	2.5	手电两用螺杆机	50	3	1	0.8	0.8
合计						10		8.7							6.1

4.5.2.1　进口检修闸门

检修闸门为露顶式平面滑动钢闸门，孔口尺寸 2m×2.34m（宽×高，下同），底坎高程 36.79m，设计水头 2.34m，平时闸门锁定在检修平台上，当工作门及埋件需要检修时关闭闸门挡水。运用条件为静水启闭，采用小开度提门充水。

闸门止水布置在下游侧，侧止水采用 P 形橡皮，底止水采用条形橡皮；主支承材料采用摩擦系数较小的新型自润滑复合材料，反向支承采用铸铁滑块。门体和埋件主材采用 Q235-B。

检修闸门采用电动葫芦操作，启闭容量为 50kN，扬程 6m。

4.5.2.2　进口工作闸门

工作闸门为潜孔式平面滑动钢闸门，孔口尺寸 2m×2.4m，底坎高程 36.79m，最高挡水位 44.87m，设计水头 8.08m，闸前水位达到 38.79m 时可开启工作闸门引水，最高引水位 41.50m。运用条件为动水启闭，有局部开启要求。

闸门止水布置在下游侧，侧止水采用 P 形橡皮，底止水采用条形橡皮；主支承材料采用摩擦系数较小的新型自润滑复合材料，反向支承采用铸铁滑块。门体和埋件主材采用 Q235-B。

工作闸门采用固定卷扬式启闭机操作，启闭容量为 200kN，扬程 6m。

4.5.2.3　出口灌溉闸门

在涵洞的出口设灌溉闸门，平时处于关闭状态，引水灌溉时先打开该闸门，再开启进口工作门。闸门为潜孔式平面滑动钢闸门，孔口尺寸 2m×2m，底坎高程 36.69m，设计水头 6.72m。运用条件为静水启闭。

闸门止水布置在下游侧，侧止水采用 P 形橡皮，底止水采用条形橡皮；主支承材料采用摩擦系数较小的新型复合材料，反向支承采用铸铁滑块。门体和埋件主材采用 Q235-B。

灌溉闸门采用手电两用螺杆式启闭机操作，启闭容量 50kN，扬程 3m。

4.5.2.4　出口排涝闸门

涵洞的出口侧向设排涝闸门，平时处于关闭状态，向东平湖排涝时先打开排涝闸门，再开启进口工作门。闸门为潜孔式平面滑动钢闸门，孔口尺寸 2m×2m，底坎高程 36.69m，设计水头 4.81m。运用条件为静水启闭。

闸门止水布置在下游侧，侧止水采用 P 形橡皮，底止水采用条形橡皮；主支承材料采用摩擦系数较小的新型自润滑复合材料，反向支承采用铸铁滑块。门体和埋件主材采用 Q235 - B。

排涝闸门采用手电两用螺杆式启闭机操作，启闭容量 50kN，扬程 3m。

4.5.2.5 启闭设备控制要求

电动葫芦为现地控制。设有行程限位开关，用于控制闸门的上、下极限位置，具有闸门到位自动切断电路的功能。

固定卷扬启闭机、螺杆式启闭机装有荷载限制器，具有动态显示荷载、报警和自动切断电路功能。当荷载达到 90％额定荷载时报警，达到 110％额定荷载时自动切断电路，以确保设备运行安全。启闭机装有闸门开度传感器，可以实时测量闸门所处的位置开度，并将信号输出到现地控制柜和远方控制中心，通过数字仪表显示闸门所处的位置。传感器可预置任意位置，实现闸门到位后自动切断电路，启闭机停止运行。启闭机上还装有主令控制器，控制闸门提升的上、下限位置，起辅助保护作用，与开度传感器一起，对启闭机上下极限和重要的开度位置实现双重保护。要求既可现地控制又可实现远方自动化控制。

4.5.2.6 防腐涂装设计

1. 表面处理

门体和门槽埋件需要防腐的部位采用喷砂除锈，喷射处理后的金属表面清洁度等级为：对于涂料涂装应不低于 Sa2.5 级，与混凝土接触表面应达到 Sa2 级。机械设备采用手工动力除锈，表面除锈等级为 Sa3 级。

2. 涂装材料

（1）闸门采用金属热喷涂保护，金属喷涂层采用热喷涂锌，涂料封闭层采用超厚浆型无溶剂耐磨环氧树脂涂料。

（2）埋件外露表面采用免维护复合钢板，不需要防腐。埋件埋入部分与混凝土结合面，涂刷特种水泥浆（水泥强力胶），既防锈又与混凝土黏结性能良好。

（3）启闭机按水上设备配置 3 层涂料防护，由内向外分别为环氧富锌底漆、环氧云铁防锈漆和氯化橡胶面漆。

第5章 水闸的施工组织、工程管理及节能设计

5.1 施工组织

5.1.1 韩墩引黄闸工程

5.1.1.1 施工条件

1. 工程条件

（1）工程位置、场地条件、对外交通条件。韩墩引黄闸位于滨城区梁才乡韩墩，位于黄河左岸大堤桩号 286+925 处，水闸处黄河大堤堤顶为沥青路面，并有多条城乡公路穿堤而过，对外交通条件便利，机械设备及人员进场运输方便。

（2）天然建筑材料和当地资源。本次建设项目建筑材料主要为石料。多年黄河治理和抢险加固工程，形成了较为固定的石料场，本工程所需石料从滨州购买，能够满足工程建设需要。

工程所用其他材料，如水泥、砂石料、钢材、油料等均可就近从县城采购。

（3）施工场地供水、供电条件。根据黄河防洪工程建设经验，工程施工水源可直接从河槽中取用。黄河水引用方便，只是含沙量大，需经沉淀澄清之后使用。其他生活用水结合当地饮水方式或自行打井解决。

由于工程为原闸的改建，原闸已有供电线路，工程施工用电 97% 采用原供电线路供电，3% 采用自备发电机供电。

（4）工程组成和工程量。本次设计水闸加固工程由启闭机机架桥、交通桥、闸室段和消力池等组成。

主要工程量见表 5.1-1。

表 5.1-1   水 闸 主 要 工 程 量 表

序号	工 程 项 目	单位	工程量	序号	工 程 项 目	单位	工程量
一	土方			二	混凝土		
1	混凝土拆除	m³	120.21	1	混凝土	m³	129.27
2	土方开挖、清淤	m³	98.33	2	钢筋	t	25.49
3	土方回填		5.25				

2. 自然条件

（1）水文气象。黄河下游属温带大陆性季风气候，多年平均气温12.4℃；极端最高气温40℃，出现于7月；极端最低气温为−22.8℃，出现于1月。全年平均风速3m/s，最大风速达25m/s、出现在4月。平均年降水量589.7mm，降水量年内分配不均，以7—9

月最多，约占全年的58%，1月最少，仅占全年的0.01%。7—10月为汛期，12月至次年2月为凌汛期。

（2）地形地质条件。韩墩引黄闸所在区地质构造上属济阳下第三系块断凹陷的一部分，地层均系第四纪松散沉积物，主要由堤身土、砂壤土、壤土和粉砂组成。闸基地质自上而下主要为4个土层，各层分别叙述如下。

第①层人工填筑土：为黄河大堤的堤身土，堤身表面为混凝土硬化路面，厚度约20cm。土质总体上以轻粉质壤土为主，褐黄色，可塑状，层厚1.30～7.10m，层底高程11.20～14.80m。

第②层壤土：褐黄色～灰黄色，可塑，夹黏土薄层，该层在1孔尖灭，厚度分布不均，层厚1.80～7.60m，层底高程2.70～9.90m。

第③层粉砂：褐黄色～灰黄色，饱和，松散～稍密状，分布普遍，夹可塑状黏土透镜体，层厚9.20～20.15m，层底高程－6.50～－5.00m。

第④层壤土：褐黄色～灰黄色，分布普遍均匀，可塑状，该层未揭穿，揭露最大厚度约9.0m。

5.1.1.2 施工导流及度汛

1. 导流方式

韩墩引黄闸除险加固工程主要内容是加固启闭机、交通桥，修补闸墩、翼墙裂缝。工程在一个枯水期内完工，施工期无特别的引水要求，因此在闸前修建围堰一次拦断。韩墩引黄闸枯水期设计流量2300m³/s，相应水位14.90m。

2. 导流建筑物

引黄闸上下游围堰均为土围堰。上游围堰施工水位为14.90m，堰顶高程15.50m；围堰堰顶宽3.0m，最大高度4.2m，围堰背水面边坡1:2.5，迎水面边坡为1:2，为了防止渠首闸引水时对上游围堰的冲刷，在上游围堰堰前迎水面采用编织袋装土护坡，并采用土工膜防渗。下游围堰堰顶高程14.80m，堰顶宽度3.0m，最大高度3.3m。

围堰填筑从韩墩土料场取料，10t自卸汽车运输，运距3km，74kW推土机摊铺、压实，边角部位2.8kW蛙式打夯机补夯。

工程完成后，围堰应拆除，以免影响水闸过流。用1m³反铲挖掘机装10t自卸汽车运到指定的弃土地点。

施工导流临建工程量见表5.1-2。

表5.1-2　　　　　　　　　施工导流临建工程量

序号	项目名称	单位	工程量	序号	项目名称	单位	工程量
1	围堰土料填筑	m³	3480	3	土工膜（200g/0.5mm）	m²	890
2	编织袋装土	m³	275	4	围堰拆除	m³	3755

3. 基坑排水

（1）初期排水。在进行初期排水时，应严格控制水位降幅，以每天50cm左右为宜，以防降水过快危及两岸的边坡安全。基坑初期排水选用2台型号为IS80-65-125的水泵，单台流量为50m³/h，扬程20m。

（2）经常排水。经常性排水主要包括围堰渗水、降雨及施工废水，拟在基坑内设置排（截）水沟，并与集水井相连，选用离心泵及时将水抽排至外江 2 台型号为 IS80 - 65 - 125 的水泵，单台流量为 50m³/h，扬程 20m。

5.1.1.3　主体工程施工

1. 施工程序

施工程序：围堰施工→基坑排水→拆除工程→清淤、土方开挖→闸混凝土浇筑→闸门、启闭机安装→启闭机房。

2. 拆除工程

原闸拆除工程主要包括：启闭机房、启闭机机架桥和公路桥拆除。

启闭机房拆除先用风镐破碎，再采用 1m³ 反铲拆除，人工辅助，10t 自卸车运输，运往弃渣场，运距约 8.0km。

启闭机机架桥、便桥梁、板、柱拆除先用风镐破碎，再采用 QY25 汽车吊装车，人工辅助，10t 自卸车运输，运往弃渣场，运距约 8.0km。

3. 清淤、土方开挖

开挖采用 1m³ 挖掘机开挖，10t 自卸车运输，运至堤防放淤区，用于改良土地，运距 2.0km。

4. 混凝土浇筑

混凝土浇筑包括机架桥排架、公路桥、混凝土预制构件浇筑等。钢筋及模板的制作材料质量要求，制作、安装允许偏差必须按《水闸施工规范》（SL 27—1991）执行，钢筋及模板加工均以机械为主，人工立模和绑扎钢筋。

混凝土浇筑分联间隔穿插进行，混凝土采用 0.4m³ 拌和机拌和，水平运输采用人力推斗车运输至仓面，垂直运输采用吊斗配合卷扬机运输至仓面。垫层浇筑采用人工摊平，平板振捣器振捣密实，其他部位混凝土浇筑均采用 2.2kW 振捣器人工振捣密实。底板浇筑振捣完成后混凝土表面人工找平、压光。

本工程混凝土预制构件工程主要包括公路桥板、机架桥大梁等构件，所有预制件均采用 QY20 型汽车起重机吊装。

预制构件移运应符合下列规定：①构件移运时的混凝土强度，如设计无特别要求时，不应低于设计标号的 70%；②构件的移运方法和支承位置，应符合构件的受力情况，防止损伤。

预制构件堆放应符合下列要求：①堆放场地应平整夯实，并有排水措施；②构件应按吊装顺序，以刚度较大的方向稳定放置；③重叠堆放的构件，标志应向外，堆垛高度应按构件强度、地面承载力、垫木强度和堆垛的稳定性确定，各层垫木的位置，应在同一垂直线上。

预制构件起吊应符合下列规定：①吊装前，对吊装设备、工具的承载能力等应作系统检查，对预制构件应进行外形复查；②预制构件安装前，应标明构件的中心线，其支承结构上也应校测和标划中心线及高程；③构件应按标明的吊点位置和吊环起吊；④如起吊方法与设计要求不同时，应复核构件在起吊过程中产生的内力；⑤起吊绳索与构件水平面的夹角不宜小于 45°，如小于 45°，应对构件进行验算。

5. 混凝土闸门止水施工

止水更换的施工顺序为：施工准备→拆除老化橡胶止水→安装止水橡皮→防腐。

（1）施工准备。将闸门提至检修平台，清除表面附着物，准备好止水橡皮、压板和相应安装工具。

（2）拆除老化橡胶止水。做好施工准备后，将固定止水橡皮的螺栓去除，对锈死的螺栓可直接割除，取下老化止水橡皮，并清理埋件和焊接件表面锈迹。对预埋铁件锈蚀严重的混凝土闸门，在止水安装前应先加固更新埋件。

（3）安装止水橡皮。止水橡皮的安装顺序为：先安装侧止水再安装底止水和顶止水。将止水橡皮用钢板压紧，紧固螺栓时应注意从中间向两端依次拧紧，侧止水与顶止水、底止水通过角止水橡皮连接。连接时应注意止水橡皮连接部位的连续性和严密性。

（4）防腐。根据设计要求应对埋件、压板、焊接构件进行防腐处理。其标准应符合《水工金属结构防腐蚀规范》（SL 105—2007）要求。

6. 钢闸门制作、安装

闸门、启闭机安装应统一考虑，如条件允许，应先安装启闭机后装闸门，以利于闸门安装。闸门安装包括埋件埋设和闸门安装，启闭机的安装应在其承载机架桥完工并达到设计强度后进行。

（1）基本要求。

1）钢闸门制作安装要由专业生产厂家进行，要求在工厂内制作，由生产厂家在工地进行拼装并经初步验收合格后，进行安装。

2）钢闸门制作安装材料、标准、质量要符合设计图纸和文件，如需变更，必须经设计监理和建设单位认可。

3）钢闸门制作安装必须按《水电水利工程钢闸门制造安装及验收规范》（DL/T 5018—2004）进行。

（2）钢闸门制作、组装精度要求。

1）钢闸门制作、组装，其公差和偏差应符合《水电水利工程钢闸门制造安装及验收规范》（DL/T 5018—2004）规定。

2）滑道所用钢铸复合材料物理机械性能和技术性能，应符合设计文件要求，滑动支承夹槽底面和门叶表面的间隙应符合《水电水利工程钢闸门制造安装及验收规范》（DL/T 5018—2014）的规定。

3）滑道支承组装时，应以止水底座面为基准面进行调整，所有滑道应在同一平面内，其平面度允许公差，应不大于2.0mm。

4）滑道支承与止水座基准面的平行度允许公差应不大于1mm。

5）滑道支承跨度的允许偏差不大于±2.0mm，同侧滑道的中心线偏差不应大于2.0mm。

6）在同一横断面上，滑动支承的工作面与止水座面的距离允许偏差不大于±1.5mm。

7）闸门吊耳的纵横中心线的距离允许偏差为±2.0mm，吊耳、吊杆的轴孔应各自保持同心，其倾斜度不应大于1/1000。

8）闸门的整体组装精度除符合以上规定外，且其组合处的错位应不大于2.0mm。其他件与止水橡皮的组装应以滑块所确定的平面和中心为基准进行调整和检查，其误差除符合以上规定外，且其组合处的错位应不大于 1.0mm。

（3）钢闸门埋件安装要求。

1）植入在一期混凝土中的埋体，应按设计图纸制造。土建施工单位在混凝土开仓浇筑之前应通知安装单位对预埋件的位置进行检查和核对。

2）二期混凝土在施工前，应进行清仓、凿毛，二期混凝土的断面尺寸及预埋件的位置应符合设计图要求。

3）闸门预埋件安装的允许公差和偏差应符合规范的规定，主轨承压面接头处的错位应不大于 0.2mm，并应作缓坡处理。两侧主轨承压面应在同一平面内，其平面度允许公差应符合规范的规定。

（4）钢闸门安装要求。

1）闸门整体组装前后，应对各组件和整体尺寸进行复查，并要符合设计和规范的规定。

2）止水橡皮的物理机械性能应符合《水电水利工程钢闸门制造安装及验收规范》（DL/T 5018—2004）附录 J 中的有关规定，其表面平滑、厚度允许偏差为 ±1.0mm，其余尺寸允许偏差为设计尺寸的 2%。

3）止水橡皮螺孔位置应与门叶或压板上的螺孔位置一致，孔径应比螺栓直径小 1.0mm，并严禁烫孔，当均匀拧紧后其端部应低于橡皮自由表面 8mm。

4）橡皮止水应采取生胶热压的方法胶合，接头处不得有错位、凹凸不平和疏松现象。

5）止水橡皮安装后，两侧止水中心距和顶止水中心至底止水底缘距离的允许偏差为 ±3.0mm，止水表面的平面度为 2.0mm。闸门工作时，止水橡皮的压缩量，其允许偏差为 +2.0～-1.0mm。

6）平面钢闸门应作静平衡试验，试验方法为：将闸门吊离地面 100mm，通过滑道中心测量上、下游与左右向的倾斜，要求倾斜不超过门高的 1/1000，且不大于 8mm。

7. 机电设备及金属结构工程施工

启闭机及配电设备安装采用机械吊运、辅以人工定位安装的方法施工。要求定位准确、安装牢固，电气接线正确，保证安全可靠。

（1）启闭机安装技术要求。

1）启闭机安装，应以闸门起吊中心为基准，纵、横向中心偏差应小于 3mm；水平偏差应小于 0.5/1000；高程偏差宜小于 5mm。

2）启闭机安装时应全面检查。开式齿轮、轴承等转动处的油污、铁削、灰尘应清洗干净，并加注新油；减速箱应按产品说明书的要求，加油至规定油位。

3）启闭机定位后，机架底脚螺栓应即浇灌混凝土，机座与混凝土之间应用水泥砂浆填实。

（2）电器设备安装技术要求。

1）电器线路的埋件及管道敷设，应配合土建工程及时进行。

2）接地装置的材料，应选用钢材。在有腐蚀性的土壤中，应用镀铜或镀锌钢材，不得使用裸铝线。

3）接地线与建筑物伸缩缝的交叉处，应增设 Ω 形补偿器，引出线并标色保护。

4）接地线的连接应符合下列要求：①宜采用焊接，圆钢的搭接长度为直径的 6 倍，偏钢为宽度的 2 倍；②有震动的接地线，应采用螺栓连接，并加设弹簧垫圈，防止松动；③钢管接地与电器设备间应有金属连接，如接地线与钢管不能焊接时，应用卡箍连接。

5）电缆管的内径不应小于电缆外径的 1.5 倍。电缆管的弯曲半径应符合所穿入电缆弯曲半径的规定，弯扁度不大于管子外径的 10%。每根电缆管最多不超过 3 个弯头，其中直角弯不应多于 2 个。

金属电缆管内壁应光滑无毛刺，管口应磨光。

硬质塑料管不得用在温度过高或过低的场所；在易受机械损伤处，露出地面一段，应采取保护措施。

引至设备的电缆管管口位置，应便于与设备连接，并不妨碍设备拆装和进出，并列敷设的电缆管管口应排列整齐。

6）限位开关的位置应调整准确，牢固可靠。

未规定电器设备安装要求的，应按照《电气装置安装工程施工及验收规范》系列（GB 50168—1992～GB 50173—1992、GB 50254—1996～GB 50259—1996）的有关规定执行。

5.1.1.4　施工交通运输

1. 对外交通运输

根据对外交通运输条件，工程施工期间外来物资运输主要采用公路运输。由工程区至当地县市，可利用堤顶公路及四通八达的当地公路，不再新修对外交通道路。

2. 场内交通运输

施工期间工程场内运输以混凝土料的运输为主，兼有施工机械设备及人员的进场要求，因此设计修建施工干线道路连接工区、料场区和淤区等；场内干线公路路基能利用村间现有道路的应尽量利用，不能利用的考虑新建或改建。

本次设计场内施工道路利用村间现有道路，场内施工道路长 1.70km。

5.1.1.5　施工工厂设施

工程施工工厂设施主要由机械停放场、施工供水设施、施工供电设施等组成。

1. 机械停放场

由于工程施工项目单一，且距当地县市较近，市、县内均可为工程提供一定程度的加工、修理服务。在满足工程施工需要的前提下，本着精简现场机修设施的原则，不再专设修配厂。

在工地现场各施工区内配设的机械停放场内可增设机械修配间，配备一些简易设备，承担施工机械的小修保养。

2. 施工供水设施

根据工程施工总布置，施工供水分区安排。施工管理及生活区都布置在村庄附近，因此生活用水可直接在村庄附近打井取用或与村组织协商从村民供水井引管网取得；主体工程施工区生产用水量较小，水质要求不高，可直接抽取黄河水。工程用水量见表 5.1-3。

表 5.1-3　　　　　　　　　　工 程 用 水 量 表　　　　　　　　　　单位：m³/h

工 程 名 称	生产用水	生活用水	小计
韩墩引黄闸	5.47	1.42	6.89

3. 施工供电设施

施工用电包括工程生产用电和生活照明用电等，用电可从原闸已有电网引接，考虑部分自备发电机供电。本次设计总用电负荷为 112.60kW。

4. 施工通信

工程施工期通信不设立专门的通信系统，管理区对外通信可接当地市话，工区之间可采用移动通信联络。

5.1.1.6　施工总布置

1. 施工布置

施工总布置方案应遵循因地制宜、方便施工、安全可靠、经济合理、易于管理的原则。

针对本工程的特点，水闸工程施工区相对集中，生产及生活设施根据水闸附近地形条件就近布置。施工道路最大限度地利用现有道路，施工设施尽量利用社会企业，减少工区内设置的施工设施的规模。根据施工需要，工区内主要布置综合加工厂、机械停放场、仓库、堆场及现场施工管理用房等。

经初步规划，韩墩引黄闸工程施工占地见表 5.1-4。

表 5.1-4　　　　　　　韩墩引黄闸工程施工占地汇总表　　　　　　　单位：亩

序号	名　　称	占地量	序号	名　　称	占地量
1	办公、生活区	0.74	5	混凝土预制场	3.00
2	机械停放场	0.30	6	土料场	8.84
3	施工仓库	0.15		合计	13.47
4	混凝土拌和站	0.45			

2. 土石方平衡及弃渣

工程土方开挖总量约 98m³，混凝土拆除约 120m³，利用开挖土方 5m³，弃渣量约 208m³，弃土量约 93m³。

由于工程所在地区的特殊性，清淤、开挖土方沿临黄堤背河淤区范围内堆弃，拆除的混凝土运往 8.0km 外弃渣场弃置。

5.1.1.7　施工总进度

1. 编制原则及依据

（1）编制原则。根据工程布置形式及规模等，编制施工总进度本着积极稳妥的原则，施工计划留有余地，尽可能使工程施工连续进行，施工强度均衡，充分发挥机械设备作用和效率，使整个工程施工进度计划技术上可行，经济上合理。

（2）编制依据。

1）《堤防工程施工规范》（SL 260—1998）。

2) 《水利水电工程施工组织设计规范》(SL 303—2004)。

3) 机械生产率计算依据部颁定额,并参考国内类似工程的统计资料。

4) 人工定额参照《水利建筑工程概算定额》(2002 年)。

5) 黄委会《黄河下游防洪基建工程施工定额》。

2. 施工总进度计划

根据工程布置、工程规模、气候特点及导流方案,工程施工期分为施工准备期和主体工程施工工期。

工程总工期 4.5 个月,其中施工准备期 1 个月,主体工程施工期 3 个月,工程完建期 0.5 个月。

(1) 施工准备期。主要有以下准备工作:临时生活区建设、水电设施安装、场内施工道路修建及施工设备安装调试等。

准备期安排 1 个月,即第一年 9 月进行上述几项工作,完成后即可开始进行主体工程施工。

(2) 主体工程施工期。水闸工程基本施工程序为:围堰施工→基坑排水→拆除工程→土方开挖、清淤→闸混凝土浇筑→闸门、启闭机安装→启闭机房。

围堰及基坑排水施工安排 10 月初进行,安排工期 10d,完成土方填筑 3755m³。

老闸拆除在基坑抽水完成后进行,安排工期 16d,完成混凝土拆除 208m³。

土方开挖、清淤在基坑抽水完成后进行,安排工期 16d,完成土方开挖 98m³。

水闸混凝土浇筑 129m³,安排工期 16d,日均浇筑强度 8.06m³/d。

闸门、启闭机安装安排在混凝土浇筑到安装高程,且混凝土强度达到设计要求后进行,安排工期 31d。水闸安装安排工期 31d。

(3) 工程完建期。工程完建期安排 15d,进行工区清理等工作。

本次设计项目工程主要施工技术指标见表 5.1－5。

表 5.1－5   工程主要施工技术指标表

序号	项 目 名 称		单位	数量
1	总工期		月	4.5
2	土方开挖	最高日均强度	m³/日	6.13
3	混凝土浇筑	最高日均强度	m³/日	8.06
4	施工期高峰人数		人	50
5	总工日		万工日	0.39

5.1.1.8　主要技术供应

1. 建筑材料及油料

水闸所需主要建筑材料包括商品水泥约 24t、钢筋约 25.49t,均可到距工程就近市、县等地采购。

2. 主要施工设备

工程所需主要施工机械为中小型机械设备,工程主要施工机械设备详见表 5.1－6。

表 5.1-6　　　　　　　　　　　工程主要施工机械设备表

序　号	机 械 名 称	型号及特性	数　量	备　注
1	挖掘机	1m³	1 台	
2	推土机	74kW	1 台	
3	自卸汽车	10t	2 辆	
4	插入式振捣器		3 台	
5	汽车吊	25t	1 台	
6	混凝土拌和机		2 台	

5.1.2　三义寨闸

5.1.2.1　施工条件

1. 工程条件

（1）工程位置、场地条件、对外交通条件。三义寨闸改建工程位于开封市兰考县境内，黄河右岸大堤桩号 130+000 处，相应渠堤桩号约为 1+600。该处黄河大堤堤顶为沥青路面，宽 7.6m，并有多条城乡公路穿堤而过，对外交通条件便利，距离兰考县城 15km 左右，机械设备及人员进场运输方便，工程所需物资主要来自兰考县城。

（2）天然建筑材料和当地资源。本次建设项目建筑材料主要是堤防加固土料、淤沙和三义闸改建石料等。

1）土料：黄河下游临黄均有宽阔的滩区，可作填筑土料，储量丰富。

2）淤沙：由于黄河属于高含沙河流，河道夹沙和落淤使下游淤积大量沙滩，可供放淤之用。

3）石料：多年黄河治理和抢险加固工程，形成了较为固定的石料场，本次工程所需石料采用新密石料场的石料，能够满足工程建设所用石料。

工程所用其他材料，如水泥、钢材、油料等均可就近从沿线各大城市或县城采购。

（3）施工场地供水、供电条件。根据黄河防洪工程建设经验，黄河下游防洪工程施工水源可直接从河槽或引黄灌排渠系中取用。黄河水引用方便，只是含沙量大，需经沉淀澄清之后使用。其他生活用水结合当地饮水方式或自行打井解决。

由于工程战线长、施工地点分散，且施工场地沿线为农电网，工程施工高峰期在 3—5 月，与农业灌溉用电矛盾突出，无法满足施工要求，本次设计采用自备发电机供电方式。

（4）工程组成和工程量。三义寨闸放淤工程长 2.413km，加固工程措施主要有：填淤土方 35.15 万 m³，新堤填筑 10.74 万 m³，包边 0.63 万 m³，盖顶土方 7.48 万 m³，黏土隔水层 2.99 万 m³，辅道土方 0.99 万 m³，淤区平整 14.95 万 m²。

三义寨闸改建工程主要有：混凝土浇筑总方量 1.68 万 m³，清基清坡 0.42 万 m³，土方开挖 2.98 万 m³，清淤 13.58 万 m³，土方填筑 11.71 万 m³，浆砌石方量 0.63 万 m³，干砌石方量 736.41m³，抛石方量 271.34m³。原涵闸拆除工程量：混凝土拆除 3629m³。

2. 自然条件

（1）水文气象。根据 1961—1990 年资料统计，该地区多年平均降雨量为 619.3mm。工区多年平均气温 14℃，最高气温 42.9℃，最低气温 −16.0℃。最大风速达 15m/s，最大风速的风向为西北偏西风。

（2）地形地质条件。工程区属华北平原地震区，据 1：400 万《中国地震动参数区划图》（GB 18306—2001），该区地震动峰值加速度为 0.10g，地震动反应谱特征周期为 0.04s，相应的地震基本烈度为Ⅶ度。

工程区位于黄河冲积平原上，区内地表为第四纪松散堆积物所覆盖，本次勘察工作所揭露的地层主要为全新统冲积层，岩性主要为壤土、砂壤土、黏土和砂层。根据工程地质特性，将区内所揭露地层分为 5 层：第①层堤身土、第②层壤土、第③层黏土、第④层砂壤土和第⑤层细砂组成。

工程区地下水类型主要为第四系松散岩类孔隙水，赋存于河滩地的壤土、砂壤土和砂层中。地下水化学类型主要为 $Cl^- —HCO_3^- —Na^+$ 型水，地表水化学类型主要为 $Cl^- —Na^+$ 型水。工程区环境水对混凝土不存在分解类、分解结晶复合类、结晶类腐蚀。

工程建设所需土料基本分布在临河滩地，可就近取土。临河滩地主要为第四系冲积的砂壤土、壤土、粉细砂，呈层淤层砂状分布。料场土质以砂壤土、壤土为主，料源分布广，运输条件便利，质量基本满足堤体填筑、放淤固堤等有关要求。

5.1.2.2 施工导流及度汛措施

1. 放淤工程施工导流及度汛措施

黄河下游堤防工程项目实施，一般只考虑一个枯水期施工，黄河枯水期水流一般不出槽上滩，料场开采和主体工程施工均不受河水影响，施工临建设施和营地均设置在背河侧或临河高滩，也不受洪水影响，对于放淤项目，按照黄河水文气象特性，每年的 7 月、8 月、9 月为主汛期，为不影响抗洪抢险、安全度汛，并结合黄河下游堤防工程施工特点，主汛期不安排施工，不涉及施工导流问题。

2. 三义寨闸改建工程施工导流及度汛措施

（1）导流标准及流量。

1）三义寨闸改建工程。三义寨闸改建工程位于老闸与下游三分闸之间的人民跃进渠上，为了满足施工期下游灌区供水要求，必须解决施工导流问题。

三义寨闸属于 1 级建筑物，根据《水利水电工程施工组织设计规范》（SL 303—2004）规定，导流建筑物级别为 4 级，但考虑到新建引黄闸工程位于老闸下游，新闸施工期间，仍然可以利用老闸进行保护，施工导流仅仅是为了解决下游供水要求的问题，故导流建筑物级别降为 5 级。

通过最近几年的实际引水流量统计，可以看出最大月平均引水流量为 17.75m³/s。考虑一定的安全系数，本工程导流设计流量取 20m³/s。统计成果见表 5.1-7～表 5.1-9。

表 5.1-7　　　　　　　　　2003 年实际引水流量统计表

月　　份	1	2	3	4	5	11	12
最大值/（m³/s）	6.00	8.18	20.00	26.35	16.95	0.00	0.00
最小值/（m³/s）	2.50	3.10	6.00	6.80	1.00	0.00	0.00
引水量/万 m³	26.69	1576.93	3570.36	3673.57	1730.5	0.00	0.00
月均值（m³/s）	0.10	6.52	13.77	14.17	6.68	0.00	0.00

表 5.1-8　　　　　　　　　2005 年实际引水流量统计表

月　份	1	2	3	4	5	11	12
最大值/(m³/s)	0.00	0.00	6.00	13.00	20.00	0.00	0.00
最小值/(m³/s)	0.00	0.00	4.00	4.38	5.46	0.00	0.00
引水量/万 m³	0.00	0.00	352.25	1737.84	4222.42	0.00	0.00
月均值/(m³/s)	0.00	0.00	1.36	6.70	16.29	0.00	0.00

表 5.1-9　　　　　　　　　2006 年实际引水流量统计表

月　份	2	3	4	5	11	12	1
最大值/(m³/s)	0.00	0.00	25.00	22.95	7.39	11.41	10.59
最小值/(m³/s)	0.00	0.00	4.00	1.00	5.00	6.49	8.1
引水量/万 m³	0.00	0.00	4601.57	1641.98	206.11	2492.99	414.55
月均值/(m³/s)	0.00	0.00	17.75	6.33	0.80	9.62	1.60

2) 老闸拆除。对于三义寨老闸基础底板拆除，需在老闸前修建施工临时围堰，以保证干地施工。

由于老闸位于黄河大堤上，故施工导流保护对象为黄河大堤，黄河大堤属于 1 级建筑物，根据《水利水电工程施工组织设计规范》（SL 303—2004）规定，导流建筑物级别 4 级。考虑到老闸仅拆除闸底板，施工时段短，可以在枯水期 4 月、5 月完成，且三义寨闸改建工程已经完工，新闸可以发挥其功能，即使老闸前面围堰失事，也不会对黄河大堤构成威胁，故导流建筑物级别降为 5 级。导流标准拟采用枯水期（4—5 月）5 年一遇设计洪水标准，相应的设计流量为 1780m³/s，相应的黄河水位为 70.95m。

(2) 导流方式。三义寨闸改建工程位于人民跃进渠上，渠道底宽 28.4m，底坡 1∶4500，两侧边坡 1∶3。导流方式对分期导流和明渠导流两种方案进行了比较。

1) 分期导流方案。为了减少临时建筑投资，考虑利用人民跃进渠分期导流方案。经过初步分析计算，纵向围堰高 4.0m，按照围堰顶宽 3.0m、边坡 1∶2、堰脚离基坑开挖线 5.0m 考虑，围堰和一期导流明渠需要占压人民跃进渠 26.0m，一期导流仅可以施工 1 个边墩和 1 个中间闸墩。而主体工程有 2 个边墩和 4 个中间闸墩，从一、二期主体工程施工的比例来看，分期导流方案不合理，同时分期导流施工干扰大，不方便施工。

2) 明渠导流方案。人民跃进渠渠道两侧地势平缓，场地开阔，具备布置导流明渠的条件。采用明渠导流方案，可以方便施工、减少施工干扰、加快施工进度。

故本工程推荐采用将人民跃进渠一次截断、明渠导流的导流方式。

对于老闸底板拆除期间，采用土石围堰一次拦断，临时不对下游供水的导流方式。

(3) 导流建筑物设计。

1) 导流明渠。人民跃进渠右岸坡脚线距离黄河大堤坡脚线 90m，左岸坡脚线距离黄河大堤坡脚线 50m，为了减少开挖明渠对黄河大堤稳定性的影响，导流明渠拟建在人民跃进渠的右岸。

导流明渠进口高程 68.70m，出口高程 68.50m，底坡 0.056%，底宽 4.0m，边坡 1∶2，长 359.28m。经计算，导流明渠平均流速 1.18m/s，渠道水深 2.1m，导流明渠采用土工布放冲。

2）围堰。

a. 新建闸址围堰。围堰采用不过水土石围堰挡水，堰体堰基均采用土工膜防渗。设计流量 20m³/s 时，上游围堰前相应水位为 70.90m，超高 0.6m，即堰顶高程 71.50m，最大高度 3.0m；下游围堰堰前水位为 70.70m，超高 0.6m，即堰顶高程 71.30m，最大高度 2.9m。围堰堰顶宽均为 2.0m，背水面边坡 1∶2，迎水面边坡为 1∶2.5。为了防止渠首闸引水时对围堰迎水面的冲刷，在围堰迎水面采用编织袋装土护坡。

b. 老闸底板拆除围堰。围堰采用不过水土石围堰挡水，堰体、堰基均采用均质土防渗。设计流量为 1780m³/s 时，围堰前相应水位为 70.95m，超高 1.20m，即堰顶高程 72.15m；围堰堰顶宽 3.0m，最大高度 3.2m，围堰背水面边坡 1∶2，迎水面边坡为 1∶2.5。

施工导流临时建筑物工程量见表 5.1-10。

表 5.1-10 施工导流临时建筑物工程量

序号	项 目 名 称	单位	工程量	序号	项 目 名 称	单位	工程量
1	导流明渠土方开挖	m³	27033	5	土工布	m²	4752
2	围堰土方填筑	m³	5551	6	围堰拆除	m³	5581
3	编织袋装土	m³	330	7	导流明渠土方回填	m³	27033
4	土工膜（200g/0.5mm）	m²	1925				

（4）导流工程施工。导流明渠采用 1m³ 挖掘机挖装，8t 自卸汽车运输至渣场。

新建闸址上、下游围堰及老闸底板拆除围堰土方填筑采用 1m³ 挖掘机挖装，8t 自卸汽车运输至工作面，74kW 拖拉机分层碾压。

（5）基坑排水。为了使土方开挖及后续工作在干地施工，采用人工方法降低地下水位，本工程地下水位需要降低 5m 左右，根据各类井点排水适用的范围，本工程基坑排水采用轻型井点法排水。

轻型井点是由井点管、连接管、集水总管、普通离心式水泵、真空泵等设备所组成的一个排水系统。参考与本工程施工条件相似的基坑排水方案，初步确定排水设备如下：井管直径 50mm，长 9.0m，其中滤管长 1.5m，沿基坑四周布置；总管直径为 100mm，总长 220m。

经过估算，布置井点 188 眼，选用 6 套抽水设备（备用水泵 1 台），主要由 3BL-9 型离心泵（流量 45m³/h），JO2-42-2 型电动机（功率 7.5kW）、射流泵和水箱组成。

对于老闸基础底板拆除，需要进行初期排水和经常性排水。初期排水基坑内积水约 1600m³，初期排水总量按 3 倍基坑积水估算。按 2d 排干计算，基坑水位平均下降速度 1.0m/d，初期排水强度约 100m³/h。所以初期排水设计按 2d 抽干考虑；基坑经常性排水包括基础和围堰渗水、降雨积水等，老闸底板拆除安排在枯期进行，且施工时段较短，基坑排水量较小，为非控制项目。排水泵选择 2 台 3BL-9 型离心泵。

5.1.2.3 料场选择及开采

1. 料场选择

根据施工需要，该工程料场分两类，一类为放淤料场，另一类为新堤填筑、包边盖顶填筑和闸的土方填筑用的土料场。料场选择遵循以下几条原则：①保证土料质量、储量；②运距近、施工方便；③有利于泥浆泵的取土及取土场还淤；④尽量少占用耕地、林地，减少施工征地面积。

根据以上原则，结合滩区具体情况，按工程区段分散在大堤临河侧滩地选择料场。

根据大堤临河侧地形、地质条件及防洪要求，本着土质优、运距近的原则选择取土场，根据多年来黄河大堤加固经验，按照地质专业提供料场调查情况，在大堤临河侧取土，其分布、储量、质量基本满足设计对填筑土料的要求。

放淤固堤对土质没有特殊要求，一般在河道内低滩、嫩滩及主河槽内取土，排距为5.5km；新堤填筑、淤区包边盖顶土方一般在临河滩区取土，运距为4.5km；黏土隔水层土方在临河滩区取土，运距为3.0km。

黄河下游河道无砂石料，砂石料需从外地购运。砂石料一般从黄河砂石料场或当地砂石料场购买，三义寨闸工程砂石料从河南新密石料场购买。

沿黄河段水泥厂较多，水泥可就近采购。

本次设计项目料场总占地为742.87亩，其中，土料场占地646.56亩，放淤料场占地96.31亩。各工程料场特性见表5.1-11、表5.1-12。

表5.1-11　　　　　土料场特性指标表

所属地段	段落桩号	填筑量/万 m³	料场名称	用量/万 m³	占地面积/亩	平均运距/km
开封右岸	0+000～0+978 2+045～3+480	11.37	北围堤北土料场	13.38	291.28	4.5
		2.99	黏土料场	3.52	123.12	3.0
		7.48	利用开挖料			
	三义寨闸工程	9.4	1号土料场	11.06	232.16	4.5
		2.72	利用开挖料			
	小计	33.96			646.56	

表5.1-12　　　　放淤工程放淤料场特性指标表

所属地段	段落桩号	淤筑量/万 m³	料场名称	用量/万 m³	占地面积/亩	平均运距/km
开封右岸	0+000～0+978 2+045～3+480	22.93	放淤料场	22.93	96.31	5.5
		12.22	利用渠道清淤料			
	小计	35.15			96.31	

2. 料场开采

土方填筑工程等所用土料开采采用1m³液压挖掘机挖装10t自卸汽车运输直接上坝，74kW推土机配合集料。土料场开采前首先采用74kW推土机将表层30cm腐殖土推至未开垦区，以备开挖后复耕之用。

放淤固堤料场：目前，在黄河下游放淤固堤工程中，通常采用挖泥船、组合泵（大小泵组合）等方法进行施工。取土场位于主河槽内，采用挖泥船进行施工；取土场位于滩地上时，采用组合泵施工；取土场位于靠水的嫩滩上时，采用挖泥船或组合泵施工。

根据放淤固堤的实践，大小泵接力组合方式通常为：一台 136kW 大泵配 6～9 台 22kW 小泥浆泵。采用高压水枪产浆后，利用小泥浆泵向集浆池输送泥浆，再由大泵集中将泥浆远距离输送到放淤固堤区。大泵的位置要根据施工段的具体情况一次定到位，集浆池布设于地面上。小泥浆泵开挖方式可由近及远，以利于提高工作效率。

5.1.2.4 主体工程施工

黄河下游防洪工程的特点是量大、面广、战线长，有利于全线施工。工程施工实行公开招标及施工监理制，由河南黄河河务局及各地（市、县）河务局以管辖范围为界，分别组织各中标单位，分段包干，以机械化施工为主、人工为辅的原则进行施工。

1. 两岸连接堤防工程施工

（1）清基清坡施工。堤基清理的范围包括堤基地面、加高培厚侧的堤坡，其边界应超出设计基面边线 0.3～0.5m。堤基表层的砖石、腐殖土、草皮、树根以及其他杂物应予清除，并应按指定位置堆放。基础清理深度为 0.3m，堤坡清理水平宽度为 0.3m，主要采用 74kW 履带式推土机清基、清坡。堤基清理后应进行平整、压实，压实后的干密度应与堤身设计干密度一致，压实宽度超过边界 0.2m。

（2）填筑及压实施工。

1）施工前应先作碾压试验，确定与本段大堤施工机械相适应的碾压参数，即铺土厚度、碾压遍数、土块限制粒径、含水量的适宜范围。也可参考有相似条件的碾压试验。但铺土厚度、土块限制粒径不宜超过表 5.1-13 中相应要求。

表 5.1-13　　　　　　　铺料厚度和土块直径限制尺寸要求表

压实机械类型	压 实 机 具 种 类	铺土厚度/cm	土块限制直径/cm
轻型	人工夯、机械夯	15～20	≤5
	5～10t 平碾	20～25	≤8
中型	12～15t 平碾	25～30	≤10
	斗容 2.5m³ 铲运机		
	5～8t 振动碾		
重型	斗容大于 7m³ 铲运机	30～50	≤15
	10～16t 振动碾		
	加载气胎碾		

2）堤段填筑采用机械化施工，1m³ 反铲挖掘机挖装土，10t 自卸汽车运土上堤，74kW 推土机配合集料。堤面采用 59kW 推土机平料，14t 振动平碾压实，距离帮宽外坡边缘 1m 内，采用平板振动碾碾压，水平超填 30cm。填筑完成后采用 74kW 推土机自上而下削坡至设计断面。坝面耙松采用 110HP 平地机，洒水采用 4m³ 洒水车完成。对于填筑宽度小于 2m 的应尽量采用小型振动碾进行坝面压实，避免大开蹬。

3）堤段填筑采用分段分层填筑，各段应设立标志，以防漏压、欠压和过压。上下层的分段接缝应错开。分段作业面长度不小于 100m，一次铺土厚度（松土）不大于 0.30m，采用逐层铺土逐层碾压，在检查合格后再铺筑下一层土。填筑作业应按水平层次铺填，不得顺坡填筑。碾压机械行走方向应平行于堤轴线。分段碾压，相临作业面的搭接碾压宽度不应小于 3m。机械碾压时应控制行车速度，以不超过下列规定为宜：平碾为 2km/h，振动碾为 2km/h，铲运机为 2 挡。

4）机械碾压不到的部位，应辅以夯具夯实，夯实时应采用连环套打法，夯迹双向套压，夯压夯 1/3，行压行 1/3；分段分片夯压时，夯迹搭压宽度应不小于 1/3 夯径。

5）筑堤土料含水量与最优含水量的允许偏差为 ±3%，过干时要洒水，过湿时要翻晒。要求压实度不小于 0.94，大堤填筑土料的设计干密度不小于 $1.5t/m^3$。

6）辅道及防汛屋台施工与大堤填筑相同，土牛施工采用人工辅助机械施工，即机械运土（同筑堤），人工铺平夯实。防汛屋、植树、植草及排水沟等采用人工施工。土方施工应严格按照《堤防工程施工规范》（SL 260）和有关设计要求进行。

（3）灰土底基层施工。

1）施工顺序。采用机械拌和法进行石灰稳定性土底基层施工，基层厚 15cm，采用一次填筑压实，压实度应达到 95%（重击）。

灰土底基层的施工工艺流程为：准备下承层→施工放样→配料→摊铺→拌和→整形并碾压→接缝处理→养生。

2）准备下承层。开挖后的路槽以下 30cm 经翻松并压实后即为路面的下承层，下承层的压实度应达到 93%（重击）以上，在进行灰土基层施工前，如土质过于干燥，可适量洒水湿润，并用 12～15t 三轮压路机或等效的碾压机械进行 3～4 遍碾压。查看下承层是否正常，若发现土过干、表层松散，应适当洒水；土过湿，发生"弹簧"现象，应采用挖开晾晒换土掺石灰或水泥等措施进行处理，处理后的下承层其压实度仍应达到 93%（重击）以上。

3）施工放样。施工放样要恢复公路中心线位置，直线段每 15～20m 设一桩，平曲线段每 10～15m 设一桩，并在两侧路肩边缘外设指示桩，在指示桩上明显标出灰土基层边缘的设计高程。

4）配料。

a. 备土。稳定层用土来自指定的取土场。采集土前，应先将树木、草皮和杂土清除干净。在预定的深度范围内采集土，应纵向取土，不应分层采集。用自卸汽车将土运到预定位置，在预定堆料的下承层上，堆料前应先洒水，使其表面湿润，但不应过分潮湿而造成泥泞。土在下承层上的堆置时间不应过长，运送土只宜比摊铺土工序提前 1～2d。

b. 备灰。经检验符合技术要求的石灰应在路外选择临近水源、地势较高的宽敞场地集中堆放，当堆放时间较长时，应覆盖封存。消解石灰应于路面施工前 7～10d 完成。消解时应严格控制用水量，每吨生石灰一般用水约 600～800kg，已消解的石灰含水量以控制在 35% 左右为宜。若水分偏大则成灰膏无法使用，水分过小，则生石灰既不能充分消解，还会飞扬以致影响操作人员的身体健康。经消解的石灰应为粉状，含水量均匀一致，不应有残留的生石灰块。消石灰宜过孔径 10mm 的筛，并尽快使用。

灰土配料程序为：①将符合要求的土料，按事先计算的需求量（重量或折算体积）运到预定位置分堆堆放，一般堆距可按堆体大小相隔2~4m；②将已消解好的石灰以土堆重量算出需要量（重量或折算体积）运到土堆上或堆放在土堆旁；③将水泥以土堆重量算出需要量（重量或折算体积）运到土堆上或堆放在土堆旁。

5）摊铺。先通过试验确定土的松铺系数，松铺系数为1.53~1.58。在对土料进行摊铺时，铺土要均匀、表面平整并形成有规定的路拱。然后按设计要求进行石灰和水泥摊铺。施工前，应了解当地的天气情况，避开雨季。为使混合料内的水分均匀，可在当天拌和后堆放闷料。

6）拌和。将摊铺后的土、石灰、水泥进行机械拌和。可采用农用旋转耕或多铧犁拌和4遍，使土、石灰、水泥稳定土全部翻透，拌和均匀，严禁在稳定土与下乘层之间残留一层素土，但也应防止翻犁太深，破坏下承层表面。

7）整形并碾压。

a. 采用人工整形时，应用锹和耙先将混合料摊平，用路拱板进行初步整形。并形成约2%的双向横坡，后用拖拉机或轮胎压路机初压1~2遍，根据实际的纵横标高进行挂线。利用锹耙按线整形，再用路拱板校正成型。整形过程中，严禁任何车辆通行，并配合人工消除粗细集料不均匀现象。

b. 整型后，视混合料含水情况，如表层水分不足，应适当洒水，最好当天碾压成形。当混合料的含水量为最佳含水量（±1%~±2%）时，应立即用12~18t三轮压路机、重型压路机或振动压路机在结构层全宽内进行碾压。碾压时应重叠1/2轮宽，后轮必须超过两段的接缝处，后轮压完路面全宽时，即为一遍。碾压一直进行到全路面宽达到要求的密实度为止，一般需碾压6~8遍。压路机的碾压速度，头两遍以采用1.5~1.7km/h为宜，以后宜采用2.0~2.5km/h。路边缘应多碾压2~3遍。

c. 严禁压路机在已完成的或正在碾压的路段上调头或急刹车，避免表面遭遇破坏。碾压过程中，如有"弹簧"、松散、起皮等现象，应及时进行处理，使其达到质量要求。

d. 在碾压结束之前，用平地机再终平一次，使其纵向顺适，路拱符合设计要求。终平应仔细进行，必须将局部高出部分刮除并扫出路面；对于局部低洼之处，不在进行找补，可留待铺筑沥青面层时处理。

8）接缝处理。两工作段的搭接部分，应采用对接形式。前一段拌和整形后，留5~8m不进行碾压，后一段施工时，应与前段留下未压部分一起再进行拌和、整形、碾压。

本公路基层及面层施工时，均不得设纵向接缝。

9）养生。稳定土层在养生期间应保持一定的湿度，不应过湿或忽干忽湿。养生期不宜少于7d。每次洒水后，应用两轮压路机将表层压实。在养生期间，除洒水车外，应封闭交通。

10）雨季施工。灰土层施工前，应了解当地的天气情况，尽量避免雨季。若必须在雨季施工时，在安排上应缩短施工战线，铺土、铺灰、摊铺、拌和及碾压等工序要衔接紧凑，做到当日完工，以免雨水浸泡。对于被水浸泡过的石灰土，在找平前应检查含水量。如含水量过大，应翻拌晾晒并达到最佳含水量时，才能继续施工。

（4）石灰稳定碎石土基层施工。采用机械拌和法进行石灰稳定碎石土基层施工，基层厚 15cm，采用一次填筑压实，压实度应达到 97%（重击）。

石灰稳定碎石土基层的施工工艺流程为：施工放样→配料→摊铺→拌和→整形并碾压→接缝处理→养生。

石灰稳定碎石土基层施工时，其施工放样、配料、摊铺、拌和等施工工艺及施工做法，仅在摊铺施工中增加了级配碎石层。

（5）沥青碎石路面。

1）施工顺序。沥青碎石混合料在工厂集中拌制，由专用运输车将拌好的沥青碎石混合料直接运往施工仓位。其施工顺序：安装路缘石→清底→上、下封层施工→粘层（路缘石与路面接触面）施工→沥青碎石混合料面层施工→养生→开放交通。

沥青碎石混合料、封层及粘层的配料必须符合设计要求。

2）安装路缘石。本道路工程在行车道两侧埋入式路缘石，路缘石采用素混凝土预制块。因公路的基层比沥青碎石面层每边宽 25cm，路缘石施工时，要先放出路面边缘线，再人工挖槽宽 15cm 挖到下承层顶面，在下承层顶面上铺 2cm 厚 1:3 水泥砂浆，并安装预制块，用 M10 水泥砂浆勾缝，路缘石内外侧均用与上基层相同的稳定土回填夯实。路缘石养生期不得少于 3d，在此期间应禁止行人、车辆等走压和碰撞。施工时，注意防止路缘石阻滞路面上表面水及结构层的水，确保路面雨水能顺利向两侧路外排放。

3）清底。沥青面层施工前应按《公路路面基层施工技术规范》（JTJ 034—2000）的规定对基层进行检查，当基层的质量检查符合要求后方可修筑沥青面层。

4）上、下封层施工。上封层采用 BC-3 道路乳化石油沥青，下封层采用 BC-2 道路乳化石油沥青，粘层采用 PC-3 道路乳化石油沥青，其技术要求见表 5.1-14。

表 5.1-14　　　　　　　　　道路用乳化石油沥青技术要求

项目 \ 种类	筛上剩余量不大于 /%	破乳速度试验	黏度		蒸发残留物含量不小于 /%	裹覆面积
			沥青标准黏度计（C25，3）/s	恩格拉度 E25		
BC-2	0.3	中或慢裂	12~100	3~40	55	≥2/3
BC-3	0.3	慢裂	40~100	15~40	60	≥2/3
PC-2	0.3	慢裂	8~20	1~6	50	≥2/3
PC-3	0.3	快裂	8~20	1~6	50	≥2/3

项目 \ 种类	蒸发残留物性质			贮存稳定性		水泥拌和试验，1.18mm 筛上剩余量 /%
	针入度（25℃），（100g，5s）（0.1mm）	残留延度比（25℃）不小于 /%	溶解度（三氯乙烯）不小于 /%	5d 不大于 /%	1d 不大于 /%	
BC-2	60~300	80	97.5	5	1	≤5
BC-3	80~200	80	97.5	5	1	≤5
PC-2	80~300	80	97.5	5	1	≤5
PC-3	60~160	80	97.5	5	1	≤5

稀浆封层施工应在干燥情况下进行，施工时应用稀浆封层铺筑机，摊铺时应控制好集

料、填料、水、乳液的配合比例，应具有良好的施工和易性。当铺筑过程中发现有一种材料用完时，必须立即停止铺筑，重新装料后再继续进行。稀浆封层铺筑机工作时应匀速前进，达到厚度均匀、表面平整的要求。下封层施工完成后，待乳液破乳、水分蒸发、干燥成型后可放开交通。稀浆封层的施工气温不得低与10℃。

5）粘层施工。粘层沥青因粘层面积很小，故采用人工喷洒，应让具有熟练喷洒技术的工人均匀洒布或涂刷，浇洒过量处应予刮除。施工面应洁净、干燥，温度低于10℃时，不得施工。粘层洒布后，应紧接铺筑沥青面层，但乳化沥青应待破乳及水分蒸发完后铺筑。

6）沥青碎石混合料面层施工。

a. 施工准备。沥青碎石混合料面层应采用机械化施工。施工前应对各种材料进行调查试验，经选择确定的材料在施工过程中应保持稳定，不得随意变更。施工前对各种施工机具应作全面检查，并经调试证明处于性能良好状态，机械数量足够，施工能力配套，重要机械宜有备用设备。

b. 配料。沥青碎石混合料的配合比应根据设计要求和马歇尔试验结果，经过试拌试铺论证确定后，施工时应保持稳定，不得随意变更。

沥青选用重交通道路石油沥青 AH-100，其技术要求见表5.1-15。

表5.1-15 重交通道路石油沥青技术要求

试验项目 标号	针入度（25℃，100g，5s）（0.1mm）	延度（5cm/min，15℃）不小于/cm	软化点（环球法）/℃	闪点不小于/℃	含蜡量（蒸馏法）不大于/%	密度（15℃）/(g/cm³)	溶解度（三氯乙烯）不小于/%
AH-100	100～120	100	41～51	230	3	实测记录	99

c. 拌料。采用 AH-100 型道路石油沥青拌制碎石混合料。沥青碎石混合料必须在沥青拌和厂集中拌制后运往施工现场。优先考虑租用现有沥青拌和厂。沥青应分标号密闭储存，加热温度140～160℃。各种矿料应分别堆放，不得混杂。矿料温度采用间隙式拌和机时比沥青加热温度高10～20℃（填料不加热），采用连续式拌和机时比沥青加热温度高5～10℃（填料加热）。沥青混合料应拌制均匀一致、无花白料、无结团成块或严重的粗细料分离现象，出厂温度为125～160℃。

d. 运输。热拌沥青混合料拌和好后，通常应立即采用较大吨位的自卸汽车运往工地予以铺筑。当气温低于5℃时，不得摊铺热拌沥青混合料。运输车厢应清扫干净。为防止沥青与车厢板黏结，车厢侧板和底版可涂一薄层油水（柴油与水的比例为1:3）混合液隔离剂，但不得有余液积聚在车厢底部。运输时应篷布覆盖，以保温、防雨、防污染，夏季运输时间少于0.5h时，可不加覆盖。

沥青混合料运输车的运量，应较拌和能力或摊铺速度有所富余，施工过程中摊铺机前方应有运料车在等候卸料。

连续摊铺过程中，运料车在摊铺机前10～30m处停住，不得撞击摊铺机。卸料过程中运料车应挂空挡，靠摊铺机推动前进。

沥青混合料运至摊铺地点应检查拌和质量，不符合规范温度要求或已经结块、已遭雨淋的混合料不得铺筑在道路上。

e. 摊铺。铺筑沥青混合料前，应检查确认下层的质量，当下层质量不符合要求，或未按规定洒布透层、粘层、铺筑下封层时，不得铺筑沥青面层。

采用全宽段一幅机械摊铺，松铺厚度为 1.15～1.3 倍路面厚度（4cm）。由试铺试压方法或根据以往实践经验确定。摊铺过程中，摊铺机在开始受料前应在料斗内涂刷少量防止黏结用的柴油隔离剂。且应派专人跟车，随时检查摊铺层厚及路拱、横坡，不符合要求时应随时根据铺筑情况及时进行调整。摊铺机应与路缘石保持 100mm 间隙，由人工找补，防止机械挤坏侧缘石。

沥青混合料的摊铺温度应符合规范要求，运输到现场温度不低于 120～150℃，正常施工时，摊铺温度不低于 110～130℃、碾压温度不低于 110～140℃，碾压终了温度钢轮压路机不低于 70℃，轮胎压路机不低于 80℃，振动压路机不低于 65℃。沥青混合料必须缓慢、匀速、连续不断的摊铺，摊铺速度 2～6m/min。摊铺过程中不得随意变换速度或中途停顿。摊铺好的沥青混合料应紧接碾压，如因故不能及时碾压或遇雨时，应停止摊铺，并对卸下的沥青混合料覆盖保温。

当半幅施工时，相临两幅摊铺带至少应搭接 100mm，并派专人负责用热料填补纵缝空隙，整平接茬，使接茬处的混合料饱满，防止纵缝开裂塌陷，出现沟槽。人工摊铺时，撒料用的铁锹等工具应加热使用，以防黏结混合料。

f. 压实及成型。选择合理的压路机组合方式及碾压步骤，为达到最佳结果。沥青混合料压实宜采用钢筒式静态压路机与轮胎压路机或振动压路机组合的方式。

宜采用机械：双轮钢筒式压路机：6～8t；三轮钢筒式压路机：8～12t、12～15t；轮胎压路机：12～20t、20～25t；振动压路机：2～6t、6～14t；手扶式小型振动压路机：1～2t；振动夯板：质量不小于 180kg，振动频率不小于 3000 次/min。

沥青混合料的压实按初压、复压、终压（包括成型）3 个阶段进行。压路机以慢而均匀的速度碾压，压路机的碾压速度符合表 5.1-16 要求。

表 5.1-16　　　　　　　　　压路机碾压速度　　　　　　　　　单位：km/h

压路机类型	初　压		复　压		终　压	
	适宜	最大	适宜	最大	适宜	最大
钢筒式压路机	1.5～2	3	2.5～3.5	5	2.5～3.5	5
轮胎压路机	—	—	3.5～4.5	8	4～6	8
振动压路机	1.5～2 （静压）	5 （静压）	4～5 （振动）	4～5 （振动）	2～3 （静压）	5 （静压）

初压应在混合料摊铺后较高温度下进行，并不得产生摊移、发裂，压实温度应符合规范要求。压路机应从外侧（紧靠路缘石）向中心碾压。相临碾压带应重叠 1/3～1/2 轮宽，最后碾压路中心部分，压完全幅为一遍。采用轻型钢筒式压路机或关闭振动装置的振动压路机碾压 2 遍，其线压力不宜小于 350N/cm。初压后检查平整度、路拱，必要时进行修整。

碾压时应将驱动轮面向摊平机，碾压路线及碾压方式不应突然改变而导致混合料产生推移。压路机启动、停止必须减速缓慢进行。

复压宜采用重型的轮胎压路机，也可采用振动压路机或钢筒式压路机。碾压遍数经试压确定，不宜小于 4～6 遍，达到要求的压实度，并无显著轮迹。采用轮胎压路机，总质量不小于 15t，采用三轮钢筒式压路机时，总质量不小于 12t，采用振动压路机，振动频率宜为 35～50Hz，振幅宜为 0.3～0.8mm。

终压应紧接在复压后进行。终压可选用双轮钢筒式压路机或关闭振动的振动压路机碾压，碾压遍数不宜小于两遍，并无轮迹。沥青碎石混合料最终压实度应以马歇尔试验密度为标准，应达到 94%。路面压实成型的终了温度应符合规范要求。

压路机无法压实的部位，应采用振动夯板压实。

g. 接缝处理。在施工缝及构造物两端的连接处必须仔细操作，保证紧密、平顺。纵缝采用热接缝时，施工时应将已铺混合料部分留下 10～20cm 宽暂不碾压，作为后摊铺部分的高程基准面，再最后作跨缝碾压以消除缝迹。纵缝不采用热接缝时，宜加设挡板或采用切刀切齐。铺另半幅前必须将缝边缘清扫干净，并涂洒少量粘层沥青。相邻两幅及上下层的横向接缝均应错位 1m 以上。横接缝采用斜接缝。

7）开放交通。热拌沥青混合料路面应待摊铺层完全自然冷却，混合料表面温度低于 50℃后，方可开放交通。特别情况需要提早开放交通时，可洒水冷却降低混合料温度。

8）雨季施工。注意气象预报，加强工地现场与沥青拌和厂联系，缩短施工时间，各项工序紧密衔接。运料汽车和工地应备有防雨设施，并做好基层及路肩的排水措施。当遇雨或下层潮湿时，不得摊铺沥青混合料，对未经压实即遭雨淋的沥青混合料，应全部清除，更换新料。

（6）碎石垫层、浆砌石砌筑。从临时堆料点至工作面的石料运输采用 1m³ 轮式装载机或四轮机动车运输至工作面，经人工加工后，砌筑完成，人工施工。

5.1.2.5 放淤固堤工程施工

1. 清基清坡、耕作土开挖施工

淤区清理的范围包括堤坡和淤区地面的清理，其边界应超出设计基面边线 0.3～0.5m。淤区地表面的砖石、腐殖土、草皮、树根以及其他杂物应予清除，并应按指定位置堆放，并考虑放淤完成后，回采盖顶之用。基础清基深度为 0.2m，堤坡清理水平宽度为 0.3m，主要采用 74kW 履带式推土机清基、清坡。

耕作土开挖采用 2.75m³ 铲运机挖土，就近堆存。

2. 放淤填筑施工

黄河下游放淤固堤施工方法一般分两种，一种是组合泵开采淤筑，另一种是采用简易吸泥船在河槽边开采嫩滩淤筑。在有船位停靠，便于抽沙、落沙、还沙的地段，首先考虑采用简易吸泥船进行淤筑，其特点为不占耕地，疏浚河道，节省工程投资。当不具备上述条件情况下，如有广阔的临河嫩滩地，采沙地点距工程相对较近，对当地农业生产不造成重大影响，即采用水力冲挖机组——组合泵开采淤筑。本次设计采用组合泵开采淤筑。

组合泵开采每条排泥管线配备组合泵 1 套，每套设备起点处由 1 台 136kW 大泥浆泵（800m³/h）配 6 台 22kW 泥浆泵（150m³/h）组成。136kW 大泥浆泵起点端设集浆池 1 处，集浆池容量按 500m³ 考虑。

为保证输沙效率，各放淤段按照以下原则布置设备：输沙距不超过 2km 时，泥浆通过排泥管直接输送至淤筑区；超过 2km 时，中间每隔 2km 采用相同型号泥浆泵进行加压接力；总排距大于 5km 时，每 5~6km 处设集浆池（500m³），集浆后再加压接力，加压接力设备选同种型号泥浆泵。

淤区吹填采用分块（条）交替淤筑方式，以利于泥沙沉淀固结。排泥管布置力求平顺，以减少排距。为使淤区保持平整，排泥管出口设分水支管，根据淤筑情况，不断调整出泥管位置。退水口高程应随着淤面的抬高不断调整，以保证淤区退水通畅，并控制退水含沙量不超过 3kg/m³。为防止淤区附近耕地盐碱化，在淤区四周坡脚外 2m 处，开挖截渗沟，截渗沟断面底宽 1m、深 1m、边坡 1:1.5，截渗沟兼作退水渠，各淤区的施工排水均通过截渗沟汇入集水坑内，再集中排走或经退水渠排走。

3. 围隔堤、包边盖顶、黏土隔水层等的施工

围隔堤填筑根据淤区高度分层施工，每层高 2m，边坡 1:2，考虑就近从淤区取土，部分从土料场取土。采用 74kW 推土机就近推土，拖拉机碾压。

包边盖顶土料均来自土料场，采用 1m³ 挖掘机开采土料，10t 自卸车运输至淤区，74kW 推土机整平，包边土料采用小型振动碾压实，盖顶土料不需碾压。

黏土隔水层土料均来自土料场，采用 1m³ 挖掘机挖装土料，10t 自卸车运输至淤区，74kW 推土机整平，小型振动碾压实。

辅道填筑同大堤加高帮宽施工方法相同，辅道填筑用料考虑利用清基清坡土方，不够部分采用土料场取土。

清基、清坡采用 74kW 推土机施工，弃渣堆存于柳荫地范围内，以备淤筑完工后盖顶和辅道填筑之用。

截渗沟、退水渠采用 1m³ 反铲开挖，就地弃土，工程完工后采用 74kW 推土机回填沟槽。

5.1.2.6　新建水闸工程施工

1. 施工程序

为了不影响黄河防汛，主体工程安排在一个枯水期完工，工期较紧。

施工程序：明渠开挖→新闸上下游围堰填筑→基坑开挖→基础处理→闸混凝土浇筑及砌石施工→闸门启闭机安装→土方填筑→老闸围堰填筑→老闸拆除→场地清理→围堰拆除、明渠回填。

2. 原闸拆除

原闸拆除工程主要包括：钢筋混凝土拆除和闸门拆除。

钢筋混凝土拆除先用风镐破碎，再采用 1m³ 反铲拆除，人工辅助，10t 自卸车运输，运往弃渣场，运距约 0.5km。

闸门拆除采用汽车起重机拆除，人工辅助，10t 自卸车运输，运往弃渣场，运距约 0.5km。

3. 土方开挖

开挖采用 1m³ 反铲挖掘机配合 74kW 推土机施工，所开挖土方 60% 用于土方回填，剩余部分弃于坡脚。

4. 土方填筑

填筑土料尽量利用开挖料，不足土料用 10t 自卸汽车从 4.5km 外的土料场运至工作面。推土机摊铺，振动碾辅以蛙式打夯机夯实，严格控制填筑质量，压实度要求不得小于 0.94。

5. 土工格栅加筋土填筑

土工格栅加筋土挡墙施工步骤如下。

（1）根据边坡设计坡面坡度或倾角进行施工放线，并架设钢网。

（2）按设计及规范要求裁剪底层土工格栅，根据施工放线的实际位置及铺设样式铺设底层格栅。通过 φ12 的钢筋穿过格栅每个网孔将其连接在钢网面板上，并将坡面处格栅的端头通过连接棒与其自身连接，形成一个牢固的扣，以便张拉格栅后，格栅和钢网面板之间连接牢固。沿坡长方向，相邻土工格栅相互对接。土工格栅必须按设计图纸要求的位置、长度及方向进行铺设。

（3）坡面由钢网、生物垫和格栅形成，有利于植被生长。

（4）在邻近坡面的底格栅上铺填上一定量的回填土料。通过格栅的另一自由端将格栅拉紧，并用填料压上将之固定，碾压时先从格栅尾端进行碾压。

（5）用诸如斗式挖掘机或是带有铲斗的推土机等机械设备来进行填土施工，保证填土通过倾倒的方式摊铺在格栅上。为了避免格栅在施工中受到损伤，机械履带与格栅之间应保持有不小于 15cm 厚的填土。

（6）在邻近结构面 1m 范围内，用振动盘压实机或振动碾压机压实填土。对其他部位的回填料用大型压实设备进行充分碾压。

（7）按照设计要求，分层回填、碾压直至下一层底标高。

（8）裁剪出下一层土工格栅，并按规定位置铺设。用 Bodkin 连接棒将该层格栅与反包格栅连接在一起。

（9）用张拉梁对格栅施加张拉力，使格栅绷紧并使在其下坡面上的反包格栅同时绷紧。

（10）在保持张拉格栅绷紧的同时，进行下层回填料的摊铺回填，以保证张拉设备移去后格栅不会回缩。

（11）释放并移去张拉梁。

（12）将格栅固定在模架内侧，并重复步骤（5）～（12）。

（13）最顶层土工格栅应足够长并埋在填土面下，保证填土可提供足够的约束力以永久性地锚固格栅。

6. 混凝土浇筑

改建工程需要混凝土浇筑的部位主要有：底板、闸墩、涵洞、闸顶板、胸墙、交通桥、铺盖、消力池、挡墙和垫层。

混凝土施工宜掌握以闸室为中心，按照"先深后浅、先重后轻、先高后矮、先主后次"的原则进行。施工过程中，应从材料选择、配合比设计、温度控制、施工安排和质量控制等方面，采取综合措施，防止产生裂缝和钢筋锈蚀。

由于工期紧，混凝土浇筑施工期短，考虑到现场地形条件，为方便施工，在工区就近布置混凝土拌和站。

闸墙混凝土浇筑采用 1t 机动斗车运送，自卸汽车吊配 1m³ 吊罐直接入仓，人工平仓，电动插入式振捣器振捣。采用钢木模板。钢筋由综合加工厂加工制作后由 1t 机动三轮车运至现场，人工绑扎。闸室上部混凝土浇筑时搭设脚手架，铺设工作平台。

混凝土冬季施工，要按照混凝土冬季施工的要求，提高混凝土浇筑温度，确保混凝土浇筑过程中不结冰，同时加强混凝土表面保护，保证混凝土质量满足规范和设计要求。

7. 砌石工程

闸进出口浆砌石护坡工程砌石料采用自卸汽车运输，材料直接堆放于闸室进出口处，人工砌筑，坐浆法施工。砂浆采用 $0.4m^3$ 混凝土搅拌机拌制，1t 机动斗车运输，人工铺浆摊平后砌筑块石，表面用 1∶1 水泥砂浆勾缝。

砌石材料必须满足质量要求，质地坚硬、新鲜，比重在 $2.6t/m^3$ 以上；风化的山皮石、有裂纹的石块，禁止使用。对于块石，要求上下两面大致平整，无尖角、薄边，块石厚度宜大于 20cm，长度应为厚度的 1.7～3 倍，宽度为厚度的 1.5～2.0 倍。砌石单块重量应为 25～75kg，且中厚不小于 15cm。

8. 闸门、启闭设施

闸门、启闭机安装应统一同考虑，如条件允许，应先安装启闭机后装闸门，以利于闸门安装。闸门安装包括埋件埋设和闸门安装，启闭机的安装应在其承载机架桥完工并达到设计强度后进行。

9. 基础处理

（1）水泥土搅拌桩。通过搅拌截渗桩机主机的双驱动动力装置，带动主机上的多个并列的钻杆转动，并以一定的推动力使钻杆的钻头向土层推进到设计深度。在达到设计深度后，开启灰浆泵将水泥浆压入地基中，并且边喷浆边旋转，严格按操作规程控制提升速度提升深层搅拌机。

作为固结剂的水泥采用 425♯ 普通硅酸盐水泥或矿渣水泥，水泥渗入量（占天然土重的百分比）一般为 8%～12%。水灰比可根据土质性质，土中孔隙率、孔洞裂隙情况，土层含水量及室内试验数据初步确定，然后再根据现场施工情况修正，水灰比一般为 0.8～2.0。

桩机横移就位调平，多次重复上述过程形成一道截渗墙。桩与桩之间搭接长度应不小于 50mm，随墙深增加而应增加搭接长度；沿桩深方向，若施工时因故停浆应及时通知操作人员记录停浆深度，如在 24h 内恢复输浆，再次喷浆时应将桩机搅拌下沉到停浆面以下 0.5m；若超过 24h，则应和前一根桩进行对接，待水泥土墙具有一定强度后，先在接头处用工程钻机钻孔，然后再灌注水泥砂浆或用黏土连接处理。

深层搅拌截渗桩机建造水泥土截渗墙施工机具主要由深层搅拌机、灰浆拌制机、集料斗、灰浆泵及输浆管路组成，详见表 5.1－17。

表 5.1－17　　　　　　　　深层搅拌截渗桩机施工机具配套表

名　称	型号	数量	额定功率/kW	生产能力	用途
深层搅拌桩机	SJ_4－500	1	90	$150m^2/d$	钻孔
深层搅拌桩机	SZJ－18	1	120	$150m^2/d$	钻孔
输浆泵	BW250/50	1	17	250L/min	输浆

名　　称	型号	数量	额定功率/kW	生产能力	用途
高速搅拌机	ZJ400	1	7.5	400L/min	搅拌
搅拌桶	ZJ2×200L	1	3	400L/min	存浆
发电机	160kW	1		160kW	供电
发电机	200kW	1		200kW	供电
潜水泵	QS25-24-3	1	3	25m³/h	供水

水泥土搅拌桩施工采用 PH-5A 型钻机成孔，灰浆搅拌机制浆，灰浆泵压浆，初次成孔后再二次搅拌。

（2）水泥土粉煤灰碎石桩。水泥土粉煤灰碎石桩复合地基施工采用振动沉管灌注成桩。

5.1.2.7　施工交通运输

1. 对外交通运输

根据对外交通运输条件，各工程施工期间外来物资运输主要采用公路运输，由工程区至大堤，由大堤至当地县市，可利用堤顶公路及四通八达的当地公路，不在新修对外交通道路。

工程的主要外来物资为施工机械、混凝土材料、油料、房建材料等，本次设计项目外来物资运输总量为5664t。工程主要外来物资运输量详见表5.1-18。

表 5.1-18　　　　　　　　工程主要外来物资运输量表

所属市局	段落桩号	运　输　量/t					
		施工机械	油料	房建材料	生活物资	其他	小计
开封右岸	0+000～0+978 2+045～3+480	648	760	584	402	120	2514
	三义寨闸工程	810	950	730	510	150	3150

2. 场内交通运输

施工期间各工程场内运输以壤土、黏土料的运输为主，兼有施工机械设备及人员的进场要求，因此设计修建施工干线道路连接工区、料场区和淤区等，场内干线公路路基能利用村间现有道路的应尽量利用，不能利用的考虑新建或改建。场内施工道路路面宽7m，路面结构为改善土路面。

本次设计项目施工共修建场内施工道路5.50km。场内施工道路特性见表5.1-19。

表 5.1-19　　　　　　　　工程场内施工道路特性表

所属市局	段落桩号	公路名称	起讫地点	长度/km	备注
开封右岸	0+000～0+978 2+045～3+480	1号施工道路	1号料场至大堤	4.00	改建
		2号施工道路	黏土料场至大堤	1.50	改建

5.1.2.8　施工工厂设施

各工程施工工厂设施主要由机械停放厂，施工供水、供电设施，施工通信等组成。

1. 机械停放场

各工程土方量大，施工强度高，施工机械数量较多，设计布置机械停放场。

由于工程施工项目单一，且距当地县（市）较近，市（县）内均可为工程提供一定程度的加工、修理服务。在满足工程施工需要的前提下，本着精简现场机修设施的原则，不再专设修配厂。

在工地现场各施工区内配设的机械停放场内可增设机械修配间，配备一些简易设备，承担施工机械的小修保养。

2. 施工供水设施

根据各工程施工总布置，施工供水分区安排。施工管理及生活区都布置在村庄附近，因此生活用水可直接在村庄附近打井取用或与村组织协商从村民供水井引管网取得；主体工程施工区、壤土黏土料场施工区生产用水量较小，水质要求不高，可直接抽取黄河水；放淤砂料场施工区生产用水量较大，水源采用黄河水。

本次设计项目总用水量为 842.81m³/h。各工程用水量见表 5.1-20。

表 5.1-20　　　　　　　　工 程 用 水 量 表　　　　　　　　单位：m³/h

所属市局	段 落 桩 号	生产用水	生活用水	小计
开封右岸	0+000～0+978 2+045～3+480	812.65	4.36	817.01
	三义寨闸工程	19.35	6.45	25.80

3. 施工供电设施

施工用电包括工程生产用电和生活照明用电等。生产用电因农村电网距离远、容量低，用电难以保证，为保证施工进度，采用自备柴油发电机提供生产用电。施工管理区生活用电可从村内电网引接。

本次设计项目总用电负荷为 1308kW，共需用发电机 19 台。各工程供电设施及规模见表 5.1-21。

表 5.1-21　　　　　　　　工程供电设施及规模表

所属市局	段 落 桩 号	用电负荷/kW	发电机容量/kW	发电机台数/台
开封右岸	0+000～0+978 2+045～3+480	943	100、30	13
	三义寨闸工程	365	100、30	6

4. 施工通信

各工程施工期通信不设立专门的通信系统，管理区对外通信可接当地市话，各工区之间可采用移动通信联络。

5.1.2.9　施工总布置

1. 布置原则

施工总布置主要原则如下。

（1）根据作业点比较分散的特点，本着便于生产、生活、方便管理、经济合理的原则，分散布置生产、生活设施。

（2）充分利用当地经济、技术条件，充分利用河务部门现有房屋、现有场地、现有道路进行布置。

（3）施工设施的防洪：本工程位于黄河干流上，每年主汛期7—9月不安排施工；冬季寒冷，1—2月也不安排施工。主要生产、生活设施布置在背河或高滩不受洪水影响的地方。

（4）按照环境保护、水土保持要求组织施工，取土和弃土堆放场尽量少占耕地，不妨碍行洪和引排水，做到文明施工，保护环境。

2．场区规划及分区布置

根据以上布置条件、布置原则，各工程均包括3个分区，即主体工程施工区、料场区、生产管理及生活区，本次设计项目施工生产、生活设施建筑规模为4280m²。各工区施工生产、生活设施规模见表5.1－22。

表 5.1－22 工程各工区施工生产、生活设施规模表 单位：m²

所属市局	段 落 桩 号	建 筑 面 积					
		生活设施	办公设施	机械停放场	施工仓库	发电机房	合计
开封右岸	0＋000～0＋978 2＋045～3＋480	1600	360	30	150	100	2240
	三义寨闸工程	1150	560	30	100	200	2040

3．施工占地规划

工程占地分永久占地和临时占地，永久占地主要为工程占地，征用范围至淤区背河坡脚外10m范围以内；临时占地主要为料场和施工临时设施占地，料场占用黄河临河滩地，施工临时设施占用耕地。本次设计项目施工占地总面积为902.08亩。各工程施工占地面积见表5.1－23。

表 5.1－23 各工程施工占地面积表 单位：亩

所属市局	段 落 桩 号	占 地 面 积				
		料场	施工道路	生产生活设施	其他临时占地	小计
开封右岸	0＋000～0＋978 2＋045～3＋480	510.71	90.00	60.18		660.89
	三义寨闸工程	232.16		9.03		241.19
	小计	742.87	90.00	69.21	0.00	902.08

5.1.2.10 施工总进度

1．编制原则及依据

（1）编制原则。黄河干流堤防工程为1级堤防，工程任务以防洪为主。根据工程布置形式及规模等，编制施工总进度本着积极稳妥的原则，施工计划留有余地，尽可能使工程施工连续进行，施工强度均衡，充分发挥机械设备作用和效率，使整个工程施工进度计划技术上可行，经济上合理。

（2）编制依据。

1)《堤防工程施工规范》(SL 260—1998)。

2)《水利水电工程施工组织设计规范》(SL 303—2004)。

3)机械生产率计算依据部颁定额,并参考国内类似工程的统计资料。

4)人工定额参照《水利建筑工程概算定额》(2002 年)。

5)黄委会《黄河下游防洪基建工程施工定额》。

2. 施工总进度计划

(1)施工准备期。主要有以下准备工作:临时生活区建设、水电设施安装、场内施工道路修建及施工设备安装调试等。

准备期安排 1~2 个月,可利用凌汛期,即第一年 2 月进行上述几项工作,完成后即可开始进行主体工程施工。

(2)主体工程施工期。按照以上编制原则并结合黄河防洪工程建设的特点和总体部署,各项目总工期根据项目情况分别考虑,闸改建工程考虑在一个黄河枯水期内完成,堤防放淤工程按 2a 工期考虑。

本次设计项目各工程主要施工技术指标见表 5.1-24。

表 5.1-24　　　　　各工程主要施工技术指标表

所属市局	段 落 桩 号	施工总工期/月	土方填筑高峰强度/(×10⁴m³/月)	高峰期施工人数/(人/d)	总工日/(×10⁴个)
开封右岸	0+000~0+978 2+045~3+480	10	17.09	400	3.08
	三义寨闸工程	8	6.98	283	2.51

3. 关键路线

根据施工总进度计划分析,放淤工程关键路线为:围格堤施工→淤筑→包边盖顶填筑→辅道填筑→排水沟施工。

新堤填筑工程关键路线为:土方填筑施工。

闸改建工程关键路线为:老闸拆除施工→土方开挖施工→防渗工程施工→混凝土浇筑施工→土方填筑施工→石方填筑施工。

关键路线上的工程都必须按计划规定的时间完工,否则将影响甚至延误整个工程的工期,其他工程在自由时段允许范围进行调整,以使工程资源需求均衡。

5.1.2.11　主要材料设备供应

1. 建筑材料及油料

工程所需主要建筑材料、油料等,可到距工程就近市、县等地采购。本次设计项目所需建筑材料、油料等总量为 3294t。各工程建筑材料及油料用量见表 5.1-25。

表 5.1-25　　　　　各工程建筑材料及油料用量表　　　　单位:t

所属市局	段 落 桩 号	油料	房建材料	其他	合计
开封右岸	0+000~0+978 2+045~3+480	760	584	120	1464
	三义寨闸工程	950	730	150	1830

2. 主要施工设备

工程所需主要施工机械为中小型机械设备，详见各工程施工机械设备表 5.1－26。

表 5.1－26　　　　　　　　各工程主要施工机械设备表

所属市局	段落桩号	组合泵/套	简易吸泥船/艘	振动碾/台	自卸汽车(10t)/辆	挖掘机(1m³)/台	推土机/台	发电机/台	油罐车(4000L)/辆	洒水车(GS2000)/辆
开封右岸	0＋000～0＋978 2＋045～3＋480	2		2	24	3	2	13	1	1
	三义寨闸工程			3	45	5	3	6	1	1

5.1.3　林辛闸工程

5.1.3.1　施工条件

1. 工程条件

（1）工程位置、场地条件、对外交通条件。林辛闸闸址位于东平县戴庙乡林辛村，桩号为临黄堤右岸 338＋886～339＋020。主要作用为配合十里堡进湖闸，分水入老湖。

水闸处黄河大堤堤顶为沥青路面，并有多条城乡公路穿堤而过，对外交通条件便利，机械设备及人员进场运输方便。

（2）天然建筑材料和当地资源。本次建设项目建筑材料主要为石料。多年黄河治理和抢险加固工程，形成了较为固定的石料场，本工程所需石料部分利用拆除旧石，不足部分采用旧县石料场的石料，能够满足工程建设需要。

工程所用其他材料，如水泥、砂石料、钢材、油料等均可就近从东平县城采购。

（3）施工场地供水、供电条件。根据黄河防洪工程建设经验，工程施工水源可直接从河槽中取用。黄河水引用方便，只是含沙量大，需经沉淀澄清之后使用。其他生活用水结合当地饮水方式或自行打井解决。

由于工程为原闸的改建，工程施工采用原闸已有供电线路供电方式。

（4）工程组成和工程量。本次设计水闸工程由交通桥段、闸室段、消力池段及海漫段组成。

主要工程量见表 5.1－27。

表 5.1－27　　　　　　　　林辛闸主要工程量表

序号	工 程 项 目	单位	工程量	序号	工 程 项 目	单位	工程量
一	土方			1	启闭机混凝土	m³	177
	清淤	m³	30393	2	交通桥混凝土	m³	1601
二	混凝土			3	钢筋	t	170.83

2. 自然条件

（1）水文气象。根据 1961—1990 年资料统计，该地区多年平均降雨量为 619.3mm。工区多年平均气温 14℃，最高气温 42.9℃，最低气温－16.0℃。最大风速达 15m/s，最大风速的风向为西北偏西风。

（2）地形地质条件。闸址区在 30m 勘探深度内所揭露土层上部为第四系全新统河流相冲积物（Q_4^{al}），下部为第四系上更新统河流相冲积物（Q_3^{al}）。主要土层分述如下。

1）第四系全新统河流相冲积物（Q_4^{al}）。

第①-CL 层粉质黏土、黏土（Q_4^{al}）：浅黄、灰黄、浅灰色，软塑状，含腐烂植物根系，具灰绿及褐黄色锈斑。层厚 11.90～12.10m，平均 12.00m；层底高程 27.91～28.20m。

该层夹有壤土、砂壤土层，其中，壤土①-L 层：灰黄、浅灰色，软塑状，塑性差，含有腐殖条带，呈透镜体状分布；砂壤土①-SL 层：浅灰黄、灰黄色，中密状，摇震反应中等，分布不连续，呈透镜体状。

第②-CL 层黏土（Q_4^{al}）：灰黄、灰色，可塑状，夹粉质黏土和重粉质壤土薄层或透镜体，含螺壳及蚌壳碎片，该层下部含少量小钙质结核，结核粒径约 0.5cm。厚度 2.96～4.64m，平均 3.59m；层底高程 23.00～25.20m。

2）第四系上更新统河流相冲积物（Q_3^{al}）。

第③-L 层壤土（Q_4^{al}）：灰黄、黄白色，可塑状，切面粗糙，含少量钙质结核，结核粒径 1～3mm，含量 1%～5%。该层厚度 2.18～3.85m，平均 3.24m；层底高程 21.01～21.69m。

该层夹有③-CL 粉质黏土薄层：灰黄、黄白色，可塑状，含少量钙质结核，结核粒径 1～3mm，局部富集，呈薄的透镜体状分布。

第④-CL 层黏土（Q_3^{al}）：灰黄、黄灰色，局部为棕红色，可塑塑状，含少钙质结核。该层未揭穿，揭露最大厚度约 12m。

该层夹有④-L 壤土层：灰黄、黄灰色，可塑状，与主层黏土层呈互层状，含少量钙质结核，结核粒径 1～3mm。在 67-14 孔底部见有④-SL 砂壤土层：呈灰黄色，密实状。

5.1.3.2　施工导流及度汛

根据《水闸设计规范》（SL 265—2001）的规定，平原区水闸枢纽工程应根据最大过闸流量及其防护对象的重要性划分等别；水闸枢纽中的水工建筑物应根据其所属枢纽工程等别、作用和重要性划分级别，且位于防洪堤上的水闸，其级别不得低于防洪堤的级别。林辛闸位于黄河大堤上，设计分洪流量 1500m³/s，最大分洪流量 1800m³/s。按照上述规定，其工程等别为Ⅱ等，主要建筑物级别为 1 级。

林辛闸主要建筑物级别为 1 级，根据《水利水电工程施工组织设计规范》（SL 303—2004）规定，导流建筑物级别为 4 级，但考虑到工程仅对林辛闸进行除险加固，故导流建筑物级别降为 5 级。林辛分洪闸枯水期施工流量 2440m³/s，相应水位 44.90m。

工程施工考虑在一个枯水期完工，黄河枯水期水流一般不出槽上滩，由于本次设计只是对闸的启闭机、交通桥进行加固设计，并且闸前已修建有围堤，已建围堤高程为 49.80m，施工临建设施和营地均设置在背河侧或临河高滩，也不受洪水影响，故不涉及到施工导流及度汛问题。

5.1.3.3　主体工程施工

1. 施工程序

施工程序：基坑排水→清淤→老闸拆除→闸混凝土浇筑→闸门启闭机安装。

2. 原闸拆除

原闸拆除工程主要包括：启闭机机架桥和公路桥混凝土拆除。

启闭机房和桥头堡、公路桥混凝土桥面拆除先用风镐破碎，再采用 $1m^3$ 反铲拆除，人工辅助，10t 自卸车运输，运往弃渣场，运距约 5.9km。

启闭机机架桥大梁、公路桥桥板拆除先用风镐破碎，再采用 QY25 汽车吊装车，人工辅助，10t 自卸车运输，运往弃渣场，运距约 5.9km。

3. 清淤

清淤采用 $1m^3$ 挖掘机开挖，10t 自卸车运输，运至堤防背河侧，运距 2.6km。

4. 混凝土浇筑

混凝土浇筑包括机架桥排架、公路桥、混凝土预制构件浇筑等。钢筋及模板的制作材料质量要求，制作、安装允许偏差必须按《水闸施工规范》（SL 27—1991）执行，钢筋及模板加工均以机械为主，人工立模和绑扎钢筋。

混凝土浇筑分联间隔穿插进行，混凝土采用 $0.4m^3$ 拌和机拌和，水平运输采用人力推斗车运输至仓面，垂直运输采用吊斗配合卷扬机运输至仓面。垫层浇筑采用人工摊平，平板振捣器振捣密实，其他部位混凝土浇筑均采用 2.2kW 振捣器人工振捣密实。底板浇筑振捣完成后混凝土表面人工找平、压光。

（1）预制构件安装。本工程混凝土预制构件工程主要包括公路桥板、机架桥大梁等构件，所有预制件均采用 QY20 型汽车起重机吊装。

（2）预制构件移运应符合下列规定：①构件移运时的混凝土强度，如设计无特别要求时，不应低于设计标号的 70%；②构件的移运方法和支承位置，应符合构件的受力情况，防止损伤。

（3）预制构件堆放应符合下列要求：①堆放场地应平整夯实，并有排水措施；②构件应按吊装顺序，以刚度较大的方向稳定放置；③重叠堆放的构件，标志应向外，堆垛高度应按构件强度、地面承载力、垫木强度和堆垛的稳定性确定，各层垫木的位置，应在同一垂直线上。

（4）预制构件起吊应符合下列规定。

1）吊装前，对吊装设备、工具的承载能力等应作系统检查，对预制构件应进行外形复查。

2）预制构件安装前，应标明构件的中心线，其支承结构上也应校测和标划中心线及高程。

3）构件应按标明的吊点位置和吊环起吊。

4）如起吊方法与设计要求不同时，应复核构件在起吊过程中产生的内力。

5）起吊绳索与构件水平面的夹角不宜小于 45°，如小于 45°，应对构件进行验算。

5. 钢闸门制作及安装

闸门、启闭机安装应统一考虑，如条件允许，应先安装启闭机后装闸门，以利于闸门安装。闸门安装包括埋件埋设和闸门安装，启闭机的安装应在其承载机架桥完工并达到设计强度后进行。

（1）基本要求。

1）钢闸门制作安装要由专业生产厂家进行，要求在工厂内制作，由生产厂家在工地进行拼装并经初步验收合格后，进行安装。

2）钢闸门制作安装材料、标准、质量要符合设计图纸和文件，如需变更，必须经设计监理和建设单位认可。

3）钢闸门制作安装必须按《水电水利工程钢闸门制造安装及验收规范》（DL/T 5018—2004）进行。

（2）钢闸门制作、组装精度要求。

1）钢闸门制作、组装，其公差和偏差应符合《水电水利工程钢闸门制造安装及验收规范》（DL/T 5018—2004）规定。

2）滑道所用钢铸复合材料物理机械性能和技术性能，应符合设计文件要求，滑动支承夹槽底面和门叶表面的间隙应符合《水电水利工程钢闸门制造安装及验收规范》（DL/T 5018—2004）规定。

3）滑道支承组装时，应以止水底座面为基准面进行调整，所有滑道应在同一平面内，其平面度允许公差应不大于 2.0mm。

4）滑道支承与止水座基准面的平行度允许公差应不大于 1mm。

5）滑道支承跨度的允许偏差不大于 ±2.0mm，同侧滑道的中心线偏差不应大于 2.0mm。

6）在同一横断面上，滑动支承的工作面与止水座面的距离允许偏差不大于 ±1.5mm。

7）闸门吊耳的纵横中心线的距离允许偏差为 ±2.0mm，吊耳、吊杆的轴孔应各自保持同心，其倾斜度不应大于 1/1000。

8）闸门的整体组装精度除符合以上规定外，且其组合处的错位应不大于 2.0mm。其他件与止水橡皮的组装应以滑块所确定的平面和中心为基准进行调整和检查，其误差除符合以上规定外，且其组合处的错位应不大于 1.0mm。

（3）钢闸门埋件安装要求。

1）植入在一期混凝土中的埋体，应按设计图纸制造。土建施工单位在混凝土开仓浇筑之前应通知安装单位对预埋件的位置进行检查和核对。

2）二期混凝土在施工前，应进行清仓、凿毛，二期混凝土的断面尺寸及预埋件的位置应符合设计图要求。

3）闸门预埋件安装的允许公差和偏差应符合《水电水利工程钢闸门制造安装及验收规范》（DL/T 5018—2004）的规定，主轨承压面接头处的错位应不大于 0.2mm，并应作缓坡处理。两侧主轨承压面应在同一平面内，其平面度允许公差应符合《水电水利工程钢闸门制造安装及验收规范》（DL/T 5018—2004）的规定。

（4）钢闸门安装要求。

1）闸门整体组装前后，应对各组件和整体尺寸进行复查，并要符合设计和规范的规定。

2）止水橡皮的物理机械性能应符合《水电水利工程钢闸门制造安装及验收规范》（DL/T 5018—2004）附录 J 中的有关规定，其表面平滑、厚度允许偏差为 ±1.0mm，其余尺寸允许偏差为设计尺寸的 2%。

3）止水橡皮螺孔位置应与门叶或压板上的螺孔位置一致，孔径应比螺栓直径小1.0mm，并严禁烫孔，当均匀拧紧后其端部应低于橡皮自由表面8mm。

4）橡皮止水应采取生胶热压的方法胶合，接头处不得有错位、凹凸不平和疏松现象。

5）止水橡皮安装后，两侧止水中心距和顶止水中心至底止水底缘距离的允许偏差为±3.0mm，止水表面的平面度为2.0mm。闸门工作时，止水橡皮的压缩量其允许偏差为+2.0～−1.0mm。

6）平面钢闸门应作静平衡试验，试验方法为：将闸门吊离地面100mm，通过滑道中心测量上、下游与左右向的倾斜，要求倾斜不超过门高的1/1000，且不大于8mm。

6. 机电设备及金属结构工程施工

启闭机及配电设备安装采用机械吊运、辅以人工定位安装的方法施工。要求定位准确、安装牢固，电气接线正确，保证安全可靠。

（1）启闭机安装技术要求。

1）启闭机安装，应以闸门起吊中心为基准，纵、横向中心偏差应小于3mm；水平偏差应小于0.5/1000；高程偏差宜小于5mm。

2）启闭机安装时应全面检查。开式齿轮、轴承等转动处的油污、铁屑、灰尘应清洗干净，并加注新油；减速箱应按产品说明书的要求，加油至规定油位。

3）启闭机定位后，机架底脚螺栓应立即浇灌混凝土，机座与混凝土之间应用水泥砂浆填实。

（2）电器设备安装技术要求。

1）电器线路的埋件及管道敷设，应配合土建工程及时进行。

2）接地装置的材料，应选用钢材。在有腐蚀性的土壤中，应用镀铜或镀锌钢材，不得使用裸铝线。

3）接地线与建筑物伸缩缝的交叉处，应增设Ω形补偿器，引出线并标色保护。

4）接地线的连接应符合下列要求：①宜采用焊接，圆钢的搭接长度为直径的6倍，扁钢为宽度的2倍；②有震动的接地线，应采用螺栓连接，并加设弹簧垫圈，防止松动；③钢管接地与电器设备间应有金属连接，如接地线与钢管不能焊接时，应用卡箍连接。

5）电缆管的内径不应小于电缆外径的1.5倍。电缆管的弯曲半径应符合所穿入电缆弯曲半径的规定，弯扁度不大于管子外径的10%。每根电缆管最多不超过3个弯头，其中直角弯不应多于2个。

金属电缆管内壁应光滑无毛刺，管口应磨光。硬质塑料管不得用在温度过高或过低的场所；在易受机械损伤处，露出地面一段，应采取保护措施。引至设备的电缆管管口位置，应便于与设备连接，并不妨碍设备拆装和进出，并列敷设的电缆管管口应排列整齐。

6）限位开关的位置应调整准确，牢固可靠。

本节未规定的电器设备安装要求，应按照《电气装置安装工程施工及验收规范》系列（GB 50168—1992～GB 50173—1992、GB 50254—1996～GB 50259—1996）的有关规定执行。

5.1.3.4 施工交通运输

1. 对外交通运输

根据对外交通运输条件，工程施工期间外来物资运输主要采用公路运输。由工程区至当地县市，可利用堤顶公路及四通八达的当地公路，不再新修对外交通道路。

2. 场内交通运输

施工期间工程场内运输以混凝土料的运输为主，兼有施工机械设备及人员的进场要求，因此，设计修建施工干线道路连接工区、料场区和淤区等，场内干线公路路基能利用村间现有道路的应尽量利用，不能利用的考虑新建或改建。

本次设计项目施工利用原堤顶道路作为场内施工道路，长 0.90km，其中改建 0.50km，新建 0.4km。

5.1.3.5 施工工厂设施

工程施工工厂设施主要由机械停放场，施工供水、施工供电设施，施工通信等组成。

1. 机械停放场

由于工程施工项目单一，且距当地县市较近，市、县内均可为工程提供一定程度的加工、修理服务。在满足工程施工需要的前提下，本着精简现场机修设施的原则，不再专设修配厂。

在工地现场各施工区内配设的机械停放场内可增设机械修配间，配备一些简易设备，承担施工机械的小修保养。

2. 施工供水设施

根据工程施工总布置、施工供水分区安排，施工管理及生活区都布置在村庄附近，因此，生活用水可直接在村庄附近打井取用或与村组织协商从村民供水井引管网取得；主体工程施工区生产用水量较小，水质要求不高，可直接抽取黄河水。工程用水量见表 5.1－28。

表 5.1－28　　　　　　　　　　工 程 用 水 量 表　　　　　　　　单位：m^3/h

工 程 名 称	生产用水	生活用水	小计
林辛闸	5.47	1.42	6.89

3. 施工供电设施

施工用电包括工程生产用电和生活照明用电等，用电可从原闸已有电网引接。本次设计项目总用电负荷为 112.60kW。

4. 施工通信

工程施工期通信不设立专门的通信系统，管理区对外通信可接当地市话，工区之间可采用移动通信联络。

5.1.3.6 施工总布置

1. 施工布置

施工总布置方案应遵循因地制宜、方便施工、安全可靠、经济合理、易于管理的原则。

针对本工程的特点，水闸工程施工区相对集中，生产及生活设施根据水闸附近地形条件就近布置。施工道路最大限度地利用现有道路，施工设施尽量利用社会企业，减少工区内设置的施工设施的规模。根据施工需要，工区内主要布置综合加工厂、机械停放场、仓库、堆场及现场施工管理用房等。

经初步规划，本工程施工占地见表 5.1 - 29。

表 5.1 - 29 　　　　　　　　　　工程施工占地汇总表 　　　　　　　　　单位：m^2

序号	名　称	建筑面积	占地面积	序号	名　称	建筑面积	占地面积
1	施工仓库	50	100	4	混凝土拌和站	150	300
2	办公及生活、文化福利建筑	343	686	5	混凝土预制场	30	2000
3	机械停放场	30	300		合计	603	3386

2. 土石方平衡及弃渣

工程土方开挖总量约 3.04 万 m^3，混凝土拆除 0.18 万 m^3，弃渣量约 0.18 万 m^3，弃土量约 3.04 万 m^3。

由于工程所在地区的特殊性，清淤、开挖土方沿临黄堤（桩号 336＋600）背河淤区堤脚外 10m 范围内堆弃，拆除的混凝土运往 5.9km 外二级湖堤 5＋400 背湖堤脚外坑塘弃置。

5.1.3.7　施工总进度

1. 编制原则及依据

（1）编制原则。根据工程布置形式及规模等，编制施工总进度本着积极稳妥的原则，施工计划留有余地，尽可能使工程施工连续进行，施工强度均衡，充分发挥机械设备作用和效率，使整个工程施工进度计划技术上可行、经济上合理。

（2）编制依据。

1）《堤防工程施工规范》（SL 260—1998）。

2）《水利水电工程施工组织设计规范》（SL 303—2004）。

3）机械生产率计算依据部颁定额，并参考国内类似工程的统计资料。

4）人工定额参照《水利建筑工程概算定额》（2002 年）。

5）黄委会《黄河下游防洪基建工程施工定额》。

2. 施工总进度计划

（1）施工准备期。主要有以下准备工作：临时生活区建设、水电设施安装、场内施工道路修建及施工设备安装调试等。

准备期安排 1 个月，即第一年 9 月进行上述几项工作，完成后即可开始进行主体工程施工。

（2）主体工程施工期。水闸工程基本施工程序为：基坑排水→清淤→老闸拆除→闸混凝土浇筑→闸门启闭机安装。

老闸拆除在基坑抽水完成后进行，安排工期 61d。

清淤在基坑抽水完成后进行，安排工期 61d，完成土方开挖 30393m^3。

水闸混凝土浇筑 1683m^3，安排工期 31d，日均浇筑强度 54.29m^3/d。

机房及桥机安装安排在混凝土浇筑到安装高程，且混凝土强度达到设计要求后进行，工期安排 61d。水闸安装，安排工期 31d。

（3）工程完建期。工程完建期安排 31d，进行工区清理等工作。

本次设计项目工程主要施工技术指标见表 5.1 - 30。

表 5.1－30　　　　　　　　　　　工程主要施工技术指标表

序号	项 目 名 称		单位	数量
1	总工期		月	11.0
2	清淤开挖	最高日均强度	m³/d	163.60
3	混凝土浇筑	最高日均强度	m³/d	54.29
4	施工期高峰人数		人	70
5	总工日		万工日	1.33

5.1.3.8　主要技术供应

1．建筑材料及油料

水闸所需主要建筑材料包括商品水泥约 407t、钢筋约 170.83t，均可到距工程就近市、县等地采购。

2．主要施工设备

工程所需主要施工机械为中小型机械设备，工程主要施工机械设备详见表 5.1－31。

表 5.1－31　　　　　　　　　　　工程主要施工机械设备表

序号	机 械 名 称	型号及特性	数量	备 注
1	挖掘机	1m³	2 台	
2	推土机	74kW	2 台	
3	自卸汽车	10t	4 辆	
4	插入式振捣器		3 台	
5	汽车吊	10t	1 台	
6	混凝土拌和机		2 台	

5.1.4　码头泄水闸工程

5.1.4.1　施工条件

1．工程位置、场地条件、对外交通条件

东平湖码头泄水闸位于小安山隔堤以北，围坝桩号 25＋281 处，始建于 1973 年，为 1 级水工建筑物，设计 5 年一遇排涝流量为 50m³/s。

水闸附近场地平坦、开阔，可供利用的施工场地较多，场地布置条件较好。

水闸处有多条城乡公路穿堤而过，现有道路直通梁山县，对外交通条件便利，机械设备及人员进场方便。

2．天然建筑材料和当地资源

本次建设项目所需建筑材料主要为石料、土料。多年的东平湖除险加固工程形成了较为固定的料场，本工程所需块石料及混凝土骨料从旧县石料场购买，黏土及壤土从梁山县小路口乡张博村料场开采。料场储量及料源质量满足工程建设需要。

工程所需其他建筑材料，如水泥、钢材、油料等均可就近从梁山县城采购。

3．施工供水、供电条件

根据东平湖除险加固工程建设经验，工程施工水源可直接从河槽中抽取，沉淀后供施工使用。生活用水结合当地饮水方式或自行打井解决。

由于本工程为老闸除险加固，老闸已有永久供电线路，根据现场查勘，以及与水闸管理单位沟通，现有供电线路基本能满足工程施工期需要，施工期用电包括工程生产用电和生活照明用电等，施工用电拟从老闸现有供电网络引接，同时，考虑部分自备发电机作为备用电源。

4.工程组成和工程量

码头泄水闸除险加固工程由旧闸拆除、水闸修复及环境恢复等项目组成。

码头泄水闸主体工程量见表 5.1－32。

表 5.1－32　　　　　　　　　码头泄水闸主体工程量表

序号	工 程 项 目	单位	工程量	序号	工 程 项 目	单位	工程量
一	土方工程			2	砌石	m³	360
1	土方开挖	m³	1444	三	混凝土工程		
2	黏土回填	m³	32	1	混凝土	m³	24
二	石方工程			2	钢筋、钢材	t	9
1	混凝土、石方拆除	m³	156				

5.1.4.2　施工导流

1.导流建筑物设计

围堰采用均质土围堰挡水。堰体采用编织土袋进占，土方填筑。上游围堰堰顶高程38.70m，最大堰高3.7m，堰顶轴线长44m，堰顶宽4.0m。围堰背水面边坡1∶2.0，迎水面边坡为1∶1.5，迎水面采用编织土袋。下游围堰堰顶高程39.00m，最大堰高4.0m，堰顶轴线长64m，堰顶宽4.0m。围堰背水面边坡1∶2.0，迎水面边坡为1∶1.5，迎水面采用编织土袋。

码头泄水闸导流工程量见表 5.1－33。

表 5.1－33　　　　　　　　　码头泄水闸导流工程量表　　　　　　　　单位：m³

序号	工 程 项 目	工程量	序号	工 程 项 目	工程量
一	上游围堰		二	下游围堰	
1	编织土袋	1250	1	编织土袋	2079
2	土方填筑	727	2	土方填筑	1188
3	围堰拆除	1978	3	围堰拆除	3267

2.导流工程施工

围堰填筑从料场取料，上、下游围堰迎水面采用编织袋进占，背水侧土料填筑采用1.0m³挖掘机挖装，10t自卸汽车运输至工作面，74kW推土机平料，14t振动碾碾压。

5.1.4.3　料场选择及开采

1.料场选择

根据工程需要，工程料场分为：黏土、壤土料场和块石、砂石料场。因工程附近河道无天然砂石料，砂石料需从外地购运，料场选择遵循以下原则：①就近选择料场；②保证土、石料质量，贮量应满足工程需要；③运输方便、节约投资；④有利于取土场复耕，满足环境保护要求；⑤尽量少占用耕地，减少施工征地面积。

据以上原则，结合工程具体情况，依据工程区附近地形、地质条件，本着土质优、运距近的原则选择取土场，根据多年来东平湖除险加固工程经验，按照地质专业提供料场调查情况，黏土及壤土从梁山县小路口乡张博村料场开采，运距 18km。料场储量及料源质量满足工程建设需要。

工程区附近河道无天然砂石料，砂石料需从外地购运，工程所需砂石料及块石料均从旧县石料场购买。

工程料场特性见表 5.1 - 34。

表 5.1 - 34　　　　　　　　　工 程 料 场 特 性 表

料 场 名 称	需要量/m³	占地面积/m²	平均运距/km
梁山县小路口乡张博村黏土料场	2290	5990	18
梁山县小路口乡张博村壤土料场	3917	6147	18
旧县石料场	411		65

注　旧县石料场需要量 435m³，其中混凝土骨料约为 51m³。

2. 料场开采

土料开采选用 1m³ 液压挖掘机挖装，10t 自卸汽车运输，74kW 推土机配合集料。土料场开采前用 74kW 推土机将表层 30cm 腐殖土推至未开挖区，以备开挖后复耕之用。

5.1.4.4　主体工程施工

1. 施工程序

水闸工程基本施工程序为：老闸拆除→土方开挖→闸混凝土浇筑及修复→土方回填、启闭机房及桥头堡施工→闸门、启闭机安装及环境恢复。

2. 老闸拆除

老闸拆除工程主要包括：混凝土拆除、浆砌石拆除、启闭机房及桥头堡拆除等。

拆除用液压破碎锤破碎，1m³ 挖掘机挖装，人工辅助，10t 自卸车运往张博村壤土料场回填，运距约 18km。

3. 土方开挖

土方开挖用 1m³ 挖掘机挖装，10t 自卸车运输至堤后管护地堆存，运距约 1km。

根据水文地质条件，施工期涌水量很小，基坑开挖采用缓坡开挖、明排降水方式。

4. 土方填筑

土方填筑采用 1m³ 挖掘机自料场挖装土，10t 自卸汽车运输至工作面，74kW 推土机平土，14t 振动碾碾压，2.8kW 蛙式打夯机辅助压实，土方填筑分层施工。土料摊铺分层厚度按 0.3～0.5m 控制，土块粒径不大于 50mm。铺土要求均匀平整，压实一般要求碾压 5～8 遍，压实度应满足设计要求。

5. 石方工程

浆砌石以人工为主进行施工。石料运至工区后由临时堆场人工装车，机动三轮车运送，现场人工选料砌筑，砂浆现场拌制。施工应严格按照浆砌石施工规范要求进行。砌石不允许出现通缝，错缝砌筑；块石凹面向上，平缝坐浆，直缝灌浆要饱满，不允许用碎石填缝、垫底；块石要洗净，不许沾带泥土。

6. 混凝土浇筑

混凝土浇筑包括铺盖、机架桥梁板、门槽二期混凝土。钢筋及模板的制作材料质量要求及制作、安装允许偏差必须按《水闸施工规范》（SL 27—1991）执行，钢筋及模板加工均以机械为主，人工立模和绑扎钢筋。

混凝土采用 0.4m³ 搅拌机拌和，铺盖混凝土采用 1t 机动斗车直接入仓；机架桥梁板、门槽二期混凝土采用 1t 机动斗车运送，QY16 汽车吊配 0.6m³ 吊罐入仓；混凝土均采用人工平仓，电动插入式振捣器振捣。

7. 钢闸门制作、安装

闸门、启闭机安装应统一考虑，如条件允许，应先安装启闭机后装闸门，以利于闸门安装。闸门安装包括埋件埋设和闸门安装，启闭机的安装应在其承载机架桥完工并达到设计强度后进行。

（1）基本要求。

1）钢闸门制作安装要由专业生产厂家进行，要求在工厂内制作，由生产厂家在工地进行拼装并经初步验收合格后，进行安装。

2）钢闸门制作安装材料、标准、质量要符合设计图纸和文件，如需变更，必须经设计监理和建设单位认可。

3）钢闸门制作安装必须按《水利水电工程钢闸门制造、安装及验收规范》（GB/T 14173—2008）进行。

（2）钢闸门制作、组装精度要求。

1）钢闸门制作、组装，其公差和偏差应符合《水利水电工程钢闸门制造、安装及验收规范》（GB/T 14173—2008）规定。

2）滑道所用钢铸复合材料物理机械性能和技术性能，应符合设计文件要求；滑动支承夹槽底面和门叶表面的间隙应符合《水利水电工程钢闸门制造、安装及验收规范》（GB/T 14173—2008）的规定。

3）滑道支承组装时，应以止水底座面为基准面进行调整，所有滑道应在同一平面内，其平面度允许公差应不大于 2mm。

4）滑道支承与止水座基准面的平行度允许公差应不大于 1mm。

5）滑道支承跨度的允许偏差不大于 ±2mm，同侧滑道的中心线偏差不应大于 2mm。

6）在同一横断面上，滑动支承的工作面与止水座面的距离允许偏差不大于 ±1.5mm。

7）闸门吊耳的纵横中心线的距离允许偏差为 ±2mm，吊耳、吊杆的轴孔应各自保持同心，其倾斜度不应大于 1/1000。

8）闸门的整体组装精度除符合以上规定外，且其组合处的错位应不大于 2mm。其他件与止水橡皮的组装应以滑块所确定的平面和中心为基准进行调整和检查，其误差除符合以上规定外，且其组合处的错位应不大于 1mm。

（3）钢闸门埋件安装要求。

1）预埋在一期混凝土中的埋体，应按设计图纸制造，由土建施工单位预埋。土建施工单位在混凝土开仓浇筑之前应通知安装单位对预埋件的位置进行检查和核对。

2）二期混凝土在施工前，应进行清仓、凿毛，二期混凝土的断面尺寸及预埋件的位置应符合设计图要求。

3）闸门预埋件安装的允许公差和偏差应符合《水利水电工程钢闸门制造、安装及验收规范》（GB/T 14173—2008）的规定，主轨承压面接头处的错位应不大于 0.2mm，并应作缓坡处理。两侧主轨承压面应在同一平面内，其平面度允许公差应符合《水利水电工程钢闸门制造、安装及验收规范》（GB/T 14173—2008）表 9.1.4 的规定。

（4）钢闸门安装要求。

1）闸门整体组装前后，应对各组件和整体尺寸进行复查，并要符合设计和《水利水电工程钢闸门制造、安装及验收规范》（GB/T 14173—2008）的规定。

2）止水橡皮的物理机械性能应符合《水利水电工程钢闸门制造、安装及验收规范》（GB/T 14173—2008）附录 J 中的有关规定，其表面平滑、厚度允许偏差为 ±1mm，其余尺寸允许偏差为设计尺寸的 2%。

3）止水橡皮螺孔位置应与门叶或压板上的螺孔位置一致，孔径应比螺栓直径小 1mm，并严禁烫孔，当均匀拧紧后其端部应低于橡皮自由表面 8mm。

4）橡皮止水应采取生胶热压的方法胶合，接头处不得有错位、凹凸不平和疏松现象。

5）止水橡皮安装后，两侧止水中心距和顶止水中心至底止水底缘距离的允许偏差为 ±3mm，止水表面的平面度为 2mm。闸门工作时，止水橡皮的压缩量其允许偏差为 +2～−1mm。

6）平面钢闸门应作静平衡试验，试验方法为：将闸门吊离地面 100mm，通过滑道中心测量上、下游与左右向的倾斜，要求倾斜不超过门高的 1/1000，且不大于 8mm。

8. 机电设备及金属结构工程施工

启闭机及配电设备安装采用机械吊运、辅以人工定位安装的方法施工。要求定位准确、安装牢固，电气接线正确，保证安全可靠。

（1）启闭机安装技术要求。

1）启闭机安装，应以闸门起吊中心为基准，纵、横向中心偏差应小于 3mm；水平偏差应小于 0.5/1000；高程偏差宜小于 5mm。

2）启闭机安装时应全面检查。开式齿轮、轴承等转动处的油污、铁屑、灰尘应清洗干净，并加注新油；减速箱应按产品说明书的要求，加油至规定油位。

3）启闭机定位后，机架底脚螺栓应即浇灌混凝土，机座与混凝土之间应用水泥砂浆填实。

（2）电器设备安装技术要求。

1）电器线路的埋件及管道敷设，应配合土建工程及时进行。

2）接地装置的材料，应选用钢材。在有腐蚀性的土壤中，应用镀铜或镀锌钢材，不得使用裸铝线。

3）接地线与建筑物伸缩缝的交叉处，应增设 Ω 形补偿器，引出线并标色保护。

4）接地线的连接应符合下列要求：①宜采用焊接，圆钢的搭接长度为直径的 6 倍，扁钢为宽度的 2 倍；②有震动的接地线，应采用螺栓连接，并加设弹簧垫圈，防止松动。

③钢管接地与电器设备间应有金属连接，如接地线与钢管不能焊接时，应用卡箍连接。

5）电缆管的内径不应小于电缆外径的1.5倍。电缆管的弯曲半径应符合所穿入电缆弯曲半径的规定，弯扁度不大于管子外径的10%。每根电缆管最多不超过3个弯头，其中直角弯不应多于2个。

金属电缆管内壁应光滑无毛刺，管口应磨光。硬质塑料管不得用在温度过高或过低的场所；在易受机械损伤处，露出地面一段，应采取保护措施。引至设备的电缆管管口位置，应便于与设备连接，并不妨碍设备拆装和进出，并列敷设的电缆管管口应排列整齐。

6）限位开关的位置应调整准确，牢固可靠。

本节未规定的电器设备安装要求，应按照《电气装置安装工程施工及验收规范》系列（GB 50168—1992～GB 50173—1992、GB 50254—1996～GB 50259—1996）的有关规定执行。

5.1.4.5 施工交通运输

1. 对外交通运输

根据对外交通运输条件，工程施工期间外来物资运输主要采用公路运输。由工程区至当地县（市），可利用堤顶公路及四通八达的当地公路，不再新修对外交通道路。

2. 场内交通运输

施工期间工程场内运输以土石方、混凝土运输为主，兼有施工机械设备及人员的进出场要求，场内干线道路基本能利用现有堤顶路及县乡道路条件即可满足施工期道路运输要求，施工期各工厂设施、土料场及渣场内只需新建长约200m临时便道，道路采用等外级，路面宽度6m，改善土路面结构。

5.1.4.6 施工工厂设施

工程施工工厂设施主要由混凝土拌和系统、综合加工厂、机械停放场，施工供水、施工供电设施，施工通信组成。

1. 混凝土拌和系统

本工程混凝土用量不大，混凝土供应强度低，不需要在施工区设置较大型的混凝土拌和设备和配套的辅助企业设施，因此在施工区附近设一套0.4m³搅拌机即可满足混凝土拌和要求，混凝土拌和能力为6m³/h。

2. 综合加工厂

综合加工厂包括钢筋加工厂、木材加工厂、混凝土预制件厂。

（1）钢筋加工厂主要承担钢筋切断、弯曲、调直、对焊和预埋件加工等任务，工厂主要设置卸料场、原料堆场、钢筋矫直冷拉场、对焊车间和综合加工车间。

（2）木材加工厂主要任务是为枢纽工程混凝土浇筑提供钢模不能代替的特殊部位的标准和异型模板、临建工程木制品加工等。工作内容主要为锯、刨、开榫等，主要设置卸料场、原料堆场、锯材堆场、机木堆场、模板细木堆场、锯材车间、配料机木车间和模板细木车间等，其中卸料场、原料堆场、锯材车间和加工设备均可适应来料为原木的情况。

（3）混凝土预制件厂布置成品车间、成品堆场等。

3. 机械停放场

由于工程施工项目单一，且距梁山较近，可为工程提供一定程度的加工、修理服务。

在满足工程施工需要的前提下，本着精简现场机修设施的原则，不再专设修配厂。

在工地现场配设的机械停放场内可增设机械修配间，配备一些简易设备，承担施工机械的小修保养。

4.施工供水设施

根据工程施工总布置规划方案，施工生活区布置在当地村庄附近，因此生活用水可直接在村庄附近打井取用或与村组织协商从村民供水井引管网取得；主体工程施工生产用水量较小，水质要求不高，可直接抽取东平湖湖水，工程用水量见表 5.1-35。

表 5.1-35　　　　　　　　　　　工程用水量表

项　目　名　称	生产用水	生活用水	小计
用水量/(m³/h)	6	2	8

5.施工供电设施

由于本工程为老闸除险加固项目，老闸已有永久供电线路，根据现场查勘，以及与水闸管理单位沟通，现有供电线路基本能满足工程施工期需要，施工期用电包括工程生产用电和生活照明用电等，施工用电拟从老闸现有供电网络引接，同时，考虑部分自备发电机作为备用电源，供电负荷约为 40kW。

6.施工通信

工程施工期通信不设立专门的通信系统，管理区对外通信可接当地市话，工区之间可采用移动通信联络。

5.1.4.7　施工总布置

1.施工布置

施工总布置方案应遵循因地制宜、方便施工、安全可靠、经济合理、易于管理的原则。

针对本工程的特点，水闸工程施工区相对集中，生产及生活设施根据水闸附近地形条件就近布置。施工道路最大限度地利用现有道路，施工设施尽量利用当地社会资源，以减少工区内施工设施的规模。根据施工需要，工区内主要布置混凝土拌和系统、综合加工厂、机械停放场、施工仓库、堆场及施工生活区等。

经初步规划，本工程施工占地见表 5.1-36。

表 5.1-36　　　　　　　　　　　工程施工占地汇总表

序号	项　　目	建筑面积/m²	占地面积/m²	备　注
1	混凝土拌和系统	30	150	
2	综合加工厂	30	300	
3	机械停放场	30	300	
4	施工仓库	30	60	
5	施工生活区	200	400	30 人
6	办公设施	50	100	
7	合　计	370	1310	

2. 土石方平衡及弃渣规划

土石方平衡及弃渣规划按以下原则：①尽量利用开挖料作为填筑料，不足部分从料场取土；②料场取土厚度一般为 1～2m，表层 0.3m 腐殖土就近堆存，取土后腐殖土还原复耕；③开挖弃料运往围坝堤后管护地堆存，拆除石方、混凝土运往土料场回填。

黏土回填 1947m³（压实方）从梁山县小路口乡张博村黏土料场开采，壤土回填 3329m³（压实方）从梁山县小路口乡张博村壤土料场开采。浆砌石及砂石料等均从旧县石料场采购。

工程土石方平衡见表 5.1-37，渣场特性表见表 5.1-38。

表 5.1-37　　　　　　　　工 程 土 石 方 平 衡 表　　　　　　单位：m³

项目名称	工 程 量		弃渣量（松方）	张博村壤土料场回填（松方）	堤后管护地弃渣场（松方）
	自然方	松方			
土方开挖	1444	1920	1920		1920
老闸拆除	156	239	239	239	
围堰拆除	5244	8024	8024		8024
合　计	6844	10183	10183	239	9944

表 5.1-38　　　　　　　　渣 场 特 性 表　　　　　　单位：m³（松方）

序号	项目名称	堆渣量	弃渣量	序号	项目名称	堆渣量	弃渣量
1	张博村壤土料场回填	239	239	3	合　计	10183	10183
2	堤后管护地弃渣场	9944	9944				

3. 施工占地

码头泄水闸为除险加固工程，老闸已征有管护地；施工临时占地包括施工工厂设施占地、生活区占地、渣场占地、料场占地等，施工临时占地详见表 5.1-39。

表 5.1-39　　　　　　　　施 工 临 时 占 地 表

序号	项目名称	占地面积/m²	备　注	序号	项目名称	占地面积/m²	备　注
1	施工生产、生活设施	1310		4	堤后管护地弃渣场	3150	不另外征地
2	张博村黏土料场	6000		5	施工临时便道	1600	
3	张博村壤土料场	6200		6	合　计	18260	

5.1.4.8　施工总进度

1. 编制原则及依据

（1）编制原则。根据工程布置形式及规模，编制施工总进度本着积极稳妥的原则，施工计划留有余地，尽可能使工程施工连续进行，施工强度均衡，充分发挥机械设备作用和效率，使整个工程施工进度计划技术上可行，经济上合理。

（2）编制依据。

1)《堤防工程施工规范》(SL 260—1998)。

2)《水利水电工程施工组织设计规范》(SL 303—2004)。

3) 机械生产率计算依据部颁定额，并参考国内类似工程的统计资料。

4) 人工定额参照《水利建筑工程概算定额》(2002 年)。

5) 黄委会《黄河下游防洪基建工程施工定额》。

2. 施工总进度计划

根据工程布置、工程规模、气候特点及施工导流方案，工程施工期分为施工准备期、主体工程施工工期。

工程总工期 9 个月，其中施工准备期 0.5 个月，工程施工期 8.5 个月，无完建期。

(1) 施工准备期。主要有以下准备工作：施工生活区、办公区建设，水电设施安装，场内施工道路修建及施工设备安装调试等。

准备期安排 0.5 个月，即第一年 3 月上半月进行上述几项工作，完成后即可开始进行主体工程施工。

(2) 主体工程施工期。水闸工程基本施工程序为：围堰填筑→老闸拆除→土方开挖→闸混凝土浇筑及修复→土方回填、启闭机房及桥头堡施工→闸门、启闭机安装及环境恢复→围堰拆除。

1) 围堰填筑安排在第一年 3 月下半月进行，历时 0.5 个月。

2) 老闸拆除及土方开挖安排在第一年 4 月上半月进行，历时 0.5 个月。

3) 混凝土浇筑及浆砌石砌筑安排在第一年 4 月中旬至 5 月中旬进行，历时 1 个月。

4) 土方回填安排在第一年 5 月下半月进行，历时 0.5 个月。

5) 启闭机房及桥头堡施工安排在第一年 4 月中旬至 7 月进行，历时 3.5 个月。

6) 闸门启闭机安装安排在第一年 8—11 月进行，历时 4 个月。

7) 环境恢复安排在第一年 8 月进行，历时 1 个月。

8) 围堰拆除安排在第一年 6 月上半月进行，历时 0.5 个月。

本次设计项目工程主要施工技术指标见表 5.1-40。

表 5.1-40　　　　　　　　　　工程主要施工技术指标表

序号	项 目 名 称	单位	数量	序号	项 目 名 称	单位	数量
1	总工期	月	9	4	施工期高峰人数	人	40
2	土方开挖最高日均强度	m³/d	350	5	总工日	万工日	0.29
3	砌石砌筑最高日均强度	m³/d	24				

5.1.4.9　主要技术供应

1. 建筑材料及油料

工程所需主要建筑材料、油料等，就近到工程附近县城采购。工程建筑材料用量见表 5.1-41。

2. 主要施工设备

工程所需主要施工机械为中小型机械设备，详见工程主要施工机械设备表 5.1-42。

表 5.1－41　　　　　　　　　　　　　工程主要建筑材料用量表

序号	项 目 名 称	单位	数量	序号	项 目 名 称	单位	数量
1	水泥	t	47	4	块石	m³	360
2	钢筋、钢材	t	9	5	粗砂	m³	27
3	油料	t	38	6	混凝土骨料	m³	24

表 5.1－42　　　　　　　　　　　　　工程主要施工机械设备表

序号	机 械 名 称	型号及特性	单位	数量
1	挖掘机	1m³	台	1
2	自卸汽车	10t	辆	6
3	推土机	74kW	台	1
4	蛙式打夯机	2.8kW	台	1
5	机动斗车	1t	辆	2
6	汽车吊	QY16	辆	1
7	混凝土搅拌机	0.4m³	台	1
8	插入式振捣器	1.1kW	台	1

5.1.5 马口闸工程

5.1.5.1 施工条件

1. 工程条件

（1）工程位置、场地条件、对外交通条件。马口闸位于东平湖滞洪区围坝马口村附近，桩号为 79＋300，由于马口闸年久失修，破损严重，不能满足防洪要求，一旦失事，将给东平湖周边地区造成巨大的经济损失，并对社会稳定产生不利影响。本次工程建设对马口闸进行拆除重建，消除险点隐患。

工程附近场地平坦、开阔，可供利用的施工场地较多，场地布置条件较好。

工程距东平县州城镇约 1km，对外交通有州城—彭集接国道 105 公路，州城—梁山接国道 220 公路，州城—彭集约 20km、至梁山约 20km；围坝至州城镇、沙河站镇和彭集均有公路连接，可利用现有的交通网络作为场内外施工交通道路。围坝顶宽 8～10m，可作对外交通道路，外来物资经现有公路上围坝运至施工现场，交通条件满足施工要求。

（2）天然建筑材料和当地资源。本次建设项目建筑材料主要为石料、土料。多年的东平湖除险加固工程形成了较为固定的料场，本工程所需块石料及混凝土骨料从后屯北石料场购买，黏土、壤土均从 4 号土料场开采，该料场位于袁庄、常庄、张圈一带，土料运距约 16km。

工程所需其他建筑材料，如水泥、钢材、油料等均可就近从县城采购。

（3）施工供水、供电条件。根据东平湖除险加固工程建设经验，工程施工水源可直接从东平湖老湖抽取，沉淀后供施工使用。生活用水结合当地饮水方式或自行打井解决。

由于马口闸年久失修，破损严重，已有永久供电线路不能满足施工需要，且工程附近现有供电网络为农电，容量有限、接线条件差、供电不可靠，故施工用电采用移动式柴油发电机供电。

（4）工程组成和工程量。马口闸纵轴线与原闸相同，涵闸分为进口段、闸室段、箱涵段、出口竖井段及出口段，总长度104.7m。

马口闸主体工程量见表5.1-43。

表 5.1-43　　　　　　　　　　　　　　马口闸主体工程量表

序号	工 程 项 目	单位	工程量	序号	工 程 项 目	单位	工程量
一	土方工程			4	干砌石	m^3	143
1	土方开挖	m^3	21355	5	抛石	m^3	86
2	土方回填	m^3	19704	三	混凝土工程		
3	黏土回填	m^3	1189	1	混凝土	m^3	574
二	石方工程			2	混凝土垫层	m^3	23
1	混凝土、石方拆除	m^3	1582	3	钢筋	t	63
2	碎石垫层	m^3	125	4	高压喷射截渗墙	m	166
3	浆砌石	m^3	452				

2. 自然条件

（1）水文气象。马口闸位于东平湖老湖入口处，围坝桩号为79+300。东平湖洪水一方面来自黄河干流，即分蓄黄河洪水；另一方面来自汶河，即调蓄汶河洪水。

黄河下游干流洪水主要来自黄河中游地区，由中游地区暴雨形成，洪水发生时间为6—10月。

汶河洪水皆由暴雨形成，属山溪性河流，源短流急，洪水暴涨暴落，洪水历时短，一次洪水总历时一般在5～6d，洪峰流量年际变差大。汶河干流洪水组成：一般性洪水60%～70%来源于汶河北支，30%～40%来源于汶河南支。

黄河下游属温带大陆性季风气候，工程所在处多年平均气温为13.5℃，最高气温41.7℃（1966年7月19日），最低气温-17.5℃（1975年1月2日）。多年平均降水量605.9mm，7—9月最多，约占全年的61.9%。最大风速达21m/s，最大风速的风向多为北风或北偏东风。

（2）地形、地质条件。马口闸位于大清河进入东平湖老湖入口处，场区地势平坦开阔，交通便利。东平湖滞洪区处于山东丘陵区和华北平原区的相接地带，总的地形趋势是东北高、西南低。

根据地质勘察及土工试验成果，勘探深度内地层除堤身土为人工堆积（Q_4^s）外，其余全部为全新统冲积层（Q_4^{al}），根据其岩性特征可将地层分为5层，地层由上至下具体分述如下。

第①层人工填土：以褐黄色中～重粉质壤土为主，稍湿，含黏土块，层厚7.5m左右。

第②层壤土：灰黄色～深灰色，饱和、软塑，局部含棕黄色条纹及云母碎片，层厚7.5m左右。

第③层中砂：黄褐色～深灰色，饱和、中密，以石英、长石为主，见较多 2mm 以上的石英、长石颗粒，层厚 7m 左右。

第④层粉质黏土：褐黄色，饱和、硬塑，见棕黄色斑点及黑色斑点，底部夹壤土透镜体，含较多钙质结核，最大长度达 5cm，层厚 1～8m。

第⑤层中砂：黄褐色～深灰色，饱和、中密，以石英、长石为主，该层未揭穿，最大揭露厚度 3.5m。

场区地下水为松散岩类孔隙潜水，埋藏于全新统河流冲积砂层中，埋深 7～8m，补给来源为大气降水和湖水，排泄出路主要为开采和蒸发。含水层由粗砂、中砂及粉细砂和砂壤土组成，其分布和河床及其古河道有关。渗透系数为：粗砂 40～80m/d，中砂 20～40m/d，细砂 10～20m/d，砂壤土 0.5～0.7m/d。浅层地下水无分解类、分解结晶复合类、结晶类等腐蚀作用。

5.1.5.2 施工导流及度汛措施

1. 导流标准

马口闸属于 1 级建筑物，根据《水利水电工程施工组织设计规范》（SL 303—2004）规定，导流建筑物级别为 4 级。围堰型式采用均质土围堰，本工程主体建筑物规模小，根据施工进度和施工强度分析，在一个枯期内可以完成，洪水标准为非汛期 10 年一遇，相应水位为 40.24m。

2. 导流方式

施工期水闸两侧无泄水、引水要求，故施工期不需要修建导流泄水建筑物，只需修建挡水建筑物，根据场地和水工布置条件，采用一次拦断、围堰挡水的方式。

3. 导流建筑物设计

围堰采用不过水均质土围堰挡水。堰体采用编织土袋进占、土方填筑、土工膜防渗。临东平湖侧围堰拦洪设计洪水水位为 40.24m，超高 1.5m，堰顶高程 41.74m，最大堰高 6.34m，堰顶宽度结合施工交通布置为 6m，堰顶轴线长 160m；围堰背水面边坡 1：2，迎水面边坡 1：1.5，迎水面采用编织土袋。相对东平湖侧下游围堰堰体采用土方填筑，围堰与左右平台结合，堰顶高程 40.56m，堰顶宽度 2m，最大堰高 2.56m，堰顶轴线总长 13m，背水面坡度 1：2，迎水面坡度 1：2。

导流建筑物主要工程量见表 5.1-44。

表 5.1-44　　　　　　　　　　　　导流建筑物主要工程量表

序号	项 目 名 称	单位	工程量	序号	项 目 名 称	单位	工程量
1	土石填筑料	m³	9200	3	土工膜	m²	1931
2	编织土袋	m³	11339	4	围堰拆除	m³	17458

4. 导流工程施工

围堰填筑从料场取料，临东平湖侧围堰迎水面采用编织土袋进占，人工铺设土工膜，背水侧土料填筑采用 1m³ 挖掘机挖装，10t 自卸汽车运输至工作面，74kW 推土机平料，14t 振动碾碾压；下游围堰迎水面采用编织土袋进占，人工铺设土工膜，背水侧采用 1m³ 挖掘机挖装，10t 自卸汽车运输至工作面，由机动翻斗车上堰，人工平料，14t 振动碾碾压。

5. 基坑排水

初期排水主要为围堰闭气后进行基坑初期排水，包括基坑积水、基础和堰体渗水、围堰接头漏水、降雨汇水等。初期基坑积水量约为13100m³，排水时间为5d，初期排水强度约110m³/h。经常性排水包括基础和围堰渗水、降雨汇水、施工弃水等，考虑到工程施工特性，强度约55m³/h。

5.1.5.3 料场选择及开采

1. 料场选择

根据工程需要，工程料场分为：黏土、壤土料场和块石、砂石料场。因工程附近河道无天然砂石料，砂石料需从外地购运，料场选择遵循以下原则：①就近选择料场；②保证土、石料质量，贮量应满足工程需要；③运输方便、节约投资；④有利于取土场复耕，满足环境保护要求；⑤尽量少占用耕地，减少施工征地面积。

根据以上原则，结合工程具体情况，依据工程区附近地形、地质条件，本着土质优、运距近的原则选择取土场；根据多年来东平湖除险加固工程经验，按照地质专业提供的料场调查情况，黏土、壤土从4号土料场开采，该料场位于袁庄、常庄、张圈一带，土料运距约16km，料场储量及料源质量满足工程建设需要。

工程区附近河道无天然砂石料，砂石料需从外地购运，工程所需砂石料及块石料均从后屯北石料场购买。

本工程料场特性见表5.1-45。

表5.1-45　　　　料 场 特 性 表

料 场 名 称	需要量/m³	占地面积/m²	平均运距/km
4号土料场	30541	54200	16
后屯北石料场	1760		40

注 后屯北石料需要量1760m³，其中混凝土骨料约为900m³。

2. 料场开采

土料开采选用1m³液压挖掘机挖装，10t自卸汽车运输，74kW推土机配合集料。土料场开采前用74kW推土机将表层30cm腐殖土推至未开挖区，以备开挖后复耕之用。

5.1.5.4 主体工程施工

1. 施工程序

水闸工程基本施工程序为：围堰、基坑排水→老闸拆除→土方开挖→高压喷射截渗墙→水闸混凝土浇筑→闸门、启闭机安装→石方填筑→土方回填→围堰拆除。

2. 老闸拆除

老闸拆除工程主要包括：房屋（砖混）、浆砌石、干砌石及抛石、钢筋混凝土、启闭机等拆除。

钢筋混凝土、浆砌石、干砌石、启闭机房拆除等用液压破碎锤破碎，1m³挖掘机挖装，人工辅助，10t自卸汽车运往土料场回填，运距约16km。

启闭机、启闭机轨道、闸门、测压管和沉陷杆拆除采用汽车起重机拆除，人工辅助。

3. 土方开挖

土方开挖用 $1m^3$ 挖掘机挖装，10t 自卸汽车运输，其中有用料运至堤后周转渣场，运距约 300m；弃渣料运至围坝堤后管护地堆存，运距约 1km。

根据水文地质条件，地下水位比闸底板开挖高程高 4.8m 左右，其下为 3.5m 左右的壤土地层，渗透系数为 $5.8 \times 10^{-4} cm/s$，经基坑涌水计算，施工期涌水量不大，基坑开挖采用缓坡开挖、明排降水方式。

4. 截渗墙施工

高压喷射截渗墙施工采用 150 型钻机，孔径 150mm，孔斜不超过 1‰，水泥采用 42.5 级普通硅酸盐水泥，水泥渗入比不少于 20%。水灰比 1∶1～1.2∶1，再根据现场施工情况进行修正。

孔深达到设计要求后停钻，并将喷射装置水、气、浆三管下至孔底。采用边低压喷射水、气、浆、边下管的方式进行，以防外水压力堵塞喷嘴，然后将三管压力提高到设计指标，按预定的提升速度边喷射边提升，由下而上进行高压喷射灌浆。按上述工序喷射第 2 孔，如此顺序进行，形成防渗体。

5. 混凝土浇筑

混凝土浇筑包括闸底板、导墙、闸墩、机架桥排架、公路桥、混凝土预制构件浇筑等。钢筋及模板的制作材料质量要求及制作、安装允许偏差必须按《水闸施工规范》（SL 27—1991）执行，钢筋及模板加工均以机械为主，人工立模和绑扎钢筋。

混凝土采用 $0.4m^3$ 混凝土搅拌机拌和，闸底板、消力池及护坦底板混凝土，采用 1t 机动斗车直接入仓；闸墩、导墙及梁板等混凝土采用 1t 机动斗车运送，QY16 汽车吊配 $0.6m^3$ 吊罐入仓；混凝土均采用人工平仓，电动插入式振捣器振捣，垫层浇筑采用人工摊平，平板振捣器振捣密实，底板浇筑振捣完成后混凝土表面人工找平、压光。

（1）预制构件安装。本工程混凝土预制构件主要包括公路桥板等构件，所有预制件均采用 QY20 型汽车起重机吊装。

（2）预制构件移运应符合下列规定。

1）构件移运时的混凝土强度，如设计无特别要求时，不应低于设计标号的 70%。

2）构件的移运方法和支承位置，应符合构件的受力情况，防止损伤。

（3）预制构件堆放应符合下列要求。

1）堆放场地应平整夯实，并有排水措施。

2）构件应按吊装顺序，以刚度较大的方向稳定放置。

3）重叠堆放的构件，标志应向外，堆垛高度应按构件强度、地面承载力、垫木强度和堆垛的稳定性确定，各层垫木的位置，应在同一垂直线上。

（4）预制构件起吊应符合下列规定。

1）吊装前，对吊装设备、工具的承载能力等应作系统检查，对预制构件应进行外形复查。

2）预制构件安装前，应标明构件的中心线，其支承结构上也应校测和标划中心线及高程。

3）构件应按标明的吊点位置和吊环起吊。

4）如起吊方法与设计要求不同时，应复核构件在起吊过程中产生的内力。

5）起吊绳索与构件水平面的夹角不宜小于 45°，如小于 45°，应对构件进行验算。

6.钢闸门制作、安装

闸门、启闭机安装应统一考虑，如条件允许，应先安装启闭机后装闸门，以利于闸门安装。闸门安装包括埋件埋设和闸门安装，启闭机的安装应在其承载机架桥完工并达到设计强度后进行。

（1）基本要求。

1）钢闸门制作安装要由专业生产厂家进行，要求在工厂内制作，由生产厂家在工地进行拼装并经初步验收合格后，进行安装。

2）钢闸门制作安装材料、标准、质量要符合设计图纸和文件，如需变更，必须经设计监理和建设单位认可。

3）钢闸门制作安装必须按《水电水利工程钢闸门制造安装及验收规范》（DL/T 5018—2004）进行。

（2）钢闸门制作、组装精度要求。

1）钢闸门制作、组装，其公差和偏差应符合《水电水利工程钢闸门制造安装及验收规范》（DL/T 5018—2004）规定。

2）滑道所用钢铸复合材料物理机械性能和技术性能，应符合设计文件要求，滑动支承夹槽底面和门叶表面的间隙应符合《水电水利工程钢闸门制造安装及验收规范》（DL/T 5018—2004）的规定。

3）滑道支承组装时，应以止水底座面为基准面进行调整，所有滑道应在同一平面内，其平面度允许公差应不大于 2mm。

4）滑道支承与止水座基准面的平行度允许公差应不大于 1mm。

5）滑道支承跨度的允许偏差不大于±2mm，同侧滑道的中心线偏差不应大于 2mm。

6）在同一横断面上，滑动支承的工作面与止水座面的距离允许偏差不大于±1.5mm。

7）闸门吊耳的纵横中心线的距离允许偏差为±2mm，吊耳、吊杆的轴孔应各自保持同心，其倾斜度不应大于 1/1000。

8）闸门的整体组装精度除符合以上规定外，且其组合处的错位应不大于 2mm。其他件与止水橡皮的组装应以滑块所确定的平面和中心为基准进行调整和检查，其误差除符合以上规定外，且其组合处的错位应不大于 1mm。

（3）钢闸门埋件安装要求。

1）预埋在一期混凝土中的埋体，应按设计图纸制造，由土建施工单位预埋。土建施工单位在混凝土开仓浇筑之前应通知安装单位对预埋件的位置进行检查和核对。

2）二期混凝土在施工前，应进行清仓、凿毛，二期混凝土的断面尺寸及预埋件的位置应符合设计图要求。

3）闸门预埋件安装的允许公差和偏差应符合《水电水利工程钢闸门制造安装及验收规范》（DL/T 5018—2004）的规定，主轨承压面接头处的错位应不大于 0.2mm，并应作缓坡处理。两侧主轨承压面应在同一平面内，其平面度允许公差符合《水电水利工程钢闸门制造安装及验收规范》（DL/T 5018—2004）表 9.1.4 的规定。

（4）钢闸门安装要求。

1）闸门整体组装前后，应对各组件和整体尺寸进行复查，并要符合设计和规范的规定。

2）止水橡皮的物理机械性能应符合《水电水利工程钢闸门制造安装及验收规范》（DL/T 5018—2004）附录 J 中的有关规定，其表面平滑、厚度允许偏差为 ±1mm，其余尺寸允许偏差为设计尺寸的 2%。

3）止水橡皮螺孔位置应与门叶或压板上的螺孔位置一致，孔径应比螺栓直径小 1mm，并严禁烫孔，当均匀拧紧后其端部应低于橡皮自由表面 8mm。

4）橡皮止水应采取生胶热压的方法胶合，接头处不得有错位、凹凸不平和疏松现象。

5）止水橡皮安装后，两侧止水中心距和顶止水中心至底止水底缘距离的允许偏差为 ±3mm，止水表面的平面度为 2mm。闸门工作时，止水橡皮的压缩量其允许偏差为 +2～−1mm。

6）平面钢闸门应作静平衡试验，试验方法为：将闸门吊离地面 100mm，通过滑道中心测量上、下游与左右向的倾斜，要求倾斜不超过门高的 1/1000，且不大于 8mm。

7. 机电设备及金属结构工程施工

启闭机及配电设备安装采用机械吊运、辅以人工定位安装的方法施工。要求定位准确、安装牢固，电气接线正确，保证安全可靠。

（1）启闭机安装技术要求。

1）启闭机安装，应以闸门起吊中心为基准，纵、横向中心偏差应小于 3mm；水平偏差应小于 0.5/1000；高程偏差宜小于 5mm。

2）启闭机安装时应全面检查。开式齿轮、轴承等转动处的油污、铁削、灰尘应清洗干净，并加注新油；减速箱应按产品说明书的要求，加油至规定油位。

3）启闭机定位后，机架底脚螺栓应立即浇灌混凝土，机座与混凝土之间应用水泥砂浆填实。

（2）电器设备安装技术要求。

1）电器线路的埋件及管道敷设，应配合土建工程及时进行。

2）接地装置的材料，应选用钢材。在有腐蚀性的土壤中，应用镀铜或镀锌钢材，不得使用裸铝线。

3）接地线与建筑物伸缩缝的交叉处，应增设 Ω 形补偿器，引出线并标色保护。

4）接地线的连接应符合下列要求：①宜采用焊接，圆钢的搭接长度为直径的 6 倍，扁钢为宽度的 2 倍；②有震动的接地线，应采用螺栓连接，并加设弹簧垫圈，防止松动；③钢管接地与电器设备间应有金属连接，如接地线与钢管不能焊接时，应用卡箍连接。

5）电缆管的内径不应小于电缆外径的 1.5 倍。电缆管的弯曲半径应符合所穿入电缆弯曲半径的规定，弯扁度不大于管子外径的 10%。每根电缆管最多不超过 3 个弯头，其中直角弯不应多于 2 个。

金属电缆管内壁应光滑无毛刺，管口应磨光。硬质塑料管不得用在温度过高或过低的场所；在易受机械损伤处，露出地面一段，应采取保护措施。引至设备的电缆管管口位置，应便于与设备连接，并不妨碍设备拆装和进出，并列敷设的电缆管管口应排列整齐。

6）限位开关的位置应调整准确，牢固可靠。

本节未规定的电器设备安装要求，应按照《电气装置安装工程施工及验收规范》系列（GB 50168—1992～GB 50173—1992、GB 50254—1996～GB 50259—1996）的有关规定执行。

8. 石方工程

抛石由 10t 自卸汽车运输石料，直接抛投；施工中应注意小石在里、大石在外，内外咬茬，层层密实，坡面平顺，无浮石、小石。

干砌石、浆砌石以人工为主进行施工。石料运至工区后在临时堆场人工装车，机动三轮车运送，现场人工选料砌筑，砂浆现场拌制。施工应严格按照砌石施工规范要求进行。砌石不允许出现通缝，错缝砌筑；块石凹面向上，平缝坐浆，直缝灌浆要饱满，不允许用碎石填缝、垫底；块石要洗净，不许沾带泥土。

9. 土方填筑

土料尽可能利用开挖土方，不足部分从土料场取土。土方填筑采用 1m 挖掘机挖装土，10t 自卸汽车运输至工作面，74kW 推土机平土，14t 振动碾碾压，2.8kW 蛙式打夯机辅助压实，土方填筑分层施工。土料摊铺分层厚度按 0.3～0.5m 控制，土块粒径不大于 50mm，铺土要求均匀平整，压实一般要求碾压 5～8 遍，压实度应满足设计要求。

5.1.5.5　施工交通运输

1. 对外交通运输

根据对外交通运输条件，工程施工期间外来物资运输主要采用公路运输。由工程区至当地县市，可利用堤顶公路及四通八达的当地公路，不再新修对外交通道路。

2. 场内交通运输

施工期间工程场内运输以土料运输为主，兼有施工机械设备及人员的进场要求，场内干线道路能利用村间现有道路的应尽量利用，不能利用的考虑新建或改建。施工期各工厂设施、土料场及渣场内需新建长约 2000m 临时便道，道路采用等外级，路面宽度 6m，改善土路面结构。

5.1.5.6　施工工厂设施

工程施工工厂设施主要由混凝土拌和系统、综合加工厂、机械停放场，施工供水、施工供电设施，施工通信组成。

1. 混凝土拌和系统

本工程混凝土用量不大，混凝土供应强度低，不需要在施工区设置较大型的混凝土拌和设备和配套的辅助企业设施，因此在施工区附近设一套 0.4m³ 移动式混凝土搅拌机即可满足混凝土拌和要求，混凝土拌和能力为 5m³/h。

2. 综合加工厂

综合加工厂包括钢筋加工厂、木材加工厂、混凝土预制件厂。

（1）钢筋加工厂主要承担钢筋切断、弯曲、调直、对焊和预埋件加工等任务，工厂主要设置卸料场、原料堆场、钢筋矫直冷拉场、对焊车间和综合加工车间。

（2）木材加工厂主要任务是为枢纽工程混凝土浇筑提供钢模不能代替的特殊部位的标

准和异型模板，临建工程木制品加工等。工作内容主要为锯、刨、开榫等，主要设置卸料场、原料堆场、锯材堆场、机木堆场、模板细木堆场、锯材车间、配料机木车间和模板细木车间等，其中卸料场、原料堆场、锯材车间和加工设备均可适应来料为原木的情况。

（3）混凝土预制件厂布置成品车间、成品堆场等。

3. 机械停放场

由于工程施工项目单一，且距州城镇较近，可为工程提供一定程度的加工、修理服务。在满足工程施工需要的前提下，本着精简现场机修设施的原则，不再专设修配厂。

在工地现场配设的机械停放场内可增设机械修配间，配备一些简易设备，承担施工机械的小修保养。

4. 施工供水设施

根据工程施工总布置规划方案，施工生活区布置在当地村庄附近，因此生活用水可直接在村庄附近打井取用或与村组织协商从村民供水井引管网取得；主体工程施工生产用水量较小，水质要求不高，可直接抽取东平湖湖水，工程用水量见表 5.1-46。

表 5.1-46　　　　　　　　工 程 用 水 量 表　　　　　　　　单位：m^3/h

项 目 名 称	生产用水	生活用水	小计
用水量	10	2	12

5. 施工供电设施

由于马口闸年久失修，破损严重，已有永久供电线路不能满足施工需要，且工程附近现有供电网络为农电，容量有限、接线条件差、供电不可靠，故施工用电采用移动式柴油发电机供电，供电负荷约为 200kW。

6. 施工通信

工程施工期通信不设立专门的通信系统，管理区对外通信可接当地市话，工区之间可采用移动通信联络。

5.1.5.7　施工总布置

1. 施工布置

施工总布置方案应遵循因地制宜、方便施工、安全可靠、经济合理、易于管理的原则。

针对本工程的特点，水闸工程施工区相对集中，生产及生活设施根据水闸附近地形条件就近布置。施工道路最大限度地利用现有道路，施工设施尽量利用当地社会资源，减少工区内施工设施的规模。根据施工需要，工区内主要布置混凝土拌和系统、综合加工厂、机械停放场、施工仓库、堆场及施工生活区等。

经初步规划，本工程施工占地见表 5.1-47。

2. 土石方平衡及弃渣规划

土石方平衡及弃渣规划按以下原则：①尽量利用开挖料作为填筑料，不足部分从料场取土；②料场取土厚度一般为 1～2m，表层 0.3m 腐殖土就近堆存，取土后腐殖土还原复耕；③开挖弃料运往围坝堤后管护地堆存，拆除石方、混凝土运往土料场回填。

表 5.1-47　　　　　　　　　　　　　　工程施工占地汇总表

序　号	项　　　目	建筑面积/m²	占地面积/m²	备　注
1	混凝土拌和系统	100	500	
2	综合加工厂	50	400	
3	机械停放场	50	700	
4	施工仓库	100	200	
5	施工生活区	600	1200	120 人
6	办公设施	140	300	
7	合　　计	1040	3300	

本工程土方开挖 21355m³（自然方），折合松方 28401m³，其中 17041m³（松方）用于主体工程土方回填，剩余部分运至围坝堤后管护地堆存，土方回填不够部分 15651m³（松方）及围堰填土 32137m³（松方）从 4 号土料场开采。浆砌石、干砌石、抛石及砂石料等均从后屯北石料场采购。

工程土石方平衡见表 5.1-48，渣场特性表见表 5.1-49。

表 5.1-48　　　　　　　　　　　工程土石方平衡表　　　　　　　　　　单位：m³

项目名称	工　程　量		利用量（松方）	弃渣量（松方）	土料场回填（松方）	堤后管护地弃渣场（松方）
	自然方	松方				
土方开挖	21355	28401	17041	11361		11361
老闸拆除	1582	1993		1993	1993	
围堰拆除	17458	27317		27317		27317
合　计	40395	57711	17041	40671	1993	38678

表 5.1-49　　　　　　　　　　　　　渣　场　特　性　表　　　　　　　　单位：m³（松方）

序号	项　目　名　称	堆渣量	回采量	弃渣量
1	土料场回填	1993		1993
2	堤后管护地弃渣场	38677		38678
3	周转渣场	17041	17041	
4	合　　计	57711	17041	40671

3. 施工占地

马口闸为原址重建工程，老闸已征有管护地；施工临时占地包括施工工厂设施占地、生活区占地、渣场占地、料场占地等，施工临时占地详见表 5.1-50。

表 5.1-50　　　　　　　　　　　　　施 工 临 时 占 地 表

序号	项　目　名　称	占地面积/m²	备注	序号	项　目　名　称	占地面积/m²	备注
1	施工生产、生活设施	3300		4	堤后管护地弃渣场	13000	不另外征地
2	土料场	54200		5	施工道路	18000	
3	周转渣场	4500		6	合　　计	93000	

5.1.5.8 施工总进度

1. 编制原则及依据

（1）编制原则。根据工程布置形式及规模，编制施工总进度本着积极稳妥的原则，施工计划留有余地，尽可能使工程施工连续进行，施工强度均衡，充分发挥机械设备作用和效率，使整个工程施工进度计划技术上可行，经济上合理。

（2）编制依据。

1）《堤防工程施工规范》（SL 260—1998）。

2）《水利水电工程施工组织设计规范》（SL 303—2004）。

3）机械生产率计算依据部颁定额，并参考国内类似工程的统计资料。

4）人工定额参照《水利建筑工程概算定额》（2002 年）。

5）黄委会《黄河下游防洪基建工程施工定额》。

2. 施工总进度计划

根据工程布置、工程规模、气候特点及施工导流方案，工程施工期分为施工准备期、主体工程施工工期和完建期。

工程总工期 4.5 个月，其中施工准备期 1 个月，主体工程施工期 3 个月，工程完建期 0.5 个月。

（1）施工准备期。主要有以下准备工作：施工生活区、办公区建设、水电设施安装、场内施工道路修建、施工设备安装调试及围堰施工等。

准备期安排 1 个月，即 2 月进行上述几项工作，完成后即可开始进行主体工程施工。

围堰、基坑排水施工安排 2 月中旬进行，安排工期 15d，完成土方填筑 20539m³，日均填筑强度 1369m³/d。

（2）主体工程施工期。水闸工程基本施工程序为：围堰、基坑排水→老闸拆除→土方开挖→高压喷射截渗墙→闸混凝土浇筑→闸门启闭机安装→石方填筑→土方回填→围堰拆除。

1）老闸拆除在基坑抽水完成后进行，安排工期 10d，完成混凝土、石方拆除 1582m³。

2）土方开挖与老闸拆除同时进行，安排工期 15d，完成土方开挖 21355m³，日均开挖强度 1423m³/d。

3）高压喷射截渗墙在土方开挖完成后进行，安排工期 12d，完成截渗墙 166m，日均强度 13.8m/d。

4）水闸混凝土浇筑 574m³，安排工期 20d，日均浇筑强度 28.7m³/d。

5）闸门、启闭机安装安排在混凝土浇筑到安装高程，且混凝土强度达到设计要求后进行，工期安排 15d。水闸安装，安排工期 15d。

6）抛石填筑 86m³，安排工期 20d，日均填筑强度 4.3m³/d。

7）浆砌石 452m³，安排工期 20d，日均砌筑强度 22.6m³/d。

8）干砌石 143m³，安排工期 20d，日均砌筑强度 7.2m³/d。

9）碎石垫层 125m³，安排工期 20d，日均填筑强度 6.3m³/d。

10）土方回填 20893m³，安排工期 20d，日均填筑强度 1045m³/d。

11）围堰拆除施工安排在 5 月下旬进行，安排工期 10d，完成拆除量 17458m³，日均强度 1745m³/d。

（3）工程完建期。工程完建期安排 15d，进行工区清理等工作。

本次设计项目工程主要施工技术指标见表 5.1－51。

表 5.1－51　　　　　　　　　　　　工程主要施工技术指标表

序　号	项 目 名 称	单 位	数 量
1	总工期	月	4.5
2	土方开挖最高日均强度	m³/d	1745
3	土方回填最高日均强度	m³/d	1369
4	混凝土浇筑最高日均强度	m³/d	28.7
5	石方填筑最高日均强度	m³/d	40.4
6	施工期高峰人数	人	120
7	总工日	万工日	1.06

5.1.5.9　主要技术供应

1. 建筑材料及油料

工程所需主要建筑材料、油料等，就近到工程附近县城采购。工程主要建筑材料用量见表 5.1－52。

表 5.1－52　　　　　　　　　　　　工程主要建筑材料用量表

序号	项 目 名 称	单位	数量	序号	项 目 名 称	单位	数量
1	水泥	t	333	4	碎石、反滤料	m³	173
2	钢筋	t	63	5	混凝土骨料	m³	900
3	块石	m³	681				

2. 主要施工设备

工程所需主要施工机械为中小型机械设备，详见表 5.1－53。

表 5.1－53　　　　　　　　　　　　工程主要施工机械设备表

序号	机 械 名 称	型号及特性	数量/台	序号	机 械 名 称	型号及特性	数量/台
1	挖掘机	1m³	3	7	地质钻机	150 型	1
2	自卸汽车	10t	13	8	灌浆泵	YGB5－10	1
3	推土机	74kW	1	9	汽车吊	QY16	1
4	振动碾	14t	1	10	混凝土搅拌机	0.4m³	1
5	蛙式打夯机	2.8kW	1	11	插入式振捣器	1.1kW	2
6	机动斗车	1t	1				

5.2 工程管理

5.2.1 韩墩引黄闸工程

5.2.1.1 管理机构

按照国务院、水利部及黄委会对基层单位"管养分离"改革的总体部署，建立职能清晰、权责明确的黄河工程管理体系。本期工程建成后，由原单位负责管理，并制定管理标准、办法和制度；具体工程、设施的维修、养护、运行操作、观测、巡查、管护等业务由专门的维修养护队伍承担。

韩墩引黄闸除险加固工程竣工后交原管理单位管理，管理所人员编制为6人，不另增设机构。

1982年韩墩引黄闸建设时，未修建管理房，2005年水管体制改革后，闸管所管理人员一直借住管理段管理房，至今韩墩引黄闸仍无管理用房。

根据根据水利部《水利工程管理单位编制定员标准》（SLJ 705—1981）及《水闸工程管理设计规范》（SL 170—1996）中的规定，按管理所人员编制，管理房屋布置在管理段内，建筑面积282m²。

5.2.1.2 工程管理范围及保护范围

为保证管理机构正常履行职责，使水闸安全运行，需划定管理范围，并设立标志。

根据《水闸工程管理设计规范》（SL 170—1996）的规定，划分韩墩引黄闸改建工程管理范围如下：①水闸上游防冲槽至下游海漫段的水闸出口段以及建筑物上下游外轮廓线外50m范围内；②两侧建筑物、渠道坡脚向外30m范围内。

工程管理范围以内的土地及其上附属物归管理单位直接管理和使用，其他单位和个人不得擅入或侵占。

5.2.1.3 交通通信设施

韩墩引黄闸改建工程建设完成后利用堤顶道路作为对外交通公路。交通运输设备暂采用原管理单位的现有设备，以后根据需要配备。

5.2.1.4 工程监测与养护

(1) 应经常对建筑物各部位、闸门、启闭机、机电设备、通信设施、管理范围内的河道、水流形态进行检查。每月1次，遇不利情况，应对易发生问题部位加强检查观测。

(2) 每年汛前、汛后或引水期前后应对水闸部位及各项设施进行全面检查。

(3) 当水闸遇强烈地震和发生重大工程事故时，必须及时对工程进行特别检查。

(4) 砌石部位应检查有无塌陷、松动、隆起、底部淘空、垫层散失；排水设施有无堵塞、损坏。

(5) 混凝土建筑物有无裂缝、腐蚀、剥蚀、露筋及钢筋锈蚀；伸缩缝有无损坏、漏水及填筑物流失等。

(6) 水下工程有无破坏；消力池、门槽内有无砂石堆积；预埋件有无损坏；上下游引河有无淤积、冲刷。

(7) 闸门有无表面涂层剥落情况、门体变形、锈蚀、焊缝开裂或螺栓、铆钉松动；支撑行走机构是否运转灵活。

（8）检查启闭机运转情况、机电设备运转情况。

（9）应对水位、流量、沉降、水流形态等进行观测。在发生特殊变化时进行必要的专门观测。

（10）应按有关规定对水闸进行养护、岁修、抢修和大修。

5.2.2　三义寨闸

5.2.2.1　管理机构

按照国务院、水利部及黄委会对基层单位"管养分离"改革的总体部署，建立职能清晰、权责明确的黄河工程管理体系。本期工程建成后，由开封管理局下设的开封县黄河河务局负责管理，并制定管理标准、办法和制度；具体工程、设施的维修、养护、运行操作、观测、巡查、管护等业务由专门的维修养护队伍承担。

工程竣工后交原管理单位管理，不另增设机构。

5.2.2.2　工程管理区及保护区范围

为保证管理机构正常履行职责，使水闸安全运行，需划定管理范围，并设立标志。

根据《水闸工程管理设计规范》（SL 170—1996）的规定，划分苏泗庄引黄闸改建工程管理范围如下：①水闸上游防冲槽至下游海漫段的水闸出口段以及建筑物上下游外轮廓线外 50m 范围内；②两侧建筑物、渠道坡脚向外 30m 范围内。

工程管理范围以内的土地及其上附属物归管理单位直接管理和使用，其他单位和个人不得擅入或侵占。

5.2.2.3　工程监测与养护

（1）应经常对建筑物各部位、闸门、启闭机、机电设备、通信设施、管理范围内的河道、水流形态进行检查。每月 1 次，遇不利情况，应对易发生问题部位加强检查观测。

（2）每年汛前、汛后或引水期前后应对水闸部位及各项设施进行全面检查。

（3）当水闸遇强烈地震和发生重大工程事故时，必须及时对工程进行特别检查。

（4）砌石部位应检查有无塌陷、松动、隆起、底部淘空、垫层散失；排水设施有无堵塞、损坏。

（5）混凝土建筑物有无裂缝、腐蚀、剥蚀、露筋及钢筋锈蚀；伸缩缝有无损坏、漏水及填筑物流失等。

（6）水下工程有无破坏；消力池、门槽内有无砂石堆积；预埋件有无损坏；上下游引河有无淤积、冲刷。

（7）闸门有无表面涂层剥落情况、门体变形、锈蚀、焊缝开裂或螺栓、铆钉松动；支撑行走机构是否运转灵活。

（8）检查启闭机运转情况、机电设备运转情况。

（9）应对水位、流量、沉降、水流形态等进行观测。在发生特殊变化时进行必要的专门观测。

（10）应按有关规定对水闸进行养护、岁修、抢修和大修。

5.2.2.4　交通及通信设施

工程建设完成后利用堤顶道路作为对外交通公路。交通运输设备暂采用原管理单位的现有设备，以后根据需要配备。

5.2.2.5 其他维护管理设施

原三义寨渠首闸管理处位于大堤上游，地势较低，下雨积水问题严重。而且改建后距新闸较远，管理不便。为保证管理机构能正常履行其职责，生产、生活设施和庭院建设按照黄委会黄建管〔2005〕44 号文《黄河堤防工程管理设计规定》执行，配备必要的供水、配电、通信等附属设施，满足一线职工日常生产、生活需要。

按照统一规划的原则，初步选定在新闸下游右岸新建管理处，占地面积 100m×100m。办公用房：336m²；职工宿舍：280m²；活动室：50m²；仓库：50m²；生活文化福利设施：140m²；启闭机室布设防洪闸板启闭设备和放置叠梁闸板，面积 306m²；变配电室主要布置变压器、配电柜，面积 45m²；井房：1 座；配电线路：500m（380kV）。

5.2.2.6 工程管理运用

工程竣工后，管理部门应立即明确人员，负责坝垛及各项附属工程的监测与维护工作，并对工程保护区内的各种设施进行维护。结合工程的实际运用情况及规范要求，制定相应的工程监测工作制度，定期进行巡视检查，发现问题尽快处理维修，以确保工程的安全运用。

5.2.3 林辛闸工程

5.2.3.1 管理机构

按照国务院、水利部及黄委会对基层单位"管养分离"改革的总体部署，建立职能清晰、权责明确的黄河工程管理体系。本期除险加固工程完工后，由山东黄河河务局下设的东平湖管理局负责管理，并制定管理标准、办法和制度；具体工程、设施的维修、养护、运行操作、观测、巡查、管护等业务由专门的维修养护队伍承担。

林辛闸管理所编制人数 8 人，其中，事业编制 5 人，养护编制 3 人。工程竣工后交原管理单位管理，不另增设机构。

5.2.3.2 工程管理范围及保护范围

由于工程为除险加固，没有加大原闸的范围，所以管理及保护范围可维持原闸不变。

工程管理范围以内的土地及其上附属物归管理单位直接管理和使用，其他单位和个人不得擅入或侵占。

5.2.3.3 工程监测与养护

（1）应经常对建筑物各部位、闸门、启闭机、机电设备、通信设施、管理范围内的河道、水流形态进行检查。每月 1 次，遇不利情况，应对易发生问题部位加强检查观测。

（2）每年汛前、汛后或引水期前后应对水闸部位及各项设施进行全面检查。

（3）当水闸遇强烈地震和发生重大工程事故时，必须及时对工程进行特别检查。

（4）砌石部位应检查有无塌陷、松动、隆起、底部淘空、垫层散失；排水设施有无堵塞、损坏。

（5）混凝土建筑物有无裂缝、腐蚀、剥蚀、露筋及钢筋锈蚀；伸缩缝有无损坏、漏水及填筑物流失等。

（6）水下工程有无破坏；消力池、门槽内有无砂石堆积；预埋件有无损坏；上下游引河有无淤积、冲刷。

（7）闸门有无表面涂层剥落情况、门体变形、锈蚀、焊缝开裂或螺栓、铆钉松动；支撑行走机构是否运转灵活。

（8）检查启闭机运转情况、机电设备运转情况。

（9）应对水位、流量、沉降、水流形态等进行观测。在发生特殊变化时进行必要的专门观测。

（10）应按有关规定对水闸进行养护、岁修、抢修和大修。

5.2.3.4　主要管理设施

（1）交通。按照工程防洪抢险要求，布置工程防汛交通道路。

（2）通信。本阶段应在充分利用原有通信系统的基础上，完善系统功能，达到以下设计要求。

1）内部专用通信网应具备数据、图像的传输功能，并接入黄委会及水利部门水情自动测报系统。

2）通信设备的电源必须稳定可靠，电源采用双回路交流供电方式，并配置柴油发电机组备用电源，油料的储存量应满足 2～3d、每天运行 12h 的使用要求。

3）通信设施的布置应满足相应规范要求。

（3）管理房。进湖闸现有房屋由于建设年代久，房屋现状存在着基础下沉不均匀，墙体部分倾斜、裂缝，屋盖部分塌陷、透空等情况，经安全鉴定管理房危险等级为 D 级，处理建议为全部拆除重建。

进湖闸管理所生产、生活区各类设施用房的建筑面积，按照《堤防工程管理设计规范》（SL 171—1996）和《水闸工程管理设计规范》（SL 170—1996）对生产生活区建设规定，建设规模为：①办公管理用房：$12m \times 8m = 96m^2$；②食堂餐厅及文化福利设施：$5m \times 8m = 40m^2$；③职工宿舍：按 2 人一间，每间约 $20m^2$ 计，宿舍面积共计 $80m^2$。

进湖闸管理所位于国十堤 337＋571 处，背河侧重建房屋由石洼闸统一考虑。

5.2.4　码头泄水闸工程

5.2.4.1　管理机构

按照国务院、水利部及黄委会对基层单位"管养分离"改革的总体部署，建立职能清晰、权责明确的工程管理体系。本期工程建成后，由东平湖管理局梁山管理局负责管理，并制定管理标准、办法和制度；承担工程设施的维修、养护、运行操作、观测、巡查、管护等业务。

东平湖旧闸除险加固工程码头泄水闸竣工后交原管理单位管理，不另增设机构，人员编制按照山东省河务局《关于东平湖管理局水利工程管理体制改革实施方案的批复》意见，穿堤涵闸事业编制 2 人，养护编制 2 人，共定编 4 人。

5.2.4.2　工程管理范围及保护范围

为保证管理机构正常履行职责，使水闸安全运行，需划定管理范围，并设立标志。

根据《水闸工程管理设计规范》（SL 170—1996）的规定，划分码头泄水闸工程管理范围如下：①水闸上游防冲槽至下游海漫段的水闸出口段以及建筑物上下游外轮廓线外 50m 范围内；②两侧建筑物坡脚向外 30m 范围内。

工程管理范围以内的土地及其上附属物归管理单位直接管理和使用，其他单位和个人不得擅入或侵占。

为保证工程安全，除上述管理范围之外，划定管理范围外 50m 为工程保护范围。工程保护范围内严禁进行深坑开挖、地下水开采、石油勘探、深孔爆破、油气田开采或构筑其他地下工程等可能影响水闸安全的施工。

5.2.4.3 主要管理设施

（1）交通。东平湖旧闸除险加固工程流长河泄水闸建设完成后利用堤顶道路作为对外交通公路。交通运输设备暂采用原管理单位的现有设备，以后根据需要配备。

（2）通信。

1）内部专用通信网应具备数据、图像的传输功能，并接入黄委会及水利部门水情自动测报系统。

2）通信设备的电源必须稳定可靠，电源采用双回路交流供电方式，并配置柴油发电机组备用电源，油料的储存量应满足 2～3d、每天运行 12h 的使用要求。

3）通信设施的布置应满足相应规范要求。

（3）管理房。管理所生产、生活区各类设施用房的建筑面积，按照《堤防工程管理设计规范》（SL 171—1996）和《水闸工程管理设计规范》（SL 170—1996）对生产生活区建设规定，建设规模为：①办公管理用房：$12m \times 4m = 48m^2$；②食堂餐厅及文化福利设施：$5m \times 4m = 20m^2$；③职工宿舍：按 2 人一间，每间约 $20m^2$ 计，宿舍面积共计 $40m^2$。

5.2.4.4 工程监测与养护

（1）应经常对建筑物各部位、闸门、启闭机、机电设备、通信设施、管理范围内的河道、水流形态进行检查。每月 1 次，遇不利情况，应对易发生问题部位加强检查观测。

（2）每年汛前、汛后或排水期前后应对水闸部位及各项设施进行全面检查。

（3）当水闸遇强烈地震和发生重大工程事故时，必须及时对工程进行特别检查。

（4）砌石部位应检查有无塌陷、松动、隆起、底部淘空、垫层散失；排水设施有无堵塞、损坏。

（5）混凝土建筑物有无裂缝、腐蚀、剥蚀、露筋及钢筋锈蚀；伸缩缝有无损坏、漏水及填筑物流失等。

（6）水下工程有无破坏；消力池、门槽内有无砂石堆积；预埋件有无损坏；上下游引河有无淤积、冲刷。

（7）闸门有无表面涂层剥落情况、门体变形、锈蚀、焊缝开裂或螺栓、铆钉松动；支撑行走机构是否运转灵活。

（8）检查启闭机运转情况、机电设备运转情况。

（9）应对水位、流量、沉降、水流形态等进行观测。在发生特殊变化时进行必要的专门观测。

（10）应按有关规定对水闸进行养护、岁修、抢修和大修。

5.2.5 马口闸工程

5.2.5.1 编制依据

（1）《水闸工程管理设计规范》（SL 170—1996）。

（2）《水利工程管理单位定岗标准》。

5.2.5.2　工程概况

马口闸位于东平湖滞洪区围坝马口村附近，桩号为 79+300，由于马口闸年久失修，破损严重，不能满足防洪要求，一旦失事，将给东平湖周边地区造成巨大的经济损失，并对社会稳定产生不利影响。本次工程建设对马口闸进行拆除重建，消除险点隐患。

马口闸纵轴线与原闸相同，涵闸分为进口段、闸室段、箱涵段、出口竖井段及出口段，总长度 104.7m。

5.2.5.3　管理机构

按照国务院、水利部及黄委会对基层单位"管养分离"改革的总体部署，建立职能清晰、权责明确的工程管理体系。本期工程建成后，由东平县东平湖管理局负责管理，并制定管理标准、办法和制度；具体工程、设施的维修、养护、运行操作、观测、巡查、管护等业务由专门的维修养护队伍承担。

东平湖旧闸除险加固工程马口闸竣工后交原管理单位管理，不另增设机构及管理人员。

5.2.5.4　工程管理范围及保护范围

为保证管理机构正常履行职责，使水闸安全运行，需划定管理范围，并设立标志。

根据《水闸工程管理设计规范》（SL 170—1996）的规定，划定马口闸工程管理范围如下：①水闸上游防冲槽至下游海漫段的水闸出口段以及建筑物上下游外轮廓线外 50m 范围内；②两侧建筑物坡脚向外 30m 范围内。

工程管理范围以内的土地及其上附属物归管理单位直接管理和使用，其他单位和个人不得擅入或侵占。

为保证工程安全，除上述管理范围之外，划定管理范围外 50m 为工程保护范围。工程保护范围内严禁进行深坑开挖、地下水开采、石油勘探、深孔爆破、油气田开采或构筑其他地下工程等可能影响水闸安全的施工。

5.2.5.5　交通、通信设施

东平湖旧闸除险加固工程马口闸建设完成后利用围坝堤顶道路作为对外交通公路。交通运输设备及通信设施暂用原管理单位现有设备，以后根据需要配备。

5.2.5.6　工程监测与养护

（1）应经常对建筑物各部位、闸门、启闭机、机电设备、通信设施、管理范围内的河道、水流形态进行检查。每月 1 次，遇不利情况，应对易发生问题部位加强检查观测。

（2）每年汛前、汛后或排水期前后应对水闸部位及各项设施进行全面检查。

（3）当水闸遇强烈地震和发生重大工程事故时，必须及时对工程进行特别检查。

（4）砌石部位应检查有无塌陷、松动、隆起、底部淘空、垫层散失；排水设施有无堵塞、损坏。

（5）混凝土建筑物有无裂缝、腐蚀、剥蚀、露筋及钢筋锈蚀；伸缩缝有无损坏、漏水及填筑物流失等。

（6）水下工程有无破坏；消力池、门槽内有无砂石堆积；预埋件有无损坏；上下游引河有无淤积、冲刷。

（7）闸门有无表面涂层剥落情况、门体变形、锈蚀、焊缝开裂或螺栓、铆钉松动；支

撑行走机构是否运转灵活。

（8）检查启闭机运转情况、机电设备运转情况。

（9）应对水位、流量、沉降、水流形态等进行观测，在发生特殊变化时进行必要的专门观测。

（10）应按有关规定对水闸进行养护、岁修、抢修和大修。

5.3 节能设计

5.3.1 韩墩引黄闸工程

5.3.1.1 工程概况

韩墩引黄闸位于滨城区梁才乡韩墩，位于黄河左岸大堤桩号 286＋925 处，该闸为两联六孔、每孔净宽 3m、净高 3m 的钢筋混凝土箱式涵洞，全长 70m。

韩墩引黄闸修建于 1982 年，1983 年建成投入使用。根据水利部颁发的《水闸安全鉴定规定》（SL 214—1998）和《水闸安全鉴定管理办法》（水建管〔2008〕214 号）及相关规范要求，有关单位完成了韩墩引黄闸的各项调查、检测和安全复核工作。该闸评定为三类闸，需要进行除险加固。

除险加固工程包括：①对涵闸洞身裂缝进行修补处理；②恢复闸基的防渗长度；③更换洞室老化的明止水橡皮和锈蚀的铁压板；④加固闸门，更换老化的启闭机和老化的电气设备；⑤对机架桥进行裂缝处理，对排架柱进行加固；⑥对其他缺陷部分进行处理。

5.3.1.2 设计依据和设计原则

1. 设计依据

（1）《中华人民共和国节约能源法》。

（2）《工程设计节能技术暂行规定》（GBJ 6—1985）。

（3）《电工行业节能设计技术规定》（JBJ 15—1988）。

（4）《公共建筑节能设计标准》（GB 50189—2005）。

（5）《中国节能技术政策大纲》（2006 年修订），国家发展与改革委员会、科技部联合发布。

（6）国家发展改革委《关于加强固定资产投资项目节能评估和审查工作的通知》（发改投资〔2006〕2787 号）。

（7）国家发展改革委《关于印发固定资产投资项目节能评估和审查指南（2006）的通知》（发改环资〔2007〕21 号）。

2. 设计原则

节能是我国发展经济的一项长远战略方针。根据法律法规的要求，依据国家和行业有关节能的标准和规范合理设计，起到节约能源、提高能源利用率、促进国民经济向节能型发展的作用。

水利水电工程节能设计，必须遵循国家的有关方针、政策，并应结合工程的具体情况，积极采用先进的技术措施和设施，做到安全可靠、经济合理、节能环保。

工程设计中选用的设备和材料均应符合国家颁布实施的有关法规和节能标准的规定。

5.3.1.3　工程节能设计

1. 工程总布置及建筑物设计

本次除险加固总体布置为闸墩混凝土表面缺陷混凝土修复，启闭机房拆除重建，防渗系统修复以及消能防冲设施加固。在加固方案设计时，力求做到结构尺寸合理，减小工程量和投资，降低能源消耗。启闭机房采用轻钢房屋，节能环保，并可循环利用。

2. 金属结构设计

在金属结构设备运行过程中，操作闸门的启闭设备消耗了大量的电能，在保证设备安全运行的情况下降低启闭机的负荷，减少启闭机的电能消耗，实现节能。

3. 电气设备设计

采用高效设备，合理选择和优化电气设备布置，以降低能耗；尽量使电气设备处于经济运行状态；灯具选用高效节能灯具并选用低损耗镇流器。

4. 施工组织设计

（1）施工场地布置方案。在进行分区布置时，分析各施工企业及施工项目的能耗中心位置，尽量使为施工项目服务的设施距能耗（负荷）中心最近，工程总能耗最低。

规划的施工变电所位置尽量缩短与混凝土施工工厂、水厂等的距离，以减少线路损耗，节省能耗。

（2）施工辅助生产系统及其施工工厂设计。施工辅助生产系统的耗能主要是砂石料加工系统、混凝土拌和系统、供风、供水等。在进行上述系统的设计中，采取了以下的节能降耗措施。

1）供风系统。尽量集中布置，并靠近施工用风工作面，以减少损耗。

2）供水系统。在工程项目实施时，为节约能源，应根据现场情况，砂石料生产系统单独供水，其余施工生产和生活用水采用集中供水。

3）混凝土加工系统。在胶凝材料的输送工艺选择上，采用气力输送工艺比机械输送工艺能有效地降低能耗。混凝土生产系统的主要能耗设备为拌和机、空压机。在设备选型上，选择效率高、能耗相对较低的设备。

（3）施工交通运输。由于工程对外交通便利，场内外交通运输均为公路运输，结合施工总布置进行统筹规划，详细分析货流方向、货运特性、运输量和运输强度等，拟定技术标准，进行场内交通线路的规划和布置，做到总体最优，减少运输能耗。

（4）施工营地、建设管理营地建筑设计。按照建筑用途和所处气候、区域的不同，做好建筑、采暖、通风、空调及采光照明系统的节能设计。所有大型公共建筑内，除特殊用途外，夏季室内空调温度设置不低于26℃，冬季室内空调温度设置不高于20℃。

建筑物结合地形布置，房间尽可能采用自然采光、通风；外墙采用240mm厚空心水泥砌块；窗户采用塑钢系列型材，双层中空保温隔热效果好；屋面采用防水保温材料。

采用节能型照明灯具，公共楼梯、走道等部位照明灯具采用声光控制。

5.3.1.4　工程节能措施

1. 设计与运行节能措施

（1）变压器选用低损耗产品。

（2）合理选用导线材料和截面，降低线损率。

（3）主要照明场所应做到灯具分组控制，以使工作人员可根据不同需要调整照度。

（4）合理确定运行方式，选用优化的管道直径和敷设方式，降低水头损失。

（5）对照明变压器应尽量避免运行电压波动过大，提高灯具的运行寿命。主要照明场所应做到灯具分组控制，根据不同工作环境的照明需要调整照度，不需要照明的时候应随时关掉电源，以达到全区节能运行。

（6）水泵设备选择效率高、耗能小的国家名优产品。

（7）选择水头损失小的、操作合理的阀门。

2. 施工期节能措施

（1）主要施工设备选型及配套。为保证施工质量及施工进度，工程施工时以施工机械化作业为主，因此施工机械的选择是提高施工效率及节能降耗的工作重点。工程在施工机械设备选型及配套设计时，按各单项工程工作面、施工强度、施工方法进行设备配套选择，使各类设备均能充分发挥效率，降低施工期能耗。

（2）施工技术及工艺。推广节能技术，推广应用新技术、新工艺，利用科技进步促进节能降耗。

5.3.1.5 综合评价

1. 分析

在工程施工期，对于土石方工程施工工艺与设备、交通运输路线与设备、砂石加工及混凝土生产系统布置与设备选型需进行细致研究，以便节省施工期能耗。

工程运行期通过合理选择运行设备，加强运行管理和检修维护管理，合理选择运行方案，加强节能宣传，最大限度降低运行期能耗。

2. 建议

工程建设期间，以"创建节约型社会"为指导，树立全员节能观念，加大节能宣传力度，提高各参建单位的节能降耗意识，培养自觉节能的习惯。

工程运行期，合理组织，协调运行，加强运行管理和检修管理，优化检修机制，节约能源。

5.3.2 三义寨闸

5.3.2.1 工程概况

三义寨闸位于黄河右岸开封市兰考境内，相应大堤桩号 130＋000，该闸于 1958 年建成，为大型开敞式水闸，属 1 级水工建筑物。闸室为钢筋混凝土结构，安装弧形钢闸门，共分三联六孔，每 2 孔为一联，每孔净宽 12m，闸总宽 84.6m。该闸于 1974 年和 1990 年进行了 2 次改建。2 次改建后的设计流量为 141m³/s，担负着开封、商丘两市十县的农业用水任务。

根据水利部颁发的《水闸安全鉴定规定》（SL 214—1998）和《水闸安全鉴定管理办法》（水建管〔2008〕214 号）及相关规范要求，有关单位完成了该闸的各项调查、检测和安全复核工作。该闸评定为四类闸，需要进行拆除改建。

本水闸重建工程的建筑物包括上游引渠、上游防渗铺盖、闸室、下游消力池、下游海漫和抛石槽以及与两侧堤防连接段、堤防加固等。

5.3.2.2　设计依据和设计原则

1. 设计依据

（1）《中华人民共和国节约能源法》。

（2）《工程设计节能技术暂行规定》（GBJ 6—1985）。

（3）《电工行业节能设计技术规定》（JBJ 15—1988）。

（4）《公共建筑节能设计标准》（GB 50189—2005）。

（5）《中国节能技术政策大纲》（2006 年修订），国家发展与改革委员会、科技部联合发布。

（6）国家发展改革委《关于加强固定资产投资项目节能评估和审查工作的通知》（发改投资〔2006〕2787 号）。

（7）国家发展改革委《关于印发固定资产投资项目节能评估和审查指南（2006）的通知》（发改环资〔2007〕21 号）。

2. 设计原则

节能是我国发展经济的一项长远战略方针。根据法律法规的要求，依据国家和行业有关节能的标准和规范合理设计，起到节约能源、提高能源利用率、促进国民经济向节能型发展的作用。

水利水电工程节能设计，必须遵循国家的有关方针、政策，并应结合工程的具体情况，积极采用先进的技术措施和设施，做到安全可靠、经济合理、节能环保。

工程设计中选用的设备和材料均应符合国家颁布实施的有关法规和节能标准的规定。

5.3.2.3　工程节能设计

1. 工程总布置及建筑物设计

根据对 4 个闸址方案的比选，确定新闸址位于老闸下游引渠上，采用胸墙式水闸布置方案。设计中通过多方案比较，确定了合理的闸址和闸型，减轻了对防洪的影响，对堤防进行了加固，方案中减少工程占地量，建筑物布置紧凑合理，交通方便，运行管理简便，有利于降低工程运行管理费用和能源消耗。

2. 金属结构设计

在金属结构设备运行过程中，操作闸门的启闭设备消耗了大量的电能，在保证设备安全运行的情况下降低启闭机的负荷，减少启闭机的电能消耗，实现节能。

3. 电气设备设计

采用高效设备，合理选择和优化电气设备布置，以降低能耗；尽量使电气设备处于经济运行状态；灯具选用高效节能灯具并选用低损耗镇流器。

4. 施工组织设计

（1）施工场地布置方案。在进行分区布置时，分析各施工企业及施工项目的能耗中心位置，尽量使为施工项目服务的设施距能耗（负荷）中心最近，工程总能耗最低。

规划的施工变电所位置尽量缩短与混凝土施工工厂、水厂等的距离，以减少线路损耗，节省能耗。

（2）施工辅助生产系统及其施工工厂设计。施工辅助生产系统的耗能主要是砂石料加工系统、混凝土拌和系统、供风、供水等。在进行上述系统的设计中，采取了以下的节能降耗措施。

1）供风系统。尽量集中布置，并靠近施工用风工作面，以减少损耗。

2）供水系统。在工程项目实施时，为节约能源，应根据现场情况，砂石料生产系统单独供水，其余施工生产和生活用水采用集中供水。

3）混凝土加工系统。在胶凝材料的输送工艺选择上，采用气力输送工艺比机械输送工艺能有效地降低能耗。混凝土生产系统的主要能耗设备为拌和机、空压机。在设备选型上，选择效率高、能耗相对较低的设备。

（3）施工交通运输。由于工程对外交通便利，场内外交通运输均为公路运输，结合施工总布置进行统筹规划，详细分析货流方向、货运特性、运输量和运输强度等，拟定技术标准，进行场内交通线路的规划和布置，做到总体最优，减少运输能耗。

（4）施工营地、建设管理营地建筑设计。按照建筑用途和所处气候、区域的不同，做好建筑、采暖、通风、空调及采光照明系统的节能设计。所有大型公共建筑内，除特殊用途外，夏季室内空调温度设置不低于 26℃，冬季室内空调温度设置不高于 20℃。

建筑物结合地形布置，房间尽可能采用自然采光、通风；外墙采用 240mm 厚空心水泥砌块；窗户采用塑钢系列型材，双层中空保温隔热效果好；屋面采用防水保温材料。

采用节能型照明灯具，公共楼梯、走道等部位照明灯具采用声光控制。

5.3.2.4 工程节能措施

1. 设计与运行节能措施

（1）变压器选用低损耗产品。

（2）合理选用导线材料和截面，降低线损率。

（3）主要照明场所应做到灯具分组控制，以使工作人员可根据不同需要调整照度。

（4）合理确定运行方式，选用优化的管道直径和敷设方式，降低水头损失。

（5）对照明变压器应尽量避免运行电压波动过大，提高灯具的运行寿命。主要照明场所应做到灯具分组控制，根据不同工作环境的照明需要调整照度，不需要照明的时候应随时关掉电源，以达到全区节能运行。

（6）设备选择效率高、耗能小的国家名优产品。

（7）选择水头损失小、操作合理的阀门。

2. 施工期节能措施

（1）主要施工设备选型及配套。为保证施工质量及施工进度，工程施工时以施工机械化作业为主，因此施工机械的选择是提高施工效率及节能降耗的工作重点。工程在施工机械设备选型及配套设计时，按各单项工程工作面、施工强度、施工方法进行设备配套选择，使各类设备均能充分发挥效率，降低施工期能耗。

（2）施工技术及工艺。推广节能技术，推广应用新技术、新工艺，利用科技进步促进节能降耗。

5.3.2.5 综合评价

1. 分析

在工程施工期，对于土石方工程施工工艺与设备、交通运输路线与设备、砂石加工及混凝土生产系统布置与设备选型需进行细致研究，以便节省施工期能耗。

工程运行期通过合理选择运行设备，加强运行管理和检修维护管理，合理选择运行方案，加强节能宣传，最大限度降低运行期能耗。

2. 建议

工程建设期间，以"创建节约型社会"为指导，树立全员节能观念，加大节能宣传力度，提高各参建单位的节能降耗意识，培养自觉节能的习惯。

工程运行期，合理组织，协调运行，加强运行管理和检修管理，优化检修机制，节约能源。

5.3.3　林辛闸工程

5.3.3.1　工程概况

林辛闸址位于东平县戴庙乡林辛村，主要作用是当黄河发生大洪水时，通过石洼、林辛、十里堡等分洪闸分水入老湖，控制艾山下泄流量不超过 $10000\text{m}^3/\text{s}$，确保下游防洪安全。

林辛闸修建于 1968 年，为桩基开敞式水闸，全闸共 15 孔，孔宽 6m，高 5.5m，全闸总宽 106.2m。2009 年 4 月 26 日，黄河水利委员会在泰安组织召开了山东东平湖林辛分洪闸安全鉴定会议，鉴定结果是该闸评定为三类闸，需要进行除险加固。

除险加固工程包括：①闸室混凝土表面缺陷修复；②海漫长度需要加长 25m；③地基加固工程；④交通桥拆除重建；⑤启闭房拆除重建工程；⑥桥头堡重建工程等。

5.3.3.2　设计依据和设计原则

1. 设计依据

(1)《中华人民共和国节约能源法》。

(2)《工程设计节能技术暂行规定》(GBJ 6—1985)。

(3)《电工行业节能设计技术规定》(JBJ 15—1988)。

(4)《公共建筑节能设计标准》(GB 50189—2005)。

(5)《中国节能技术政策大纲》(2006 年修订)(国家发展与改革委员会、科技部联合发布)。

(6) 国家发展改革委《关于加强固定资产投资项目节能评估和审查工作的通知》(发改投资〔2006〕2787 号)。

(7) 国家发展改革委《关于印发固定资产投资项目节能评估和审查指南 (2006) 的通知》(发改环资〔2007〕21 号)。

2. 设计原则

节能是我国发展经济的一项长远战略方针。根据法律法规的要求，依据国家和行业有关节能的标准和规范合理设计，起到节约能源、提高能源利用率、促进国民经济向节能型发展的作用。

水利水电工程节能设计，必须遵循国家的有关方针、政策，并应结合工程的具体情况，积极采用先进的技术措施和设施，做到安全可靠、经济合理、节能环保。

工程设计中选用的设备和材料均应符合国家颁布实施的有关法规和节能标准的规定。

5.3.3.3　工程节能设计

1. 工程总布置及建筑物设计

本次除险加固总体布置为闸墩混凝土表面缺陷混凝土修复，启闭机房拆除重建，公路桥拆除重建，以及消能防冲设施加固。在加固方案设计时，均进行了方案比选，力求做到结构尺寸合理，减小工程量和投资，降低能源消耗。

启闭机房和公路桥，均考虑了施工作业时能达到工厂化、机械化、商品化的设计方案。启闭机房采用轻钢房屋，节能环保，并可循环利用；公路桥采用标准化装配式结构，制作与安装施工效率高、耗能低。

海漫与防冲槽的布置型式和尺寸，直接影响到工程规模和投资。在方案设计时，从节省工程量、减小占地、节约能耗的角度出发。通过对海漫长短、防冲槽大小的尺寸比较和类似工程经验比选，最终论证了防冲设施的安全性，确定了不再加固的方案，有利于节省工程能源消耗方案。

2. 金属结构设计

在金属结构设备运行过程中，操作闸门的启闭设备消耗了大量的电能，降低启闭机的负荷，就能减少启闭机的功电能消耗，实现节能。

闸门启闭力的大小与闸门重量、闸门的支承和止水的摩阻力有关。因此，在闸门设计中选用摩擦系数较小的自润滑复合材料作为主轮的轴承的材质；闸门的止水采用摩擦系数小、耐磨性强的橡塑复合材料。这些设计和新材料的选用降低了闸门的启闭力，从而减少了启闭机的容量，在保证设备安全运行的情况下减少电能消耗。

3. 电气设备设计

采用高效设备，合理选择和优化电气设备布置，以降低能耗；尽量使电气设备处于经济运行状态；灯具选用高效节能灯具并选用低损耗镇流器。

4. 施工组织设计

（1）施工场地布置方案。在进行分区布置时，分析各施工企业及施工项目的能耗中心位置，尽量使为施工项目服务的设施距能耗（负荷）中心最近，工程总能耗最低。

规划的施工变电所位置尽量缩短与混凝土施工工厂、水厂等的距离，以减少线路损耗，节省能耗。

（2）施工辅助生产系统及其施工工厂设计。施工辅助生产系统的耗能主要是砂石料加工系统、混凝土拌和系统、供风、供水等。在进行上述系统的设计中，采取了以下的节能降耗措施。

1）供风系统。尽量集中布置，并靠近施工用风工作面，以减少损耗。

2）供水系统。在工程项目实施时，为节约能源，应根据现场情况，砂石料生产系统单独供水，其余施工生产和生活用水采用集中供水。

3）混凝土加工系统。在胶凝材料的输送工艺选择上，采用气力输送工艺比机械输送工艺能有效地降低能耗。混凝土生产系统的主要能耗设备为拌和机、空压机。在设备选型上，选择效率高、能耗相对较低的设备。

（3）施工交通运输。由于工程对外交通便利，场内外交通运输均为公路运输，结合施工总布置进行统筹规划，详细分析货流方向、货运特性、运输量和运输强度等，拟定技术标准，进行场内交通线路的规划和布置，做到总体最优，减少运输能耗。

（4）施工营地、建设管理营地建筑设计。按照建筑用途和所处气候、区域的不同，做好建筑、采暖、通风、空调及采光照明系统的节能设计。所有大型公共建筑内，除特殊用途外，夏季室内空调温度设置不低于 26℃，冬季室内空调温度设置不高于 20℃。

建筑物结合地形布置，房间尽可能采用自然采光、通风；外墙采用 240mm 厚空心水泥砌块；窗户采用塑钢系列型材，双层中空保温隔热效果好；屋面采用防水保温材料。

采用节能型照明灯具，公共楼梯、走道等部位照明灯具采用声光控制。

5.3.3.4　工程节能措施

1. 设计与运行节能措施

（1）变压器选用低损耗产品。

（2）合理选用导线材料和截面，降低线损率。

（3）主要照明场所应做到灯具分组控制，以使工作人员可根据不同需要调整照度。不需要照明的时候应随时关掉电源，以达到全区节能运行。

2. 施工期节能措施

（1）主要施工设备选型及配套。为保证施工质量及施工进度，工程施工时以施工机械化作业为主，因此施工机械的选择是提高施工效率及节能降耗的工作重点。工程在施工机械设备选型及配套设计时，按各单项工程工作面、施工强度、施工方法进行设备配套选择，使各类设备均能充分发挥效率，降低施工期能耗。

（2）施工技术及工艺。推广节能技术，推广应用新技术、新工艺，利用科技进步促进节能降耗。

5.3.3.5　综合评价

1. 分析

在工程施工期，对于土石方工程施工工艺与设备、交通运输路线与设备、砂石加工及混凝土生产系统布置与设备选型需进行细致研究，以便节省施工期能耗。

工程运行期通过合理选择运行设备，加强运行管理和检修维护管理，合理选择运行方案，加强节能宣传，最大限度降低运行期能耗。

2. 建议

工程建设期间，以"创建节约型社会"为指导，树立全员节能观念，加大节能宣传力度，提高各参建单位的节能降耗意识，培养自觉节能的习惯。

工程运行期，合理组织，协调运行，加强运行管理和检修管理，优化检修机制，节约能源。

5.3.4　码头泄水闸工程

5.3.4.1　工程概况

原码头泄水闸位于东平湖水库围坝西段，围坝桩号 25＋281 处。该闸建于 1973 年，为 1 级水工建筑物，设计 5 年一遇排涝流量为 50m³/s。

码头泄水闸建成后已运用了 30 多年，在水闸运用过程中，该闸在检查时发现很多问题，造成工程带病运行，严重影响了工程的使用，为汛期增加了险情。

码头泄水闸拟进行除险加固，工程由旧闸拆除、水闸修复及环境恢复等项目组成。

5.3.4.2　设计依据和设计原则

1. 设计依据

（1）《中华人民共和国节约能源法》。

(2)《工程设计节能技术暂行规定》(GBJ 6—1985)。

(3)《电工行业节能设计技术规定》(JBJ 15—1988)。

(4)《水利水电工程节能设计规范》(GB/T 50649—2011)。

(5)《公共建筑节能设计标准》(GB 50189—2005)。

(6)《中国节能技术政策大纲》(2006 年修订)(国家发展和改革委员会、科技部联合发布)。

(7)国家发展改革委《关于加强固定资产投资项目节能评估和审查工作的通知》(发改投资〔2006〕2787 号)。

(8)国家发展改革委《关于印发固定资产投资项目节能评估和审查指南(2006)的通知》(发改环资〔2007〕21 号)。

2.设计原则

节能是我国发展经济的一项长远战略方针。根据法律法规的要求,依据国家和行业有关节能的标准和规范合理设计,起到节约能源、提高能源利用率、促进国民经济向节能型发展的作用。

水利水电工程节能设计,必须遵循国家的有关方针、政策,并应结合工程的具体情况,积极采用先进的技术措施和设施,做到安全可靠、经济合理、节能环保。

工程设计中选用的设备和材料均应符合国家颁布实施的有关法规和节能标准的规定。

5.3.4.3 工程节能设计

1.工程总布置及建筑物设计

布置方案位于老闸址上,减少工程占地和开挖回填量;建筑物布置紧凑合理,交通方便,运行管理简便,有利于降低工程运行管理费用和能源消耗。

2.金属结构设计

在金属结构设备运行过程中,操作闸门的启闭设备消耗了大量的电能,在保证设备安全运行的情况下降低启闭机的负荷,减少启闭机的电能消耗,实现节能。

水闸闸门采用平板闸门型式,平面闸门采用轮式支承可以显著降低启闭力,闸门的止水采用摩擦系数小、耐磨性强的橡塑复合材料。这些设计和新材料的选用降低了闸门的启闭力,从而减少了启闭机的容量和电能消耗。

3.电气设备设计

采用高效设备,合理选择和优化电气设备布置,以降低能耗;尽量使电气设备处于经济运行状态;灯具选用高效节能灯具并选用低损耗镇流器。

4.施工组织设计

(1)施工场地布置方案。在进行施工区布置时,分析各施工企业及施工项目的能耗中心位置,尽量使为施工项目服务的设施距能耗(负荷)中心最近,工程总能耗最低。

施工变电所位置应尽量缩短与混凝土拌和系统、综合加工厂及施工供水系统的距离,以减少线路损耗,节省能耗。

(2)施工辅助生产系统及其施工工厂设计。施工辅助生产系统的耗能主要是混凝土拌和系统、施工供风、施工供水等。在进行上述系统的设计中,采取了以下的节能降耗措施。

1）施工供风系统。尽量集中布置，并靠近施工用风工作面，以减少损耗。

2）施工供水系统。在工程项目实施时，为节约能源，应根据现场情况，施工生产和生活用水采用集中供水方式，并以自流供水为原则进行系统布置。

3）混凝土拌和系统。混凝土拌和系统的主要能耗设备为拌和机、空压机。在设备选型上，选择效率高、能耗相对较低的设备。

（3）施工交通运输。由于工程对外交通便利，场内外交通运输均为公路运输，结合施工总布置进行统筹规划，详细分析货流方向、货运特性、运输量和运输强度等，拟定技术标准，进行场内交通线路的规划和布置，做到总体最优，减少运输能耗。

（4）施工营地建筑设计。按照建筑用途和所处气候、区域的不同，做好建筑、采暖、通风、空调及采光照明系统的节能设计。所有大型公共建筑内，除特殊用途外，夏季室内空调温度设置不低于 26℃，冬季室内空调温度设置不高于 20℃。

建筑物结合地形布置，房间尽可能采用自然采光、通风；外墙采用 240mm 厚空心水泥砌块；窗户采用塑钢系列型材，双层中空保温隔热效果好；屋面采用防水保温材料。

采用节能型照明灯具，公共楼梯、走道等部位照明灯具采用声光控制。

5.3.4.4　工程节能措施

1. 运行期节能措施

（1）变压器选用低损耗产品。

（2）合理选用导线材料和截面，降低线损率。

（3）主要照明场所应做到灯具分组控制，以使工作人员可根据不同需要调整照度。

（4）辅助设备制造厂家优先选用新开发的高效、节能电机，并提高电动机功率因素，降低无功损耗。

（5）对照明变压器应尽量避免运行电压波动过大，提高灯具的运行寿命，主要照明场所应做到灯具分组控制，根据不同工作环境的照明需要调整照度，不需要照明的时候应随时关掉电源，以达到全区节能运行。

（6）根据电动机运行工况选择合适的启动方式。

（7）尽量避免采用白炽灯作为照明光源，通常采用荧光灯、金属卤化物灯、高压钠灯等高效气体放电光源，或采用节能灯，以降低光源耗电量。

2. 施工期节能措施

（1）主要施工设备选型及配套。为保证施工质量及施工进度，工程施工时以施工机械化作业为主，因此施工机械的选择是提高施工效率及节能降耗的工作重点。工程在施工机械设备选型及配套设计时，按各单项工程工作面、施工强度、施工方法进行设备配套选择，使各类设备均能充分发挥效率，降低施工期能耗。

（2）施工技术及工艺。推广节能技术，推广应用新技术、新工艺，利用科技进步促进节能降耗。

5.3.4.5　综合评价

1. 分析

在工程施工期，对于土石方工程施工工艺与设备、交通运输路线与设备、混凝土拌和系统布置与设备选型需进行细致研究，以便节省施工期能耗。

工程运行期通过合理选择运行设备，加强运行管理和检修维护管理，合理选择运行方案，加强节能宣传，最大限度降低运行期能耗。

2. 建议

工程建设期间，以"创建节约型社会"为指导，树立全员节能观念，加大节能宣传力度，提高各参建单位的节能降耗意识，培养自觉节能的习惯。

工程运行期，合理组织，协调运行，加强运行管理和检修管理，优化检修机制，节约能源。

5.3.5 马口闸工程

5.3.5.1 工程概况

马口闸位于东平湖滞洪区围坝马口村附近，桩号为 79＋300，由于马口闸年久失修，破损严重，不能满足防洪要求，一旦失事，将给东平湖周边地区造成巨大的经济损失，并对社会稳定产生不利影响。本次工程建设对马口闸进行拆除重建，消除险点隐患。

马口闸纵轴线与原闸相同，涵闸分为进口段、闸室段、箱涵段、出口竖井段及出口段，总长度 104.7m。

5.3.5.2 设计依据和设计原则

1. 设计依据

(1)《中华人民共和国节约能源法》。

(2)《工程设计节能技术暂行规定》(GBJ 6—85)。

(3)《电工行业节能设计技术规定》(JBJ 15—88)。

(4)《水利水电工程节能设计规范》(GB/T 50649—2011)。

(5)《公共建筑节能设计标准》(GB 50189—2005)。

(6)《中国节能技术政策大纲》(2006 年修订)(国家发展与改革委员会、科技部联合发布)。

(7) 国家发展改革委《关于加强固定资产投资项目节能评估和审查工作的通知》(发改投资〔2006〕2787 号)。

(8) 国家发展改革委《关于印发固定资产投资项目节能评估和审查指南 (2006) 的通知》(发改环资〔2007〕21 号)。

2. 设计原则

节能是我国发展经济的一项长远战略方针。根据法律法规的要求，依据国家和行业有关节能的标准和规范合理设计，起到节约能源，提高能源利用率，促进国民经济向节能型发展的作用。

水利水电工程节能设计，必须遵循国家的有关方针、政策，并应结合工程的具体情况，积极采用先进的技术措施和设施，做到安全可靠、经济合理、节能环保。

工程设计中选用的设备和材料均应符合国家颁布实施的有关法规和节能标准的规定。

5.3.5.3 工程节能设计

1. 工程总布置及建筑物设计

工程布置位置位于老闸址上，减少工程占地和开挖回填量；建筑物布置紧凑合理，交通方便，运行管理简便，有利于降低工程运行管理费用和能源消耗。

2. 金属结构设计

在金属结构设备运行过程中,操作闸门的启闭设备消耗了大量的电能,在保证设备安全运行的情况下降低启闭机的负荷,减少启闭机的电能消耗,实现节能。

水闸闸门采用平板闸门型式,平面闸门采用轮式支承可以显著降低启闭力,闸门的止水采用摩擦系数小、耐磨性强的橡塑复合材料。这些设计和新材料的选用降低了闸门的启闭力,从而减少了启闭机的容量和电能消耗。

3. 电气设备设计

采用高效设备,合理选择和优化电气设备布置,以降低能耗;尽量使电气设备处于经济运行状态;灯具选用高效节能灯具,并选用低损耗镇流器。

4. 施工组织设计

(1) 施工场地布置方案。在进行施工区布置时,分析各施工企业及施工项目的能耗中心位置,尽量使为施工项目服务的设施距能耗(负荷)中心最近,工程总能耗最低。

施工变电所位置应尽量缩短与混凝土拌和系统、综合加工厂及施工供水系统的距离,以减少线路损耗,节省能耗。

(2) 施工辅助生产系统及其施工工厂设计。施工辅助生产系统的耗能主要是混凝土拌和系统、施工供风、施工供水等。在进行上述系统的设计中,采取了以下的节能降耗措施。

1) 施工供风系统。尽量集中布置,并靠近施工用风工作面,以减少损耗。

2) 施工供水系统。在工程项目实施时,为节约能源,应根据现场情况,施工生产和生活用水采用集中供水方式,并以自流供水为原则进行系统布置。

3) 混凝土拌和系统。混凝土拌和系统的主要能耗设备为拌和机、空压机。在设备选型上,选择效率高、能耗相对较低的设备。

(3) 施工交通运输。由于工程对外交通便利,场内外交通运输均为公路运输,结合施工总布置进行统筹规划,详细分析货流方向、货运特性、运输量和运输强度等,拟定技术标准,进行场内交通线路的规划和布置,做到总体最优,减少运输能耗。

(4) 施工营地建筑设计。按照建筑用途和所处气候、区域的不同,做好建筑、采暖、通风、空调及采光照明系统的节能设计。所有大型公共建筑内,除特殊用途外,夏季室内空调温度设置不低于 26℃,冬季室内空调温度设置不高于 20℃。

建筑物结合地形布置,房间尽可能采用自然采光、通风;外墙采用 240mm 厚空心水泥砌块;窗户采用塑钢系列型材,双层中空保温隔热效果好;屋面采用防水保温材料。

采用节能型照明灯具,公共楼梯、走道等部位照明灯具采用声光控制。

5.3.5.4　工程节能措施

1. 运行期节能措施

(1) 变压器选用低损耗产品。

(2) 合理选用导线材料和截面,降低线损率。

(3) 主要照明场所应做到灯具分组控制,以使工作人员可根据不同需要调整照度。

(4) 辅助设备制造厂家优先选用新开发的高效、节能电机,并提高电动机功率,降低无功损耗。

（5）对照明变压器应尽量避免运行电压波动过大，提高灯具的运行寿命，主要照明场所应做到灯具分组控制，根据不同工作环境的照明需要调整照度，不需要照明的时候应随时关掉电源，以达到全区节能运行。

（6）根据电动机运行工况选择合适的启动方式。

（7）尽量避免采用白炽灯作为照明光源，通常采用荧光灯、金属卤化物灯、高压钠灯等高效气体放电光源，或采用节能灯，以降低光源耗电量。

2. 施工期节能措施

（1）主要施工设备选型及配套。为保证施工质量及施工进度，工程施工时以施工机械化作业为主，因此施工机械的选择是提高施工效率及节能降耗的工作重点。本工程在施工机械设备选型及配套设计时，按各单项工程工作面、施工强度、施工方法进行设备配套选择，使各类设备均能充分发挥效率，以满足工程进度要求，保证工程质量，降低施工期能耗。

1）混凝土浇筑设备选择及配套。施工设备的技术性能应适合工作的性质、施工场地大小和料物运距远近等施工条件，充分发挥机械效率，保证施工质量；所选配套设备的综合生产能力，应满足施工强度的要求。

所选设备应技术先进，生产效率高，操纵灵活，机动性高，安全可靠，结构简单，易于检修和改装，防护设备齐全，废气噪声得到控制，环保性能好。注意经济效果，所选机械的购置和运转费用少，劳动量和能源消耗低，并通过技术经济比较，优选出单位成本最低的机械化施工方案。

选用适用性比较广泛、类型比较单一的通用的机械，并优先选用成批生产的国产机械，必须选用国外机械设备时，所选机械的国别、型号和厂家应尽量少，配件供应要有保证。

注意各工序所用机械的配套成龙，一般要使后续机械的生产能力略大于先头机械的生产能力，运输机械略大于挖掘装载机械的生产能力，充分发挥主要机械和费用高的机械的生产潜力。

2）土方开挖及填筑施工设备选择及配套。选用的开挖机械设备其性能和工作参数应与开挖部位的岩石物理力学特性、选定的施工方法和工艺流程相符合，并应满足开挖强度和质量要求。

开挖过程中各工序所采用的机械应既能充分发挥其生产效率，又能保证生产进度，特别注意配套机械设备之间的配合，不留薄弱环节。

从设备的供给来源、机械质量、维修条件、操作技术、能耗等方面进行综合比较，选取合理的配套方案。

（2）施工技术及工艺。推广节能技术，推广应用新技术、新工艺，利用科技进步促进节能降耗。

1）土方开挖。根据能耗分析，土石方开挖运输距离对机械能耗的影响较大，施工中应根据开挖料的性质合理安排存、弃渣部位，尽可能缩短运距。为此，应做好土石方平衡调配规划和施工道路规划。

2）土方填筑。本工程土石方填筑工程量大，土石料开采、运输和填筑能耗量大，在料场选择上，尽量利用靠近坝址的料场，回采用的渣场尽量靠近布置，在土石料开采、回采、运输和碾压时采用较大的机械设备。

3）混凝土施工。混凝土施工主要流程为：立模、轧钢筋、混凝土入仓、平仓振捣等。

在进行模板及钢筋吊运时，应尽量将仓面上所需的模板、钢筋等杂物按起吊最大起重量一次性吊运入仓，以尽可能地减少施工机械的使用次数，以提高施工机械的使用效率。

合理安排仓面的浇筑顺序，混凝土平仓振捣，仓面面积较小时采用手持式振捣器。控制好混凝土的坍落度，既可保证混凝土的质量，也可减少振捣时间。

混凝土施工技术及工艺尽量缩短施工设备各工序的工作循环时间，及减少施工设备的使用次数，以提高施工机械的使用效率，达到节能降耗的目的。

（3）施工期建设管理的节能措施建议。根据本工程的施工特点，建议在施工期的建设管理过程中采取如下节能措施。

1）定期对施工机械设备进行维修和保养，减少设备故障的发生率，保证设备安全连续运行。

2）加强工作面开挖渣料管理，严格区分可用渣料和弃料，并按渣场规划和渣料利用的不同要求，分别堆存在指定渣（料）场，减少中间环节，方便物料利用。

3）根据设计推荐的施工设备型号，配备合适的设备台数，以保证设备的连续运转，减少设备空转时间，最大限度发挥设备的功效。

4）生产设施应尽量选用新设备，避免旧设备带来的出力不足、工况不稳定、检修频繁等对系统的影响而带来的能源消耗。

5）合理安排施工任务，做好资源平衡，避免施工强度峰谷差过大，充分发挥施工设备的能力。

5.3.5.5　综合评价

1. 分析

在工程施工期，对于土石方工程施工工艺与设备、交通运输路线与设备、混凝土拌和系统布置与设备选型需进行细致研究，以便节省施工期能耗。

工程运行期通过合理选择运行设备，加强运行管理和检修维护管理，合理选择运行方案，加强节能宣传，最大限度降低运行期能耗。

2. 建议

工程建设期间，以"创建节约型社会"为指导，树立全员节能观念，加大节能宣传力度，提高各参建单位的节能降耗意识，培养自觉节能的习惯。

工程运行期，合理组织，协调运行，加强运行管理和检修管理，优化检修机制，节约能源。

第6章 绿化与移民

6.1 占地绿化

6.1.1 韩墩引黄闸工程

1. 实物调查范围、内容

实物调查范围为工程临时占压区，临时占压区主要指办公、生活、机械停放、施工仓库和混凝土拌和站等临时占用的地区。

工程占压实物包括占压区土地、人口、房屋、附属物、农副业及专项等，本工程不涉及人口和房屋等。

按照《水利水电工程建设征地移民实物调查规范》（SL 442—2009）要求，在工程设计提供资料基础上，按照工程占压区地形图对工程占压区的实物进行全面调查。

2. 实物调查成果

韩墩引黄闸改建施工临时占地13.47亩，影响零星树94棵。

6.1.2 三义寨闸

6.1.2.1 占地实物调查

1. 调查依据

（1）《大中型水利水电工程建设征地补偿和移民安置条例》（2006年国务院471号令）。

（2）《水利水电工程建设征地移民安置规划设计规范》（SL 290—2009）。

（3）《水利水电工程建设征地移民实物调查规范》（SL 442—2009）。

（4）《土地利用现状分类标准》（GB/T 21010—2007）。

（5）《房产测量规范》（GB/T 17986.1—2000）。

（6）工程测绘地形图、占压范围图及其他有关资料。

2. 调查范围

实物调查范围为工程建设占压区和建设影响区，包括永久占地和临时占地两部分。永久占地包括主体工程及管护地占地。临时占地包括工程取土料场、施工道路、临时建房、施工仓库、排泥管、退水渠等施工临时用地。

3. 调查内容

工程占压实物调查内容包括农村和专业项目调查两部分。

（1）农村调查包括个人和集体两部分。个人部分分为人口、房窑、附属物、零星林木、坟墓和农副业设施六部分；集体部分分为土地、房屋、附属物、农副业设施和农村小型水利设施等。

（2）专业项目调查包括交通、电力、电信、广播以及小型水利水电设施等。

4. 农村调查

（1）人口。

1）居住在调查范围内，有住房和户籍的人口计为调查人口。

2）长期居住在调查范围内，有户籍和生产资料的无住房人口。

3）上述家庭中超计划出生人口和已结婚嫁入（或入赘）的无户籍人口计为调查人口。

4）暂时不在调查范围内居住，但有户籍、住房在调查范围内的人口，如升学后户口留在原籍的学生、外出打工人员等。

5）在调查范围内有住房和生产资料，户口临时转出的义务兵、学生、劳改劳教人员。

6）户籍不在调查范围内，但有产权房屋的常住人口，计为调查人口。

7）户籍在调查搬迁范围内，但无产权房屋和生产资料，且居住在搬迁范围外的人口，不作为调查人口。

8）户籍在调查范围内，未注销户籍的死亡人口，不作为调查人口。

（2）房屋。

1）按房屋产权可分为居民私有房屋、农村经济组织集体所有房屋。

2）根据项目区房屋结构类别，房屋分：①砖混房，指砖或石质墙身、有钢筋混凝土承重梁或钢筋混凝土屋顶的房屋；②砖木房，指砖或石质墙身、木楼板或房梁、瓦屋面的房屋；③混合房，指一至三面为砖石墙身，其余墙身为土墙，木瓦屋面，三合土或混凝土地面的房屋；④土木房，指木或土质打垒土质墙身、瓦或草屋面的房屋。

3）按房屋用途分为主房和杂房。

a. 主房：层高（屋面与墙体的接触点至地面平均距离）不小于 2.0m，楼板、四壁、门窗完整。

b. 杂房：拖檐房、偏厦房、吊脚楼底层等楼板、四壁、门窗完整，层高小于 2.0m 的附属房屋。

4）房屋建筑面积以 m² 计算。房屋建筑面积按房屋勒脚以上外墙的边缘所围的建筑水平投影面积（不以屋檐或滴水线为界）计算。楼层层高（房屋正面楼板至屋面与墙体的接触点的距离）$H \geqslant 2.0$m，楼板、四壁、门窗完整者，按该层的整层面积计算。对于不规则的楼层，分不同情况计入楼层面积：①$1.8$m$\leqslant H < 2.0$m，按该层面积的 80% 计算；②$1.5$m$\leqslant H < 1.8$m，按该层面积的 60% 计算；③$1.2$m$\leqslant H < 1.5$m，按该层面积的 40% 计算；④$H < 1.2$m，不计算该层面积。

5）屋内的天井，无柱的屋檐、雨篷、遮盖体以及室外简易无基础楼梯均不计入房屋面积。

6）有基础的楼梯计算其一半面积。没有柱子的室外走廊不计算面积；有柱子的，以外柱所围面积的一半计算，并计入该幢房屋面积。

7）封闭的室外阳台计算其全部面积，不封闭的计算其一半面积。

8）在建房屋面积，按房产部门批准的计划建筑面积统计。

9）房屋层高小于 2.0m、基础不完整或未达到标准、四壁未粉刷、房顶未经防水处理或门窗不完整的按临时建房进行统计。

附属建筑物包括围墙、门楼、水井、晒场、粪池、地窖、水窖、蓄水池、沼气池、禽舍、畜圈、厕所、堆货棚等，不同项目以反映其特征的相应单位计量。

（3）土地。土地调查分类执行《土地利用现状分类标准》（GB/T 21010—2007），结合黄河下游的具体情况，土地一级分类共设7类。

1）耕地。指种植农作物的土地，包括熟地、新开发、复垦、整理地、休闲地（含轮歇地、轮作地）；以种植农作物（含蔬菜）为主，间有零星果树、桑树或其他树木的土地；平均每年能保证收获一季的已垦滩地和海涂。临时种植药材、草皮、花卉、苗木等的耕地，以及其他临时改变用途的耕地。耕地中宽度小于2.0m固定的田间沟、渠、道路和田埂（坎），调查时应按相应地类计列。

a. 水浇地是指有水源保证和灌溉设施，在一般年景能正常灌溉，种植旱生农作物的耕地。包括种植蔬菜的非工厂化的大棚用地。

b. 旱地是指无灌溉设施，主要靠天然降水种植旱生农作物的耕地。包括没有灌溉设施，仅靠引洪淤灌的耕地。旱地可分为旱平地、坡地、陡坡地。

c. 河滩地是指平均每年能保证收获一季的已垦滩地和海涂。

2）塘地。指用于养殖水产品或种植莲藕、芦苇等水生农作物的耕地。包括实行水生、旱生农作物轮种的耕地。

3）园地。指种植以采集果、叶、根、茎等为主的集约经营的多年生木本和草本作物，覆盖度大于50%或每亩株数大于合理株数70%的土地，包括用于育苗的土地。

a. 果园：种植果树的园地。

b. 其他园地：指种植桑树、胡椒、药材等其他多年生作物的园地。

4）林地：指生长乔木、竹类、灌木的土地。包括迹地，不包括居民点内部的绿化林木用地，铁路、公路征地范围内的林木，以及河流、沟渠的护堤岸林。

a. 有林地：指树木郁闭度不小于20%的乔木林地，包括红树林地和竹林地。

b. 灌木林地：指灌木覆盖度不小于40%的林地。

c. 其他林地：包括疏林地［指树木郁闭度介于10%（含）～20%（不含）的林地］、未成林地、迹地、苗圃等林地。

5）住宅、商业服务等用地，主要包括住宅用地、商业服务用地、水利设施用地、交通运输用地和其他土地。

a. 住宅用地：指主要用于人们生活居住的房基地及其附属设施的土地。

b. 商业服务用地：指主要用于商业、服务业的土地。

c. 水利设施用地：指人工修建用于引、排、灌的渠道和闸、扬水站等建筑物用地，包括渠槽、渠堤等。

d. 交通运输用地：指用于国道、省道、县道、乡道和村间、田间道路用地。包括设计内的路堤、路堑、道沟、桥梁、汽车停靠站及直接为其服务的附属用地。

e. 其他土地：主要有设施农用地，是指直接用于经营性养殖的畜禽舍、工厂化作物栽培或水产养殖的生产设施用地及其相应附属用地，农村宅基地以外的晾晒场等农业设施用地。

6）工矿仓储用地：指主要用于工业生产、物资存放场所的土地。

（4）农副业设施。包括行政村、村民小组或农民家庭兴办的小型商业（服务）网点和榨油坊、砖瓦窑、采石场、米面加工厂、农机具维修厂、酒坊、豆腐坊等。调查内容包括主产品、原料来源、生产规模，年产量、产值、年利税，主要设备、设备原值、净值，从业人员数量等。调查人员应根据工商营业执照、税务登记证明、纳税证明等资料现场逐项调查。

（5）工商企业。包括工商企业名称、所在地、隶属关系、经济成分、业务范围、经营方式、从业人数、集体户口人数、房屋面积，注册资金，近3年年税金、年利润、年工资总额，固定资产原值，设备和设施名称、规模或型号、数量等，并调查设备和设施是否可搬迁。

（6）文化、教育、卫生、服务设施。包括文化活动站点、小学校、幼儿园、卫生所、兽医站、商业网点等。

5. 专业项目调查

包括交通、输变电、电信、广播电视、水利设施、各类管道、水文站点、测量永久标志、军事设施等。

（1）公路调查。

1）公路分为等级公路和机耕路。等级公路应按交通部门的技术标准划分。机耕路是指四级公路以下可以通行机动车辆的道路。

2）公路调查内容包括线路的名称、起止点、长度、权属、等级、建成通车时间、总投资等；受征地影响线路段的长度和起止地点，路基和路面的最低、最高高程和宽度，路面材料、设计洪水标准等。

（2）输变电工程设施调查。

1）输变电设施是指电压等级在10kV（或6kV）及以上线路和变电设施。

2）输变电设施调查内容。

a. 输电线路：调查内容应包括征地涉及线路的名称、权属、起止点、电压等级、杆（塔）型式、导线类型、导线截面等，受征地影响线路段的长度、铁塔高度和数量等。

b. 变电设施：调查内容包括变电站（所）名称、位置、权属、占地面积、地面高程、电压等级、变压器容量、设备型号及台数、出线间隔和供电范围、建筑物结构和面积，构筑物名称、结构及数量等。

（3）电信工程设施调查。

1）电信设施是指电信部门建设的电信线路、基站及其附属设施。

2）电信设施调查内容。包括征地涉及的线路名称、权属、起止点、等级、建设年月、线路类型、容量、布线方式、受征地影响长度等。

6.1.2.2　调查方法

1. 农村调查

（1）人口。

1）被调查户以调查时的户籍为准。调查内容包括被调查户的户主姓名、家庭成员、与户主关系、出生日期、民族、文化程度、身份证号码、户口性质、劳动力及其就业情况等。

2）调查人员查验被调查户的房屋产权证、户口簿、土地承包册等。户籍不在调查范围内的已婚嫁入（或入赘）人口，查验结婚证、身份证后予以登记；对超计划出生无户籍人口，在出具出生证明或乡级人民政府证明后予以登记。

（2）房屋和附属建筑物。以户为单位进行调查，房屋以砖混、砖木、混合、土木、杂房和简易房等结构分类逐幢实地丈量并绘制平面图；按墙面装修、地面装修、天棚装饰、门窗等设施项目对有装修的部分进行丈量登记；丈量和登记各类附属建筑物；分户建立实物调查卡片。

（3）土地。

1）土地面积以水平投影面积为准；计算机量图面积以 mm^2 为计算单位；统计面积采用亩，对使用其他非标准计量面积单位的换算成亩后分类填表。

2）采用计算机量图，同时建立以行政村、组为单位的土地面积数据库。

3）对每幅图的量算成果进行图幅内平差，允许误差 $F < \pm 0.0025P$，其中 F 为图幅理论面积允许误差，P 为图幅理论面积。

4）园地或林地（含天然林）面积大于 0.5 亩（含 0.5 亩）或林带冠幅的宽度 10m 以上的成片土地按面积计算；园地或林地不符合以上规定的按株数或丛（兜）数计量，统计为零星林（果）木，其面积计入其他农用地类。

5）调查人员会同有关单位（项目法人、国土部门、林业部门等）工作人员一起持地形图（永久占地持 1：2000 地类测图，临时用地持 1：10000 地形图）现场调查核实行政界线、地类分界线和必要的线状地物，落实土地权属。根据现场调查核实结果，分行政村、组量算各类土地面积。

6）典型调查线状地物面积时，分析调查范围内各类土地利用系数，用图上量得的各类土地面积乘以各类土地利用系数以确定各类土地的实际面积。

（4）农副业设施。对固定资产在 1 万元以下的小型商业，如建材、加工、服务业，在调查时其房屋及附属建筑物随个人或集体部分调查时一并登记，不再单列。其他设施、可搬迁设备、不可搬迁设备及服务性设施，逐一清点核实后计入农副业项目。

（5）小型水利设施。村组集体或个人兴建的渠道、机井、大口井、对口抽、抽水站等，在分清权属后，按建（构）筑物类别和数量，逐项调查登记。田间配套设施不作调查。

（6）文化、教育、卫生、服务设施。现场调查登记其职工及其家属人数、房屋、附属物及基础设施等，对特殊设施拍照存档备案。调查成果由被调查单位负责人签字盖章。

（7）工商企业。工商企业是指注册资金在 10 万元以上，有营业场所、营业执照，从事商业、贸易或服务的企业。注册资金在 10 万元（含 10 万元）以下的，纳入商业门面房调查。

在查验企业各种证件的前提下，对农村工商企业单位现场进行调查。对持有效证件企业，核定其现有生产规模、固定资产、职工及其家属人数，以及工程占压对企业的影响程度；对无效证件的企业，待全面调查后，按国家有关政策进行适当补偿；对停产、倒闭等企业，只调查登记其房屋、附属物、基础设施等。对特殊设施拍照存档备案。调查成果由该企业负责人签字盖章。

（8）其他项目调查。

1）零星果林木。对成片林地以外的田间、地头、路边、房前、屋后的所有果木树（面积不足 0.2 亩）和材树（地块面积不足 0.5 亩）按种类逐一调查。材树分幼树、小树、中树和大树，果树分幼果期、初果期和盛果期。

2）坟墓。以户为单位进行调查。由户主自报，调查人员现场复核。

3）电信、广播电视设施调查。逐户调查电信、广播电视设施数量。

4）居民点基础设施调查。了解居民点基础设施情况，主要包括给水、排水、道路、输变电、通信等。

2. 专业项目

先由主管部门提供有关资料和图纸，调查人员实地复核，并按工程名称、隶属关系、等级、起讫地点、占压影响起讫地点、规模、技术指标等内容进行登记。

（1）公路调查。在收集所需资料的基础上，与公路主管部门人员一起，持 1：2000 比例尺地形图现场调查核对，必要时对重点路段进行测量。对于征地范围内的机耕路，采用 1：2000 大比例尺地形图量算有关指标，并现场核实。

（2）输变电工程设施调查。输变电线路、设施调查在收集所需资料的基础上，持 1：2000 比例尺地形图与有关人员到现场进行全面调查。

（3）电信工程设施调查。在收集资料基础上，调查人员与电信部门人员一起到现场全面调查。

6.1.2.3　调查精度

按《水利水电工程建设征地移民实物调查规范》（SL 442—2009）的有关要求控制调查精度。

6.1.2.4　调查成果

1. 农村部分

（1）土地。工程建设共占压土地 1318.03 亩，其中，永久征地 415.95 亩，临时占地 902.08 亩。工程建设永久征地中，耕地 400.9 亩，园地 2 亩。

（2）房屋及其附属建筑物。工程占压影响零星房屋 1052m²；其他有零星树 64862 株，零星果树 1276 株，景观树 546 株，坟墓 83 座。

（3）农村工商企业。工程建设影响农村工商企业 4 处，其中养殖场 3 处，兰启加油站 1 处（含煤厂），共计占地 14.36 亩，现有职工 16 人。需拆迁各类房屋 2172m²；附属建筑物有砖石墙 1616m²、厕所 8 个、水井 3 眼等。

（4）文化教育卫生服务设施。工程建设影响三义寨闸渠管所房屋 410m²，附属建筑物有砖石墙 810m²、水泥地坪 240m²、厕所 6 个、机井 1 眼。设施占地 2.7 亩，现有职工 8 人。

（5）小型水利设施。工程建设影响机井 21 眼、对口抽井 32 眼。

2. 专业项目

（1）交通设施。工程建设影响四级道路（为穿堤辅道）4 条，长 0.81km，为柏油路面，路基宽 8m，路面宽 6m。

（2）工程建设影响 10kV 线路 0.7km，380V 电力线杆 24 杆，变压器 1 台。

（3）电信设施。工程建设影响通信线杆 10 杆、通信光缆长 300m 的输变电设施。

6.1.3 林辛水闸工程

林辛闸位于东平县代庙乡林辛村，桩号为临黄堤右岸 338+886～339+020。主要作用为配合十里堡进湖闸，分水入老湖，控制下游河道泄量不超过 10000m³/s，确保下游防洪安全。

工程占地处理是工程建设的重要组成部分。根据《水利水电工程建设征地移民设计规范》（SL 290—2009）、《水利水电工程建设征地移民实物调查规范》（SL 442—2009）规定，本阶段工程区的实物调查是以黄河勘测规划设计有限公司为主，有关部门配合下共同完成的。

1. 实物调查范围、内容

实物调查范围主要是工程临时占压区。临时占压区是指办公、生活、机械停放、施工仓库和混凝土拌和站等临时占用的地区。

按照《水利水电工程建设征地移民实物调查规范》（SL 442—2009）要求，在工程设计提供资料的基础上，按照工程占压区地形图对工程占压区的实物指标进行了复核。

2. 实物调查成果

施工临时占地 5.08 亩，均为水浇地，工程影响零星树 26 棵，其中，大树 8 棵、中树10 棵、小树 8 棵。

林辛闸改建工程占压实物详见表 6.1-1。

表 6.1-1   **林辛闸改建工程占压实物汇总表**

序号	项 目	单位	实物	序号	项 目	单位	实物
一	临时占地	亩	5.08	4	混凝土拌和站	亩	0.45
1	办公、生活区	亩	1.03	5	混凝土预制场	亩	3.00
2	机械停放场	亩	0.45	二	零星树	棵	26
3	施工仓库	亩	0.15				

6.1.4 码头泄水闸工程

6.1.4.1 工程建设征地实物

1. 调查依据

（1）《水利水电工程建设征地移民安置规划设计规范》（SL 290—2009）。

（2）《水利水电工程建设征地移民实物调查规范》（SL 442—2009）。

（3）码头泄水闸施工总布置图。

2. 调查范围

实物调查范围为码头泄水闸除险加固工程建设征用地范围，仅涉及临时用地，包括工程施工生产生活区、黏土和壤土料场、渣场、施工道路等。

3. 调查内容

码头泄水闸除险加固工程实物调查内容仅涉及农村土地及地面附属物（零星树）。

4. 调查方法

码头泄水闸除险加固工程临时用地持 1∶2000 比例尺地形图，现场查清临时用地涉及村民组的耕地等土地界限；对成片林地以外的田间、地头、路边的所有果木和零星材树进行逐一调查统计。

5. 实物指标分类及计量标准

(1) 土地。按照《中华人民共和国土地管理法》及山东省实施的《中华人民共和国土地管理法》，本次工程建设项目用地涉及土地为耕地。土地面积的计量单位为亩。

(2) 零星树：以棵为单位。

6. 实物指标调查成果

(1) 土地：码头泄水闸改建工程临时用地，包括施工生产生活设施、土料场、渣场、施工道路等占地。用地面积 22.67 亩，均为水浇地。

(2) 零星树：临时用地范围内零星树，调查统计为 181 棵，其中，大树 82 棵、中树 63 棵、小树 36 棵。

码头泄水闸除险加固工程临时用地实物详见表 6.1-2。

表 6.1-2　　　　　　　　　码头泄水闸除险加固工程临时用地实物汇总表

序号	项 目 名 称	占地面积/亩	零星树/棵
一	挖地	18.3	146
1	张博村黏土料场	9	72
2	张博村壤土料场	9.3	74
二	压地	4.37	35
1	施工生产、生活设施	1.97	16
2	施工临时便道	2.4	19
一、二小计		22.67	181
三	堤后管护地弃渣场	4.73	不再另征用

6.1.4.2　临时用地复垦规划

临时用地指施工生产生活设施、土料场、渣场、施工道路等用地。码头泄水闸改造完工后，临时用地在交还地方前应进行复垦，因此对被工程建设占用的耕地（不含河滩地）全部进行复垦。

土地整治及复垦工作主要是将临时用地范围内取土（料）场、施工生产生活等场地的渣土，根据其地形条件采取削高填低、连片成方，进行土地清理平整，形成宜于农民手工和农业机械耕作的田块，并通过完善其水利设施配套工程，提高土地质量，建立高产、稳产、高效农业。具体复垦措施如下。

(1) 对取土（料）场，首先应进行场地平整，然后将施工单位在施工前剥离的 0.3m 表层土从 50m 外推回至开采后的料场表面，追施有机肥，通过土地整治和土地熟化措施，并考虑一定的生产恢复期，完善其水利设施配套工程及田间道路的复建。

(2) 对施工道路、施工生产生活设施等用地，根据环保部门的要求，及时处理生活区生活垃圾和杂物，待工程施工完成后将生活区、办公、仓库、附属工厂的一些临时房屋和围墙、厕所、水池等设施全部拆除，并清除所有的建筑垃圾、杂物及废弃物，保证地面清洁，然后利用 40kW 拖拉机耕深 20～30cm，耙磨细土，追施有机肥，完善其水利设施配套工程及田间道路的复建。

6.1.4.3 投资概算

1. 概算编制依据和原则

(1) 编制依据。

1)《中华人民共和国土地管理法》(2004 年 8 月)。

2)《山东省实施〈中华人民共和国土地管理法〉办法》(2004 年 11 月 25 日)。

3) 山东省人民政府办公厅《关于调整征地年产值和补偿标准的通知》(鲁政办发〔2004〕51 号)。

4) 国家及山东省有关行业规范和规定等。

(2) 编制原则。

1) 凡国家和地方政府有规定的,按国家和地方政府规定执行,无规定或规定不适用的,依工程实际调查情况或参照类似工程标准执行,地方政府规定与国家规定不一致时,以国家规定为准。

2) 工程建设征地范围内土地及地面附属物等,按制定的补偿标准给予补偿。

3) 概算编制按 2012 年第三季度物价水平计算。

2. 概算标准确定

概算标准分土地、零星树、坟墓、其他费用及有关税费等。

(1) 土地补偿补助标准。土地补偿补助标准分耕地、园地等。根据《中华人民共和国土地管理法》、《国务院关于深化改革严格土地管理的决定》、山东省实施《中华人民共和国土地管理法》办法并结合工程建设征地区的人口、耕地等资料确定。亩产值及补偿标准确定如下。

1) 耕地:按照山东省人民政府办公厅《关于调整征地年产值和补偿标准的通知》(鲁政办发〔2004〕51 号)执行,该项目水浇地亩产值为 1875 元。

2) 临时用地补偿标准根据使用期影响作物产值给予补偿。

(2) 其他补偿费。包括青苗补助费、零星树、土地复垦费等。

1) 零星树,大树 55 元/棵,中树 40 元/棵,小树 20 元/棵。

2) 土地复垦:按照国家发改委批复的 2011 年实施方案标准执行,包边盖顶料场按 1000 元/亩计列;压地按 600 元/亩。

3) 减产补助:临时用地复垦期减产补助按 1 年产值计算。

(3) 其他费用。包括前期工作费,勘测设计科研费,实施管理费,技术培训费,监理、监测费及土地预审费。

1) 前期工作费:按 2.5 万元计列。

2) 勘测设计科研费:按 3 万元计列。

3) 实施管理费:按 2 万元计列。

4) 技术培训费:按农村移民补偿费的 0.5% 计列。

5) 监理、监测费:按直接费的 1.5% 计列。

6) 咨询服务费:按直接费的 0.2% 计列。

(4) 基本预备费。按直接费和其他费用之和的 8% 计列。

3. 概算投资

2012 年黄河下游防洪工程建设征地处理及移民安置规划总投资 22.99 万元,其中农村补偿费 13.49 万元；其他费用 7.80 万元；基本预备费 1.70 万元。码头泄水闸除险加固工程投资概算见表 6.1-3。

表 6.1-3　　　　　　　　　　码头泄水闸除险加固工程投资概算表

序号	项　目	工程量		单价/元	概算/万元
		单位	数量		
Ⅰ	农村移民安置补偿费				13.49
一	临时占地补偿		27.57		6.38
1	挖地	亩	18.30	2813	5.15
2	压地	亩	4.37	2813	1.23
二	其他补偿				7.11
1	零星树木补偿		181		0.77
(1)	小树	棵	36	20	0.07
(2)	中树	棵	63	40	0.25
(3)	大树	棵	82	55	0.45
2	土地复垦费		22.67		2.09
(1)	挖地	亩	18.30	1000	1.83
(2)	压地	亩	4.37	600	0.26
3	临时占地复垦期减产补助	亩	22.67	1875	4.25
Ⅱ	其他费用				7.80
1	前期工作费				2.50
2	勘测设计科研费				3.00
3	实施管理费				2.00
4	技术培训费			0.5%	0.067
5	监督费			1.5%	0.20
6	咨询服务费			0.2%	0.027
Ⅲ	基本预备费			8%	1.70
	总投资				22.99

6.1.5　马口闸工程

6.1.5.1　工程建设征地实物

1. 调查依据

(1)《水利水电工程建设征地移民安置规划设计规范》(SL 290—2009)。

(2)《水利水电工程建设征地移民实物调查规范》(SL 442—2009)。

(3) 马口排灌涵洞施工总布置图。

2. 调查范围

实物调查范围为马口闸改建工程建设征用地范围，仅涉及临时用地，包括工程施工生产生活区、料场、渣场、施工道路等。

3. 调查内容

马口闸改建工程实物调查内容仅涉及农村部分的土地及地面附属物（零星树）。

4. 调查方法

马口闸改建工程临时用地持 1：2000 比例尺地形图，现场查清临时用地涉及村民组的耕地等土地界限；对成片林地以外的田间、地头、路边的所有果木和材树进行逐一调查统计。

5. 实物指标分类及计量标准

（1）土地。按照《中华人民共和国土地管理法》及山东省实施的《中华人民共和国土地管理法》，本次工程建设项目用地涉及土地为耕地。土地面积的计量单位为亩。

（2）零星树：以棵计列。

6. 工程占压实物指标调查成果

（1）土地：马口闸改建工程临时用地包括施工生产生活设施、土料场、渣场、施工道路等占地。用地面积 120.83 亩（另外 19.5 亩弃渣场在堤后管护用地，不另外占用地）。工程建设占地均为水浇地。

（2）零星树：临时用地范围内零星树调查统计为 967 棵，其中，大树 483 棵、中树290 棵、小树 194 棵。

马口闸改建工程临时用地实物详见表 6.1－4。

表 6.1－4　　　　　　　　　　马口闸改建工程临时用地实物汇总表

序号	项　　目	单　位	实　物	备　注
一	临时占用村民土地			
1	施工生产生活设施	亩	4.95	
2	壤土料场	亩	81.3	
3	黏土料场	亩		
4	周转渣场	亩	6.75	
5	辛庄村弃渣场	亩	0.83	
6	施工临时便道	亩	27	
	小计		120.83	
二	堤防管护土地			
	堤后管护地弃渣场	亩	19.5	不另外征用
	一～二合计		140.33	
三	零星树	棵	967	

6.1.5.2　临时用地复垦规划

临时用地指施工生产生活设施、土料场、渣场、施工道路等用地。马口闸改造完工后，临时用地在交还地方前应进行复垦，因此对被工程建设占用的耕地（不含河滩地）全部进行复垦。

土地整治及复垦工作主要是将临时用地范围内取土（料）场、施工生产生活等场地的渣土，根据其地形条件采取削高填低、连片成方，进行土地清理平整，形成宜于农民手工和农业机械耕作的田块，并通过完善其水利设施配套工程，提高土地质量，建立高产、稳产、高效农业。具体复垦措施如下。

（1）对取土（料）场，首先应进行场地平整，然后将施工单位在施工前剥离的 0.3m 表层土从 50m 外推回至开采后的料场表面，追施有机肥，通过土地整治和土地熟化措施，并考虑一定的生产恢复期，完善其水利设施配套工程及田间道路的复建。

（2）对施工道路、施工生产生活设施等用地，根据环保部门的要求，及时处理生活区生活垃圾和杂物，待工程施工完成后将生活区、办公、仓库、附属工厂的一些临时房屋和围墙、厕所、水池等设施全部拆除，并清除所有的建筑垃圾、杂物及废弃物，保证地面清洁，然后利用 40kW 拖拉机耕深 20～30cm，耙磨细土，追施有机肥，完善其水利设施配套工程及田间道路的复建。

6.1.5.3 投资概算

1. 概算编制依据和原则

（1）编制依据。

1）《中华人民共和国土地管理法》（2004 年 8 月）。

2）山东省实施《中华人民共和国土地管理法》办法（2004 年 11 月 25 日）。

3）山东省人民政府办公厅《关于调整征地年产值和补偿标准的通知》（鲁政办发〔2004〕51 号）。

4）国家及山东省有关行业规范和规定等。

（2）编制原则。

1）凡国家和地方政府有规定的，按国家和地方政府规定执行，无规定或规定不适用的，依工程实际调查情况或参照类似工程标准执行，地方政府规定与国家规定不一致时，以国家规定为准。

2）工程建设征地范围内土地及地面附属物等，按补偿标准给予补偿。

3）概算编制按 2012 年第三季度物价水平计算。

2. 概算标准确定

概算标准分土地、零星树、坟墓、其他费用及有关税费等。

（1）土地补偿补助标准。土地补偿补助标准分耕地、园地等。根据《中华人民共和国土地管理法》、《国务院关于深化改革严格土地管理的决定》、山东省实施《中华人民共和国土地管理法》办法，并结合工程建设征地区的人口、耕地等资料确定。亩产值及补偿标准确定如下。

1）耕地：按照山东省人民政府办公厅《关于调整征地年产值和补偿标准的通知》（鲁政办发〔2004〕51 号）执行，该项目水浇地亩产值为 1875 元。

2）临时用地补偿标准根据使用期影响作物产值给予补偿。

（2）其他补偿费。包括青苗补助费、零星树、土地复垦费等。

1）青苗费，经分析该工程的临时用地的使用期为 1a，不足一年半的按一年半补偿。

2）零星树，大树 55 元/棵，中树 40 元/棵，小树 20 元/棵。

3）土地复垦：按照国家发改委批复的 2011 年实施方案标准执行，包边盖顶料场按 1000 元/亩计列；压地按 600 元/亩计列。临时用地复垦期减产补助按 1a 产值计算。

（3）其他费用。包括前期工作费，勘测设计科研费，实施管理费，技术培训费，监理、监测费及土地预审费。

1）前期工作费：按 2.5 万元计列。

2）勘测设计科研费：按 3 万元计列。

3）实施管理费：按 2 万元计列。

4）技术培训费：按农村移民补偿费的 0.5％计列。

5）监理监测费：按直接费的 1.5％计列。

6）咨询服务费：按直接费的 0.2％计列。

（4）基本预备费。按直接费和其他费用之和的 8％计列。

3. 概算投资

2012 年黄河下游防洪工程建设征地处理及移民安置规划总投资 86.66 万元，其中农村移民安置补偿费 71.36 万元；其他费用 9.07 万元；基本预备费 6.23 万元。

马口闸改建工程投资概算见表 6.1－5。

表 6.1－5 马口闸改建工程投资概算表

序号	项 目	工 程 量		单位工程量单价/元	概算/万元
		单位	数量		
Ⅰ	农村移民安置补偿费				71.36
一	临时占地补偿		120.83		33.99
1	挖地	亩	81.30	2813	22.87
2	压地	亩	39.53	2813	11.12
二	其他补偿				37.37
1	零星树木补偿		967		4.21
（1）	小树	棵	194	20	0.39
（2）	中树	棵	290	40	1.16
（3）	大树	棵	483	55	2.66
2	土地复垦费		120.83		10.50
（1）	挖地	亩	81.30	1000	8.13
（2）	压地	亩	39.53	600	2.37
3	临时占地复垦期减产补助	亩	120.83	1875	22.66
Ⅱ	其他费用				9.07
1	前期工作费				2.50
2	勘测设计科研费				3.00
3	实施管理费				2.00
4	技术培训费			0.5％	0.357
5	监督费			1.5％	1.07
6	咨询服务费			0.2％	0.143
Ⅲ	基本预备费			8％	6.23
	总投资				86.66

6.2　移民规划

6.2.1　韩墩引黄闸工程
6.2.1.1　移民安置规划

根据实物调查成果，本工程无永久占地，临时占地仅有 13.47 亩，待工程结束后，临时占地给与复耕，恢复耕种条件，还给农民耕种，为此本工程不再进行移民安置规划。

6.2.1.2　投资概算

1. 编制依据

（1）《中华人民共和国土地管理法》（2004 年 8 月 28 日）。

（2）《大中型水利水电工程建设征地补偿和移民安置条例》（2006 年国务院 471 号令）。

（3）山东省实施《中华人民共和国土地管理法》办法（2004 年 11 月 25 日）。

（4）山东省人民政府办公厅《关于调整征地年产值和补偿标准的通知》（鲁政办发〔2004〕51 号）。

（5）国家及山东省有关行业规范和规定等。

2. 编制原则

（1）凡国家或地方政府有规定的，按规定执行，地方政府规定与国家规定不一致时，以国家规定为准；无规定或规定不适用的，依工程实际调查情况或参照类似标准执行。

（2）各类补偿标准一律按 2011 年第三季度物价水平计算。

3. 补偿标准确定

本工程无永久占地，临时占地的补偿标准，根据施工组织设计安排，按 1 年补偿。

年产值按照山东省人民政府办公厅《关于调整征地年产值和补偿标准的通知》（鲁政办发〔2004〕51 号）执行，另考虑近年来的物价上涨因素，适当上调，标准为 1965 元/亩。

零星树和土地复垦费，按照黄河下游标准计算，零星树中的中树、大树分别按 40 元/棵、55 元/棵计列，土地复垦费中的挖、压地分别按 1000 元/亩和 600 元/亩计列，临时占地复垦期减产补助按 1a 产值计算。

4. 其他费用

包括前期工作费、勘测设计科研费、实施管理费、技术培训费和监督费。

（1）前期工作费：按 2.5 万元计列。

（2）勘测设计科研费：按 3 万元计列。

（3）实施管理费：按直接费的 2 万元计列。

（4）技术培训费：按农村移民补偿费的 0.5% 计列。

（5）监理、监测费：按直接费的 1.5% 计列。

5. 基本预备费

按直接费和其他费用之和的 8% 计列。

6. 概算投资

根据工程占压影响实物调查成果，按以上确定的补偿标准计算，韩墩引黄闸改建占压处理投资共计 15.515 万元。其中，农村移民安置补偿费 6.92 万元，其他费用 7.635 万元，基本预备费 0.96 万元。

黄河下游近期防洪工程建设韩墩闸改建工程占压投资概算详见表 6.2-1。

表 6.2-1　　　　黄河下游近期防洪工程建设韩墩闸改建工程占压投资表

序号	项　目	工程量		单位工程量单价/元	概算/万元
		单位	数量		
Ⅰ	农村移民安置补偿费				6.92
一	征用土地补偿费和安置补助费				2.65
	临时占地		13.47		2.65
1	挖地	亩	8.84	1965	1.74
2	压地	亩	4.63	1965	0.91
二	其他补偿				4.27
1	零星树木补偿		94		0.46
(1)	中树	棵	42	40	0.17
(2)	大树	棵	52	55	0.29
2	土地复垦费				1.16
(1)	挖地	亩	8.84	1000	0.88
(2)	压地	亩	4.63	600	0.28
3	临时占地复垦期减产补助	亩	13.47	1965	2.65
Ⅱ	其他费用				7.635
1	前期工作费				2.50
2	勘测设计科研费				3.00
3	实施管理费				2.00
4	技术培训费			0.5%	0.035
5	监督费			1.5%	0.10
Ⅲ	基本预备费			8%	0.96
	总投资				15.515

6.2.2　三义寨闸

6.2.2.1　移民安置总体规划

1. 规划原则

（1）坚持客观公正、实事求是的原则。正确处理局部与整体、个人与集体、当前与长远关系，提出合理的实施规划方案，确定合适的建设规模。

（2）规划方案应与当地国民经济和社会发展规划以及土地利用总体规划、城市总体规划、村庄和集体规划相衔接，着力解决好与移民切身利益密切相关的问题，要切实可行，确保移民及安置区居民长远生计和可持续发展。

（3）移民安置规划设计应贯彻"以人为本"的思想，走开发性移民安置路子。正确处理国家、地方、集体、个人之间的关系，妥善安置移民的生产、生活，使移民的生活水平达到或者超过原有水平，并为其搬迁后的发展创造条件。

（4）坚持对国家负责、对移民负责、实事求是的原则，做到移民安置与资源开发、环境保护、水土保持建设及社会经济发展紧密结合。要按照《中华人民共和国水土保持法》《中华人民共和国环境保护法》《中华人民共和国河道管理条例》等法规条例，把开发治理和移民安置紧密结合起来，促进移民安置区的生态环境向良性循环方向发展。

（5）执行国家建设社会主义新农村的政策，促进地方可持续发展，同时应与资源综合开发利用、生态环境保护相协调，满足移民生存生活的需要。

（6）坚持以土为本，大农业安置为主的原则；在对安置区土地资源的调查和环境容量分析的基础上，在环境容量允许的前提下，农村移民应尽可能在本村内实行就近安置，就近安置确有困难的，按照经济合理和先近后远的安置原则；从实际出发，因地制宜，有偿调整耕地、园地，保障移民的土地资源；在大农业的基础上，根据当地资源优势及居民就业现状，因地制宜开展第二、三产业安置。

（7）建设征地涉及的交通、电力、电信、广播电视、水利设施等专业项目，需恢复改建的应按原规模、原标准、恢复原功能的原则，结合建设区实际和行业规划，提出有利于区域经济发展，方便群众生活且经济合理的恢复改建方案；不需要恢复或难以恢复的，应根据占压影响情况，给予合理补偿。

（8）对工程建设临时用地中占用的耕地，有条件的应尽可能复垦，并提出土地复垦规划。

（9）农村移民安置工作，实行党委统一领导，政府分级负责，县、乡政府为主体，项目法人参与管理的体制，实行移民任务与投资双包干。

（10）以国家批准的可行性研究设计投资概算为依据，合理控制投资。移民安置方案应经济合理、技术可行。

2. 规划依据

（1）法律、法规。

1）《中华人民共和国水法》（2002 年 8 月 29 日）。

2）《中华人民共和国土地管理法》（2004 年 8 月 28 日）。

3）《中华人民共和国水土保持法》（1993 年 8 月 1 日国务院令第 120 号）。

4）《中华人民共和国环境保护法》（1989 年 12 月 26 日中华人民共和国主席令第二十二号）。

5）《中华人民共和国河道管理条例》（1988 年 6 月 10 日国务院令第 3 号）。

6）《中华人民共和国城乡规划法》（2007 年 10 月 28 日）。

7）《中华人民共和国森林法实施条例》（2000 年 1 月 29 日中华人民共和国国务院令第278 号）。

8）《中华人民共和国文物保护法》（2007 年 12 月 29 日）。

9）《中华人民共和国水污染防治法》（2008 年 2 月 28 日）。

10）《大中型水利水电工程建设征地补偿和移民安置条例》（2006 年国务院令 471 号）。

11)《基本农田保护条例》（1998 年国务院修订）。

12) 国家相关法律及省相关法规。

（2）主要技术标准。

1)《水利水电工程建设征地移民安置规划设计规范》（SL 290—2009）。

2)《水利水电工程建设征地移民实物调查规范》（SL 442—2009）。

3)《水利水电工程建设农村移民安置规划设计规范》（SL 440—2009）。

4)《镇规划标准》（GB 50188—2007）。

5) 其他相关规范和技术标准。

（3）其他相关资料。

1)《黄河下游近期防洪工程建设可行性研究占地处理及移民安置规划大纲》。

2)《黄河下游近期防洪工程建设可行性研究占地处理及移民安置规划专题报告》。

3) 工程占压影响实物调查成果。

4) 工程建设涉及行政区域图、土地利用现状图及农业、交通、电力等相关专业资料。

5) 具有代表性的已建、在建工程设计资料。

3. 移民安置任务

（1）对工程占压区土地资源逐块复核，以行政村为单位计算生产安置人口，结合占压区相关情况，确定移民安置任务。

（2）落实安置方式和安置去向。

（3）生产安置费用平衡。生产安置补偿费以移民村为单位计算，生产安置投资以安置点为单位计算，以移民村为单位进行生产安置费用平衡。

（4）其他实施规划。主要包括村组副业迁建处理规划、工商企业迁建处理规划、文化教育卫生服务设施迁建规划等内容。

（5）移民安置补偿投资。以实物调查成果为基础，结合安置方案，根据确定的补偿标准和个别项目单价分析结果，编制移民安置补偿投资概算。

（6）编制移民安置专题报告。编制黄河下游近期防洪工程建设占地处理与移民安置报告及相关附件。

1) 设计水平年和基准年。移民设计基准年取实物指标调查年，即 2010 年 5 月；移民设计水平年根据工程施工进度，确定为 2013 年 5 月。

2) 人口自然增长率。根据河南省"十二五"计划和远景规划目标，结合相关开封市兰考县的人口实际增长率，并听取地方政府意见，确定人口自然增长率为 7.8‰。

3) 农村移民安置人口。本阶段农村移民安置规划主要任务是安置农村移民人口和劳力。根据其安置性质主要为生产安置。

移民生产安置任务是指工程占压影响的农村移民中失去劳动对象（主要是耕地）后，需要重新安排劳动的人口，即生产安置人口。

生产安置任务是根据占压影响各行政村征用耕地数量及占压前本村的人均耕地数量，并考虑剩余耕地数量、质量及可利用程度等因素计算。计算公式如下：

$$生产安置人口＝征用耕地面积÷征用前人均耕地面积$$

经调查分析，生产安置人口为 420 人。

工程建设永久征地范围内生产安置人口计算详见表 6.2-2。

表 6.2-2　　　　　　　　工程建设永久征地范围内生产安置人口计算表

村　庄	耕地/亩	人口/人	占压耕地/亩	人均耕地/(亩/人)	剩余耕地/亩	生产安置人口/人
三义寨村	4495	4799	162	0.94	4333	173
杨圪塔村	2057	1996	244	1.03	1813	237
夹河滩村	2383	2470	10	0.96	2373	10
合　计	8935	9265	416		8519	420

按照河南省人口自然增长率控制指标 7.8‰，根据工程进度安排，设计水平年人口计算公式如下：

$$A = X(1+i)^n \qquad\qquad (6.2-1)$$

式中：A 为设计水平年人口；X 为设计基准年人口；i 为人口自然增长率；n＝设计水平年年份－设计基准年年份，由于工程建设项目实物指标调查主要集中在 2013 年，n 取 2。

经计算，设计水平年生产安置人口 423 人，其中劳力 233 人。

4. 环境容量分析

（1）土地承载容量。工程建设项目区处于黄河冲积扇或冲积平原区，该区土地平坦，土层深厚，土壤肥沃，土地利用率高，水资源丰富，地下水埋藏浅，是当地主要的粮食产区之一。且大堤背河侧还分布有大量的园地、林地、耕地和鱼塘，具有全面发展农业、林业、渔业的良好基础，生产潜力巨大。

土地承载容量主要选取以粮食占有量为指标的容量计算模式，计算公式如下：

$$P = \sum_{i=1}^{n} P_i$$
$$P_i = Y_i / L_i \qquad\qquad (6.2-2)$$

式中：P 为区域的土地承载人口；P_i 为以行政区为单位的土地承载人口；Y_i 为该区域（地区）水平年粮食总产量；L_i 为水平年人均粮食占有量；i 为行政区序号；n 为行政区个数。

有关指标选取计算如下。

1）Y_i：该区域（地区）水平年粮食总产量。以各村 2008—2010 年统计资料为基础，根据三年平均粮食亩产量和 2010 年末实有耕地数量计算出设计基准年粮食总产量。然后在充分考虑正常耕地递减及耕地单产的逐年增加等因素的影响的基础上（耕地单产年增长系数采用 2.5%，耕地正常年递减系数 0.2%），计算出设计水平年粮食总产量。

2）L_i：该区域水平年人均粮食占有量。采用农民家庭人均最低耗粮指标，参照项目区"十二五"计划指标，采用加权平均值综合选取为 460kg/人（设计水平年）。

3）P：区域的承载人口。安置区涉及的 3 个村，人口为 9265 人；按河南省人口自然增长率长期控制指标（7.8‰）推算，设计水平年安置区人口为 9337 人。

根据上述指标，以行政村为单位计算，设计水平年安置区粮食人口容量为 15146 人，扣除安置区水平年人口后，水平年剩余人口容量达 5809 人，与项目区移民安置任务 423 人相比富裕 5384 人，若考虑项目区大量的园地、林地和鱼塘等安置因素，则容量更大。

黄河下游防洪工程建设移民容量分析见表 6.2-3。

表 6.2－3　　　　　　　　　黄河下游防洪工程建设移民容量分析表

村　庄	设计基准年				设计水平年			土地承载力	
	耕地/亩	人口/人	粮食平均亩产/(kg/亩)	粮食总产量/kg	耕地/亩	人口/人	粮食总产量/kg	粮食人口容量/人	富裕人口/人
三义寨村	4495	4799	841	3778748	4324	4836	3544389	7705	2869
杨圪塔村	2057	1996	841	1729088	1807	2012	1481393	3220	1209
夹河滩村	2383	2470	841	2003404	2369	2489	1941516	4221	1731
合计	8935	9265		7511240	8500	9337	6967298	15146	5809

（2）水资源环境容量。根据安置区常年用水情况分析，干旱年人畜用水均能保证，正常年景下能保证耕地的灌溉需求。由于移民初选在本村安置，移民调地后对原区域人均水资源量基本无影响。根据以上分析结果，安置区水资源承载力可以保证移民安置。

5. 环境容量分析结论

依据环境容量分析结果，工程永久占地影响的各行政村，土地、水资源容量均能够满足移民后靠安置的要求，说明后靠安置区的选择是适宜的。

6. 安置去向和途径

根据移民的基本情况及安置区环境容量分析结果，确定工程建设占压影响移民全部在本村内安置，生产安置以农业安置为主，第二、三产业安置为辅的方式进行安置。

6.2.2.2　农村移民生产措施规划

1. 规划原则

（1）农村移民安置以土地为基础，以调整农业产业结构、提高土地产出为手段，以搬迁后移民生活水平不低于原水平、并与安置区原居民同步发展为目标。

（2）安置移民的土地以有偿调整为主，以不降低原居民的生活水平为原则，通过配套农田水利设施、发展高新农业等手段提高土地产出效益，扩大生产安置环境容量。

（3）移民安置方案同区域经济发展和生态保护相结合，通过生产、生活设施建设，促进安置区和原居民基础产业的发展，为移民和原居民生活水平的提高创造条件。

（4）移民生产用地的地块划拨由安置地人民政府落实，应尽量选择水土条件较好，交通便利、区位较好的地方。移民生产用地划拨坚持集中连片、质量均衡、耕作半径适中的原则，切实维护移民合法权益。调整老居民承包地时，调地比例应尽量减少对老居民生产生活的影响。

（5）重视移民的教育和技术培训，提高移民劳动力技术水平，鼓励引进和吸收先进科技成果，提高移民安置区生产力水平。

2. 种植业规划

（1）调地原则。

1）在集镇周围或经济发达、不以土地为唯一谋业手段的移民，可根据移民意愿，结合当地实际情况，适当降低土地安置标准。

2）移民生产用地调整尽量与居民点规划相结合，合理考虑耕作半径，方便移民的生产生活，集中连片。

3）调整的土地质量与当地群众大体相当。

（2）调整范围。工程永久占压影响各村生产安置人口均在本村范围内后靠安置，生产用地划拨在本村内部进行。耕地划拨顺序原则上先在本组内部进行调整，其次在本村内部进行调整，最后考虑在周边邻近村进行调整。

（3）耕地划拨方式和组织形式。行政村根据工程占压前后全村人均耕地数量的减少，在本季粮食收过以后，由村集体根据工程占压影响各户耕地数量的多少，进行调剂、平衡耕地。占压耕地当季青苗补偿，根据占压影响各户耕地数量的多少，由行政村发放给各户。

（4）生产用地调整。根据移民安置任务和移民安置规划目标，选定移民种植业安置以大农业结合温室大棚安置为主，通过调整耕地，对农业内部产业结构进行调整，如增加温室蔬菜、花卉种植比重等措施提高移民收入水平，使移民得到妥善安置。

工程建设需进行农业安置典型村人口劳力，共计 234 人，可在安置区本村各组间调整生产用地 133 亩，均为水浇地。征地投资按占压区同类耕地补偿标准计算，共需投资423.05 万元。

黄河下游防洪工程建设移民劳力种植业规划详见表 6.2-4。

表 6.2-4   黄河下游防洪工程建设移民劳力种植业规划表

村 庄	劳力/人	人均耕地/(亩/人)	调整耕地/亩	耕地单价/元	征地投资/万元
合 计	233		133		423.05
三义寨村	96	0.91	48	31904	153.14
杨圪塔村	131	0.96	79	31904	250.77
夹河滩村	6	0.92	6	31904	19.14

根据移民生产开发资金，结合安置区的特点及周边地区的经济环境，适当发展蔬菜大棚和养殖业，以恢复移民的生产生活水平。

1）蔬菜大棚。该措施属种植业种植结构优化的主要措施，待移民安置稳定后实施。发展蔬菜温室大棚，根据各安置区所处的经济区域，结合兰考县经济发展规划进行。经分析论证，规划发展商品蔬菜基地面积 21.5 亩，可建节能温室 86 个，每个温室投资约 8475元，年亩产值达 5.23 万元，年亩纯收入可达 1.84 万元。经计算，发展蔬菜大棚共需投资72.89 万元，安置移民劳力 43 人。

2）养殖业。该措施是为恢复移民原有生活水平的补充措施，规划发展养殖业形式不一，规划养鸡、养牛、养羊、养鱼，养殖形式除养鸡、养鱼集中饲养外，养牛、养羊均为散养。养殖业生产总投资 186 万元，可安排移民劳力 62 人。

3. 临时用地复垦规划

临时用地指施工道路、仓库、施工人员生产生活房屋、取土（料）场、退水渠、管道等用地。由于工程建设战线长，存在取土方量大、占地面积多的特点，根据国家对土地复垦的规定，工程建设完工后，临时用地在交还地方前应进行复垦，因此对被工程建设占用的耕地（不含河滩地）全部进行复垦。

4. 移民生产安置综合评价

（1）劳力安置情况分析。规划水平年需安置劳力 234 人。根据上述生产安置规划，从事种植业安置劳力 137 人，养殖业安置劳力 62 人，蔬菜大棚可安置劳力 43 人，移民劳力可全部得到安置。通过上述多行业安置后，做到了移民生产有出路、劳力有安排、收入有门路。

黄河下游防洪工程建设移民安置劳力平衡情况见表 6.2－5。

表 6.2－5　　　　黄河下游防洪工程建设移民安置劳力平衡情况表

村　庄	需安置劳力/人	生产措施规划/万元				生产措施规划安置劳力/人				剩余劳力/个
		合计	种植业	蔬菜大棚	养殖业	合计	种植业	蔬菜大棚	养殖业	
合　计	234	681.94	423.05	72.89	186.00	242	137	43	62	－8
三义寨村	96	261.65	153.14	30.51	78	98	54	18	26	－2
杨圪塔村	132	389.15	250.77	42.38	96	134	77	25	32	－2
夹河滩村	6	31.14	19.14	0	12	10	6		4	－4

（2）生产安置投资平衡分析。移民生产措施规划投资来源于工程建设征地补偿及安置补助费，生产措施规划能否落实关键看生产措施规划投资是否有保证。根据生产措施规划，生产措施规划投资 681.94 万元，人均 2.91 万元，而工程建设征地补偿及安置补助费为 1333.59 万元，大于规划投资。因此工程建设征地补偿及安置补助费能够满足生产措施规划投资要求。

黄河下游防洪工程建设移民安置规划投资平衡见表 6.2－6。

表 6.2－6　　　　黄河下游防洪工程建设移民安置规划投资平衡表

村　庄	Ⅰ征地补偿费	Ⅱ生产措施规划投资				投资平衡 Ⅰ－Ⅱ
		合计	种植业	蔬菜大棚	养殖业	
合　计	1333.59	681.94	423.05	72.89	186	651.65
三义寨村	516.84	261.65	153.14	30.51	78	255.19
杨圪塔村	784.84	389.15	250.77	42.38	96	395.69
夹河滩村	31.9	31.14	19.14	0	12	0.76

（3）移民生活水平分析。移民生活水平分析，采用人均粮食和人均纯收入两项指标，通过有、无工程情况指标对比进行分析。

1）无工程情况。无工程情况下，移民按原生产体系正常发展，其设计水平年生活水平，采用现状年有关指标，结合兰考县"十二五"期间实际增长速度推算。无工程时人均粮食 810kg，人均收入 3516 元左右，其中种植业收入 2254 元，约占 64.12%。

2）有工程情况。有工程情况下，移民原有生产体系局部破坏，移民到达安置区后建立新的生产体系，首先恢复种植业收入水平，待移民生产体系完全建立后，恢复移民原有生活水平。根据移民生产措施规划计算，有工程情况下工程占压区移民人均粮食 746kg；移民人均纯收入 3587 元左右，其中种植业收入约占 62.57%，其他收入有所增加。

黄河下游防洪工程建设移民安置前后生活水平对比见表 6.2－7。

表6.2-7 黄河下游防洪工程建设移民安置前后生活水平对比表 单位：元

村 庄	无工程时		有 工 程 时					
	种植业收入	人均收入	小计＝(1)＋(2)＋(3)	(1) 无规划措施时种植业收入	(2) 措施实施后种植业增加纯收入	(3) 补充措施增加纯收入	收入增加情况＝(2)＋(3)	人均收入
合 计	2254	3516	2315	2244	9	62	71	3587
三义寨村	2320	3619	2387	2308	10	69	79	3698
杨圪塔村	2423	3780	2510	2409	11	90	101	3881
夹河滩村	2018	3148	2049	2016	5	28	33	3181

通过分析可以看出，移民安置后由于土地资源量的限制，仅利用种植业规划无法保证移民生活水平的恢复。但按照生产措施规划安排，搞好农田建设，优化种植结构，发展蔬菜大棚和养殖业，兴办特色加工业等措施，移民群众经济收入迅速增长，同无工程时相比，各村移民安置区生活水平基本达到或超过原有生活水平。

6.2.2.3 农村工商企业迁建

1. 迁建原则

（1）对正常经营的企业，按照原标准、原规模、恢复原有功能为原则计算补偿资金。由企业根据当地情况，选择迁建、转产迁建或补偿处理的方式。企业的迁建或转产应充分考虑利用原有设备和技术，以不减少损失为原则。

（2）需要迁建的企业，可以结合技术改造和产业结构调整进行统筹规划，对扩大规模、提高标准需要增加的投资，由有关部门自行解决。

（3）对主要生产设施在征用线外的企业，具备后靠复建条件的，原则上采用后靠复建方式；对主要生产设施在征用线内的企业，应考虑就近复建；对征用程度小、防护方案简便易行、运行维护方便的企业，应采取防护措施；对不符合国家产业政策、技术落后、浪费资源、产品质量低劣、污染严重、不具备安全生产条件的企业，应依法关闭。

（4）对于失去其功能的企业，仅考虑合理补偿，由企业自行进行处理。

（5）企业的迁建或转产按当地政府的管理程序报批和实施。

（6）按批复的补偿投资实行迁建任务和投资双包干，由产权人组织实施。

2. 迁建处理

（1）三义寨村养殖场。规划该厂新址在村庄西，距原村庄约1.5km，新址地势较为平坦，有乡村路通过，无不良地质因素，拟以小机井方式取水。迁建新址征地11.25亩，场地建设土方9075m³，对外连接路120m。

（2）兰启加油站（含煤厂）。规划该加油站新址在其原址附近，新址地势较为平坦，乡村公路邻侧，无不良地质因素，拟以小机井方式取水。新址迁建新征地3.11亩，场地建设土方2904m³，对外连接路240m。

3. 迁建补偿投资

企业迁建补偿投资包括房屋及附属建筑等补偿费，新址征地、场地平整、供水、供电、对外交通等基础设施补偿费，以及设备拆卸、安装及物资搬迁、搬迁损失费用，停业损失和误工补助和办公设备搬迁补助费等。

黄河下游防洪工程农村工商企业迁建补偿投资共计 250.18 万元。

（1）三义寨村养殖场。三义寨村养殖场迁建投资共计 161.15 万元，其中补偿部分 87.32 万元，迁建处理部分 73.84 万元。三义寨村养殖场迁建规划投资概算详见表 6.2-8。

表 6.2-8　　　　　　　　三义寨村养殖场迁建规划投资概算表

序号	项　目	规划量		单位规划量单价/元	投资估算/万元
		单位	数量		
	合　计				161.15
一	补偿部分				87.31
1	房屋	m²	1982		77.48
（1）	砖混房	m²	286	713	20.39
（2）	砖木平房	m²	598	615	36.78
（3）	杂房	m²	1098	185	20.31
2	附属建筑物				9.83
（1）	围墙	m²	971	65	6.31
（2）	机井	眼	3	5000	1.50
（3）	厕所	个	4	180	0.07
（4）	水池	m³	150	130	1.95
二	迁建处理部分				73.84
（一）	基础设施建设				64.38
1	新址征地				35.89
（1）	水浇地	亩	11.25	31904	35.89
2	场地建设				21.99
（1）	土方综合	m³	9075	24.23	21.99
3	对外连接路				6.50
（1）	柏油路面	m	120	541.56	6.50
（二）	其他补偿费				9.46
1	设备设施补偿	处	3	5000	1.50
2	搬迁运输费	处	3	5000	1.50
3	停产损失费	处	3	12000	3.60
4	房屋装修费			5%	2.86

（2）兰启加油站（含煤厂）。兰启加油站迁建补偿投资共计 88.35 万元，其中补偿部分 30.79 万元，迁建处理部分 57.56 万元。兰启加油站迁建补偿投资详见表 6.2-9。

表 6.2-9 兰启加油站迁建补偿投资表

序号	项 目	规划量		单位规划量补偿单价 /元	补偿投资估算 /万元
		单位	数量		
	合计				88.35
一	补偿部分				30.79
1	房屋	m²			13.55
(1)	砖混房	m²	190	713	13.55
2	附属物				17.24
(1)	围墙	m²	645	65	4.19
(2)	混凝土地坪	m²	638	35	2.23
(3)	地下加油池	m²	126.5	850	10.75
(4)	厕所	个	4	180	0.07
二	迁建处理部分				57.56
(一)	基础设施建设				29.96
1	新址征地				9.92
(1)	水浇地	亩	3.11	31904	9.92
2	场地建设				7.04
(1)	土方综合	m³	2904	24.23	7.04
3	对外连接路				13.00
(1)	柏油路面	m	240	541.56	13.00
(二)	其他补偿费				27.60
1	搬迁运输费	处	2	10000	2.00
2	油罐搬迁调试费	个	2	60000	12.00
3	加油机搬迁调试费	个	2	8000	1.60
4	钢架棚搬迁安装费	个	1	20000	2.00
5	停产损失费	处	2	50000	10.00

6.2.2.4 文化、教育、卫生、服务设施迁建规划

1. 迁建原则

(1) 按照原标准、原规模予以补偿或迁建。

(2) 尊重地方各级政府意见,在方便当地居民就学、有利于管理的前提下,以就近迁建为主。

(3) 新址的选择应和生产条件、地形地质、水源、交通条件相结合,保证有可靠的水源,做到合理规划布局,提高土地利用率。

2. 迁建处理

规划三义寨闸渠管所迁建至大堤淤区外,有穿堤公路通过,交通便利,无不良地质因素,拟以小机井方式取水。新址征地 2.7 亩,场地建设土方 2520m³。对外交通规划柏油路 1 条,长 182m。

3. 迁建补偿投资

文化、教育、卫生、服务设施投资包括房屋及附属建筑等补偿费，新址征地、场地平整、供水、供电、对外交通等基础设施补偿费，以及设备拆卸、安装及物资搬迁和办公设备搬迁补助费等。

三义寨闸渠管所迁建补偿投资共计 70.01 万元，其中补偿部分 41.87 万元，迁建处理部分 28.14 万元。

三义寨闸渠管所迁建补偿投资详见表 6.2-10。

表 6.2-10　　　　　　　三义寨闸渠管所迁建补偿投资表

序号	项　目	规 划 量		单位规划量补偿单价/元	补偿投资概算/万元
		单位	数量		
	合计				70.01
一	补偿部分				41.87
1	房屋	m²	515		35.15
(1)	砖混房	m²	355	782	25.31
(2)	砖木平房	m²	160	632	9.84
2	附属物				6.72
(1)	砖石墙	m²	810	65	5.27
(2)	水泥地坪	m²	240	35	0.84
(3)	厕所	个	6	180	0.11
(4)	机井	眼	1	5000	0.50
二	迁建处理部分				28.14
1	基础设施建设				24.58
(1)	新址征地	亩	2.70	31904	8.61
(2)	场地建设	m³	2520	24.23	6.11
(3)	对外连接路	m	182	541.56	9.86
2	搬迁运输费	处	1	18000	1.80
3	房屋装修费			10%	1.76

6.2.2.5 专业项目复建规划

1. 道路、电力、电信工程复建规划

(1) 规划原则。

1) 按原标准、原规模恢复占压道路、电力、电信工程的功能，对已失去功能不需要恢复重建的设施，不再进行规划。因扩大规模、提高标准（等级）或改变功能需要增加的投资，由有关部门自行解决。

2) 道路、电力、电信规划，在不影响现有系统正常运行情况下，就近接线为主。

3) 鉴于工程占压移民安置为本村后靠，电力规划原则上不考虑增容设施。

4) 迁建投资不考虑项目区原有设施回收利用。

5) 对于有防汛功能的道路，其复建所需土方工程量及路面恢复费用统一在工程设计中计列，移民规划仅考虑道路复建新征地投资。

（2）规划及其投资。

1）交通设施。项目区交通规划是指由于工程建设占压，需要重新复建以恢复项目区原有道路交通网络，方便当地群众的生产生活。

规划复建道路长 0.81km，均为柏油路面，路基宽 8m，路面宽 6m，道路复建需新征地 2.66 亩，为水浇地。道路复建土方工程量在工程设计中计列，本规划仅考虑路面恢复投资。

2）输变电设施。工程占压影响的输变电线路是整个设施的一部分，在工程建设期间，必须将其进行复建，以保证工程建设不影响项目区电信设施的正常运行。工程占压影响的电力线杆规划仅对其进行拔高处理，不再进行迁建。

规划恢复 10kV 线路 0.7km，拔高处理电力线杆 24 杆。

3）电信设施。工程占压影响的电信、广播电视线路是整个设施的一部分，在工程建设期间，必须将其进行复建，以保证工程建设不影响项目区电信设施的正常运行。工程占压影响的电信、广播电视线杆规划仅对其进行拔高处理，不再进行迁建。

规划共需拔高处理通信线杆 10 杆，保护光缆 300m。

2. 专业项目复建投资

专业项目复建规划总投资共计 51.46 万元。

6.2.2.6 投资概算

1. 概算编制依据和原则

（1）编制依据。

1）《中华人民共和国土地管理法》（2004 年 8 月 28 日）。

2）《大中型水利水电工程建设征地补偿和移民安置条例》（2006 年国务院令第 471 号）。

3）《中华人民共和国河道管理条例》（1988 年 6 月 10 日国务院令第 3 号）。

4）《国务院关于深化改革严格土地管理的决定》（国发〔2004〕28 号）。

5）《水利水电工程建设征地移民安置规划设计规范》（SL 290—2009）。

6）《水利水电工程建设农村移民安置规划设计规范》（SL 440—2009）。

7）国土资源部、国家经贸委和水利部《关于水利水电工程建设用地有关问题的通知》（国土资发〔2001〕355 号）。

8）《中华人民共和国耕地占用税暂行条例》（国务院令第 511 号）。

9）财政部、国家税务总局《关于耕地占用税平均税额和纳税义务发生时间问题的通知》（财税〔2007〕176 号）。

10）财政部、国家林业局《关于印发〈森林植被恢复费征收使用管理暂行办法〉的通知》（财综字〔2002〕73 号）。

11）国土资源部《关于黄河防汛工程建设用地有关问题的函》（国土资函〔2004〕189 号）。

12）河南省财政厅《关于调整耕地占用税适用税额有关问题的通知》（豫财办农税〔2008〕10 号）。

13）《河南省黄河河道管理办法》（1992 年 8 月 3 日颁布）。

14）《关于修订土地复垦收费标准有关问题的通知》（河南省发展和改革委员会、财政厅豫发改收费〔2006〕1263 号）。

15）河南省人民政府办公厅《关于加强土地调控严格土地管理的通知》（豫政办〔2007〕33 号）。

16）国家及河南省有关行业规范及定额等。

17）兰考县统计年鉴（2008—2010 年）。

18）项目涉及的各县（市、区）物价局对小麦、玉米等收购价的监测资料（2010 年第三季度）。

19）收集的统计局、林业局、物价局、土地局、水利局、财政局等单位有关的其他经济社会统计资料及典型调查资料。

（2）编制原则。

1）征地移民投资概算，以调查的实物量和移民安置规划成果为基础，按照国务院颁布的有关法规和地方政府的有关规定计算。凡国家和地方政府有规定的，按规定执行；无规定或规定不适用的，依据实际情况，参考全国已建、在建水利水电工程执行标准，实事求是地合理确定；地方政府规定与国家规定不一致时，以国家规定为准。

2）妥善处理好国家、地方、集体、个人之间的利益关系。贯彻国家提倡和支持开发性移民方针，使移民安置后达到或超过原有生活条件、水平，包括住宅、基础设施和经济收入。

3）基础设施、专业项目等部分采用恢复改建，按"原规模、原标准、恢复原功能"的原则计算规划投资标准，不需恢复改建的占用对象，只计拆除运输费或给予必要的补助。凡结合迁移、改建需提高标准或扩大规模增加的投资，应由地方人民政府或有关单位自行解决。

2. 价格体系

（1）采用 2011 年第三季度物价水平。

（2）耕地占用税、耕地开垦费、森林植被恢复费等税费标准按国家或河南省有关规定计取。

3. 项目设置

根据水利部《水利水电工程建设征地移民安置规划设计规范》（SL 290—2009）项目设置情况设置。

征地移民补偿投资包括农村部分、专业项目、其他费用、基本预备费及有关税费。

农村部分包括征地补偿补助，房屋及附属建筑物补偿，小型水利设施补偿，文化教育卫生服务、农村工商企业等单位迁建补偿、搬迁补助，其他补偿和过渡期补偿等。

专业项目包括交通、输变电和电信广播设施。

其他费用包括前期工作费、勘测设计科研费、实施管理费、技术培训费和监督费。

有关税费包括耕地开垦费和耕地占用税。

4. 概算标准

（1）土地。

1）土地补偿补助标准。土地分耕地、园地和其他用地。

a. 耕地、园地。按照《大中型水利水电工程建设移民安置条例》第二十二条规定："大中型水利水电工程建设征收耕地的，土地补偿费和安置补助费之和为该耕地被征收前三年平均年产值的 16 倍"执行。征收园地、塘地，根据省规定参照征收耕地的补偿补助倍数 16 倍计算。

b. 其他地。包括林地、苇塘和未利用地等，"征收其他土地的土地补偿费和安置补助费标准，按照工程所在省（自治区、直辖市）规定的标准执行"。

征收其他土地补偿费。按照河南省实施《中华人民共和国土地管理法》办法第三十四条规定："征用其他土地的土地补偿费标准参照征用耕地的土地补偿费标准执行"。林地、苇塘采用 6 倍，未利用地采用 3 倍。

征用其他土地安置补助倍数。按照河南省实施《中华人民共和国土地管理法》办法第三十四条规定："征用其他土地的安置补助费标准参照征用耕地的安置补助费标准执行"，即采用 10 倍。

2）亩产值确定。

a. 水浇地。按照《中华人民共和国土地管理法》办法规定，耕地亩产值按被征用耕地前三年平均亩产值计算。粮食价格依据地方粮食部门 2011 年的现行价结合市场价分析确定。

据实地调查和有关资料分析，项目区农作物种植结构大致相同，夏季以种植小麦为主，有少量油菜；秋季主要种植玉米、黄豆、花生、薯类及菜类等。有关资料显示，工程征地前三年秋、夏两季主要粮食平均亩产量一般在 900kg 左右。据调查，小麦价格 2.1 元/kg，玉米价格 2.15 元/kg，豆类 4.12 元/kg，稻谷 3.2 元/kg，谷子 2.8 元/kg，红薯 2 元/kg，花生 4.16 元/kg，棉花 10.35 元/kg，高粱 1.95 元/kg，芝麻 15 元/kg 等，副产品产值占主产品产值的 15.0%。按前 3 年统计资料，耕地亩产值为 1994 元/亩。

b. 园地。园地包括果园和其他园。项目区园地一般具备较好的浇灌条件。按省相关规定，其亩产值按水浇地标准执行，另外考虑地上附着物补偿。

经实地查勘，每亩果园种植果树 40 棵（苹果园、梨园），按中等标准给予补偿，每棵 120 元，确定果园地上附着物补偿 4800 元/亩。

3）补偿补助标准。

a. 永久征地。按各类土地亩产值乘相应的补偿补助倍数确定。

b. 临时用地。耕地中的水浇地根据农作物种植规律，结合使用年限给予补偿。

（2）房屋及附属建筑物补偿标准。

1）房屋补偿标准。房屋分楼房、砖混房、砖木平房、混合房、土木平房、杂房和简易房。

根据《中华人民共和国土地管理法》第四十七条规定："被征用土地上附着物和青苗补偿标准，由省（自治区、直辖市）规定。"结合物价上涨情况，参考已建、在建工程有关标准确定，补偿标准详见表 6.2-11。

2）附属建筑物补偿标准。根据河南省有关规定结合典型调查资料分析确定。

黄河下游防洪工程附属建筑物补偿标准见表 6.2-12。

表 6.2-11　　　　　　黄河下游防洪工程房屋补偿标准表　　　　　单位：m²/元

序号	名　　称	补偿标准	序号	名　　称	补偿标准
1	一般农村住房		（6）	简易房	100
（1）	砖混房	648	（7）	简易棚	45
（2）	砖木房	559	2	企事业单位用房	
（3）	混合房	495	（1）	砖混房	713
（4）	土木房	447	（2）	砖木房	615
（5）	杂房	185			

表 6.2-12　　　　　　黄河下游防洪工程附属建筑物补偿标准表

序号	项　　目	补偿标准	
		单位	单价
1	砖围墙	元/m²	65
2	水泥地面		35
3	厕所		180
4	地窖		300
5	牲口棚	元/个	50
6	禽窝		50
7	粪坑		50

（3）小型水利设施补偿。依据国家对黄河下游已批复项目所采用标准，机井 5000 元/眼，大口井 3000 元/眼，对口抽井 500 元/眼。

（4）农村工商企业补偿。

1）房屋补偿费：房屋按企事业单位房屋补偿标准执行。

2）新址征地费：按永久征地中同类耕地补偿标准。

3）设施、设备补偿费：机械设备搬迁运输安装调试费按设备原值的 10%～15% 计算，设施补偿按照企业经营情况而定，需要重新规划的，按照"三原"原则重新规划，不需规划的项目，一次性给予合理补偿。

4）搬迁运输费：根据企业大小和库存分析确定。

5）停产损失费：分析计算企业年利润、税收和人员工资确定。

（5）文化、教育、卫生、服务设施迁建。

1）房屋补偿费：房屋按企事业单位房屋补偿标准执行。

2）新址征地费：按永久征地中同类耕地补偿标准。

3）搬迁运输费：根据单位大小和运输工程量分析确定。

4）基础设施建设费：结合单位选定的安置位置合理分析确定。

（6）其他补偿费。其他补偿费包括新征地附着物补偿，青苗补助费，零星树、坟墓、林木补偿和土地复垦费等。

1）新征地附着物补偿按 800 元/亩。

2) 青苗补助费按同类耕地一季产值补助。

3) 零星树。果树：幼龄期 75 元/棵，初果期 210 元/棵，盛果期 450 元/棵。材树：大树 55 元/棵，中树 40 元/棵，小树 20 元/棵，幼树 4 元/棵。大风景树 200 元/株，小风景树 52 元/株，花椒树 50 元/株。

4) 坟墓 600 元/座。

5) 林木补偿费按 1104 元/亩。

6) 土地复垦费按照省规定结合实施分析确定，放淤料场按 2200 元/亩，包边盖顶和黏土料场按 1000 元/亩，压地按 600 元/亩。

7) 过渡期生活补助费按生产安置人口 600 元/人进行补偿。

8) 临时用地复垦期补助费按同类耕地年产值补偿。

9) 已征地果木清理单价为 4800 元/亩，林木清理按 3600 元/亩。

10) 房屋装修费。随着农村经济的发展，农民生活水平不断提高，农村居民的主要房屋都有不同程度的装修。经典型调查，主要房屋（只计主房）的装修费用一般占建筑费用的 10% 左右，经分析确定房屋装修费按主房房屋补偿费的 10% 计列。

5. 专业项目复建

专业项目包括交通、输变电、通信设施、水利设施、水文及其他设施。

根据项目区实际情况，工程占压的等级公路、机耕路和桥梁，按照等级给予补偿或功能恢复；占压的高压线路，为施工安全起见，按原标准、原规模、恢复原功能的原则，迁移至建设区之外，低压线路和通信线路按拔高恢复处理。

黄河下游防洪工程专业项目复建单价见表 6.2-13。

表 6.2-13　　　　　　黄河下游防洪工程专业项目复建单价表

序号	项　　目	复建单价标准	
		单位	单价
1	交通设施		
(1)	四级公路	元/km	400000
(2)	机耕路		20000
2	输变电设施		
(1)	10kV 线路	元/km	73000
(2)	380V 线路		30000
(3)	电力线杆	元/杆	1300
3	广播通信设施		
(1)	通信线杆	元/杆	1300
(2)	通信光缆	元/km	65000

6. 其他费用

包括前期工作费、勘测设计科研费、实施管理费、技术培训费和监督费。

(1) 前期工作费：按直接费的 2.5% 计列。

(2) 勘测设计科研费：按直接费的 3% 计列。

（3）实施管理费：按直接费的 3% 计列。

（4）技术培训费：按农村移民补偿费的 0.5% 计列。

（5）监督费：按直接费的 1.5% 计列。

7. 基本预备费

按直接费和其他费用之和的 8% 计列。

8. 有关税费

包括耕地占用税和耕地开垦费。工程建设方案调整后，放淤固堤工程淤背体建成后仍作为耕地使用，未改变其原有使用性质，因此淤背区征用土地不再考虑耕地占用税和耕地开垦费。工程建设引起专业项目迁建新征地的耕地占用税和耕地开垦费仍计列。

（1）耕地占用税。根据河南省财政厅《河南省财政厅关于调整耕地占用税适用税额有关问题的通知》（豫财办农税〔2008〕10 号），征收标准均为 22.0 元/m²。

（2）耕地开垦费。根据河南省人民政府办公厅《关于加强土地调控严格土地管理的通知》（豫政办 2007〔33〕号）规定和国土资源部、国家经贸委、水利部国土资发〔2001〕355 号文件规定，本工程主要以防洪为主，其耕地开垦费标准按 14 元/m² 的 70% 计列，水浇地为 6537 元/亩。

9. 概算投资

黄河下游防洪工程占地处理及移民安置规划总投资 3726.30 万元，其中，农村移民补偿费 2856.54 万元，专业项目恢复改建费 51.46 万元，其他费用 305.08 万元，基本预备费 257.04 万元，有关税费 256.18 万元。

黄河下游防洪工程占地处理及移民安置规划投资概算汇总见表 6.2-14。

表 6.2-14　　黄河下游防洪工程占地处理及移民安置规划投资概算汇总表

序号	项　目	单位	单位指标补偿单价/元	实物及规划指标			投资概算/万元		
				合计	放淤工程	三义寨闸	合计	放淤工程	三义寨闸
I	农村移民补偿费						2856.54	2209.67	646.87
一	工程建设占地	亩		1318.03	973.04	344.99	1664.82	1237.47	427.35
（一）	永久征地	亩		415.95	312.15	103.80	1329.62	998.46	331.16
1	耕地	亩		413.95	310.15	103.80	1320.66	989.50	331.16
（1）	水浇地	亩	31904	413.95	310.15	103.80	1320.66	989.50	331.16
2	园地	亩		2.00	2.00		8.96	8.96	0.00
（1）	金银花	亩	44814	2.00	2.00		8.96	8.96	0.00
（二）	临时占地	亩		902.08	660.89	241.19	335.20	239.01	96.19
1	挖地	亩		742.87	510.71	232.16	271.71	179.12	92.59
（1）	土料场（水浇地）	亩	3988	523.44	291.28	232.16	208.75	116.16	92.59
（2）	放淤料场	亩	3988	96.31	96.31		38.41	38.41	0.00
（3）	黏土料场	亩	1994	123.12	123.12		24.55	24.55	0.00
2	压地	亩		159.21	150.18	9.03	63.49	59.89	3.60

续表

序号	项目	单位	单位指标补偿单价/元	实物及规划指标			投资概算/万元		
				合计	放淤工程	三义寨闸	合计	放淤工程	三义寨闸
(1)	水浇地	亩	3988	159.21	150.18	9.03	63.49	59.89	3.60
二	房屋及附属建筑物补偿费						127.06	127.06	0.00
1	房屋						68.17	68.17	
(1)	砖混房	m²	648	1052	1052		68.17	68.17	0.00
2	附属建筑物			0			58.89	58.89	
(1)	围墙	m²	65	3245	3245		21.09	21.09	
(2)	大棚	m²	100	3780	3780		37.80	37.80	
三	小型水利设施补偿费			0			12.10	12.10	0.00
1	机井	眼	5000	21	21		10.50	10.50	0.00
2	对扣抽	眼	500	32	32		1.60	1.60	0.00
四	农村工商企业补偿费			0			250.18	250.18	0.00
(一)	兰启加油站			0			89.03	89.03	
(二)	三义寨养殖场						161.15	161.15	
(三)	煤场						0.00		
五	行政事业单位迁建补偿费						70.00	70.00	
(一)	三义寨闸渠管所			0.00			70.00	70.00	0.00
六	其他补偿费			0.00			732.38	512.86	219.52
(一)	零星果木补偿费	株		66684	47186	19498	315.20	216.25	98.95
1	零星材树	株		64862	45985	18877	268.63	182.73	85.90
(1)	小树	株	20	9165	6531	2634	18.33	13.06	5.27
(2)	中树	株	40	37351	31548	5803	149.40	126.19	23.21
(3)	大树	株	55	18346	7906	10440	100.90	43.48	57.42
2	零星果树	株		1276	1201	75	35.65	33.52	2.13
(1)	幼果期	株	75	305	282	23	2.29	2.12	0.17
(2)	初果期	株	210	431	415	16	9.06	8.72	0.34
(3)	盛果期	株	450	540	504	36	24.30	22.68	1.62
3	景观树	株	200	546		546	10.92	0.00	10.92
(二)	坟墓	座	600	83	82	1	4.98	4.92	0.06
(三)	土地复垦费			805.77	564.58	241.19	160.91	109.22	51.69
1	挖地	亩		646.56	414.40	232.16	146.45	95.58	50.87
(1)	包边盖顶料场	亩	2191	523.44	291.28	232.16	114.69	63.82	50.87
(2)	放淤料场	亩	2580	123.12	123.12	0.00	31.76	31.76	0.00
2	压地	亩	908	159.21	150.18	9.03	14.46	13.64	0.82

序号	项目	单位	单位指标补偿单价/元	实物及规划指标			投资概算/万元		
				合计	放淤工程	三义寨闸	合计	放淤工程	三义寨闸
(四)	移民征地附着物	亩	800	14.36	14.36		1.15	1.15	0.00
(五)	过渡期生活补助费	人	600	422	249	173	25.32	14.94	10.38
(六)	征地青苗费						41.54	31.19	10.35
1	水浇地	亩	997	416.61	312.81	103.80	41.54	31.19	10.35
(七)	临时用地复垦期减产补助	亩	1994	902.08	660.89	241.19	179.87	131.78	48.09
(八)	房屋装修费		5%	0.00			3.41	3.41	0.00
Ⅱ	专业项目恢复改建补偿费			0.00			51.46	51.46	0.00
一	交通设施恢复改建费			0.00			40.89	40.89	0.00
(一)	新征地	亩	31904	2.66	2.66		8.49	8.49	0.00
(二)	四级路	km	400000	0.81	0.81		32.40	32.40	0.00
二	输变电设施恢复改建费			0.00			7.32	7.32	0.00
(一)	10kV电力线路	km	73000	0.70	0.70		5.11	5.11	0.00
(二)	380V电力线路	杆	1300	17	17		2.21	2.21	0.00
三	电信设施恢复改建费			0.00			3.25	3.25	0.00
(一)	通信电缆	杆	1300	10	10		1.30	1.30	0.00
(二)	通信光缆	m	65	300	300		1.95	1.95	0.00
(三)	Ⅰ～Ⅱ合计			0.00			2908.00	2261.13	646.87
Ⅲ	其他费用			0.00			305.08	237.16	67.92
一	勘测设计科研费		3.0%	0.00			87.24	67.83	19.41
二	实施管理费		3.0%	0.00			87.24	67.83	19.41
三	实施机构开办费						0.00	0.00	0.00
四	技术培训费		0.5%				14.28	11.05	3.23
五	监督费		1.5%	0.00			43.62	33.92	9.70
六	咨询服务费						0.00	0.00	0.00
七	前期工作费		2.5%		312.2	103.8	72.70	56.53	16.17
Ⅳ	基本预备费		8.0%	0.00			257.04	199.86	57.18
Ⅴ	有关税费			0.00			256.18	36.09	220.09
一	耕地开垦费			0.00			78.98	11.13	67.85
(一)	一般农田（水浇地）	亩	6537	120.82	17.02	103.80	78.98	11.13	67.85
二	耕地占用税			0.00			177.20	24.96	152.24
(一)	耕地	亩	14667	120.82	17.02	103.80	177.20	24.96	152.24
	总投资			0.00			3726.30	2734.24	992.06

6.2.3 林辛闸工程

6.2.3.1 移民安置

根据实物指标调查成果，本工程无永久占压土地，临时占地 5.08 亩，工程结束后进行复耕，恢复耕种条件，还给农民耕种，为此，本工程不必要作移民安置规划。

6.2.3.2 投资概算

1. 编制依据

（1）《中华人民共和国土地管理法》（2004 年 8 月 28 日）。

（2）《大中型水利水电工程建设征地补偿和移民安置条例》（2006 年国务院 471 号令）。

（3）山东省实施《中华人民共和国土地管理法》办法（2004 年 11 月 25 日）。

（4）山东省人民政府办公厅《关于调整征地年产值和补偿标准的通知》（鲁政办发〔2004〕51 号）。

（5）国家及山东省有关行业规范和规定等。

2. 编制原则

（1）凡国家或地方政府有规定的，按规定执行，地方政府规定与国家规定不一致时，以国家规定为准；无规定或规定不适用的，依工程实际调查情况或参照类似标准执行。

（2）各类补偿标准一律按 2011 年第 3 季度物价水平计算。

3. 补偿标准确定

本工程不涉及永久占地，临时占地 5.08 亩。

耕地亩产值，按照该工程涉及县前 3 年统计资料，结合山东省人民政府办公厅《关于调整征地年产值和补偿标准的通知》（鲁政办发〔2004〕51 号），分析确定耕地亩产值为 1875 元/亩。

临时占地根据施工组织设计按 1 年补偿。

零星树和土地复垦费等，按照黄河下游标准计算。零星树大树 70 元/棵，中树 40 元/棵，小树 20 元/棵；土地复垦费，挖地 1000 元/亩，压地 600/元，临时占地复垦期减产补助按 1 年产值计算。

4. 其他费用

包括前期工作费，勘测设计科研费，实施管理费，技术培训费，监理、监测费，咨询服务费。

（1）勘测设计科研费：按 3 万元计列。

（2）实施管理费：按 3 万元计列。

（3）技术培训费：按农村移民补偿费的 0.5% 计列。

（4）监理、监测费：按直接费的 1.5%。

5. 基本预备费

按直接费和其他费用之和的 8% 计列。

6. 概算投资

根据工程占压影响实物指标，按以上拟定的补偿标准计算，林辛闸改建占压处理投资共计 9.17 万元，其中，农村移民安置补偿费 2.44 万元，其他费用 6.05 万元，基本预备费 0.68 万元。投资概算详见表 6.2-15。

表 6.2－15　　　　　　　　　　　林辛闸改建工程占压投资表

序号	项 目	工程量		单位工程量补偿单价 /元	投资 /万元
		单位	数量		
Ⅰ	农村移民安置补偿费				2.44
一	征用土地补偿费和安置补助费				0.95
（一）	临时占地				0.95
1	压地	亩	5.08	1875	0.95
二	其他补偿				1.37
1	零星树木补偿		26		0.12
（1）	小树	棵	8	20	0.02
（2）	中树	棵	10	40	0.04
（3）	大树	棵	8	70	0.06
2	土地复垦费	亩	5.08	600	0.30
3	临时占地复垦期减产补助	亩	5.08	1875	0.95
Ⅱ	其他费用				6.05
1	勘测设计科研费				3.00
2	实施管理费				3.00
3	技术培训费			0.5%	0.01
4	监理、监测费			1.5%	0.04
Ⅲ	基本预备费			8%	0.68
	总投资				9.17

第7章 湿地及水土保护与生态环境

7.1 生态环境设计

7.1.1 环境保护设计依据、原则、标准、目标和环境影响分析

1. 环境保护设计依据

《中华人民共和国环境保护法》(1989 年 12 月 26 日)。

《中华人民共和国环境影响评价法》(2003 年 9 月 1 日)。

《中华人民共和国水法》(2009 年 8 月 27 日)。

《中华人民共和国水污染防治法》(2008 年 6 月 1 日)。

《中华人民共和国固体废物污染环境防治法》(2005 年 4 月 1 日)。

《中华人民共和国大气污染防治法》(2000 年 9 月 1 日)。

《中华人民共和国环境噪声污染防治法》(1997 年 3 月 1 日)。

《中华人民共和国土地管理法》(2004 年 8 月 28 日)。

《中华人民共和国水土保持法》(2011 年 3 月 1 日)。

《中华人民共和国防洪法》(2009 年 8 月 27 日)。

《中华人民共和国野生动物保护法》(2009 年 8 月 27 日)。

《中华人民共和国自然保护区条例》(2011 年 1 月 10 日)。

《中华人民共和国野生植物保护条例》(1997 年 1 月 1 日)。

《建设项目环境保护管理条例》(1998 年 11 月 29 日)。

《中华人民共和国河道管理条例》(2011 年 1 月 8 日)。

《建设项目环境保护设计规定》(1987 年 3 月)。

《环境影响评价技术导则　水利水电工程》(HJ/T 88—2003)。

《环境影响评价技术导则　总纲、水环境》(HJ/T 2.1—1993)。

《环境影响评价技术导则　大气环境》(HJ/T 2.2—2008)。

《环境影响评价技术导则　水环境》(HJ/T 2.3—1993)。

《环境影响评价技术导则　生态影响》(HJ 19—2011)。

《环境影响评价技术导则　声环境》(HJ 2.4—2009)。

《地表水和污水监测技术规范》(HJ/T 91—2002,国家环境保护总局)。

《水利水电工程环境保护设计规范》(SL 492—2011)。

《水利水电工程初步设计报告编制规程》(DL 5021—1993)。

《水利水电工程初步设计报告编制规程》(DL 5021—1993)。

《水利水电工程环境保护设计规范》(SL 492—2011)。

《水利水电工程环境保护概估算编制规程》(SL 359—2006)。

《室外排水设计规范》(GB 50014—2006)。

《地表水和污水监测技术规范》(HJ/T 91—2002)。

《水利水电工程沉砂池设计规范》(SL 269—2001)。

《民用建筑物隔声设计规范》(GBJ 118—1988)。

《地表水环境质量标准》(GB 3838—2002)。

《地下水质量标准》(GB/T 14848—1993)。

《生活饮用水卫生标准》(GB 5749—2006)。

《环境空气质量标准》(GB 3095—1996)。

《声环境质量标准》(GB 3096—2008)。

《污水综合排放标准》(GB 8978—1996)。

《大气污染物综合排放标准》(GB 16297—1996)。

《建筑施工场界噪声限值》(GB 12523—1990)。

《黄河下游近期防洪工程建设可行性研究报告》(2008 年 4 月)。

《黄河下游近期防洪工程建设环境影响报告书》(2008 年 7 月)。

2. 环境保护设计原则

环境保护设计应根据环境影响评价结论,针对工程建设对环境的不利影响,进行系统分析,将工程开发建设和地方环境规划目标结合起来,进行环境保护措施设计,力求项目区工程建设、社会、经济与环境保护协调发展。为此,环境保护设计应遵循以下原则。

(1) 预防为主、以管促治、防治结合、因地制宜、综合治理的原则。

(2) 各类污染源治理,经污染控制处理后相关指标应达到国家规定的相应标准。

(3) 在设计中充分考虑废弃物处理后的循环利用,最大限度提高资源利用率。

(4) 应尽可能减少施工活动对环境的不利影响,力求施工结束后工程区环境质量得以恢复或改善。

(5) 环境保护对策措施的设计应切合工程区实际,力求做到技术上可行、经济上合理,并具有较强的可操作性。

3. 环境保护设计标准

(1) 环境质量标准。涉及的环境质量标准如下。

《生活饮用水卫生标准》(GB 5749—2006)。

《地表水环境质量标准》(GB 3838—2002)Ⅲ类标准。

《环境空气质量标准》(GB 3095—1996)二级标准。

《声环境质量标准》(GB 3096—2008)2 类标准。

(2) 污染物排放标准。涉及的污染物排放标准如下。

《建筑施工场界噪声限值》(GB 12523—1990)。

《污水综合排放标准》(GB 8978—1996)一级排放标准。

《大气污染物综合排放标准》(GB 16297—1996)二级标准。

环境空气执行《环境空气质量标准》(GB 3095—1996) 中的二级标准,主要指标的标准值见表 7.1-1。

表 7.1-1　《环境空气质量标准》(GB 3095—1996) 二级标准主要指标的标准值　单位:mg/m³

浓 度 限 值	二 级 标 准	
	TSP	NO₂
日平均	0.30	0.12
1h 平均	—	0.24

(3) 地表水环境。开封段黄河河段执行《地表水环境质量标准》(GB 3838—2002) 中的Ⅲ类标准,主要指标的标准值见表 7.1-2。

表 7.1-2　《地表水环境质量标准》(GB 3838—2002) Ⅲ类标准主要指标的标准值　单位:mg/L

类型	溶解氧 (DO)	高锰酸盐指数 (COD$_{Mn}$)	化学需氧量 (COD)	生化需氧量 (BOD₅)	氨氮 (NH₃-N)
Ⅲ	≥5	≤6	≤20	≤4	≤1.0

(4) 声环境。声环境执行《声环境质量标准》(GB 3096—2008),其中,工业区执行 2 类标准,交通干线两侧执行 4a 类区标准,施工周围村庄执行 1 类标准,自然保护区执行 0 类标准。主要指标的标准值见表 7.1-3。

表 7.1-3　　《声环境质量标准》(GB 3096—2008) 主要指标的标准值　单位:dB (A)

类 型	噪 声 值	
	昼 间	夜 间
0	50	40
1	55	45
2	60	50
4	70	55

(5) 污染物排放标准。

1) 大气污染物排放。大气污染物排放执行《大气污染物综合排放标准》(GB 16297—1996) 中的二级标准,主要指标的标准值见表 7.1-4。

表 7.1-4　《大气污染物综合排放标准》(GB 16297—1996) 主要指标的标准值　单位:mg/m³

污 染 物	浓 度	备 注
SO₂	0.5	无组织排放监控浓度限值(监控点与参照点浓度差值)
氮氧化物	0.15	
颗粒物	5.0	

2) 废水污染物排放。开封段黄河河段执行《污水综合排放标准》(GB 8978—1996) 中的一级排放标准,主要指标的标准值见表 7.1-5。

表 7.1-5 　　　《污水综合排放标准》（GB 8978—1996）主要指标的标准值　　　单位：mg/L

污染物	BOD$_5$	COD	SS	氨氮	挥发酚
一级标准	20	100	70	15	0.5
二级标准	30	150	150	25	0.5

3）施工期噪声。施工期噪声执行《建筑施工场界噪声限值》（GB 12523—1990），主要指标的标准值见表 7.1-6。

表 7.1-6 　　　《建筑施工场界噪声限值》（GB 12523—1990）主要指标的标准值　　　单位：dB（A）

施工阶段	主要噪声源	昼间噪声限值	夜间噪声限值
土石方	推土机、挖掘机、装载机等	75	55
打桩	各种打桩机等	85	禁止施工
结构	混凝土搅拌机、振捣棒、电锯等	70	55
装修	吊车、升降机等	65	55

4．环境保护目标

（1）生态环境：项目区生态系统功能、结构不受到影响。

（2）沿河取水口取水水质不因本工程的修建而受到影响。

（3）黄河下游水体不因工程修建而使其功能发生改变。

（4）最大程度减轻施工区废水、大气、固体废弃物和噪声等对周边居民的影响。

（5）移民安置区的生活水平和生活环境不因工程兴建而降低，并能得到改善。

（6）施工技术人员及工人的人群健康问题得到保护。

5．环境影响分析

（1）有利影响。工程建设有利于提高该地区的防洪排涝能力、消除下游防洪安全隐患、提高下游用水保证率、促进经济社会发展。

（2）主要不利影响。

1）水环境影响。施工期间的废污水主要是施工人员生活污水和生产废水。

生活污水主要来自施工人员的日常生活产生的污水，污水量很小。

生产废水主要来自混凝土拌和系统，冲洗废水 pH 值较高，悬浮颗粒物含量较高，直接排放会对水环境造成一定不利影响，但经过中和、沉淀处理后回用对水环境影响较小。

2）环境空气影响。施工期间大气污染物主要是施工机械、车辆排放的 CO、NO$_x$、SO$_2$、碳氢化合物以及车辆运输产生的扬尘，施工扬尘将对距离施工道路 20m 的谷家村居民造成一定影响，宜做好洒水等环境空气保护措施。

3）噪声环境影响。工程施工期，噪声源主要有施工机械噪声和交通噪声，施工道路距离谷家村 20m，施工期间的交通噪声将对谷家村的居民造成一定影响，宜采取设置临时隔声屏障等措施。

4）固体废物影响。本工程固体废物有生产弃渣和施工人员生活垃圾。弃渣处置在水土保持设计中考虑；生活垃圾及时清运；采取这些措施后，固体废物对环境影响很小。

5）占地影响。本工程共占压土地 48.25 亩，全部为临时占地，影响零星树木 338 棵。

占地将按规定给予补偿,当地政府进行土地调整,保证占地影响人口的生活水平不会降低。

6)生态环境影响。工程施工开始后,工程永久占地和临时占地上的植被将被铲除。工程区均为人工植被,因此施工仅造成一定的生物量损失,不影响当地的生物多样性。

水闸施工涉及的范围小,水闸施工对水生生物影响很小。

7)人群健康。在施工期间,由于施工人员相对集中、居住条件较差,易引起传染病的流行。施工期间易引起的传染病有:流行性出血热、疟疾、流行性乙型脑炎、痢疾和肝炎等。应加强卫生防疫工作,保证施工人员的健康。

(3)综合分析。本工程对环境的不利影响主要集中在施工期。施工活动对施工区生态、水、大气、声环境将产生一定的不利影响;工程建设对提高防洪能力、提高下游用水保证率、保证周围居民生命财产安全有积极的作用。

工程建设对环境的影响是利弊兼有,且利大于弊。工程产生的不利影响可以通过采取措施进行减缓。从环境保护角度出发,没有制约工程建设的环境问题,工程建设是可行的。

7.1.2　生态环境保护设计

1. 水污染控制

工程施工期间废水主要包括排放的生产废水和生活污水。

在水闸施工中,设 1 座混凝土拌和站,冲洗废水以 $1.0 m^3 /$ 次,高峰期一天产生废水量约为 $3 m^3$,类比同类工程,废水 pH 值约为 11,废水中悬浮物浓度约 $5000 mg/L$,废水具有悬浮物浓度高、水量少、间歇集中排放的特点。为避免混凝土拌和冲洗废水污染周围水体,采取设置沉淀池,混凝土拌和冲洗废水经沉淀后排放的处理方式,其工艺流程见图 7.1-1。

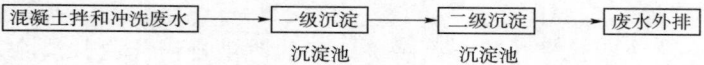

图 7.1-1　混凝土拌和冲洗废水处理工艺流程图

生活污水包含有粪便污水和洗涤废水,主要污染物是 COD、BOD_5、氨氮等。工程施工区高峰期人数为 70 人,按高峰期用水量每人每天 $0.08 m^3$ 计,排放率以 80% 计,每天产生生活污水约 $4.5 m^3$。本工程采用机械化施工,由于施工人数较少,为保证黄河水体水质不受污染,在生活营地和施工区设立环保厕所,生活污水经一体化生活污水处理设施处理达到《污水综合排放标准》一级排放标准后排放,其工艺流程见图 7.1-2。

生活污水 → 一体化生活污水处理设备 → 达标排放

图 7.1-2　生活废水处理工艺流程图

三义寨闸工程水污染控制主要内容如下。

1)淤区退水。放淤工程中会产生淤区退水,这些退水一般悬浮物含量较高,间歇排放,水量较大。根据工程设计提供的工程量数据,本工程淤填土方总量约为 30.59 万 m^3。淤区退水量可按照下面的比例进行估算:使用组合泵放淤,淤区退水量为放淤量的 2 倍;使用吸泥船放淤,淤区退水量为放淤量的 2.5 倍。取两种放淤方式的平均值进行计算,则本次放淤固堤工程的淤区退水总排放量约为 68.8 万 m^3。

淤区退水应当严格执行工程设计中的截渗、导流措施,对排水沟渠应及时疏挖,防止淤区退水漫溢进入周边地区土壤环境中。

2）生活污水。生活污水主要包括施工营地的食堂和厕所等产生的废水，主要污染物是 COD、BOD_5、氨氮等。三义寨闸工程施工总工日为 2.51 万个，施工高峰期人数为 283 人；放淤工程施工总工日为 3.08 万个，高峰期人数为 400 人。施工期施工人员用水量以 $0.08m^3/(d \cdot 人)$ 计，污水排放系数取为 0.8，则三义寨闸改建工程施工高峰期生活污水排放量为 $18.1m^3/d$，整个施工期生活污水排放量为 $1606.4m^3$；放淤工程高峰期生活污水排放量为 $25.6m^3/d$，整个施工期生活污水排放量为 $1971.2m^3$。

为保证黄河水体和周围水体水质不受污染，在生活营地和施工区设立环保厕所。在施工营地设置食堂隔油池和生活污水沉淀池，污水经收集沉淀后用于场地绿化和洒水降尘；粪便污水采用集中外运处理。

3）生产废水。

a. 混凝土养护废水。在三义寨闸改建工程混凝土浇筑施工时会产生一些混凝土养护废水，其主要污染问题是悬浮物和 pH 值较高。这些碱性冲洗废水，如不经处理，随意排放，将不利于农作物生长和施工迹地恢复。按照 $1m^3$ 混凝土需要 $0.35m^3$ 养护水计算，本次三义寨闸改建工程产生的混凝土废水量为 $4130m^3$。

为避免混凝土养护废水污染周围环境，对该废水的处理采用间歇式自然沉淀的方式去除易沉淀的砂粒。先将碱性废水收集至集水池中，由于废水中 pH 值较高，可在沉淀池中加入适量的酸调节 pH 值至中性，再进行沉淀处理，上清液可循环使用，沉淀物运往附近垃圾处理厂处理。

b. 机械车辆冲洗废水。施工过程中，各工区都设有简易机械保养厂，主要承担机械及汽车的保养、清洗和小修任务。根据施工方案，三义寨闸改建工程施工机械数量为 60 台，放淤工程自卸汽车数量为 33 台。按照每台机械设备冲洗水平均用水量约为 $0.6m^3/d$ 计，则三义寨闸改建工程和放淤工程废水排放量分别为 $36.0m^3/d$、$19.8m^3/d$。废水中主要污染物为石油类和悬浮物，石油类浓度一般 $50 \sim 100mg/L$，悬浮物浓度一般为 $500mg/L$。

在施工区设置的机械修配场，应设置集水沟，收集检修冲洗废水，建设隔油沉淀处理系统，经破乳、除油、沉淀处理后，冲洗废水的石油类浓度可降至 5mg/L 以下，悬浮物大大降低。沉淀后泥浆用于低洼处填埋，经过处理后的施工机械车辆检修冲洗废水可用于喷洒施工道路，既可有效降低施工扬尘，又解决该部分的废水排放。

开封三义寨闸改建和放淤工程施工期废污水处理情况统计见表 7.1-7。

表 7.1-7　　　　开封三义寨闸改建和放淤工程施工期废污水处理情况表

所属市局	生活污水沉淀池	食堂隔油池	环保厕所	混凝废水处理池	洗车含油废水处理池
	座	座	座	座	座
三义寨	1	1	1	1	1

2. 大气污染控制

施工期大气污染主要来自机械车辆、施工机械排放的尾气、道路扬尘，污染物主要为 CO、SO_2、NO_x、TSP、PM_{10} 等。为控制大气污染需采取以下措施。

（1）进场设备尾气排放必须符合环保标准，应选用质量高有害物质含量少的优质燃料，减少机械设备尾气的排放。

（2）加强机械、运输车辆管理，维护好车况，尽量减少因机械、车辆状况不佳造成的污染。临近谷家村及生活区路段车辆实行限速行驶，以防止扬尘过多。

（3）物料运输时应加强防护，避免漏撒对沿线环境造成污染。

（4）道路、施工现场要定期洒水。一般情况下，每 2h 洒水 1 次，洒水次数可根据季节和具体情况进行增减。施工过程中，在瓜果开花季节，应增加洒水次数，尽量避免漂尘的影响。

（5）淤堤顶面飞沙防护。淤背工程放淤结束后，淤背区需要一个自然沉降固结过程，然后再进行包边盖顶等项工程的施工。在此期间，淤堤顶面松散的浮沙遇到风力扰动，就会产生扬沙，造成大气中总悬浮颗粒物（TSP）超标，致使环境空气质量恶化。这种现象不仅对临近堤防加固区一定范围内的城镇、乡村居民造成空气污染，对距淤背区较近的庄稼、蔬菜和果树园区也将产生不同程度的损害。同样，在包边盖顶后，因气候、工程安排等原因，暂时无法进行植树，在此期间也会因淤堤顶面松散的浮土遇到风力扰动而产生扬尘。

淤背沉降期飞沙对大气环境产生的污染，业主和工程承包商除加强施工组织管理外，对淤背区还应采取每天 2 次洒水、用合适覆盖物予以遮挡或采取其他相关有效防护措施予以妥善处置，并尽快安排淤区植树绿化。

3. 噪声污染控制

施工区噪声主要来源于交通车辆噪声和施工机械噪声。为了控制噪声污染，必须加强以下几方面的工作。

（1）临近居住区堤段禁止夜间施工，运输车辆限速行驶，禁止使用高音喇叭。合理安排运输时间，尽量避免车辆噪声影响居民的休息；做好运输车辆的维护工作，避免因车况不佳增加交通噪声。临近驻村路段设置临时隔声屏障，采用直立式百叶板隔声屏障，高 2m、长 50m。

（2）进场设备噪声必须符合环保标准，并加强施工期间的维修与保养，使其保持良好的运行状态。

（3）合理进行场地布置，高噪声设备尽量远离施工生活区、居民区，使施工场地达到《建筑施工场界噪声限值》（GB 12523—1990）标准。

（4）施工场地内噪声对施工人员的影响是不可避免的，对施工人员实行轮班制，控制作业时间，并配备耳塞等劳保用品，减轻噪声危害。

（5）对推土机、挖土机等高噪声环境下作业人员实行轮班制，并发放耳塞等劳保用品，减轻噪声危害。

（6）合理安排作业时间，避免夜间施工，减少噪声对周围居民的影响。

4. 生态环境保护措施

由于这几个工程占压涉及村庄永久征地面积较少，对原有居民的社会、经济和生活居住环境影响相对较小。

工程建设占压土地资源所导致的土地调整，若处理不当将带来一系列的社会环境问题，甚至影响当地的政治稳定和社会经济发展。因此，对因土地占压所产生的社会环境影响问题，必须引起足够的重视。考虑到移民安置区可持续性发展的需要，对移民安置区生产生活需要做出科学合理的规划和安排；除此之外，移民安置区的环境保护还需采取以下措施。

（1）工程应该根据建筑物的布置、主体工程施工方法及施工区地形等情况，进行合理规划布置，尽可能地减少工程占压对植物资源产生的不利影响。加强施工期间的环境管理和宣传教育工作，防止碾压和破坏施工范围之外的植被，减少人为因素对植被的破坏。

（2）工程结束后，临时占地应按要求及时进行施工迹地清理，恢复原有土地功能或平整覆土恢复为农田或林草地。

（3）加强施工期环境管理，各施工单位应设专人负责施工期的管理工作。在施工区、生活区树立警示牌、公告栏，严禁施工人员捕捉野生动物。

（4）受影响村民安置要以大农业为主，以土地为依托，充分挖掘当地资源优势，多形式、多产业发展生产，使失去耕地的村民达到或超过原有生活水平。

（5）尽量减少对安置区原居民的影响，通过适当的经济补偿和生产开发措施，弥补安置区原居民因划拨耕地所造成的损失。

（6）移民安置及土地资源调整必须充分考虑对环境的影响因素，重视安置区的环境建设。把开发与治理紧密结合起来，使安置区的生态环境保持良性循环，确保社会-人-自然的关系实现和谐与可持续发展。

（7）移民生产安置措施规划中，农牧渔副业的产业结构调整应尽可能遵循优先安排发展农业生态型和绿色有机产业的原则。

5.固体废弃物处理

施工期产生的固体废弃物主要有工程弃土（渣）、施工人员的生活垃圾等。其中工程弃土（渣）的处理在水土保持设计中另行考虑。

三义寨闸改建工程施工高峰期总人数为 283 人，施工总工日为 2.51 万个；放淤工程施工高峰期总人数为 400 人，施工总工日为 3.08 万个。按每人每天排放 1kg 生活垃圾计算，则水闸工程施工高峰期日产垃圾 0.3t，整个施工期产垃圾 25.1t；放淤工程施工高峰期日产垃圾 0.4t，整个施工期产垃圾 30.8t。生活垃圾含有细菌及病原体，又是传播疾病媒介——苍蝇和蚊子的滋生地，为疾病的发生和流行提供了条件，若不及时清理，将污染附近水域、破坏环境卫生、影响景观，有害施工人员身体健康。

为防止垃圾乱堆乱倒，污染周边生产生活环境，各施工承包商在其生产、生活营区，应设置垃圾收集装置，禁止随意排放，在每个施工营地设置垃圾桶，安排 1~2 人负责生活垃圾的清扫和转运，生活垃圾可交给当地环卫部门运往附近垃圾场统一处理。垃圾桶需经常喷洒灭害灵等药水，防止苍蝇等传染媒介滋生。

6.人群健康保护措施

（1）生活饮用水处理。本工程生活用水可直接在村庄附近打井取用或与村组织协商从村民供水井引管网取得，对食堂的饮用水桶进行加漂白粉消毒，加漂白粉剂量每立方米水为 8g。

（2）卫生防疫。施工单位应与当地卫生医疗部门取得联系，由当地卫生部门负责施工人员的医疗保健和急救及意外事故的现场急救与治疗。为保证工程的顺利进行，保障施工人员的身体健康，施工人员进场前应进行体检，传染病人不得进入施工区。施工过程中定期对施工人员进行体检，发现传染病人及时隔离治疗，同时还应加强流感、肝炎、痢疾等传染病的预防与监测工作。工程完工后需对场地进行消毒、清理。

施工区流行性疾病防治措施如下。

1）开展有计划有组织的灭鼠活动，可采用简便高效的毒饵法进行灭鼠，施工期内进行 3 次。

2）加强对食品的卫生监督，集体食堂要做到严格消毒，重视疫情监测，及早发现病人，防止疫情蔓延。

3）夏、秋蚊虫活动频繁的季节，施工人员应挂蚊帐、不露宿，减少蚊虫叮咬机会，服用抗疟药物。

7.1.3　生态环境管理

本工程的环境保护措施能否真正得到落实，关键在于环境管理规划的制订和实施。

1. 环境管理目标

根据有关的环保法规及工程的特点，环境管理的总目标如下。

（1）确保本工程符合环境保护法规要求。

（2）以适当的环境保护措施充分发挥本工程潜在的效益。

（3）使不利影响得到缓解或减免。

（4）实现工程建设的环境、社会与经济效益的统一。

2. 环境管理机构及其职责

（1）环境管理机构设置。工程建设管理单位配备环境管理工作人员，安排专业环保人员负责施工中的环境管理工作。为保证各项措施有效实施，环境管理工作人员应在工程筹建期设置。

（2）环境管理工作人员职责。

1）贯彻国家及有关部门的环保方针、政策、法规、条例，对工程施工过程中各项环保措施执行情况进行监督检查。结合本工程特点，制定施工区环境管理办法，并指导、监督实施。

2）做好施工期各种突发性污染事故的预防工作，准备好应急处理措施。

3）协调处理工程建设与当地群众的环境纠纷。

4）加强对施工人员的环保宣传教育，增强其环保意识。

5）定期编制环境简报，及时公布环境保护和环境状况的最新动态，搞好环境保护宣传工作。

3. 环境监理

为防止施工活动造成环境污染，保障施工人员的身体健康，保证工程顺利进行，应聘请 1 名环境监理工程师开展施工区环境监理工作。环境监理工程师职责如下。

（1）按照国家有关环保法规和工程的环保规定，统一管理施工区环境保护工作。

（2）监督承包商环保合同条款的执行情况，并负责解释环保条款。对重大环境问题提出处理意见和报告，并责成有关单位限期纠正。

（3）发现并掌握工程施工中的环境问题。对某些环境指标，下达监测指令。对监测结果进行分析研究，并提出环境保护改善方案。

（4）协调业主和承包商之间的关系，处理合同中有关环保部分的违约事件。

（5）每日对现场出现的环境问题及处理结果进行记录，每月提交月报表，并根据积累的有关资料整理环境监理档案。

7.1.4 环境监测

为及时了解和掌握工程建设的环境污染情况，需开展相应的环境监测工作，以便及时采取相应的保护措施。针对本项目特点，环境监测主要进行水质、大气、噪声及人群健康监测。

1. 大气监测

（1）监测频率。施工初期监测 1 次，施工高峰期监测 1 次，每次连续监测 7d，并根据需要进行不定期抽检。

（2）监测方法。按《环境空气质量标准》（GB 3095—1996）要求执行。

施工期环境空气质量监测方案见表 7.1-8。

表 7.1-8　　　　　　　　　　　施工期环境空气质量监测方案

项　　目	内　　容
监测布点	工程附近受影响居民点设 1 个监测点
监测项目	TSP、PM_{10}
监测方法	采样频率和分析方法可按《环境空气质量标准》（GB 3095—1996）中规定执行
监测频率	在施工期内可监测 2 期：取暖期 1 次，非取暖期 1 次。非取暖期选在风沙较大的 4—5 月。每期监测 5 日
执行标准	《环境空气质量标准》（GB 3095—1996）中的 1、2 类标准（保护区内为 1 类，其他为 2 类）

2. 噪声监测

（1）监测点位：工程区。

（2）监测频率：施工高峰期监测 1 次，每次连续监测一昼夜，并根据需要进行不定期抽检。

（3）监测方法：按《声环境质量标准》（GB 3096—2008）要求执行。

环境监测结果是评估施工区环境质量状况的依据，也是环境监理工程师处理环境问题的依据，环境监理工程师只有依据可靠的现场监测资料才能进行科学的决策。因此在开展环境监理工作的同时，必须开展环境监测工作。环境监测要委托有监测资质的单位来进行，并根据监测结果提交监测分析报告。

对施工期工程沿线的声环境质量进行监测，了解施工机械噪声的影响范围，改进作业方式，减少环境影响。监测点布设与环境空气质量相同，监测方案见表 7.1-9。

表 7.1-9　　　　　　　　　　　施工期噪声监测方案

项　　目	内　　容
监测布点	工程附近受影响村镇取 1 个监测点
监测项目	环境噪声等效声级

续表

项　目	内　容
监测方法	按《声环境质量标准》（GB 3096—2008）规定执行
监测频率	在施工期内监测 2 期，每期 2 日，含昼夜。可与大气监测同步
执行标准	保护区内工程段执行《声环境质量标准》（GB 3096—2008）中的 0 类标准，其他工程段执行 1 类噪声标准

3. 水质监测

（1）地表水监测。主要对施工期可能受施工影响的地表水体进行监测，以掌握工程建设对附近水域的影响情况。监测方案见表 7.1－10。

表 7.1－10　　　　　　　施工期地表水环境质量监测方案

项　目	内　容
监测布点	下游南岸设 1 个监测点
监测项目	一般为 pH 值、悬浮物、溶解氧、化学需氧量、生化需氧量、挥发酚、氰化物、铅、镉、石油类、总磷、总氮、氨氮，可根据具体情况而定
监测方法	按《地表水环境质量标准》（GB 3838—2002）中规定的方法进行。涉及生活用水取水口的断面执行供水水源地相关规定
监测频率	选择在施工期内的平水期和枯水期各监测 2 期，共监测 4 期，每期监测 1d，每天采样 1 次

（2）施工人员生活饮用水监测。施工期施工人员生活饮用水水质监测方案见表 7.1－11。

表 7.1－11　　　　　　施工期施工人员生活饮用水水质监测方案

项　目	内　容
监测布点	闸改建工程和放於工程施工营地生活污水排放口各设 1 个监测点
监测项目	总大肠菌数、菌落总数、总硬度、浑浊度、硝酸盐、氯化物、氟化物、挥发酚、铁、锰、砷、汞、镉等。其他项目可根据具体情况酌情增加
监测方法	按《生活饮用水标准检验方法》（GB/T 5750）中规定的方法进行
监测频率	施工期监测 1 次
执行标准	《生活饮用水卫生标准》（GB 5749—2006）

（3）施工期生产生活废污水监测。施工期生产生活废污水监测方案见表 7.1－12。

表 7.1－12　　　　　　　施工期生产生活废污水监测方案

项　目	内　容
监测布点	闸改建工程混凝土废水排放口设 1 个监测点
监测项目	一般为 pH 值、悬浮物、溶解氧、生化需氧量、挥发酚、氨氮、石油类等，可根据具体情况而定
监测方法	按《污水综合排放标准》（GB 8978—1996）中规定的方法执行
监测频率	在施工期监测 2 次

续表

项　　目	内　　容
执行标准	保护区内的工程段执行《城市污水再生利用　城市杂用水水质》（GB/T 18920—2002）； 　　保护区外的执行《污水综合排放标准》（GB 8978—1996）的一级标准（河南段）及《山东半岛流域水污染物综合排放标准》（DB 37/676—2007）中的一级标准（山东段）

7.1.5　环境保护投资概算

7.1.5.1　环境保护概算编制原则与依据

1. 编制原则

（1）执行国家有关法律、法规，依据国家标准、规范和规程。

1）遵循"谁污染，谁治理，谁开发，谁保护"原则。对于为减轻或消除因工程兴建对环境造成不利影响需采取的环境保护、环境监测、环境工程管理等措施，其所需的投资均列入工程环境保护总投资内。

2）"突出重点"原则。对受工程影响较大且公众关注的环境因子进行重点保护，在环保经费投资上给予优先考虑。

（2）首先执行流域机构水利建设有关的定额和规定，当国家和地方没有适合的定额和规定时，参照类似工程资料。

2. 编制依据

《水利水电工程环境保护概估算编制规程》（SL 359—2006）。

《工程勘察设计收费标准》（2002 年修订本，国家发展计划委员会、建设部）。

国家计委《关于加强对基本建设大中型项目概算中"价格预备费"管理有关问题的通知》（国家发计委　计投资〔1999〕1340 号）。

《开发建设项目水土保持工程概（估）算编制规定》（水利部水总〔2003〕67 号）。

《水土保持工程概算定额》（水利部水总〔2003〕67 号）。

《建设工程监理与相关服务收费管理规定》（发改价格〔2007〕670 号）。

7.1.5.2　按投资项目划分

本项目环境保护投资划分为环境监测措施、仪器设备安装、环保临时措施、独立费用、基本预备费。

（1）环境监测措施：包括水环境、大气、噪声、生态监测等。

（2）仪器设备安装：包括油水分离器、垃圾桶。

（3）环保临时措施：主要包括施工期生产生活废污水沉淀池、扬尘控制、噪声防护、垃圾处理、人群健康保护等费用。

（4）独立费用：包括建设管理、环境监理、环保科研勘测设计等投资。

7.1.5.3　韩墩引黄闸工程环境保护投资概算

本工程的环境保护投资包括环境监测费、环境保护临时措施、独立费用、基本预备费。工程环境保护投资为 18.45 万元，其中，环境监测费 1.4 万元，环境保护临时措施费 6.92 万元，独立费用 8.15 元，基本预备费 1.98 万元，详见表 7.1-13～表 7.1-16。

表 7.1-13　　　　　　　　　　　　环境保护投资概算表　　　　　　　　单位：万元

工程或费用名称	建筑工程费	植物工程费	仪器设备及安装费	非工程措施费	独立费用	合计
第一部分　环境保护措施						
第二部分　环境监测				1.40		1.40
一、水质监测				0.60		0.60
二、环境空气监测				0.60		0.60
三、噪声监测				0.20		0.20
第三部分　保护仪器设备						0.00
第四部分　环境保护临时措施	3.20			3.72		6.92
一、废污水处理	3.20					3.20
二、扬尘控制				1.80		1.80
三、固体废物处理				0.23		0.23
四、噪声控制				1.00		1.00
五、人群健康保护				0.51		0.51
六、生态环境保护				0.18		0.18
第五部分　独立费用					8.15	8.15
一、建设管理费					3.00	3.00
二、环境监理费					3.15	3.15
三、科研勘测设计咨询费					2.00	2.00
第一至第五部分合计						16.47
基本预备费						1.98
环境保护总投资						18.45

表 7.1-14　　　　　　　　　　环 境 监 测 概 算 表

序号	工程或费用名称	数量	单价/元	合计/万元
一	水质监测			0.60
	地表水	2	3000	0.60
二	环境空气监测	1	6000	0.60
三	噪声监测	1	2000	0.20
	合计			1.40

表 7.1-15　　　　　　　　　环境保护临时措施概算表

序号	工程或费用名称	单位	数量	单价/元	合计/万元
一	废污水处理				3.20
1	施工期生活污水处理				2.60
(1)	环保厕所	个	1	6000	0.60
(2)	一体化生活污水处理设施	个	1	20000	2.00

续表

序号	工程或费用名称	单位	数量	单价/元	合计/万元
2	生产废水处理				0.60
	混凝土废水沉淀池	个	2	3000	0.60
二	扬尘控制				1.80
	洒水水费	月	225	80	1.80
三	固体废物处理				0.23
1	垃圾箱	个	6	300	0.18
2	垃圾清运	t	5.4	100	0.05
四	噪声控制				1.00
	临时隔声屏障	m²	100	100	1.00
五	人群健康保护				0.51
1	施工区一次性清理和消毒	处	1	1000	0.10
2	施工人员健康保护	人	14	200	0.28
3	卫生防疫	m²	1288	1	0.13
六	生态环境保护				0.18
1	警示牌	个	4	200	0.08
2	公告栏	个	1	1000	0.10
	合计				6.92

表 7.1 - 16　　　　　　　环境保护独立费用概算表

序号	工程费用	单位	数量	单价/元	合计/万元
一	建设管理费				3.00
1	环境管理经常费				1.00
2	环境保护设施竣工验收费				1.00
3	环境保护宣传费				1.00
二	环境监理费	人·月	4.5	7000	3.15
三	科研勘测设计咨询费				2.00
	环境保护勘测设计费				2.00
	合计				8.15

7.1.5.4　三义寨闸工程环境保护投资概算

工程环境保护总投资 39.03 万元,其中,环境监测措施费 3.34 万元,仪器设备及安装费 1.50 万元,环保临时措施费 19.37 万元,独立费用 12.61 万元,基本预备费 2.21 万元。环境保护投资详见表 7.1 - 17。

表 7.1－17　　　　　　　　　环境保护投资概算表

序号	工程或费用名称	单位	单价/元	放淤 0＋100～0＋978 2＋045～3＋480 数量	放淤 投资/万元	三义寨 数量	三义寨 投资/万元	合计 数量	合计 投资/万元
	第一部分　环境保护措施								
	第二部分　环境监测措施				0.84		2.50		3.34
1	水质监测				0.00		1.20		1.20
(1)	地表水	次	2500	0	0.00	2	0.50	2	0.50
(2)	生活饮用水	次	2500	0	0.00	2	0.50	2	0.50
(3)	生产生活废水	次	1000	0	0.00	2	0.20	2	0.20
(4)	地下水	次	10000	0	0.00	0	0.00	0	0.00
2	环境空气监测	次	2500	0	0.00	2	0.50	2	0.50
3	声环境监测	次	1000	0	0.00	2	0.20	2	0.20
4	人群健康监测	人	105	80	0.84	57	0.60	137	1.44
5	生态监测	次	35000	0	0.00	0	0.00	0	0.00
	第三部分　仪器设备及安装				1.00		0.50		1.50
一	环境保护设备				0.00				
	油水分离器	套	5000	2	1.00	1	0.50	3	1.50
	第四部分　环保临时措施				10.76		8.61		19.37
一	施工生产生活废污水处理				7.18		6.73		13.91
1	洗车含油废水处理池	座	15000	1	1.50	1	1.50	2	3.00
2	食堂隔油池	座	8000	1	0.80	1	0.80	2	1.60
3	生活污水处理池	座	20000	1	2.00	1	2.00	2	4.00
4	混凝土废水处理池	座	8000	0	0.00	1	0.80	1	0.80
5	粪便清运	m³	80	360.00	2.88	203.76	1.63	563.80	4.51
二	施工期噪声防治				0.00		0.00		0.00
1	临时挡板	m²	80	0	0.00	0	0.00	0	0.00
2	噪声补偿费	户	240	0	0.00	0	0.00	0	0.00
三	固体废弃物处理				0.43		0.37		0.80
1	临时厕所	座	2000	1	0.20	1	0.20	2	0.40
2	生活垃圾清运人工费	t	50	30.8	0.15	25.1	0.13	55.9	0.28
3	垃圾桶	个	200	4	0.08	2	0.04	6	0.12
四	环境空气质量控制				2.07		0.74		2.81
1	洒水水费	台时	80.48	209.20	1.68	67.50	0.54	276.70	2.22
2	临时堆土抑尘网	m²	6.5	600.00	0.39	300.00	0.20	900.00	0.59
五	人群健康保护				1.08		0.77		1.85
1	生活区消毒	m²	0.5	1600.00	0.08	1150.00	0.06	2750.00	0.14

序号	工程或费用名称	单位	单价/元	放淤 0+100~0+978 2+045~3+480		三义寨		合 计	
				数量	投资/万元	数量	投资/万元	数量	投资/万元
2	灭蚊蝇	人/a	5	2000.00	1.00	1415.00	0.71	3415.00	1.71
六	生态及自然保护区保护措施				0.00		0.00		0.00
1	警示牌	个	5000	0.00	0.00	0.00	0.00	0	0.00
2	投食	点	10000	0.00	0.00	0.00	0.00	0	0.00
	第五部分 独立费用				4.40		8.21		12.61
一	建设管理费				1.14		1.05		2.19
1	环境管理人员经常费		3%		0.38		0.35		0.73
2	环保竣工验收费		3.50%		0.44		0.41		0.85
3	宣传教育费		2.50%		0.32		0.29		0.61
二	科研勘设费				2.26		4.16		6.42
1	环境评价费				1.00		3.00		4.00
2	环境保护勘测设计费		10.00%		1.26		1.16		2.42
三	环境监理费				1.00		3.00		4.00
	基本预备费		6.00%		1.02		1.19		2.21
	静态总投资				18.02		21.01		39.03

7.1.5.5 林辛闸工程环境保护投资概算

林辛闸工程的环境保护投资包括环境监测费、环境保护临时措施、独立费用、基本预备费；工程环境保护投资为52.89万元，其中，环境监测费10.2万元，环境保护临时措施费15.68万元，独立费用22.2元，基本预备费4.81万元；环境保护投资详见表7.1-18。

表 7.1-18 　　　　　　　　林辛闸环境保护投资概算表 　　　　　　　　单位：万元

工程或费用名称	建筑工程费	植物工程费	仪器设备及安装费	非工程措施费	独立费用	合计
第一部分 环境保护措施						
一、生态保护措施						
第二部分 环境监测				10.2		10.2
一、水质监测				9.6		9.6
二、人群健康检测				0.6		0.6
第三部分 保护仪器设备						
第四部分 环境保护临时措施	10			5.68		15.68
一、废污水处理	10					10
二、扬尘控制				3.52		3.52
三、固体废物处理				1.21		1.21

续表

工程或费用名称	建筑工程费	植物工程费	仪器设备及安装费	非工程措施费	独立费用	合计
四、人群健康保护				0.82		0.82
五、生态环境保护				0.13		0.13
第五部分　独立费用					22.2	22.2
一、建设管理费					2.2	2.2
二、环境监理费					10	10
三、科研勘测设计咨询费					10	10
第一至第四部分合计						48.08
基本预备费						4.81
环境保护总投资						52.89

表 7.1－19　　　　　　　　　　**林辛闸环境监测概算表**

序号	工程或费用名称	数量	单价/元	合计/万元	说明
一	水质监测			9.6	
1	生产废水	2	12000	4.8	2 次/a，2 个点
2	生活污水	1	12000	4.8	4 次/a，1 个点
二	人群健康检测	1	6000	0.6	
	合计			10.2	

表 7.1－20　　　　　　　　　　**林辛闸环境保护临时措施概算表**

序号	工程或费用名称	单位	数量	单价/元	合计/万元	说明
一	废污水处理				10.00	
1	施工期生活污水处理				6.20	
(1)	临时厕所	个	3	10000	3.00	
(2)	隔油沉淀池	个	1	12000	1.20	
(3)	化粪池	个	1	20000	2.00	
2	生产废水处理				3.80	
(1)	沉淀池	个	2	12000	2.40	
(2)	隔油沉淀池	个	1	14000	1.40	
二	扬尘控制				3.52	
	洒水水费	台时	440	80	3.52	
三	固体废物处理				1.21	
1	垃圾箱	个	5	200	0.1	
2	垃圾清运	t	13.3	175	0.23	
3	人工清扫费	月	11	800	0.88	
四	人群健康保护				0.82	

序号	工程或费用名称	单位	数量	单价/元	合计/万元	说明
1	施工区一次性清理和消毒	m²	3386	1	0.34	进场时消毒
2	施工人员健康保护	人	14	100	0.14	进场体检 20%
3	卫生防疫	m²	3386	1	0.34	
五	生态环境保护				0.13	
1	警示牌	个	4	200	0.08	
2	公告栏	个	1	500	0.05	
	合计				15.68	

表 7.1-21　　　　　　　　　林辛闸环境保护独立费用概算表

编号	工程费用	单位	数量	单价/元	合计/万元	说明
一	建设管理费				2.2	
1	环境管理经常费				1.29	
2	环境保护设施竣工验收费				0.52	
3	环境保护宣传费				0.39	
二	环境监理费	人/a	1.00	100000	10	
三	科研勘测设计咨询费				10	
1	环境影响评价费				3	
2	环境保护勘测设计费				7	
	合计				22.2	

7.1.5.6　码头泄水闸工程环境保护投资概算

码头泄水闸工程的环境保护投资包括环境监测费、环境保护临时措施费、独立费用、基本预备费，工程环境保护投资为 59.58 万元，投资概算详见表 7.1-22～表 7.1-25。

表 7.1-22　　　　　　　　码头泄水闸环境保护投资概算表　　　　　　　　单位：万元

工程或费用名称	建筑工程费	植物工程费	仪器设备及安装费	非工程措施费	独立费用	合计
第一部分　环境保护措施						
一、生态保护措施						
第二部分　环境监测				3.60		3.60
一、废污水监测				1.00		1.00
二、卫生防疫监测				0.60		0.60
三、生态监测				2.00		2.00
第三部分　环境保护临时措施	12.00			18.82		30.82
一、废污水处理	12.00			7.53		19.53
二、扬尘控制				8.10		8.10
三、固体废物处理				2.88		2.88

续表

工程或费用名称	建筑工程费	植物工程费	仪器设备及安装费	非工程措施费	独立费用	合计
四、人群健康保护				0.25		0.25
五、生态环境保护				0.06		0.06
第四部分　独立费用					19.79	19.79
一、建设管理费					3.79	3.79
二、环境监理费					8.00	8.00
三、科研勘测设计咨询费					8.00	8.00
第一至第四部分合计						54.21
基本预备费						5.37
环境保护总投资						59.58

表 7.1-23　　　　　　　　　　码头泄水闸环境监测概算表

序号	工程或费用名称	数量	单价/元	合计/万元	说明
一	废污水监测			1.00	
	机械冲洗废水	1	10000	1.00	
二	卫生防疫监测			0.60	
	鼠密度、蚊蝇密度	1	6000	0.60	
三	生态监测		20000	2.00	
	合计			3.60	

表 7.1-24　　　　　　　　　　码头泄水闸环境保护临时措施概算表

序号	工程或费用名称	单位	数量	单价/元	合计/万元	说明
一	废污水处理				19.53	
1	施工期生活污水处理				7.53	
(1)	环保厕所	个	1	20000	2.00	
(2)	生活污水清运	m³	691.2	80	5.53	
2	生产废水处理				12.00	
(1)	隔油池	个	1	40000	4.00	
(2)	沉淀池	个	1	20000	2.00	
(3)	蓄水池	个	2	30000	6.00	
二	扬尘控制				8.10	
	洒水水费	台时	810	100	8.10	
三	固体废物处理				1.00	
1	垃圾清运	t	2.9	200	0.06	
2	垃圾箱	个	2	200	0.04	
3	人工清扫费	月	9	1000	0.9	

序号	工程或费用名称	单位	数量	单价/元	合计/万元	说明
四	人群健康保护				0.25	
1	施工区一次性清理和消毒	m²	1310	0.8	0.10	进场时消毒
2	施工人员健康保护	人	8	100	0.08	进场体检20%
3	卫生防疫	m²	1310	0.5	0.07	
五	生态环境保护				0.06	
1	警示牌	个	2	150	0.03	
2	公告栏	个	1	300	0.03	
	合计				28.94	

表 7.1-25　　　　　　　　　　码头泄水闸环境保护独立费用概算表

编号	工程费用	单位	数量	单价/元	合计/万元	说明
一	建设管理费				3.79	
1	环境管理经常费				1.72	
2	环境保护设施竣工验收费				1.38	
3	环境保护宣传费				0.69	
二	环境监理费	人/a	1.00	100000	8.00	9个月
三	科研勘测设计咨询费				8.00	
	环境保护勘测设计费				8.00	
	合计				19.79	

7.1.5.7　马口闸工程环境保护投资概算

马口闸工程的环境保护投资包括环境监测费、环境保护临时措施费、独立费用、基本预备费，工程环境保护投资为 56.02 万元，投资概算详见表 7.1-26～表 7.1-29。

表 7.1-26　　　　　　　　　　马口闸环境保护投资概算表　　　　　　　　　单位：万元

工程或费用名称	建筑工程费	植物工程费	仪器设备及安装费	非工程措施费	独立费用	合计
第一部分　环境保护措施						
一、生态保护措施						
第二部分　环境监测				3.60		3.60
一、废污水监测				1.00		1.00
二、卫生防疫监测				0.60		0.60
三、生态监测				2.00		2.00
第三部分　环境保护临时措施	22.32			6.46		28.78
一、废污水处理	22.32					22.32

续表

工程或费用名称	建筑工程费	植物工程费	仪器设备及安装费	非工程措施费	独立费用	合计
二、扬尘控制				4.05		4.05
三、固体废物处理				1.68		1.68
四、人群健康保护				0.67		0.67
五、生态环境保护				0.06		0.06
第四部分　独立费用					18.57	18.57
一、建设管理费					3.57	3.57
二、环境监理费					4.00	4.00
三、科研勘测设计咨询费					11.00	11.00
第一至第四部分合计						50.95
基本预备费						5.07
环境保护总投资						56.02

表 7.1－27　　　　　　　　　　　马口闸环境监测概算表

序号	工程或费用名称	数量	单价/元	合计/万元	说明
一	废污水监测			1.00	
	机械冲洗废水	1	10000	1.00	
二	卫生防疫监测			0.60	
	鼠密度、蚊蝇密度	1	6000	0.60	
三	生态监测		20000	2.00	
	合计			3.60	

表 7.1－28　　　　　　　　　　马口闸环境保护临时措施概算表

序号	工程或费用名称	单位	数量	单价/元	合计/万元	说明
一	废污水处理				22.32	
1	施工期生活污水处理				10.32	
(1)	环保厕所	个	1	20000	2.00	
(2)	生活污水清运	m³	1039.5	80	8.32	
2	生产废水处理				12.00	
(1)	隔油池	个	1	40000	4.00	
(2)	沉淀池	个	1	20000	2.00	
(3)	蓄水池	个	2	30000	6.00	
二	扬尘控制				4.05	
	洒水水费	台时	405	100	4.05	
三	固体废物处理				1.68	
1	垃圾清运	t	10.6	200	0.21	

序号	工程或费用名称	单位	数量	单价/元	合计/万元	说明
2	垃圾箱	个	2	200	0.12	
3	人工清扫费	月	4.5	1000	1.35	
四	人群健康保护				0.67	
1	施工区一次性清理和消毒	m²	3300	0.8	0.26	进场时消毒
2	施工人员健康保护	人	24	100	0.24	进场体检20%
3	卫生防疫	m²	3300	0.5	0.17	
五	生态环境保护				0.06	
1	警示牌	个	2	150	0.03	
2	公告栏	个	1	300	0.03	
	合计				28.78	

表 7.1-29　　　　　　　马口闸环境保护独立费用概算表

编号	工 程 费 用	单位	数量	单价/元	合计/万元	说明
一	建设管理费				3.57	
1	环境管理经常费				1.62	
2	环境保护设施竣工验收费				1.30	
3	环境保护宣传费				0.65	
二	环境监理费	人/a	1.00	100000	4.00	4.5个月
三	科研勘测设计咨询费				11.00	
1	环境影响评价费				3.00	
2	环境保护勘测设计费				8.00	
	合计				18.57	

7.1.6　综合结论

黄河下游防洪工程建成后，将减免洪水对下游工农业生产和生态环境造成的毁灭性灾害，为下游防洪保护区的经济持续发展提供了保障。淤区防护林和边坡植被建设，将在黄河沿岸形成较大规模的绿化林带，有利于改善生态环境。

项目不利环境影响主要是工程占压土地资源。移民安置划拨土地将导致安置区土地资源量的减少，加大了安置区农业开发强度。

工程施工可能在局部地区产生短期的水环境、噪声和大气污染，但通过采取适当措施可以得到减免。

综上所述，工程的环境效益和社会效益巨大，环境方面潜在的不利影响可采取对策措施加以减免。因此，从环境方面分析，工程的兴建是可行的。

（1）施工影响分析。

1）水环境影响。淤区退水量较大，排水不畅会影响农田及房屋。施工人员和机械车辆数量较少，且居住在大堤或村庄里，污水不易进入黄河，对黄河水体不会产生大的影响。

2）环境空气影响。由于大气污染排放源分布较为分散，且施工区域地势为平原区，有较好的空气扩散稀释条件，因此，施工所产生的粉尘及燃油机械尾气污染物排放，不会对区域环境空气整体质量产生明显的影响。工程对环境空气的污染影响主要为汽车运输产生的道路扬尘和淤筑区沉降期扬沙污染，采取环境保护对策措施后可有效得以减免。

3）噪声环境影响。工程施工机械噪声较大，但其对环境敏感点的影响较小。施工时，应将高噪声设备安置在距离敏感点较远的地方，并采取一定的隔声防护措施；同时，尽量避免夜间施工，进一步减缓对声敏感点的影响。

4）固体废物影响。本工程固体废物有生产弃渣和施工人员生活垃圾。生产弃渣按施工设计定点堆放，生活垃圾及时清运，采取这些措施后，固体废物对环境影响很小。

（2）占地影响。永久占地将由建设单位给予补偿，当地政府进行土地调整，保证占地影响人口的生活水平不会降低。临时挖地、临时踏地应在工程结束后及时复耕，充分利用土地资源。

（3）陆生植物影响。在淤区种植防护林，边坡种植草皮，形成了一个较长的绿化林带，增加了植被覆盖率，有利于防风固沙，改善生态环境。

工程影响植被均为人工栽植，且是常见树种。工程完工后所恢复植被均为当地常见树种，不会影响生物的多样性，也不会造成珍稀濒危物种的损失。

（4）对水生生物的影响。由于工程只在黄河大堤或滩地上施工，不影响黄河干流水体，对黄河水生生物没有影响。

（5）取土料场环境可行性分析。取土场全部为滩地农田，不涉及基本农田保护区。

（6）弃渣场环境可行性分析。弃渣场选择在低洼地，渣场经覆土后可进行复耕或绿化，从环境保护角度考虑弃渣场设置是合理的。

（7）施工对沿河取水口的影响。闸改建及放淤施工，因工程规模较小，且施工期短，对取水口周边环境及取水设施等影响较小。

（8）水土流失影响分析。工程项目区不属于水土流失重点防治区。施工过程中可能造成水土流失的主要原因是工程区的水蚀和风蚀，只要严格落实水土保持方案措施，加强施工组织管理，因项目建设所产生的水土流失可以得到控制。

（9）人群健康。工程建设期间施工人员居住相对密集，卫生条件较差，易引起传染病的流行，但采取有效措施后，这种影响可以减免。

7.2　湿地及水土保护

7.2.1　设计依据

《中华人民共和国水土保持法》（2011 年 3 月 1 日）。

《土壤侵蚀分类分级标准》（SL 190—2007）。

《水利水电工程等级划分及洪水标准》（SL 252—2000）。

《开发建设项目水土保持技术规范》（GB 50433—2008）。

《开发建设项目水土流失防治标准》（GB 50434—2008）。

《造林技术规程》（GB/T 15776—2006）。

《水土保持监测技术规程》（SL 277—2002）。

《水利水电工程制图标准 水土保持图》（SL 73.6—2001）。

《水利部关于划分国家级水土流失重点防治区的公告》（水利部公告 2006 年第 2 号，2006 年 4 月 29 日）。

"关于划分国家级水土流失重点防治区的公告"（水利部公告 2006 年第 2 号）。

《河南省人民政府关于划分水土流失重点防治区的通告》（1999 年 7 月 1 日）。

《山东省人民政府关于发布水土流失重点防治区的通告》（1999 年 3 月 3 日）。

《山东省水土保持设施补偿费、水土流失防治费收取标准和使用管理暂行办法》（1995 年 5 月 22 日山东省物价局、财政厅、水利厅发布）。

《黄河下游近期防洪工程建设水土保持方案报告书（报批稿）》（水保〔2008〕525 号）。

《开发建设项目水土保持设施验收管理办法》（水利部令第 16 号，2002 年 10 月 16 日发布，2005 年 7 月 8 日以水利部令第 24 号修订）。

《关于规范生产建设项目水土保持监测工作的意见》（水利部办水保〔2009〕187 号）。

7.2.2　韩墩引黄闸工程

项目区位于黄河冲积平原区，地形平坦，土壤肥沃，农业生产条件得天独厚，是主要的农、副业生产基地。项目区的水土保持主要以人工植被栽培为主体，主要表现为农业植被和林业植被。植被覆盖调节了地表径流，达到固结土体的作用，同时植被覆盖也降低滩区风速，降低土壤沙化。随着项目区的经济林、果林、苗圃、蔬菜、花卉、药材等种植面积逐年增加，以及黄河下游堤防标准化建设的实施，包括堤防浪林、行道林、适生林、护堤林、护坡草皮种植等，起到了很好的水土保持作用，使区域的生态环境、水土流失明显得到改善。

根据全国第二次土壤侵蚀遥感调查成果，结合当地水土流失强度分级图及工程实地调查，项目区以轻度水力侵蚀为主。项目区多年平均土壤侵蚀模数约为 $300t/(km^2 \cdot a)$。根据《山东省人民政府关于发布水土流失重点防治区的通告》（1999 年 3 月 3 日），本项目所涉及的山东区域部分属于山东省水土流失重点治理区。

工程占地面积 3.37hm²，其中，永久占地 0.14hm²，临时占地 3.23hm²。主体工程永久占地为已征用的建设占地，弃渣场占地位于已征用的堤防护堤地内，其他临时占地为新征占地。工程建设占地情况详见表 7.2 - 1。

表 7.2 - 1　　工程建设占地情况　　　　　单位：hm²

项　目　区	项目建设区		
	永久占地	临时占地	小计
主体工程区	0.14		0.14
取土场区		1.18	1.18
弃渣场区		0.01	0.01
施工道路区		1.70	1.70

续表

项　目　区	项目建设区		
	永久占地	临时占地	小计
施工生产生活区		0.34	0.34
合　计	0.14	3.23	3.37

7.2.2.1　水土流失预测

1. 预测时段

水土流失预测分为工程建设期和自然恢复期两个预测时段。根据主体工程设计，本工程建设施工总工期 4.5 个月，因此工程建设期水土流失预测时段确定为 0.5a。施工结束后，表层土体结构逐渐稳定，气候湿润，在没有人工措施作用下植被亦能够自然恢复，水土流失逐渐减少，经过一段时间恢复可达到新的稳定状态。根据黄河下游防洪工程水土保持监测资料并结合当地自然因素分析确定，施工结束 1a 后项目区的植被能够逐渐恢复至原来状态。因此，自然恢复期水土流失预测时段定为 1a。

2. 预测范围及内容

预测范围为水土流失防治责任范围中的项目建设区。根据《开发建设项目水土保持技术规范》（GB 50433—2008）的规定，结合该工程项目的特点，水土流失分析预测的主要内容有：①扰动原地貌和破坏植被面积预测；②可能产生的弃渣量预测；③损坏和占压的水土保持设施数量预测；④可能造成的水土流失量预测；⑤可能造成的水土流失危害预测。

（1）扰动原地貌和破坏植被面积。根据主体工程设计，结合项目区实地踏勘，对工程施工过程中占压土地的情况、破坏林草植被的程度和面积进行测算和统计得出：本工程建设扰动地表总面积 3.37hm²，其中，耕地 3.23hm²、建设用地 0.14hm²。

（2）弃土弃渣量。工程弃土弃渣量的预测主要对主体工程施工组织设计的土石方开挖量、填筑量、土石方调配、挖填平衡及水土保持等进行分析，以充分利用开挖土石方为原则。本工程弃土弃渣主要来源于清基清淤、基础开挖料等，产生弃土弃渣约 301m³。弃土平铺堆弃在相应施工堤段的护堤地内，弃渣运往业主指定的渣场，由业主负责另行防护。

主体工程清基及土方开挖土方 98m³，开挖石方 208m³，土方总填筑量为 7515m³。经平衡计算，土方可利用量约 5m³，总弃土、弃渣量约 300m³，详见表 7.2-2。

表 7.2-2　　　　　　　　　　土 石 方 平 衡 表　　　　　　　　单位：m³

开挖方		填筑方		利用方		借调方		废弃方	
土方	石方	土方	石方	土方	石方	土方	石方	土方	石方
98	208	7515	0	5	0	7510	0	92	208

（3）损坏水土保持设施面积。根据《山东省水土保持设施补偿费、水土流失防治费收取标准和使用管理暂行办法》，工程不涉及损坏和占压水土保持设施面积。

（4）可能造成的水土流失量。可能造成水土流失量的预测以资料调查法和经验公式法进行分析预测为主。经验公式法所采用的参数通过与本工程地形地貌、气候条件、工程性质相似的工程项目类比分析中取得。

根据山东省第二次土壤侵蚀遥感调查成果，区域水土流失侵蚀类型主要以水力侵蚀为主，属于轻度水力侵蚀，侵蚀模数背景值平均为300t/(km² · a)左右。

工程扰动后的建设期土壤侵蚀模数和自然恢复期土壤侵蚀模数的确定，采取类比工程和实地调查相结合的方法，选择黄河下游防洪工程作为类比工程，其类比工程的地形、地貌、土壤、植被、降水等主要影响因子与本工程相似，方具有可比性。

通过经验公式预测，工程建设可能产生的水土流失总量为207t，其中水土流失背景值为30t，新增水土流失总量为177t。工程建设引起的水土流失中工程施工期水土流失161t，占预测流失量的78%；自然恢复期水土流失47t，占预测流失量的22%，详见表7.2-3。

表7.2-3　　　　　　　　　可能造成的水土流失量预测表

项　　目	背景流失量/t	工程建设期流失量/t			新增流失量/t	新增比例/%
		施工期	自然恢复期	小计		
主体工程区	1	7	1	8	7	3.68
土料场	11	77	21	98	87	49.20
弃渣场	0	0	0	0	0	0.09
施工道路	15	65	20	85	70	39.34
施工生产生活区	3	13	4	17	14	7.68
合计	30	161	47	207	177	100.00

（5）水土流失危害预测。工程建设过程中不同程度的扰动破坏了原地貌、植被，降低了其水土保持功能，加剧了土壤侵蚀，对原本趋于平衡的生态环境造成了不同程度破坏，如果不采取有效的水土保持防治措施，将对区域土地生产力、生态环境、水土资源利用、防洪工程等造成不同程度的危害。

7.2.2.2　水土流失防治总则

1. 防治原则

贯彻"预防为主，全面规划，综合防治，因地制宜，加强管理，注重效益"的水土保持工作方针，体现"谁造成水土流失，谁负责治理"的原则。将水土流失防治方案纳入工程建设的总体安排，便于水土保持工程与主体工程"同时设计、同时施工、同时投产使用"，及时、有效地控制工程建设过程中的水土流失，恢复和改善项目区生态环境。

2. 防治目标

项目区位于山东省境内的重点治理区，根据《开发建设项目水土流失防治标准》（GB 50434—2008），确定该项目采用水土流失防治二级标准，目标值应达到扰动土地整治率95%、水土流失总治理度85%、土壤流失控制比1.0、拦渣率95%、林草植被恢复率95%和林草覆盖率20%。

3. 防治责任范围

根据"谁开发、谁保护，谁造成水土流失、谁负责治理"的原则，凡在生产建设过程中造成水土流失的，都必须采取措施对水土流失进行治理；依据《开发建设项目水土保持技术规范》（GB 50433—2008）的规定，工程水土流失防治责任范围包括项目建设区和直接影响区。

（1）项目建设区。项目建设区范围包括建（构）筑物占地和施工临时占地，面积为 3.37hm^2。

（2）直接影响区。直接影响区是指工程建设期间对未征、租用土地造成水土流失影响的区域。根据工程施工对周边的影响，且除险加固工程在主体工程区外无影响，确定本项目直接影响区范围是临时占地区周围外延 2m 范围，面积为 0.13hm^2。

因此，本工程水土流失防治责任范围面积 3.50hm^2，其中，项目建设区面积 3.37hm^2，直接影响区面积 0.13hm^2。项目建设水土流失防治责任范围详见表 7.2-4。

表 7.2-4　　　　　　　　项目建设水土流失防治责任范围　　　　　　　　单位：hm^2

项目区	项目建设区			直接影响区	合计
	永久占地	临时占地	小计		
主体工程区	0.14		0.14		0.14
取土场区		1.18	1.18	0.07	1.25
弃渣场区		0.01	0.01	0.00	0.01
施工道路区		1.70	1.70	0.05	1.75
施工生产生活区		0.34	0.34	0.01	0.35
合计	0.14	3.23	3.37	0.13	3.50

4. 防治分区及防治措施

根据项目区地形地貌特点和工程类型及功能划分为 5 个分区，即主体工程区、施工生产生活区、施工道路区、取土场区和弃渣场区。各分区特点见表 7.2-5。

表 7.2-5　　　　　　　　　　水土流失防治分区及特点

防治分区	区 域 特 点
主体工程区	施工过程中基础开挖和填筑时开挖面和临时堆土容易产生水蚀
施工生产生活区	施工期生产工作繁忙，施工人员流动较大，施工活动对原地表扰动剧烈
施工道路区	车辆碾压及人为活动频繁，路面扰动程度较大，降雨后的水蚀作用明显
取土场区	临时堆土和料场边坡容易产生风蚀和水蚀
弃渣场区	临时堆土和弃渣表面容易产生风蚀和水蚀

通过对主体工程设计的分析，主体工程中具有水土保持功能的措施基本能够满足水土保持要求，为避免重复设计和重复投资，本方案根据主体工程施工情况，有针对性的新增表土剥离返还、土地整治、临时排水沟、袋装土临时拦挡、挡水土埂等水土保持措施。

7.2.2.3　水土保持措施设计

1. 主体工程区

主体工程区设计的砌石护坡工程和绿化工程具有水土保持功能，满足水土保持要求。

工程建设开挖及回填时需要加强管理，避免乱堆乱弃的现象，不新增水土保持措施。

2. 施工生产生活区

（1）土地整治。施工生产生活区临时占用耕地在施工完成后设计实施土地整治措施。土地整治采用推土机平整至顶面，坡度小于5°，然后进行翻耕，恢复耕作功能。经计算，土地整治措施面积为0.34hm²。

（2）临时排水沟。施工生产生活区周围设置临时排水沟。施工期间临时排水沟与周边沟渠相结合，对该区域汇水进行疏导，减少降水对施工生产生活区的侵蚀。临时排水沟采用土沟形式、内壁夯实，断面采用梯形断面，断面底宽0.40m，沟深0.40m，边坡比1∶1。经计算，排水沟工程量74m³。临时排水沟设计图见图7.2-1。

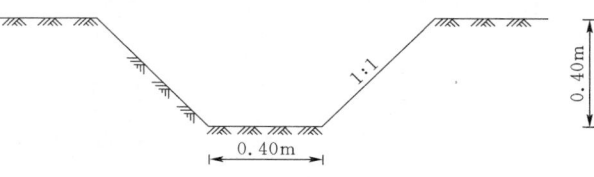

图7.2-1　临时排水沟设计图

3. 施工道路区

（1）土地整治。施工道路临时占用耕地在施工完成后采用推土机平整至顶面，坡度小于5°，然后进行翻耕，恢复耕作功能。经计算，土地整治措施面积为1.7hm²。

（2）临时排水沟。施工道路两侧设置临时排水沟，临时排水沟与周边沟渠相结合，对路面汇水进行疏导，防止道路两侧地面的侵蚀。临时排水沟采用土沟形式、内壁夯实，断面采用梯形断面，断面底宽0.40m，沟深0.40m，边坡比1∶1。经计算，临时排水沟措施工程量为1554m³。

4. 取土场区

（1）表土剥离返还。取土场取土前，设计对表层0.20m适宜的耕作的土壤进行临时剥离，并在取土场内集中堆存，施工完成后将其返还平摊于取土场内表层，以利于恢复土地耕作能力。经计算，表土剥离返还措施面积为2356m²。

（2）袋装土临时拦挡。为防止和减小降雨和径流造成的水土流失，对临时堆存表土采取袋装土临时拦挡措施。临时拦挡措施采用填筑袋装土布设在表土的四周，袋装土土源直接取用临时堆存表土，施工结束后对临时措施进行拆除。袋装土按照3层摆放，为保证稳定，底层袋装土的纵向应垂直于堆土堆料放置，土袋采用0.80m×0.50m×0.25m规格。经计算，袋装土临时拦挡措施工程量为260m³。

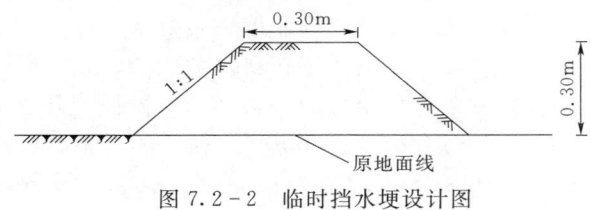

图7.2-2　临时挡水埂设计图

（3）挡水土埂。为防止降雨时土料场周围的汇水携带泥沙流入并冲刷取土坑，在土料场外侧人工修筑高0.30m、顶面宽0.30m、边坡为1∶1的临时挡水埂，见图7.2-2。经计算，临时挡水土埂措施工程量为78m³。

5. 弃渣场区

（1）土地整治。弃渣场在堆弃完成后采用推土机平整至顶面，坡度小于5°，然后进行翻耕，恢复至可绿化条件。经计算，土地整治措施面积为0.01hm²。

（2）撒播种草。弃渣场完成土地整治后采取撒播草籽方式进行绿化。草籽选用狗芽根，撒播密度为 $65kg/hm^2$。经计算，撒播种草措施工程量为 $0.01hm^2$。

6. 新增水土保持措施工程量

新增水土保持措施工程量见表 7.2 - 6。

表 7.2 - 6　　　　　　　　　新增水土保持措施工程量汇总表

分　　区	措　施　名　称	单　　位	工　程　量
取土场区	表土剥离返还	m^3	2356
	袋装土临时拦挡	m^3	260
	挡水土埂	m^3	78
弃渣场区	土地整治	hm^2	0.01
	撒播种草	hm^2	0.01
施工道路区	土地整治	hm^2	1.70
	临时排水沟	m^3	1554
施工生产生活区	土地整治	hm^2	0.34
	临时排水沟	m^3	74

7. 实施进度安排

根据水土保持"三同时"制度，规划的各项防治措施应与主体工程同时进行，在不影响主体工程建设的基础上，尽可能早施工、早治理，减少项目建设期的水土流失量，以最大限度地防治水土流失。本项目水土保持工程施工主要遵循以下原则：①按照"三同时"原则，坚持预防为主，及时防治，实施进度和位置与主体工程协调一致；②永久性占地区工程措施坚持"先防护后施工"原则，及时控制施工过程中的水土流失；③工程弃渣场坚持"先防护，后堆放"及"防护并行"的原则；④临时占地区使用完毕后需及时拆除并进行场地清理整治的原则；⑤植物措施根据工程进度及时实施的原则。

参照主体工程施工进度及各项水保措施的工程量，安排本方案工程实施进度：工程措施和临时措施与主体工程同步实施；植物措施须根据植物的生物学特性，选择工程完工当年的适宜季节实施，滞后于主体工程。

7.2.2.4　水土保持管理

下阶段应做好施工图设计，施工过程中应落实施工责任及培训制度，做好水土保持监测、监理工作。监理单位应根据建设单位授权和规范要求，切实履行自己的职责，及时发现问题、及时解决问题，对施工单位在施工中违反水土保持法规的行为和不按设计文件要求进行水土保持设施建设的行为，有权给予制止，责令其停工，并做出整改。水土保持监测、监理单位在工作结束后，要提交相应的资料和报告，配合完成水土保持设施竣工验收。

7.2.2.5　水土保持监测

根据《水土保持监测技术规程》（SL 227—2002），该项目水土保持监测主要是对工程施工中水土流失量及可能造成的水土流失危害进行监测；方案实施后主要监测各类防治措施的水土保持效益。

1. 监测时段与频率

水土保持监测时段分工程建设期和自然恢复期两个阶段,主要监测时段为工程建设期。工程建设期内汛期每月监测1次,非汛期每2个月监测1次,24h降雨量不小于25mm时增加监测次数。自然恢复期每年进行2次监测,原则上为汛前、汛后各监测1次。

2. 监测内容

水土保持监测的具体内容要结合水土流失6项防治目标和各个水土流失防治区的特点,主要对建设期内造成的水土流失量及水土流失危害和运行期内水土保持措施效益进行监测。主要监测内容如下。

(1) 项目区土壤侵蚀环境因子状况监测,内容包括:影响土壤侵蚀的地形、地貌、土壤、植被、气象、水文等自然因子及工程建设对这些因子的影响;工程建设对土地的扰动面积,挖方、填方数量及面积,弃土、弃石、弃渣量及堆放面积等。

(2) 项目区水土流失状况监测,内容包括:项目区土壤侵蚀的形式、面积、分布、土壤流失量和水土流失强度变化情况,对周边地区生态环境的影响,以及造成的危害情况等。

(3) 项目区水土保持防治措施执行情况监测,主要是监测项目区各项水土保持防治措施实施的进度、数量、规模及其分布状况。

(4) 项目区水土保持防治效果监测,重点是监测项目区采取水土保持措施后是否达到了开发建设项目水土流失防治标准的要求。

为了给项目验收提供直接的数据支持和依据,监测结果应把项目区扰动土地整治率、水土流失总治理度、土壤流失控制比、拦渣率、林草植被恢复率和林草覆盖率等衡量水土流失防治效果的指标反映清楚。

3. 监测点布设

根据本工程可能造成水土流失的特点及水土流失防治措施,初步拟定2个固定监测点,主体工程建设开挖区、取土场区的临时堆土点各布置1个监测点。

4. 监测方法及设备

水土保持监测的主要方法是结合工程施工管理体系进行动态监测,并根据实际情况采用定点定位监测,监测沟道径流及泥沙变化情况,从中判断水土保持措施的作用和效果。其中,对各项量化指标的监测需要选定不同区域具有代表性的地段或项目进行不同时段的监测。

简易监测小区建设尺寸按照《水土保持监测技术规程》(SL 277—2002)标准小区规定根据实际地形调整确定。监测小区需要配备的常规监测设备包括自记雨量计、坡度仪、钢卷尺和测钎等耗材,调查监测需配备便携式 GPS 机。

5. 监测机构

按照《水土保持监测技术规范》(SL 277—2002)要求,建设单位应委托具备水利部颁发的水土保持监测资质证书的单位进行。监测报告应核定建设过程及完工后6项防治目标的实现情况,满足水土保持专项验收要求。监测结果要定期上报建设单位和当地水行政主管部门作为当地水行政主管部门监督检查和验收达标的依据之一。

7.2.2.6　水土保持投资概算

1. 编制原则

水土保持投资概算按照现行部委颁布的有关水利工程概算的编制办法、费用构成及计算标准，并结合工程建设的实际情况进行编制。主要材料价格、工程单价及价格水平年与主体工程一致，水土保持补偿费按照山东省相关规定计算，人工费按六类地区计算。

2. 编制依据

《开发建设项目水土保持工程概（估）算编制规定》（水利部水总〔2003〕67 号）。

《开发建设项目水土保持工程概算定额》（水利部水总〔2003〕67 号）。

《关于开发建设项目水土保持咨询服务费用计列的指导意见》（水保监〔2005〕22 号）。

《工程勘察设计收费管理规定》（国家计委、建设部计价格〔2002〕10 号）。

《建设工程监理与相关服务收费管理规定》（发改办价格〔2007〕670 号）。

《山东省水土保持设施补偿费、水土流失防治费收取标准和使用管理暂行办法》（鲁价涉发〔1995〕122 号）。

3. 费用构成

根据《开发建设项目水土保持工程概（估）算编制规定》和《关于开发建设项目水土保持咨询服务费用计列的指导意见》，水土保持方案投资概算费用构成为：①工程费（工程措施、植物措施、临时工程）；②独立费用；③基本预备费；④水土保持设施补偿费。

独立费用包括建设管理费、工程建设监理费、勘测设计费、水土保持监测费和水土保持设施竣工验收费。

（1）建设管理费。按工程措施投资、植物措施投资和临时工程投资三部分之和的 2%计算。

（2）工程建设监理费。本工程水土保持工程建设监理合并入主体工程监理内容，水土保持工程建设监理费与主体工程建设监理费合并使用，不再单独计列。

（3）勘测设计费。勘测设计费参照《关于开发建设项目水土保持咨询服务费用计列的指导意见》（水保监〔2005〕22 号）和《工程勘察设计收费管理规定》（国家计委、建设部计价格〔2002〕10 号）计取。

（4）水土保持监测费。参照《关于开发建设项目水土保持咨询服务费用计列的指导意见》（水保监〔2005〕22 号）和《开发建设项目水土保持工程概（估）算编制规定》适当计取。

（5）水土保持设施竣工验收费。水土保持设施竣工验收费与主体工程竣工验收费合并使用，不再单独计列。

（6）基本预备费。根据《开发建设项目水土保持工程概（估）算编制规定》，基本预备费按第一至第四部分之和的 3%计算。

4. 概算结果

结合工程情况，本次设计新增水土保持措施投资 18.28 万元，其中，工程措施投资 7.43 万元，植物措施投资 0.01 万元，临时工程投资 2.61 万元，独立费用 7.70 万元，基本预备费 0.53 万元。新增水土保持措施投资概算详见表 7.2－7。

表 7.2-7   新增水土保持措施投资概算表

序号	工程或费用名称	工程量		单位工程量单价 /元	投资 /万元
		单位	数量		
一	第一部分　工程措施				7.43
1	土地整治	hm²	2.05	28700	5.88
2	表土剥离返还	m³	2356	6.59	1.55
二	第二部分　植物措施				0.01
1	撒播种草	撒播 hm²	0.01	178	0.001
		草籽 kg	0.60	60	0.004
三	第三部分　临时工程				2.61
1	袋装土临时拦挡	m³	260	65.53	1.70
2	土排水沟	m³	1629	4.01	0.65
3	挡水土埝	m³	78	14.69	0.11
4	其他临时工程				0.15
	第一至第三部分总和				10.05
四	第四部分　独立费用				7.70
1	建设管理费				0.20
2	水土保持方案编制费				5.00
3	水土保持监测费				2.50
	第一至第四部分合计				17.75
五	基本预备费				0.53
	总投资				18.28

5. 效益分析

水土保持各项措施的实施，可以预防或治理开发建设项目因工程建设造成的水土流失，这对于改善当地生态经济环境、保障防洪排涝工程安全运营都具有极其重要的意义。水土保持各项措施实施后的效益，主要表现为生态效益、社会效益和经济效益。

7.2.2.7　实施保证措施

为贯彻落实《中华人民共和国水土保持法》，建设单位应切实做好水土保持工程的招投标工作，落实工程的设计、施工、监理、监测工作，要求各项任务的承担单位具有相应的专业资质，尤其要注意在合同中明确承包商的水土流失防治责任，并依法成立方案实施组织领导小组，联合水行政主管部门做好水土保持工程的竣工验收工作。

水土保持工作实施过程中各有关单位应切实做好技术档案管理工作，严格按照国家档案法的有关规定执行。水土保持设施所需费用，应从主体工程总投资中列支，并与主体工程资金同时调拨。建设单位应按照水土保持工程分年投资计划将资金落实到位，并做到专款专用，严格控制资金的管理与使用，确保水土保持措施保质保量按期完成。

7.2.3　三义寨闸工程

项目区降水量年际变化较大，年内分配也很不均匀，历来是洪涝旱灾害频繁地区，水淹沙压灾情较重，经济损失大。本次项目建设区集中在黄河河道滩地，地势较平坦，滩面水土流失轻微，侵蚀类型以水蚀为主，根据调查分析，侵蚀模数一般在 $200\sim500t/(km^2 \cdot a)$，再塑后侵蚀模数一般在 $1500\sim3500t/(km^2 \cdot a)$。项目所在区域自20世纪70年代以来开展了大规模的水土保持工作，主要水土保持措施为建设基本农田、修筑堤埂、修建排水渠道等，水土流失治理程度达到 $55\%\sim70\%$。

根据《河南省人民政府关于划分水土流失重点防治区的通告》（1999年7月1日），全省水土流失重点防治区划分为水土流失重点预防保护区、重点监督区和重点治理区。本次项目建设区域毗邻水土流失重点预防保护区，因此，本项目水土保持设计应以防止水土流失、改善生产条件和生态环境为主。

7.2.3.1　水土流失预测

项目建设将会改变原有的地形地貌和植被覆盖，各种施工活动会改变原有的土体结构，致使建设区土壤抗侵蚀能力降低、土壤侵蚀加速，进而增加水土流失。不同施工区域造成的水土流失的影响因素有较明显的差别，产生水土流失的形式及流失量亦有所不同，因此应分类分区分时段进行水土流失预测，并根据预测提出不同的防护措施，减少水土流失，保证工程的正常运行。

1. 预测时段及方法

通过对本工程建设和工程运行期间可能造成的水土流失情况分析，确定工程建设所造成的新增水土流失预测时段分施工期和自然恢复期两个时段。水土流失预测方法首先是针对该项施工期和运行期可能产生的水土流失的特点和形式进行分析，然后根据查阅的主体工程设计相关资料，结合现场调查勘测等方法进行综合统计分析，最终得出预测结果。

施工期预测时段根据主体工程施工工期而定，包含施工准备期和施工期，对主体施工期经过一个汛期，预测时段不足一年的按一年计算；对主体施工期未经过一个汛期，预测时段不足半年的按半年计算。因此，本项目施工期预测时段确定为1a。

随着工程施工的结束，工程建设引起水土流失的各种影响因素在各项水土保持措施实施后将逐渐消失，受生态自我修复能力的影响，生态环境平衡将逐渐得到恢复，水土流失量逐渐减少。由于生物措施的滞后性，根据项目区气候、降水、土壤等自然条件，结合对类比工程的调查，经分析，项目建成2a后区域内植被防止水土流失功能基本恢复。因此，确定本工程的自然恢复期水土流失预测年限为2a。

2. 预测内容

根据工程建设特点，水土流失预测内容主要包括以下几个方面：①工程施工过程中扰动原地貌和破坏植被情况预测；②损坏和占压的水土保持设施数量预测；③可能产生的弃渣量预测；④可能造成的水土流失量预测；⑤可能造成的水土流失危害预测。

（1）扰动原地貌和破坏植被情况预测。扰动原地貌和破坏的植被主要发生在施工期，主要是项目征占地范围内的土地。扰动原地貌和破坏的植被总面积为 $87.87hm^2$，详见表7.2-8。

表 7.2-8   扰动原地貌和破坏植被面积   单位：hm²

项　目	闸改建工程	堤防加固工程	合计
耕地	23.00	63.87	86.87
园地		0.13	0.13
建设用地		0.87	0.87
合计	23.00	64.87	87.87

（2）损坏水土保持设施数量预测。通过实地查勘和对征地情况分析，该项目新征用地均为河滩地，且建设区域内没有水土保持林草措施分布，工程建设中的防治水土流失措施方案设计合理，满足水土保持要求。根据《河南省水土保持补偿费、水土流失防治费征收管理暂行办法》的规定，没有损坏水土保持设施。

（3）弃渣量预测。根据主体工程设计和施工组织设计资料，并进行挖填平衡分析，预测工程施工总弃渣量为 2.01 万 m³，详见表 7.2-9。弃渣主要为清基清表土和拆除渣料，堆放于工程所在地对应的堤防外 10m 宽的护堤地内，堆高不超过 1m，渣场沿堤坝呈带状布置。

表 7.2-9   土 石 方 平 衡 表   单位：万 m³

项目	开挖		填筑		利用		借方		弃方	
	土方	石方	土方	石方	土方	石方	土方	石方	土方	石方
闸改建工程	16.98	0.36	11.71	0.98	2.72		8.99	0.98	0.68	0.36
堤防加固工程	9.61		56.99		19.70		37.29		0.97	
合计	26.59	0.36	68.70	0.98	22.42		46.28	0.98	1.65	0.36

（4）可能造成的水土流失量预测。工程建设造成的水土流失量采用侵蚀模数法进行预测，工程造成的水土流失量预测采用的计算公式为

$$W = \sum_{i=1}^{n}(F_i \times M_i \times T_i) \tag{7.2-1}$$

式中：W 为代表施工期、自然恢复期扰动地表所造成的总水土流失量，t；F_i 为代表各个预测时段各区域的面积，km²；M_i 为代表各预测时段各区域的土壤侵蚀模数，t/(km²·a)；T_i 为代表各预测时段各区域的预测年限，a；n 为水土流失预测的区域个数，包括主体工程建设区、施工生产生活区、施工道路区、取土场和弃渣场区等。

主要计算参数的确定采用类比方法，以 2005 年黄河下游防洪工程作为本项目的类比工程，预测期及土壤侵蚀模数见表 7.2-10。经计算，项目区预测水土流失总量为 0.58 万 t，施工期和自然恢复期预测新增水土流失 0.50 万 t，见表 7.2-11。

（5）水土流失危害预测。该项目为穿堤建筑物改建和堤防加固工程，工程建设对滩区生态环境影响较大，建设造成的水土流失如不加以处理将对该地区生态环境造成较大的破坏，同时也会影响堤防本身的安全。在施工建设过程中，边坡及基础开挖、施工生产生活区布设、料场开采、施工道路修建会对原地貌和地表结构造成破坏，加重水土流失。弃渣沿大堤堆放，若不采取防治措施，在暴雨的作用下容易发生冲蚀，可能会造成农田灌溉系

表 7.2－10　　　　　　　　　水土流失预测期及土壤侵蚀模数

项　目	施工期/a	侵蚀模数背景值/[t/(km²·a)]	施工期土壤侵蚀模数/[t/(km²·a)]	自然恢复期/a	自然恢复期土壤侵蚀模数/[t/(km²·a)]
主体工程区	1	300	4800	2	380
取土场	1	300	6500	2	900
弃渣场	1	300	700	2	1000
施工道路	1	300	3800	2	600
施工生产生活区	1	300	3800	2	560
放淤及其他占地区	1	300	3500	2	500

表 7.2－11　　　　　　　　　　预 测 水 土 流 失 量

项　目	背景流失量/t	工程建设期流失量/t			新增流失量/t	新增比例/%
		施工期	自然恢复期	小计		
主体工程区	250	1331	211	1542	1292	25.77
取土场	388	2802	776	3578	3190	63.60
弃渣场	58	45	128	173	115	2.30
施工道路	54	228	72	300	246	4.91
施工生产生活区	11	46	13	59	48	0.97
放淤及其他占地区	31	120	34	154	123	2.46
合计	792	4572	1234	5806	5014	100.00

统的淤塞从而影响农业生产。取土场位于临河老滩内,工程建设如果不采取完善的水土保持措施,将会产生大量的水土流失,影响河道行洪,增加下游泥沙淤积。

3. 预测结果和综合分析

本工程建设扰动地表面积为 $87.87hm^2$,不涉及损坏水土保持设施,建设过程中弃渣总量为 2.01 万 m^3。经预测计算,工程建设如果不采取水土流失防治措施,新增水土流失量为 0.50 万 t。综合分析认为,施工期是项目建设过程中水土流失的重点时期,弃渣场和取土场是项目建设过程中水土保持的重点区域,水土保持措施布设和监测工作开展也应以施工期的这些区域为主。

通过对工程建设中可能产生的水土流失进行预测分析,工程建设过程中不可避免的会产生人为因素的水土流失,因此要根据预测结果有针对性地布设水土保持预防和治理措施,使水土保持措施与主体工程同时建设、同时投入运行,把因工程建设引起的水土流失降到最低点。

7.2.3.2　水土流失防治总则

1. 防治原则

本着"预防为主,全面规划,综合防治,因地制宜"的方针,以"谁开发谁保护，谁造成水土流失谁治理"为基本原则。与此同时，坚持突出重点与综合防治相结合，坚持"水土保持工程必须与主体工程同时设计、同时施工、同时投产使用"，坚持工程措施与植物措施相结合，坚持水保措施进度与主体工程进度相衔接，坚持"生态优先"等原则。水土保持工作应以控制水土流失、改善生态环境、服务主体工程为重点，因地制宜地布设各类水土流失防治措施，全面控制工程及其建设过程中可能造成的新增水土流失，恢复和保护项目区内的植被和其他水土保持设施，有效治理防治责任范围内的水土流失，绿化、美化、优化项目区生态环境，促进工程建设和生态环境协调发展。

2. 防治目标

根据批复的《黄河下游近期防洪工程建设水土保持方案报告书（报批稿）》，确定该项目采用一级防治标准。经分析计算，确定该项目水土流失防治责任范围内在设计水平年的防治目标为：扰动土地整治率达到95%，水土流失总治理度、林草植被恢复率和林草覆盖率分别达到96%、98%、26%，土壤流失控制比达到0.8，拦渣率达到95%。

3. 防治责任范围

根据"谁开发谁保护、谁造成水土流失谁负责治理"的原则，凡在生产建设过程中造成水土流失的，都必须采取措施对水土流失进行治理。依据《开发建设项目水土保持方案技术规范》（SL 204—1998）的规定，结合本工程建设及运行可能影响的水土流失范围，确定该项工程水土流失防治责任范围为项目建设区和直接影响区，总面积为91.22hm²。

（1）项目建设区。项目建设区主要包括工程永久占地和施工临时占地区。弃渣场位于主体工程建设区征地范围内的部分其项目建设区包含在主体工程建设区，详见表7.2-12。

（2）直接影响区。直接影响区主要指工程施工及运行期间对未征、租用土地造成影响的区域，按照各单项工程施工及运行情况进行分析计算，详见表7.2-12。

水土流失防治责任范围包括项目建设区和直接影响区，总面积为91.22hm²，其中，项目建设区面积为87.87hm²，直接影响区面积为3.36hm²，详见表7.2-12。

表 7.2-12　　　　　　　　　　水土流失防治责任范围　　　　　　　　　　单位：hm²

类　　别	项目建设区	直接影响区	防治责任范围
主体工程防治区	27.73		27.73
取土场防治区	43.11	2.59	45.69
弃渣场防治区	6.40	0.45	6.85
施工道路防治区	6.00	0.18	6.18
施工生产生活防治区	1.20	0.04	1.24
放淤及其他临时占地防治区	3.43	0.10	3.53
合计	87.87	3.36	91.22

4. 水土流失防治分区

根据该工程区的自然状况、工程建设时序、施工造成的水土流失特点及主体工程线性布局的特点等，结合分区治理的规划原则，本设计按照项目施工功能将该工程水土流失防治区分为：主体工程防治区、施工生产生活防治区、施工道路防治区、弃渣场防治区、取土场防治区和放淤及其他临时占地防治区，详见表7.2－13。

表7.2－13　　　　　　　　　　　水土流失防治分区及特点

类　别	区　域　特　点
主体工程防治区	施工过程中基础开挖和填筑时开挖面和临时堆土容易产生风蚀和水蚀，施工围堰的修筑容易产生水蚀，开挖废料在运往弃渣场堆弃的过程中容易产生风蚀
施工生产生活防治区	施工期生产工作繁忙，施工人员流动较大，施工活动对原地表扰动剧烈
施工道路防治区	车辆碾压及人为活动频繁，路面扰动程度较大，大风天气的风蚀和降雨后的水蚀作用明显
弃渣场防治区	临时堆土和弃渣表面容易产生风蚀和水蚀
取土场防治区	剥离表土临时堆放和开采后边坡容易产生风蚀和水蚀
放淤及其他临时占地防治区	淤背区排水沟、截渗沟开挖，扰动地表，破坏植被，造成水土流失

5. 主体设计中具有水土保持功能工程分析

本次工程涉及内容主要包括穿堤建筑物改建和放淤固堤工程。在主体工程设计中，对于堤顶硬化、辅道硬化、淤区排水、堤防边坡绿化以及护堤地的绿化均进行了较合理的设计，具有水土保持功能且满足水土保持的要求。

主体工程施工组织设计要求施工单位在进场前需要对场地平整，并在场地四周设置排水明沟及沉沙池等，施工结束后退场时要求对施工场地进行清理，清除各种临时建筑物和垃圾，同时进行平整，这些措施均具有水土保持功能并满足水土保持要求。另外，主体工程施工组织的设计布置科学合理、施工工艺先进，避开了水土流失相对严重的汛期进行施工，满足水土保持要求。

6. 水土流失分区防治措施体系

本着"预防为主，保护优先，防治结合"的原则，首先考虑工程设计过程中和工程施工过程中的预防措施，然后布设水土流失治理措施，最后考虑水土保持监测措施。水土流失防治措施的布设应贯彻"预防为主，全面规划，综合防治，因地制宜，加强管理，注重效益"的水土保持工作方针，体现"谁造成水土流失，谁负责治理"的原则。同时，要依据国家水土保持有关法规和技术规范，充分考虑项目建设的影响，结合区域自然地理条件和水土流失特点进行科学合理地布设。

（1）主体工程防治区。主体工程设计中采用堤顶硬化、辅道硬化、排水沟、行道树等措施，为具有水土保持功能措施。主体工程设计的工程和植物措施已满足水土保持的要求，在建设过程中须加强对临时开挖表面和临时堆土区的管理，主体工程竣工后，该区不再新增水土保持措施。

（2）取土场防治区。根据施工需要，土料场分两类，一类为放淤料场，另一类为包边盖顶、堤防帮宽填筑用的土料场。放淤料场位于临河嫩滩，雨季或来洪后该区域一般自行复淤，不考虑新增水保措施。填筑用的土料场由于开挖扰动破坏植被和地表，需增设水土保持措施进行防治，最大限度地降低和减少施工造成的严重水土流失。土料场新增削坡防护措施、土料场四周临时挡水土埂措施、表土剥离采取临时拦挡防护措施，土料场土地复耕措施由移民专业负责。

1）工程措施：料场削坡。

2）植物措施：挡水土埂撒播草籽、土地复垦（移民规划设计中已考虑）。

3）临时措施：挡水土埂、临时拦挡。

（3）弃渣场防治区。弃渣场区是水土流失防治的重点区域。弃渣场布置在堤防护堤地、护坝地内，主要为清基清坡开挖的土料，渣性主要为土性质。弃渣沿大堤呈线性堆放，堆高低于1m，设计边坡为1∶1.75。

1）本方案新增水保措施为：弃渣场平整、修坡，形成稳定坡角后进行植物措施防护，主要采取渣顶撒播草籽、边坡栽植葛芭草护坡、弃渣场排水措施防护。

2）工程措施：渣场整治、排水沟、挡水子埝。

3）植物措施：渣场坡面植草，渣顶撒播草籽。

（4）施工道路防治区。施工期由于车辆、机械频繁碾压，对路面造成严重土壤板结，不易下渗，很容易形成雨水集聚、侵蚀路面影响施工的现象。针对施工道路区的具体情况，水土保持方案新增临时排水措施，满足施工要求。

（5）施工生产生活防治区。主体工程对施工前期的场地整治、施工结束后的场地清理进行了设计。为改善场区环境、防止径流集中造成水蚀，方案新增场区临时排水措施及临时绿化措施。放淤输泥管线、截渗沟、退水渠占压，新增水土保持防护措施为对开挖的弃土进行整治，然后进行植物绿化，防止水土流失。

1）工程措施：场区土地整治、场地清理、土地复垦（主体已设计）。

2）临时措施：场区布设临时排水沟。

（6）放淤及其他临时占地防治区。主要为放淤输泥管线、截渗沟、退水渠占压，新增水保防护措施为对开挖的弃土进行平整，防止水土流失。放淤及其他临时占地复垦措施由移民专业负责。主要采取土地整治的工程措施。

7.2.3.3 水土保持措施典型设计

通过分析，主体工程中具有水土保持功能的措施基本能够满足要求，为避免重复设计和投资，本设计根据工程实际情况有针对性地在取土场防治区、弃渣场防治区、施工道路防治区、施工生产生活防治区、放淤及其他临时占地防治区新增水土保持措施，其他区域不再新增水土保持措施。

1. 取土场防治区

（1）工程措施。土料场削坡：考虑到土地复耕要求，土料场边坡坡度应小于1∶3。

（2）临时措施。

1）对堆放的剥离表土布设临时拦挡措施防护，临时拦挡采用填筑袋装土摆放在堆土的四周，袋装土土源直接取用剥离表土，单个装土袋长0.8m、宽0.5m、高0.25m，拦挡高度按照三层摆放，摆放后拦挡断面面积为0.45m²。为保证摆放稳定，底层袋装土应垂直堆土放置，第二层、第三层平行于堆土放置。土料场剥离表土堆放高度3m，边坡1∶1，由表层土剥离量计算出土料场需临时拦挡的长度。

2）为防止降雨时土料场周围的汇水携带泥沙流入并冲刷取土坑，在土料场外侧人工修筑高0.30m，顶面宽0.30m，边坡为1∶1的临时挡水埝。

（3）植物措施。挡水埝撒播草籽，土料场的临时措施典型设计图见图7.2-2、图7.2-3。

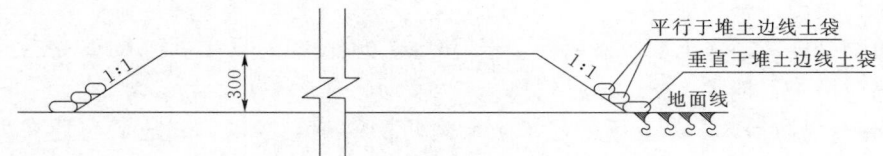

图 7.2 - 3　临时拦挡典型设计图 （单位：mm）

2. 弃渣场防治区

（1）工程措施。

1）采用推土机对渣场进行渣场平整，平整后顶面坡度应小于 5°，边坡修整至 1∶1.75 以满足边坡稳定条件。

2）弃渣场坡脚布设排水沟，排水沟与周边沟渠相结合，对坡面汇水进行疏导，防止雨水乱流。排水沟采用梯形断面，断面底宽 0.30m，沟深 0.40m，边坡比 1∶0.5，内部采用预制混凝土块砌筑，厚度 5cm。

3）渣顶子埝：用于约束渣顶雨水，设计渣顶子埝高 0.15m，顶宽 0.5m，内坡 1∶2，外坡 1∶75。

（2）植物措施。

1）弃渣场边坡人工植草：渣场经过土地平整，边坡修整，形成稳定坡角后进行植草护坡。植草选择适宜当地生长的耐旱、易活的葛芭草，墩距 0.2m，梅花形布置。

2）弃渣场撒播，除渣坡植草面积外，其余渣场面积采取草籽撒播方式，草籽选用紫花苜蓿或狗芽根，撒播密度 65kg/hm²。弃渣场典型设计见图 7.2 - 4。

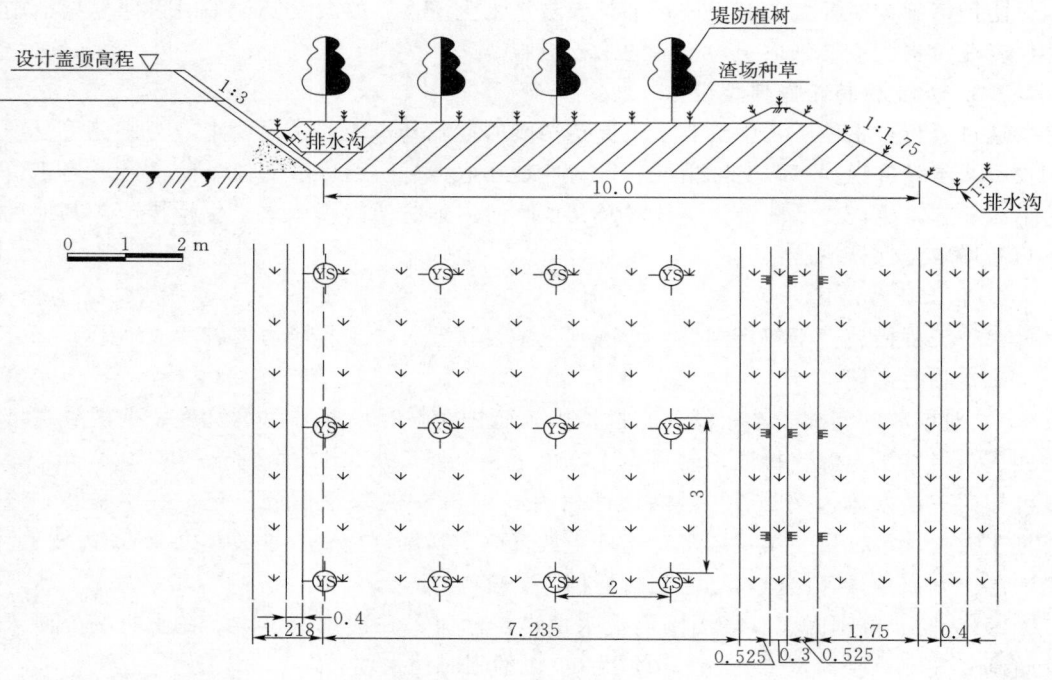

图 7.2 - 4　弃渣场典型设计图 （单位：m）

3. 施工道路防治区

施工道路两侧设置临时排水沟，临时排水沟与周边沟渠相结合，对路面汇水进行疏导，防止道路两侧地面的侵蚀。临时排水沟采用土沟形式、内壁夯实，断面采用梯形断面，断面底宽 0.40m，沟深 0.40m，边坡比 1∶1，详见图 7.2-1。

4. 施工生产生活防治区

（1）工程措施。采用人工对施工生产生活区迹地进行土地整治。

（2）临时措施。施工生产生活区四周布设临时排水沟与周边沟渠相结合对路面汇水进行疏导，防止地面的侵蚀。排水沟采用土沟形式、内壁夯实，梯形断面，断面底宽 0.40m，沟深 0.40m，边坡比 1∶1。

5. 放淤及其他临时占地防治区

采用人工对放淤输泥管线、截渗沟、退水渠开挖的弃土进行平整。新增水土保持措施工程量见表 7.2-14。

表 7.2-14　　　　　　　　　新增水土保持措施工程量

序号	工程或费用名称		单位	闸改建工程	堤防加固工程
一	第一部分　工程措施				
1	渣场整治		hm²	3.23	3.21
2	放淤占地整治		hm²		5.40
3	土料场削坡		m³	1328	1774
4	渣场挡水埝		m³	384	384
5	渣场排水沟		m³	2030	2030
6	渣场排水沟混凝土板		m	3200	3200
二	第二部分　植物措施				
1	渣场边坡植草	栽植	hm²	0.21	0.08
		草皮	hm²	0.05	0.02
2	渣场顶面撒播种草	撒播	hm²	3.02	3.13
		草籽	kg	196.17	203.34
3	土料场挡水埂临时绿化	撒播	hm²	0.18	0.24
		草籽	kg	11.87	15.85
三	第三部分　临时工程				
1	袋装土临时拦挡		m³	260	260
2	土排水沟		m³	99	5585
3	挡水土埂		m³	283	378

6. 施工组织及进度安排

根据水土保持"三同时"制度，规划的各项防治措施应与主体工程同时进行，在不影响主体工程建设的基础上，尽可能早施工、早治理，减少项目施工期的水土流失量，以最大限度地防治水土流失。

根据水土保持设计，本工程水土保持措施主要有两部分内容：①主体工程设计中具有水土保持功能的各项措施；②水土保持新增措施。其中主体工程原设计包含的具有水土保持功能的各项措施，按主体工程提出的工程时序安排施工。新增水土保持设施应根据主体工程施工对区域影响情况及工程完工情况，在不影响主体工程施工的前提下与主体工程交叉进行，达到早施工、早发挥效益的目的。具体的新增水土保持措施中，各区域的防护措施按照工程的施工进度及时进行；各区域的植被恢复和绿化措施，安排在各单项工程完成后的第一个季度；各种临时防护措施与主体工程同时进行。

7.2.3.4　水土保持监测

水土保持监测是从保护水土资源和维护良好生态环境出发，运用多种手段和办法，对水土流失的成因、数量、强度、影响范围和后果进行监测，是防治水土流失的一项基础性工作，它的开发对于贯彻水土保持法规，搞好水土保持监督管理工作具有十分重要的意义。

根据《水土保持监测技术规程》（SL 227—2002），该项目水土保持监测主要是对工程施工中水土流失量及可能造成的水土流失危害进行监测；方案实施后主要监测各类防治措施的水土保持效益。

1. 监测时段

水土保持监测时段分施工期和自然恢复期两个阶段，水土保持监测主要在施工期。在施工期内的每月监测 1 次，在自然恢复期每年进行 2 次监测。

2. 监测内容

水土保持监测的具体内容要结合水土流失 6 项防治目标和各个水土流失防治区的特点，主要对施工期内造成的水土流失量及水土流失危害和运行期内水土保持措施效益进行监测。主要监测内容如下。

（1）项目区土壤侵蚀环境因子状况监测，内容包括：影响土壤侵蚀的地形、地貌、土壤、植被、气象、水文等自然因子及工程建设对这些因子的影响；工程建设对土地的扰动面积，挖方、填方数量及面积，弃土、弃石、弃渣量及堆放面积等。

（2）项目区水土流失状况监测，内容包括：项目区土壤侵蚀的形式、面积、分布、土壤流失量和水土流失强度变化情况，对周边地区生态环境的影响，以及造成的危害情况等。

（3）项目区水土保持防治措施执行情况监测，主要是监测项目区各项水土保持防治措施实施的进度、数量、规模及其分布状况。

（4）项目区水土保持防治效果监测，重点是监测项目区采取水土保持措施后是否达到了开发建设项目水土流失防治标准的要求。监测的内容主要包括：水土保持工程措施的稳定性、完好程度和运行情况；水土保持生物措施的成活率、保存率、生长情况和覆盖度；各项防治措施的拦渣、保土效益等。

为了给项目验收提供直接的数据支持和依据，监测结果应把项目区扰动土地治理率、水土流失治理度、土壤流失控制比、拦渣率、植被恢复系数和林草植被覆盖率等衡量水土流失防治效果的指标反映清楚。

3. 监测点布设

本工程水土流失重点监测地段为弃渣场、取土场及施工道路区。在施工期重点监测内容为：弃渣场边坡的稳定及弃渣流失情况；取土场水蚀及风蚀情况；工程开挖地段原坝体拆除开挖时局部滚石和小规模崩塌或滑坡以及施工对周围生态环境破坏等；工程填筑地段坝基填筑、黏土坝胎施工过程中土壤的流失等。在恢复期，主要监测水土保持措施的防护效果、施工区内的植物生长情况和生态环境的变化、弃渣场和施工道路采取水土保持措施后的水土流失量变化等。主要监测点布设情况见表7.2-15。

表 7.2 - 15　　　　　　　　　　主要监测点布设情况表

时段	监测内容	监测点
施工期	风蚀、水蚀	堤防建设区、施工道路、取土场、弃渣区分别布设监测点
自然恢复期	风蚀、水蚀	大堤边坡、取土场、弃渣区分别布设监测点

4. 监测方法及设备

水土保持监测的主要方法是结合工程施工管理体系进行动态监测，并根据实际情况采用定点定位监测，必要时设立监测断面和简易监测小区，监测沟道径流及泥沙变化情况，从中判断水土保持措施的作用和效果。对各项量化指标的监测需要选定不同区域具有代表性的地段或项目进行不同时段的监测；水土流失量的监测要设置简易监测小区，采用水土流失常规监测方法；水土流失危害的监测地段，宜采用常规水文观测结合水土流失监测方法进行；水土保持工程效益的监测，宜采用定点监测。

简易监测小区建设尺寸按照《水土保持监测技术规程》（SL 277）标准小区规定，根据实际地形调整确定。监测小区需要配备的常规监测设备包括自记雨量计、坡度仪、钢卷尺和测钎等耗材，调查监测需配备便携式 GPS 机。

监测内容和方法详见表7.2-16。

表 7.2 - 16　　　　　　　　　　监 测 内 容 和 方 法

监 测 内 容	监 测 方 法
建设区域地形、地貌变化情况	实地调查
占用地面积和扰动地表面积	实地调查
项目建设动用土石方量	调查统计
各区域风蚀、水蚀量和相关气象因子监测	定位观测
施工破坏的植被面积及数量	实地调查
水土流失治理面积	实地调查
防护措施的效果监测	实地测量、定位观测

5. 监测机构

水土保持监测应委托具有相应水土保持监测资质和监测经验的单位进行。对每次监测结果进行统计分析，做出简要评价，及时报送水行政主管部门与水土保持方案设计单位。监测工作全部结束后，对监测结果做出综合评价与分析，编制监测报告，水土保持监测成果应能核定建设过程及完工后 6 项防治目标的实现情况并指导施工，水土保持监测成果报告应满足水土保持专项验收要求；同时，监测单位要及时把监测报告报送业主与有关水行政主管部门。

7.2.3.5　水土保持投资概算

1. 原则和依据

（1）编制原则。设计概算按照现行部委颁布的有关水利工程概算的编制办法、费用构成及计算标准，并结合黄河下游工程建设的实际情况进行编制。

（2）编制依据。

《开发建设项目水土保持工程概（估）算编制规定》（水利部水总〔2003〕67 号）。

《水土保持工程概算定额》（水利部水总〔2003〕67 号）。

《工程勘察设计收费标准》（2002 年修订本，国家发展计划委员会、建设部）。

《关于开发建设项目水土保持咨询服务费用计列的指导意见》（水保监〔2005〕22 号）。

《开发建设项目水土保持设施验收管理办法》（水利部第 16 号令）。

《建设工程监理与相关服务收费管理规定》（发改价格〔2007〕670 号）。

《河南省水土保持补偿费、水土流失防治费征收管理办法》（河南省财政厅、物价局、水利厅、豫财预外字〔2000〕33 号）。

国家计委《关于加强对基本建设大中型项目概算中"价格预备费"管理有关问题的通知》（计投资〔1999〕1340 号）。

2. 基础资料

（1）人工单价。水土保持工程工资标准按六类地区 190 元/月，补贴标准按水土保持工程及河南省补贴标准计算。人工预算单价：工程措施为 21.27 元/工日，2.66 元/工时；植物措施为 17.83 元/工日，2.23 元/工时。

（2）电、水及砂石料等基础单价。根据主体工程施工组织设计提供的资料和数据进行计算，风价 0.12 元/m³，水价 0.5 元/m³，电价计算为 1.26 元/(kW·h)。

（3）主要材料价格和其他材料价格。主要材料价格参照主体工程的材料价格，其他材料（如苗木草种等）的价格根据市场调查确定。新增水土保持工程为土方工程与植物措施工程，不涉及水泥、钢筋、木材等价格。由于工程为线性工程，施工比较分散，材料主要为苗木、种子等，就近采购方便，运杂费由卖方承担，采购保管费按材料运到工地价格的2%计算，主要材料价格详见表 7.2-17。

表 7.2-17　　　　　　　　　主 要 材 料 价 格 表

序号	名称及规格	单位	预算价格/元	备　注
1	草袋	个	1.72	含采购及保管费
2	草籽（一级）	kg	60.0	含采购及保管费
3	草皮	m²	6.00	含采购及保管费

3. 费用构成

根据《开发建设项目水土保持工程概（估）算编制规定》和《关于开发建设项目水土保持咨询服务费用计列的指导意见》，水土保持方案投资概算费用构成为：工程费（工程措施、植物措施、临时工程），独立费用（建设管理费、工程建设监理费、勘测设计费、水土保持监测费、水土保持设施竣工验收费），预备费（基本预备费、价差预备费），建设期融资利息，水土保持设施补偿费。本水土保持设计不计建设期融资利息，因此水土保持设计投资由工程费、独立费用、预备费以及水土保持设施补偿费组成。

（1）工程费。包括工程措施及植物措施工程费、临时工程费。工程措施及植物措施工程费由工程措施和植物措施单价乘以工程量计算。水土保持工程措施和植物措施工程单价由直接工程费（包括直接费、其他直接费和现场经费）、间接费、企业利润和税金组成，详见表7.2-18、表7.2-19。

表7.2-18　　　　　　　　　工程措施单价汇总表

序号	工程名称	单位	单价/元	其中单价分项							
				人工费	材料费	机械使用费	其他直接费	现场经费	间接费	计划利润	税金
1	挡水埂修筑	100m³	1469.46	1120.66	33.62	41.13	11.95	59.77	63.36	93.13	45.84
2	人工排水沟	100m³	400.93	312.82	9.38		7.41	16.11	17.29	25.41	12.51
3	袋装土填筑	100m³	5981.82	3088.57	1732.15		96.41	241.04	257.91	379.13	186.61
4	填筑袋拆除	100m³	570.72	446.54	13.40		9.20	23.00	24.61	36.17	17.80
5	人工场地整治	100m³	117.09	88.84	8.88		2.25	3.91	4.16	5.40	3.65
6	弃渣场整治	100m²	157.16	3.99	0.44	122.23	2.53	6.33	6.78	9.96	4.90
7	土料场削坡	100m²	152.39	107.73	15.08		2.46	6.14	6.57	9.66	4.75

表7.2-19　　　　　　　　　植物措施单价汇总表

序号	工程名称	单位	单价			其中栽植单价分项					
			小计	苗木种子费	栽植单价	人工费	材料费	其他直接费	现场经费	间接费	计划利润	税金
1	护坡植草	100m²	173.50	144.00	29.50	18.64	6.28	0.25	1.00	1.05	1.36	0.92
2	撒播草籽种草	100m²	197.28	120.00	77.28	58.25	7.05	0.65	2.61	2.74	3.57	2.41
3	栽草皮种草	hm²	4078.05	3900.00	188.05	33.45	127.00	1.50	6.02	6.32	8.21	5.55

其中单价各项的计算或取费标准如下。

1）直接费，按定额计算。

2）其他直接费率，建筑工程按直接费的2.5%计算。

3）现场经费费率，见表7.2-20。

4）间接费费率，见表7.2-21。

表7.2-20　　　　　　　　现场经费费率表

序号	工程类别	计算基础	现场经费费率/%
1	土石方工程	直接费	5
2	混凝土工程	直接费	6
3	植物及其他工程	直接费	4

表 7.2 – 21　　　　　　　　　间 接 费 费 率 表

序号	工程类别	计算基础	间接费费率/%
1	土石方工程	直接费	5
2	混凝土工程	直接费	4
3	植物及其他工程	直接费	3

5）计划利润。工程措施按直接工程费与间接费之和的 7% 计算，植物措施按直接工程费与间接费之和的 5% 计算。

6）税金。本项目属于市区和城镇以外的工程，税金按直接工程费、间接费、计划利润之和的 3.22% 计算。

7）临时工程费。临时工程费按工程措施费和植物措施费的 2% 计列。

（2）独立费用。独立费用包括建设管理费、工程建设监理费、勘测设计费、水土保持监测费和水土保持设施竣工验收费。

1）建设管理费。按工程措施投资、植物措施投资和临时工程投资三部分之和的 2% 计算。

2）工程建设监理费。参照《建设工程监理与相关服务收费管理规定》（发改价格〔2007〕670 号）的有关规定，结合项目实际情况计取。

3）勘测设计费。参照《工程勘察设计收费管理规定的通知》（计价格〔2002〕10 号）的有关规定取费。另外，根据工程实际设计情况，取各单项勘测设计费之和的 5% 为汇总设计费计入总的勘测设计费。

4）水土保持监测费。参照《开发建设项目水土保持工程概（估）算编制规定》（水利部水总〔2003〕67 号）的规定并结合工程实际情况计取。

5）水土保持设施竣工验收费。根据《关于开发建设项目水土保持咨询服务费用计列的指导意见》并结合工程实际情况计取。

（3）预备费。

1）基本预备费：按第一至第四部分合计的 3% 计。

2）价差预备费：暂不计列。

（4）水土保持设施补偿费。根据《河南省水土保持补偿费、水土流失防治费征收管理暂行办法》规定，本次项目不涉及。

4. 概算结果

根据上述费用构成计算方法和取费标准，计算各单项工程的单价，用计算的单价乘以各项措施的工程量即得出各项工程的投资，各项工程投资加上临时工程费、独立费用、基本预备费和水土保持补偿费等其他费用，构成工程水土保持设计总投资。

本次新增水土保持设计总投资为 74.64 万元，其中，工程措施费 38.10 万元，植物措施费 2.89 万元，临时工程措施费 7.48 万元，独立费用 24.00 万元，基本预备费 2.17 万元，详见表 7.2 – 22。

5. 效益分析

水土保持各项措施的实施，可以预防或治理开发建设项目因工程建设造成的水土流失，这对于改善当地生态经济环境、保障下游水利工程安全运营都具有极其重要的意义。水土保持各项措施实施后的效益，主要表现为生态效益、社会效益和经济效益。

表 7.2－22　　　　　　　　　　新增水土保持投资概算表　　　　　　　　单位：万元

序号	工程或费用名称		闸改建工程	堤防加固工程	合计
一	第一部分　工程措施		15.82	22.28	38.10
1	渣场整治		6.49	6.45	12.94
2	放淤占地整治			6.32	6.32
3	土料场削坡		0.53	0.71	1.24
4	渣场挡水埝		0.56	0.56	1.12
5	渣场排水沟		0.81	0.81	1.62
6	渣场排水沟混凝土板		7.43	7.43	14.86
二	第二部分　植物措施		1.45	1.44	2.89
1	渣场边坡植草	栽植	0.06	0.02	0.08
		草皮	0.08	0.03	0.11
2	渣场顶面撒播种草	撒播	0.06	0.06	0.12
		草籽	1.18	1.22	2.40
3	土料场挡水埝临时绿化	撒播	0.004	0.005	0.009
		草籽	0.07	0.10	0.17
三	第三部分　临时工程		2.51	4.97	7.48
1	袋装土临时拦挡		1.70	1.70	3.40
2	土排水沟		0.04	2.24	2.28
3	挡水土埝		0.42	0.56	0.98
4	其他临时工程		0.35	0.47	0.82
	第一至第三部分总和		19.78	28.69	48.47
四	第四部分　独立费用		9.79	14.21	24.00
1	建设管理费		0.40	0.57	0.97
2	工程建设监理费		2.57	3.73	6.30
3	勘测设计费		2.97	4.31	7.28
4	水土保持监测费		2.47	3.59	6.06
5	水土保持设施竣工验收费		1.38	2.01	3.39
	第一至第四部分合计		29.57	42.90	72.47
五	基本预备费		0.89	1.29	2.17
	总投资		30.46	44.79	74.64

7.2.3.6　实施保证措施

为贯彻落实《中华人民共和国水土保持法》《中华人民共和国水土保持法实施条例》和国家计委、水利部、国家环保局发布的《开发建设项目水土保持方案管理办法》，确保本工程水土保持措施的顺利实施，在工程建设实施过程中，业主单位应切实做好水土保持工程的招投标工作，落实工程的设计、施工、监理、监测工作，要求各项任务的承担单位具有相应的专业资质，尤其要注意在合同中明确承包商的水土流失防治责任，并依法成立方案实施组织领导小组，联合水行政主管部门做好水土保持工程的竣工验收工作。

水土保持工作实施过程中各有关单位应切实做好技术档案管理工作，严格按照国家档案法的有关规定执行。由于本工程建设而发生在工程建设区及直接影响区的各项水土保持措施所需资金均来源于工程建设投资，与主体工程建设资金同时调拨，并做到专款专用，保证本水土保持设计中的各项工程尽快实施，尽早发挥效益。

7.2.4　林辛闸工程

7.2.4.1　水土流失及水土保持现状

本次项目区域内土壤侵蚀类型表现为微度水蚀。水土流失类型主要表现为：排水沟滑坡、崩塌，入河渠道两侧边坡不稳定，导致大量泥沙入河，堤防道路及部分废弃地带堆积部分废土、废渣。

根据现场踏勘和工程中占地类型分析：该工程项目为除险加固工程，其施工占地内均种植了狗牙根，闸建筑物周围上排水系统完善，水土流失轻微，水蚀侵蚀模数背景值为$500t/(km^2 \cdot a)$。

根据中华人民共和国行业标准《土壤侵蚀分类分级标准》（SL 190—2007），本项目区位于黄河下游，属于北方土石山区土壤侵蚀类型区，土壤侵蚀容许值$200t/(km^2 \cdot a)$。

7.2.4.2　主体工程水土保持评价

根据《开发建设项目水土保持技术规范》文件精神，分析工程建设特点，认为本项目符合国家相关产业政策；建设区对林草植被破坏较小，占地区无$25°$以上坡地；设计方案进行了必要的比选，工程土石方平衡、废渣利用达到规范要求；本工程实施无水土保持制约因素。主体工程的线路选取、占地、土石方、施工工艺以及对水土流失的影响因素均符合规范要求，确定本项目方案可行。通过本方案对主体工程水土保持措施进行补充和完善，能够有效地防止工程建设造成的水土流失而保护生态环境。

本项目所安排的防洪工程主要是新建和对原有工程的续建和加固，主体工程设计中采用的多种形式防护措施，对防止水土流失和保证边坡稳定、保障当地地域安全起到了应有的作用，其防护方案和防护工程设计均能满足水土保持要求。

从水土保持的角度来看，工程建设仍存在以下几个方面的问题：①工程建设开挖土方需要临时堆放，对于临时堆土要采取临时性的水土流失防护措施，尽量减少水土流失的发生；②主体工程设计中，对弃渣场临时占用耕地设计了复耕措施，其他临时占地则没有考虑防护措施。由于弃渣场是发生水土流失的重点区域，因此本水土保持方案设计补充了相应的防护措施；施工生产生活区等临时用地的地表植被和土壤结构在施工期会遭到严重的破坏，施工便道的开辟应尽量选择原有道路，临时道路施工结束后，主体工程设计中已考虑对占用的耕地采取土地复耕措施，需要增加其他临时占地的植被恢复措施。本方案将针对这些问题，设计新增水土保持措施，以满足水土保持要求。

7.2.4.3　水土流失防治责任范围

根据推荐方案主体工程设计的工程规模以及征占用土地的类型和面积，结合现场勘测调查，确定本工程推荐方案水土流失防治责任范围包括项目建设区和直接影响区，共 5.56hm²。

（1）项目建设区。项目建设区包括闸建筑物加固施工扰动范围内的工程建设永久占地面积和工程施工需要新征临时占地面积，经计算项目建设区面积为 4.96hm²。

（2）直接影响区。通过分析推荐方案主体工程设计中各项工程的征占地范围及其施工工艺，结合同类工程的实地调查，计算出本方案直接影响区面积为 0.60hm²。

综合分析，本工程推荐方案水土保持责任范围为 5.56hm²，其中，建设区面积为 4.96hm²，直接影响区面积为 0.60hm²，详见表 7.2-23。

表 7.2-23　　　　　　　　　　　水土流失防治责任范围　　　　　　　　　　单位：hm²

占地性质	防治分区	项目建设区	直接影响区	防治责任范围
永久占地	主体工程防治区	0.40	0.02	0.42
临时占地	施工生产生活防治区	0.34	0.03	0.37
	弃渣场防治区	4.22	0.55	4.77
合　计		4.96	0.60	5.56

7.2.4.4　水土流失预测

1. 预测范围及内容

预测范围为水土流失防治责任范围中的项目建设区，包括主体工程建设区、施工生产生活区、施工道路区、土料场区和弃渣场区。

根据《开发建设项目水土保持技术规范》（GB 50433—2008）的规定，结合该工程项目的特点，水土流失分析预测的主要内容有：①扰动原地貌、破坏植被面积；②弃土、弃渣量；③损坏和占压水土保持设施；④可能造成的水土流失量；⑤可能造成的水土流失危害。

2. 预测时段

根据本工程建设施工特点，本工程属于建设类项目，工程建设造成的水土流失主要发生在工程建设期（包括施工期和自然恢复期），因此，本方案水土流失预测时段为工程施工期和自然恢复期。

（1）施工期。施工期预测时段包括施工准备期和施工期，本次麻湾工程施工总工期为11 个月。根据"水土流失预测时段以最不利的时段进行预测，施工时段超过雨季长度的按全年计算"的原则，建设期均跨越汛期，预测时段按 1a 考虑，结合黄河河口防洪工程施工总进度计划表确定各防治区施工期的预测年限。

（2）自然恢复期。工程结束后，植被恢复措施逐渐发挥作用，建设区表层土体结构逐渐稳定，水土流失逐渐减少，经过一段时间后可达到新的稳定状态。根据项目区自然条件特点，同时结合实地调查，一般区域在项目实施 2a 后，植被逐渐恢复至原有状态。因此，确定该工程自然恢复期水土流失预测时间为 2a。

3. 预测结果

本工程涉及面积大部分是耕地和林草地，工程建设因开挖、排弃等生产生活破坏了区域的原地表植被，人为因素使区内水土流失呈增加趋势，如不采取有效的防护措施，将在一定程度上加剧当地水土流失。因此，水土保持工程与主体工程同时设计、同时施工、同时投产使用是十分必要。通过实施本方案设计的水土保持措施，项目区可能造成的水土流失将在很大程度上得到治理，为项目安全运行提供保障，为本地区可持续发展奠定基础。

7.2.4.5　水土流失综合防治方案

1. 水土流失防治目标

本工程水土保持防治最终目标为：因地制宜地采用各类水土流失防治措施，全面控制工程建设过程中可能造成新增水土流失，恢复和保护项目区的植被和其他水土保持设施，有效治理防治责任范围内的原有水土流失，达到地面侵蚀量显著减少、建设区生态环境得以改善，促进工程建设和生态环境协调发展。

本项目位于山东省政府划定的水土流失重点治理区，根据《开发建设项目水土流失防治标准》（GB 50434—2008）的规定，确定该项目设计水平年防治目标参照二级防治标准，详见表 7.2－24。

表 7.2－24　　　　　　　　　　水土流失防治目标表

防治标准指标	标准规定	按降水量修正	按土壤侵蚀强度修正	按地形修正	采用标准
扰动土地整治率/%	95				95
水土流失总治理度/%	85	+1			86
土壤流失控制比	0.7		1	0	1
拦渣率/%	95				95
林草植被恢复率/%	95	+1			96
林草覆盖率/%	20	+1			21

2. 水土流失防治分区

（1）分区依据。水土流失防治分区主要根据项目区的地形地貌类型和水土流失现状、项目建设时序、造成水土流失的特点、主体工程布局和防治责任范围，以及当地水土保持规划等主要因素进行划分。

（2）分区原则。

1）分区内各项工程建设时序基本相同，施工工艺基本一致。

2）分区内各单项工程造成水土流失的特点基本相同。

3）分区内各单项工程的水土流失防治措施体系基本相同。

（3）分区结果。由于项目占地都是平原地形地貌，对水土流失的影响因素是一致的；因此不在根据项目区地形地貌特点进行分区，根据占地性质及功能划分为四个分区，即主体工程建设区、施工生产生活区、施工道路区、弃渣场区。通过对各防治分区可能造成水土流失的形式和特点分析，土料场区和弃渣场区等防治区为水土流失防治的重点区域，详见表 7.2－25。

3. 水土流失分区防治措施

（1）防治措施布置原则。根据开发建设项目水土保持分区防治的要求，结合本项目的建设特点，确定本项目水土流失分区防治措施布置遵循以下原则。

表 7.2-25　　　　　　　　　　　**水土流失防治分区及特点**

防治分区		区域特点
永久占地	主体工程建设区	点型工程；施工过程中基础开挖和填筑时开挖面和临时堆土容易产生水蚀
临时占地	施工生产生活区	施工期生产工作繁忙，施工人员流动较大，施工活动对原地表扰动剧烈
	施工道路区	车辆碾压及人为活动频繁，路面扰动程度较大，降雨后的水蚀作用明显
	弃渣场区	临时堆土和弃渣表面容易产生风蚀和水蚀

1）强化管理、预防优先的原则。

2）工程措施与植物措施相结合、植物措施优先的原则。

3）主体工程互补的原则。主体设计中已考虑的水土保持内容经分析校核评价后满足水土保持要求不再重复设计；不能满足水土保持要求的，进行补充设计或重新设计。

4）因地制宜、因害设防、综合防治的原则。按照防治分区水土流失特征，因地制宜、科学合理地布置各项防治措施。

5）临时占地与土地高效利用相结合的原则。对临时占地进行土地复垦，恢复土地功能。

6）水土保持措施要体现在工程施工建设的全过程之中，并做好临时防护工作。

（2）防治措施体系。本工程根据国家水土保持有关法规和技术规范，本着"预防为主，全面规划，综合防治，注重效益"的方针，充分考虑项目建设的影响，结合区域自然地理条件和水土流失特点进行了科学合理的水土流失防治措施体系布设，详见图7.2-5。

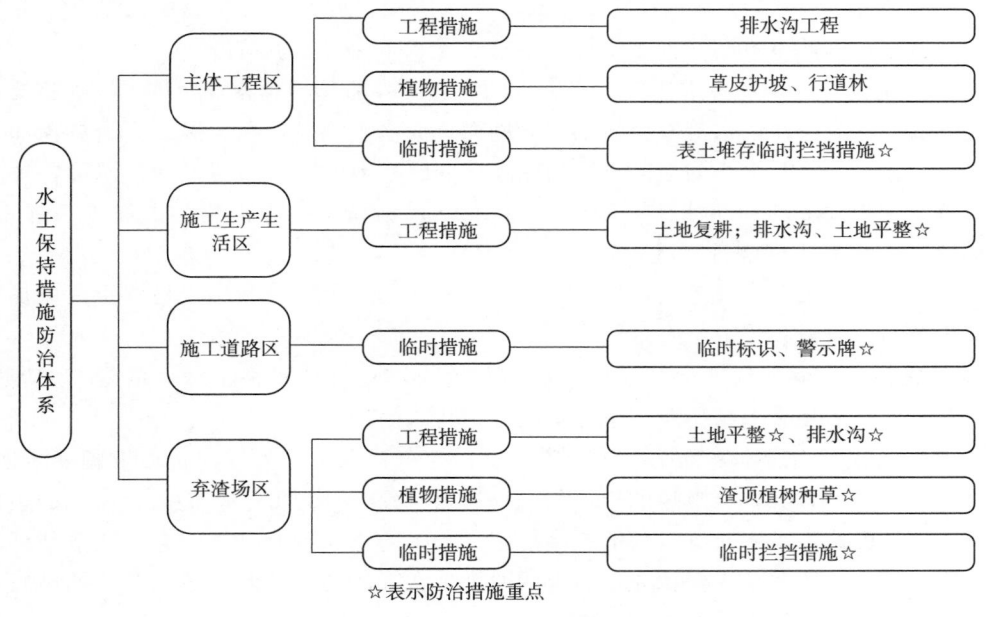

☆表示防治措施重点

图 7.2-5　水土保持措施防治体系图

（3）水土保持防治措施典型设计。

1）主体工程区。

a. 工程措施。主体工程设计布置的工程措施有：为了防止雨水对坝垛的冲刷造成新的水土流失，在闸体边坡布置现浇混凝土矩形排水沟。主体工程设计的工程措施满足水土保持要求。

b. 植物措施。主体工程设计布置的植物措施有：主体设计在闸体建筑物周围的空闲地种植了麦冬草 $2625m^2$，种植松树 263 株。主体工程设计的植物措施满足水土保持要求。

c. 临时措施。对临时堆存坝体拆除的土石方和开挖表土布置临时拦挡措施，拦挡措施采用编织土袋拦挡。

2）施工生产生活区。主体工程设计布置的工程措施有：对占用的耕地进行土地复耕措施，在施工过程中洒水防尘措施。新增措施为了排放场地区域内的生产生活污水和场地雨水，在场地周围修建梯形土排水沟；施工结束后，设置土地平整措施，以便后续的土地复耕措施的实施。

3）施工道路区。

a. 工程措施。主体工程设计布置的工程措施有施工临时道路，在选线时应尽量避开已治理的水土保持区，施工道路均修建在平坦的耕地上，工程结束后对施工道路占地进行土地复耕。本方案新增措施为土地平整措施。

b. 临时措施。施工道路区主要是工程料场至各项工程间的临时施工道路区域，道路上行驶的车辆为重型汽车，根据以往施工经验，车辆在运输过程中常常超出临时道路范围行驶，造成新的生态破坏，因此本方案在临时道路区设计临时标识或警示标志。

4）弃渣场区。根据主体施工设计安排，工程所弃土方全部堆放在堤防背河侧的护堤地里，堆渣高度 1m，宽度 20m，长 2212m。在主体工程设计中对弃渣场区没有采取任何水土保持措施，因此本方案根据水土保持要求布置水土保持防护措施。

a. 工程措施。弃渣场排水措施：本工程的所有的弃渣场均布置在防洪大堤堤脚处，为了防止大堤排水沟汇流的水流对弃渣场的冲刷而造成水土流失，在大堤与弃渣场顶部交界处布置纵向排水沟，与大堤的横向排水沟相连。同时在弃渣顶部布置横向排水沟，每条排水沟间隔宽度与大堤横向排水沟一致，且为 100m。纵横向排水沟均与大堤排水沟一致，采用梯形 C20 混凝土现浇排水沟。

弃渣场顶面整治：在弃渣场堆置达到设计标高后，为了充分利用土地资源，恢复和改善土地生产力，对渣顶采取平整措施。

b. 植物措施。弃渣场堆土结束后在渣顶和边坡均进行植物种草绿化措施。渣场边坡采取种草护坡，渣顶采取植树及树下种草措施绿化。

c. 临时措施。由于本工程所有的弃渣场位置均布置在防洪大堤的边坡坡脚处平地内，堆渣高度在 $1.0 \sim 1.3m$，弃渣场的边坡与大堤边坡一致，且为 1∶3，施工结束后的边坡满足稳定要求，因此不需要布置永久的拦挡措施。为了防止在弃渣过程中弃渣散落到弃渣场以外的区域，为了落实水土保持先挡后弃的原则，在弃渣场的外侧布置临时拦挡措施，拦挡措施采取修建梯形挡土土埂。

经计算，推荐方案水土保持措施有排水沟开挖土方 $326.48m^3$，土地平整 $4.71hm^2$，挡水土埂填筑土方 852.75m³，编织袋土方填筑 76.00m³，种草 21456.70m²，植树 5364 棵，临时警示牌 10 个，具体见表 7.2-26。

表 7.2-26　　　　　　　　　　新增水土保持措施工程量汇总表

防治工程区	工程措施			植物措施		临时措施		
	排水沟		土地平整 /hm²	种草 /m²	种树 /棵	挡水土埂填筑土方 /m³	编织袋土方 /m³	临时警示牌 /个
	土方开挖 /m³	C20 混凝土						
主体工程区							76.00	
施工道路区			0.00					10
施工生产生活区	101.14		0.49					
弃渣场区	225.34	102.21	4.22	21456.70	5364	852.75		
合计	326.48	102.21	4.71	21456.70	5364	852.75	76.00	10

4. 水土保持工程实施进度安排

根据水土保持"三同时"制度，规划的各项防治措施应与主体工程同时进行，在不影响主体工程建设的基础上，尽可能早施工、早治理，减少项目建设期的水土流失量，以最大限度地防治水土流失。本项目水土保持工程施工主要遵循以下原则：①按照"三同时"原则，坚持预防为主，及时防治，实施进度和位置与主体工程协调一致；②永久性占地区工程措施坚持"先防护后施工"原则，及时控制施工过程中的水土流失；③工程弃渣场坚持"先防护，后堆放"及"防护并行"的原则；④临时占地区使用完毕后需及时拆除并进行场地清理整治；⑤植物措施根据工程进度及时实施。

根据主体工程施工组织安排，本次近期防洪工程施工总工期 3a。参照主体工程施工进度及各项水土保持措施的工程量，安排本方案工程实施进度：工程措施和临时措施与主体工程同步实施；植物措施须根据植物的生物学特性，选择适宜季节实施，滞后于主体工程。全部水土保持工程均在第三年底前完工。

7.2.4.6　水土保持监测

水土保持监测是通过监测，及时掌握工程建设过程中的水土流失，并通过主管部门监督和工程监理及时加以控制，使工程造成的水土流失降低到最小限度。

1. 监测内容

监测内容包括：影响水土流失的主要因子监测；水土流失现状和灾害监测；水土保持工程效益监测。

2. 监测方法

以地面观测（收集主体工程监测资料）和调查监测为主，并辅以场地巡查。

3. 监测时段

本工程为建设类项目，监测时段包括工程建设期和运行初期，其中，工程建设期为 11 个月，运行初期为工程完工后 1a。

4. 重点监测地段和重点项目

结合本工程实际，监测的重点地段为河道整治工程土坝基填筑的边坡、取土场开挖边坡。监测的重点项目为：①建设项目占用地面积和扰动地表面积；②项目挖方和填方的数量及面积，料场规模及占地面积；③土壤侵蚀面积、侵蚀量、侵蚀程度变化情况；④防治措施的数量、质量及保土效果，防护工程的稳定性、完好程度和运行情况。

5. 监测时段和监测频率

（1）监测时段。从施工准备期开始，至设计水平年结束。在施工准备前先进行一次观测（背景值监测），作为工程项目开始后水土流失的对比参照数据。

（2）监测频率。施工期扰动地表面积和损坏水土保持设施监测主要在施工前和完工后，水蚀在 4—8 月每月监测 1 次，1—3 月至少监测 1 次，9—12 月监测 2 次，在日降雨量大于 25mm（大雨）时加测。各项水土保持措施质量、数量和保土效果在施工结束后监测，植物措施成活率在造林后第一年 4 月（发芽后）监测 1 次，植物措施保存率在造林后第三年 4 月（发芽后）监测 1 次，生长情况在每年 4 月（发芽后）监测 1 次。

6. 监测点位布设

根据监测点布设原则，本方案初步选定 4 处，设 4 个监测点。主体工程设置 1 个监测点，临时工程设置 1 个监测点，弃渣场设置 1 个监测点，施工道路设置 1 个监测点。

7.2.4.7 投资估算与效益分析

1. 投资估算

（1）编制原则。设计概算按照现行部委颁布的有关水利工程概算的编制办法、费用构成及计算标准，并结合工程建设的实际情况进行编制。主要材料价格及建筑工程单价与主体工程一致，水土保持补偿费按照山东省相关规定计算，价格水平年与主体工程一致。人工费按六类地区计算。另外，水土保持工程措施中的土石方工程量根据黄委会建管〔2005〕55 号文颁布的《预算定额》乘以扩大系数 1.03 确定。

（2）编制依据。主要编制依据如下。

《开发建设项目水土保持工程概（估）算编制规定》（水利部水总〔2003〕67 号）。

《开发建设项目水土保持工程概算定额》（水利部水总〔2003〕67 号）。

《关于开发建设项目水土保持咨询服务费用计列的指导意见》（水保监〔2005〕22 号）。

《工程勘察设计收费管理规定》（国家计委、建设部计价格〔2002〕10 号）。

《建设工程监理与相关服务收费管理规定》（发改办价格〔2007〕670 号）。

国家计委《关于加强对基本建设大中型项目概算中"价格预备费"管理有关问题的通知》（计投资〔1999〕1340 号）。

《国家计委收费管理司、财政部综合与改革司关于水利建设工程质量监督收费标准及有关问题的复函》（计司收费函〔1996〕2 号）。

《山东省水土保持设施补偿费、水土流失防治费收取标准和使用管理暂行办法》（鲁价涉发〔1995〕112 号）。

（3）基础资料。

1）人工费。根据《开发建设项目水土保持工程概（估）算编制规定》，按六类地区工资标准计算，人工预算单价中工程措施取 21.26 元/工日，植物措施取 17.83 元/工日。

2）材料费。工程措施和临时措施的主要及次要材料采用主体工程的材料预算单价；植物措施的材料单价＝当地市场价格＋运杂费＋采购保管费，其中采购保管费按材料运到工地价格的 2% 计算。

　　3）施工用风、水、电价格。施工用电、水按照主体工程标准计取，电 1.26 元/(kW·h)，水 0.5 元/m³；施工用风价格按照 0.12 元/m³ 计算。

　　4）施工机械使用费。按照《开发建设项目水土保持工程概算定额》中附录一"施工机械台时费定额"计算。其他材料预算价格与主体工程中的预算价格相同。

　　(4) 费用构成。根据《开发建设项目水土保持工程概（估）算编制规定》和《关于开发建设项目水土保持咨询服务费用计列的指导意见》，水土保持方案投资估算费用构成为：①工程费（工程措施、植物措施、临时工程）；②独立费用（建设管理费、工程建设监理费、水土保持方案编制费、水土保持监测费、水土保持竣工验收费、质量监督费）；③基本预备费；④水土保持设施补偿费组成。

　　1）工程措施及植物措施工程费。水土保持工程措施和植物措施工程单价由直接费、间接费、计划利润和税金组成。工程各项单价的计算或取费标准如下。

　　a. 直接费。按照《开发建设项目水土保持工程概算定额》计算，其中，人工工资按照当地所处的地区类别的标准工资加上其他工资性津贴计算；建筑材料价格按当地市场价格计算。

　　b. 其他直接费率。工程措施取直接费的 2%，植物措施取直接费的 1%。

　　c. 现场经费费率，见表 7.2-27。

　　d. 间接费费率，见表 7.2-28。

　　e. 计划利润。工程措施按直接工程费与间接费之和的 7% 计算，植物措施按直接工程费与间接费之和的 5% 计算。

　　f. 税金。税金按直接费、间接费、计划利润之和的 3.22% 计算。

表 7.2-27　　　　　　　　　　　现 场 经 费 费 率 表

序号	工 程 类 别	计算基础	现场经费费率/%
1	土石方工程	直接费	5
2	混凝土工程	直接费	6
3	植物及其他工程	直接费	4

表 7.2-28　　　　　　　　　　　间 接 费 费 率 表

序号	工 程 类 别	计算基础	间接费费率/%
1	土石方工程	直接费	5
2	混凝土工程	直接费	4
3	植物及其他工程	直接费	3

　　2）临时工程费。本方案设计的临时工程按工程投资计列，其他临时工程费按第一部分与第二部分投资之和的 2.0% 计算。

　　3）独立费用。独立费用包括建设管理费、工程建设监理费、勘测设计费、水土保持监测费、水土保持竣工验收费。

　　a. 建设管理费。按工程措施投资、植物措施投资和临时工程投资三部分之和的 2.0%

计算。

b. 工程建设监理费。工程监理费按照《建设工程监理与相关服务收费管理规定》（发改办价格〔2005〕670 号）确定。

c. 勘测设计费。参照《工程勘察设计收费管理规定》（国家计委、建设部计价格〔2002〕10 号），推荐方案水保初步设计及施工图设计章节编制费为 7.52 万元。

d. 水土保持监测费。水土保持监测费参照《关于开发建设项目水土保持咨询服务费用计列的指导意见》（水保监〔2005〕22 号），推荐方案水土保持监测费为 3 万元。

e. 水土保持竣工验收费。参照《关于开发建设项目水土保持咨询服务费用计列的指导意见》（水保监〔2005〕22 号），推荐方案水土保持设施竣工验收技术评估报告编制费取 5 万元。

4）基本预备费。按第一至第四部分之和的 3% 计算。

5）水土保持设施补偿费。根据《中华人民共和国水土保持法》《山东省水土保持设施补偿费、水土流失防治费收取标准和使用管理暂行办法》，通过征求当地水行政部门意见，确定水土保持补偿费按损坏林草面积计算，采用 1 元/m² 的标准收取。

（5）估算结果。水土保持设计投资 32.47 万元。其中，工程措施投资 5.44 万元，植物措施投资 6.93 万元，临时工程投资 2.27 万元，独立费用 16.88 万元，基本预备费 0.95 万元。

推荐方案水土保持新增投资估算详见表 7.2-29。

表 7.2-29　　　　　　　　推荐方案水土保持新增投资估算表　　　　　　单位：万元

序号	工程或费用名称	建筑安装工程费	林草工程费		独立费用	合计
			栽植费	林草种子费		
	第一部分　水土保持工程措施	5.44				5.44
（一）	取土场区					
（二）	施工道路防治区					
（三）	生产生活区	0.19				0.19
（四）	弃渣场区	5.25				5.25
	第二部分　水土保持植物措施		1.61	5.33		6.93
（一）	弃渣场区		1.61	5.33		6.93
	第三部分　施工临时工程	2.27				2.27
（一）	主体工程区	0.66				0.66
（二）	取土场区					
（三）	弃渣场	1.37				1.37
（四）	施工道路区	0.05				0.05
（五）	其他临时工程	0.19				0.19
	第一至第三部分合计	7.71	1.61	5.33		14.64
	第四部分　独立费用				16.88	16.88
（一）	建设管理费				0.29	0.29

续表

序号	工程或费用名称	建筑安装工程费	林草工程费		独立费用	合计
			栽植费	林草种子费		
（二）	工程建设监理费				1.91	1.91
（三）	科研勘测设计费				6.67	6.67
（四）	水土流失监测费				3.00	3.00
（五）	工程质量监督费				0.01	0.01
（六）	水土保持设施验收评估报告编制费				5.00	5.00
	第一至第四部分合计	7.71	1.61	5.33	16.88	31.52
	基本预备费					0.95
	水土流失补偿费					
	总投资					32.47

2. 效益分析

水土保持各项措施的实施，可以预防或治理开发建设项目因工程建设造成的水土流失，这对于改善当地生态经济环境、保障下游水利工程安全运营都具有极其重要的意义。水土保持各项措施实施后的效益，主要表现为生态效益、社会效益和经济效益。

7.2.4.8 实施保障措施

为贯彻《中华人民共和国水土保持法》《中华人民共和国水土保持法实施条例》和国家计委、水利部、国家环保局发布的《开发建设项目水土保持方案管理办法》，确保水土保持方案的顺利实施，在方案实施过程中，建设单位应切实做好招投标工作，落实工程的设计、施工、监理、监测，要求各项工作任务的承担单位具有相应的专业资质，尤其注意在合同中明确施工责任，并依法成立方案实施的组织领导小组，狠抓落实，联合水行政主管部门做好水土保持工程的验收工作。

7.2.4.9 结论及建议

本工程在建设施工过程中会造成一定程度的水土流失，需要进行水土保方案设计。通过实施本水土保持方案设计的措施，可降低项目建设期水土流失程度，减轻水土流失对土地生产力的破坏，提高土地生产率，使环境与经济发展走上良性循环，提高环境容量，对促进生态环境建设、改善当地投资环境、加快工程建设和发展地方经济具有重要的意义。

本工程项目建设区域生态环境脆弱，为使本水土保持方案中的各项水土流失防治措施落实到实处，有效控制新增水土流失，避免工程建设可能带来的水土流失影响。建议建设单位配合设计单位和施工单位，根据下阶段的施工组织措施设计，进一步细化工程中已有的水土保持措施，并落实本方案提出的水土保持措施。在进行施工单位、管理单位招标时，应根据本水土保持方案，在标书中明确提出施工过程中的水土流失防治要求。

7.2.5 码头泄水闸工程

7.2.5.1 项目及项目区概况

1. 项目概况

东平湖码头泄水闸位于小安山隔堤以北，围坝桩号 25＋281 处，始建于 1973 年，为 1

级水工建筑物。本次工程对闸室上部排架、工作桥、启闭机房、桥头堡、围护栏进行拆除重建，对闸室和桥头堡结合部防渗止水进行修复，对码头泄水闸管理区场区内进行景观绿化设计。

由于工程规模及投资较小，工程没有开展可研等前期工作。

2. 工程占地

本工程总占地面积 2.21hm²，其中永久占地 0.22hm²，临时占地 1.99hm²。工程施工区相对集中，生产及生活设施根据水闸附近地形条件就近布置，工程施工占地以节约用地为主，尽量减少人为扰动造成的水土流失，满足水土保持要求。工程永久占地为涵闸已征用的堤防用地，临时占地包括施工围堰、施工生产生活区、土料场和弃渣场，其中堤后管护地弃渣场不另外征地。工程建设占地情况详见表 7.2-30。

表 7.2-30　　　　　　　　工 程 建 设 占 地 情 况　　　　　　单位：hm²

占地性质	项　　目		占 地 面 积				
			小计	水浇地	堤后管护用地	堤防建设用地	河流水面
永久占地	主体工程区	涵闸	0.22			0.22	
	小计		0.22			0.22	
临时占地	主体工程区	施工围堰	0.16				0.16
	土料场	张博村黏土料场	0.60	0.60			
		张博村壤土料场	0.62	0.62			
	弃渣场区	堤后管护地弃渣场	0.32		0.32		
	施工生产生活区		0.13	0.13			
	临时施工道路区		0.16	0.16			
	小计		1.99	1.51	0.32		0.16
合计			2.21	1.51	0.32	0.22	0.16

3. 项目区概况

东平湖区属于暖温带大陆性半湿润季风气候，四季分明。由于受大陆性季风影响，一般冬春两季多风而少雨雪，夏秋则炎热多雨，秋冬季多偏北风，春夏季以南风为主，最大风力可达8级，形成了该区春旱夏涝的自然特点。项目区多年平均气温 13.5℃，极端最高气温 41.7℃（1966 年 7 月 19 日），极端最低气温 −17.5℃（1975 年 1 月 2 日），最高气温多发生在 7 月，最低气温多发生在 1 月，气温平均日较差 9～13℃；平均无霜期 200d 左右；本地区多年平均降水量 606mm，年际降水量悬殊较大，最大年降水量 1394.8mm，最小年降水量 261.6mm；多年平均蒸发量 2089.3mm；最大风速达 21m/s，最大风速的风向为北风；最大冻土深度为 35cm。据《中国地震动参数区划图》（GB 18306—2001），闸址区地震动峰值加速度为 0.05g，相应的抗震设防烈度为 6 度，因此建筑物可不考虑地震影响。

工程总工期 3.5 个月，其中施工准备期 0.5 个月，主体工程施工期 3 个月，即从第一年的 3 月下半月至当年的 6 月，因此，水土保持设计水平年为第一年。

4. 水土保持经验及现状

通过对已建的黄河下游近期防洪工程项目的水土保持工程调查、分析，项目区水土保持成功经验包括：水土保持工程必须根据工程建设造成水土流失的特点确定，工程弃渣场重点注重施工过程中弃土的堆放和处理；临时堆土要采取有效的拦挡措施，防止降雨、径流造成的堆土流失；边坡防护要采取植物措施和工程措施，防止坡面水土流失；工程临时占地在施工过程中采取洒水保湿，对空闲地进行适当绿化（一般以植草为主），场地建设临时排水系统，有效排除积水预防面蚀等。

项目所在地区地形平坦，土壤肥沃，农业生产条件得天独厚，是主要的农、副业生产基地。项目区的水土保持主要以人工植被栽培为主体，主要表现为农业植被和林业植被。项目所在地区大面积的植被覆盖降低了滩区的风速，减少了土壤沙化，此外，还能够调节地表径流，固结土体。项目区的经济林、果林、苗圃、蔬菜、花卉等种植面积逐年增加及黄河下游堤防标准化建设的实施，包括防浪林、行道林、适生林、护堤林、护坡草皮等，起到了很好的水土保持作用，使区域的生态环境、水土流失明显得到改善。

根据《全国第二次土壤侵蚀遥感调查图》，项目区以微度水力侵蚀为主，多年平均土壤侵蚀模数约为 200t/（km² · a）。根据《土壤侵蚀分类分级标准》（SL 190—2007），项目区位于北方土石山区，容许水土流失量为 200t/（km² · a）。根据《水利部关于划分国家级水土流失重点防治区的公告》（中华人民共和国水利部公告 2006 年第 2 号，2006 年 4 月 29 日）和《山东省人民政府关于发布水土流失重点防治区的通告》（1999 年 3 月 3 日），项目区不涉及国家级水土流失重点防治区，属于山东省水土流失重点治理区。

5. 主体工程水土保持分析与评价

主体工程设计了堤防浆砌石护坡，土料场区、施工生产生活防治区、临时施工道路防治区的表土剥离、土地复垦措施（包括表土回覆、土地整治及复耕），泄水闸管理区场区绿化等措施，这些措施具有水土保持功能且满足水土保持的要求，界定为水土保持工程措施。工程量为：堤防浆砌石护坡 21.69m³，表土剥离 4530m³，土地复垦 1.83hm²；圆柏 6 棵，女贞 19 棵，紫薇 7 棵，大叶黄杨 12 棵，金叶女贞 7m²，月季 3m²，早熟禾 82m²。投资为：堤防浆砌石护坡 0.59 万元，表土剥离 3.69 万元，土地复垦费用 2.38 万元，植物措施费用 0.64 万元，主体设计水土保持总投资合计为 7.30 万元。另外，主体工程施工组织的设计布置科学合理、施工工艺先进，避开了水土流失相对严重的汛期进行施工，满足水土保持要求。

通过对本工程进行分析，在工程选址、土料场选址、弃渣场选址、施工组织、工程施工、工程管理等方面均不存在水土保持制约性因素，符合水土保持要求。

7.2.5.2 水土流失防治责任范围及防治分区

1. 防治责任范围

根据"谁开发谁保护，谁造成水土流失谁负责治理"的原则，凡在生产建设过程中造成水土流失的，都必须采取措施对水土流失进行治理；依据《开发建设项目水土保持技术规范》（GB 50433—2008）的规定，工程水土流失防治责任范围包括项目建设区和直接影响区。

（1）项目建设区。项目建设区范围包括建（构）筑物占地和施工临时占地。

（2）直接影响区。直接影响区是指由于工程建设活动可能对周边区域造成水土流失及危害的项目建设区以外的其他区域，该区域是由项目建设所诱发、可能（也可能不）加剧水土流失的范围，虽然不属于征地范围，如若加剧水土流失应由建设单位进行防治。根据工程施工对周边的影响，确定本工程建设对主体工程区外无影响，将渣场按两侧 5m 计算，其他临时占地区周围外延 2m 范围作为直接影响区范围。

经计算，本工程水土流失防治责任范围面积为 2.62hm²，其中，建设区面积为 2.21hm²，直接影响区面积为 0.41hm²。项目建设水土流失防治责任范围情况详见表 7.2 - 31。

表 7.2 - 31　　　　　　　　　　项目建设水土流失防治责任范围　　　　　　　　　　单位：hm²

序号	项　　目		项目建设区			直接影响区	合计
			永久占地	临时占地	小计		
1	主体工程区		0.22	0.16	0.38		0.38
2	土料场	张博村黏土料场		0.60	0.60	0.07	0.67
		张博村壤土料场		0.62	0.62	0.07	0.69
3	弃渣场区	堤后管护地弃渣场		0.32	0.32	0.20	0.52
4	施工生产生活区			0.13	0.13	0.03	0.16
5	临时施工道路区			0.16	0.16	0.04	0.20
	合计		0.22	1.99	2.21	0.41	2.62

2. 防治分区

根据工程类型及特点，结合防治分区的划分原则，将该工程水土流失防治区分为：主体工程防治区、土料场防治区、弃渣场防治区、施工生产生活防治区、临时施工道路防治区，详见表 7.2 - 32。

表 7.2 - 32　　　　　　　　　　　　水土流失防治分区及特点

名　　称	区　域　特　点
主体工程防治区	施工过程中基础开挖和填筑时开挖面和临时堆土容易产生风蚀和水蚀，施工围堰的修筑容易产生水蚀，开挖废料在运往弃渣场堆弃的过程中容易产生风蚀
土料场防治区	临时堆土和开采后边坡容易产生风蚀和水蚀
弃渣场防治区	临时堆土和弃渣表面容易产生风蚀和水蚀
施工生产生活防治区	施工期生产工作繁忙，施工人员流动较大，施工活动对原地表扰动剧烈
临时施工道路防治区	车辆碾压及人为活动频繁，路面扰动程度较大，大风天气的风蚀和降雨后的水蚀作用明显

7.2.5.3　水土流失预测

项目建设将会改变原有的地形地貌和植被覆盖，各种施工活动会改变原有的土体结构，致使建设区土壤抗侵蚀能力降低、土壤侵蚀加速，进而增加水土流失。不同施工区域造成的水土流失的影响因素有较明显的差别，产生水土流失的形式及流失量亦有所不同，因此应分类、分区、分时段进行水土流失预测，并根据预测提出不同的防护措施，减少水土流失，保证工程的正常运行。

1. 预测时段

通过对本工程建设和工程运行期间可能造成的水土流失情况分析，确定工程建设所造成的新增水土流失预测时段分施工期和自然恢复期两个时段。水土流失预测方法首先是针对该项施工期和运行期可能产生的水土流失特点和形式进行分析，然后根据查阅的主体工程设计相关资料，结合现场调查勘测等方法进行综合统计分析，最终得出预测结果。

施工期预测时段根据主体工程施工工期而定，包含施工准备期和施工期，按最不利条件确定预测时段，超过雨季长度不足 1a 的按全年计，未超过雨季长度的按占雨季长度的比例计算。根据主体工程设计，工程总工期 3.5 个月，其中，施工准备期 0.5 个月，主体工程施工期 3 个月，因此，本项目施工期预测时段按 1 年计。施工结束后，表层土体结构逐渐稳定，在不采取相应的水土保持防护措施作用下植被亦能够自然恢复，水土流失程度逐渐降低，经过一段时间恢复可达到新的稳定状态。根据黄河下游近期防洪工程水土保持监测资料并结合当地自然因素分析确定，施工结束 1a 后项目区的植被能够逐渐恢复至原本状态。因此，自然恢复期水土流失预测时段定为 1a。

2. 预测内容

根据《开发建设项目水土保持技术规范》（GB 50433—2008）的规定，结合该工程的特点，水土流失分析预测的主要内容有：①扰动地表面积预测；②可能产生的弃渣量预测；③损坏水土保持设施数量预测；④可能造成的水土流失量预测；⑤可能造成的水土流失危害预测。

3. 扰动地表面积

根据主体工程设计，结合项目区实地踏勘，对工程施工过程中占压土地的情况进行测算和统计得出本工程扰动地表总面积 2.05hm²，其中，水浇地 1.51hm²、堤后管护用地 0.32hm²、堤防建设用地 0.22hm²。

4. 弃渣量

工程弃土弃渣量的预测主要对主体工程施工组织设计的土石方开挖量、填筑量、土石方调配、挖填平衡及水土保持等进行分析，并以充分利用开挖土石方为原则。本工程弃土弃渣主要来源于基础开挖、老闸拆除和围堰拆除等。以松方计，本工程开挖土方 14713m³，回填方为 19172m³，外借方为 14642m³，弃方为 10183m³，废弃土方和围堰拆除的弃土运往堤后管护地弃渣场，老闸拆除产生的弃方运往张博村黏土料场进行填埋。工程土石方情况详见表 7.2-33。

表 7.2-33　　　　　　　工程土石方情况表　　　　　　单位：m³

分　区		开挖	回填	外　借		废　弃	
				数量	来源	数量	去向
主体工程区	土方	1920	6207	6207	张博村黏土料场、张博村壤土料场	1920	堤后管护地弃渣场
	石方		411	411	外购		
	老闸拆除	239				239	张博村黏土料场

续表

分　区		开挖	回填	外　借		废　弃	
				数量	来源	数量	去向
主体工程区	围堰填筑		8024	8024	张博村黏土料场、张博村壤土料场		
	围堰拆除	8024				8024	堤后管护地弃渣场
土料场	张博村黏土料场　表土	1800	1800				
	张博村壤土料场　表土	1860	1860				
施工生产生活区	表土	390	390				
临时施工道路区	表土	480	480				
合计		14713	19172	14642		10183	

5. 损坏水土保持设施数量

通过实地查勘和对占地情况的分析，工程永久占地为涵闸已征用的堤防用地，新增临时占地包括施工围堰、施工生产生活区、土料场和弃渣场。本工程占地类型为水浇地、堤后管护用地、堤防建设用地及河流水面，根据《山东省水土保持设施补偿费、水土流失防治费收取标准和使用管理暂行办法》（1995 年 5 月 22 日山东省物价局、财政厅、水利厅发布），本工程未占用水土保持设施。

6. 可能造成的水土流失量

通过对建设类项目施工特点的分析，在工程施工期，施工活动使区域植被受到不同程度的破坏，使土地原有的抗侵蚀能力下降，同时由于人为活动频繁，从而使土壤侵蚀强度增大。工程进入运行期后，地表植被逐渐得到恢复，水土流失逐渐接近自然状态，土壤侵蚀强度降低。因此，在水土流失预测时必须分别计算施工准备期、施工期、自然恢复期的水土流失量，水土流失量的预测采用以下公式：

$$W = \sum_{i=1}^{n} \sum_{k=i}^{3} F_i \times M_{ik} \times T_{ik} \qquad (7.2-2)$$

式中：W 为扰动地表水土流失量，t；i 为预测单元，$i=1，2，3，\cdots，n$；k 为预测时段，1、2、3 分别指施工准备期、施工期、自然恢复期；F_i 为第 i 个预测单元面积，km^2；M_{ik} 为扰动后不同预测单元不同时段的土壤侵蚀模数，$t/(km^2 \cdot a)$；T_{ik} 为扰动时段，a。

新增水土流失量预测，采用以下公式：

$$\Delta W = \sum_{i=1}^{n} \sum_{k=1}^{3} F_i \times \Delta M_{ik} \times T_{ik} \qquad (7.2-3)$$

式中：ΔW 为扰动地表新增水土流失量，t；i 为预测单元，$i=1，2，3，\cdots，n$；k 为预测时段，1、2、3 分别指施工准备期、施工期、自然恢复期；F_i 为第 i 个预测单元面积，km^2；ΔM_{ik} 为不同预测单元不同时段新增土壤侵蚀模数，$t/(km^2 \cdot a)$；T_{ik} 为扰动时段，a。

根据山东省第二次土壤侵蚀遥感调查成果，项目区水土流失侵蚀类型主要以水力侵蚀为主，属于微度水力侵蚀，侵蚀模数背景值平均为 200t/(km² · a)。

　　工程扰动后的建设期土壤侵蚀模数和自然恢复期土壤侵蚀模数的确定，采取类比工程和实地调查相结合的方法，选择黄河下游近期防洪工程作为类比工程，其类比工程的地形、地貌、土壤、植被、降水等主要影响因子与本工程相似，方具有可比性。施工准备期较短，与施工期合并进行水土流失预测。水土流失预测时段和预测面积见表7.2-34。

表7.2-34　　　　　　　　　　水土流失预测时段和预测面积表

序号	项　目		预测时段/a		预测面积/hm²	
			施工期	自然恢复期	施工期	自然恢复期
1	主体工程区		1		0.22	
2	土料场	张博村黏土料场	1		0.60	
		张博村壤土料场	1		0.62	
3	渣场区	堤后管护地弃渣场	1	1	0.32	0.32
4	施工生产生活区		1		0.13	
5	临时施工道路区		1		0.16	

　　通过经验公式预测，本工程可能产生的水土流失总量为121t，其中，水土流失背景值为4t，新增水土流失总量为116t；工程施工期水土流失118t，自然恢复期3t。本工程水土流失量预测情况详见表7.2-35。

表7.2-35　　　　　　　　　　水土流失量预测表

预测单元		预测时段	土壤侵蚀背景值/[t/(km²·a)]	扰动后侵蚀模数/[t/(km²·a)]	侵蚀面积/hm²	侵蚀时间/a	背景流失量/t	预测流失量/t	新增流失量/t
主体工程区		施工期	200	3000	0.22	1	0	7	6
		小计					0	7	6
土料场	张博村黏土料场	施工期	200	7000	0.60	1	1	42	41
	张博村壤土料场	施工期	200	6000	0.62	1	1	37	36
		小计					2	79	77
弃渣场区	堤后管护地弃渣场	施工期	200	7000	0.32	1	1	22	22
		自然恢复期	200	1000	0.32	1	1	3	3
		小计					2	25	25
施工生产生活区		施工期	200	3500	0.13	1	0	5	4
		小计					0	5	4
临时施工道路区		施工期	200	3000	0.16	1	0	5	4
		小计					0	5	4
合　计							4	121	116

　　7. 水土流失危害预测

　　工程建设过程中，不同程度地扰动破坏了原地貌、植被，降低了其水土保持功能，加剧了土壤侵蚀，对原本趋于平衡的生态环境造成了不同程度破坏，如果不采取有效的水土保持防治措施，将对区域土地生产力、生态环境、水土资源利用、防洪工程等造成不同程度的危害。该项目为涵闸的拆除重建工程，工程建设对滩区生态环境影响较大，建设造成的水土流失如不加以处理将对该地区生态环境造成较大的破坏，同时也会影响堤防本身的安全。在施工建设过程中，边坡及基础开挖、施工生产生活区布设、料场开采、施工道路修建会对原地貌和地表结构造成破坏，加重水土流失。弃渣沿大堤堆放，若不采取防治措施，在暴雨的作用下容易发生冲蚀，可能会造成农田灌溉系统的淤塞从而影响农业生产。

8. 预测结果和指导意见

本工程建设扰动地表面积为 2.05hm²，没有损坏水土保持设施，建设过程中弃渣总量为 10183m³。经预测计算，工程建设如果不采取水土流失防治措施，新增水土流失量为 116t。

通过对工程建设中可能产生的水土流失进行预测分析，工程建设过程中不可避免地会产生人为因素的水土流失，因此要根据预测结果有针对性地布设水土保持预防和治理措施，使水土保持措施与主体工程同时建设、同时投入运行，把因工程建设引起的水土流失降到最低。施工期是项目建设过程中水土流失的重点时期，弃渣场和土料场是项目建设过程中水土保持的重点区域，水土保持措施布设和监测工作开展也应以施工期的这些区域为主。

7.2.5.4　水土保持措施设计

1. 防治原则

本着"预防为主、保护优先、全面规划、综合治理、因地制宜、突出重点、科学管理、注重效益"的水土保持工作方针，以"谁开发谁保护，谁造成水土流失谁治理"为基本原则。与此同时，坚持突出重点与综合防治相结合，坚持"水土保持工程必须与主体工程同时设计、同时施工、同时投产使用""生态优先"等原则。水土保持工作应以控制水土流失、改善生态环境、服务主体工程为重点，因地制宜地布设各类水土流失防治措施，全面控制工程及其建设过程中可能造成的新增水土流失，恢复和保护项目区内的植被和其他水土保持设施，有效治理防治责任范围内的水土流失，绿化、美化、优化项目区生态环境，促进工程建设和生态环境协调发展。

2. 防治目标

项目区位于山东省水土流失重点治理区，根据《开发建设项目水土流失防治标准》(GB 50434—2008)，确定该项目执行国家建设类项目水土流失防治二级标准。项目区降雨量为 606mm，土壤侵蚀强度为微度，位于黄河冲积平原区。经调整后，到设计水平年各防治目标值应达到扰动土地整治率 95%、水土流失总治理度 86%、土壤流失控制比 1.0、拦渣率 95%、林草植被恢复率 96%、林草覆盖率 16%。项目水土流失防治目标见表 7.2-36。

表 7.2-36　　　　　　　　　　　项目水土流失防治目标表

防治指标	标准规定	按降水量修正	按土壤侵蚀强度修正	按项目占地情况修正	采用标准
扰动土地整治率/%	95				95
水土流失总治理度/%	85	+1			86
土壤流失控制比	0.7		+0.3		1.0

续表

防治指标	标准规定	按降水量修正	按土壤侵蚀强度修正	按项目占地情况修正	采用标准
拦渣率/%	95				95
林草植被恢复率/%	95	+1			96
林草覆盖率/%	20	+1		-5	16

注 项目区占地类型以水浇地为主，水土保持措施实施后，林草植被面积仅为堤后管护地弃渣场的占地面积，其余均为水浇地，因此，林草覆盖率调整为16%。

3. 防治措施

根据主体工程施工情况，已有水土保持措施包括主体工程防治区的堤防浆砌石护坡，土料场区、施工生产生活防治区、临时施工道路防治区的表土剥离、土地复垦（包括表土回覆、土地整治、复耕）、泄水闸管理区场区绿化等措施，新增水土保持措施包括渣场绿化、草袋土临时拦挡、纤维布临时覆盖、临时土质排水沟、挡水土埂等。施工前应将表层耕作土进行剥离，施工已考虑；施工完成后，应进行土地复垦措施，移民规划设计中已考虑，水土保持仅考虑表土的临时防护措施。

（1）主体工程区。主体工程设计的工程措施已满足水土保持的要求，该区不再新增水土保持措施。

（2）土料场区。本工程土料场地类以耕地为主，土料场水土保持措施布局为：料场周围边缘修筑挡水土埂；施工过程中对临时堆放表土进行纤维布临时覆盖、袋装土临时拦挡以及临时排水措施。

（3）弃渣场区。堤后管护地弃渣场的水土保持措施包括弃渣场整治后采用灌草结合的方式进行绿化，灌木选择紫穗槐，草本选择狗牙根。

（4）施工生产生活。该区水土保持措施布局为：施工过程中对临时堆放表土进行纤维布临时覆盖、袋装土临时拦挡，以及设置临时排水措施。

（5）临时施工道路区。本工程临时施工道路路面宽6m，路面结构为改善土路面，该区水土保持措施布局为：施工过程中对临时堆放表土进行纤维布临时覆盖、袋装土临时拦挡以及临时排水措施。

本工程水土流失防治措施体系见图7.2-6。

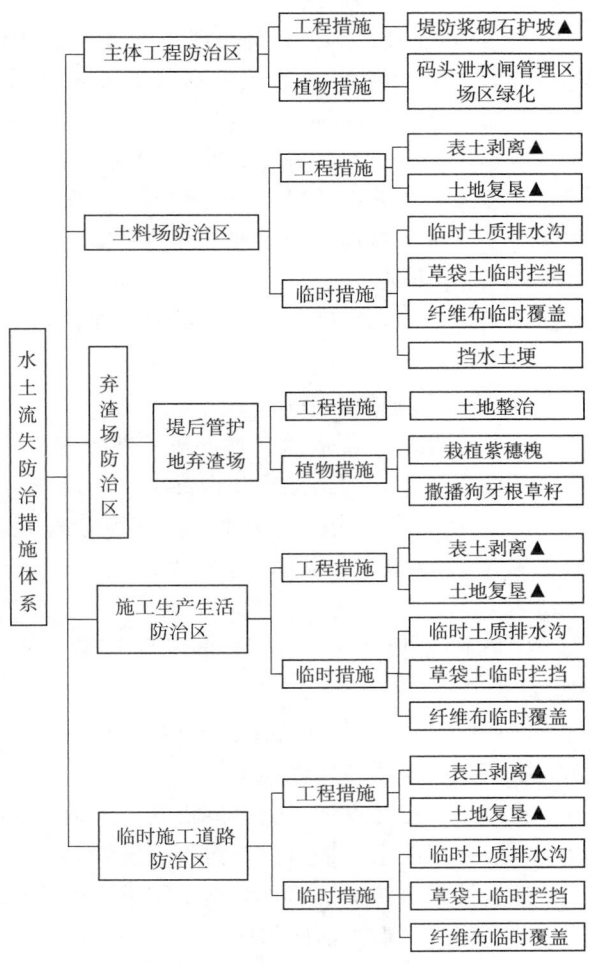

图7.2-6 水土流失防治措施体系图
注：▲为主体已有的水保措施。

4. 水土保持措施典型设计

（1）土料场防治区。临时措施如下。

1）袋装土临时拦挡。为防止和减小降雨和径流造成的水土流失，对临时堆存的剥离表土采取袋装土临时拦挡措施。临时拦挡措施采用填筑袋装土布设在表土的四周，袋装土土源直接取用临时堆存表土，施工结束后对临时措施进行拆除。袋装土按照两层摆放，为保证稳定，底层袋装土的纵向应垂直于堆土放置，土袋采用 0.80m×0.50m×0.25m 规格。经计算，袋装土临时拦挡措施工程量 0.01 万 m^3。

2）纤维布临时覆盖。该区临时堆土表土需采用纤维布进行临时覆盖，纤维布临时覆盖面积为 0.13hm^2。

3）临时土质排水沟。土料场防治区周围设置临时排水沟，对该区域汇水进行疏导，减少降水对该区的侵蚀。临时排水沟采用土沟形式、内壁夯实，断面采用梯形断面，断面底宽 0.4m，沟深 0.4m，边坡比 1∶1。经计算，排水沟长 434m，土方开挖 0.01 万 m^3。临时土质排水沟设计见图 7.2-5。

4）挡水土埂。为防止降雨时土料场周围的汇水携带泥沙流入并冲刷取土坑，在土料场外侧人工修筑高 0.3m、顶面宽 0.3m、边坡为 1∶1 的临时挡水埂，见图 7.2-2。经计算，临时挡水土埂措施工程量为 0.01 万 m^3。

耕作层的表土对于施工结束后的复耕工作意义重大，施工专业已经设计表土剥离措施，土地复垦措施由移民专业设计，水土保持不再重复设计，仅提出要求。老闸拆除产生的弃渣要在壤土料场进行填埋，弃渣平铺，并进行层层压实，施工开挖壤土料前需将表层 0.3m 的耕作土进行剥离，黏土料场剥离表土 0.3m，并注意生土、熟土分开堆放，做好临时防护措施，为施工结束后恢复耕地做准备。

（2）弃渣场防治区。

1）堤后管护地弃渣场。

a. 工程措施。堤后管护地弃渣场堆渣完毕后，需进行土地整治，采用推土机平整至顶面，坡度小于 5°，为渣场绿化做准备。土地整治面积为 0.32hm^2。

b. 植物措施。栽植紫穗槐：弃渣场完成土地整治后，对坡面和平台进行绿化。渣场绿化采用灌草混交，灌木选择紫穗槐，行间距为 2m×2m，经计算，共需紫穗槐苗 1943 株。

撒播狗牙根草籽：草籽选用狗芽根，撒播密度为 40kg/hm^2。经计算，撒播种草 47kg。

2）其他要求。渣场弃土要分层堆放，弃土层层压实，离渣顶 30cm 时渣土平铺即可，无需压实，为渣场绿化做准备。

施工专业已经设计表土剥离措施，土地复垦措施由移民专业设计，水土保持不再重复设计，仅提出要求。堆渣前，需将表层 0.3m 的耕作土进行剥离，堆放在该区空地上，水土保持设计临时防护措施，为施工结束后恢复耕地做准备。

（3）施工生产生活防治区。

1）临时措施。

a. 袋装土临时拦挡。为防止和减小降雨和径流造成的水土流失，对临时堆存的剥离表土采取袋装土临时拦挡措施。临时拦挡措施采用填筑袋装土布设在表土的四周，袋装土土源直接取用临时堆存表土，施工结束后对临时措施进行拆除。袋装土按照两层摆放，为保证稳定，底层袋装土的纵向应垂直于堆土放置，土袋采用 0.80m×0.50m×0.25m 规格。经计算，袋装土临时拦挡措施工程量 20m³。

　　b. 纤维布临时覆盖。该区临时堆土表土需采用纤维布进行临时覆盖，纤维布临时覆盖面积为 0.02hm²。

　　c. 临时土质排水沟。该区临时堆土周围设置临时排水沟，对该区域汇水进行疏导，减少降水对该区的侵蚀。临时排水沟采用土沟形式、内壁夯实，断面采用梯形断面，断面底宽 0.4m，沟深 0.4m，边坡比 1∶1。排水沟长度 93m，经计算，土方开挖 30m³。

　　2）其他要求。施工专业已经设计表土剥离措施，土地复垦措施由移民专业设计，水土保持不再重复设计，仅提出要求。施工前，需将表层 0.3m 的耕作土进行剥离，堆放在该区空地上，水土保持设计临时防护措施为施工结束后恢复耕地做准备。

　　项目新增水土保持措施工程量见表 7.2-37。

表 7.2-37　　　　　　　　　　　新增水土保持措施工程量汇总表

序号	项 目 名 称	工 程 量	
		单位	数量
一	土料场区		
（一）	临时措施		
1	临时土质排水沟	万 m³	0.01
2	纤维布临时覆盖	hm²	0.13
3	袋装土临时拦挡		
（1）	袋装土填筑	万 m³	0.01
（2）	袋装土拆除	万 m³	0.01
4	挡水土埝	万 m³	0.01
二	渣场区		
（一）	堤后管护地弃渣场		
1	工程措施		
	土地整治	hm²	0.32
2	植物措施		
（1）	栽植紫穗槐	株	1943
（2）	撒播狗牙根草籽	kg	47
三	施工生产生活区		
（一）	临时措施		
1	临时土质排水沟	万 m³	0.003
2	纤维布临时覆盖	hm²	0.02

续表

序号	项目名称	工程量	
		单位	数量
3	袋装土临时拦挡		
(1)	袋装土填筑	万 m³	0.002
(2)	袋装土拆除	万 m³	0.002
四	临时施工道路区	万 m³	
(一)	临时措施		
1	临时土质排水沟	万 m³	0.005
2	纤维布临时覆盖	hm²	0.03
3	袋装土临时拦挡		
(1)	袋装土填筑	万 m³	0.004
(2)	袋装土拆除	万 m³	0.004

5. 实施进度安排

根据水土保持"三同时"制度，规划的各项防治措施应与主体工程同时进行，在不影响主体工程施工的基础上，尽可能早施工、早治理，减少项目建设期的水土流失量，最大限度地防治水土流失。本项目水土保持工程施工主要遵循以下原则。

(1) 按照"三同时"原则，坚持预防为主，及时防治，实施进度和位置与主体工程协调一致。

(2) 永久性占地区工程措施坚持"先防护后施工"原则，及时控制施工过程中的水土流失。

(3) 临时占地使用完毕后需及时拆除并进行场地清理整治的原则。

(4) 植物措施根据工程进度及时实施的原则。

参照主体工程施工进度及各项水土保持措施的工程量，安排本水土保持工程实施进度：工程措施和临时措施与主体工程同步实施；植物措施须根据植物的生物学特性，选择工程完工当年的适宜季节实施，滞后于主体工程。

7.2.5.5 水土保持监测

水土保持监测是从保护水土资源和维护良好生态环境出发，运用多种手段和办法，对水土流失的成因、数量、强度、影响范围和后果进行监测，是防治水土流失的一项基础性工作，它的开发对于贯彻水土保持法规、搞好水土保持监督管理工作具有十分重要的意义。

根据《水土保持监测技术规程》(SL 227—2002)，该项目水土保持监测主要是对工程施工中水土流失量及可能造成的水土流失危害进行监测；水土保持措施实施后主要监测各类防治措施的水土保持效益。

1. 监测时段与频次

水土保持监测时段从施工期开始至设计水平年结束，主要监测时段为工程建设期。工程建设期内汛期每月监测 1 次，非汛期每 2 个月监测 1 次，24h 降雨量不小于 25mm 时增加监测次数。施工期结束后至设计水平年，监测 1 次。

2. 监测内容

水土保持监测的具体内容要结合水土流失 6 项防治目标和各个水土流失防治区的特点，主要对建设期内造成的水土流失量及水土流失危害和运行期内水土保持措施效益进行监测。主要监测内容如下。

(1) 项目区土壤侵蚀环境因子状况监测，内容包括：影响土壤侵蚀的地形、地貌、土壤、植被、气象、水文等自然因子及工程建设对这些因子的影响；工程建设对土地的扰动面积，挖方、填方数量及面积，弃土、弃石、弃渣量及堆放面积等。

(2) 项目区水土流失状况监测，内容包括：项目区土壤侵蚀的形式、面积、分布、土壤流失量和水土流失强度变化情况，对周边地区生态环境的影响，以及造成的危害情况等。

(3) 项目区水土保持防治措施执行情况监测，主要是监测项目区各项水土保持防治措施实施的进度、数量、规模及其分布状况。

(4) 项目区水土保持防治效果监测，重点是监测项目区采取水土保持措施后是否达到了开发建设项目水土流失防治标准的要求。监测的内容主要包括：水土保持工程措施的稳定性、完好程度和运行情况；水土保持生物措施的成活率、保存率、生长情况和覆盖度；各项防治措施的拦渣、保土效益等。

为了给项目验收提供直接的数据支持和依据，监测结果应把项目区扰动土地整治率、水土流失总治理度、土壤流失控制比、拦渣率、林草植被恢复率和林草覆盖率等衡量水土流失防治效果的指标反映清楚。

3. 监测点布设

根据本工程可能造成水土流失的特点及水土流失防治措施，初步拟定 4 个监测点，主体工程区 1 处，渣场区 1 处（堤后管护地弃渣场 1 处），土料场区 2 处（张博村黏土料场、张博村壤土料场各 1 处）。其中重点监测地段为渣场区和土料场区。

4. 监测方法及设备

水土保持监测的主要方法是结合工程施工管理体系进行动态监测，并根据实际情况采用定点定位监测，监测沟道径流及泥沙变化情况，从中判断水土保持措施的作用和效果。其中对各项量化指标的监测需要选定不同区域具有代表性的地段或项目进行不同时段的监测。

简易监测小区建设尺寸按照《水土保持监测技术规程》（SL 227—2002）标准小区规定根据实际地形调整确定。监测小区需要配备的常规监测设备包括自记雨量计、坡度仪、钢卷尺和测钎等耗材，调查监测需配备便携式 GPS 机。

5. 监测机构

按照《水土保持监测技术规程》（SL 227—2002）要求，水土保持监测应委托具有相应水土保持监测资质和监测经验的单位进行。对每次监测结果进行统计分析，做出简要评价。监测工作全部结束后，对监测结果做出综合评价与分析，编制监测报告。水土保持监测成果应能核定建设过程及完工后 6 项防治目标的实现情况并指导施工，水土保持监测成果报告应满足水土保持专项验收要求。监测结果要定期上报建设单位和当地水行政主管部门作为当地水行政主管部门监督检查和验收达标的依据之一。

7.2.5.6　水土保持投资概算

1. 编制原则

水土保持投资概算按照现行部委颁布的有关水利工程概算的编制办法、费用构成及计算标准，并结合工程建设的实际情况进行编制。主要材料价格、价格水平年与主体工程一致，水土保持补偿费按照山东省相关规定计算，人工费按六类地区计算。

2. 编制依据

（1）《开发建设项目水土保持工程概（估）算编制规定》（水利部水总〔2003〕67 号）。

（2）《水土保持工程概算定额》（水利部水总〔2003〕67 号）。

（3）《关于开发建设项目水土保持咨询服务费用计列的指导意见》（水保监〔2005〕22 号）。

（4）国家计委《关于加强对基本建设大中型项目概算中"价差预备费"管理有关问题的通知》（计投资〔1999〕1340 号）。

（5）《山东省水土保持设施补偿费、水土流失防治费收取标准和使用管理暂行办法》（1995 年 5 月 22 日山东省物价局、财政厅、水利厅发布）。

3. 费用构成

根据《开发建设项目水土保持工程概（估）算编制规定》（水利部水总〔2003〕67 号），水土保持投资概算费用构成为：工程费（工程措施费、植物措施费、临时工程费），独立费用（建设管理费、工程建设监理费、勘测设计费、水土保持监测费、水土保持设施竣工验收费、水土保持技术咨询服务费），预备费（基本预备费），水土保持设施补偿费。

（1）工程措施费、植物措施费和临时工程费。水土保持工程措施、植物措施、临时工程的单价由直接工程费、间接费、计划利润和税金组成。各项的计算或取费标准如下。

1）直接工程费，按直接费、其他直接费、现场经费之和计算。①直接费：按照《水土保持工程概算定额》计算；②其他直接费：工程措施、临时措施取直接费的 2.7%，植物措施取直接费的 1.7%；③现场经费：工程措施、临时措施取直接费的 5%，植物措施取直接费的 4%。

2）间接费。工程措施、临时措施间接费取直接费的 5%，植物措施间接费取直接费的 3%。

3）计划利润。工程措施按直接工程费与间接费之和的 7%计算，植物措施按直接工程费与间接费之和的 5%计算。

4）税金。根据《关于调整山东省建设工程税金计算办法的通知》（2005 年 7 月 29 日），本工程税金取 3.25%。

5）临时工程费。水土保持已规划的施工临时工程（如临时排水设施、临时拦挡设施等），按设计方案的工程量乘单价计算，其他临时工程费按第一部分与第二部分投资之和的 2.0%计算。

（2）独立费用。独立费用包括建设管理费、工程建设监理费、勘测设计费、水土保持监测费、水土保持技术咨询服务费和水土保持设施竣工验收费。

1）建设管理费。按工程措施投资、植物措施投资和临时工程投资三部分之和的 2%计算。

2）工程建设监理费。本工程水土保持工程建设监理合并入主体工程监理内容，水土保持工程建设监理费与主体工程建设监理费合并使用，不再单独计列。

3）勘测设计费。参考《关于开发建设项目水土保持咨询服务费用计列的指导意见》（水保监〔2005〕22号）计取。

4）水土保持监测费。参考《关于开发建设项目水土保持咨询服务费用计列的指导意见》（水保监〔2005〕22号）和《开发建设项目水土保持工程概（估）算编制规定》（水利部水总〔2003〕67号）计取。

5）水土保持技术咨询服务费。参考《关于开发建设项目水土保持咨询服务费用计列的指导意见》（水保监〔2005〕22号）计取。

6）水土保持设施竣工验收费。水土保持设施竣工验收费与主体工程竣工验收费合并使用，不再单独计列。

（3）预备费。

1）基本预备费。根据《开发建设项目水土保持工程概（估）算编制规定》（水利部水总〔2003〕67号），基本预备费按水土保持工程措施投资、植物措施投资、临时工程投资和独立费用四部分之和的3.0%计算。

2）价差预备费。根据国家计委《关于加强对基本建设大中型项目概算中"价差预备费"管理有关问题的通知》，水土保持概算投资不计列价差预备费。

（4）水土保持设施补偿费。根据《山东省水土保持设施补偿费、水土流失防治费收取标准和使用管理暂行办法》（1995年5月22日山东省物价局、财政厅、水利厅发布），本工程未占用水土保持设施，无水土保持设施补偿费。

4. 概算结果

经计算，新增水土保持措施投资16.09万元，其中，工程投资1.13万元，植物措施投资0.87万元，临时工程投资2.04万元，独立费用11.58万元，基本预备费0.47万元。水土保持新增投资详见表7.2-38。

表7.2-38　　　　　　　　　新增水土保持措施投资概算表　　　　　　　　单位：万元

序　号	工程或费用名称	水土保持措施投资					合计
		建筑安装工程费	植物措施费		设备费	独立费用	
			栽（种）植费	苗木、种子费			
第一部分	工程措施						1.13
一	弃渣场防治区	1.13					1.13
第二部分	植物措施						0.87
一	弃渣场防治区		0.52	0.35			0.87
第三部分	临时工程						2.04
一	土料场防治区	1.42					1.42
二	施工生产生活区	0.23					0.23
三	临时施工道路防治区	0.35					0.35
四	其他临时工程	0.04					0.04

续表

序　号	工程或费用名称	水土保持措施投资					合计
		建筑安装工程费	植物措施费		设备费	独立费用	
			栽（种）植费	苗木、种子费			
	第一至第三部分之和						4.04
第四部分	独立费用					11.58	11.58
一	建设管理费					0.08	0.08
二	科研勘测设计费					5.00	5.00
三	水土保持监测费					5.50	5.50
四	水土保持技术咨询服务费					1.00	1.00
	第一至第四部分合计						15.62
	基本预备费						0.47
	静态总投资						16.09
	总投资						16.09

5. 效益分析

本项目水土保持各项措施的实施，可以预防或降低因工程建设造成的水土流失，这对于改善当地生态经济环境、保障工程安全运营都具有极其重要的意义。水土保持各项措施实施后的效益，主要表现为生态效益、社会效益和经济效益。

（1）水土保持预期防治目标分析。水土保持工程实施后，通过原主体工程设计的防护措施和新增的水土保持措施，项目区水土流失可以得到有效的控制。水土保持措施全部起作用后，造成的水土流失面积基本得到治理，通过预测计算 6 项指标均达到防治目标值。水土保持综合治理目标预测分析详见表 7.2 - 39。

表 7.2 - 39　　　　　　　　　水土保持综合治理目标预测分析表

序号	分析指标	目标值	评估依据	单位	数量	计算值	评估结果
1	扰动土地整治率	95%	水土保持措施面积＋建筑物面积	hm^2	2.05	100%	达标
			扰动地表面积	hm^2	2.05		
2	水土流失总治理度	86%	水土保持措施面积	hm^2	1.83	89%	达标
			水土流失总面积	hm^2	2.05		
3	土壤流失控制比	100%	项目区容许土壤流失量	$t/(hm^2 \cdot a)$	200	100%	达标
			方案实施后土壤流失强度	$t/(hm^2 \cdot a)$	200		
4	拦渣率	95%	实际拦挡弃土弃渣量	万 m^3	14710	100%	达标
			弃土弃渣总量	万 m^3	14713		
5	林草植被恢复率	96%	林草植被面积	hm^2	0.31	96.9%	达标
			可恢复林草植被面积	hm^2	0.32		
6	林草覆盖率	16%	林草植被面积	hm^2	0.32	16%	达标
			总面积	hm^2	2.05		

（2）生态效益。工程建设完成后，各防治分区采取水土保持措施后，植被将逐步得到恢复，从而减少了泥沙冲蚀量，此外，提高植被覆盖度，可使当地的自然环境得到最大程度的改善，促进生态系统向良性循环发展。

（3）社会效益。通过采取水土保持措施，可以防止滑坡、崩塌等灾害的发生，降低水土流失危害，保障工程安全和周围农田、村庄居民的安全，对当地及周边社会的持续发展都具有积极的意义。

（4）经济效益。各项水土保持防治措施实施后，一方面增加了林地面积，产生经济效益。另一方面有效减少了水土流失现象的发生，从而避免泥沙淤塞河床，淹没农田，降低对农业、水利、渔业等方面的危害。因此，通过实施水土保持措施，可直接和间接获得较好经济效益。

7.2.5.7　实施保证措施

为贯彻落实《中华人民共和国水土保持法》（2011年3月1日），建设单位应切实做好水土保持工程的招投标工作，落实工程的设计、施工、监理、监测工作，要求各项任务的承担单位具有相应的专业资质，尤其要注意在合同中明确承包商的水土流失防治责任，并依法成立实施组织领导小组，联合水行政主管部门做好水土保持工程的竣工验收工作。下阶段应做好施工图设计，施工过程中应落实施工责任及培训制度，做好水土保持监测、监理工作。监理单位应根据建设单位授权和规范要求，切实履行自己的职责，及时发现问题、及时解决问题，对施工单位在施工中违反水土保持法规的行为和不按设计文件要求进行水土保持设施建设的行为，有权给予制止，责令其停工，并做出整改。水土保持监测、监理单位在工作结束后，要提交相应的资料和报告，配合完成水土保持设施竣工验收。

水土保持工作实施过程中各有关单位应切实做好技术档案管理工作，严格按照国家档案法的有关规定执行。水土保持费用，应从主体工程总投资中列支，并与主体工程资金同时调拨。建设单位应将水土保持资金落实到位，并做到专款专用，严格控制资金的管理与使用，确保水土保持措施保质保量按期完成。

项目建设将会改变原有的地形地貌和植被覆盖，各种施工活动会改变原有的土体结构，致使建设区土壤抗侵蚀能力降低、土壤侵蚀加速，进而增加水土流失。不同施工区域造成的水土流失的影响因素有较明显的差别，产生水土流失的形式及流失量亦有所不同，因此应分类、分区、分时段进行水土流失预测，并根据预测提出不同的防护措施，减少水土流失，保证工程的正常运行。

7.2.6　马口闸工程

7.2.6.1　项目及项目区概况

1. 项目概况

马口闸位于东平湖滞洪区，围坝桩号为79+300，本工程设计任务是对马口闸进出口及洞身段进行拆除重建，建筑物级别为1级建筑物。

由于工程规模及投资较小，工程没有开展可行性研究等前期工作。

2. 工程占地

本工程总占地面积为11.86hm²，永久占地面积为0.95hm²，临时占地面积为

$10.91hm^2$。工程施工区相对集中，生产及生活设施根据水闸附近地形条件就近布置，工程施工占地以节约用地为主，尽量减少人为扰动造成的水土流失，满足水土保持要求。工程永久占地为涵闸已征用的堤防用地，临时占地包括施工围堰、施工生产生活区、土料场和渣场，其中堤后管护地弃渣场不另外征地。工程建设占地情况详见表 7.2-40。

表 7.2-40　　　　　　　　　　　　工 程 建 设 占 地 情 况　　　　　　　　　　单位：hm^2

占地性质	项　目		占 地 面 积				
			小计	水浇地	堤后管护用地	堤防建设用地	河流水面
永久占地	主体工程区	涵闸	0.95			0.95	
		小计	0.95			0.95	
临时占地	主体工程区	施工围堰	1.61				1.61
		土料场	5.42	5.42			
	弃渣场区	堤后管护地弃渣场	1.30		1.30		
		周转渣场	0.45	0.45			
	施工生产生活区		0.33	0.33			
	临时施工道路区		1.80	1.80			
	小计		10.91	8.00	1.30		1.61
合计			11.86	8.00	1.30	0.95	1.61

3. 项目区概况

东平湖区位于黄河下游中段，鲁中南山区和华北平原区交接地带，总的地形趋势是东北高，西南低，地面高程 38.00～41.00m。项目区所在地的地震动峰值加速度为 $0.10g$，地震动反应谱特征周期为 0.40s，相应的地震基本烈度为Ⅶ度。东平湖区属于暖温带大陆性半湿润季风气候，四季分明，由于受大陆性季风影响，一般冬春两季多风而少雨雪，夏秋则炎热多雨，秋冬季多偏北风，春夏季以南风为主，最大风力可达 8 级，形成了该区春旱夏涝的自然特点。工程所在处的多年平均气温为 13.5℃，最高气温 41.7℃（1966 年 7月 19 日），最低气温 -17.5℃（1975 年 1 月 2 日）；多年平均降水量 605.9mm；多年平均蒸发量 2089.3mm；最大风速达 21m/s 以上，最大风速的风向为北风；最大冻土深度 35cm。

本工程总工期 4.5 个月，即从第一年的 2 月开工建设，至当年的 6 月完工。因此，水土保持设计水平年为第一年。

4. 水土保持现状

通过对已建的黄河下游近期防洪工程项目的水土保持工程调查、分析，项目区水土保持成功经验包括：水土保持工程必须根据工程建设造成水土流失的特点确定，工程弃渣场重点注重施工过程中弃土的堆放和处理；临时堆土要采取有效的拦挡措施，防止降雨、径流造成的堆土流失；边坡防护要采取植物措施和工程措施，防止坡面水土流失；工程临时占地在施工过程中采取洒水保湿，对空闲地进行适当绿化（一般以植草为主），场地建设临时排水系统，有效排除积水预防面蚀等。

项目所在地区地形平坦，土壤肥沃，农业生产条件得天独厚，是主要的农、副业生产基地。项目区的水土保持主要以人工植被栽培为主体，主要表现为农业植被和林业植被。项目所在地区大面积的植被覆盖降低了滩区的风速，减少了土壤沙化，此外，还能够调节地表径流，固结土体。项目区的经济林、果林、苗圃、蔬菜、花卉等种植面积逐年增加及黄河下游堤防标准化建设的实施，包括防浪林、行道林、适生林、护堤林、护坡草皮等，起到了很好的水土保持作用，使区域的生态环境、水土流失明显得到改善。

根据《全国第二次土壤侵蚀遥感调查图》，项目区以微度水力侵蚀为主，多年平均土壤侵蚀模数约为 200t/（km² · a）。根据《土壤侵蚀分类分级标准》（SL 190—2007），项目区位于北方土石山区，容许水土流失量为 200t/（km² · a）。根据《水利部关于划分国家级水土流失重点防治区的公告》（中华人民共和国水利部公告 2006 年第 2 号，2006 年 4 月 29 日）和《山东省人民政府关于发布水土流失重点防治区的通告》（1999 年 3 月 3 日），项目区不涉及国家级水土流失重点防治区，属于山东省水土流失重点治理区。

5. 主体工程水土保持分析与评价

主体工程设计了堤防浆砌石护坡、堤坡植草、护堤地种植柳树，土料场区、周转渣场、施工生产生活防治区、临时施工道路防治区的表土剥离、土地复垦措施（包括表土回覆、土地整治及复耕），这些措施具有水土保持功能且满足水土保持的要求，界定为水土保持工程措施。主体已有水土保持措施工程量为：堤防浆砌石护坡 452m³，堤坡植草 0.26hm²，护堤地种植柳树 81 株，表土剥离 51100m³，土地复垦 8.00hm²；投资为：堤防浆砌石护坡 12.32 万元，堤坡植草 0.05 万元，护堤地种植柳树 1.07 万元，表土剥离 41.59 万元，土地复垦费用 10.45 万元，主体设计水土保持总投资合计为 65.48 万元。另外，主体工程施工组织的设计布置科学合理、施工工艺先进，避开了水土流失相对严重的汛期进行施工，满足水土保持要求。

通过对本工程进行分析，在工程选址、土料场选址、弃渣场选址、施工组织、工程施工、工程管理等方面均不存在水土保持制约性因素，符合水土保持要求。

7.2.6.2 水土流失防治责任范围及防治分区

1. 防治责任范围

根据"谁开发谁保护、谁造成水土流失谁负责治理"的原则，凡在生产建设过程中造成水土流失的，都必须采取措施对水土流失进行治理。依据《开发建设项目水土保持技术规范》（GB 50433—2008）的规定，结合本工程建设及运行可能影响的水土流失范围，确定该项工程水土流失防治责任范围为项目建设区和直接影响区。

（1）项目建设区。项目建设区主要包括工程永久占地和施工临时占地。

（2）直接影响区。直接影响区是指由于工程建设活动可能对周边区域造成水土流失及危害的项目建设区以外的其他区域，该区域是由项目建设所诱发、可能（也可能不）加剧水土流失的范围，虽然不属于征地范围，如若加剧水土流失应由建设单位进行防治。根据工程施工对周边的影响，确定本工程建设对主体工程区外无影响，将渣场按两侧5m计算，其他临时占地区周围外延 2m 范围作为直接影响区范围。

经计算，本工程水土流失防治责任范围面积为 13.11hm²，其中，建设区面积为 11.86hm²，直接影响区面积为 1.25hm²。项目建设水土流失防治责任范围情况详见表 7.2－41。

表 7.2－41　　　　　　　　项目建设水土流失防治责任范围　　　　　　　　单位：hm²

序号	项目		项目建设区			直接影响区	合计
			永久占地	临时占地	小计		
1	主体工程防治区		0.95	1.61	2.56		2.56
2	土料场防治区			5.42	5.42	0.20	5.62
3	弃渣场防治区	堤后管护地弃渣场		1.30	1.30	0.30	1.60
		周转渣场		0.45	0.45	0.20	0.65
4	施工生产生活防治区			0.33	0.33	0.15	0.48
5	临时施工道路防治区			1.80	1.80	0.40	2.20
	合计		0.95	10.91	11.86	1.25	13.11

2. 防治分区

根据工程类型及特点，结合防治分区的划分原则，将该工程水土流失防治区分为：主体工程区、土料场区、弃渣场区、施工生产生活区、临时施工道路区，详见表7.2－42。

表 7.2－42　　　　　　　　　　水土流失防治分区及特点

名　称	区　域　特　点
主体工程防治区	施工过程中基础开挖和填筑时开挖面和临时堆土容易产生风蚀和水蚀，施工围堰的修筑容易产生水蚀，开挖废料在运往弃渣场堆弃的过程中容易产生风蚀
土料场防治区	临时堆土和开采后边坡容易产生风蚀和水蚀
弃渣场防治区	临时堆土和弃渣表面容易产生风蚀和水蚀
施工生产生活防治区	施工期生产工作繁忙，施工人员流动较大，施工活动对原地表扰动剧烈
临时施工道路防治区	车辆碾压及人为活动频繁，路面扰动程度较大，大风天气的风蚀和降雨后的水蚀作用明显

7.2.6.3　水土流失预测

项目建设将会改变原有的地形地貌和植被覆盖，各种施工活动会改变原有的土体结构，致使建设区土壤抗侵蚀能力降低、土壤侵蚀加速，进而增加水土流失。不同施工区域造成的水土流失的影响因素有较明显的差别，产生水土流失的形式及流失量亦有所不同，因此应分类、分区、分时段进行水土流失预测，并根据预测提出不同的防护措施，减少水土流失，保证工程的正常运行。

1. 预测时段

通过对本工程建设和工程运行期间可能造成的水土流失情况分析，确定工程建设所造成的新增水土流失预测时段分施工期和自然恢复期两个时段。水土流失预测方法首先是针对施工期和运行期可能产生的水土流失特点和形式进行分析，然后根据查阅的主体工程设计相关资料，结合现场调查勘测等方法进行综合统计分析，最终得出预测结果。

施工期预测时段根据主体工程施工工期而定，包含施工准备期和施工期，按最不利条件确定预测时段，超过雨季长度不足一年的按全年计，未超过雨季长度的按占雨季长度的比例计算。本工程总工期 4.5 个月，其中准备期 1 个月，主体工程工期 3 个月，完建期 0.5 个月，因此，本项目施工期预测时段按 1a 计。施工结束后，表层土体结构逐渐稳定，在不采取相应的水土保持防护措施作用下植被亦能够自然恢复，水土流失程度逐渐降低，经过一段时间恢复可达到新的稳定状态。根据黄河下游近期防洪工程水土保持监测资料并结合当地自然因素分析确定，施工结束 1a 后项目区的植被能够逐渐恢复至原本状态。因此，自然恢复期水土流失预测时段定为 1a。

2. 预测内容

根据《开发建设项目水土保持技术规范》（GB 50433—2008）的规定，结合该工程的特点，水土流失分析预测的主要内容有：①扰动地表面积预测；②可能产生的弃渣量预测；③损坏水土保持设施数量预测；④可能造成的水土流失量预测；⑤可能造成的水土流失危害预测。

3. 扰动地表面积

根据主体工程设计，结合项目区实地踏勘，对工程施工过程中占压土地的情况进行测算和统计得出：本工程扰动地表总面积 10.25hm²，其中，水浇地 8.00hm²、堤后管护用地 1.30hm²，堤防建设用地 0.95hm²。

4. 弃渣量

工程弃土弃渣量的预测主要对主体工程施工组织设计的土石方开挖量、填筑量、土石方调配、挖填平衡及水土保持等进行分析，以充分利用开挖土石方为原则。本工程弃土弃渣主要来源于基础开挖、老闸拆除和围堰拆除等。以松方计，本工程开挖土方 108811m³，回填方 111963m³，外借方 43822m³，弃方 40671m³，废弃土方和围堰拆除的弃土运往堤后管护地弃渣场，老闸拆除产生的弃方运往土料场进行填埋。工程土石方情况详见表 7.2-43。

表 7.2-43　　　　　　　　　　工　程　土　石　方　情　况　表　　　　　　　　　单位：m³

分　区		项目	开挖	回填	外　借		废　弃	
					数量	来源	数量	去向
主体工程区		土方	28401	32692	15651	土料场	11361	堤后管护地弃渣场
		石方		854	854	外购		
		老闸拆除	1993				1993	土料场
		围堰填筑		27317	27317	壤土料场		
		围堰拆除	27317				27317	堤后管护地弃渣场
土料场		表土	43360	43360				
弃渣场	周转渣场	表土	1350	1350				

续表

分　区	项目	开挖	回填	外借		废弃	
				数量	来源	数量	去向
施工生产生活区	表土	990	990				
临时施工道路区	表土	5400	5400				
合　计		108811	111963	43822		40671	

5. 损坏水土保持设施数量

通过实地查勘和对占地情况的分析，工程永久占地为涵闸已征用的堤防用地，新增临时占地包括施工围堰、施工生产生活区、土料场和弃渣场。本工程占地类型为水浇地、堤后管护用地、堤防建设用地及河流水面，根据《山东省水土保持设施补偿费、水土流失防治费收取标准和使用管理暂行办法》（1995 年 5 月 22 日山东省物价局、财政厅、水利厅发布），本工程未占用水土保持设施。

6. 可能造成的水土流失量

通过对建设类项目施工特点的分析，在工程施工期，施工活动使区域植被受到不同程度的破坏，使土地原有的抗侵蚀能力下降，同时由于人为活动频繁，从而使土壤侵蚀强度增大。工程进入运行期后，地表植被逐渐得到恢复，水土流失逐渐接近自然状态，土壤侵蚀强度降低。因此，在水土流失预测时必须分别计算施工准备期、施工期、自然恢复期的水土流失量，水土流失量的预测采用式（7.2-2）计算。

新增水土流失量预测采用式（7.2-3）计算。

根据山东省第二次土壤侵蚀遥感调查成果，项目区水土流失侵蚀类型主要以水力侵蚀为主，属于微度水力侵蚀，侵蚀模数背景值平均为200t/(km²·a)。

工程扰动后的建设期土壤侵蚀模数和自然恢复期土壤侵蚀模数的确定，采取类比工程和实地调查相结合的方法，选择黄河下游近期防洪工程作为类比工程，其类比工程的地形、地貌、土壤、植被、降水等主要影响因子与本工程相似，方具有可比性。施工准备期较短，与施工期合并进行水土流失预测。水土流失预测时段与面积见表7.2-44。

表 7.2-44　　　　　　　　　水土流失预测时段与面积表

序号	项　　目		预测时段/a		预测面积/hm²	
			施工期	自然恢复期	施工期	自然恢复期
1	主体工程区		1		0.95	
2	土料场		1		5.42	
3	弃渣场区	堤后管护地弃渣场	1	1	1.30	1.30
		周转渣场	1		0.45	
4	施工生产生活区		1		0.33	
5	临时施工道路区		1		1.80	

通过经验公式预测，本工程可能产生的水土流失总量为551t，其中，水土流失背景值为25t，新增水土流失总量为526t；工程施工期水土流失538t，自然恢复期13t。工程

水土流失量预测情况详见表7.2-45。

表7.2-45　　　　　　　　　　　工程水土流失量预测情况表

预测单元		预测时段	土壤侵蚀背景值 /[t/(km²·a)]	扰动后侵蚀模数 /[t/(km²·a)]	侵蚀面积 /hm²	侵蚀时间 /a	背景流失量 /t	预测流失量 /t	新增流失量 /t
主体工程区		施工期	200	3000	0.95	1	2	29	27
		小计					2	29	27
土料场		施工期	200	6000	5.42	1	11	325	314
		小计					11	325	314
弃渣场区	堤后管护地弃渣场	施工期	200	7000	1.30	1	3	91	88
		自然恢复期	200	1000	1.30	1	3	13	10
	周转渣场	施工期	200	6000	0.45	1	1	27	26
	小计						7	131	124
施工生产生活区		施工期	200	3500	0.33	1	1	12	11
		小计					1	12	11
临时施工道路区		施工期	200	3000	1.80	1	4	54	50
		小计					4	54	50
合计							25	551	526

7. 水土流失危害预测

工程建设过程中，不同程度的扰动破坏了原地貌、植被，降低了其水土保持功能，加剧了土壤侵蚀，对原本趋于平衡的生态环境造成了不同程度破坏，如果不采取有效的水土保持防治措施，将对区域土地生产力、生态环境、水土资源利用、防洪工程等造成不同程度的危害。该项目为堤防加固和穿堤建筑物改建工程，工程建设对滩区生态环境影响较大，建设造成的水土流失如不加以处理将对该地区生态环境造成较大的破坏，同时也会影响堤防本身的安全。在施工建设过程中，边坡及基础开挖、施工生产生活区布设、料场开采、施工道路修建会对原地貌和地表结构造成破坏，加重水土流失。弃渣沿大堤堆放，若不采取防治措施在暴雨的作用下容易发生冲蚀，可能会造成农田灌溉系统的淤塞从而影响农业生产。

8. 预测结果和指导意见

工程建设扰动地表面积为10.25hm²，没有损坏水土保持设施，建设过程中弃渣总量为40670m³。经预测计算，工程建设如果不采取水土流失防治措施，新增水土流失量为531t。

通过对工程建设中可能产生的水土流失进行预测分析，工程建设过程中不可避免的会产生人为因素的水土流失，因此要根据预测结果有针对性地布设水土保持预防和治理措施，使水土保持措施与主体工程同时建设、同时投入运行，把因工程建设引起的水土流失降到最低点。施工期是项目建设过程中水土流失的重点时期，弃渣场和土料场是项目建设过程中水土保持的重点区域，水土保持措施布设和监测工作开展也应以施工期的这些区域为主。

7.2.6.4　水土保持措施设计

1. 防治原则

本着"预防为主、保护优先、全面规划、综合治理、因地制宜、突出重点、科学管理、注重效益"的水土保持工作方针，以"谁开发谁保护，谁造成水土流失谁治理"为基本原则。与此同时，坚持突出重点与综合防治相结合，坚持"水土保持工程必须与主体工程同时设计、同时施工、同时投产使用""生态优先"等原则。水土保持工作应以控制水土流失、改善生态环境、服务主体工程为重点，因地制宜地布设各类水土流失防治措施，全面控制工程及其建设过程中可能造成的新增水土流失，恢复和保护项目区内的植被和其他水土保持设施，有效治理防治责任范围内的水土流失，绿化、美化、优化项目区生态环境，促进工程建设和生态环境协调发展。

2. 防治目标

项目区位于山东省水土流失重点治理区，根据《开发建设项目水土流失防治标准》(GB 50434—2008)，确定该项目执行国家建设类项目水土流失防治二级标准。项目区降雨量为 605.9mm，土壤侵蚀强度为微度，位于黄河冲积平原区。经调整后，到设计水平年各防治目标值应达到扰动土地整治率 95%、水土流失总治理度 86%、土壤流失控制比 1.0、拦渣率 95%、林草植被恢复率 96%、林草覆盖率 13%。项目水土流失防治目标见表 7.2-46。

表 7.2-46　　　　　　　　　　项目水土流失防治目标表

防治指标	标准规定	按降水量修正	按土壤侵蚀强度修正	按项目占地情况修正	采用标准
扰动土地整治率/%	95				95
水土流失总治理度/%	85	+1			86
土壤流失控制比	0.7		+0.3		1.0
拦渣率/%	95				95
林草植被恢复率/%	95	+1			96
林草覆盖率/%	20	+1		−8	13

注　项目区占地类型以水浇地为主，水土保持措施实施后，林草植被面积仅为堤后管护地弃渣场的占地面积，其余均为水浇地，因此，林草覆盖率调整为 13%。

3. 防治措施

根据主体工程施工情况，已有水土保持措施包括主体工程防治区的堤防浆砌石护坡、堤坡植草、护堤地种植柳树，土料场区、周转渣场、施工生产生活防治区、临时施工道路防治区的表土剥离、土地复垦(包括表土回覆、土地整治、复耕)等措施。新增水土保持措施包括渣场绿化、草袋土临时拦挡、纤维布临时覆盖、临时土质排水沟、挡水土埂等。施工前应将表层耕作土进行剥离，施工已考虑；施工完成后，应进行土地复垦措施，移民规划设计中已考虑，水土保持仅考虑表土的临时防护措施。

(1) 主体工程防治区。主体工程设计的工程措施和植物措施已满足水土保持的要求，该区不再新增水土保持措施。

(2) 土料场防治区。工程土料场地类以耕地为主，土料场水土保持措施布局为：料场周围边缘修筑挡水土埂；施工过程中对临时堆放表土进行纤维布临时覆盖、袋装土临时拦挡，以及设置临时排水措施。

（3）弃渣场防治区。弃渣场包括堤后管护地弃渣场和周转渣场。堤后管护地弃渣场的水土保持措施包括渣场整治后采用灌草结合的方式进行绿化，灌木选择紫穗槐，草本选择狗牙根；周转渣场水土保持措施包括施工过程中对临时堆放表土进行纤维布临时覆盖、袋装土临时拦挡，以及设置临时排水措施。

（4）施工生产生活防治区。该区水土保持措施布局为：施工过程中对临时堆放表土进行纤维布临时覆盖、袋装土临时拦挡，以及设置临时排水措施。

（5）临时施工道路防治区。工程临时施工道路路面宽 6m，路面结构为改善土路面。该区水土保持措施布局为：施工过程中对临时堆放表土进行纤维布临时覆盖、袋装土临时拦挡，以及设置临时排水措施。

工程水土流失防治措施体系见图 7.2-7。

4. 水土保持措施典型设计

（1）土料场防治区。

1）临时措施。

a. 草袋土临时拦挡。为防止和减小降雨和径流造成的水土流失，对临时堆存的剥离表土采取袋装土临时拦挡措施。临时拦挡措施采用填筑袋装土布设在表土的四周，袋装土土源直接取用临时堆存表土，施工结束后对临时措施进行拆除。袋装土按照两层摆放，为保证稳定，底层袋装土的纵向应垂直于堆土放置，土袋采用 $0.80m \times 0.50m \times 0.25m$ 规格。经计算，袋装土临时拦挡措施工程量 0.03 万 m^3。

b. 纤维布临时覆盖。该区临时堆土表土需采用纤维布进行临时覆盖，纤维布临时覆盖面积为 $0.87hm^2$。

c. 临时土质排水沟。土料场防治区周围设置临时排水沟，对该区域汇水进行疏导，减少降水对该区的侵蚀。临时排水沟采用土沟形式、内壁夯实，断面采用梯形断面，断面底宽 0.4m，沟深 0.4m，边坡比 1：1。排水沟长度 1013m，经计算，土方开挖 0.03 万 m^3。临时土质排水沟设计见图 7.2-1。

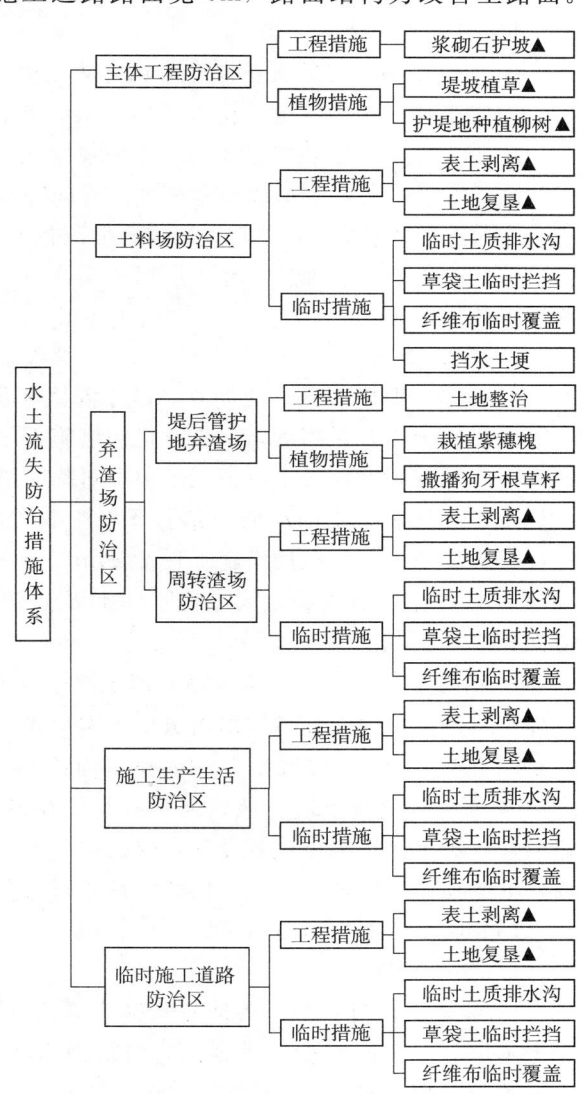

图 7.2-7 工程水土流失防治措施体系图
注：▲为主体已有的水保措施。

415

d. 临时挡水土埂。为防止降雨时土料场周围的汇水携带泥沙流入并冲刷取土坑，在土料场外侧人工修筑高 0.3m，顶面宽 0.3m、边坡为 1∶1 的临时挡水埂，见图 7.2-2。经计算，临时挡水土埂措施工程量为 0.02 万 m³。

2）其他要求。耕作层的表土对于施工结束后的复耕工作意义重大，施工专业已经设计表土剥离措施，土地复垦措施由移民专业设计，水土保持不再重复设计，仅提出要求。老闸拆除产生的弃渣要在土料场进行填埋，弃渣平铺，并进行层层压实，施工开挖土料前需将表层 0.8m 的耕作土进行剥离，并注意生土、熟土分开堆放，做好临时防护措施，为施工结束后恢复耕地做准备。

（2）弃渣场防治区。

1）堤后管护地弃渣场。

a. 工程措施。堤后管护地弃渣场堆渣完毕后，需进行土地整治，采用推土机平整至顶面，坡度小于 5°，为渣场绿化做准备。土地整治面积为 1.30hm²。

b. 植物措施。①栽植紫穗槐：弃渣场完成土地整治后，对坡面和平台进行绿化。渣场绿化采用灌草混交，灌木选择紫穗槐，行间距为 2m×2m，经计算，共需紫穗槐苗木 6118 株。②撒播狗牙根草籽：草籽选用狗芽根，撒播密度为 40kg/hm²。经计算，撒播种草 98kg。

渣场弃土要分层堆放，弃土层层压实，离渣顶 30cm 时渣土平铺即可，无需压实，为渣场绿化做准备。

2）周转渣场。

a. 草袋土临时拦挡。为防止和减小降雨和径流造成的水土流失，对临时堆存的剥离表土采取袋装土临时拦挡措施。临时拦挡措施采用填筑袋装土布设在表土的四周，袋装土土源直接取用临时堆存表土，施工结束后对临时措施进行拆除。袋装土按照两层摆放，为保证稳定，底层袋装土的纵向应垂直于堆土放置，土袋采用 0.80m×0.50m×0.25m 规格。经计算，袋装土临时拦挡措施工程量 20m³。

b. 纤维布临时覆盖。该区临时堆土表土需采用纤维布进行临时覆盖，纤维布临时覆盖面积为 0.03hm²。

c. 临时土质排水沟。该区临时堆土周围设置临时排水沟，对该区域汇水进行疏导，减少降水对该区侵蚀。临时排水沟采用土沟形式、内壁夯实，断面采用梯形断面，断面底宽 0.4m，沟深 0.4m，边坡比 1∶1，排水沟长度 76m，经计算，土方开挖 0.002 万 m³。

d. 表土剥离与土地复垦。施工专业已经设计表土剥离措施，土地复垦措施由移民专业设计，水土保持不再重复设计，仅提出要求。堆渣前，需将表层 0.3m 的耕作土进行剥离，堆放在该区空地上，水土保持设计临时防护措施，为施工结束后恢复耕地做准备。

（3）施工生产生活防治区。

1）临时措施。

a. 草袋土临时拦挡。为防止和减小降雨和径流造成的水土流失，对临时堆存的剥离表土采取袋装土临时拦挡措施。临时拦挡措施采用填筑袋装土布设在表土的四周，袋装土土源直接取用临时堆存表土，施工结束后对临时措施进行拆除。袋装土按照两层摆放，为保证稳定，底层袋装土的纵向应垂直于堆土放置，土袋采用 0.80m×0.50m×0.25m 规格。经计算，袋装土临时拦挡措施工程量 0.01 万 m³。

b. 纤维布临时覆盖。该区临时堆土表土需采用纤维布进行临时覆盖,纤维布临时覆盖面积为 0.02hm²。

c. 临时土质排水沟。该区临时堆土周围设置临时排水沟,对该区域汇水进行疏导,减少降水对该区的侵蚀。临时排水沟采用土沟形式、内壁夯实,断面采用梯形断面,断面底宽 0.4m,沟深 0.4m,边坡比 1:1,排水沟长度 255m,经计算,土方开挖 0.01 万 m³。

2)其他要求。施工专业已经设计表土剥离措施,土地复耕措施由移民专业设计,水土保持不再重复设计,仅提出要求。施工前,需将表层 0.3m 的耕作土进行剥离,堆放在该区空地上,水土保持设计临时防护措施,为施工结束后恢复耕地做准备。

项目新增水土保持措施工程量见表 7.2-47。

表 7.2-47   新增水土保持措施工程量表

序号	项 目 名 称	单位	工程量
一	土料场防治区		
(一)	临时措施		
1	临时土质排水沟	万 m³	0.03
2	纤维布临时覆盖	hm²	0.87
3	草袋土临时拦挡		
(1)	袋装土填筑	万 m³	0.03
(2)	袋装土拆除	万 m³	0.03
4	挡水土埂	万 m³	0.02
二	弃渣场防治区		
(一)	堤后管护地弃渣场		
1	工程措施		
	土地整治	hm²	1.30
2	植物措施		
(1)	栽植紫穗槐	棵	6118
(2)	撒播狗牙根草籽	kg	98
(二)	周转渣场		
1	临时措施		
(1)	临时土质排水沟	万 m³	0.002
(2)	纤维布临时覆盖	hm²	0.03
(3)	草袋土临时拦挡		
1)	袋装土填筑	万 m³	0.002
2)	袋装土拆除	万 m³	0.002
三	施工生产生活防治区		
(一)	临时措施		
1	临时土质排水沟	万 m³	0.01
2	纤维布临时覆盖	hm²	0.02

续表

序号	项 目 名 称	单位	工程量
3	草袋土临时拦挡		
(1)	袋装土填筑	万 m³	0.01
(2)	袋装土拆除	万 m³	0.01
四	临时施工道路防治区	万 m³	
(一)	临时措施		
1	临时土质排水沟	万 m³	0.01
2	纤维布临时覆盖	hm²	0.11
3	草袋土临时拦挡		
(1)	袋装土填筑	万 m³	0.01
(2)	袋装土拆除	万 m³	0.01

5. 施工进度安排

根据水土保持"三同时"制度，规划的各项防治措施应与主体工程同时进行，在不影响主体工程施工的基础上，尽可能早施工、早治理，减少项目建设期的水土流失量，最大限度地防治水土流失。本项目水土保持工程施工主要遵循以下原则。

（1）按照"三同时"原则，坚持预防为主，及时防治，实施进度和位置与主体工程协调一致。

（2）永久性占地区工程措施坚持"先防护后施工"原则，及时控制施工过程中的水土流失。

（3）临时占地使用完毕后需及时拆除并进行场地清理整治的原则。

（4）植物措施根据工程进度及时实施的原则。

参照主体工程施工进度及各项水土保持措施的工程量，安排本水土保持工程实施进度：工程措施和临时措施与主体工程同步实施；植物措施须根据植物的生物学特性，选择工程完工当年的适宜季节实施，滞后于主体工程。

7.2.6.5　水土保持监测

水土保持监测是从保护水土资源和维护良好生态环境出发，运用多种手段和办法，对水土流失的成因、数量、强度、影响范围和后果进行监测，是防治水土流失的一项基础性工作，它的开发对于贯彻水土保持法规，搞好水土保持监督管理工作具有十分重要的意义。

根据《水土保持监测技术规程》（SL 227—2002），该项目水土保持监测主要是对工程施工中水土流失量及可能造成的水土流失危害进行监测；水土保持措施实施后主要监测各类防治措施的水土保持效益。

1. 监测时段与频次

本项目水土保持监测时段从施工期开始至设计水平年结束，主要监测时段为工程建设期。工程建设期内汛期每月监测 1 次，非汛期每 2 个月监测 1 次，24h 降雨量不小于25mm 时增加监测次数。本工程施工期结束后至设计水平年监测 1 次。

2. 监测内容

水土保持监测的具体内容要结合水土流失 6 项防治目标和各个水土流失防治区的特点，主要对施工期内造成的水土流失量及水土流失危害和运行期内水土保持措施效益进行监测。主要监测内容如下。

（1）项目区土壤侵蚀环境因子状况监测，内容包括：影响土壤侵蚀的地形、地貌、土壤、植被、气象、水文等自然因子及工程建设对这些因子的影响；工程建设对土地的扰动面积，挖方、填方数量及面积，弃土、弃石、弃渣量及堆放面积等。

（2）项目区水土流失状况监测，内容包括：项目区土壤侵蚀的形式、面积、分布、土壤流失量和水土流失强度变化情况，对周边地区生态环境的影响，以及造成的危害情况等。

（3）项目区水土保持防治措施执行情况监测，主要是监测项目区各项水土保持防治措施实施的进度、数量、规模及其分布状况。

（4）项目区水土保持防治效果监测，重点是监测项目区采取水土保持措施后是否达到了开发建设项目水土流失防治标准的要求。监测的内容主要包括：水土保持工程措施的稳定性、完好程度和运行情况；水土保持生物措施的成活率、保存率、生长情况和覆盖度；各项防治措施的拦渣、保土效益等。

为了给项目验收提供直接的数据支持和依据，监测结果应把项目区扰动土地治理率、水土流失治理度、土壤流失控制比、拦渣率、植被恢复系数和林草植被覆盖率等衡量水土流失防治效果的指标反映清楚。

3. 监测点布设

根据本工程可能造成水土流失的特点及水土流失防治措施，初步拟定 4 个监测点，主体工程防治区 1 处，渣场防治区 2 处（堤后管护地弃渣场、周转渣场各 1 处），土料场防治区 1 处。其中重点监测地段为弃渣场防治区和土料场防治区。

4. 监测方法及设备

水土保持监测的主要方法是结合工程施工管理体系进行动态监测，并根据实际情况采用定点定位监测，监测沟道径流及泥沙变化情况，从中判断水土保持措施的作用和效果。其中对各项量化指标的监测需要选定不同区域具有代表性的地段或项目进行不同时段的监测。

简易监测小区建设尺寸按照《水土保持监测技术规程》（SL 227—2002）标准小区规定根据实际地形调整确定。监测小区需要配备的常规监测设备包括自记雨量计、坡度仪、钢卷尺和测钎等耗材，调查监测需配备便携式 GPS 机。

5. 监测机构

按照《水土保持监测技术规程》（SL 227—2002）要求，水土保持监测应委托具有相应水土保持监测资质和监测经验的单位进行。对每次监测结果进行统计分析，做出简要评价。监测工作全部结束后，对监测结果做出综合评价与分析，编制监测报告。水土保持监测成果应能核定建设过程及完工后 6 项防治目标的实现情况并指导施工，水土保持监测成果报告应满足水土保持专项验收要求。监测结果要定期上报建设单位和当地水行政主管部门作为当地水行政主管部门监督检查和验收达标的依据之一。

7.2.6.6 水土保持投资概算

1. 编制原则

水土保持投资概算按照现行部委颁布的有关水利工程概算的编制办法、费用构成及计算标准，并结合工程建设的实际情况进行编制。主要材料价格、价格水平年与主体工程一致，水土保持补偿费按照山东省相关规定计算，人工费按六类地区标准计算。

2. 编制依据

(1)《开发建设项目水土保持工程概（估）算编制规定》（水利部水总〔2003〕67 号）。

(2)《开发建设项目水土保持工程概算定额》（水利部水总〔2003〕67 号）。

(3)《关于开发建设项目水土保持咨询服务费用计列的指导意见》（水保监〔2005〕22 号）。

(4) 国家计委《关于加强对基本建设大中型项目概算中"价差预备费"管理有关问题的通知》（计投资〔1999〕1340 号）。

(5)《山东省水土保持设施补偿费、水土流失防治费收取标准和使用管理暂行办法》（1995 年 5 月 22 日山东省物价局、财政厅、水利厅发布）。

3. 费用构成

根据《开发建设项目水土保持工程概（估）算编制规定》（水利部水总〔2003〕67 号），水土保持投资概算费用构成为：工程费（工程措施费、植物措施费、临时工程费），独立费用（建设管理费、工程建设监理费、勘测设计费、水土保持监测费、水土保持设施竣工验收费、水土保持技术咨询服务费），预备费（基本预备费），水土保持设施补偿费。

(1) 工程措施、植物措施和临时工程费。水土保持工程措施、植物措施、临时措施的工程单价由直接工程费、间接费、企业利润和税金组成。工程费各项的计算或取费标准如下。

1) 直接工程费。按直接费、其他直接费、现场经费之和计算。①直接费：按照《水土保持工程概算定额》计算；②其他直接费：工程措施、临时措施取直接费的 2.7%，植物措施取直接费的 1.7%；③现场经费：工程措施、临时措施取直接费的 5%，植物措施取直接费的 4%。

2) 间接费。工程措施、临时措施取直接费的 5%，植物措施取直接费的 3%。

3) 企业利润。工程措施按直接工程费与间接费之和的 7% 计算，植物措施按直接工程费与间接费之和的 5% 计算。

4) 税金。根据《关于调整山东省建设工程税金计算办法的通知》（2005 年 7 月 29 日），本工程税金取 3.25%。

5) 临时工程费。水土保持已规划的施工临时工程（如临时排水设施、临时拦挡设施等），按设计方案的工程量乘单价计算，其他临时工程费按第一部分与第二部分投资之和的 2.0% 计算。

(2) 独立费用。独立费用包括建设管理费、工程建设监理费、勘测设计费、水土保持监测费、水土保持技术咨询服务费和水土保持设施竣工验收费。

1) 建设管理费。按工程措施投资、植物措施投资和临时工程投资三部分之和的 2% 计算。

2) 工程建设监理费。本工程水土保持工程建设监理合并入主体工程监理内容，水土保持工程建设监理费与主体工程建设监理费合并使用，不再单独计列。

3）勘测设计费。参考《关于开发建设项目水土保持咨询服务费用计列的指导意见》（水保监〔2005〕22 号）计取。

4）水土保持监测费。参考《关于开发建设项目水土保持咨询服务费用计列的指导意见》（水保监〔2005〕22 号）和《开发建设项目水土保持工程概（估）算编制规定》（水利部水总〔2003〕67 号）计取。

5）水土保持技术咨询服务费。参考《关于开发建设项目水土保持咨询服务费用计列的指导意见》（水保监〔2005〕22 号）计取。

6）水土保持设施竣工验收费。水土保持设施竣工验收费与主体工程竣工验收费合并使用，不再单独计列。

（3）预备费。基本预备费：根据《开发建设项目水土保持工程概（估）算编制规定》（水利部水总〔2003〕67 号），基本预备费按水土保持工程措施投资、植物措施投资、临时工程投资和独立费用四部分之和的 3.0％计算。

价差预备费：根据国家计委《关于加强对基本建设大中型项目概算中"价差预备费"管理有关问题的通知》，水土保持概算投资不计列价差预备费。

（4）水土保持设施补偿费。根据《山东省水土保持设施补偿费、水土流失防治费收取标准和使用管理暂行办法》（1995 年 5 月 22 日山东省物价局、财政厅、水利厅发布），本工程未占用水土保持设施，不涉及水土保持设施补偿费。

4. 概算结果

经计算，新增水土保持总投资为 26.60 万元，其中，工程措施费 4.59 万元，植物措施费 2.75 万元，临时工程措施费 6.71 万元，独立费用 11.78 万元，基本预备费 0.77 万元，详见表 7.2－48。

表 7.2－48　　　　　　　新增水土保持投资概算表　　　　　　　单位：万元

序号	工程或费用名称	水土保持措施投资					合计
		建筑安装工程费	植物措施费		设备费	独立费用	
			栽（种）植费	苗木、种子费			
第一部分	工程措施						4.59
一	弃渣场防治区	4.59					4.59
第二部分	植物措施						2.75
一	弃渣场防治区		1.65	1.10			2.75
第三部分	临时工程						6.71
一	土料场防治区	4.73					4.73
二	弃渣场防治区	0.22					0.22
三	施工生产生活区	0.55					0.55
四	临时施工道路防治区	1.06					1.06
五	其他临时工程	0.15					0.15

续表

序号	工程或费用名称	水土保持措施投资					合计
		建筑安装工程费	植物措施费		设备费	独立费用	
			栽（种）植费	苗木、种子费			
	第一至第三部分之和						14.05
第四部分	独立费用						11.78
一	建设管理费					0.28	0.28
二	科研勘测设计费					5.00	5.00
三	水土保持监测费					5.50	5.50
四	水土保持技术咨询服务费					1.00	1.00
	第一至第四部分合计						25.83
	基本预备费						0.77
	静态总投资						26.60
	水土保持补偿费						0.00
	总投资						26.60

5. 效益分析

水土保持各项措施的实施，可以预防或治理开发建设项目因工程建设造成的水土流失，这对于改善当地生态经济环境，保障下游水利工程安全运营都具有极其重要的意义。水土保持各项措施实施后的效益，主要表现为生态效益、社会效益和经济效益。

（1）水土保持预期防治目标分析。水土保持工程实施后，通过原主体工程设计的防护措施和新增的水土保持措施，项目区水土流失可以得到有效的控制。水土保持措施全部起作用后，造成的水土流失面积基本得到治理，通过预测计算 6 项指标均达到防治目标值。治理目标预测分析详见表 7.2-49。

表 7.2-49　　　　　　　　本工程水土保持综合治理目标预测分析表

序号	分析指标	目标值	评估依据	单位	数量	计算值	评估结果
1	扰动土地整治率	95%	水土保持措施面积＋建筑物面积	hm²	10.25	100%	达标
			扰动地表面积	hm²	10.25		
2	水土流失总治理度	86%	水土保持措施面积	hm²	9.30	91%	达标
			水土流失总面积	hm²	10.25		
3	土壤流失控制比	100%	项目区容许土壤流失量	t/(hm²·a)	200	100%	达标
			水土保持措施实施后土壤流失强度	t/(hm²·a)	200		
4	拦渣率	95%	实际拦挡弃土弃渣量	万 m³	91700	99.9%	达标
			弃土弃渣总量	万 m³	91770		
5	林草植被恢复率	96%	林草植被面积	hm²	1.28	98.5%	达标
			可恢复林草植被面积	hm²	1.30		
6	林草覆盖率	21%	林草植被面积	hm²	1.30	13%	达标
			总面积	hm²	10.25		

（2）生态效益。工程建设完成后，各防治分区采取水土保持措施后，植被将逐步得到恢复，从而减少了泥沙冲蚀量，此外，提高植被覆盖度，可使当地的自然环境得到最大程度的改善，促进生态系统向良性循环发展。

（3）社会效益。通过采取水土保持措施，可以防止滑坡、崩塌等灾害的发生，降低水土流失危害，保障工程安全和周围农田、村庄居民的安全，对当地及周边社会的持续发展都具有积极的意义。

（4）经济效益。各项水土保持防治措施实施后，一方面增加了林地面积，产生经济效益。另一方面有效减少了水土流失现象的发生，从而避免泥沙淤塞河床，淹没农田，降低对农业、水利、渔业等方面的危害。因此，通过实施水土保持措施，可直接和间接获得较好经济效益。

7.2.6.7　实施保证措施

为贯彻落实《中华人民共和国水土保持法》《中华人民共和国水土保持法实施条例》和国家计委、水利部、国家环保局发布的《开发建设项目水土保持方案管理办法》，确保本工程水土保持措施的顺利实施，在工程建设实施过程中，业主单位应切实做好水土保持工程的招投标工作，落实工程的设计、施工、监理、监测工作，要求各项任务的承担单位具有相应的专业资质，尤其要注意在合同中明确承包商的水土流失防治责任，并依法成立实施组织领导小组，联合水行政主管部门做好水土保持工程的竣工验收工作。下阶段应做好施工图设计，施工过程中应落实施工责任及培训制度，做好水土保持监测、监理工作。监理单位应根据建设单位授权和规范要求，切实履行自己的职责，及时发现问题、及时解决问题，对施工单位在施工中违反水土保持法规的行为和不按设计文件要求进行水土保持设施建设的行为，有权给予制止，责令其停工，并做出整改。水土保持监测、监理单位在工作结束后，要提交相应的资料和报告，配合完成水土保持设施竣工验收。

水土保持工作实施过程中各有关单位应切实做好技术档案管理工作，严格按照国家档案法的有关规定执行。水土保持费用，应从主体工程总投资中列支，并与主体工程资金同时调拨。建设单位应将水土保持资金落实到位，并做到专款专用，严格控制资金的管理与使用，确保水土保持措施保质保量按期完成。

第8章 工程概预算

8.1 韩墩引黄闸工程

8.1.1 编制原则和依据

1. 编制原则

设计概算按照现行部委颁布的有关水利工程概算的编制办法、费用构成及计算标准，并结合黄河下游工程建设的实际情况进行编制。价格水平年为 2011 年第三季度。

2. 编制依据

（1）水利部关于发布《水利建筑工程预算定额》《水利建筑工程概算定额》《水利工程施工机械台时费定额》及《水利工程设计概（估）算编制规定》的通知（水总〔2002〕116号）。

（2）水利部关于发布《水利工程概预算补充定额》的通知（水总〔2005〕389号）。

（3）水利部关于发布《水利水电设备安装工程预算定额》和《水利水电设备安装工程概算定额》的通知（水建管〔1999〕523号）。

（4）其他各专业提供的设计资料。

8.1.2 基础价格

1. 人工预算单价

根据水总〔2002〕116号文的规定，经计算，工长 7.15 元/工时、高级工 6.66 元/工时、中级工 5.66 元/工时、初级工 3.05 元/工时。

2. 材料预算价格及风、水、电价格

价格水平年采用 2011 年第三季度，根据施工组织设计确定的材料来源地及运输价格计算主材预算价格。

砂石料、汽油、柴油、钢筋、水泥分别按限价 70 元/m³、3600 元/t、3500 元/t、3000 元/t、300 元/t 进入单价计算，超过限价部分计取税金后列入单价中。

电价根据施工组织设计，工程采用 3% 自发电和 97% 网电。

根据国家发展改革委（发改价格〔2011〕1101 号文）对于电价调整的文件，山东 1～10kV 电网电价滨州为 0.7646 元/(kW·h)，计算电价为 0.94 元/(kW·h)。

水价 0.5 元/m³；风价 0.12 元/m³。

8.1.3 建筑工程取费标准

（1）其他直接费。包括冬雨季施工增加费、夜间施工增加费及其他，建筑工程按直接费的 2.5% 计，安装工程按直接费的 3.2% 计。

（2）现场经费。土方工程占直接费 9.0%，石方工程占直接费 9.0%，混凝土工程占

直接费 8.0%，模板工程占直接费 8.0%，钻孔灌浆工程占直接费 7.0%，疏浚工程占直接费 7.0%，其他工程占直接费 7.0%。

（3）间接费。土方工程占直接费 9.0%，石方工程占直接费 9.0%，混凝土工程占直接费 5.0%，模板工程占直接费 6.0%，钻孔灌浆工程占直接费 7.0%，疏浚工程占直接费 7.0%，其他工程占直接费 7.0%。

（4）企业利润。按直接费与间接费之和的 7% 计算。

（5）税金。按直接费、间接费和企业利润之和的 3.28% 计算。

8.1.4 概算编制

1. 第一部分 建筑工程

（1）主体工程部分按设计工程量乘以工程单价计算。其他建筑工程按主体工程投资的 2% 计取。

（2）房屋建筑工程。房屋（轻钢结构）：2500 元/m²；管理房屋：1500 元/m²；房屋（砖混结构）：1200 元/m²。

2. 第二部分 机电设备及安装工程

设备费用按设计提供的设备数量乘以调研的价格，设备运杂费率为 5.93%。

安装工程费按设备数量乘以安装工程单价进行计算。

3. 第三部分 金属结构设备及安装工程

设备费用按设计提供的设备数量乘以调研的价格，设备运杂费率为 5.93%。

安装工程费按设备数量乘以安装工程单价进行计算。

设备价格：闸门 13000 元/t，埋件 15000 元/t（水下为不锈钢），卷扬机 22000 元/t。

4. 第四部分 施工临时工程

（1）导流工程按设计工程量乘以工程单价计算。

（2）施工仓库按 200 元/m² 计算。

（3）办公、生活文化福利设施按第一至第四部分建筑安装投资的 2.0% 计取。

（4）其他施工临时工程按第一至第四部分建筑安装投资的 4.0% 计取。

5. 第五部分 独立费用

（1）建设管理费。

1）建设单位人员经常费。①建设单位人员经常费：按定员数 12 人、工期 4.5 个月计算；②工程管理经常费：按建设单位人员经常费的 20% 计取。

2）工程监理费。按发改委、建设部发改价格〔2007〕670 号文计算。

（2）生产准备费。

1）备品备件购置费：按设备费的 0.5% 计算。

2）工器具及生产家具购置费：按设备费的 0.2% 计算。

（3）科研勘测设计费。勘测设计费根据国家计委、建设部《工程勘察设计收费标准》（计价格〔2002〕10 号）计算。

（4）其他。计列水闸安全鉴定费 33 万元，工程保险费按 0.5% 计算。

8.1.5 预备费

基本预备费：按第一至第五部分投资的 5% 计算；不计价差预备费。

8.1.6 移民占地、环境保护、水土保持部分

按移民、环境保护、水土保持专业提供的投资计列。

8.1.7 概算投资

工程静态总投资 910.00 万元，建筑工程 163.85 万元，机电设备及安装工程 163.09 万元，金属结构设备及安装工程 249.49 万元，临时工程 36.69 万元，独立费用 206.16 万元，基本预备费 40.96 万元，场地征用及移民补偿费 13.02 万元，水土保持投资 18.29 万元，环境保护投资 18.45 万元。

8.2 三义寨闸工程

8.2.1 编制原则和依据

（1）编制原则。设计概算按照现行部委颁布的有关水利工程概算的编制办法、费用构成及计算标准，并结合黄河下游工程建设的实际情况进行编制。价格水平年为 2012 年第一季度。

（2）编制依据。

1）水利部关于发布《水利建筑工程预算定额》《水利建筑工程概算定额》《水利工程施工机械台时费定额》及《水利工程设计概（估）算编制规定》的通知（水总〔2002〕116 号）。

2）水利部关于发布《水利工程概预算补充定额》的通知（水总〔2005〕389 号）。

3）水利部关于发布《水利水电设备安装工程预算定额》和《水利水电设备安装工程概算定额》的通知（水建管〔1999〕523 号）。

4）水利部黄河水利委员会关于发布《黄河下游放淤（泵淤）工程预算定额》（试行）的通知（黄建管〔2004〕13 号）。

5）水利部黄河水利委员会关于发布《黄河下游放淤（船淤）工程预算定额》（试行）的通知（黄建管〔2005〕55 号）。

6）发改委、水利部 2006 年度黄河下游防洪工程建设实施方案审查意见。

7）水利部 2007 年度黄河下游防洪工程建设实施方案初审修改意见。

8）其他各专业提供的设计资料。

8.2.2 基础价格

（1）人工预算单价。根据水利部水总〔2002〕116 号文的规定，经计算，工长 7.10 元/工时、高级工 6.61 元/工时、中级工 5.62 元/工时、初级工 3.04 元/工时。

（2）材料预算价格及风、水、电价格。价格水平年采用 2012 年第一季度，根据施工组织设计确定的材料来源地及运输价格计算主材预算价格，汽油 9950 元/t，柴油 9100 元/t，水泥 460 元/t，钢筋 4800 元/t。

砂石料按限价 70 元/m³ 进入单价计算，超过限价部分计取税金后列入建筑工程中；汽油、柴油、钢筋、水泥分别按限价 3600 元/t、3500 元/t、3000 元/t、300 元/t 进入单价计算，超过限价部分计取税金后列入独立费用中。

电价根据施工组织设计，工程采用 85kW 柴油发电机，计算电价 1.26 元/（kW·h），

补柴油材差 0.257kg/(kW·h)。

水价 0.5 元/m³；风价 0.12 元/m³。

8.2.3 建筑工程取费标准

（1）其他直接费：包括冬雨季施工增加费、夜间施工增加费及其他，建筑工程按直接费的 2.0% 计；安装工程按直接费的 3.2% 计。

（2）现场经费：土方工程占直接费 9.0%，石方工程占直接费 9.0%，混凝土工程占直接费 8.0%，模板工程占直接费 8.0%，钻孔灌浆工程占直接费 7.0%，疏浚工程占直接费 5.0%，其他工程占直接费 7.0%，安装工程占人工费 45%。

（3）间接费：土方工程占直接费 9.0%，石方工程占直接费 9.0%，混凝土工程占直接费 5.0%，模板工程占直接费 6.0%，钻孔灌浆工程占直接费 7.0%，疏浚工程占直接费 5.0%，其他工程占直接费 7.0%，安装工程占人工费 50%。

（4）企业利润：按直接费与间接费之和的 7% 计算。

（5）税金：按直接费、间接费和企业利润之和的 3.284% 计算。

8.2.4 概算编制

1. 第一部分 建筑工程

（1）主体工程部分按设计工程量乘以工程单价计算。

放淤固堤工程中淤筑土方工程单价的计算，执行黄委会黄建管〔2004〕13 号文和〔2005〕55 号文颁布的预算定额乘以扩大系数 1.03。

行道林 20 元/棵，护堤地植树 10 元/棵，植草 1.51 元/m²，排水沟 50 元/m，坝号桩 50 元/根。

（2）交通工程。新建堤顶道路 1000000 元/km。

（3）房屋建筑工程。启闭机房 1000 元/m²，涵闸管理处房 800 元/m²，室外工程按 10% 计取。

（4）供电线路。10kV 架空线路 100000 万元/km。

（5）其他建筑工程。内外部观测工程及其他建筑工程按主体建筑工程投资的 3.0% 计算。

2. 第二部分 机电设备及安装工程

设备费为设备原价，另计运杂费、保险及采保费后乘以设计工程量计算，安装费按设计工程量乘以安装单价计算。

3. 第三部分 金属结构设备及安装工程

设备费为设备原价，另计运杂费、保险及采保费后乘以设计工程量计算，安装费按设计工程量乘以安装单价计算。

主要设备价格：平面闸门 11500 元/t，闸门埋件 10500 元/t，移动式启闭机 20000 元/t，卷扬式启闭机 25000 元/t。

4. 第四部分 施工临时工程

（1）施工仓库。按 200 元/m² 计算。

（2）办公、生活文化福利设施按建筑安装工作量的 2.0% 计取。

（3）其他施工临时工程按建筑安装工作量的 2.0% 计算。

5. 第五部分 独立费用

（1）建设管理费。①建设单位人员经常费按占建筑安装工作量1‰计取；②工程管理经常费按建设单位人员经常费的20％计取；③工程监理费按国家发展改革委、建设部发改价格〔2007〕670号文测算。

（2）科研勘测设计费。①科学研究试验费按工程建筑安装工作量的0.2％计取；②勘测设计费按第一至第四部分投资的6.09％计取。

8.2.5 预备费

基本预备费：按第一至第五部分投资的5％计算，不计价差预备费。

8.2.6 移民占地、环境保护、水土保持部分

按移民、环境保护、水土保持专业提供的投资计列。

8.2.7 概算投资

工程静态总投资为10734万元，其中，建筑工程4012万元，机电设备及安装工程196万元，金属结构设备及安装工程428万元，施工临时工程248万元，独立费用1685万元，基本预备费329万元，施工场地征用及移民补偿费3726万元，水土保持费75万元，环境保护费36万元。

工程概算见表8.2-1～表8.2-6。

表8.2-1　　　　　　　　　　工 程 概 算 总 表　　　　　　　　　单位：万元

序号	工程或费用名称	建筑安装工程费	设备购置费	独立费用	合计	备注
Ⅰ	工程部分投资				6897.49	
	第一部分 建筑工程	4012.06			4012.06	
一	主体工程	3197.68			3197.68	
二	交通工程	133.50			133.50	
三	房屋建筑工程	118.08			118.08	
四	供电线路工程	8.00			8.00	
五	其他建筑工程	554.80			554.80	
	第二部分 机电设备及安装工程	96.43	99.68		196.11	
	第三部分 金属结构设备安装工程	56.75	371.14		427.89	
	第四部分 施工临时工程	248.19			248.19	
一	导流工程	48.17			48.17	
二	交通工程	4.83			4.83	
三	房屋建筑工程	87.48			87.48	
四	其他工程	107.71			107.71	
	第五部分 独立费用			1684.79	1684.79	
一	建设管理费			124.27	124.27	
二	科研勘测设计费			306.28	306.28	
三	其他			1254.24	1254.24	

序号	工程或费用名称	建筑安装工程费	设备购置费	独立费用	合计	备注
	第一至第五部分合计	4413.43	470.82	1684.79	6569.04	
	基本预备费				328.45	
	静态投资				6897.49	
	总投资				6897.49	
Ⅱ	施工场地征用及移民补偿费				3726.30	
一	农村移民补偿费				2856.54	
二	专业项目复建费				51.46	
三	其他费用				305.08	
四	基本预备费				257.04	
五	有关税费				256.18	
Ⅲ	水土保持工程				74.67	
Ⅳ	环境保护工程				35.56	
	静态总投资				10734.02	
	总投资				10734.02	

表 8.2－2 建 筑 工 程 概 算 表

序号	工程或费用名称	工程量 单位	工程量 数量	单位工程量单价 /元	投资 /万元	备注
	第一部分　建筑工程				4012.06	
一	主体工程				3197.68	
（一）	堤防加固工程				759.65	
1	泵淤土方（5500m）	m³	229300	10.89	249.71	
2	排泥管安装拆除	m	11000	7.47	8.22	
3	新堤填筑（5km）	m³	107400	24.20	259.91	
4	包边土方（5km）	m³	6300	25.04	15.78	
5	盖顶土方（利用清基土）	m³	36500	4.92	17.96	
6	盖顶土方（淤区取土）	m³	38300	9.84	37.69	
7	黏土隔水层（3.5km）	m³	29900	22.96	68.65	
8	围格堤土方	m³	61100	5.07	30.98	
9	清基、清坡	m³	40600	4.92	19.98	
10	排水沟	m	2826	50.00	14.13	
11	原排水沟拆除	m³	10	50.00	0.05	
12	辅道硬化	m²	2315	80.00	18.52	
13	植草	m²	43347	1.51	6.55	
14	护堤地植树	棵	4390	10.00	4.39	

序号	工程或费用名称	工程量		单位工程量单价 /元	投资 /万元	备注
		单位	数量			
15	行道林	棵	1087	20.00	2.17	
16	界桩	根	27	50.00	0.14	
17	截渗沟开挖	m³	9500	1.76	1.67	
18	自吸泵	眼	5	6100.00	3.05	
19	涂塑软管	m	200	5.00	0.10	
(二)	拆除工程				33.76	
1	钢筋混凝土拆除	m³	3630	92.77	33.68	
2	平板闸门拆除	套	4	200.00	0.08	
(三)	两岸连接提防工程				291.40	
1	清基、清坡（弃土 0.5km）	m³	831	8.67	0.72	
2	清基、清坡（利用 50m）	m³	3324	3.22	1.07	
3	新堤填筑（5km）	m³	69759	24.20	168.82	
4	浆砌石护坡	m³	3867	222.17	85.91	
5	砂砾石垫层	m³	1160	117.61	13.64	
6	备防石倒运	m³	476	33.82	1.61	
7	复合土工膜	m²	7734	24.11	18.65	
8	草皮	m²	5141	1.51	0.78	
9	行道林	棵	330	6.00	0.20	
(四)	上游引渠及护砌渠道工程				107.44	
1	清淤土方（泵淤 1500m）	m³	106397	6.21	66.07	
2	排泥管安装拆除	m	3000	7.47	2.24	
3	浆砌石护坡	m³	1099	222.17	24.42	
4	砂砾石垫层	m³	549	117.61	6.46	
5	土工布（350g/m²）	m²	7326	11.26	8.25	
(五)	新建涵闸工程				2005.43	
1	人民跃进渠清淤（泵淤 1500m）	m³	17563	6.21	10.91	
2	排泥管安装拆除	m	1500	7.47	1.12	
3	土方开挖（利用 50m）	m³	23873	4.33	10.34	
4	土方开挖（弃土 0.5km）	m³	5968	8.67	5.17	
5	新堤填筑（利用料）	m³	23117	4.53	10.47	
6	新堤填筑（5km）	m³	6235	24.20	15.09	
7	房台填筑（5km）	m³	17975	22.40	40.26	
8	平面模板	m²	12678	42.23	53.54	
9	曲面模板	m²	742	111.76	8.29	

续表

序号	工程或费用名称	工程量		单位工程量单价/元	投资/万元	备注
		单位	数量			
10	牛腿模板	m²	67	363.48	2.44	
11	混凝土涵洞 C30	m³	9392	349.82	328.55	
12	混凝土底板 C30	m³	940	321.65	30.24	
13	混凝土闸墩 C30	m³	838	345.98	28.99	
14	混凝土胸墙 C30	m³	102	377.94	3.85	
15	混凝土顶板 C30	m³	373	396.11	14.77	
16	混凝土交通桥及机架桥 C25	m³	93	368.38	3.43	
17	桥面铺装 C30	m³	4.4	401.69	0.18	
18	混凝土铺盖 C25	m³	464	347.73	16.13	
19	混凝土消力池 C25	m³	1616	329.33	53.22	
20	混凝土挡土墙 C25	m³	3036	364.72	110.73	
21	混凝土垫层 C10	m³	531	309.34	16.43	
22	钢筋制作安装	t	1547	5443.67	842.14	
23	闭孔聚乙烯板	m²	1563	80.00	12.50	
24	聚硫密封胶	m²	45	1300.00	5.85	
25	无砂混凝土排水柱	m³	8	336.96	0.27	
26	浆砌石护坡	m³	419	222.17	9.31	
27	浆砌石护底	m³	951	215.85	20.53	
28	干砌石护坡	m³	321	141.20	4.53	
29	干砌石护底	m³	414	136.76	5.66	
30	砂砾石垫层	m³	710	117.61	8.35	
31	抛石	m³	271	107.39	2.91	
32	土工布 350g/m²	m²	8823	11.26	9.93	
33	深层水泥搅拌桩截渗墙（厚60cm）	m²	1946	170.99	33.27	
34	CFG桩（厚60cm，桩长11m以内）	m³	3155	614.41	193.85	
35	粗砂垫层	m³	1233	117.61	14.50	
36	细部结构	m³	17389.4	44.67	77.68	
二	交通工程				133.50	
1	堤顶道路（连接段）	km	0.295	1000000	29.50	
2	堤顶道路（放淤段）	km	1.04	1000000	104.00	
三	房屋建筑工程				118.08	
1	启闭机房	m²	306	1000.00	30.60	
2	管理所用房	m²	901	800.00	72.08	
3	室外工程	%	15	102.68	15.40	

序号	工程或费用名称	工程量		单位工程量单价/元	投资/万元	备注
		单位	数量			
四	供电线路工程				8.00	
1	10kV 架空线路	km	0.8	100000.00	8.00	
五	其他建筑工程				554.80	
1	块石	m³	7974.61	151.62	120.91	
2	碎石	m³	20573.85	129.93	267.32	
3	砂	m³	13975.81	56.81	79.4	
4	其他建筑工程	%	3	2905.66	87.17	

表 8.2 - 3   **机电设备及安装工程概算表**

编号	设备名称及规格	工程量		单位工程量单价/元		投资/万元	
		单位	数量	设备费	安装费	设备费	安装费
	第二部分　机电设备及安装工程					99.68	96.43
1	电气设备及安装工程					36.23	89.80
(1)	电气设备					36.23	5.79
1)	电气设备	项	1	342000		34.20	
2)	运杂费（5.93%）					2.03	
3)	安装费	%	16.93		57900.6		5.79
(2)	接地装置						8.97
1)	接地装置	t	5.65		15873.29		8.97
(3)	电缆						75.04
1)	电力电缆（10kV）	km	0.08		280715.55		2.25
2)	电力电缆（动力电缆）	km	2		67783.21		13.56
3)	控制电缆（控制信号电缆）	km	8		51096.11		40.88
4)	电力电缆（低压盘至启闭机室）	km	1		99077.05		9.91
5)	电力电缆（低压盘至检修箱）	km	1		35446.24		3.54
6)	电力电缆（低压盘至照明箱）	km	0.2		41705.01		0.83
7)	电力电缆（室外照明）	km	1		40661.88		4.07
2	计算机监控系统					56.45	5.58
(1)	监控系统设备					42.31	3.30
1)	系统设备	项	1	399420		39.94	
2)	运杂费（5.93%）					2.37	
3)	安装费	%	8.27		33032.03		3.30
(2)	系统软件					14.14	
1)	系统软件	项	1	141400		14.14	

编号	设备名称及规格	工程量		单位工程量单价/元		投资/万元	
		单位	数量	设备费	安装费	设备费	安装费
(3)	电缆						2.28
1)	控制电缆（视频电缆）	km	0.4		33275.14		1.33
2)	控制电缆（非屏蔽双绞线）	km	0.2		24888.81		0.50
3)	控制电缆（光纤）	km	0.3		14930.03		0.45
3	其他					7.00	1.05
1)	闸前摄像机、水位计杆塔和基础	套	1	50000	7500	5.00	0.75
2)	闸后摄像机、水位计杆塔和基础	套	1	20000	3000	2.00	0.30

表 8.2 - 4　　　　　　　　　　　　　**金属结构设备及安装工程概算表**

编号	设备名称及规格	工程量		单位工程量单价/元		投资/万元	
		单 位	数 量	设备费	安装费	设备费	安装费
	第三部分　金属结构设备及安装工程					371.14	56.75
一	引水闸门					371.14	56.75
1	检修平面闸门（1扇）	t	3	11500	1652.12	3.45	0.50
2	工作平面闸门（7扇）	t	63	11500	1652.12	72.45	10.41
3	闸门埋件（14套）	t	63	10500	3215.41	66.15	20.26
4	加重块	t	42	5550	258.59	23.31	1.09
5	移动式启闭机（4.5t/台）	台	1	100000	22500.00	10.00	2.25
6	卷扬式式启闭机（10t/台）	台	7	250000	29000.00	175.00	20.30
7	轨道	双10m	1.6		12136.16		1.94
	小　　计					350.36	56.75
	运杂费5.93%					20.78	

表 8.2 - 5　　　　　　　　　　　　　**施工临时工程概算表**

序号	工程或费用名称	工程量		单位工程量单价/元	投资/万元	备注
		单位	数量			
	第四部分　施工临时工程				248.19	
一	导流工程				48.17	
1	导流明渠开挖（0.5km）	m³	27033	8.67	23.44	
2	围堰填筑（利用开挖料）	m³	5551	4.53	2.51	
3	纺织袋装土（利用开挖料）	m³	330	50.36	1.66	
4	土工布	m²	4752	11.26	5.35	
5	土工膜（200g/0.5mm）	m³	1952	24.11	4.71	

续表

序号	工程或费用名称	工程量		单位工程量单价/元	投资/万元	备注
		单位	数量			
6	围堰拆除	m³	5581	3.22	1.80	
7	导流明渠回填	m³	27033	3.22	8.70	
二	交通工程				4.83	
1	施工道路土方	m³	15000	3.22	4.83	
三	房屋建筑工程				87.48	
1	施工仓库	m²	200	200	4.00	
2	办公、生活福利建筑	%	2	41740700	83.48	
四	其他工程				107.71	
1	井点降水（安装）	根	188	111.72	2.10	
2	井点降水（拆除）	根	188	27.52	0.52	
3	井点降水（使用）	套·天	300	618.18	18.55	
4	其他施工临时工程	%	2	4326.89	86.54	

表 8.2 - 6 　　　　　　　　　　　独 立 费 用 概 算 表

序号	工程或费用名称	工程量		单位工程量单价/元	投资/万元	备注
		单位	数量			
	第五部分　独立费用				1684.79	
一	建设管理费				124.27	
1	项目建设管理费				52.96	
(1)	建设单位人员经常费	%	1	44134300	44.13	
(2)	工程管理经常费	%	20	441300	8.83	
2	工程监理费	%	1.46	48842500	71.31	
二	科研勘测设计费				306.28	
1	工程科学研究试验费	%	0.2	44134300	8.83	
2	工程勘测设计费	%	6.09	48842500	297.45	
三	其他				1254.24	
1	安全鉴定费				40.00	
2	材料价差				1214.24	
(1)	柴油	t	1339.86	5783.904	774.96	
(2)	汽油	t	15.004	6558.534	9.84	
(3)	钢筋	t	1651.29	1859.112	306.99	
(4)	水泥	t	7410.24	165.25	122.45	

8.3 林辛闸工程

8.3.1 编制原则和依据

8.3.1.1 编制原则

设计概算按照现行部委颁布的有关水利工程概算的编制办法、费用构成及计算标准，并结合黄河下游工程建设的实际情况进行编制。价格水平年为 2011 年第三季度。

8.3.1.2 编制依据

（1）水利部关于发布《水利建筑工程预算定额》《水利建筑工程概算定额》《水利工程施工机械台时费定额》及《水利工程设计概（估）算编制规定》的通知（水总〔2002〕116 号）。

（2）水利部关于发布《水利工程概预算补充定额》的通知（水总〔2005〕389 号）。

（3）水利部关于发布《水利水电设备安装工程预算定额》和《水利水电设备安装工程概算定额》的通知（水建管〔1999〕523 号）。

（4）其他各专业提供的设计资料。

8.3.2 基础价格

1. 人工预算单价

根据水利部水总〔2002〕116 号文的规定，经计算，工长 7.15 元/工时、高级工 6.66 元/工时、中级工 5.66 元/工时、初级工 3.05 元/工时。

2. 材料预算价格及风、水、电价格

价格水平年采用 2011 年第三季度，根据施工组织设计确定的材料来源地及运输价格计算主材预算价格：汽油 9550 元/t，柴油 8505 元/t，水泥 508.82 元/t，钢筋 5493.20 元/t，块石 116.05 元/m³，碎石 109.59 元/m³，砂 130.14 元/m³。

砂石料、汽油、柴油、钢筋、水泥分别按限价 70 元/m³、3600 元/t、3500 元/t、3000 元/t、300 元/t 进入单价计算，超过限价部分计取税金后列入相应部分之后。

电价 0.94 元/（kW·h），水价 0.5 元/m³，风价 0.12 元/m³。

8.3.3 建筑工程取费标准

（1）其他直接费。包括冬雨季施工增加费、夜间施工增加费及其他，按直接费的 2.5% 计。

（2）现场经费。土方工程占直接费 9.0%，石方工程占直接费 9.0%，混凝土工程占直接费 8.0%，模板工程占直接费 8.0%，钻孔灌浆工程占直接费 7.0%，疏浚工程占直接费 5.0%，其他工程占直接费 7.0%。

（3）间接费。土方工程占直接费 9.0%，石方工程占直接费 9.0%，混凝土工程占直接费 5.0%，模板工程占直接费 6.0%，钻孔灌浆工程占直接费 7.0%，疏浚工程占直接费 5.0%，其他工程占直接费 7.0%。

（4）企业利润。按直接费与间接费之和的 7% 计算。

（5）税金。按直接费、间接费和企业利润之和的 3.28% 计算。

8.3.4 概算编制

1. 第一部分 建筑工程

（1）主体工程部分按设计工程量乘以工程单价计算。其他建筑工程按主体工程投资的 1% 计取。

（2）房屋建筑工程。启闭机房和桥头堡（轻钢结构）2000 元/m²。

2. 第二部分 机电设备及安装工程

设备费用按设计提供的设备数量乘以调研的价格，设备运杂费率为 5.93%。

安装工程费按设备数量乘以安装工程单价进行计算。

3. 第三部分 金属结构设备及安装工程

设备费用按设计提供的设备数量乘以调研的价格，设备运杂费率为 5.93%。

安装工程费按设备数量乘以安装工程单价进行计算。

设备价格：闸门 10000 元/t，埋件 10000 元/t，卷扬机 20000 元/t，闸门防腐 130 元/m²。

4. 第四部分 施工临时工程

（1）施工仓库按 200 元/m² 计算。

（2）办公、生活、文化福利建筑按相关公式计算。

（3）其他施工临时工程按第一至第四部分建筑安装投资的 4.0% 计取。

5. 第五部分 独立费用

（1）建设管理费。①建设单位人员经常费：根据建设单位定员 15 人、费用指标和经常费用计算期 2.42a（0.5a＋11/12a＋1a）计算；②工程管理经常费：按建设单位人员经常费的 20% 计取；③工程监理费：按发改委、建设部发改价格〔2007〕670 号文计算。

（2）科研勘测设计费。根据国家计委、建设部计价格〔2002〕10 号《工程勘察设计收费标准》计算。

（3）其他。根据合同计列水闸安全鉴定费 87.68 万元。

8.3.5 预备费

基本预备费按第一至第五部分投资的 8% 计算；不计价差预备费。

8.3.6 移民占地、环境保护、水土保持部分

按移民、环境保护、水土保持专业提供的投资计列。

8.3.7 概算投资

工程静态总投资 3541.76 万元，建筑工程 813.73 万元，机电设备及安装工程 244.13 万元，金属结构设备及安装工程 711.62 万元，临时工程 170.05 万元，独立费用 490.11 万元，基本预备费 194.37 万元，场地征用及移民补偿费 9.17 万元，水土保持投资 32.49 万元，环境保护投资 52.89 万元，电厂改造 823.20 万元。

8.4 码头泄水闸工程

8.4.1 编制原则和依据

8.4.1.1 编制原则

设计概算按照现行部委颁布的有关水利工程概算的编制办法、费用构成及计算标准，

并结合黄河下游工程建设的实际情况进行编制。价格水平年为 2012 年第四季度。

8.4.1.2 编制依据

（1）水利部关于发布《水利建筑工程预算定额》《水利建筑工程概算定额》《水利工程施工机械台时费定额》及《水利工程设计概（估）算编制规定》的通知（水总〔2002〕116 号）。

（2）水利部关于发布《水利工程概预算补充定额》的通知（水总〔2005〕389 号）。

（3）水利部关于发布《水利水电设备安装工程预算定额》和《水利水电设备安装工程概算定额》的通知（水建管〔1999〕523 号）。

（4）其他各专业提供的设计资料。

8.4.2 基础价格

1. 人工预算单价

根据水利部水总〔2002〕116 号文的规定，经计算，工长 7.15 元/工时、高级工 6.66元/工时、中级工 5.66 元/工时、初级工 3.05 元/工时。

2. 材料预算价格及风、水、电价格

价格水平年采用 2012 年第四季度，根据施工组织设计确定的材料来源地及运输价格计算主材预算价格：汽油 9295 元/t，柴油 8485 元/t，水泥 516.03 元/t，钢筋 4500 元/t，块石 143.89 元/m³，碎石 133.33 元/m³，砂 145.75 元/m³。

砂石料、汽油、柴油、钢筋、水泥分别按限价 70 元/m³、3600 元/t、3500 元/t、3000 元/t、300 元/t 进入单价计算，超过限价部分计取税金后列入相应部分之后。

电价（网电）0.83 元/（kW·h），水价 0.5 元/m³，风价 0.12 元/m³。

8.4.3 建筑工程取费标准

（1）其他直接费：包括冬雨季施工增加费、夜间施工增加费及其他，按直接费的2.5%计。

（2）现场经费：土方工程占直接费 9.0%，石方工程占直接费 9.0%，混凝土工程占直接费 8.0%，模板工程占直接费 8.0%，钻孔灌浆工程占直接费 7.0%，疏浚工程占直接费 7.0%，其他工程占直接费 7.0%。

（3）间接费：土方工程占直接费 9.0%，石方工程占直接费 9.0%，混凝土工程占直接费 5.0%，模板工程占直接费 6.0%，钻孔灌浆工程占直接费 7.0%，疏浚工程占直接费7.0%，其他工程占直接费 7.0%。

（4）企业利润：按直接费与间接费之和的 7%计算。

（5）税金：按直接费、间接费和企业利润之和的 3.284%计算。

8.4.4 概算编制

1. 第一部分 建筑工程

（1）主体工程部分按设计工程量乘以工程单价计算。其他建筑工程：按主体工程投资的 2%计取。

（2）房屋建筑工程。启闭机房（框架结构）1800 元/m²，桥头堡（砖混结构）1000 元/m²。

2. 第二部分 机电设备及安装工程

设备费用按设计提供的设备数量乘以调研的价格，设备运杂费率为 5.93%。

安装工程费按设备数量乘以安装工程单价进行计算。

3. 第三部分　金属结构设备及安装工程

设备费用按设计提供的设备数量乘以调研的价格，设备运杂费率为 5.93%。

安装工程费按设备数量乘以安装工程单价进行计算。

设备价格：闸门 11500 元/t，埋件 10500 元/t，卷扬机 22000 元/t。

4. 第四部分　施工临时工程

(1) 施工仓库按 200 元/m² 计算。

(2) 办公、生活、文化福利建筑按相关公式计算。

(3) 其他施工临时工程按第一至第四部分建筑安装投资的 2.0% 计取。

5. 第五部分　独立费用

(1) 建设管理费。①建设单位人员经常费：按照第一至第四部分建筑安装投资的 1.2% 计算；②工程管理经常费：按建设单位人员经常费的 20% 计取；③工程监理费按发改委、建设部发改价格〔2007〕670 号文计算。

(2) 科研勘测设计费。根据国家计委、建设部《工程勘察设计收费标准》（计价格〔2002〕10 号）计算。

(3) 其他。根据合同计列水闸安全鉴定费 52.55 万元。

8.4.5　预备费

基本预备费按第一至第五部分投资的 6% 计算；不计价差预备费。

8.4.6　移民占地、环境保护、水土保持部分

按移民、环境保护、水土保持专业提供的投资计列。

8.4.7　概算投资

工程静态总投资 724.39 万元，建筑工程 160.73 万元，机电设备及安装工程 111.83 万元，金属结构设备及安装工程 110.80 万元，临时工程 73.01 万元，独立费用 134.42 万元，基本预备费 35.45 万元，场地征用及移民补偿费 22.99 万元，水土保持投资 16.09 万元，环境保护投资 59.07 万元。

8.5　马口闸工程

8.5.1　编制原则和依据

8.5.1.1　编制原则

设计概算按照现行部委颁布的有关水利工程概算的编制办法、费用构成及计算标准，并结合黄河下游工程建设的实际情况进行编制。价格水平年为 2012 年第三季度。

8.5.1.2　编制依据

(1) 水利部关于发布《水利建筑工程预算定额》《水利建筑工程概算定额》《水利工程施工机械台时费定额》及《水利工程设计概（估）算编制规定》的通知（水总〔2002〕116 号）。

(2) 水利部关于发布《水利工程概预算补充定额》的通知（水总〔2002〕389 号）。

(3) 水利部关于发布《水利水电设备安装工程预算定额》和《水利水电设备安装工程

概算定额》的通知（水建管〔1999〕523号）。

（4）其他各专业提供的设计资料。

8.5.2 基础价格

1．人工预算单价

根据水利部水总〔2002〕116号文的规定，经计算，工长7.15元/工时、高级工6.66元/工时、中级工5.66元/工时、初级工3.05元/工时。

2．材料预算价格及风、水、电价格

价格水平年采用2012年第三季度，根据施工组织设计确定的材料来源地及运输价格计算主材预算价格：汽油9295元/t，柴油8485元/t，水泥516.03元/t，钢筋4500元/t，块石107.63元/m³，碎石100.93元/m³，砂112.57元/m³。

砂石料、汽油、柴油、钢筋、水泥分别按限价70元/m³、3600元/t、3500元/t、3000元/t、300元/t进入单价计算，超过限价部分计取税金后列入相应部分之后。

电价1.26元/(kW·h)，水价0.5元/m³，风价0.12元/m³。

8.5.3 建筑工程取费标准

（1）其他直接费：包括冬雨季施工增加费、夜间施工增加费及其他，按直接费的2.5%计。

（2）现场经费：土方工程占直接费9.0%，石方工程占直接费9.0%，混凝土工程占直接费8.0%，模板工程占直接费8.0%，钻孔灌浆工程占直接费7.0%，疏浚工程占直接费7.0%，其他工程占直接费7.0%。

（3）间接费：土方工程占直接费9.0%，石方工程占直接费9.0%，混凝土工程占直接费5.0%，模板工程占直接费6.0%，钻孔灌浆工程占直接费7.0%，疏浚工程占直接费7.0%，其他工程占直接费7.0%。

（4）企业利润：按直接费与间接费之和的7%计算。

（5）税金：按直接费、间接费和企业利润之和的3.284%计算。

8.5.4 概算编制

1．第一部分　建筑工程

（1）主体工程部分按设计工程量乘以工程单价计算。其他建筑工程按主体工程投资的2%计取。

（2）房屋建筑工程。启闭机房（砖混结构）1000元/m²。

2．第二部分　机电设备及安装工程

设备费用按设计提供的设备数量乘以调研的价格，设备运杂费率为5.93%。

安装工程费按设备数量乘以安装工程单价进行计算。

3．第三部分　金属结构设备及安装工程

设备费用按设计提供的设备数量乘以调研的价格，设备运杂费率为5.93%。

安装工程费按设备数量乘以安装工程单价进行计算。

设备价格：闸门11500元/t，埋件10500元/t，卷扬机22000元/t。

4．第四部分　施工临时工程

（1）施工仓库按200元/m²计算。

（2）办公、生活、文化福利建筑按相关公式计算。

（3）其他施工临时工程按第一至第四部分建筑安装投资的 2.0% 计取。

5. 第五部分 独立费用

（1）建设管理费。①建设单位人员经常费：按照第一至第四部分建筑安装投资的 1.2% 计算；②工程管理经常费：按建设单位人员经常费的 20% 计取；③工程监理费按发改委、建设部发改价格〔2007〕670 号文计算。

（2）科研勘测设计费。根据国家计委、建设部《工程勘察设计收费标准》（计价格〔2002〕10 号）计算。

（3）其他。根据合同计列水闸安全鉴定费 37.84 万元。

8.5.5 预备费

基本预备费按第一至第五部分投资的 6% 计算；不计价差预备费。

8.5.6 移民占地、环境保护、水土保持部分

按移民、环境保护、水土保持专业提供的投资计列。

8.5.7 概算投资

工程静态总投资 907.55 万元，建筑工程 277.21 万元，机电设备及安装工程 3.37 万元，金属结构设备及安装工程 39.69 万元，临时工程 243.77 万元，独立费用 135.05 万元，基本预备费 41.95 万元，场地征用及移民补偿费 84.15 万元，水土保持投资 26.6 万元，环境保护投资 55.76 万元。

参 考 文 献

［1］ 杨邦柱，梁建林. 水闸设计与施工［M］. 北京：中国水利水电出版社，2011.

［2］ 本书编委会. 闸与河涌［M］. 北京：中国水利水电出版社，2015.

［3］ 本书撰写委员会. 水闸设计［M］. 北京：中国水利水电出版社，2013.

［4］ 张世儒，夏维城. 水闸［M］. 2版. 北京：水利电力出版社，1993.

［5］ 谈松曦. 水闸设计［M］. 北京：水利电力出版社，1986.

［6］ 朱强，俞孔坚，李迪华，等. 景观规划中的生态廊道宽度［J］. 生态学报，2005.

［7］ 李敏. 现代城市绿地系统规划［M］. 北京：中国建筑工业出版社，2002.

［8］ 许浩. 国外城市绿地系统规划［M］. 北京：中国建筑工业出版社，2003.